1 MONTH OF
FREE
READING

at
www.ForgottenBooks.com

By purchasing this book you are eligible for one month membership to ForgottenBooks.com, giving you unlimited access to our entire collection of over 1,000,000 titles via our web site and mobile apps.

To claim your free month visit:
www.forgottenbooks.com/free359341

ISBN 978-0-666-45546-8
PIBN 10359341

This book is a reproduction of an important historical work. Forgotten Books uses
state-of-the-art technology to digitally reconstruct the work, preserving the original format
whilst repairing imperfections present in the aged copy. In rare cases, an imperfection in
the original, such as a blemish or missing page, may be replicated in our edition. We do,
however, repair the vast majority of imperfections successfully; any imperfections that
remain are intentionally left to preserve the state of such historical works.

Herausgegeben

von

KARL A. v. ZITTEL,

Professor in München.

Unter Mitwirkung von

n Branco, Freih. von Fritsch, A. von Koenen, A. Rothpletz und G. Stein

als Vertretern der Deutschen Geologischen Gesellschaft.

Achtundvierzigster Band.

Mit 23 Tafeln und mehreren Figuren im Text.

✓ Stuttgart.

E. Schweizerbart'sche Verlagsbuchhandlung (E. Naegele).

1901. 1902.

Inhalt.

PALAEONTOGRAPHICA.

4819

BEITRAEGE

ZUR

NATURGESCHICHTE DER VORZEIT.

Herausgegeben

von

KARL A. v. ZITTEL,

Professor in München.

Unter Mitwirkung von

W. von Branco, Freih. von Fritsch, A. von Koenen, A. Rothpletz und **G. Steinmann**

als Vertretern der Deutschen Geologischen Gesellschaft.

Achtundvierzigster Band.

Erste Lieferung.

Inhalt:

Stuttgart.

Die Kreidebildungen und ihre Fauna am Stallauer Eck und Enzenauer Kopf bei Tölz.

Ein Beitrag zur Geologie der bayerischen Alpen.

von

Hans Imkeller.

Mit 3 Tafeln, einer Kartenskizze, 4 Profilen und 2 Textfiguren.

I.

Geologischer Theil.

Literaturbesprechung.

Der Grünsandstein am Stallauer Eck, der den Ausgangspunkt unserer geologischen und palaeontologischen Betrachtungen bildet, wird von den Ablagerungen unseres Gebietes zuerst bei FLURL[1] erwähnt. Dieser bespricht seine Farbe, petrographische Zusammensetzung, sowie seine Verwendung zu Schleifsteinen und nennt darin vorkommende Versteinerungen, nämlich die „Terebratuliten, die Gryphiten und die gemeine Schnecke"; auch führt er bereits die Nummuliten des Eocaen an und zwar unter der Bezeichnung „Brattenburgerpfenninge"[2]. Eine Altersbestimmung der Schichten gibt er nicht.

Eine eingehende Untersuchung erfuhr der Grünsandstein durch SCHAFHÄUTL[3]. Wegen des massenhaften Vorkommens der *Gryphaea vesicularis*, die sich als „charakteristisches Petrefakt stets in den obersten Kreideschichten findet" und deshalb von diesem Autor als Leitmuschel angenommen wurde, weist er „diese Schichten dem oberen Grünsand der Kreide" zu. Dabei stützt er sich zugleich

---

[1] FLURL: Beschreibung der Gebirge von Bayern etc. p. 74—81.

[2] Nach freundlicher Mittheilung des Herrn Geheimrat v. ZITTEL wurde diese Bezeichnung ursprünglich auf *Crania ignabergensis* angewendet und später fälschlich auch den Nummuliten beigelegt. Letztere heissen im Eocaengebiet von Siegsdorf-Adelholzen nach dem bekannten Wallfahrtsort „Maria-Egger Pfennige". — Vergl. auch S. NILSSON: Petrificata suecana formationis cretaceae, unter *Crania Nummulus* LAM. p. 38.

[3] SCHAFHÄUTL: Geognostische Untersuchungen des südbayerischen Alpengeb. p. 57—67 und 131.

Palaeontographica. Bd. XLVIII.

auf MURCHISON, der dieselbe *Gryphaea* aus den Schichten des Grünsandsteins bei Sonthofen erwähnt und zwar „auf dem Gryphaeen-[1] und unter dem Nummuliten-Kalk". Das von SCHAFHÄUTL besonders betonte Auftreten angeblicher Kreideversteinerungen, wie *Bourgueticrinus ellipticus*, *Terebratula carnea* und *Spondylus spinosus*, in einem von GÜMBEL dann dem Eocaen zugetheilten Nummuliten-Grünsandstein, welcher dem der Kreide sehr ähnlich sieht, verleitete ihn zu dem Schlusse, dass die Nummulitenschichten der bayerischen Vorberge nicht tertiär sein könnten, dass mit andern Worten die Nummuliten der Kreide angehörten, die sie enthaltenden Schichten also noch dieser Formation zuzurechnen seien.

In zwei Abhandlungen hat ROHATSCH sich mit den Ablagerungen unseres Gebietes beschäftigt. Zwar bezeichnet er in der einen[2] den rothen Kalkstein des Gebietes (den Enzenauer Marmor) von der sogenannten „rothen Wand", wo die Johann-Georgs-Quelle entspringt, irrthümlich als Kreidefels; doch verrathen die von ihm in unserem Gebiete gesammelten und an die Redaktion des „Neuen Jahrbuchs" gesandten Versteinerungen das Vorhandensein der oberen Kreide daselbst, was aus der Schlussbemerkung der Redaktion (p. 168) hervorgeht: „Unter den mitübersandten fossilen Resten haben wir nur *Pecten*, *Exogyra columba* (?), *Spondylus* und insbesondere *Terebratula semiglobosa* zu erkennen vermocht, welche bestimmt auf weisse Kreide hindeutet; indessen ist deren Vorkommen nicht näher bezeichnet gewesen."

In der zweiten Abhandlung[3] kommt ROHATSCH zu wesentlich andern Ergebnissen als SCHAFHÄUTL. ROHATSCH bespricht darin die Lagerungsverhältnisse der von ihm als Polythalamienzone bezeichneten Kressenberger Formation, die nach ihm „bei Heilbrunn auf dem oberen grünen Quadermergel und bei Krankenheil auf dem untern Quadersandstein" liegt; dies ist eine Bestimmung, die GEINITZ „nach dem petrefaktologischen Charakter der ihm zugesandten Stücke" machte. Daran schliesst ROHATSCH eine Gliederung der Polythalamienformation nach den Vorkommnissen von Krankenheil und an den „Querbächen des Blombergs".

W. v. GÜMBEL[4] unterschied in seinem für die bayerischen Alpen grundlegenden Werke den Grünsandstein und den Inoceramen-führenden Mergel als der Kreideformation zugehörig. Da er nach den in diesem Mergel enthaltenen Versteinerungen annahm, dass derselbe dem „Inoceramen-führenden sogenannten Sewenmergel am nächsten stehe", so folgerte er, dass „der deutlich untergelagerte Grünsand dem Galt entspräche". Hiebei wies er auf den echten Gault von Grub bei Schweiganger hin, der „mit einzelnen Partieen in direkter Streichrichtung nach dem Nordfusse des Blombergs fortzieht und zuletzt noch im Geistbühel bei Bichel als isolirte Insel auftaucht". Nachdem v. GÜMBEL eine Anzahl Versteinerungen des damals nach Erhaltungszustand und Zahl ungenügenden Materials aus dem Stallauer Grünsandstein angeführt, lässt er es unbestimmt, „ob wir in diesem Grünsandgebilde nicht vielleicht eher eine Cenoman- als Galtschicht vor uns haben." Die Nummulitenschichten stellt er natürlich zum Eocaen.

Dagegen hält SCHAFHÄUTL[5] auch in seinem grösseren Werke über die bayerischen Alpen in Bezug

---

[1] Nach MURCHISON: Ueber den Gebirgsbau in den Alpen etc. p. 55 muss es wohl „Inoceramen-" nicht Gryphaeen-Kalk heissen.

[2] Ueber die Formation des Gebirges, aus welchem die bayerschen Jodquellen zu Krankenheil bei Tölz (Bernhardts- und Johann-Georgenquelle), zu Heilbronn bei Benediktbeuern (Adelheidsquelle) entspringen etc. Neues Jahrbuch für Mineralogie. Jahrgang 1851. p. 161.

[3] Einige Bemerkungen über die sogenannte Kressenberger Formation und ihre Fortsetzung in südsüdwestlicher Richtung oder die Polythalamien-Zone der Vorberge der bayernschen Alpen. Zeitschr. d. Deutsch. geolog. Gesellschaft. Bd. IV. 1852. p. 190.

[4] Geogn. Beschrbg. d. bayer. Alpengeb. p. 550.

[5] Südbayerns Lethaea geognostica. p. 258, 288, 289, 293, 305, 311.

auf diese Ablagerungen an seiner oben dargelegten Ansicht fest, indem er einen Altersunterschied zwischen „dem rothen Quarzmarmor von Enzenau und dem grünen Kreidesandstein" entschieden verneint.

Ferner erwähnt unser Gebiet eine kleine Schrift Emmrich's [1]. Nach einer Bemerkung über die widerstreitenden Ansichten betreffs der alpinen senonen Ablagerungen fährt er fort: „Aber es findet sich auch noch ein übersenoner Horizont in den Alpen, dies sind Sir R. Murchison's Zwischenschichten, die in Appenzell, am Grünten, am Blomberg, am Teisenberg, bei Mattsee, in Frankreich am Schluss der Kreidebildungen erscheinen, selbst ohne Nummuliten, aber unmittelbar bedeckt von den nummulitenführenden Gesteinen. Am Blomberg [2] bei Tölz fand ich ausser der dünnschaligen Form der *Ostrea Archiaciana* d'Orb. auch die dickschalige *Ostrea vesicularis* zugleich mit einer scharfrippigen, der *Ostrea santonensis* der südfranzösischen Kreide verwandten Auster und mit ihnen zusammen die *Exogyra laciniata* Goldf., eine für die jüngsten norddeutschen Kreidebildungen über dem Horizont der *Belemnitella mucronata* leitende Form, welche sich nach F. Römer in der obersten sandigen Kreide Westfalens von Haltern, Dülmen und Koppenberg, an dem Salzberg bei Quedlinburg, zu Gehrden bei Hannover, am Lusberg und Aachener Wald bei Aachen wiederfindet und beweist, dass unsere Schicht noch der Kreide zugehört."

Auch in seinem letzten Werke konnte v. Gümbel [3] zu keinem endgültigen Entscheid über das Alter des Grünsandsteins kommen; denn er lässt es zweifelhaft, „ob man diese Lage dem Galtgrünsand zurechnen oder mit dem Burgbergsandstein (vom Grünten) den oberen cretacischen Schichten gleichstellen soll."

Auf Grund wichtiger Leitfossilien aus dem den Grünsandstein überlagernden Inoceramen-führenden Mergel vom Stallauer Eck im Münchner Staatsmuseum und in der Sammlung des kgl. Oberbergamts zu München erkannte Johannes Böhm [4] die Gleichalterigkeit dieses Mergels mit den sogenannten „Pattenauer Schichten" bei Siegsdorf (vergl. weiter unten).

Rothpletz [5], dessen Alpenprofil über das Stallauer Eck gelegt ist, stellte, gestützt auf das im hiesigen Staatsmuseum vorhandene und von mir neuerdings sehr vermehrte Fossilienmaterial, den Grünsandstein und den eben erwähnten Mergel ins oberste Senon.

Reis [6] hat nach der von Rothpletz (l. c.) gegebenen Deutung die Beziehungen des Stallauer Grünsandsteins zu dem des Burgbergs am Grünten und besonders zu den Gryphaeenschichten bei Appenzell nach dem Material des kgl. Oberbergamts München erörtert.

Topographie.

Wer von Tölz, etwa vom hochgelegenen Bahnhof aus, seinen Blick nach Südwesten wendet, dem wird die verschiedenartige charakteristische Gestaltung der in nordsüdlicher Richtung aufeinander folgenden Höhenstufen, das durch die wechselnde Gesteinsbeschaffenheit bedingte Relief dieser Landschaft auffallen.

---

[1] Die cenomane Kreide im bayerischen Gebirge. p. 11 u. 12.
[2] Damit ist unser Untersuchungsgebiet (Stallauer Eck etc.) gemeint.
[3] Geologie von Bayern. Bd. II. Geolog. Beschreibung von Bayern. p. 162.
[4] Die Kreidebildungen des Fürbergs und Sulzbergs bei Siegsdorf in Oberbayern. p. 30.
[5] Ein geologischer Querschnitt durch die Ostalpen. p. 87, 107, 108.
[6] Erläuterungen zu der geologischen Karte der Vorderalpenzone zwischen Bergen und Teisendorf. p. 18, 19. Vergl. die Fussnote p. 11. (Alter der Grünsandsteinschichten.)

Zunächst tritt uns die Molassezone entgegen mit ihren meist sanft geböschten, mit Wäldern und Wiesen bedeckten Hügelreihen, die sich von Tölz über den Calvarien- und Buchberg (715, bezw. 858 m) in westlicher Richtung gegen Heilbrunn zur Loisach und weiterhin erstrecken. Dann folgt gegen Süden, nur durch das mässig breite Stallauer Thal[1] davon getrennt, steil aufsteigend, die viel höhere wald- und almenreiche Flyschzone, die im Zwiesel (1349 m) und Blomberg (1247 m) sich am bedeutendsten erhebt; endlich hinter dieser die Kalkzone, aufgebaut aus Kreide-, Jura- und besonders Triasschichten[2], beherrscht von der Benediktenwand (1802 m), dem Kirchstein (1677 m), der Probstenwand (1614 m), die mit ihren kahlen, fast senkrecht abstürzenden, grauen Schroffen die dicht bewaldeten, meist gerundeten Gipfel der Flyschzone um ein Beträchtliches überragen.

Am Nordrand dieser Flyschzone tritt jedoch noch ein schmaler Zug von Kreide- und Eocaenschichten auf, der recht eigentlich die Grenze zwischen jener Flyschzone und dem vorliegenden Molasseland bildet und sich vom Isarthal oberhalb Tölz bis zur Loisachebene bei Benediktbeuern erstreckt. Diesem Zug, der sich besonders im Westen auch „äusserlich im Terrain durch einen aufragenden Felsrücken bemerkbar macht"[3], gelten die folgenden Untersuchungen.

Während die östliche Hälfte, nämlich der Ost- und Nordabfall des langgestreckten Blombergrückens und die sich anschliessende Terrasse von Wackers-Sauersberg, wegen der seichten Gräben kein Profil[4] zeigt, bietet das übrige Gebiet mehrere sehr günstige. Westlich vom Blomberg, jenseits des Stallauer Grabens, der schon einen recht deutlichen Einblick in die Kreideschichten gestattet, erhebt sich das 1209 m hohe „versteinerungsreiche" Stallauer Eck und in westlicher Folge der 1203 m hohe Enzenauer Kopf. Beide sind von einander getrennt durch den Schellenbachgraben, den tiefsten und breitesten sämmtlicher Gräben, mit einem nahezu vollständigen Profil der Kreide- und Eoçaengebilde. Vom Stallauer Eck ziehen mehrere Gräben herab, die aber wegen ihrer geringen Tiefe nur stellenweise Kreideaufschlüsse[5] und kein Eocaen aufweisen, dann vom Enzenauer Kopf der Vorder-Rissgraben, in dem die Eocaenschichten am besten aufgeschlossen sind, die Kreide aber nur mit ihren jüngsten Partieen. Die nun folgenden, von dem ebengenannten Berg herabziehenden Gräben, der Hinterriss- und Steingraben, gewähren dagegen minder günstige Eocaen-Aufschlüsse, während solche der Kreide (in den Gräben wenigstens) überhaupt fehlen.

Schellen- und Stallauer Bach, Vorder- und Hinterrissgraben etc. senden ihre Wasser direkt oder

---

[1] v. Gümbel's „Stallauer Längsbucht" (Geologie von Bayern. P. 162). — Mit dem Namen Stallauer Thal möchte ich jene tektonische, im allgemeinen ostwestlich verlaufende Thalfurche bezeichnen, in welcher die Grenze zwischen Molasse und Kreide anzunehmen ist, und die nach Rothatsch (Einige Bemerkungen über die sog. Kressenberger Formation etc. p. 190) die Reihe der sich unmittelbar am Alpenfuss weit nach Osten, bis Neukirchen, erstreckenden Längsthäler eröffnet. Das Schellen-Thal, in dem die Strasse Tölz—Benediktbeuern verläuft, wird einerseits von dem nach Westen zur Loisach gehenden Schellen- und Stallauer Bach, sowie von dem künstlich angelegten Stallauer Weiher eingenommen, andererseits vom Steineckerbach und weiter östlich von dem zur Isar fliessenden Ainbach.

[2] A. Rothpletz: Ein geologischer Querschnitt durch die Ostalpen, p. 110 u. s. f.

[3] v. Gümbel: Geognost. Beschreibung d. bay. Alpengeb. p. 550.

[4] Siehe jedoch die bei den Quellenfassungen des Krankenheiler Jodwassers entblössten Profile in v. Gümbel's Geogn. Beschrbg. d. bay. Alpengeb. p. 635.

[5] Durch eine Reihe von Steinbrüchen ist jedoch der Grünsandstein und blaugraue Mergel der Kreide am Stallauer Eck sehr gut aufgeschlossen.

indirekt der Loisach zu, die seichten Rinnen des Blombergs entweder dem Stallauer Weiher, so der Nagelbach, oder dem zur Isar fliessenden Ainbach, wie der Steineckerbach.

Es war nicht leicht, den Verlauf der einzelnen Schichten am Gebirgsrande festzustellen, und ich kann nur dem beistimmen, was v. Gümbel[1] über dieses Gebiet sagt: „Bei diesen verwickelten Lagerungs-verhältnissen, welche durch das Vorkommen von Bergrutschen und von grossartigen Schuttbedeckungen[2] noch überdies unklar gemacht werden, ist es allerdings schwierig, bis ins Einzelne den Zusammenhang der Schichten zu konstatiren."

Stratigraphie.

I. Grünsandstein.

Wir gliedern denselben in zwei Stufen, den eigentlichen Grünsandstein und die Grünsand-Ueber-gangsschicht.

a. Eigentlicher Grünsandstein.

Lithologische Charakteristik. Dieses Gestein besteht zumeist aus feinen Quarzkörnern, daher sein hoher Procentsatz an Kieselsäure (83.12 %)[3], und einem schwachen kalkigthonigen Bindemittel (Thonerde 3.31, Kalk-Carbonat 2.94 %); sehr zahlreich sind Glaukonitkörnchen eingestreut. Manchmal kommen Zwischen-lagen eines graugrünen Kalksandsteins vor, „in welchem der Quarz zurücktritt, dagegen der Kalk und die Thonerde hervorragender auftreten"[4]. Vereinzelt findet sich im Grünsandstein Schwefelkies, entweder in isolirten Knollen oder in kleinen Putzen, welcher die Schalen, z. B. der Baculiten und Turritellen, durch-dringt. Seine Farbe ist in Folge des Glaukonitgehaltes dunkel- bis hellgrün. Auf der Kluftfläche zeigt sich häufig ein dunkelbrauner bis röthlich-violetter, von starkem Eisenhydroxydgehalt herrührender Ueberzug.

Er bildet fast niemals regelmässige Bänke, sondern ein massiges, von vielen Sprüngen und

---

[1] Geognostische Beschreibung d. bay. Alpengeb, p. 550.

[2] Vorherrschend Glacialschutt, vereinzelt auch grosse erratische Blöcke. (Vergl. das Capitel Diluvium in des Ver-fassers Arbeit: Die Kreide- und Eocaenbildungen am Stallauer Eck etc. p. 53.)

[3] Herr Ad. Schwager, Assistent am kgl. Oberbergamt zu München, war so liebenswürdig, die Hauptgesteine meines Gebietes zu untersuchen; nach seiner Analyse hat der Grünsandstein am Stallauer Eck:

Kieselsäure	83.12 %
Titansäure	0.50 „
Thonerde	3.31 „
Eisenoxyd $\{$ Fe₂O₃	0.55 „
Eisenoxyd $\{$ FeO	4.88 „
Kalkerde	0.14 „
Bittererde	0.77 „
Kalk-Carbonat	2.94 „
Bittererde-Carbonat	0.06 „
Kali	2.27 „
Natron	0.38 „
Wasser und Organisches	1.01 „
Phosphorsäure	0.13 „

[4] Schafhäutl: Südbayerns Lethaea geogn. p. 289.

duen bei grosser Artenarmuth bemerkenswerth.

Aeusserst spärlich sind Pflanzenreste, so ein kleines Stück phosphoritisirten Holzes, das mehrere Steinkerne von Bohrmuscheln enthält. In einem Steinbruch östlich vom Schellenbach zeigen sich chondritische Bildungen, wie ähnliche im Flyschmergel und auch in den sogenannten Nierenthalschichten vorkommen.

Von thierischen Ueberresten sind Bivalven, darunter besonders Ostreen, am zahlreichsten vorhanden. Am Stallauer Eck lassen sich im mittleren und südlichen Zug des Grünsandsteins (siehe dessen Verbreitung) nahe seiner oberen Grenze auf etwa 1 km westöstlicher Erstreckung mehrere 20 bis 60 cm mächtige Bänke verfolgen, die fast nur aus den Schalen von *Gryphaea vesicularis* LAM. bestehen. *Ostrea semiplana* Sow. var. *armata* GOLDF. erfüllt in einem Steinbruch bei den Baumberghöfen eine Bank. Die kleine *Ostrea Goldfussi* HOLZAPFEL fand sich nur an zwei Stellen, aber in ziemlich grosser Anzahl, *Exogyra laciniata* NILSS., sowie *Inoceramus Cripsi* MANT. dagegen vereinzelt; als verhältnissmässig häufig sei von sonstigen Bivalven *Lima canalifera* GOLDF. erwähnt. Die Gastropoden sind durch eine Nerita- und eine Turritellen-Art (letztere nicht selten), die Cephalopoden durch zwei, für die Altersbestimmung des Grünsandsteins nicht unwichtige Baculitenarten vertreten. Die übrigen hier nicht aufgeführten Vorkommnisse lassen sich aus der Fossilienliste ersehen.

Ueber den Erhaltungszustand der Grünsandversteinerungen sei folgendes bemerkt:

Einzelne Arten sind verkieselt; bei den Gryphaeen ist diese Verkieselung schon durch die concentrischen Ringe auf der Schalenoberfläche angedeutet. Fast sämmtliche Ostreen sind mit der Schale erhalten, die übrigen Fossilien nur ausnahmsweise; die Schalensubstanz zeigen (wenn auch etwas mangelhaft), z. B. *Lima, Vola*. Alle Homomyarier finden sich nur als Steinkerne, was die Bestimmung ungemein erschwert oder auch ganz unmöglich macht. Dies gilt besonders von den massenhaft in allen Lagen des Grünsandsteins auftretenden, eisenroth gefärbten Steinkernen, von welchen die meisten nicht einmal der Gattung nach bestimmbar waren[1]. Die Inoceramen kommen ebenfalls nur als Steinkerne vor. Die Turritellen sind theils als Steinkerne, theils mit Schale verkieselt; doch sind sie dies nicht ganz, da der innere Kern der Schalen immer kalkspäthig ist. Die Baculiten sind ganz in Kalkspath umgewandelt.

b. Grünsand-Uebergangsschicht.

Lithologische und faunistische Charakteristik. Es ist vielleicht nicht ganz berechtigt, diesen Complex vom eigentlichen Grünsandstein abzutrennen; aber es liegen doch verschiedene Thatsachen vor, die eine gesonderte Behandlung erfordern.

In der Besprechung des eigentlichen Grünsandsteins wurden mehrere Fossilienlager nahe an seiner oberen Grenze erwähnt. In diesen nimmt das Gestein eine weichere (sandärmere, thonreichere) Beschaffenheit an, so dass wir statt eines Glaukonitsandsteins einen glaukonitreichen Mergelsandstein vor uns haben.

---

[1] Auch V. GÜMBEL (Geogn. Beschrbg. d. bayer. Alpengeb. p. 550) beklagt den schlechten Erhaltungszustand der Stallauer Grünsandversteinerungen, „welcher selbst durch den auch in Putzen und Knollen ausgeschiedenen, die Versteinerungen durchdringenden, bläulichen Hornstein nicht verbessert wird."

In noch erhöhtem Maasse zeigt sich diese Erscheinung an der obersten Grenze des Grunsandsteins. Wir haben hier ein oder mehrere ziemlich mächtige Lager mit Fossilien, unter denen hauptsächlich *Gryphaea vesicularis* LAM. als massenhaft und *Inoceramus Cripsi* MANT. als selten zu nennen sind. Diese Lager werden noch theilweise getrennt durch fossilleere Partieen typischen Grünsandsteins, während die Conchylienlager selbst sehr stark mergelig sind. In letzteren erscheint zum ersten Male *Belemnitella mucronata* SCHLOTH. Als petrographisches Kennzeichen ist ausserdem in den sandigmergeligen Lagen das Vorkommen glaukonitarmer, dunkler, kalkiger Knollen, öfter auch ganz reiner Kalkknollen zu erwähnen, die oberflächlich eisenschüssig verwittern; dies kommt von einem in der Kruste der Knollen angereicherten Schwefelkiesgehalt her. Nach oben stellt sich ein glaukonitischer Mergel mit *B. mucronata* ein entweder in etwas schärferer Trennung nach unten oder auch in ganz allmählichem Uebergang. Derselbe enthält ähnliche Kalk- oder phosphoritische Mergelknollen mit thonreicherer Hülle, in der sich Glaukonit nach aussen anreichert. Erst auf diese Lage mit Phosphoritknollen folgt der im nächsten Kapitel behandelte blaugraue Mergel, sofort erfüllt mit Inoceramenfragmenten.

Verbreitung der Grünsandstein-Schichten.

Auf der Karte des bayerischen Alpengebirges ist von GÜMBEL beim Bauernhof zum „Lex unterm Berg" westlich von der Ortschaft Arzbach im Isarthal eine kleine Partie Grünsandstein mitten im Flysch angegeben. v. GÜMBEL bemerkt hiezu in seinem letzten Werk[1], nachdem er kurz die Verbreitung und das Alter des Grünsandsteins besprochen: „Auch auf der Isarthalseite tauchen bei dem Dorfe Arzbach (beim „Lex unterm Berg") Bänke von Grünsandstein mitten aus den benachbarten Flyschschichten auf, welche mit jenen am Stallauer Eck identisch zu sein scheinen." Trotz wiederholter Begehung dieser Gegend konnte ich den Grünsandstein nicht mehr anstehend finden.

Auch die tieferen Gräben, die an der Nordseite des Blombergs[2] herabziehen, bieten — bis auf eine zweifelhafte Stelle — keine Aufschlüsse in diesem Gestein; hier aber deuten wenigstens vereinzelte Bruchstücke von Grünsandstein als Bachgerölle, z. B. im Steineckergraben, auf dessen Vorhandensein unter der Bedeckung. Erst nahe am Nordwestende des Blombergs kommt er zum Vorschein, um sofort auf der Ostseite des Stallauer Grabens einen Felskopf zu bilden. (Ueber die Lagerungsverhältnisse des Grünsandsteins und der ihn begleitenden Mergel in diesem Graben vergl. unten Profil A.)

Am Nordhang des Stallauer Ecks, zwischen Stallauer und Schellenbach-Graben, zeigt der Grünsandstein die mächtigste Entwicklung und die zahlreichsten, besten Aufschlüsse. Es liessen sich hier mehrere ostwestlich verlaufende Längszüge feststellen.

Von den beiden durch Pattenauer Mergel getrennten Grünsandstein-Complexen auf der Westseite des Stallauer Grabens ist zwar der s ü d l i c h e (III.) (Profil A, Westseite, 5) in seinem westlichen Weiterstreichen auf einer grösseren Strecke hin verdeckt, dagegen kann der andere (Profil A, Westseite, 3), den wir als den m i t t l e r e n (II.) bezeichnen müssen, da sich gegen Westen noch ein n ö r d l i c h e r (I.) einstellt,

---

[1] Geologie von Bayern. p. 162.

[2] Nordwestlich von den Krankenheiler Jodquellen steht auf kurzer Erstreckung im Walde Grünsandstein an, in dem der „Jaudbauer" etwa in der Mitte des letzten Jahrhunderts einen kleinen Schleifsteinbruch angelegt hat. (Nach gütiger mündlicher Mittheilung des Herrn Professor Dr. ROTHPLETZ.)

dem ersten (nördlichen) Grünsandzug des Stallauer Grabens (Profil A, Westseite 3 und Ostseite 1), also dem mittleren (II.) Längszug am Stallauer Eck (Profil B I, 4), entspricht.

Nachdem die beiden Grünsandzüge nochmals am Westhang des Schellenbachgrabens kuppenförmig hervorgetreten sind, verschwinden sie sehr rasch unter tiefem Diluvial- und Gehängeschutt am Enzenauer Kopf. Hier ist, unmittelbar über dem Bach, im nördlichen Zug behufs unterirdischer Gewinnung des Schleifsteinmaterials ein kleiner Schacht angelegt (Profil C, 3), der einzige noch im Betrieb befindliche Steinbruch des Gebietes.

Weiter westlich zeigt sich der Grünsandstein nur noch in ganz vereinzelten Aufschlüssen, so in einem Hohlweg südlich von Unterenzenau, dann noch zweimal inselartig in der Ebene, zunächst an einem bewaldeten Hügel südlich von den Baumberghöfen[2], endlich in einer Entfernung von etwa 2 km an einem gleichfalls bewaldeten Hügel, dem Geistbühel oder Bichler Kopf[4], nördlich vom Dorfe Bichel; an beiden Lokalitäten ist er durch Steinbrüche aufgeschlossen. In der Ebene mag der Grünsandstein durch starke Denudation grösstentheils beseitigt oder auch von tiefem Schutt bedeckt sein.

Der Grünsandstein streicht mit wenig Ausnahmen im ganzen Gebiete ostwestlich und fällt meist

---

[1] Aeusserst dichter Wald, besonders Fichtenunterholz, erschwert hier die Verfolgung der einzelnen Grünsandzüge sehr.

[2] In diesem Bruch ist die obere Fossilienbank in einer Mächtigkeit von 50—60 cm entwickelt, wo neben *Gryphaea vesicularis* und *Ostrea semiplana* var. *armata* (hier fand ich das grösste und schönste Exemplar dieser Species) auch Baculiten und Turritellen vorkommen.

[3] Der kleine Steinbruch an der Südseite des Hügels gehört zu den versteinerungsreichsten Stellen unseres Gebietes (siehe die Bemerkung unter Fundort von *Ostrea semiplana* var. *armata.*).

[4] v. Gümbel: Geogn. Beschreibung d. bay. Alpengeb. p. 550.

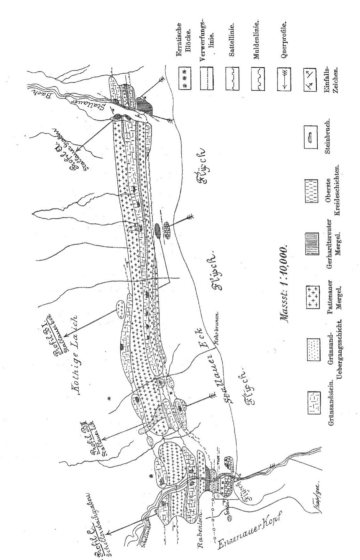

Massst. 1:10,000.

Grünsandstein.   Grünsand-   Pattenauer   Gerhardtsreuter   Oberste   Steinbruch.
         Uebergangsschicht.   Mergel.   Mergel.   Kreideschichten.

Erratische   Verwerfungs-
Blöcke.   linie.

Sattellinie.

Muldenlinie.

Querprofile.

Einfalls-
Zeichen.

„ cfr. *proboscidea* D'ARCH.   *Turritella quadrifasciata* SCHAFH. sp.

„ *Bronni* JOS. MÜLLER.   *Baculites vertebralis* LAM.

„ *semiplana* SOW. var. *armata* GOLDF.   „ *carinatus* BINKHORST.

Gryphaea vesicularis LAM.   *Belemnitella mucronata* SCHLOTH. sp.

Exogyra laciniata NILSSON. sp.   *Calianassa* sp.

„ *lateralis* NILSSON sp.   *Corax falcatus* AG.

Nach dieser Fauna gehören die Grünsandsteinschichten unzweifelhaft dem Senon an. Es ist nun unsere Aufgabe, zu ermitteln, welcher der Zonen, in die diese Stufe zerlegt worden, sie zuzutheilen sind. Hiezu müssen ausseralpine, palaeontologisch genau gegliederte Kreidegebiete zum Vergleich herangezogen werden, da einschlägige alpine Arbeiten, auf die ich mich bezüglich dieser Schichten stützen könnte, fehlen.

JOH. BÖHM[1] hat durch seine Untersuchungen im Siegsdorfer Gebiet nachgewiesen, dass das nordalpine Kreidemeer mit dem norddeutschen in engerer faunistischer Communication stand, als man früher nach dem alleinigen Fund von *Belemnitella mucronata* SCHLOTH. annahm. Es müssen vor allem jene norddeutschen Senon-Zonen geprüft werden, denen unsere Grünsandsteinschichten palaeontologisch ähnlich sind.

Obige Liste weist eine Anzahl von Formen auf, die in ausseralpinen Senonablagerungen als mehr oder minder wichtige Leitfossilien gelten und sich deshalb zu Folgerungen für die Altersbestimmung der Grünsandsteinschichten eignen[2].

Unter den Fossilien ist *Belemnitella mucronata* SCHLOTH. die wichtigste Form, umsomehr weil sie

---

[1] Die Kreidebildungen des Fürbergs und Sulzbergs. p. 8.

[2] Von einer Tabelle, wie sie des Verfassers frühere Arbeit (l. c. p. 28) enthält, in welcher die Fossilien der Stallauer Grünsandsteinschichten mit solchen aus senonen Zonen von Norddeutschland, Limburg, Schweden, Lemberg in vergleichender Weise zusammengestellt sind, wurde hier abgesehen.

aus dem Grünsandstein in grösserer Anzahl vorliegt. Doch fand ich sie nur in den oberen[1], weicheren, mehr mergeligen Lagen[2]), die, zum Theil einen glaukonitreichen Mergelsandstein bildend, vom eigentlichen Grünsandstein als „Uebergangsschicht" — wie oben auseinandergesetzt — abgetrennt wurden[3]. In dieser tritt *Gryphaea vesicularis* LAM. am häufigsten auf; ausserdem sammelte ich darin *Exogyra lateralis* NILSS. sp. und *Inoceramus Cripsi* MANT. In dem grossen Steinbruch östlich vom Schellenbachgraben[4] enthält der Grünsandstein nahe der Grenze gegen die Uebergangsschicht eine 50—60 cm mächtige Bank, die fast nur aus den Schalen von *Gryphaea vesicularis* LAM. besteht. In dieser Bank fand ich das grösste (abgebildete) Exemplar von *Ostrea semiplana* SOW. var. *armata* GOLDF., *Turritella quadrifasciata* SCHAFH. sp. und einige Baculiten.

Nach dem Auftreten der *Belemnitella mucronata* SCHLOTH., die sich allerdings auch schon in tieferen Senon-Zonen Norddeutschlands einstellt[5], können wir die Uebergangsschicht des Grünsandsteins unbedenklich als Mucronatenkreide bezeichnen. Es wird dies unterstützt durch das massenhafte Vorkommen von *Gryphaea vesicularis* LAM., die in den Nordalpen aus dem Burgberg-Grünsandstein bei Sonthofen[6] angeführt wird

---

[1] Vergl. unter Vorkommen der *Belemnitella mucronata*.

[2] Vergl. besonders Profil C, Schellenbachgraben unter 2, 4, 6, 8.

[3] Das bereits früher im Stallauer Grünsandstein gesammelte Fossilienmaterial, das sich im Münchner Staatsmuseum befindet, trägt nur die Angabe „Grünsandstein". Die Aufsammlungen wurden bei der Aufnahme des Gebietes anfangs auch von mir ohne Berücksichtigung der „Uebergangsschicht" vorgenommen, deren Abtrennung vom eigentlichen Grünsandstein erst später erfolgte.

[4] Vergl. Profil B II am Stallauer Eck unter 7.

[5] Das Vorkommen dieses Fossils in tieferen als Mucronatenschichten war bis jetzt nur ein Vereinzeltes. SCHLÜTER (Cephalop. d. ober. deutsch. Kreide. Palaeontogr. Bd. 24. p 203) erwähnt sie aus der Zone des *Actinocamax quadratus*, aber nur in „einigen wenigen Exemplaren bei Osterfeld in Westfalen", HOLZAPFEL (Die Mollusken der Aachen. Kreide. Palaeontogr. Bd. 34. p. 60) aus dem Aachener Gebiet, wo sie, als Seltenheit bereits in den obersten Grünsandschichten, zusammen mit *Act. quadratus* sich zeigt. Bemerkenswerth ist, was GRIEPENKERL (Die Versteinerungen der senonen Kreide von Königslutter, p. 10) in dem Kapitel „Obere Quadratenschichten" ausführt: „Was diese Zone betrifft, so fällt dem Beobachter sogleich die Menge der Belemnitellen auf, und zwar kommen hier beide Arten (*B. quadrata* und *mucronata*) zusammen vor in der Weise, dass unten die erstere und oben die letztere vorwiegt. Eine entschiedene Trennung nach Bänken hat sich ungeachtet vieler Aufmerksamkeit auf diese Frage nicht nachweisen lassen wollen", und p. 109: „Diese Art (*B. mucronata*) gehört zu denjenigen Petrefakten, welche in allen drei Zonen des Obersenon sich finden; doch ist sie darin keineswegs gleichmässig vertheilt. Gehäuft trifft man sie nur in den oberen Quadraten- und oberen Mucronatenschichten, wo sie sowohl hinsichtlich ihrer Häufigkeit als Schönheit ihre höchste Blüte erreicht, während die mittlere Zone nur ziemlich schlecht erhaltene Bruchstücke birgt." — v. STROMBECK, der auf das getrennte Vorkommen von *Actinocamax quadratus* und *Belemnitella mucronata* die Grenzen von Unter- und Obersenon begründete (Ueber das geolog. Alter von *Belemnitella mucronata* und *B. quadrata*. Zeitschr. d. Deutsch. geol. Gesellsch. Bd. 7. 1855. p. 502), unterzog diese Angabe GRIEPENKERL's einer Prüfung und fand, allerdings nur an einem noch zugänglichen Aufschluss, dass beide Arten nicht neben einander vorkommen (vergl. „Ueber das Vorkommen von *Actinocamax quadratus* und *B. mucronata*. Zeitschr. d. Deutsch. geolog. Gesellsch. Bd. 43. 1891. p. 919). STOLLEY konnte dagegen (Einige Bemerkungen über die obere Kreide, insbesondere von Lüneburg und Lägerdorf. 1896. p. 169) GRIEPENKERL's Beobachtungen wenigstens an einer Stelle bestätigen. Weiterhin fand er (Ueber die Gliederung des norddeutschen und baltischen Senon, sowie die dasselbe charakterisirenden Belemniten, Archiv für Anthropologie und Geologie Schleswig-Holsteins. Bd. 2. 1897. p. 296) ein Exemplar von *B. mucronata* in der Quadratenkreide von Vordorf. Im Pariser Becken treten nach A. DE GROSSOUVRE (Quelques observations sur les Bélemnitelles et en particulier sur celles des Corbières in Bulletin d. l. Société géologique de France. 3. Série. Bd. 27. 1899. p. 184 u. 185) beide Arten (*Act. quadratus* und *Bel. mucronata*) gleichzeitig auf.

[6] REIS: Erläuterungen zu der geologischen Karte der Vorderalpenzone zwischen Bergen und Teisendorf. p. 17 u. 18. REIS (Die Fauna der Hachauer Schichten. I. Gastrop. p. 71) betrachtet den Grünsandstein vom Burgberg bei Sonthofen als gleichalterig mit dem Stallauer Grünsandstein.

Vorkommen des bis jetzt nur vom Petersberg bei Maestricht bekannt gewordenen *Baculites carinatus*[11] v.·d. Binkh. und das von *Baculites vertebralis* Lam. „aus den die weisse Kreide überlagernden Maestrichter Schichten"[12].

Exogyra lateralis Nilss. sp. liegt aus gleichalterigen und jüngeren nordalpinen Kreideablagerungen vor. Sie wird aus dem Grünsandstein vom Burgberg bei Sonthofen[13] angegeben. v. Zittel[14] erwähnt aus dem Grünsandstein des Oberstdorfer Burgbichels eine „der *Ostrea lateralis* verwandte Auster"; Reis[15] fand sie in den Hachauer Schichten von Hoergering. — Bezüglich ihres ausseralpinen Vorkommens ist zu betonen, dass sie vorzugsweise aus obersenonen Schichten bekannt ist; so findet sie sich nach Holzapfel[16] nicht selten im

---

[1] Joh. Böhm: Die Kreidebildungen des Fürbergs und Sulzbergs. p. 5 u. 7.

[2] v. Gümbel: Geognost. Beschreibung des bayer. Alpengebirgs. p. 533.

[3] Holzapfel: Die Mollusken der Aachen. Kreide. Palaeontogr. Bd. 35. p. 254.

[4] „ l. c. p. 254.

[5] Lamellibranchiaten aus der oberen Mucronatenkreide von Holländisch Limburg. p. 7.

[6] Cephalopoden d. ober. deutsch. Kreide. Palaeontogr. Bd. 24. p. 245.

[7] „ „ „ „ „ „ „ 24. „ 244.

[8] Ueber die Gliederung des norddeutsch. und baltischen Senon. p. 9 (225).

[9] Die Versteinerungen der senonen Kreide von Königslutter. p. 37.

[10] Die Kreide Schleswig-Holsteins. p. 236.

[11] J. v. d. Binkhorst: Monographie des Gastéropodes et des Céphalopodes etc. p. 43. Vergl. auch Reis: Fauna der Hachauer Schichten. II. Lamellibranchiaten. p. 93.

[12] Schlüter: Cephalop. d. ob. d. Kr. Palaeontogr. Bd. 24. p. 145.

[13] v. Gümbel: Nachträge etc. Geognostische Jahreshefte. 1888. p. 167. Reis: Erläuterungen zu der geolog. Karte etc. p. 17.

[14] Palaeontolog. Notizen etc. Jahrbuch der k. k. Reichsanst. 1868. p. 610.

[15] Die Fauna der Hachauer Schichten. II. Lammellibr. p. 108.

[16] Die Mollusken der Aachen. Kreide. Palaeontogr. Bd. 35. p. 256.

gesammten Obersenon von Aachen, dann bei Maestricht und Ciply, ferner im Obersenon von Schweden[1], wird aber auch aus dem Untersenon angegeben[2].

Inoceramus Cripsi MANT., nach SCHLÜTER[3] „die wichtigste Muschel des Senon überhaupt, da sie gleich-mässig im unteren, wie im oberen Senon auftritt", ist im Stallauer Grünsandstein selten; sie liegt daraus nur in fünf Exemplaren vor, von welchen zwei aus der Uebergangsschicht stammen. In dem darauf folgen-den Pattenauer Mergel erscheint sie dagegen ungemein häufig.

Während ich in meiner früheren Arbeit[4] den ganzen Grünsandstein-Complex ins Obersenon (Mucronatenschichten) stellte, bin ich nach diesen Ausführungen geneigt, nur die Uebergangsschicht und die darunter liegenden Partieen, welche Gryphaeenbänke einschliessen, als Mucronatenkreide zu be-trachten, dagegen die tieferen Schichten einer Zone des Untersenon zuzuweisen[5].

Dafür spricht eine, wenn auch kleine Anzahl von Species im Stallauer Grünsandstein, die entweder gar nicht oder nur selten in den Mucronatenschichten angetroffen werden, dagegen in älteren Senon-Zonen ihre eigentliche Verbreitung haben. Es sind dies: *Panopaea gurgitis*, *Lima canalifera*, *Goniomya designata*, *Crassatella arcacea*, *Ostrea Bronni*, *O. Goldfussi*, *O. (Alectryonia) semiplana* var. *armata*, *Exogyra laciniata*.

Panopaea gurgitis BRONGN. und *Lima canalifera* GOLDF. kommen auch schon in älteren[6] als senonen Kreidestufen vor und steigen nur selten in die letzteren hinauf; so finden sich beide im Untersenon von Braunschweig[6], *Lima canalifera* in den senonen Marterbergschichten[7].

Wenn VOGEL[8], wie auch schon GOLDFUSS *Goniomya designata* GOLDF. sp. aus der oberen Mucro-natenkreide (allerdings nur in einem einzigen Steinkern-Exemplar) angeben, dann GRIEPENKERL[9] als ziemlich häufig aus der unteren Mucronatenzone von Königslutter, so muss doch ihre Hauptverbreitung im Unter-senon hervorgehoben werden, wie im Gebiet von Westfalen, Aachen, Quedlinburg, in der Mammillatenzone Schwedens[10].

Crassatella arcacea AD. RÖMER zeigt sich nur noch ausnahmsweise im Obersenon (Maestricht, Kunraed, Königslutter), während sie sonst nur aus untersenonen Ablagerungen bekannt ist, wie in West-falen (Dülmen), bei Aachen, Quedlinburg (im Salzbergmergel), bei Ilsede, Langenstein (Blankenburg), in der Mammillatenkreide Schwedens.

Ostrea Bronni JOS. MÜLLER, von J. MÜLLER und HOLZAPFEL[11] im untersenonen Grünsand Aachens

---

[1] HENNIG: Revision af Lamellibranchiaterna i Nilssons Petrif. suecana. p. 24, 25.
[2] G. MÜLLER: Die Molluskenfauna des Untersenon von Braunschweig und Ilsede. p. 16.
[3] Cephalopod. d. ob. d. Kr. Palaeontogr. Bd. 24. p. 242.
[4] Kreide- und Eocaenbildungen etc.
[5] Zu dieser Auffassung wurde ich besonders durch mehrere in den letzten Jahren erschienene Arbeiten über die obere Kreide Norddeutschlands (STOLLEY, G. MÜLLER u. a) veranlasst.
[6] G. MÜLLER: Molluskenfauna des Untersenon. p. 29 u. 71.
[7] GEBSTER: Die Plänerbildungen am Ortenburg etc. Nova Acta d. K. Leop. Carol. Deutsche Akademie d. Naturforsch. Bd. XLII. 1881. p. 49.
[8] Lamellibranchiaten aus d. ob. Mucron.-Kreide von Holländisch Limburg. p. 46.
[9] Die Versteinerungen der senonen Kreide von Königslutter. p. 12, 68.
[10] Entspricht nach STOLLEY (Ueber die Gliederung d. norddeutsch. und baltischen Senon. p. 3 [218]) der deutschen Quadratenkreide. — Herrn Dr. STOLLEY in Kiel spreche ich für seine freundlichen Rathschläge meinen verbindlichen Dank aus.
[11] Die Mollusken der Aachener Kreide. Palaeontogr. Bd. 35. p. 250.

Granulatenzone, wage ich bei dem vorliegenden geringen Fossilienmaterial und besonders bei dem Fehlen der ausschlaggebenden Leitfossilien (*Actinocamax quadratus* etc.) nicht zu entscheiden.

[1] Lamellibranchiaten aus d. ob. Mucronaten-Kr. von Holl. Limburg. p. 7.

[2] Holzapfel (l. c.) p. 249.

[3] Schlüter: Cephalop. d. ob, d. Kr. Bd. 24. p. 242.

[4] Holzapfel (l. c.) p. 253.

[5] G. Müller: Die Molluskenfauna des Untersenon. p. 10.

[6] Holzapfel (l. c.) p. 252.

[7] Hennig: Revision af Lamellibranchiaterna etc. p. 11.

[8] Reis: Fauna der Hachauer Schichten. II. Lamellibr. p. 107.

[9] Ich fand sie auch im Grünsandstein des Leitzachthals, der, mitten im Flysch auftauchend, sich durch die Führung von *Gryphaea vesicularis* u. a. als gleichalterig mit dem vom Stallauer Eck erweist. (Vergl. Zeitschr. der Deutsch. geolog. Gesellschaft. Jahrg. 1900: Einige Beobachtungen über die Kreideablagerungen im Leitzachthal etc. p. 384, F. 2.)

    Dagegen liessen sich im Gebiet des benachbarten Schlier- und Tegernsees bis jetzt nirgends senone Glaukonit-Ablagerungen nachweisen. Die hier in Betracht kommenden Schichten, Grünsandstein und glaukonitischer Kalk, die zwischen den genannten Seen im westöstlichen Streichen nördlich von der Flyschzone auftreten, lieferten mir ausser *Aucellina Sti. Quirini* Pompeckj (n. g. n. sp.) nur mangelhaft erhaltene Belemniten und Ostreen. Sie werden von Seewerbildungen normal über- und von einem Schichten-Complex unterlagert, der zum Theil aus Kalk mit *Exogyra aquila* Goldf., zum Theil aus Mergel mit *Orbitulina lenticularis* d'Orb. besteht, somit also dem Aptien und zwar merkwürdigerweise in der helvetischen Facies entspricht. Nach diesen Lagerungsverhältnissen gehören die betreffenden Glaukonitschichten wohl eher dem Gault als dem Senon an.

[10] Cephalop. d. ob. d. Kreide. Bd. 24. p. 234.

[11] Holzapfel (l. c.) p. 254.

[12] G. Müller (l. c.) p. 18.

[13] l. c. p. 11.

II. Blaugrauer Mergel = Pattenauer Schichten.

Lithologische Charakteristik. Von diesem Mergel wurden zwei Proben untersucht, aus dem Schellenbachgraben und vom Stallauer Eck[1]; erstere enthält 65.76% Kalk-Carbonat und 19.58% Thonerde; von der zweiten sind die betreffenden Procentsätze 71.57 und 7.89. Man kann also das Gestein als sehr kalkreich bezeichnen, dessen Kieselsäuregehalt nur 21.50, bezw. 16.75% beträgt.

.Der Glaukonitfacies folgt mit diesem Mergel demnach eine Schlammfacies, die wohl etwas weiter von der Küste abgelagert wurde als der Grünsandstein. — In seiner typischen Beschaffenheit glimmerlos, sowie sehr glaukonit- und sandarm, wird er gegen den Grünsandstein zu etwas mehr glaukonitisch. Für gewöhnlich ist er blau- oder hellgrau; stellenweise wird er auch dunkler und zeigt sich dann im Bruch graugrün, von feinen Glimmerschüppchen durchsetzt und besonders stark kalkhaltig. Eigenthümliche, langgestreckte cylindrische Kalkconcretionen sind in diesem Mergel allenthalben als nicht selten zu erwähnen. Hie und da finden sich auch Schwefelkiesputzen.

Das dünnschichtige bis schiefrige, fast wasserundurchlässige Gestein, das durchschnittlich viel härter ist als der im folgenden Capitel zu besprechende Mergel, ist stets zu Bergrutschen geneigt und darum an verschiedenen Stellen unseres Gebietes durch starke Abrutschungen, wie im Schellenbachgraben, am Stallauer Eck, entblösst.

Faunistische Charakteristik. Versteinerungen sind in diesem Mergel verhältnissmässig häufig und zum Theil (besonders die Bivalven) mit der Schale erhalten. Allgemein verbreitet ist *Haplophragmium grande* REUSS sp.[2], das im Grünsandstein fehlt. Vereinzelt finden sich kleine Brachiopoden (*Thecidea*) und kleine dünnschalige Ostreen; von der im Grünsandstein so massenhaft auftretenden *Gryphaea vesicularis* LAM. wurde bis jetzt nur ein einziges und zwar wenig typisches Exemplar gefunden. *Inoceramus Cripsi* MANT., im Grünsandstein selten, kommt dagegen in zahllosen Bruchstücken[3] vor. Ammoniten und Nautiliden, die im Grünsandstein ganz zu fehlen scheinen, sind an mehreren Punkten häufig, Belemnitellen überall; ausserdem fand ich die letzteren, wie schon erwähnt, auch in der Grünsand-Uebergangsschicht, an der unteren Grenze dieses Mergels. Endlich wurden auch hie und da Coprolithen von *Macropoma Mantelli* AG. angetroffen.

Verbreitung. Der blaugraue Mergel ist der ständige Begleiter des Grünsandsteins. Wie in unserem Gebiete fast überall zwei, am Stallauer Eck drei ostwestlich verlaufende Längszüge der Grünsandstein-

		Stallauer Eck:	Schellenbachgraben:
[1]	Kieselsäure	16.75 %	21.50 %
	Thonerde	7.89 „	19.58 „
	Kalkerde	0.11 „	0.23 „
	Bittererde	0.28 „	0.34 „
	Kalk-Carbonat	71.57 „	65.76 „
	Bittererde-Carbonat	0.99 „	0.21 „
	Kali	0.50 „	—
	Natron	0.11 „	—
	Wasser und Organisches	1.51 „	2.99 „

[2] v. GÜMBEL (Nachträge z. d. geogn. Beschreibung d. bay. Alpengeb. in: Geogn. Jahreshefte. 1888. p. 167) fand in den mergeligen Zwischenlagen des obercretacischen Grünsandsteins am Burgbühl bei Oberstdorf *Haplophragmium grande* ungemein häufig.

[3] Von GÜMBEL deshalb „Inoceramenmergel" genannt (Geognost. Beschreibung d. bayer. Alpengeb. p. 550).

schichten verfolgt werden können, so sind an letzterer Lokalität vom blaugrauen Mergel vier Züge nachweisbar (vergl. Verbreitung des Grünsandsteins und Beschreibung des Profils B I).

Gute Aufschlüsse trifft man an beiden Gehängen des Schellenbachgrabens, dann östlich davon an einer Stelle zwischen dem nördlichen (I.) und mittleren (II.) Zug des Grünsandsteins, hier durch einen starken Abrutsch gekennzeichnet, wo angeblich ein Cementbruch angelegt war (Profil B II, 2); weiter nach Osten in mehreren Gräben (Profil B I, 3).

Am besten ist er aufgeschlossen durch den grossen, schon von der Strasse aus sichtbaren Abrutsch, unmittelbar unter dem Stallauer Eck (Profil B I, 6, grosse Abrutschstelle) und durch den Cementbruch auf der Westseite des Stallauer Grabens (Profil A, 1). Die beiden letztgenannten Lokalitäten lieferten mir das meiste und brauchbarste Fossilienmaterial, besonders an Ammoniten und Nautiliden.

Altersbestimmung. Dieser Mergel enthält folgende Fossilien:

*Haplophragmium grande REUSS. sp.
*Echinocorys vulgaris BREYN.
Serpula antiquata SOWERBY.
*Thecidea Rothpletzi JOH. BÖHM.
*Pecten spathulatus AD. RÖMER.
Vola quadricostata SOW.
*Limea nux v. GÜMBEL sp.
*Inoceramus Cripsi MANTELL.
* „ aff. Cuvieri SOWERBY.
Spondylus cfr. latus SOW.
Ostrea subuncinella JOH. BÖHM.
 „ curvirostris NILSSON.
 „ acutirostris „
*Nucula subredempta JOH. BÖHM.
Cardium Böhmi n. sp.

*Nautilus Neubergicus REDTENBACHER.
Phylloceras sp.
*Hamites aff. cylindraceus DEFRANCE sp.
Heteroceras cfr. polyplocum AD. RÖMER sp.
Baculites cfr. incurvatus DUJARDIN.
Pachydiscus cfr. Isculensis REDTENB. sp.
 „ „ Brandti „ „
 „ „ Neubergicus v. HAUER sp.
 „ „ var. nov. Stallauensis.
Hoplites Vari SCHLÜTER var. nov. praematura.
Aptychus aff. spiniger SCHLÜTER.
*Belemnitella mucronata SCHLOTH. sp.
Bairdia Harrisiana JONES.
Calianassa sp.
*Macropoma Mantelli AG.

Die mit einem * versehenen Fossilien (über ein Drittel des gesammten Materials und darunter wichtige Leitformen) hat der blaugraue Mergel mit dem Pattenauer Mergel des Siegsdorfgebietes [1] gemeinsam; daraus ergibt sich die Uebereinstimmung mit diesen Schichten. Auch nach dem lithologischen Charakter ist unser Mergel mit dem Pattenauer im allgemeinen übereinstimmend, besonders im Cementbruch des Stallauer Grabens; im Schellenbachgraben erscheint er in seinem südlichsten Anstehen etwas schwärzlicher, weil ihn da die Wasserverhältnisse immer feucht erhalten.

Von JOH. BÖHM [2] wurde (wie schon erwähnt, p. 3) die Identität unseres Mergels mit dem Pattenauer bereits erkannt. Der blaugraue Mergel soll daher in dieser Arbeit gleichfalls die Bezeichnung „Pattenauer Mergel" führen.

---

[1] JOH. BÖHM: Die Kreidebildungen des Fürbergs etc. p. 7.
[2] l. c. p. 30.

Er enthält mehrere Cephalopoden, so *Pachydiscus* cfr. *Isculensis* REDTENB. sp., *P.* cfr. *Brandti* REDTENB. sp., *P. Neubergicus* HAUER sp. und *Nautilus Neubergicus* REDTENB., welche der Cephalopoden-fauna der Gosauformation[1] angehören. Dies deutet an, dass lokal auch in dieser hohen Kreidestufe Lebensbedingungen fortdauerten, wie sie zur Zeit der oberen Gosauablagerungen am alpinen Ufer allgemein waren.

III. Aschgrauer Mergel = Gerhardtsreuter Schichten.

Lithologische Charakteristik. Das dünnschichtige, sehr sandige Gestein unterscheidet sich durch hohen Kieselsäuregehalt[2], 64.07 %, und sehr geringe Mengen von Kalk-Carbonat, 19.26 %, wesentlich vom Pattenauer Mergel unseres Gebietes, während es im Thonerdegehalt, 11.38 %, mit ihm ziemlich übereinstimmt. Es führt reichlich Glimmer, aber spärlich Glaukonit; doch treten vereinzelt (Profil A, Ostseite, 8) glaukonitische Partieen mit verästelten (?) Algenflecken auf, worin die Glaukonitkörnchen am reichlichsten angehäuft sind.

Bergfeucht erscheint der Mergel tiefgrau bis schwarz, trocken meist aschgrau. — Im Stallauer Graben (südliches Anstehen) schalten sich ihm bis 1/4 m mächtige Bänke eines harten, beim Anschlagen bläulichen Kalkes ein, dessen Klüfte mit Ocker überzogen sind. — Obwohl sich diesem Mergel bereits Sande einmischen, ist er immerhin noch als Schlammfacies aufzufassen und wie der Pattenauer Mergel dem Grünsandstein, einer Sandfacies, gegenüber zu stellen. Von dem typischen Pattenauer Mergel unterscheidet er sich ausser in der stets dunkleren Färbung durch seine glimmerreiche, sandige Beschaffenheit.

Verbreitung. Diese Schichten sind in unserem Gebiete (im Gegensatz zum Siegsdorfer) nur an wenigen Stellen aufgeschlossen, recht gut an zwei Punkten auf der Ostseite des Stallauer Grabens (Profil A, 4 und 8), wo sie in ihrem südlichen Anstehen sehr versteinerungsreich sind, ebenso im Schellenbachgraben (Profil C, 10). Kleine Aufschlüsse des Mergels waren ausserdem nur am Stallauer Eck (Profil B I, 9) und in einem Graben südlich von Unterzenau nachweisbar.

Faunistische Charakteristik und Altersbestimmung. Der bisher als versteinerungsleer geltende Mergel lieferte im Stallauer und Schellenbach-Graben folgende Fossilien:

Haplophragmium grande REUSS sp.   *Nucula lucida* JOH. BÖHM.
Trochocyathus carbonarius REUSS.   *Leda discors* v. GÜMBEL sp.
     „   *mamillatus* v. GÜMBEL.   „   *semipolita* JOH. BÖHM.
Amussium inversum NILSSON sp.   „   *Reussi* v. GÜMBEL sp.

---

[1] REDTENBACHER: Die Cephalopoden der Gosauschichten in den nordöstlichen Alpen. Abhandlungen d. k. k. geolog. Reichsanstalt. Bd. V. 1873. (Vergl. den palaeontolog. Teil dieser Arbeit.)

[2] Der aschgraue Mergel im Stallauer Graben enthält:

Kieselsäure	64.07 %
Thonerde	11.88 „
Kalkerde	0.30 „
Bittererde	0.49 „
Kalk-Carbonat	19.26 „
Bittererde-Carbonat	0.76 „
Wasser und Organisches	1.88 „

Pattenauer Mergel so häufige *Inoceramus Cripsi* ist ganz verschwunden. Ueberhaupt fanden sich bis jetzt von den Pattenauer Versteinerungen bis auf das nur vereinzelt auftretende *Haplophragmium grande*, sowie *Macropoma Mantelli*, noch keine in unserem Gerhardtsreuter Mergel. Als sehr häufig vorkommend sind zu nennen: *Scaphites constrictus, Amussium inversum* und namentlich *Solarium granulatum*.

Unter den 43 von Böhm[2] aus seinem Gebiet aufgeführten Pattenauer Species sind 25 in seinen Gerhardtsreuter Schichten; aber es fehlen in diesen mehrere wichtige Pattenauer Fossilien, so vor allem *Belemnitella mucronata*.

Joh. Böhm[4] betrachtet die Gerhardtsreuter und Pattenauer Mergel bei Siegsdorf als eine Zone des Maestrichtien, die er die Zone des *Pachydiscus Neubergicus* und der *Limea nux* nennt. Diese gliedert er in zwei „gleichwerthige und synchrone" Unterzonen: in die Unterzone des *Micraster Schlüteri* Joh. Böhm (nicht cfr. *glyphus*) und der *Thecidea Rothpletzi* Joh. Böhm = Pattenauer Mergel, und in die Unterzone des *Scaphites constrictus* und *Amussium inversum* = Gerhardtsreuter Mergel. Böhm[5] betrachtet die beiden Mergel nur als faciell, nicht als zeitlich verschieden; anders Reis[6], welcher die Pattenauer Mergel für tiefer liegend ansieht als die Gerhardtsreuter, wenn auch beide nur geringe faunistische Unterschiede aufweisen.

---

[1] Im Schellenbachgraben führen einzelne Mergellagen zahlreiche verkohlte Pflanzenreste.

[2] Mit Ausnahme von *Baculites vertebralis*, den der aschgraue Mergel mit dem Grünsandstein unseres Gebietes gemeinsam hat.

[3] Die Kreidebildungen des Fürbergs etc. p. 7.

[4] Ebenda. p. 29.

[5] Ebenda. p. 8.

[6] Erläuterungen zu der geolog. Karte der Vorderalpenzone. p. 12 u. s. f.

Reis begründet dies damit, dass er in seinem Gebiete an mehreren Stellen eine Folge der Pattenauer und Gerhardtsreuter Schichten fand, die man als eine Ueberlagerung auffassen kann.

Die klaren Lagerungsverhältnisse in meinem Gebiete bestätigen diese Ansicht: so auf der Ostseite des Stallauer Grabens (Profil A, 3 und 4), wo der dem nördlichen Grünsandstein folgende Pattenauer Mergel normal vom Gerhardtsreuter überlagert ist, dann im Bett des Schellenbachgrabens (Profil C, 9 und 10); hier liegt auf dem Pattenauer Mergel des 2. Grünsandsteins der Gerhardtsreuter. Namentlich dieser Punkt stellt es sicher, dass die Gerhardtsreuter Schichten jünger sind als die Pattenauer.

IV. Oberste cretacische Schichten = Hachauer Sandsteine.[1]

Das Profil des Vorder-Rissgrabens[2] beginnt:

1. mit sehr thonreichen, massigen, bergfeucht schwarzgrauen Sandschichten[3]. Darin finden sich Brocken oder Linsen eines harten, grossglimmerigen, glaukonitarmen Sandsteins mit groben Quarzkörnern und Kohlenbestandtheilen. Die Hauptmasse besteht aus Austernbruchstücken, so dass diese Linsen eine echte Muschelbreccie darstellen. Von den Austern waren nur *Ostrea acutirostris* Nilsson und *Gryphaea vesicularis* Lam. bestimmbar.

2. Weiter oben stehen kalkarme und kalkreiche, zum Theil grobkörnige Sandsteine an, die mit zahlreichen grossen, weissen Glimmerblättchen und kohligen Pflanzenresten erfüllt sind, stellenweise auch Glaukonit führen und vereinzelt dicke, stengelartige Concretionen enthalten. Darauf folgt nach einer Schuttbedeckung, unter der wohl die Grenze zwischen Kreide und Eocaen zu vermuthen ist, Untereocaen.

In diesen Sandsteinen fanden sich zahlreiche Exemplare von *Gryphaea vesicularis* in der kleinen Abart, wie sie die Gosau aufweist[4], dann *Exogyra Matheroniana* d'Orb. var. *auricularis* Lam, *Gryphaea sublaciniata* Reis sp., *Vola quinquecostata* Sow. sp., sowie einzelne Haifischzähne. Die Schalen sind zwar meist ausgelaugt und nur die Abdrücke, aber diese recht gut erhalten.

Im Schellenbachgraben (vergl. Profil C, 11) folgen auf die Gerhardtsreuter Mergel grossglimmerige, feinsandige, thonärmere Schichten mit vielen feinkörnigen, verkieselten, bezw. verkalkten, unregelmässigen Linsen, die sich nach oben zu 1—5 dm mächtigen, härteren Bänken schliessen; an einzelnen Stellen zeigen letztere dunkle Flecken (Algenflecken?). In der untersten Region sind isolirte Brocken oder Linsen eines Sandsteins bemerkbar, welcher die Eigenschaften von 1 und 2 im Vorder-Rissgraben in sich vereinigt.

Die Schichten unter 1 und 2 im Vorder-Rissgraben sind als das oberste Kreideglied unseres Gebietes

---

[1] Durch ein bedauerliches Versehen blieb in meiner Arbeit: Die Kreide- und Eocaenbildungen am Stallauer Eck etc. unerwähnt, dass Herrn Dr. O. M. Reis, Assistent am Kgl. Oberbergamt zu München, das Verdienst gebührt, die von ihm in der Siegsdorfer Gegend entdeckten „Hachauer Schichten" (vergl. Reis: Die Fauna der Hachauer Schichten. I. Gastrop. p. 68) auch in meinem Gebiet erkannt zu haben. Er hatte mich bei der Deutung und Gliederung der Eocaenschichten am Enzenauer Kopf, sowie bei der Bestimmung der Eocaenfossilien in bereitwilligster Weise unterstützt.

[2] v. Gümbel's Oberenzenauer Graben südöstlich von Oberenzenau (Geognost. Beschreibung des bayer. Alpengeb. p. 638 mit Profilzeichnung, Taf. XXXVII, 274).

[3] Vergl. die Profilbeschreibung und -zeichnung in: Die Kreide- und Eocaenbildungen etc. p. 62 u. s. f.

[4] v. Zittel: Die Bivalven der Gosaugebilde in den nördöstlichen Alpen. I. Theil, 2. Hälfte. p. 47.

Grünsandstein.   Grünsand-   Pattenauer   Gerhardtsreuter   Schutt-   Flysch.
Uebergangsschicht.   Mergel.   Mergel.   bedeckung.

Maassstab 1 : 2500.

a) Ostseite des Grabens.

Am Blomberg erscheint als Felskopf

1. Grünsandstein,[1] der gegen Osten sehr bald unter dem Gehängeschutt verschwindet; daran schliessen sich südlich

2. die Uebergangsschichten (vergl. die lithologische Charakteristik p. 6);[2] darauf folgt in einem östlich aufwärts ziehenden Gräbchen

3. Pattenauer Mergel; normal darüber treten oben am Grabenrand

---

[1] Rms: Erläuterungen zu der geologischen Karte der Vorderalpenzone. p. 6 u. s. f.

[2] Vielleicht gehört ein Theil dieser Schicht zum Untereocaen, das durch eine Stollenanlage neuerdings am Blomberg blossgelegt wurde, worüber A. Rothpletz a. a. O. berichten wird.

[3] Das Profil ist längsschief durch den Graben gelegt, so dass links der Cementbruch der Westseite sichtbar ist. Es theilt sich in der südlichen Hälfte des Stallauer Bachs und sind beide Theile perspektivisch über einander gezeichnet.

Bemerkung zu sämmtlichen Profilzeichnungen. Die Profile sind in dreifachem Maassstab der Katasterblätter gezeichnet und um ¹/₃ verkleinert; der Maassstab (1 : 2500) ist natürlich der der reducirten Grösse. Die Felsköpfe des Grünsandsteins und des Enzenauer Marmors (Eocaen) sind etwas überhöht.

4. die Gerhardtsreuter Mergel heraus, die sich schon durch ihre viel dunklere Färbung bemerkbar machen. Die Schichten dieser beiden Mergel scheinen saiger zu stehen; sie haben bis jetzt sehr wenig Versteinerungen geliefert. Hier finden fortwährend kleine Rutschungen statt, was den Einblick in die Schichtenverhältnisse wesentlich erschwert; dann abermals

5. Uebergangsschichten zum

6. zweiten Grünsandstein, der am Grabenhang sehr schwach ausgebildet ist. Ein Anstehen im Bachbett, zu dem wir jetzt übergehen, gehört ohne Zweifel dem gleichen Complexe an. Diesem folgen daselbst

7. Uebergangsschichten, auf die normal die Pattenauer Mergel kommen sollten; statt dessen steht etwas weiter oben im Bach nochmals Grünsandstein an, der aber ungefähr nordsüdlich streicht und östlich einfällt. Er ist in Contact mit Gerhardtsreuter Schichten, die von Osten her in seine Fugen eingeklemmt sind; zwischen beiden verläuft eine Verwerfung, infolge welcher Uebergangsschichten und Pattenauer Mergel fehlen. Ferner sind am Grabenhang

8. die eben erwähnten Gerhardtsreuter Schichten sehr gut aufgeschlossen, sehr sandige, glimmerreiche Mergel mit einer Einlagerung von harten Kalkbänken. Streichen N 60 O, Einfallen 65 ° S. In diesen Mergeln konnte ich eine ganze Anzahl typischer Gerhardtsreuter Fossilien sammeln (*Scaphites*, *Solarium* etc.).

Auf einer grösseren Strecke bedeckt nun tiefer Schutt das anstehende Gestein, bis weiter oben hinter einem Bachsteg

9. der Flysch als Abschluss unseres Profils erscheint.

b) Westseite des Grabens.

Hier beginnt das Profil

1. mit dem Pattenauer Mergel, dem Grünsandstein unter 1 auf der Ostseite des Grabens gegenüber. Ein darin angelegter, im Betrieb befindlicher Cementbruch lieferte neben zahlreichen Foraminiferen (*Haplophragmium*) und Belemnitellen sehr gut erhaltene Exemplare von Inoceramen, Nautiliden und Ammoniten. Die Schichten streichen N 60 O und fallen mit 70° nach Süden ein. Nun folgen

2. die Uebergangsschichten zum

3. Grünsandstein, der nur wenig aufgeschlossen ist und dem Grünsandstein unter 1 der Ostseite entspricht. In einem westlichen Seitengraben kommt in südlicher Folge

4. Pattenauer Mergel zum Vorschein (vergl. 3 des Profils auf der Ostseite); daran reiht sich (die zu erwartenden Uebergangsschichten sind verdeckt)

5. abermals Grünsandstein mit einem alten Steinbruch. Die weitere Schichtenfolge nach Süden ist durch tiefen Schutt verhüllt.

Profil B I.[1] am Stallauer Eck.

Westlich von jener auf p. 8 erwähnten grossen, schon von der Strasse (zwischen den Kilometersteinen 6,5 und 7,0) aus sichtbaren Abrutschstelle im Pattenauer Mergel ziehen mehrere wenig tiefe Gräben vom Stallauer Eck herab, die meist mit spärlichem Wasserlauf die Strasse Tölz—Benedictbeuern kreuzen.

---

[1] Das Profil ist am Stallauer Eck nach O. abgeknickt, und beide ostwestlich von einander liegende Theile sind getrennt perspektivisch über einander gelegt.

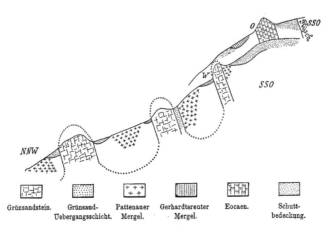

Grünsandstein. Grünsand- Pattenauer Gerhardtsreuter Eocaen. Schutt-
Uebergangsschicht. Mergel. Mergel. bedeckung.

In einem der Gräben treten ziemlich weit unten

1. Pattenauer Mergel auf; dann kommt in südlicher Folge (die Uebergangsschicht ist verdeckt, siehe Profil C, 2)

2. Grünsandstein, mächtig entwickelt, schon durch die sehr steile Böschung des Gehänges angedeutet; dieser gehört dem nördlichen (I.) Längszug des Grünsandsteins an, den weiter westlich mehrere Steinbrüche aufschliessen. (Vergl. Verbreitung des Grünsandsteins). Darnach

3. abermals Pattenauer Mergel (Uebergangsschicht im überwachsenen Terrain nicht festzustellen), sehr mächtig. Im Graben mit bedeutendstem Mergelaufschluss zeigen sich unten hellere, gelblichgraue, etwas kalkigere Lagen, weiter oben dunklere, blaugraue, thonreichere Mergel mit Belemnitellen, Inoceramen und Ammoniten. Dieser Mergelzug entspricht in deutlich verfolgbarem Weiterstreichen nach Osten dem Mergel unter 1, der im Cementbruch auf der Westseite des Stallauer Grabens (Profil A) aufgeschlossen ist; hierauf nach Schuttbedeckung wieder

4. Grünsandstein an steilem Gehänge, dem mittleren (II.) Längszug angehörig (im Stallauer Graben, Profil A, Westseite, mit dem unter 3, im Schellenbach, Profil C, mit 7 identisch); darin zahlreiche Steinbrüche zwischen Stallauer und Schellenbach-Graben. Dann sehr deutlich

5. die glaukonitischen Uebergangsschichten mit Belemnitellen und Phosphoritknollen zum

6. Pattenauer Mergel, wenig mächtig; in diesem Mergelzug ist östlich die oben erwähnte grosse Abrutschstelle, wo sich die meisten Ammoniten (*Pachydiscus*, *Hoplites*) fanden. Darüber endlich am Rande einer breiten, sanft nach Süden emporsteigenden, theilweise abgeholzten Terrasse

7. der südliche (III.) Grünsandzug (Profil A, Westseite, 5 im Stallauer Graben), mit dünner Bank von *Gryphaea vesicularis*; er kommt nur wenige Meter mächtig unter der Bedeckung hervor, ist aber

Weiter westlich in einem grossen Steinbruch (Profil B II, 7) wieder sehr mächtig aufgeschlossen. Darauf nochmals

8. Pattenauer Mergel.

Nun ist das Profil weiter nach Osten gerückt und unmittelbar über der grossen Abrutschstelle, welche zweifellos 6 dieses Profils entspricht, nach oben fortgesetzt. Die eben erwähnte Terrasse ist hier stellenweise sumpfig, 7 und 8 lokal verdeckt. Zunächst zeigt ein kleiner Aufschluss

9. glimmerreiche, dunkle Mergel, wohl Gerhardtsreuter Schichten, ohne Versteinerungen; dann ragt nach Schuttbedeckung als eine kleine Kuppe

10. Eocaen (Enzenauer Marmor) heraus; südöstlich davon folgt endlich

11. Flyschsandstein mit sehr grossen, dunklen Flecken, vielem Glimmer und kleinen kohligen Partieen (Holzreste); sein Anstehen scheint jedoch nicht ganz sicher.

Profil B II. am Stallauer Eck.

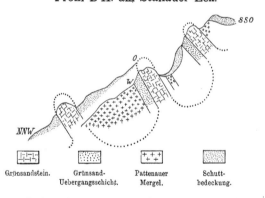

Grünsandstein.   Grünsand-   Pattenauer   Schutt-
Uebergangsschicht.   Mergel.   bedeckung.

Der im vorigen Profil erwähnte nördliche (I.) Grünsandzug lässt sich in westlicher Richtung fast ununterbrochen bis zum Schellenbachgraben verfolgen. Man stösst jenseits eines etwas tieferen Grabens, der sein Wasser von dem sogen. „Rohrbrunnen" erhält, in diesem Zug auf einen grossen, dichtbewaldeten, alten Steinbruch, von dem aus das Profil der südlich anschliessenden Complexe deutlich erkennbar ist. Wir haben

1. Grünsandstein; auf diesen folgt einen grossen Hang hinauf

2. Pattenauer Mergel (Inoceramen, Belemnitellen) mit Abrutsch (vergl. Verbreitung dieser Mergel p. 16), der von einem angeblichen Cementbruch aus stattfand; hierauf

3. sehr deutlich entwickelte Uebergangsschichten, ebenfalls mit *Belemnitella*, denen

Profil C. Schellenbachgraben[2]

(v. Gümbel's[3] „Heilbronner Graben") zwischen dem Stallauer Eck und Enzenauer Köpf.

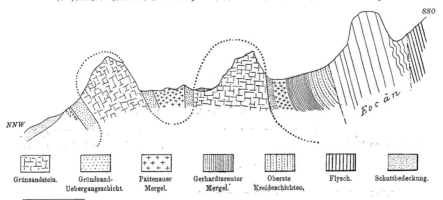

| Grünsandstein. | Grünsand-Uebergangsschicht. | Pattenauer Mergel. | Gerhardtsreuter Mergel. | Oberste Kreideschichten. | Flysch. | Schuttbedeckung. |

[1] Hier besonders sehr dichte Waldbedeckung.

[2] Ich gebrauche diesen und andere Namen, wie ich sie von den Bewohnern der Gegend erfuhr und auch zum Theil auf den Katasterblättern des Gebietes fand.

[3] Geogn. Beschreibung des bay. Alpengeb. p. 550, 633 u. 634.

Den besten Einblick in den Graben bietet der Westhang und das Bachbett „in Schritt für Schritt zu verfolgenden Schichtenentblössungen"[1]. Eingeleitet wird das Profil

1. durch einen kleinen Aufschluss[4] von Pattenauer Mergeln, die unmittelbar am Bachbett nur wenig, 1,0 m höher recht gut aufgeschlossen sind (vergl. Profil B I, 1). Die obere Grenze ist durch eine schwache Zone von reichlichen Kalkspathgängen deutlich gekennzeichnet. Darauf

2. Uebergangsschichten, durch eine Region mit *Gryphaea vesicularis* nach oben abgeschlossen; das Ganze 6—8 m mächtig. Streichen ostwestlich, Einfallen 70° N (?). In einer mächtigen Kuppe erhebt sich nun

3. der Grünsandstein (vergl. Profil B I, 2), sehr zerklüftet, mit ostwestlichem Streichen. Das zuerst schwach erkennbare südliche Einfallen wird in der oberen Region deutlich in einem Steinbruch, wo eine Fossilienbank mit *Gryphaea vesicularis* und Bivalvensteinkernen (*Cucullaea* cfr. *subglabra*) die Lagerung anzeigt. Der ganze Complex ist 50—60 m mächtig; bei dem südlichen Einfallen dürfte die reducirte Mächtigkeit dieses Aufschlusses 40 m nicht überschreiten. Daran schliessen sich

4. Uebergangsschichten und zwar zuunterst etwas glimmerhaltige, sehr glaukonitische, dann weniger glaukonitreiche Mergel, zusammen etwa 2 m, hierauf eine Zone mit eisenschüssigen Kalkknöllchen, ca. 3 m; endlich glaukonitische Mergel mit massenhaften Phosphoritknollen, 1 m. Von unten nach oben wird die Schichtung dünnbankiger. Jetzt folgt mit plötzlich starker Abnahme des Glaukonitgehaltes und häufigem Auftreten von Inoceramen-Bruchstücken

5. Pattenauer Mergel mit *Haplophragmium* und *Belemnitella*, der allmählich ganz glaukonitarm und zuletzt glaukonitleer wird. Streichen westöstlich, Einfallen zuerst 45°, später 70° südlich; 30—35 m mächtig. Dann kommen abermals

6. Uebergangsschichten, ca. 1,5 m; hierauf

7. der zweite Grünsandstein, der wie der erste eine mächtige Kuppe[3] bildet. An ihrem Fuss ist, den Schichten von 6 genähert, ein schwaches Gryphaeenlager zu bemerken, das sich nach der oberen Grenze zu wiederholt; auch hier Bivalvensteinkerne. Dazwischen ist eine versteinerungslose Zone festen Grünsandsteins. Dieser Complex wird nach oben geschlossen

8. durch eine von dem Grünsandstein kaum getrennte Fossilienregion, deren unterste Individuen noch dem Grünsandstein eingebettet sind. Diese Region, im Gesteinscharakter an die Schichten von 2, 4 und 6 dieses Profils erinnernd, hat 3 auskeilende Fossilienlager, die indessen durch kleine Partieen typischen Grünsandsteins getrennt werden. Hier ist das Hauptlager der *Gryphaea vesicularis* und zahlreicher Bivalvensteinkerne. In den weicheren Partieen wurden auch *B. mucronata* und *I. Cripsi* gefunden. Wie unter 4 eine oberste Zone glaukonitischer Mergel mit Phosphoritknollen von den darunter liegenden Schichten der Uebergangsregion getrennt ist, so zeigt sich auch hier eine obere mergelige Stufe, in der *B. mucronata* besonders häufig ist. 7 und 8 bilden ca. 35 m mächtige Schichten, die senkrecht stehen. Scharf hievon getrennt folgen.

---

[1] v. GÜMBEL l. c. p. 550.

[2] Dieser Aufschluss war im Frühling 1896 durch einen Abrutsch des Diluvialschuttes sichtbar. Häufig vorkommende Bergrutsche an den Gehängen, sowie Verbauungen im Bachbett durch Holzsperren verändern mitunter ganz wesentlich das Bild unserer Profile.

[3] An dieser Stelle, im Volksmund das „Rabenloch" genannt und auch auf dem Katasterblatt so bezeichnet, ist ein kleiner Wasserfall mit Erosionserscheinungen.

11. die obersten Kreideschichten (s. Capitel IV. Hachauer Sandsteine). Die Schichten 10 und 11 sind ca. 30 m mächtig, streichen westöstlich und stehen fast senkrecht.

In der halben Höhe des südwestlichen Gehänges ist die Grenze zwischen den letztgenannten Kreide- und den nun folgenden Eocaenschichten recht gut zu beobachten. Hier ist eine starke Längsverwerfung; denn es fehlen die im Vorder-Rissgraben zum Vorschein kommenden Schichten des unteren Eocaen und die des mittleren zum grossen Teil. Gegen die Verwerfungsspalte zeigen die Schichten von 11 eine unregelmässig dickblätterige, schlierige Struktur (infolge der Rutschflächen) und Eisenschnüre; sie stossen unmittelbar an die

12. Eocaenbildungen[1] an, die jenseits der erwähnten Verwerfungslinie beginnen. Den Abschluss des Profils macht

13. der Flysch, ausgebildet als dünnbankiger Sandstein, der viel weissen Glimmer, Quarzsand und Kohlentheilchen enthält (Streichen N 50 O, Einfallen 75° S).

---

[1] Die Kreide- und Eocaenbildungen am Stallauer Eck. p. 61 u. s. f.

II.
Palaeontologischer Theil.

Foraminifera[1].

Gattung: **Haplophragmium** REUSS.
Haplophragmium grande REUSS sp.

1899. J. G. EGGER: Foraminiferen und Ostrakoden etc. p. 144 und 198. T. III, F. 14—16.

Vorkommen[2]: Häufig im Pattenauer Mergel, selten in den Gerhardtsreuter Schichten.

EGGER führt aus dem Pattenauer Mergel vom Stallauer Eck ausser dieser Species noch H. inflatum REUSS (p. 143) und H. irregulare RÖMER (vergl. die tabellarische Uebersicht l. c. p. 198) an. EGGER'S Specialuntersuchungen ergaben 34 Foraminiferen-Arten im Pattenauer Mergel am Stallauer Eck (l. c. p. 201).

Fundort: Stallauer und Schellenbach-Graben, Stallauer Eck.

Sonstige Vorkommnisse: Diese sind für die Kreidemergel der oberbayerischen Alpen bei EGGER aus der eben erwähnten tabellar. Uebersicht p. 198 zu ersehen. Nach GÜMBEL[3] tritt H. grande ungemein häufig in den mergeligen Zwischenlagen des obercretacischen Grünsandsteins am Burgbühl bei Oberstdorf auf, den v. ZITTEL[4] nach den organischen Einschlüssen der obersten Kreide zutheilte; nach REUSS[5] ist es nicht selten in den Gosaumergeln von Grünbach an der Wand bei Wiener-Neustadt.

Spongiae.

Gattung: **Ventriculites** MANTELL.
Ventriculites striatus T. SMITH.

1848. Ventriculites striatus T. SMITH, teste ZITTEL, Studien über fossile Spongien, Abhandl. bayr. Akad. der Wissensch. 1877. p. 50.

Ein verkiestes und in Brauneisenstein umgewandeltes Bruchstück wurde hieher gestellt.

Vorkommen: Grünsandstein.

Fundort: Stallauer Eck.

---

[1] Die Anordnung der Genera erfolgt nach v. ZITTEL: Grundzüge der Palaeontologie. 1895. — Das gesammte beschriebene und abgebildete Material befindet sich im Münchner Staats-Museum = M. St.-M. in folgenden Ausführungen abgekürzt.

[2] In der Beschreibung der Arten bezieht sich Vorkommen und Fundort auf das von mir untersuchte Gebiet. Bei den für die Stratigraphie mehr oder minder wichtigen Arten sind ausserdem unter „Sonstige Vorkommnisse" Horizonte und Fundpunkte aus andern alpinen Gebieten erwähnt; bei den meisten Fossilien aus dem Grünsandstein wurde auch das Auftreten in ausseralpinen Ablagerungen berücksichtigt.

[3] Nachträge zu der geogn. Beschreibung d. bayer. Alpengeb. Geogn. Jahresh. 1888. p. 167.

[4] Palaeontolog. Notizen über Lias-, Jura- und Kreideschichten. Jahrb. d. k. k. geolog. Reichsanstalt. Bd. 18. p. 610. — Vergl. auch REIS: Erläuterungen zu der geolog. Karte der Vorderalpenzone zwischen Bergen und Siegsdorf. p. 8 u. 18.

[5] Beiträge zur Charakteristik der Kreideschichten in den Ostalpen. p. 69.

Anthozoa.

Gattung: **Trochocyathus** M. EDWARDS et HAIME.

Trochocyathus carbonarius REUSS.

1891. JOH. BÖHM: Die Kreidebildungen des Fürbergs etc. Palaeontogr. Bd. 38. p. 103. T. 4, F. 20, a.

Obwohl das vorliegende Material nur mangelhaft erhalten ist, ergab der Vergleich mit den Siegsdorfer Originalen BÖHM's die vollständige Uebereinstimmung.

Vorkommen: In den Gerhardtsreuter Schichten nicht selten.

Fundort: Stallauer und Schellenbach-Graben.

Sonstige Vorkommnisse: In den Gosaumergeln nach REUSS[1], im Gerhardtsreuter Graben und
Pattenauer Stollen nach JOH. BÖHM.

Trochocyathus mamillatus v. GÜMBEL.

1861. V. GÜMBEL: Geogn. Beschreibung d. bay. Alpengeb. p. 569.

1891. JOH. BÖHM: Die Kreidebildungen des Fürbergs etc. p. 102. T. 4, F. 19, a, b.

Ueber die Zugehörigkeit der vorliegenden Formen zu dieser Art besteht kein Zweifel; im übrigen
sei auf die Beschreibung bei den in der Synonymie genannten Autoren hingewiesen.

Vorkommen: Vereinzelt in den Gerhardtsreuter Schichten.

Fundort: Stallauer Graben.

Sonstige Vorkommnisse: Gerhardtsreuter Graben.

Echinodermata.

Gattung: **Echinocorys** BREYN.

Echinocorys vulgaris BREYN.

1882. Wright: Monograph on the fossil Echinodermata from the cret. form. Palaeontogr. Soc.

Es liegt eine Jugendform dieser Art vor, an welcher die Schale zum Theil erhalten ist; ausserdem
fanden sich noch einige Tafeln eines grösseren Individuums.

Vorkommen: Pattenauer Mergel.

Fundort: Stallauer Eck.

Sonstige Vorkommnisse: Nach Böhm (l. c. p. 98) findet sich *E. vulgaris* var. *ovata* im Gerhardtsreuter Graben, Pattenauer Stollen, Nierenthalmergel des nördlichen Fürbergabhangs; *E. vulgaris* var.
gibba im Nierenthalmergel an der Disselbachmündung und im zweiten Seitenast des Habachs; nach v. ZITTEL[2]
im Grünsandstein am Burgbühl bei Oberstdorf, nach v. GÜMBEL in den Seewermergelschiefern der Algäuer
Alpen[3], sowie im Schossbach- und Nierenthalgraben[4].

---

[1] Beiträge zur Charakteristik der Kreideschichten in den Ostalpen. p. 80.
[2] Palaeontolog. Notizen über Lias-, Jura- und Kreideschichten. p. 610.
[3] Nachträge etc. Geogn. Jahreshefte. 1888. p. 164.
[4] Geologie von Bayern. p. 243.

Gattung: **Micraster** AG.

Micraster sp.

Ein kleiner, verdrückter Seeigel liess sich nur der Gattung nach bestimmen,

Vorkommen: Grünsandstein.

Fundort: Stallauer Eck.

Vermes.

Gattung: **Serpula** LINNÉ.

Serpula antiquata SOWERBY.

1829. SOWERBY: The Mineral Conchology of great Britain. p. 202. T. 598, F. 4.

Das nur wenig gebogene, kleine Bruchstück stimmt mit der von SOWERBY gegebenen Beschreibung und Abbildung dieser Art im wesentlichen überein. Wie diese, zeigt es in unregelmässigen Abständen schwache, bandartige Querwülste oder Ringe. Mundöffnung nicht erhalten.

Vorkommen: Grünsandstein.

Fundort: Stallauer Eck.

Serpula cfr. ampullacea SOWERBY.

1872—75. GEINITZ: Das Elbthalgebirge in Sachsen. Palaeontogr. Bd. 20. I. Theil. p. 284. T. 63, F. 10—12. II. Theil. T. 37, F. 6—9.

Ein aus mehreren unregelmässig gewundenen Umgängen bestehender Steinkern zeigt länglich runden Querschnitt; die Mundöffnung fehlt. Die Beschaffenheit des Exemplars gewährt keinen Anhaltspunkt, auf welcher Unterlage es aufgewachsen war. Ein Abschnitt desselben ist gekörnelt, was „eine Folge ist von der Durchkreuzung zahlreicher, feiner, oft undeutlicher Längslinien mit mehr oder minder deutlichen Anwachslinien"[1]. Aus diesem Grunde wurde das Stück zu *S. ampullaeea* gestellt.

Vorkommen: Grünsandstein.

Fundort: Stallauer Eck.

Brachiopoda.

Gattung: **Thécidea** DEFR.

Thecidea Rothpletzi JOH. BÖHM.

1891. JOH. BÖHM: Die Kreidebildungen des Fürbergs. p. 93. T. 4, F. 27, a, b.

Die von mir gesammelten Exemplare stimmen mit den Originalen dieser Art im M. St.-M. überein.

Vorkommen: Nicht selten im Pattenauer Mergel.

Fundort: Stallauer Eck.

Sonstige Vorkommnisse: Pattenauer Stollen, Nordfuss des Fürbergs (JOH. BÖHM l. c.).

---

[1] GEINITZ (l. c.) I. Theil. p. 284.

Gattung: Terebratula KLEIN.

Terebratula sp.

Unter den im Grünsandstein sehr häufigen, meist nicht einmal der Gattung nach bestimmbaren Steinkernen finden sich auch einige von Terebrateln, über deren Artzugehörigkeit sich wegen ihrer schlechten Erhaltung nichts sagen lässt.

Lamellibranchiata.

Aviculidae LAM.

Gattung: Avicula KLEIN.

Avicula cfr. pectinoides REUSS.

1845—46. REUSS: Versteinerungen der böhmischen Kreideformation. II. Th. p. 23. T. 32, F. 8, 9.
1887. FRECH: Die Versteinerungen der untersenonen Thonlagen zwischen Suderode und Quedlinburg. Zeitschr.
d. Deutsch. geolog. Gesellsch. Bd. 39. p. 156. T. 14, F. 6—7.
1889. HOLZAPFEL: Die Mollusken der Aachener Kreide. Palaeontogr. Bd. 35. p. 226. T. 25, F. 20.

Höhe 9 mm, Länge des Schlossrandes 13 mm.

Ein Steinkern der rechten Klappe ist von schräg vierseitiger Gestalt und schwach gewölbt; vor der Mitte des langen, geraden Schlossrandes liegt der kleine, stumpfe Wirbel. Das vordere Ohr ist kurz, gerundet dreieckig (nicht so ausgezogen wie auf Taf. 14, Fig. 6 bei FRECH l. c.) und vom gewölbten Theil abgesetzt, der dagegen allmählich zum grösseren hinteren Ohr übergeht. Auf dem Mitteltheil verläuft schräg nach hinten vom Wirbel zum Unterrand eine deutliche Kante, die auf den citirten Abbildungen und dem zur Verfügung stehenden Vergleichsmaterial nicht zu sehen ist. In der Grösse stimmt unser Stück nur mit dem bei HOLZAPFEL abgebildeten völlig überein.

Vorkommen: Grünsandstein.
Fundort: Stallauer Eck.

Pectinidae LAM.

Gattung: Pecten KLEIN.

Pecten spathulatus ADOLF RÖMER.

1891. *Syncyclonema spathulata* AD. RÖMER sp, in JOH. BÖHM: Die Kreidebildungen des Fürbergs. p. 85. T. 3, F. 37, a, b.
1897. *Pecten membranaceus* NILSS, in HENNIG: Revision af Lamellibranchiaterna i NILSSONS „Petrificata suecana etc."
p. 37. T. 3, F. 6, 7, 8.

Höhe 51 mm, Breite [49] mm.

Ich fand ein Schalenbruchstück, sowie den Abdruck einer linken Klappe von ansehnlicher Grösse mit dürftigen Schalenresten. Ohren gut erhalten; die Schlosskanten stossen in einem Winkel von ca. 118° zusammen.

Vorkommen: Pattenauer Mergel.

Fundort: Cementbruch im Stallauer Graben.
Sonstige Vorkommnisse: Gerhardtsreuter Graben, Pattenauer Stollen.

Gattung: Amussium KLEIN.
Amussium inversum NILSS. sp.

1891. JOH. BÖHM: Die Kreidebildungen des Fürbergs etc. p. 85. T. 3, F. 36, a, b.
1897. *Pecten inversus* in HENNIG: Rev. af Lamellibranchiaterna i „NILSSONS Petrif. suecana etc." p. 37. T. 2, F. 15, 16.

Unsere Exemplare sind 9—10 mm hoch und breit; die Siegsdorfer (JOH. BÖHM l. c.) überschreiten die Höhe von 6 mm nicht, bei einigen kommt die Länge der Höhe gleich, bleibt meist aber um ein geringes zurück. Nach HENNIG (l. c.) werden die Exemplare von Köpinge 7 mm hoch und breit. Der Erhaltungszustand unserer Stücke ist mangelhaft, die äussere Skulptur durchweg zerstört, so dass nur die Innenschicht mit den 10—11 starken Radialrippen oder auch nur der gefurchte Steinkern vorhanden ist. Die Furchen sind entweder ganz oder theilweise durch Rippen ausgefüllt, die sich von der Innenseite der Schale losgelöst haben, so wie es GRIEPENKERL[1] beschreibt.

Vorkommen: Gerhardtsreuter Schichten, häufig.
Fundort: Schellenbachgraben.
Sonstige Vorkommnisse: Gerhardtsreuter Graben, Pattenauer Stollen.

Gattung: Vola KLEIN.
Vola quadricostata Sow. sp.
Taf. I, Fig. 8—9.

1864—65. *Janira quadricostata* Sow. sp. in v. ZITTEL: Die Bivalven der Gosaugebilde in den nordöstl. Alpen. I. 2. p. 89. T. 18, F. 4 a—h.

Von dieser charakteristischen Senonspecies wurden zwei unvollständige Exemplare im Grünsandstein gefunden. Ihre Höhe beträgt 47, ihre Länge 38 mm; sie gleichen somit in der Grösse den meisten norddeutschen und französischen Formen. Ausserdem liegen drei gewölbte Klappen vor, die in den Steinkern eines grossen *Nautilus Neubergicus* aus dem Pattenauer Mergel eingebettet sind. Diese sind nur 21 mm hoch und 16 mm lang. Ihre Oberfläche zeigt die bekannte Berippung: zwischen den Hauptrippen drei schwächere Rippen, von welchen die mittlere durchweg stärker entwickelt ist. Auf einem Exemplar wird die Hauptrippe von einer Nebenrippe begleitet. Aus dem Pattenauer Mergel liegt ferner noch eine recht gut erhaltene linke Klappe vor, annähernd so gross wie die erwähnten Oberschalen.

Vorkommen: Grünsandstein, Pattenauer Mergel.
Fundort: Stallauer Eck, Cementbruch im Stallauer Graben.
Sonstige Vorkommnisse: *V. quadricostata* kommt an verschiedenen Stellen der Alpen in der oberen Kreide vor, so vor allem in der Gosau; unsere Exemplare des Pattenauer Mergels stimmen mit solchen aus der Gosau im M. St.-M. vollkommen überein. FUGGER und KASTNER[2] führen sie aus den sogenannten Glanecker, REIS (l. c. p. 99) aus den Hachauer Schichten von Hachau und Hoergering an.

---

[1] Die Versteinerungen der senonen Kreide von Königslutter. p. 45 u. 46.
[2] Naturwissenschaftliche Studien und Beobachtungen aus und über Salzburg. p. 110.

Vola quinquecostata Sow. sp.

1812. *Pecten quinquecostatus* Sowerby: Min. Conch. p. 122. T. 56, F. 4–8.

Mehrere Steinkerne der gewölbten und flachen Schale dieser Art geben zu weiteren Bemerkungen keinen Anlass.

Vorkommen: Hachauer Schicht.

Fundort: Vorder-Rissgräben.

Sonstige Vorkommnisse: Hoergering und Hachau[1].

Limidae d'Orb.

Gattung: Lima Brug.

Lima canalifera Goldfuss.

Taf. III, Fig. 10.

1834—40. Goldfuss: Petref. Germ. II. Th. p. 89. T. 104, F. 1a—c.

Unter den vorliegenden Exemplaren sind einige mit fast vollständiger Schalenoberfläche erhalten; alle zeigen den typischen Umriss des Goldfuss'schen Originals im M. St.-M. aus dem mittleren Pläner (Eisbuckelschichten) von Regensburg. Sämmtliche Exemplare sind höher als lang; doch ist das Verhältniss zwischen Länge und Höhe ein wechselndes (29:31, 35:44). An einigen ist das vertiefte lanzettförmige Feld sichtbar, auf dem die feinen Anwachsstreifen deutlich zu sehen sind; dagegen sind bei allen die Ohren abgebrochen. Die Oberfläche ist mit 20—22 hohen, flachrückigen, kräftigen Längsrippen bedeckt, welche durch ebenso breite oder auch etwas breitere, am Grunde schwach gerundete Zwischenfurchen getrennt sind.

Vorkommen: Grünsandstein, nur in den tieferen Lagen.

Fundort: Nicht selten in dem ersten Steinbruch östlich vom Schellenbachgraben (nördlicher Grünsandzug, p. 8 u. 36).

Sonstige Vorkommnisse: Im senonen Grünsandstein des Leitzachthals[2], in den Marterbergschichten bei Giglmörgen (Ortenburg)[3]; G. Müller gibt sie von Ilsede[4], Lundgren aus der Mammillaten- und Mucronatenkreide Schwedens[5] an. Ausführlich verbreitet sich Geinitz[6] über das Vorkommen von *L. canalifera* in seinem „Elbthalgebirge", indem er ihre grosse Häufigkeit in den senonen Ablagerungen Norddeutschlands und im Quadersandstein des Elbthals betont[7].

Gattung: Limea Bronn.

Limea nux v. Gümbel sp.

1861. *Lima nux* in v. Gümbel: Geogn. Beschreibung des bay. Alpengeb. p. 570, 575.

1891. Joh. Böhm: Die Kreidebildungen des Fürbergs etc. p. 87. T. 3, F. 34, a.

---

[1] Reis: Die Fauna der Hachauer Schichten II. Lamellibranchiaten. p. 99.

[2] Die Kreideablagerungen im Leitzachthal etc. p. 384.

[3] C. Gerster: Die Plänerbildungen um Ortenburg bei Passau. p. 49.

[4] Die Molluskenfauna des Untersenon. p. 29.

[5] List of the fossil faunas of Sweden. III. Mesozoic. p. 13.

[6] Elbthalgebirge etc. Palaeontogr. Bd. 20. II. Th. p. 40.

[7] Vergl. auch Drescher: Ueber die Kreide-Bildungen der Gegend von Löwenberg. p. 306 u. a. O.

Die Stücke stimmen vollständig mit den Originalen Böhm's überein, der sie in seiner Arbeit (l. c. p. 30 u. 88) vom Stallauer Eck erwähnt[1].

Vorkommen: Gerhardtsreuter und Pattenauer Schichten, sehr selten.

Fundort: Schellenbach- und Stallauer Graben, Stallauer Eck.

Sonstige Vorkommnisse: Gerhardtsreuter Graben, Pattenauer Stollen.

Pernidae v. Zittel.

Gattung: **Inoceramus** Sow.

Inoceramus Cripsi Mantell.

1822.	Mantell: Geology of Sussex. p. 133. T. 27, F. 11.
1834—40.	Goldfuss: Petref. Germ. II. Th. p. 116. T. 112, F. 4a—d.
1863.	Schafhäutl: Lethaea geogn. p. 154. T. 41, F. 4.
1877.	Schlüter: Kreidebivalven. Zur Gattung Inoceramus. Palaeontogr. Bd. 24. p. 277.

Schafhäutl hat aus dem „grünlichen Sandstein des Blömbergs (?) am Stallauer Eck" ein Exemplar dieser im Senon allgemein verbreiteten Species beschrieben und abgebildet, das der Sammlung des Majors Faber angehörte. Einen Gipsabguss des Stückes besitzt das M. St.-M.; wohin das Original und überhaupt die erwähnte Sammlung (Strassburg ?) kam, gelang mir nicht zu ermitteln. Vier weitere Steinkerne, darunter zwei von mir gesammelte, liegen aus dem Grünsandstein vor. *I. Cripsi* ist darin selten, um so häufiger aber in den Pattenauer Mergeln, vielfach allerdings nur in Bruchstücken, vereinzelt auch in fast vollständigen Exemplaren und zwar in kleinen und mittelgrossen Formen (Länge 18—120 mm, Höhe 15—70 mm). Obwohl sich bis jetzt neben einigen unvollständigen, beschalten Stücken nur Steinkerne fanden, wie das in den Alpen meist der Fall zu sein scheint, so lassen die an den Stallauer Exemplaren hervortretenden Merkmale, wie querovaler Umriss, langer, gerader Schlossrand, schwache Wölbung der Schale, concentrische, halbkreisförmige, meist etwas scharfe Rippen, keinen Zweifel über ihre Zugehörigkeit zu *I. Cripsi*. Auf den beschalten Bruchstücken sind ferner die feinen, dichten Anwachsstreifen bemerkbar und auf einem derselben wellig gebogene Querrunzeln zwischen den Rippen.

Vorkommen: Grünsandstein, Pattenauer Mergel.

Fundort: Stallauer Eck, Schellenbach- und Stallauer Graben (besonders im Cementbruch daselbst sehr schöne Exemplare).

Sonstige Vorkommnisse: Nach Böhm[2] im Pattenauer Stollen; nach Fugger und Kastner[3] in den Glanecker Schichten; nach v. Gümbel im Cementmergel von Marienstein, im Schossbach- und Nierenthalgraben (Nierenthalschichten)[4], sowie in den glaukonitischen Kalken[5] am sogen. Wachsenstein und Jägerhaus unfern Dorf Schliersee (*Inoceramus* aff. *Cripsi*). Grosse Exemplare dieser Species aus dem Cementbruch

---

[1] Vergl. p. 3 dieser Arbeit.

[2] l. c. p. 82.

[3] Naturwissensch. Studien und Beobachtungen etc. p. 111.

[4] Geologie von Bayern. p. 169, 243.

[5] Geologie von Bayern. p. 169. Wahrscheinlich liegt hier eine Verwechslung vor. Bei meinen Kreideuntersuchungen im Schlierseegebiet fand ich in diesen „glaukonitischen Kalken" (Gault?) niemals Inoceramen, dagegen zahlreiche und z. Th. recht gute Stücke in den darüberliegenden Seewerschichten (hellrote und graue Kalke und Mergelschiefer) nächst dem Wachsenstein, z. B. am sogen. Müllerkogel und im Krainsberggraben.

1898). p. 66, 67, 173.

Inoceramus aff. Cuvieri Sow.

1884—40. GOLDFUSS: Petref. German. II. Th. p. 114. T. 111, F. 1a—c.

„Aus dem zweifelhaften Grünsande am Nordfusse des Blombergs bei TÖLZ" gibt v. GÜMBEL[2] neben andern Versteinerungen „*Inoceramus concentricus* PARK. und *Inoceramus (?) cuneiformis* D'ORB." an, dann aus dem „Inoceramen- oder Sewenmergel am Stallauer Eck bei Tölz *Inoceramus cuneiformis* und *Inoceramus Cuvieri* Sow."

Das bereits im M. St.-M. vorhandene, sowie das von mir gesammelte Material enthält ausser dem oben genannten *I. Cripsi* keine der von GÜMBEL aufgezählten Inoceramenarten. Mehrere Stücke aus dem Pattenauer Mergel weichen allerdings von *I. Cripsi* ab und lassen einen Vergleich mit *I. Cuvieri* Sow. zu, ohne dass man sie jedoch mit dieser Art identificiren kann.

Eines der Bruchstücke, das jedenfalls einem grossen Inoceramen angehört, zeigt breite, wenig erhabene Runzeln, sowie feine concentrische Linien. Es stimmt durchaus mit der Abbildung eines Inoceramenfrag- ments in v. ZITTEL's Gosaubivalven, Taf. 15, Fig. 7, überein, das dort als *I.* cfr. *Cuvieri* Sow. bezeichnet ist. — An einem zweiten seitlich zusammengedrückten Bruchstück eines ebenfalls grossen Exemplars sind die concentrischen Rippen sehr weit von einander entfernt und in ungleichmässigen Zwischenräumen ange- ordnet, sowie die Anwachsstreifen ziemlich stark und dichtstehend. — Ein drittes Stück mit theilweise er- haltenem Schlossrand gleicht vollständig einem Inoceramen aus dem grauen Mergel des Pattenauer Stollens, von welcher Lokalität zahlreiche Exemplare im M. St.-M. liegen. Dieses wird STOLLEY[3] gemeint haben, wenn er, nachdem von ihm das bemerkenswerthe Zusammenvorkommen von *Actinocamax quadratus* und *Inoceramus Cuvieri* SOWERBY in der Quadratenkreide von Lägerdorf (Holstein) hervorgehoben, auf Inoceramen „aus der Mucronatenkreide der bayerischen Alpen" hinweist, „welche dem *I. Cuvieri* Sow. sehr ähnlich sehen und am Unterrande das charakteristische Wachsthum zeigen" (l. c. p. 202). Unsere Stücke aus den Pattenauer Mergeln, sowie die zahlreichen Exemplare aus dem gleichen Mergel des Pattenauer Stollens könnten nach einem Vergleich mit den norddeutschen Formen der hiesigen Staatssammlung, besonders mit solchen aus dem Untersenon von Lüneburg, wohl als *I.* aff. *Cuvieri* Sow. bezeichnet werden.

Vorkommen: Pattenauer Mergel.

---

[1] v. GÜMBEL: Nachträge etc. Geogn. Jahreshefte. 1888. p. 172.

[2] Geogn. Beschreibung d. bayr. Alpengeb. p. 567.

[3] Kreide Schleswig-Holsteins. p. 202 und: Einige Bemerkungen über die obere Kreide insbes. von Lüneburg etc. p. 4.

Fundort: Stallauer Eck, Cementbruch im Stallauer Graben.
Sonstige Vorkommnisse: Pattenauer Stollen.

Spondylidae GRAY.

Gattung: **Spondylus** LIN.

Spondylus n. sp. indet.

Länge 55, Dicke 15 mm, Höhe der Unterschale 33, die der Oberschale 25 mm.

Ein Steinkern von länglicher, unregelmässiger Form liegt vor. Das Auszeichnende und von ähnlichen Species (*Sp. lineatus* GOLDFUSS) Unterscheidende besteht in der verhältnissmässig grossen dreieckigen Area und in den geraden, gleichmässigen, äusserst feinen Radialstreifen, die auf den beiden convexen Klappen, namentlich auf der unteren sichtbar sind. Ausser dem geraden Schlossrand ist der Eindruck von mehreren, verschieden breiten Anwachsstreifen auf der Unterschale bemerkenswerth.

Vorkommen: Grünsandstein.

Fundort: Stallauer Eck.

Spondylus cfr. **latus** Sow.

1889. HOLZAPFEL: Die Mollusken der Aachen. Kreide. Palaeontogr. Bd. 35. p. 244. T. 27, F. 11 u. 14 cum syn.

Höhe 40, Breite 37 mm.

Die Unterschale eines Steinkerns ist fast kreisförmig und flach gewölbt, die Oberfläche mit abgeflachten, mässig breiten Rippen bedeckt. Die Zwischenräume sind ebenso breit oder weniger breit als die Rippen. Die Ohren sind nicht erhalten.

Vorkommen: Pattenauer Mergel.

Fundort: Cementbruch im Stallauer Graben.

Spondylus radiatus GOLDF.

In seiner *Lethaea geognostica* (p. 149) beschreibt SCHAFHÄUTL diese GOLDFUSS'sche Art und gibt davon auf Taf. 36, Fig. 12 a, b eine Abbildung. Das Stück stammt „aus dem grünen sandigen Zwischenlager der Schleifsteinbrüche am Blomberg" und gehörte der FABER'schen Sammlung an, über deren Verbleib, wie schon bemerkt, mir nichts bekannt wurde.

Gattung: **Dimyodon** MUNIER-CHALMAS.

Dimyodon cfr. **Nilssoni** v. HAGENOW sp.

1891. JOH. BÖHM: Die Kreidebildungen des Fürbergs. p. 89. T. IV, F. 7.

Eine länglichrunde Schale von der gewöhnlichen Grösse dieser Art ist mit der ganzen Fläche auf dem Bruchstück einer *Belemnitella mucronata* aufgewachsen. Der Rand ist ziemlich dick; die Innenseite der sehr dünnen Schale zeigt sich im oberen Theil gegen das Schloss zu, sowie dieses selbst, vollständig abgerieben. Von den feinen Radialrippen auf der Innenfläche ist nichts zu bemerken; daher kann man das Stück nur als *D.* cfr. *Nilssoni* bestimmen.

Ostrea Bronni Jos. Müller.

1851. Jos. Müller: Monographie der Petrefacten der Aachen. Kreideformation. II. Th. p. 69. T. 6, F. 20.
1889. Holzapfel: Die Mollusken der Aachen. Kreide. Palaeontogr. Bd. 35. p. 250. T. 28, F. 8a, b u. F. 7.

Eine länglich eiförmige Unterschale dieser Art ist auf der Schale einer *Gryphaea vesicularis* aufgewachsen. Beim Absprengen des Stückes zeigte sich der Querschnitt der für diese Art charakteristischen Furche, die auf der Aussenseite der Länge nach verläuft. Nur die Innenseite ist gut erhalten, weil das Stück sehr unvollständig von der Unterlage loszubringen war. Das Schloss ist dreieckig und trägt eine schmale Bandgrube. Unter demselben zeigen sich an beiden Rändern, aber nur in der oberen Hälfte, die von Jos. Müller angegebenen zahnähnlichen Rippen; der flügelartige Fortsatz an der unteren Hälfte ist weniger entwickelt, wie an den zum Vergleich vorliegenden Aachener und Maestrichter Stücken der M. Staatssammlung.

Vorkommen: Grünsandstein.

Fundort: Stallauer Eck.

Sonstige Vorkommnisse: Bisher nur ausseralpin bekannt (siehe p. 13, unter Alter des Grünsandsteins).

Ostrea subuncinella Joh. Böhm.

1891. Joh. Böhm: Die Kreidebildungen des Fürbergs etc. p. 93. T. 4, F. 9, 10.

Eine rechte Klappe gleicht vollständig der von Böhm auf Taf. 4, Fig. 9 abgebildeten.

Vorkommen: Pattenauer Mergel.
Fundort: Stallauer Eck. ·
Sonstige Vorkommnisse: Nierenthalgraben, Nordabhang des Fürbergs (Nierenthalmergel).

Ostrea curvirostris NILSSON.

1827. S. NILSSON: Petrificata suecana etc. p. 80. T. 6, F. 5a, b,

Vorkommen: Pattenauer Mergel.
Fundort: Stallauer Eck, Schellenbachgraben.
Sonstige Vorkommnisse: Gerhardtsreuter Graben.

Ostrea acutirostris NILSSON.

1891. JOH. BÖHM: Die Kreidebildungen des Fürbergs etc. p. 92. T. 4, F. 11.

Stimmt mit dem bei BÖHM abgebildeten Stück in Bezug auf Grösse und Form überein.
Vorkommen: Pattenauer Mergel, Hachauer Schicht.
Fundort: Schellenbachgraben, Vorder-Rissgraben.
Sonstige Vorkommnisse: Nierenthal (Nierenthalmergel), Gosau (?). — Ausseralpin: Maestricht
und a. a. O.

Ostrea (Alectryonia) semiplana Sow. var. armata GOLDF.

Taf. I, Fig. 3—6.

1834—40. *Ostrea armata* GOLDFUSS: Petref. Germ. II. p. 13. T. 76, F. 3.
1869.   „   *semiplana* Sow. in COQUAND: Monographie du genre Ostrea. p. 74. T. 28, F. 1—15; T. 35,
          F. 1—2; T. 38, F. 10—12.
1889.   „   *armata* GOLDF. in HOLZAPFEL: Die Mollusken der Aachen. Kreide. Palaeontogr. Bd. 35. p. 253.
          T. 28, F. 1 u. 2.
1898.   G. MÜLLER: Die Molluskenfauna des Untersenon. p. 8. T. I, F. 1—4; T. III, F. 3, 4.

Es wurden über 20 Exemplare in allen Grössen untersucht.

Die „stets gerundet Vierseitige Gestalt und den langen Schlossrand", von HOLZAPFEL (l. c.) neben
einigen andern Merkmalen als typisch für *O. armata* GOLDF. hervorgehoben, zeigt nur ein einziges und
zwar jugendliches Exemplar (Fig. 4) vom Stallauer Gebiet.

Der Schlossrand ist vielmehr bei allen unseren grösseren Exemplaren kürzer als bei solchen von
Aachen und Dülmen, wodurch die Schale etwas zugespitzt erscheint; ferner ist der Unterrand nach hinten
mehr oder weniger zu einem Flügel ausgezogen. In Folge dessen erhalten die Stücke einen dreieckigen
Umriss, der besonders bei dem grössten (Fig. 3 und 3a) sehr ausgeprägt ist. Auch in Bezug auf die
Skulptur weichen unsere Stücke von der typischen *Ostrea armata* GOLDF. etwas ab. Die Rippen sind nämlich nicht hoch und zugeschärft, wie dies GOLDFUSS erwähnt, und wie es auch die schönen im M. St.-M.
liegenden Exemplare von Dülmen zeigen, von welcher Lokaliät GOLDFUSS *Ostrea armata* beschrieb; sie sind
vielmehr bei allen etwas rundlich, dann nicht so dichtstehend und daher minder zahlreich. Die Dülmener

Exemplare sind ausserdem viel stärker gewölbt, so dass die unserigen im Vergleich mit jenen geradezu flach erscheinen. Dagegen haben die Stallauer Exemplare mit *O. armata* GOLDF. die röhrenförmigen Stacheln gemeinsam.

Die mehr dreieckige Gestalt, der kürzere Schlossrand und der Flügel am Unterrand sind Kennzeichen, welche die Stallauer Form in die Nähe von *O. semiplana* Sow. stellen; aber dieser fehlen allerdings die charakteristischen röhrenförmigen Stacheln. Unsere Stücke weisen also Eigenschaften sowohl von *O. armata* GOLDF., als auch von *O. semiplana* Sow. auf.

COQUAND vereinigte *O. armata* GOLDF. mit *O. semiplana* Sow., und Herr Dr. G. MÜLLER, dem mehrere Stallauer Exemplare zur Beurtheilung vorlagen, wählte für sie die Bezeichnung *O. semiplana* var. *armata*, welcher Auffassung wir uns nach erneuter Prüfung unseres Materials anschliessen können[1].

Vorkommen: Grünsandstein.

Fundort: *O. semiplana* var. *armata*[2] ist am häufigsten in einem nicht mehr im Betrieb befindlichen Steinbruch südlich von den Baumberghöfen, wo sie eine Bank erfüllt. Dieser Steinbruch ist überhaupt eine empfehlenswerthe Fundstelle für Grünsandstein-Fossilien (*Cucullaea*, *Trigonia*, Krebsscheeren [*Calianassa ?]*), umsomehr als er sehr bequem zu erreichen ist; denn er liegt in der Ebene und zwar nur einige Minuten von der Strasse Tölz-Benediktbeuern. Ausserdem ist das dortige Gestein sehr weich und mürbe, so dass sich die Fossilien leichter und schöner herauspräpariren lassen, als aus dem der übrigen Fundstellen. Vereinzelt sammelte ich die Art nur an wenigen andern Punkten, so im Schellenbachgraben; das grösste Stück (Fig. 3) stammt aus der Gryphaeenbank des südlichen (III.) Grünsandzugs in dem grossen, längst aufgegebenen Steinbruch östlich vom Schellenbachgraben (siehe p. 24).

Sonstige Vorkommnisse: Im senonen Grünsandstein des Leitzachthals fand ich ausser einigen Fragmenten von *Alectryonia semiplana* var. *armata* die vortrefflich erhaltene Klappe einer *Alectryonia semiplana* Sow.[3]

Gattung: **Exogyra** SAY.

Exogyra lateralis NILSSON sp.

1846. REUSS: Versteinerungen der böhmischen Kreideformation. II. Th. p. 42. T. 27, F. 38—47.
1869. COQUAND: Monographie du genre Ostrea. p. 96. T. 18, F. 12; T. 30, F. 11—14.
1898. G. MÜLLER: Die Molluskenfauna des Untersenon von Braunschweig etc. p. 15. T. III, F. 2.

Von dieser Art liegt eine wohlerhaltene, stark gewölbte Unterschale mit der flügelartigen Ausbreitung vor. Sie stimmt bezüglich der Höhe (17 mm) mit den Exemplaren überein, welche das M. St.-M. von Folx les Caves besitzt, und hat im Umriss, besonders was die Flügelform betrifft, mit dem bei REUSS, Fig. 38, abgebildeten (von COQUAND auf Taf. 18, Fig. 12 dargestellt) Stück grosse Aehnlichkeit.

---

[1] In der geologisch-palaeontolog. Sammlung zu Zürich sah ich Austernexemplare unter der Bezeichnung *Ostrea (Alectryonia) Studeri* MAYER, *Londonianum*, Nordfuss des Fähnern (beschrieben und zum Theil abgebildet in FRAUSCHER: Das Unter-Eocaen der Nordalpen und seine Fauna. p. 33. T. IV, F. 7a, b, c), die unserer *Ostrea semiplana* var. *armata* auffallend gleichen. Vergl. REIS: Erläuterungen zur geolog. Karte der Vorderalpenzone. p. 19; dann REIS: Die Fauna der Hachauer Schichten (I. Gastropoden. p. 72, 75; II. Lamellibranchiaten. p. 107).

[2] „Die scharfrippige, der *Ostrea santonensis* D'ORB. der südfranzösischen Kreide verwandte Auster" (vergl. p. 3 dieser Arbeit), die EMMRICH bei Stallau sah, war wohl unsere Art.

[3] Zeitschr. der Deutsch. geol. Gesellschaft. Jahrg. 1900. p. 384. Fig. 2.

Vorkommen: In den mehr sandärmeren, thonreicheren Lagen des Grünsandsteins (Uebergangs-schicht) nördlich vom II. Grünsandzug.

Fundort: Schellenbachgraben.

Sonstige Vorkommnisse: Siehe p. 12, unter Alter der Grünsandsteinschichten.

Exogyra laciniata NILSSON sp.

Taf. II, Fig. 1, a, b.

1889. HOLZAPFEL: Mollusken der Aachen. Kreide. Palaeontogr. Bd. 35. p. 254. cum syn.

Es liegen zwei grosse und drei kleinere Exemplare vor, ausserdem eine Unterschale, von der nur die Innenseite zu sehen ist.

Die alpine E. laciniata erreicht eine beträchtliche Grösse, wie aus nachfolgenden Maassen der drei besten Stücke hervorgeht:

	I.	II.	III.
Höhe:	77 mm	65 mm	48 mm
Breite:	80 „	83 „	45 „
Dicke:	45 „	33 „	25 „

Die bauchige Unterschale hat eine länglich runde Form. Von der stumpfen Längskante, die, an dem spiralgedrehten Wirbel beginnend, so ziemlich über die Mitte des Schalenrückens verläuft, gehen vier weit abstehende Rippen aus; sie sind an unseren Exemplaren nicht so stark entwickelt, wie z. B. an den Aachener Formen. Die Rippen endigen am Rande mit röhrenförmigen, meist abgebrochenen Stacheln und sind nicht nur an den beiden grossen Exemplaren, sondern auch an dem kleinen, aber hier ohne Stacheln, vorhanden.

Die Oberschale ist flach, zeigt einen stark eingerollten Wirbel, aber nichts von den radialen Linien, die HOLZAPFEL erwähnt; ihre rechte Seite ist bedeutend dicker als der übrige Theil.

Vorkommen: Grünsandstein.

Fundort: Stallauer Eck[1].

Sonstige Vorkommnisse: Im Leitzachthal (l. c. p. 384); sonst nur ausseralpin (siehe p. 14, unter Alter der Grünsandsteinschichten).

Exogyra Matheroniana D'ORB. var. auricularis LAM.

1864—66. v. ZITTEL: Die Bivalven der Gosaugebilde. I. 2. p. 45. T. 19, F. 3a—e.

Es liegen mir vier Stücke vor, deren Vergleich mit den im M. St.-M. vorhandenen Exemplaren aus der Gosau die Uebereinstimmung mit obiger Species ergab.

Vorkommen: Grünsandstein, Hachauer Schicht.

Fundort: Stallauer Eck, Vorder-Rissgraben.

Sonstige Vorkommnisse: Im Hofer- und Tiefengraben[2], in den Hachauer Schichten bei Siegsdorf[3].

---

[1] EMMRICH hat sie hier schon bemerkt (siehe p. 3 dieser Arbeit).

[2] v. ZITTEL: l. c. p. 47.

[3] REIS: Erläuterungen. p. 7.

Gattung: **Gryphaea** Lam.

Gryphaea vesicularis Lam.

(Taf. II, Fig. 2—4; Taf. III, Fig. 7—9).

1863. *Ostrea vesicularis* Lam. in Schafhäutl: Südbayerns Lethaea geogn. p. 143. T. 30, F. 1a, b; T. 41, F. 5, 6a, b.
1866. „ „ „ „ v. Zittel: Die Bivalven der Gosaugebilde. II. Th. p. 47. T. 19, F. 6c.
1869. „ „ „ „ Coquand: Monographie du genre Ostrea. p. 35. T. 13, F. 2—10.

	Typus I.	II.	III.	IV.	V.	VI.	VII.
Höhe:	66 mm	57 mm	62 mm	62 mm	27 mm	60 mm	58 mm
Länge:	68 „	61 „	69 „	67 „	30 „	64 „	62 „
Dicke:	22 „	29 „	31 „	35 „	11 „	28 „	25 „

Typus I. Flache Formen mit breitem, abgestutztem Flügel (Taf. II, Fig. 2); ·

Typus II. gewölbte „ · „ „ „ „ ;

Typus III. „ „ , deren Flügel durch eine Furche vom gewölbten Haupttheil abgetrennt ist (Taf. III, Fig. 8);

Typus IV. gewölbte Formen mit langem, nach unten zugespitztem Flügel (Taf. III, Fig. 7) (I.—IV. aus dem Kreidegrünsandstein von allen Lokalitäten unseres Gebietes).

Typus V. Kleine, der Gosauabart ähnliche Formen aus der Hachauer Schicht des Vorder-Rissgrabens (in unserem Gebiet) (Taf. III, Fig. 9).

Typus VI. Form von Haldem,) (VI. und VII. im M. St.-M.; die Maasse sind mittelgrossen Exemplaren
Typus VII. von Königslutter.) entnommen.)

Obgleich diese Art schon aus vielen Gebieten beschrieben wurde und auch bereits eine Untersuchung der Stallauer Form durch v. Schafhäutl vorliegt, so sei davon dennoch und zwar auf Grund des angesammelten reichen und trefflichen Materials eine Beschreibung gegeben.

Bei der grossen Veränderlichkeit der Austernschale zeigt auch *Gr. vesicularis* eine so ausserordentliche Mannigfaltigkeit in ihren Formen, dass sich manche von dem eigentlichen Typus dieser Species sehr entfernen, weshalb man leicht versucht werden könnte, einen Theil derselben bei andern, nahverwandten Arten unterzubringen, wie es auch Coquand mit mehreren von Schafhäutl abgebildeten Stücken gethan hat, worauf wir weiter unten zurückkommen.

Es liess sich aber aus dem reichen Material (über 200 Stücke) eine Formenreihe aufstellen, in der zwischen den in der Maasstabelle aufgeführten Typen I.—IV. alle Uebergangsformen vorhanden sind, ohne dass es möglich wäre, alle diese Uebergänge und Typen von einander scheiden zu können. Die vier Typen wurden aus der Formenreihe herausgegriffen, um gewissermassen feste Punkte für die Variationserscheinungen dieser Art zu gewinnen.

Im Allgemeinen ist der Umriss der Stallauer *Gr. vesicularis* ein dreieckiger; doch kommen auch fast viereckige oder länglichrunde Formen vor. Die dicke Unterschale ist mehr oder minder gewölbt und nach rückwärts mit einem selten fehlenden, in Form und Grösse sehr verschiedenen flügelartigen Fortsatz versehen, der den Umriss wesentlich bestimmt. Bald ist der Flügel breit und abgestutzt (Taf. II, Fig. 2), bald nach dem Unterrand hin lang ausgezogen und zugespitzt (Taf. III, Fig. 7); bald ist er — und das ist vielfach der Fall — durch eine oft bis zur Schalenhöhe reichende, mehr oder weniger tiefe Furche von dem gewölbten Haupttheil abgetrennt (Taf. III, Fig. 8); endlich kann auch der Flügel so wenig entwickelt sein, dass eine länglichrunde Form entsteht. (Bei COQUAND l. c. sind solche Exemplare abgebildet.) In der Regel verringert sich mit der stärkeren Wölbung die Breite des Flügels, der sich ausserdem dann zuspitzt; doch ist bei einzelnen fast halbkugeligen Unterschalen der Flügel ebenfalls verhältnissmässig breit wie bei den flachen.

Die gewölbten Exemplare fallen zum Vorderrand meist steil ab und sind hier flach gerundet. Ich fand nur bei dem SCHAFHÄUTL'schen Original (l. c. Taf. 41, Fig. 6 b) und einem von mir gefundenen Stücke den von SCHAFHÄUTL erwähnten „kleinen schnabelartigen Lobus" am unteren Theil des Vorderrandes. Die Oberfläche ist fast durchgängig mit weit abstehenden, concentrischen Linien und blätterigen Absätzen (verstärkten Anwachsstreifen) versehen.

Unter den vorliegenden Stücken ist nur an einer kleinen Anzahl die Anwachsstelle bemerkbar und zwar fast immer am Wirbel, der dann unregelmässig abgestutzt erscheint. Dieser ragt gewöhnlich kaum aus dem Schalenrand hervor und läuft in eine mässig dicke, schwach gebogene Spitze aus; selten ist er lang und gekrümmt, wodurch dann die Gryphaeen-Form bedingt ist.

Das Schlossfeld ist niedrig dreieckig, ebenso fast ausnahmslos die quergestreifte Bandgrube, die an der Oberschale einen schwach gerundeten Einschnitt bildet. Der Muskeleindruck hat eine subcentrale Lage, ist rundlich und wenig vertieft.

Die Oberschale (Taf. II, Fig. 4) ist am Wirbel abgestumpft und grossentheils gerundet, bis auf den hinteren, meist fast geradlinigen Schlossrand. Sie endigt wie die Unterschale nach rückwärts mit einem Flügel. Ihre Aussenseite ist in der Regel concav, selten flach und stets mit kräftigen, concentrischen Anwachsstreifen versehen. Nur wenige Exemplare zeigen hier die charakteristischen Radiallinien, genau so wie die im M. St.-M. liegenden Stücke von Lauingen bei Königslutter. Der Muskeleindruck liegt unmittelbar hinter der Mitte, ist verhältnissmässig gross, ziemlich vertieft und fast eirund. Am Unterrand erreicht die Oberschale ihre grösste Dicke.

Die meisten Gryphaeen sind verkieselt; bei vielen ist diese Verkieselung schon durch die concentrischen Ringe auf der Schalenoberfläche angedeutet.

COQUAND (l. c. p. 72) hat die von SCHAFHÄUTL auf Taf. 41, Fig. 5 u. 6 abgebildeten Stücke zu *Ostrea proboscidea* D'ARCH. gestellt, doch wohl nur deshalb, weil er sie ihrer Grösse nach als Jugendformen dieser Art betrachtete. Demnach lässt er Fig. 1 a, b auf Taf. 30 als *Gr. vesicularis* gelten, führt aber diese Abbildung in seinem Literaturverzeichniss nicht auf. Gerade die auf Taf. 41 abgebildeten Exemplare, besonders Fig. 5, repräsentiren die charakteristische Form der Stallauer *Gr. vesicularis*. Nach einem sorgfältigen Vergleich der SCHAFHÄUTL'schen Originale, überhaupt des ganzen Stallauer Gryphaeen-Materials mit der *Ostrea proboscidea*, wie sie aus der Gosau, aus Frankreich etc. im Münchner Museum vorliegt, ergab sich keine Uebereinstimmung mit dieser Art. Ein einziges Bruchstück einer Unterschale mit langem, kräftigem, eingebogenem Wirbel deutet auf *O. proboscidea* und wurde als *O.* cfr. *proboscidea* bestimmt.

Wohl nur der *Gr. vesicularis* verdankt das Stallauer Eck die Bezeichnung das „versteinerungsreiche"; denn auf etwa einen Kilometer Erstreckung ziehen unter demselben im mittleren und südlichen Grünsandzuge (vergl. p. 6) vom Schellenbach- zum Stallauer Graben westöstlich mehrere 20—50 cm mächtige Bänke, die fast nur aus den Schalen der *Gr. vesicularis* bestehen. Die Stücke sind entweder fest mit einander verkittet oder liegen so locker im Gestein, dass man sie mit der Hand herauslösen kann. Auch sonst ist *Gr. vesicularis* im Grünsandstein das häufigste Fossil. Aus dem nächst höheren Horizont, dem Pattenauer Mergel, liegt nur ein einziges, sehr zweifelhaftes Bruchstück unserer Art vor, wie sie auch in den Gerhardtsreuter und Pattenauer Schichten von Siegsdorf nur äusserst selten und in nicht ganz typischer Form sich zeigt; in den Gerhardtsreuter Schichten unseres Gebietes wurde sie bis jetzt noch nicht gefunden.

Die Stücke des Stallauer Grünsandsteins stimmen mit den norddeutschen, besonders mit solchen von Haldem, Lüneburg, Königslutter, Rügen (M. St.-M.) im Allgemeinen recht gut überein, nur sind sie nicht so gross und dickschalig. Ich möchte unsere *Gr. vesicularis* deshalb als eine besondere alpine Form dieser Species betrachten, die vollkommen den Exemplaren vom Grünten und Fähnerngebiet bei Appenzell gleicht[1].

Während, wie schon erwähnt, *Gr. vesicularis* in den Pattenauer und Gerhardtsreuter Mergeln unseres Gebietes fast ganz zu fehlen scheint, tritt sie wieder in der jüngsten Kreidebildung, der Hachauer Schicht, auf. Das Profil des Vorder-Rissgrabens beginnt mit sehr thonreichen Sandschichten; darin sind Linsen eines harten Sandsteins dicht erfüllt mit Ostreenbruchstücken, von denen aber nur *Ostrea acutirostris* und *Gryphaea vesicularis* zu bestimmen waren. Weiter oben im Graben folgt dann ein zum Theil grobkörniger, grossglimmeriger Sandstein, in dem *Gr. vesicularis* mit einigen andern Bivalven eine Bank bildet und häufig als Steinkern, vereinzelt auch mit der Schale erhalten ist. Diese *Gr. vesicularis* gleicht aber mehr der kleineren Abart (siehe die Maassangaben unter Typus V. und Fig. 9 auf Taf. III), wie sie aus den Gosauschichten vorliegt[2].

Vorkommen: Grünsandstein, Hachauer Schicht.

Fundort: Stallauer Graben, Stallauer Eck, Schellenbach und Vorder-Rissgraben.

Sonstige Vorkommnisse: Im Leitzachthal (l. c. p. 384. Fig. 1); siehe ausserdem unter Alter der Grünsandsteinschichten.

Gryphaea sublaciniata Reis sp.

Taf. I, Fig. 7, a, b.

1897. Reis: Die Fauna der Hachauer Schichten. II. Lamellibranchiaten. p. 109. T. IV, F. 19.

Maasse des kleinsten und grössten Exemplars:

Höhe:	Länge:	Dicke:
24 mm	21 mm	11 mm
50 „	38 „	21 „

Die ziemlich stark gewölbte Unterschale fällt nach hinten sehr steil, fast senkrecht ab. Von ihrer Mitte oder auch etwas unterhalb derselben gehen drei kräftige Rippen aus, die gegen den Unterrand zu höher werden, wodurch dieser wie ausgebuchtet erscheint. Die nahe an der Hinterseite gelegene Rippe, die stärkste, tritt kielartig hervor; sie fällt steil zur Hinterseite ab und theilt sich gegen unten nochmals.

---

[1] Die *Ostrea (Gryphaea) Escheri* Mayer vom Nordfuss des Fähnern, die ich in der Züricher Sammlung gesehen, stimmt vollständig mit der Stallauer *Gryphaea vesicularis* in der flachen oder gewölbten Form und dem langen, abgestutzten oder aufgebogenen Flügel etc. überein. Siehe auch Reis: Erläuterungen etc. p. 18; dann Reis: Fauna der Hachauer Schichten (Gastropoden). p. 72.

[2] v. Zittel l. c. T. 19, F. 6c. Reis: Erläuterungen etc. p. 8; 8 u. 131 und: Die Hachauer Schichten (Gastropoden, p. 73; Lamellibranchiaten, p. 109).

Stacheln oder auch nur Andeutungen von solchen sind an keinem der Exemplare zu beobachten. Die ganz schwach gewölbte, fast flache Oberschale hat kräftige Anwachsstreifen. Die Hinterseite aller Stücke zeigt einen sehr wenig entwickelten Flügel.

Vorkommen: Hachauer Schicht.

Fundort: Vorder-Rissgraben, wo *Gryphaea sublaciniata* in dem Hachauer Horizont eine förmliche Bank bildet, aus der sie in gut erhaltenen, beschalten Stücken und in Steinkernen vorliegt.

Sonstige Vorkommnisse: Hachau, Hoergering (REIS l. c.)

Nuculidae GRAY.

Gattung: Nucula LAM.
Nucula lucida JOH. BÖHM.

1891. JOH. BÖHM: Die Kreidebildungen des Fürbergs. p. 76. T. 3, F. 20, a, b.

Mehrere ungünstig erhaltene, aber noch sicher bestimmbare Stücke in der Grösse von BÖHM's Originalen im M. St.-M. wurden von mir gesammelt.

Vorkommen: Gerhardtsreuter Mergel.

Fundort: Stallauer Graben.

Sonstige Vorkommnisse: Gerhardtsreuter Graben.

Nucula subredempta JOH. BÖHM.

1891. JOH. BÖHM: Die Kreidebildungen des Fürbergs. p. 75. T. 3, F. 16, a–c.

Das einzige Exemplar, das in Grösse und Form mit Fig. 16 bei BÖHM übereinstimmt, ist nur mangelhaft erhalten. Der Abdruck der „fein radialrippigen Textur" ist gut sichtbar.

Vorkommen: Pattenauer Mergel.

Fundort: Stallauer Eck.

Sonstige Vorkommnisse: Gerhardtsreuter Graben, Pattenauer Stollen.

Gattung: Leda SCHUMACHER.
Leda discors v. GÜMBEL sp.

1891. JOH. BÖHM: Die Kreidebildungen des Fürbergs. p. 76. T. 3, F. 14, a–c.

Ein verdrücktes Exemplar liegt vor.

Vorkommen: Gerhardtsreuter Mergel.

Fundort: Stallauer Graben.

Sonstige Vorkommnisse: Gerhardtsreuter Graben.

Leda semipolita JOH. BÖHM.

1891. JOH. BÖHM: Die Kreidebildungen des Fürbergs. p. 77. T. 3, F. 19, a, b.

Ein Exemplar, das in Grösse und Umriss der Fig. 19 bei BÖHM gleicht.

Vorkommen: Gerhardtsreuter Mergel.

Vorkommen: Gerhardtsreuter Mergel.
Fundort: Stallauer Graben.
Sonstige Vorkommnisse: Gerhardtsreuter Graben, Hachauer Schichten (Hoergering

Arcidae LAM..

Gattung: Arca LIN.

Arca Leopoliensis ALTH.

1869. FAVRE: Description des Mollusques fossiles de la Craie des environs de Lemberg. p. 126. T.
1891. JOH. BÖHM: Die Kreidebildungen des Fürbergs. p. 80. T. 3, F. 25, a, b.

Das vorliegende Exemplar stimmt mit den Originalen BÖHM's überein.
Vorkommen: Gerhardtsreuter Mergel.
Fundort: Stallauer Graben.
Sonstige Vorkommnisse: Gerhardtsreuter Graben. — Häufig im Kreidemergel von

Gattung: Cucullaea LAM.

Cucullaea Chiemiensis v. GÜMBEL sp.

1891. JOH. BÖHM: Die Kreidebildungen des Fürbergs. p. 79. T. 3, F. 27, a cum syn.

Eine Jugendform mit gleichmässig über die ganze Schale gehender Radialstreifung lie
Vorkommen: Gerhardtsreuter Mergel.
Fundort: Stallauer Graben.
Sonstige Vorkommnisse: Gerhardtsreuter Graben.

Cucullæa cfr. subglabra d'Orb.

1889. . Holzapfel: Die Mollusken der Aachen. Kreide. Palaeontogr. Bd. 35. p. 206. T. 22, F. 3 u. 5 cum syn.

Mehrere Steinkerne liegen vor, unter welchen das am besten erhaltene Stück eine Höhe von 50 und eine Länge von 42 mm hat. Die Exemplare sind hoch gewölbt und von dreiseitigem Umriss. Der Wirbel liegt fast in der Mitte, die Oberfläche ist mit concentrischen Streifen bedeckt, der Unterrand schwach gebogen. Zu diesem läuft vom Wirbel eine nach hinten gerichtete Kante. Durch diese Kante unterscheidet sich unsere Form von der typischen *C. subglabra*. Sonst stimmt sie mit den Steinkernen, die im M. St.-M. aus dem Salzbergmergel von Quedlinburg, von Langenstein bei Blankenburg, von Aachen u. a. O. vorliegen, völlig überein.

Vorkommen: Grünsandstein.

Fundort: Stallauer Eck; Steinbruch südlich von den Baumberghöfen.

Cucullæa sp.

Schafhäutl erwähnt in seiner Lethaea geognostica, p. 289, eine von ihm aufgestellte *Corbula impressa*, die er (Taf. 41, Fig. 2a, b) abbildet, aber nicht beschreibt. Es ist dies eine nicht näher zu bestimmende *Cucullaea*, die von den Stücken der Stallauer *Cucullaea* cfr. *subglabra* in Form und Grösse abweicht.

Vorkommen: Grünsandstein.

Fundort: Stallauer Eck.

Gattung: Limopsis Sassi.
Limopsis calva Sow. sp.

1864. v. Zittel: Die Bivalven der Gosaugebilde. I. p. 61. T. 9, F. 8 a—d cum syn.

Mehrere Exemplare von verschiedener Grösse. Die Schalenoberfläche ist zum grössten Theil zerstört, so dass die Radialstreifung der Innenfläche sichtbar wird.

Vorkommen: Gerhardtsreuter Mergel.

Fundort: Stallauer Graben.

Sonstige Vorkommnisse: Gerhardtsreuter Graben; sehr häufig in den Gosauschichten.

Gattung: Trigonia Brug.
Trigonia sp.

Es liegen mehrere Bruchstücke von Steinkernen dieser Gattung aus dem Grünsandstein vor, worunter das grösste und besterhaltene in der Biegung der Rippen und in der Breite ihrer Zwischenräume völlig mit den Steinkernen von *Trigonia Vaalsiensis* Joh. Böhm aus dem Salzbergmergel von Quedlinburg übereinstimmt. Auf den Rippen ist eine schwache Kerbung bemerkbar. Bevor nicht bessere Stücke gefunden werden, lässt sich über die Artzugehörigkeit nichts Bestimmtes sagen; doch sei wenigstens auf die Aehnlichkeit mit *T. Vaalsiensis*[1] hingewiesen.

---

[1] Joh. Böhm: Der Grünsand von Aachen und seine Molluskenfauna. T. H. F. 1a, b, c.

solchen von Langenstein bei Blankenburg am Harz durchaus überein. Unsere Exemplare sind von mittlerer Grösse, flach gewölbt, nach hinten stark ausgezogen und abgestutzt; die Vorderseite ist kurz und abgerundet. Die vom Wirbel zur hinteren unteren Ecke laufende Kante ist schwach angedeutet. Die Stücke sind stark abgerollt, so dass von den Eindrücken der concentrischen Schalenverzierung und der Kerbung des Schalenrandes, wie sie andere Steinkerne zeigen, an unseren Exemplaren nichts bemerkbar ist.

Vorkommen: Grünsandstein.

Fundort: Stallauer Eck.

Sonstige Vorkommnisse: Bis jetzt nur ausseralpin (siehe p. 13, unter Alter des Grünsandsteins).

Cardiidae Lam.

Gattung: **Cardium** Lin.

Cardium Böhmi n. sp.

Taf. III, Fig. 4, a.

Länge: 10 mm

Höhe: 8 „

Schale quer eirund, schwach gewölbt; Wölbung rechts und links von dem medianen, wenig hervorragenden Wirbel zu den Seitenwänden steil abfallend, Schlossrand schräg. Die grösste Länge (10 mm) etwas über der halben Höhe; Rand gekerbt.

Die Verzierung besteht aus zahlreichen, rundlichen Radialrippen, die sich zum Unterrande hin verbreitern und auf der Mittellinie ziemlich kräftige, dichtstehende, schuppenförmige Erhebungen tragen. Das Schloss war leider nicht zu präpariren.

Unter den mir bekannten Cardienarten fand ich keine, welche der unserigen in Umriss und Verzierung gleicht.

Vorkommen: Pattenauer Mergel.

Fundort: Stallauer Eck.

Cardium cfr. productum Sow.

1864. v. ZITTEL: Die Bivalven der Gosaugebilde. I. p. 37. T. 6, F. 1a—f.

Von mehreren unvollständigen Steinkernen zeigt einer die bekannte Schalenverzierung, die dachziegelförmigen Schuppen.

Vorkommen: Grünsandstein.

Fundort: Stallauer Eck.

Cyprinidae LAM.

Gattung: Cyprina LAM.

Cyprina cfr. bifida v. ZITTEL.

1864. v. ZITTEL: Die Bivalven der Gosaugebilde. I. p. 33. T. 5, F. 1a.

Einige Steinkerne von durchschnittlich 70 mm Höhe und Länge gehören nach Form und Grösse wohl zu obiger Gosauart. Die Oberfläche zeigt theilweise sehr deutlich die concentrische Streifung. Von Eindrücken der Zähne ist nichts zu bemerken.

Vorkommen: Grünsandstein.

Fundort: Stallauer Eck.

Panopaeidae v. ZITTEL.

Gattung: Goniomya AG.

Goniomya designata GOLDF. sp.

1889. HOLZAPFEL: Die Mollusken der Aachen. Kreide. p. 153 cum syn.

Es liegt ein Steinkern von 94 mm Länge und 35 mm Höhe vor. Die Form erscheint etwas gedrückt, so dass die Wirbel, die fast in der Mitte der vorderen Hälfte liegen, weniger hervortreten als bei dem im M. St.-M. liegenden GOLDFUSS'schen Originalexemplar, mit dem es besonders in der Skulptur recht gut übereinstimmt. An dem Wirbel der einen Schale sind die in spitzen Winkeln zusammentreffenden Rippen erkennbar, ebenso eine Kante, die von diesem zum gerundeten Hinterrande verläuft. Auf letzterem ist eine dichte, concentrische Streifung deutlich zu sehen.

Vorkommen: Grünsandstein.

Fundort: Stallauer Eck.

Sonstige Vorkommnisse: Siehe p. 13, unter Alter des Grünsandsteins [1].

----

[1] Vergl. FRIĆ: Studien etc. Die Chlomeker Schichten. p. 32 und 61.

von Bohrmuschelröhren. Das stärkste dieser Ausfüllungsstücke mit 9 mm Durchmesser besteht in der Hauptsache aus zwei wulstartigen, durch eine tiefe Einschnürung von einander getrennten Abschnitten und erinnert etwas an die Röhre von *Teredo irregularis* Gabb. aus dem Obersenon von New-Yersey (Whitfield, l. c. Taf. 25, Fig 18, 19). Ein dünneres, sehr kurzes Ausfüllungsstück zeigt ein kugeliges, verdicktes Ende, ähnlich den oval-keulenförmigen Bohrlochausfüllungen der *Gastrochaena Ostreae* Geinitz (Elbthalgebirge I. Taf. 51, Fig. 14—18).

Vorkommen: Grünsandstein.

Fundort: Stallauer Eck.

Schafhäutl gibt in seiner Lethaea geogn., p. 289, aus den „Zwischenlagern" des Grünsandsteins noch folgende Bivalven an:

Nucula ovata d'Orb.,

Sanguinolaria amygdaloides Schafh.,

Mactra matronensis d'Orb.,

Corbula impressa Schafh. Taf. 41, Fig. 2 (siehe die Bemerkung bei *Cucullaea* sp.).

Unter dem im M. St.-M. aufbewahrten Materiale waren zum Theil die Originalstücke Schafhäutl's nicht aufzufinden, zum Theil weisen die betreffenden Stücke (*Nucula ovata* d'Orb.) zu wenig sichere Merkmale auf, als dass sie ohne Bedenken den genannten Arten zugetheilt werden können.

Scaphopoda.

Gattung: **Dentalium** Lin.

Dentalium sp.

Von zwei flachgedrückten, sehr ungünstig erhaltenen Bruchstücken weist das eine Spuren von Längsstreifen auf; möglicherweise gehört es zu dem ähnlich verzierten *Dentalium tenuicostatum* Joh. Böhm [1].

---

[1] l. c. p. 69. T. II, F. 34, a.

Vorkommen: Gerhardtsreuter Mergel.
Fundort: Stallauer Graben.

Gastropoda.

Neritidae LAM.

Gattung: Nerita LIN.
Nerita sp.
Taf. III, Fig. 1.

Es liegt ein aus vier Umgängen bestehendes Bruchstück vor, von denen der letzte nur zum Theil erhalten ist. Die kräftigen Querrippen sind hart an der Naht zurückgebogen und treten hier sofort verhältnissmässig stark heraus. Ob Anwachsstreifen zwischen den Rippen vorhanden sind, ist bei dem ungünstigen Erhaltungszustand des Stückes nicht ersichtlich. Durch das breite und relativ hohe Gewinde unterscheidet sich unser Exemplar von *Nerita divaricata* D'ORB. und *N. rugosa* HOENINGH. Die Abbildungen der ersteren Art bei STOLICZKA [1] zeigen nur schwach herausragende obere Umgänge, ebenso die im M. St.-M. liegenden Stücke von Karnátik (Südindien), sowie von Cserevicz (Comitat Szerém) in Ungarn. Bei *Nerita rugosa* HOENINGHAUS ragen die inneren Windungen überhaupt nicht hervor, wie sich dies aus dem Vergleich mit Stücken aus dem Obersenon der Haute Garonne und von Maestricht ergab, von welch letzterer Lokalität HOENINGHAUS diese Art beschrieb. — Da die Mündung an unserem Stücke fehlt, wurde von der Aufstellung einer neuen Art abgesehen.

Vorkommen: Grünsandstein.
Fundort: Stallauer Eck.

Solariidae CHENU.

Gattung: Solarium LAM.
Solarium granulatum ZEK. sp.
Taf. III, Fig. 2.

1852. *Delphinula granulata* ZEKELI: Die Gastropoden der Gosaugebilde. p. 58. T. 10, F. 8a, b.
1891. *Solarium* cfr. *Lartetianum* LEYM. in JOH. BÖHM: Die Kreidebildung des Fürbergs. p. 66. T. 2, F. 27, a, b.

Diese Species wird in den Gerhardtsreuter Schichten unseres Gebietes neben *Scaphites constrictus* Sow. am häufigsten angetroffen; leider sind die Gehäuse meistens zerdrückt und die Skulptur zerstört. In der Grösse gleichen die Stallauer Stücke BÖHM's Originalen, die im M. St.-M. unter der Bezeichnung *S. subgranulatum* JOH. BÖHM liegen und von diesem Autor als *S.* cfr. *Lartetianum* LEYM. beschrieben und abgebildet wurden. In der Verzierung stimmen sie mit *S. granulatum* ZEK. überein, weshalb ich die vorliegenden Stücke zu dieser Gosauspecies stelle.

Vorkommen: Gerhardtsreuter Mergel.
Fundort: Stallauer und Schellenbach-Graben.

---

[1] Cretaceous fauna of Southern India, Vol. III. The Pelecypoda (Palaeontologia Indica). p. 340. T. 28, F. 11 u. 12.

Naticidae Forbes.

Gattung: Natica.

Natica aff. lyrata Sow.

1852. Zekeli: Die Gastropoden der Gosaugebilde. p. 46. T. 8, F. 5.

Zwei Gastropoden-Steinkerne stehen der obigen Art nahe. Nach einem Vergleich mit dem im M. St.-M. vorhandenen Material aus der Gosau stimmen unsere Stücke in Form und Grösse mit den grössten Exemplaren von dort noch am meisten überein.

Vorkommen: Grünsandstein.

Fundort: Stallauer Eck.

Turritellidae Gray.

Gattung: Turritella Lam.

Turritella quadrifasciata Schafh. sp.

Taf. III, Fig. 3, a, b.

1863. *Cerithium quadrifasciatum* Schafhäutl: Südbayerns Lethaea geogn. p. 191. T. 49, F. 2a, b.

Schlanke, thurmförmige, spitz zulaufende Gehäuse mit 8—10 flachen oder unmerklich gewölbten Windungen, die durch schmale und flache, aber immerhin deutliche Nähte von einander getrennt sind. Die Höhe der Schale beträgt 50—65, der Durchmesser der Endwindung 15—19 mm.

Bei dem von Schafhäutl gesammelten Material ist die Schalenverzierung in der Regel entweder ganz oder theilweise abgerieben, weshalb sie von ihm in der Abbildung nur mangelhaft wiedergegeben werden konnte; es erfolgt darum hier die Wiedergabe eines Bruchstücks mit besser erhaltener Skulptur. Auf jeder Windung zählt man vier mit Knoten besetzte Spiralgürtel (Fig. 3), die um etwas mehr, als ihre Breite beträgt, von einander entfernt sind. Der oberste erhebt sich unmittelbar an der Naht und ist etwas breiter aber nicht höher als die übrigen. Zwischen dem 2. und 3. Gürtel lassen sich zwei sehr schwache Linien erkennen (leider in der Abbildung nicht ersichtlich), zwischen dem 3. und 4. schiebt sich eine etwas stärker angedeutete Linie ein. Unterhalb des untersten Gürtels befindet sich ein glatter, niedriger, schmaler Kiel, der unmittelbar zur Naht abfällt. Auf den oberen Windungen verschwinden die Spiralkiele und -linien.

Die zurückgebogenen Anwachsstreifen sind auf den untersten Windungen sehr deutlich. Die Mitte des Bogens liegt zwischen dem 3. und 4. Spiralgürtel. Darnach bestimmt sich die Richtung der schräg gestellten Knoten auf den Gürteln. Diese Knoten, auf der unteren Windung meist rechteckig geformt, haben im Allgemeinen auf den oberen Gürteln die Richtung nach unten rückwärts, auf den beiden folgenden nach unten vorwärts (zur Mundöffnung). Auf dem obersten Gürtel sind die einzelnen Knoten weiter von einander entfernt als auf den übrigen. Wo die Knoten abgerieben sind, erhalten die Gürtel eine kantig-leistenförmige Gestalt. Auf den höheren Windungen nimmt die Verzierung der Gürtel mehr einen gekörnelten Charakter an. — Die Mündung ist vierseitig (Fig. 3a), die Basis wenig gewölbt.

Der Steinkern (Fig. 3b) bildet eine Schraube mit seitlich abgeflachten, von einander ziemlich entfernten Windungen. Diese tragen auf der Mitte einen schwach angedeuteten Spiralkiel und auf der Basis einen kräftigen, abgerundeten Spiralwulst, der aussen von einer deutlichen Furche begrenzt ist.

Aehnlich der *T. quadrifasciata* ist *T. nodosa* F. Ad. Römer. Aber der Spiralwinkel beträgt bei ersterer 20°, bei letzterer 16°. *T. nodosa* ist demnach schlanker und besitzt auch viel mehr Windungen. Ferner sind bei *T. quadrifasciata* die Spiralgürtel gleich weit von einander entfernt, bei *T. nodosa* nicht. Während bei *T. quadrifasciata* nur der oberste Gürtel etwas breiter ist, die übrigen aber gleichmässig entwickelt sind, ist bei *T. nodosa* der 3. Gürtel stets sehr schwach, zuweilen ganz undeutlich ausgebildet, manchmal auch gar nicht vorhanden[1]. *Turritella quadrifasciata* ist theils als Steinkern, theils mit Schale verkieselt erhalten. Schafhäutl bemerkt hiezu in seiner Lethaea geogn. (p. 289): „Man findet die Kalkschale der Cerithien in eine nur etwas thonige Quarzmasse verwandelt, welche weder von Alkalien, noch von Säuren, selbst in erhöhter Temperatur, angegriffen wird, weshalb man das Gestein bloss in Säure zu legen braucht, um die Cerithien-Schalen von demselben frei zu machen."

Vorkommen: Grünsandstein.

Fundort: Stallauer Eck, zusammen mit Baculiten, so in dem grossen Steinbruch des südlichen (III.) Grünsandzugs östlich vom Schellenbachgraben.

Sonstige Vorkommnisse: *T. quadrifasciata* soll nach Schafhäutl (l. c. p. 192) auch „im Grünsandstein sein, welcher die Schichten des Teisenbergs durchzieht, ebenso im Grünsandstein mit Gryphaeen von der Lokalität „Achthaler Gesellschaft", ferner als Steinkern im „Emmanuelflötz"; doch habe ich Exemplare[2] von diesen Fundorten im M. St-M. nicht vorgefunden. v. Gümbel äussert sich hiezu folgendermaassen: „*Cerithium quadrifasciatum* Schafh. ist eine Art aus dem Baculiten-Grünsandstein des Stallauer Ecks, der mit dem Kressenberger Grünsand nicht von gleichem Alter ist."

Aporrhaïdae Philippi.

Gattung: Aporrhais Da Costa.
Aporrhais rapax Joh. Böhm.

1891. Joh. Böhm: Die Kreidebildungen des Fürbergs. p. 60. T. 2, F. 35, a.

Ein grosses, leider sehr verdrücktes Exemplar erweist sich durch den noch ziemlich vollständig erhaltenen Flügel mit seinen fingerförmigen Fortsätzen als zu obiger Art gehörig.

Vorkommen: Gerhardtsreuter Mergel.

Fundort: Stallauer Graben.

Sonstige Vorkommnisse: Gerhardtsreuter Graben, Pattenauer Stollen, Hachauer Schichten (Hoergering).

Gattung: Helicaulax Gabb.
Helicaulax falcata Joh. Böhm.

1891. Joh. Böhm: Die Kreidebildungen des Fürbergs. p. 61. T. 2, F. 15, a.

Die in unserem Gebiet nicht seltene Art zeigt die bei Böhm angegebene eigenthümliche Verzierung der Windungen, sowie den „kurz sichelförmigen und spitz auslaufenden Flügel".

---

[1] Holzapfel: Die Mollusken der Aachen. Kreide. Palaeontogr. Bd. 35. p. 155. T. 16, F. 11, 13—19, 21, 22.

[2] Die Nummuliten-führenden Schichten des Kressenbergs in Bezug auf ihre Darstellung in der Lethaea geogn. von Südbayern (Neues Jahrbuch für Mineral. 1865. p. 151).

scheidewände stehen eng bei einander. Die Nähte, in der Nabelgegend auf eine kurze Strecke ein wenig nach vorn gebogen, laufen mit schwacher Biegung rückwärts über die Flanken und dann fast geradlinig radial über die Aussenseite. Dem Steinkern fehlt jede Verzierung.

An den zwei grösseren Stücken (das eine trägt drei gewölbte Schalen von *Vola quadricostata* eingebettet, p. 31) ist kaum etwas vom Verlauf der Sutur zu sehen. Die Lage des Sipho war nicht zu ermitteln. Die Form des Querschnitts lässt sich infolge der Verdrückung nicht sicher angeben.

Das grösste Exemplar von Stallau hat einen grösseren Durchmesser von 206 und einen kleineren von 135 mm, das kleinste, oben beschriebene Stück dürfte bei unverdrücktem Zustand einen Durchmesser von etwa 110 mm haben, das grösste einen solchen von 180 mm. Die Stallauer Exemplare sind also erheblich grösser als das Original HAUER's von Neuberg, dessen Durchmesser nur 85 mm beträgt.

Vorkommen: Pattenauer Mergel.

Fundort: Cementbruch im Stallauer Graben.

Sonstige Vorkommnisse: Nach JOH. BÖHM im Pattenauer Stollen, nach HAUER und REDTENbacher im Mergelbruch bei Neuberg (Oberösterreich). — SCHLÜTER[1] beschreibt westfälische Formen von *Nautilus* cfr. *Neubergicus* REDTENBACHER, deren „Gehäuse gebläht bis kugelig sind". Sie stammen aus tieferen Schichten, aus dem Emscher Mergel bei Stoppenberg, unweit Essen und Alstaden, in der Nähe von Mühlheim an der Ruhr; ein Exemplar fand sich auch in den sandigen Quadratenschichten von Lette in Westfalen.

---

[1] Cephalopoden der oberen deutsch. Kreide. Palaeontogr. 1876. Bd. 24. p. 174. T. 48, F. 3—5.

Ammonoïdea.

Phylloceratidae v. ZITTEL.

Gattung: **Phylloceras** SUESS.

Phylloceras sp.

Eine flache, verdrückte, engnabelige Scheibe (Steinkern). Wohnkammer fehlt; Suturen nicht deutlich zu erkennen. Durchmesser 32, bezw. 36 mm.

Vorkommen: Pattenauer Mergel.

Fundort: Stallauer Eck.

Lytoceratidae NEUMAYR emend. v. ZITTEL.

Gattung: **Hamites** PARKINSON.

Hamites aff. cylindraceus DEFRANCE sp.

1873. RÉDTENBACHER: Die Cephalopoden der Gosauschichten etc. p. 130 cum syn.

Zwei Bruchstücke von 65 und 56 mm Länge, wovon das kleinere noch ganz schwach die ziemlich dichtstehenden Querrippen erkennen lässt, liegen vor. Da die Stücke zusammengedrückt sind, haben die Maasse des Querschnitts keinen Wert. Jedenfalls gehören beide in den Formenkreis der obengenannten Art.

Vorkommen: Pattenauer Mergel.

Fundort: Stallauer Eck.

In dem gleichen Mergel und zwar im Cementbruch des Stallauer Grabens fand sich ein drittes, sehr interessantes Bruchstück eines Hamiten. Der grössere Durchmesser des eiförmigen Querschnitts beträgt 39, der kleinere 35 mm. Die Oberfläche ist ringsum mit scharfen, stark nach vorn und aussen geneigten Rippen bedeckt. Die Entfernung der einzelnen Querrippen beträgt etwa 1 mm, so dass auf dem Stücke bei seiner Länge von 19 mm 16 solcher Rippen gezählt werden.

Gattung: **Heteroceras** D'ORB.

Heteroceras cfr. polyplocum AD. RÖMER sp.

1872. SCHLÜTER: Cephalopoden d. ober. deutsch. Kreide. Palaeontogr. Bd. 21. p. 112. T. 33, F. 3—8; T. 34, F. 1—5.

Ein Fragment (Steinkern) ohne jegliche Verzierung, von ovalem Querschnitt, mit geschlossenem Nabel besteht aus wenig mehr als einem Umgang. Die Windungen sind ziemlich weit von einander entfernt.

Vorkommen: Pattenauer Mergel.

Fundort: Stallauer Eck.

Gattung: **Baculites** LAM.

Baculites cfr. incurvatus DUJARDIN.

1888. HOLZAPFEL: Die Mollusken der Aachen. Kreide. Palaeontogr. Bd. 34. p. 64. T. 4, F. 5 u. 6.

Das nicht besonders gut erhaltene Exemplar hat eine Länge von 117 mm. Die schlanke Form zeigt an der Innenseite ziemlich regelmässige Anschwellungen oder Knötchen, wie sie dieser Species eigenthümlich sind. Die allgemeine Gestalt ähnelt dem bei HOLZAPFEL, Taf. 4, Fig. 5, abgebildeten Exemplar vom Lusberg (Aachen).

Da der Erhaltungszustand eine genauere Bestimmung nicht gestattet, so rechtfertigt sich lediglich die Bezeichnung als *B.* cfr. *incurvatus*.

Vorkommen: Pattenauer Mergel.

Fundort: Stallauer Eck.

Baculites vertebralis Lam. (Schlüter).

1801. Lamarck: Système des animaux sans vertèbres ou tableau general des classes etc. p. 103.
1822. , Hist. nat. des anim. sans vert. tom VII. p. 647.
1861. J. v. Binkhorst: Monogr. des Gast. et des Cephal. du Limbourg. p. 41. T. Vd, F. 1.
1876—77. *B. vertebralis* in Schlüter: Ceph. d. ob. deutsch. Kreide. Palaeontogr. Bd. 24. p. 143. T. 39, F. 11—13; T. 40, F. 4, 5, 8.

Zu dieser Art gehören fünf Bruchstücke. Bezüglich der Anwendung des Namens *B. vertebralis* gegenüber *B. Faujasii* ist auf die Monographie Schlüter's zu verweisen.

Vorkommen: Grünsandstein, Gerhardtsreuter Mergel.

Fundort: Stallauer Eck, Schellenbachgraben.

Baculites carinatus Binkhorst.

Taf. III, Fig. 6, a—d.

1861. J. v. Binkhorst: Monogr. des Gast. et des Cephal. du Limbourg. p. 43. T. Vd, F. 2a—d.

Zwei Bruchstücke, die mit *B. vertebralis* zusammengefunden wurden, liegen vor. Der Querschnitt ist ein Oval. Höhe: 13, bezw. 9 mm; Breite: 9, bezw. 6 mm; Länge: 59, bezw. 45 mm. Die Innen- (Antisiphonal) Seite ist etwas breiter als die Aussen- (Siphonal) Seite. Letztere trägt einen stumpfen, breit gerundeten Kiel, der beiderseits von schwachen Depressionen begleitet ist. Schale und Steinkern zeigen Anwachsstreifen, von denen je einige kräftiger verdickt sind und als schwache Rippen markirt erscheinen. Diese Anwachsstreifen sind auf der Innenseite schwach, auf der Aussenseite stark nach vorn gezogen; sie überschreiten die Innenseite in stumpfem, die Aussenseite in spitzigerem Bogen. Gleichzeitig sind Anwachsstreifen und Rippen gegen die Aussenseite hin kräftiger markirt als gegen die Innenseite. Durch die wechselnde Stärke der Anwachsstreifen und Rippen erscheint der Kiel schwach gekerbt. Diese Skulptur, ebenso das Vorhandensein eines Kiels trennen *B. carinatus* von *B. vertebralis*.

Die Lobenlinie (Fig. 6e), ähnlich der des *B. vertebralis*[1], weist folgende Unterschiede auf: Das Mediansättelchen des Aussen- (Siphonal) Lobus ist bei unserer Form breiter als bei *B. vertebralis* (vergl. Fig. 6d), die beiden Aeste des Aussenlobus divergiren etwas stärker. Während bei *B. vertebralis* der erste Seitenlobus durch die Lage der kleinen Sekundärsättelchen, die ihn zerschneiden, zweitheilig erscheint[2], ist das bei *B. carinatus* nicht der Fall. Die Aeste des ersten Seitenlobus nehmen hier von aussen nach innen an Grösse zu, die dazwischen liegenden Sekundärsättelchen sind ungefähr gleichwerthig. Der Innenlobus ist weniger tief als bei *B. vertebralis*.

Redtenbacher[3] bildet ein Wohnkammerbruchstück mit Mundsaum unter dem Namen *B. Fuchsi* ab,

---

[1] cfr. Schlüter l. c. T. 40, F. 5 und Binkhorst l. c. T. Vd, F. 1h.
[2] cfr. Schlüter l. c. und Redtenbacher: Ceph. d. Gosau. T. 30, F. 13b.
[3] l. c. T. 30, F. 15.

nserer Art mindestens sehr nahe steht. Der Verlauf der Skulptur ist, wie die Redtenbacher'sche zeigt, ganz der gleiche wie bei *B carinatus*, nur fehlt die Kerbung auf dem Kiel. Redtenbacher darauf hin, dass bei *B. carinatus* Binkh. die Anwachsstreifen und Rippen auf den Flanken „ver-
"; das ist aber nach den mir vorliegenden Stücken, welche Binkhorst's Figuren sehr gut ergänzen, der Fall.

Schafhäutl [1] beschrieb die vorliegende Art als *B. anceps*. Zur Zeit seiner Publikation lag ihm nicht das mir zur Verfügung stehende geeignete Material vor, nach dem eine genaue Identificirung . carinatus möglich wurde.

Vorkommen: Grünsandstein.

Fundort: Stallauer Eck.

Sonstige Vorkommnisse: Petersberg bei Maestricht.

Desmoceratidae v. Zittel.

Gattung: Pachydiscus v. Zittel.

Pachydiscus cfr. Isculensis Redtenbacher sp. (Grossouvre).

1873. Redtenbacher: Die Cephalopoden der Gosauschichten. p. 122. T. 29, F. 1, a—b.
1893. *Pachydiscus Isculensis* de Grossouvre: Les Ammonites de la Craie supérieure. p. 185. T. 22, F. 2; T. 26, F. 1; T. 37, F. 1 [2].

Ausser mehreren Bruchstücken fand ich ein ziemlich vollständiges, leider etwas abgeriebenes Exem- Da dasselbe sehr zusammengedrückt ist, tritt die sonst so charakteristische aufgeblähte Gestalt dieser nicht so deutlich hervor; dagegen ist die aufgeblähte Form an einem andern Windungsfragment besser sprägt. Während das Redtenbacher'sche Original sehr kräftige, wulstige Rippen trägt, sind de Gros- ae's Stücke mit mehr scharfen Rippen versehen, und die unserigen stehen denselben in dieser Beziehung, iders den bei de Grossouvre l. c. Taf. 22, Fig. 2 und Taf. 37, Fig. 1 abgebildeten, sehr nahe.

Vorkommen: Pattenauer Mergel.

Fundort: Stallauer Eck.

Sonstige Vorkommnisse: Ein einziges Exemplar fand sich beim Bau der Strasse von Ebensee Ischl am Kohlbüchl. — de Grossouvre (l. c. p. 186) gibt die Art aus der Umgegend von Sougraignes senhaltigem Mergel an.

Pachydiscus cfr. Brandti Redtenbacher sp.

1878. Redtenbacher: Die Cephalopoden der Gosauschichten. p. 116. T. 24, F. 1 a—c.
1893. A. de Grossouvre: Les Ammonites de la Craie supér. p. 192. T. 23, F. 1—3.

Nicht ganz die Hälfte eines Exemplars (2 Umgänge) ist erhalten, dessen Durchmesser etwa 100 mm igt. Die äussere Windung umfasst die innere ungefähr bis zur halben Höhe. Die flachen Flanken n gegen den ziemlich weiten, wenig vertieften Nabel eine stumpfe Kante. Die Nabelwand steigt von Naht gegen die Flanken sanft an. Die Stücke von Redtenbacher und de Grossouvre zeigen eine

[1] Lethaea geognostica. p. 219. T. 66, F. 5 a—c.
[2] Mem. p. serv. à l'explic. d. l. carte géol. dét. d. l. France.

steile Nabelwand. Die Aussenseite scheint gerundet zu sein, wenigstens ist das bei dem inneren Umgang der Fall, dessen Externseite auf eine kurze Strecke freigelegt wurde.

Die ziemlich breiten, niedrigen Rippen beginnen an der Nabelkante mit einer leichten, knotenartigen Verdickung, die auch DE GROSSOUVRE, REDTENBACHER dagegen nicht erwähnt. Sie ziehen geradlinig über die Flanken hinweg. Die Zwischenräume der einzelnen Rippen sind grösser als deren Breite. Von der Externseite des äusseren Umgangs schieben sich ganz vereinzelt Zwischenrippen ein, die nur bis zur halben Flankenhöhe herabreichen. Auf dem inneren Umgang wechseln fast regelmässig kürzere und längere Rippen ab; hier sind die oben erwähnten Knoten am Nabelrand besonders deutlich.

Unser Bruchstück weicht also von den Exemplaren DE GROSSOUVRE's und REDTENBACHER's etwas ab, und könnte die Auffindung guter Exemplare vielleicht zur Abtrennung der geschilderten Form von der REDTENBACHER'schen Art berechtigen.

Vorkommen: Pattenauer Mergel.

Fundort: Cementbruch im Stallauer Graben.

Sonstige Vorkommnisse: REDTENBACHER sagt über die Verbreitung: „Von dieser ebenso interessanten als seltenen Art fanden sich das oben beschriebene Exemplar bei Grünbach und ein Windungsfragment bei Muthmannsdorf." — DE GROSSOUVRE gibt Tercis (Landes) und die Umgegend von St. Croix an.

Pachydiscus Neubergicus v. HAUER sp.

1858. *Ammonites Neubergicus* v. HAUER: Ueber die Cephalopod. d. Gosauschichten. p. 12. T. 2, F. 1—3 (nicht T. 3).
1869.   „   „   in E. FAVRE: Descript. d. Mollusques foss. d. l. Craie d. environs de Lemberg. p. 14. T. 4, F. 2—3.
1872.   „   „   „ SCHLÜTER: Cephalopod. der oberen deutschen Kreide. Palaeontogr. Bd. 21. p. 59. T. 18, F. 1—3.
1873.   „   „   „ REDTENBACHER: Die Cephalopoden der Gosauschichten. p. 120. T. 27, F. 5, a—c.
1893. *Pachydiscus*   „   „ DE GROSSOUVRE: Les Ammon. d. l. Craie supér. p. 207. T. 26, F. 3; T. 30, F. 4; T. 38, F. 3.

Es liegt das Bruchstück eines von der Seite zusammengedrückten Exemplars von mittlerer Grösse vor. Ueber die Form des Querschnitts u. s. w. lässt sich wegen der Verdrückung nichts Sicheres sagen, wohl aber über die Berippung. Am Nabelrande erheben sich scharfkantige, knotenartig verdickte Rippen, die sich ungefähr in der Flankenmitte verflachen. Hier beginnen dann zahlreiche, wenig starke Rippen, die entweder die Fortsetzung der Nabelrippen bilden oder sich selbständig einschieben, und zwar sind es in der Regel deren 2—3. Sämmtliche Rippen laufen etwas nach vorn gebogen über die Aussenseite hinweg.

Vorkommen: Pattenauer Mergel.

Fundort: Cementbruch im Stallauer Graben.

Sonstige Vorkommnisse: Nach BÖHM im Gerhardtsreuter Graben und Pattauauer Stollen, ferner bei Neuberg in Steiermark, in den Mucronatenschichten bei Nagorzany unweit Lemberg, in den obersten Kreideschichten von Lüneburg (Zeltberg)[1]; nach DE GROSSOUVRE im Baculitenkalk von Cotentin, dann bei Tercis und Angoumè, nach SEUNES in der Gegend von Pau und nach FALLOT[2] bei Contes.

---

[1] STOLLEY 1896. p. 148.
[2] FALLOT: Étude géolog. du Terrain de Crétacé dans le S-E de la France; Ann. d. Sc. Géol. 1885. Vol. 18. p. 137.

Pachydiscus Neubergicus v. HAUER sp. var. nov. **Stallauensis.**

Taf. III, Fig. 5.

Literatur wie oben bei *P. Neubergicus.*

Ausser dem oben beschriebenen Bruchstück eines typischen *Pachydiscus Neubergicus* enthält das M. St.-M. noch eine Anzahl solcher Formen, die ihm zwar sehr nahe stehen, aber mit demselben nicht identificirt werden können. Es gelang mir ausserdem, noch einige ziemlich vollständige Exemplare aufzufinden.

Die Stücke sind leider fast alle schiefverdrückt und lassen auf Grössen von 120, bezw. 70 und 240 mm Durchmesser schliessen.

Das abgebildete Stück besteht aus wenigen Umgängen, die rasch an Höhe, aber wenig an Breite wachsen. Der letzte Umgang umhüllt etwa $^2/_3$ des vorhergehenden. Der Nabel ist von mittlerer Tiefe, ziemlich eng und nimmt nahezu $^1/_4$ des Durchmessers ein. Die mässig gewölbten Flanken gehen ohne Kante in die gerundete Aussenseite über, fallen aber gegen die Nabelfläche steil, doch ohne Kante ab.

Bezüglich dieser Merkmale stimmen unsere Stücke mit *P. Neubergicus* im wesentlichen überein, aber nicht im Windungsquerschnitt und noch weniger in der Berippung. Während *P. Neubergicus* seine grösste Breite zunächst des Nabels erreicht, haben unsere Exemplare dieselbe etwas unter der Flankenmitte. Es zeigt sich an ihnen der von REDTENBACHER erwähnte, durch alle Altersstufen vorhandene, stark verschmälerte Externtheil wenig ausgeprägt. Die auf den meisten Abbildungen von *P. Neubergicus* bemerkbaren und von HAUER besonders betonten „in die Länge gezogenen Knoten“, die am Nabelrande beginnen und auf den Seiten rasch verflachen, sind nicht vorhanden. Die Flanken sind mit zahlreichen Rippen bedeckt, die fast alle am Nabel ihren Anfang nehmen und in gleichmässiger Stärke mit leichter Vorwärtsbiegung zur Aussenseite ziehen, auf welcher sie ihre Richtung beibehalten. Eine hier die Rippen unterbrechende, schmale Furche, die von mehreren Autoren für *Pachydiscus Neubergicus* angegeben wird, ist nicht vorhanden. Der Charakter der Berippung hat eine grosse Aehnlichkeit mit dem von DE GROSSOUVRE Taf. 24, Fig. 1 a abgebildeten Exemplar von *Pachydiscus colligatus.*

Das am vollständigsten erhaltene Exemplar von 240 mm Durchmesser (von einem andern, leider sehr schlecht erhaltenen, um mehr als die Hälfte übertroffen) hat einen völlig glatten letzten Umgang, wogegen der vorhergehende berippt ist.

Die meisten Bruchstücke zerfielen bei dem leicht zerstörbaren Mergelmaterial nach den Kammerscheidewänden.

Nach den angeführten Unterschieden halte ich unsere Form wenigstens für eine als var. *Stallauensis* zu bezeichnende Varietät des *Pachydiscus Neubergicus.*

Vorkommen: Pattenauer Mergel.

Fundort: Ziemlich häufig über dem grossen, schon von der Strasse aus durch einen starken Abrutsch der Pattenauer Mergel gekennzeichneten Schleifsteinbruch am Stallauer Eck (vgl. p. 9) aber nur in diesen Mergeln, wo er sein eigentliches Lager hat.

Cosmoceratidae v. Zittel.

Gattung: Hoplites Neumayr.

Hoplites Vari Schlüter sp. var. nov. praematura.

Fig. 1.   Fig. 1a.

1867. *Ammonites Coesfeldiensis* Schlüter: Beiträge zur Kenntniss der jüngsten Ammoneen Norddeutschlands. p. 14. T. 1', F. 2 u. 3.
1867.   „ *costulosus* „ l. c. p. 17. T. 2, F, 1, ·
1872.   „ *striato-costatus* „ : Cephalopoden der oberen deutschen Kreide, Palaeontogr. Bd. 21. p. 65. T. 20, F. 1—4.
1876.   „ *Vari* „ l. c. Bd. 24. p. 160.
1893. *Hoplites Vari* Schlüter in de Grossouvre: Les Ammon. d. l. Craie supér. p. 118.

Etwa die Hälfte eines Exemplars liegt vor, das leider nicht gut erhalten und ausserdem zusammengedrückt ist. Das Stück besteht aus vier Umgängen; der äusserste bedeckt den vorhergehenden zu etwa zwei Dritteln. Diese beiden letzten Umgänge sind in den Verzierungen verschieden.

Die Flanken des vorletzten Umganges sind flach, gegen die Externseite von einer Kante begrenzt und fallen etwas steil nach innen ab. Die wenigen, weit abstehenden Hauptrippen beginnen an der Nabelfläche, steigen zum Nabelrande empor und bilden hier schwache Knötchen. Nach einer kurzen, leichten Biegung gegen vorwärts ziehen sie mit entschiedener Neigung nach vorn über die Flanken und die Externseite, wo sie dann einen Doppelknoten bilden. Es lassen sich also an und auf der Externseite je zwei Reihen von Knoten unterscheiden. Auf eine Hauptrippe folgt fast regelmässig eine Zwischenrippe.

Wegen der sehr starken Verdrückung des äusseren Umganges lässt sich über die Form seines Querschnittes nichts Genaueres angeben; doch ist derselbe bedeutend höher als breit. Seine Flanken sind gleichfalls flach und tragen gegen die Externseite eine schwache, seitliche Kante; gegen die Nabelfläche dachen sie sich ziemlich steil ab. Vom Nabelrand gehen eine Anzahl Hauptrippen aus, die sich alsbald gabeln; später schieben sich noch je zwei Zwischenrippen ein. Der Abstand der Rippen entspricht ungefähr ihrer Breite. Die Rippen sind schwach sichelförmig und laufen in ziemlich stark convexem Bogen ununterbrochen über die Externseite.

Ausserdem liegt noch ein zweites Bruchstück eines sehr verdrückten Exemplars mit einem Durchmesser von 32, bezw. 55 mm vor, das wohl zur gleichen Art gehört.

Die sehr undeutlichen, breit abstehenden Rippen des inneren Umganges endigen, wie bei dem erst beschriebenen Stück, an und auf der Externseite mit Doppelknoten, und die Rippen ziehen über diese Knoten hinweg. An Stelle der vier Knotenreihen und der breiten Rippen treten aber ganz unvermittelt im weiteren Fortgange der Windung zahlreiche, schmälere Rippen, die in einem nach vorwärts gerichteten Bogen über die Aussenseite hinweg ziehen und im weiteren Verlaufe des Umganges stets enger und zahlreicher werden.

Zum Schlusse sei noch ein Vergleich mit nächst verwandten norddeutschen Arten versucht.

Die Jugendform bis zu einer Grösse von ca. 30 mm Durchmesser gleicht dem typischen *Hoplites Vari* (SCHLÜTER 1. c. Taf. 20, Fig. 1 u. 2 und l. c. 1867 Taf. 1, Fig. 2 u. 3), dessen Rippen ebenfalls kräftig sind und weit von einander abstehen, und welcher auf der Externseite eine Furche mit zwei Knotenreihen besitzt. Während aber bei der typischen Form älterer Exemplare sich faltenartige, starke, gestreifte Rippen und ein flaches Band zeigen (l. c. Taf. 20, F. 1 u. 2), hat die unserige im Alter engere Rippen, ähnlich wie bei *Hoplites Coesfeldiensis*; doch sind bei diesem die Rippen im Alter auch durch ein flaches Band auf der Externseite unterbrochen, was bei den Stallauer Stücken nicht der Fall ist. Bei der SCHLÜTER'schen Varietät auf Taf. 20, Fig. 3 u. 4 und Taf. 2, Fig. 1 scheinen zwar auch die Rippen zuletzt über die Externseite zu ziehen; ob aber überhaupt die letzteren beiden Formen (Taf. 20, Fig. 3 u. 4 und Taf. 2, Fig. 1) mit *Hoplites Vari* zu vereinigen sind, dürfte noch fraglich erscheinen.

Unsere Stücke lassen sich mit dieser Varietät ebenfalls nicht mit Sicherheit zusammenstellen, da auf den SCHLÜTER'schen Tafeln die Jugendformen nicht augegeben sind, auch die bei unserem Exemplar in einem früheren Stadium eintretende Alterssculptur von jener verschieden erscheint und überdies die Knotenreihen auf der Externseite bereits viel früher verschwinden.

Im Hinblick auf diese Eigenthümlichkeit wurde der Name *praematura* gewählt. Im Uebrigen wurden, da die Jugendform dem typischen *Hoplites Vari* gleich ist, auch, wie bei der SCHLÜTER'schen Species, eine dickere und dünnere Form vorzukommen scheint, die beiden Stallauer Stücke dem *H. Vari* als Varietät angereiht.

Vorkommen: Pattenauer Mergel.

Fundort: Stallauer Eck.

Gattung: Scaphites PARKINSON.

Scaphites constrictus Sow. sp.

1891. JOH. BÖHM: Die Kreideschichten des Fürbergs etc. p. 48. T. I, F. 10, a.
1893. A. DE GROSSOUVRE: Les Ammon. d. l. Craie supér. etc. p. 248. T. 31, F. 1, 2, 7, 8 cum syn.

Häufig, aber nicht gut erhalten, doch sicher bestimmbar.

Vorkommen: Gerhardtsreuter Mergel.

Fundort: Stallauer und Schellenbach-Graben.

DE GROSSOUVRE gibt unter Vorkommen auch Siegsdorf an, doch irrthümlicherweise im Flysch, während sich *S. constrictus* dort nach JOH. BÖHM (l. c.) im Gerhardtsreuter und Pattenauer Mergel (Gerhardtsreuter Graben, Pattenauer Stollen) findet.

Dibranchiata.

Belemnitidae BLAINV.

Gattung: Belemnitella D'ORB.

Belemnitella mucronata SCHLOTH. sp.

1876—77. SCHLÜTER: Cephalopoden der oberen deutschen Kreide. Palaeontogr. Bd. 24. p. 200. T. 55, F. 1—12.
1897. STOLLEY: Ueber die Gliederung des norddeutschen und baltischen Senon. p. 296.

Zu den ziemlich häufigen Versteinerungen unseres Gebietes gehört dieses wichtige Fossil der obersten Kreide. Unter den besseren Stücken befindet sich eines, das fast alle typischen Merkmale dieser Art vortrefflich zeigt: die divergirenden Dorsolateralfurchen, zwischen welchen der Rücken stark hervorgedrängt ist, den schlitzartigen Spalt auf der Ventralseite und diesem gegenüber die kielartige Leiste auf der Ausfüllung der Alveole. Die Gefässeindrücke sind an diesem wie an verschiedenen andern Stücken recht gut sichtbar und sehr zahlreich. Sie gehen etwa von der Mitte der Seite aus und treten sich mit der Spitze ihrer Verzweigungen an der Spaltlinie entgegen.

Die grosse Veränderlichkeit dieser Art zeigt sich in der verschiedenen Form des hinteren Endes des Rostrums. Nur wenige Exemplare sind hier gerundet, um dann mit einem kurzen, spitzen Stachel zu endigen, der fast stets abgebrochen ist. Die meisten zeigen eine allmählich sich verjüngende Spitze. Das längste Exemplar, das nachträglich im vorderen Theile stark gebogen ist, misst 104 mm, die Mehrzahl der grösseren Stücke 80, bei einem Durchmesser von ca. 15 mm, der bei dem oben genauer beschriebenen Stück 21 mm beträgt.

Vorkommen: Im M. St.-M. befinden sich unter dem Fossilienmaterial des Grünsandsteins circa 50 Stück von *Belemnitella mucronata* mit der Fundortsangabe „Bocksleithen". An der „Bocksleithen" — ein Haus an der Strasse Tölz-Lenggries westlich der Isar heisst zum „Bocksleithner" — ist zwar ein Aufschluss (Steinbruch) in Granitmarmor und Stockletten[1], aber zur Zeit keine Spur von anstehendem Grünsandstein. Bei welcher Veranlassung *B. mucronata* an dieser Oertlichkeit gesammelt wurde, vielleicht bei Fassung der St. Anna-Jodquelle, war leider nicht zu ermitteln.

Ich selbst fand *B. mucronata* nur in der Uebergangsschicht des Grünsandsteins zum Pattenauer Mergel (vgl. p. 11), ausserdem allenthalben in diesem unmittelbar darauffolgenden Mergel.

---

[1] Die Kreide- und Eocaenbildungen am Stallauer Eck etc. p. 50.

Fundort: Bocksleithen (?), Stallauer Graben, Stallauer Eck, Schellenbachgraben.

Sonstige Vorkommnisse: In den Schichten des nach dem Pattenauer Stollen genannten Mergels, in den Nierenthalschichten am Nordhang des Fürbergs, im Nierenthalgraben bei Hallthurm, im Mariensteiner Stollen [1], in der Gegend des Untersbergs [2], nämlich im Grünbach, im Kühlbach und am kleinen Gemeinberg.

Crustacea.

Cypridae ZENK.

Gattung: Bairdia M'COY.

Bairdia Harrisiana JONES.

1872—75. GEINITZ: Das Elbthalgebirge. Palaeontogr. Bd. 20. II. Th. p. 141 cum syn. T. 26, F. 6, 7

Vorkommen: Pattenauer Mergel.

Fundort: Stallauer Eck. — In seiner Monographie [3] gibt EGGER von der gleichen Lokalität noch folgende Ostrakoden an: *Cytherella ovata* RÖMER und *C. obovata* JONES u. HINDE.

Thalassinidae MILNE.-EDWARDS.

Gattung: Calianassa LEACH.

Calianassa sp.

Scheerenglieder und andere Theile von Scheerenfüssen, sowie mehrere nicht näher bestimmbare Bruchstücke, vielleicht zu *Calianassa antiqua* OTTO [4] gehörig, liegen vor.

Vorkommen: Grünsandstein.

Fundort: Stallauer Eck und Steinbruch südlich von den Baumberghöfen.

Pisces.

Selachii.

Gattung: Corax AG.

Corax falcatus AG.

1889. WOODWARD: Catalogue of fossil fishes Brit. Mus. (Nat. hist.) part. I. p. 424 cum syn.

Krone eines Zahnes.

Vorkommen: Grünsandstein.

Fundort: Stallauer Graben.

---

[1] V. AMMON: Das Cementsteinbergwerk Marienstein. p. 99. Geogn. Jahreshefte 1894.
[2] V. GÜMBEL: Geologie von Bayern. p. 243.
[3] Foraminiferen und Ostrakoden etc. p. 186, 187 und 200.
[4] Geognostische Beschreibung des bayr. Alpengeb. p. 550, 567.

Ganoidei.

Gattung: **Macropoma** Ag.

Coprolithen von *Macropoma Mantelli* Ag.
Vorkommen: Pattenauer und Gerhardtsreuter Mergel.
Fundort: Stallauer und Schellenbach-Graben, Stallauer Eck.
Sonstige Vorkommnisse: Nach Böhm (l. c. p. 40) im Gerhardtsreuter Graben und Pattenauer Stollen.

Schlusswort.

Zum Schlusse spreche ich Herrn Geheimrath v. Zittel meinen aufrichtigsten Dank aus für seine fortdauernd freundliche Unterstützung während meiner Arbeit, sowie für die Benützung seiner reichen Bibliothek, ebenso Herrn Professor Dr. Rothpletz für die vielen trefflichen Rathschläge, mit welchen er mich förderte.

Berichtigung.

Zur Kartenskizze p. 9. Da von unserem Gebiete eine topographische Karte im Maassstab 1 : 25 000 noch fehlt, fanden bei der geologischen Aufnahme die betreffenden Blätter des bayrischen Steuerkatasters (Maassstab 1 : 5000) Verwendung. Auf Grund derselben ist diese orientirende Kartenskizze (1 : 10 000) hergestellt; es fehlt darauf natürlich wie auf den Katasterblättern die Darstellung des Terrains. — Die westöstlich verlaufende Linie am Stallauer Eck, welche die Grenze der Flyschzone gegen Norden angiebt, wurde auf der linken Seite des Schellenbachgrabens vom Zeichner irrthümlicher Weise in nordsüdlicher, statt in westlicher Richtung fortgesetzt. Die nordsüdlich gezogene Linie unmittelbar links daneben bezeichnet keine Schichtengrenze, sondern einen Weg, hat also für unsere Kartenskizze keine weitere Bedeutung. — Lies Rohrbrunnen statt Rohrbrunen.

Literatur-Verzeichniss

1. L. v. AMMON: Das Cementsteinwerk Marienstein. Geognostische Jahreshefte, 7. Jahrg. 1894. Cassel 1895.
2. J. VAN DEN BINKHORST: Monographie des Gastéropodes et des Céphalopodes de la Craie supérieure du Limbourg. Brüssel und Maestricht 1861.
3. JOHANNES BÖHM: Der Grünsand von Aachen und seine Molluskenfauna. Inaugural-Dissert. Bonn 1885.
4.   „   „   *[1]Die Kreidebildungen des Fürbergs und Sulzbergs bei Siegsdorf in Oberbayern. Palaeontogr. Bd. 38. Stuttgart 1891.
5. H. COQUAND: Monographie du genre Ostrea. Terrain crétacé. Marseille 1869.
6. R. DRESCHER: Ueber die Kreidebildungen der Gegend von Löwenberg. Zeitschrift der Deutsch. geolog. Gesellschaft. Bd. XV. Berlin 1863.
7. J. G. EGGER: *Foraminiferen und Ostrakoden aus den Kreidemergeln der oberbayerischen Alpen. Abhandlungen der k. bay. Akademie der Wissensch. München 1899.
8. H. EMMRICH: *Die cenomane Kreide im bayrisch. Gebirge. Zur Feier des 70. Geburtstags W. HAIDINGER's. Meiningen 1865.
9. E. FAVRE: Description des Mollusques fossiles de la Craie des environs de Lemberg en Galicie. Genève et Bâle 1869.
10. M. FLURL: *Beschreibung der Gebirge von Bayern und der oberen Pfalz. München 1792.
11. FR. FRECH: Die Versteinerungen der unter-senonen Thonlager zwischen Süderöde und Quedlinburg. Zeitschrift d. Deutsch. geolog. Gesellschaft. Bd. 39. Berlin 1887.
12. A. FRIĆ: Studien im Gebiete der böhmischen Kreideformation. VI. Die Chlomeker Schichten. Prag 1897.
13. E. FUGGER und C. KASTNER: Naturwissenschaftliche Studien und Beobachtungen aus und über Salzburg. Salzburg 1885.
14. H. B. GEINITZ: Das Elbthalgebirge in Sachsen. Palaeontogr. Bd. 20. I. u. II. 1871—75.
15. C. GERSTER: Die Plänerbildungen um Ortenburg bei Passau. Nova Acta der kaiserl. Leop.-Carol. Deutsch. Akademie der Naturforscher. Bd. 42. Halle 1881.
16. AUG. GOLDFUSS: Petrefacta Germaniae. II. Theil. Düsseldorf 1834—40.
17. O. GRIEPENKERL: Die Versteinerungen der senonen Kreide von Königslutter im Herzogthum Braunschweig. Palaeontolog. Abhandlungen. Herausgegeben von DAMES und KAYSER. Bd. IV. Heft 5. Berlin 1889.
18. A. DE GROSSOUVRE: Les Ammonites de la Craie supérieure. Mémoires pour servir à l'explication de la carte géologique détaillée de la France. Paris 1893.
19. C. W. v. GÜMBEL: *Geognostische Beschreibung des bayer. Alpengebirges und seines Vorlandes. Gotha 1861.
20.   „   „   Die Nummuliten-führenden Schichten des Kressenbergs in Bezug auf ihre Darstellung in der Lethaea geognostica von Südbayern. Neues Jahrbuch für Mineralogie. Stuttgart 1865.
21.   „   „   Nachträge zu der geogn. Beschreibung des bayer. Alpengebirgs. Geogn. Jahreshefte. I. Jahrgang. Cassel 1888.
22.   „   „   *Geologie von Bayern. Bd. II. Geologische Beschreibung von Bayern. Cassel 1894.
23. FR. v. HAUER: Ueber die Cephalopoden der Gosauschichten. Beiträge zur Palaeontographie von Oesterreich. Bd. I. Heft 1. Wien und Olmüz 1858.
24. A. HENNIG: Revision af Lamellibranchiaterna i NILSSONS „Petrificata suecana formationis cretaceae". Lund 1897.
25. E. HOLZAPFEL: Die Mollusken der Aachener Kreide. Palaeontogr. Bd. 34 u. 35. Stuttgart 1888—89.
26. H. IMKELLER: *Die Kreide- und Eocaenbildungen am Stallauer Eck und Enzenauer Kopf bei Tölz. Programm zum Jahresbericht der städtischen Handelsschule in München pro 1895—96.
27.   „   „   *Einige Beobachtungen über die Kreide-Ablagerungen im Leitzachthal. Zeitschrift der Deutsch. geolog. Gesellschaft. Bd. 52. Berlin 1900.
28. B. LUNDGREN: List of the fossil Faunas of Sweden. III. Mesozoic. Palaeontol. departm. of the Swedish State Museum. Stockholm 1888.
29. G. MANTELL: The fossils of the South Downs; or illustrations of the geology of Sussex. London 1822.
30. G. MÜLLER: Die Molluskenfauna des Untersenon von Braunschweig und Ilsede. I. Lamellibranchiaten und Glossophoren. Abhandlungen der Kgl. preussisch. geolog. Landesanstalt. Heft 25. Berlin 1898.
31. J. MÜLLER: Monographie der Petrefacten der Aachener Kreideformation. I. u. II. Bonn 1847 und 1851.
32. R. J. MURCHISON: Ueber den Gebirgsbau in den Alpen, Apenninen und Karpathen. Deutsch von G. LEONHARD. Stuttgart 1850.
33. S. NILSSON: Petrificata suecana formationis cretaceae. Lund 1827.

---

[1] Die mit * versehenen Arbeiten beschäftigen sich auch mit unserem Untersuchungsgebiet (siehe Literaturbesprechung).

34. C. M. Paul: Der Wienerwald. Ein Beitrag zur Kenntniss der nordalpinen Flyschbildung. Jahrbuch der k. k. geolog. Reichsanstalt. Bd. 48. Wien 1899.

35. A. Redtenbacher: Die Cephalopoden der Gosauschichten in den nordöstlichen Alpen. Abhandlungen der k. k. geolog. Reichsanstalt. Bd. V. Wien 1873.

36. O. u. M. Reis: *Erläuterungen zu der geolog. Karte der Vorderalpenzone zwischen Bergen und Teisendorf. Geogn. Jahreshefte. 8. Jahrg. Cassel 1895.

37. „ „ *Die Fauna der Hachauer Schichten.
    I. Gastropoden. Geogn. Jahresh. 9. Jahrg. 1896.
    II. Lamellibranchiaten. 10. Jahrg. 1897. Cassel 1898.

38. A. E. Reuss: Die Versteinerungen der böhmischen Kreideformation. Stuttgart 1845—46.

39. „ „ Beiträge zur Charakteristik der Kreideschichten in den Ostalpen, besonders im Gosauthale und am Wolfgangsee. Denkschriften der k. k. Akademie der Wissenschaften. Bd. VII. Wien 1854.

40. H. Rohatsch: *Ueber die Formation des Gebirges, aus welchem die Bayern'schen Jod-Quellen zu Krankenheil bei Tölz (Bernhards- und Johann-Georgen-Quelle), zu Heilbronn bei Benediktbeuren (Adelheids-Quelle) und Sulzbrunnen bei Kempten entspringen, und über den Einfluss der Formation auf den Jodgehalt dieser Quellen. Neues Jahrbuch für Mineralogie. Stuttgart 1851.

41. „ „ *Einige Bemerkungen über die sogenannte Kressenberger Formation und ihre Fortsetzung in südsüdwestlicher Richtung oder die Polythalamien-Zone der Vorberge der bairischen Alpen. Zeitschrift der Deutsch. geolog. Gesellschaft. Bd. IV. 1852.

42. A. Rothpletz: *Ein geologischer Querschnitt durch die Ostalpen. Stuttgart 1894.

43. K. E. Schafhäutl: *Geognostische Untersuchungen des südbayer. Alpengebirges. München 1851.

44. „ „ *Südbayerns Lethaea geognostica. Leipzig 1863.

45. Cl. Schlüter: Beitrag zur Kenntniss der jüngsten Ammoneen Norddeutschlands. Bonn 1867.

46. „ „ Cephalopoden der oberen deutschen Kreide. Palaeontogr. Bd. 21 u. 24. Stuttgart 1871—72 u. 1876.

47. „ „ Kreidebivalven. Zur Gattung Inoceramus. Palaeontogr. Bd. 24. Stuttgart 1877.

48. J. Sowerby: The Mineral Conchology of Great Britain. London 1812—29.

49. F. Stoliczka: Cretaceous Fauna of Southern India. Vol. III. The Pelecypoda. Calcutta 1871.

50. E. Stolley: Die Kreide Schleswig-Holsteins. Mittheilungen aus dem mineralogischen Institut der Universität Kiel. Bd. I. Heft 4. Kiel und Leipzig 1892.

51. „ Einige Bemerkungen über die obere Kreide, insbesondere von Lüneburg und Lägerdorf. Archiv für Anthropologie und Geologie Schleswig-Holsteins. Bd. I. Heft 2. Kiel und Leipzig 1896.

52. „ Ueber die Gliederung des norddeutschen und baltischen Senon, sowie die dasselbe charakterisirenden Belemniten. Archiv für Anthr. und Geol. Schlesw.-Holsteins. Bd. II. Heft 2. Kiel und Leipzig 1897.

53. A. v. Strombeck: Ueber das geologische Alter von Belemnitella mucronata und Belemnitella quadrata. Zeitschrift der Deutsch. geol. Gesellschaft. Bd. 7. Berlin 1855.

54. „ „ Ueber das Vorkommen von Actinocamax quadratus und Belemnitella mucronata. Zeitschr. der Deutsch. geolog. Gesellschaft. Bd. 43. Berlin 1891.

55. Fr. Vogel: Lamellibranchiaten aus der Oberen Mucronatenkreide von Holländisch Limburg. Beiträge zur Kenntniss der holländischen Kreide. Leiden und Berlin 1895.

56. R. P. Whitfield: Brachiopoda and Lamellibranchiata of the Raritan Clays and Greensand Marls of New-Yersey. U. S. Geol. Surv. Monographs IX. Washington 1885.

57. Woodward: Catalogue of fossil fishes Brit. Mus. (Nat. hist.) part. I. 1889.

58. Wright: Monograph on the fossil Echinodermata from the cret. form. Vol. I. part. X. Palaeontogr. Soc. 1882.

59. Fr. Zekeli: Die Gasteropoden der Gosaugebilde in den nordöstlichen Alpen. Abhandlungen der k. k. geolog. Reichsanstalt. Wien 1852.

60. K. A. v. Zittel: Die Bivalven der Gosaugebilde in den nordöstlichen Alpen. Beitrag zur Charakteristik der Kreideformation in Oesterreich. Denkschriften d. k. k. Akademie d. Wissenschaften, Bd. 24. Wien 1864 u. 66.

61. „ „ Palaeontologische Notizen über Lias-, Jura- und Kreideschichten. Jahrbuch der k. k. geolog. Reichsanstalt. Bd. 18. Wien 1868.

62. „ „ Studien über fossile Spongien. Abhandlungen der k. bayer. Akademie der Wissensch. II. Cl. Bd. 13. Abth. I. München 1877.

63. „ „ Handbuch der Palaeontologie. München und Leipzig 1876—1880.

64. „ „ Grundzüge der Palaeontologie. München und Leipzig 1895.

PALAEONTOGRAPHICA.

BEITRAEGE

ZUR

NATURGESCHICHTE DER VORZEIT.

Herausgegeben

von

KARL A. v. ZITTEL,

Professor in München.

Unter Mitwirkung von

W. von Branco, Freih. von Fritsch, A. von Koenen, A. Rothpletz und G. Steinmann

als Vertretern der Deutschen Geologischen Gesellschaft.

Achtundvierzigster Band.

Zweite und dritte Lieferung.

Inhalt:

Stutt art.

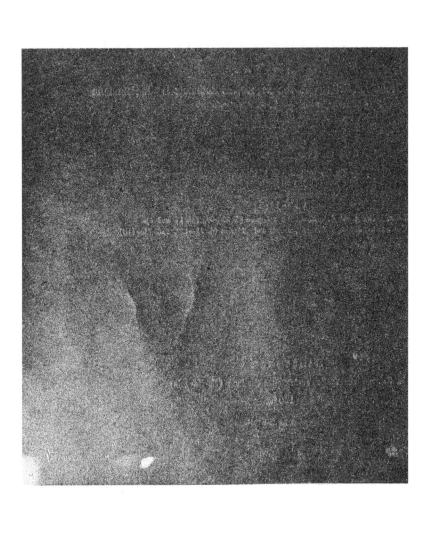

Beiträge zur Kenntniss der Flugsaurier

von

F. Plieninger.

Das Material, welches dieser Abhandlung zu Grunde liegt, entstammt der reichhaltigen Sammlung von Flugsauriern, welche sich in der palaeontologischen Sammlung des Staates zu München befindet. Vom Conservator dieser Sammlung, Herrn Geheimrath v. Zittel, wurde mir dieses Material bereitwilligst zur Verfügung gestellt und ebenso die Benützung der Institutsbibliothek, sowie seiner reichhaltigen Privatbibliothek in liebenswürdigster Weise gestattet, wofür ich an dieser Stelle meinen verbindlichsten Dank aussprechen möchte.

1. Pterodactylus Kochi Wagler.

Taf. IV.

Das im folgenden beschriebene Exemplar wurde im Jahre 1892 von der Staatssammlung erworben und von Herrn Geheimrath v. Zittel mir zur Präparation anvertraut; es verdient, obwohl kein sogenanntes Habitusexemplar, wegen seiner theilweise vorzüglichen Erhaltung, die es geeignet machen, uns über verschiedene bisher nur unvollständig bekannte Verhältnisse aufzuklären, einige Beachtung. Das Thier kam offenbar auf dem Rücken liegend zur Ablagerung, wobei der Schädel etwas zur Seite geschwemmt wurde, während die Extremitätenknochen seitlich von den in Zusammenhang bleibenden Hals- und Rückenabschnitten der Wirbelsäule mehr oder weniger durcheinander geworfen wurden.

Der Schädel.

Der völlig nahtlose Schädel hat eine Länge von 13 cm und liegt in theilweise mangelhafter Erhaltung vor. Die Hinterhauptsregion ist völlig zerstört.

Die Augenhöhle, sowie die 1,9 cm hohe und 4,2 cm lange vereinigte Nasen- und Praeorbitalöffnung ist vollständig zu sehen, ebenso die Schnauzenspitze, welche vom Praemaxillare und theilweise Maxillare gebildet wird. An dieser Parthie des Schädels sind noch die Knochen beider Seiten erhalten, wie im vorderen Winkel der Nasopraeorbitalöffnung deutlich zu erkennen ist. An der unteren Begrenzung der Nasopraeorbitalöffnung, sowie der Augenhöhle sind nur mehr die Knochen der linken Seite erhalten, so

als auch bei sämmtlichen in der palaeontologischen Staatssammlung liegenden *Pterodactylus*-Skeletten eher den Eindruck eines unpaaren aus der Medianlinie des Schädels herabhängenden Knochenstückes n vielleicht haben wir es hier nur mit der knöchernen Verstärkung einer Nasenscheidewand zu thun[1]. I Augenhöhle liegen noch Theile dünner, runder Knochenplättchen, Reste des Skleroticalringes.

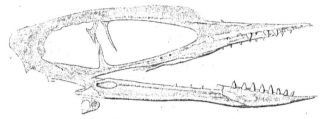

Fig. 1. Schädel von *Pterodactylus Kochi* WAGLER.
Am hinteren Ende des Unterkiefers liegt der Atlas.

Das Auffallendste am ganzen Schädel ist aber ein in der Höhe des vorderen Winkels der praeorbitalöffnung beginnender, in der Medianlinie des Schädeldaches bis gegen die Mitte der Augen verlaufender, fein ausgefranster Knochenkamm, welcher wohl einem kräftigen Fleischkamme zur Stütz dient haben dürfte. Der Knochenkamm ist kurz nach seinem Beginne über dem vorderen Drittel der praeorbitalhöhle fast 0,5 cm hoch und nimmt von da langsam an Höhe ab; seine Länge betrug circa in der Gegend über dem hinteren Winkel der Augenhöhle ist er nur noch im Abdruck erhalten. Un liche Spuren des Kammes im Abdruck beobachtete ich auch an anderen Exemplaren der Münchener S lung. Vielleicht ist dieser Kamm als Geschlechtsmerkmal aufzufassen? Der bis etwa unter die Mitt vereinigten Nasen- und Praeorbitalöffnung bezahnt gewesene Oberkiefer hat durch Druck stark gelitte der Schnauzenspitze lässt sich in Folge späthiger Incrustation die Ausdehnung der Bezahnung nach nicht verfolgen.

Der Unterkiefer hat eine Länge von 10,2 cm, er ist nur in seiner linken Hälfte fast vollst erhalten, während von der rechten Hälfte nur noch der vorderste Abschnitt vorliegt. Die linke I bietet ihre innere Seite dar; sie ist an der Einlenkungsstelle für das Quadratum etwas verletzt, aber

---

[1] Schon OKEN in ISIS 1819, p. 1793, betrachtete bei *Pterodactylus antiquus* SÖMMERRING (dem CUVIER'schen Or von *Pterodactylus longirostris*) dieses Knochenstückchen als Nasenscheidewand.

im Abdruck vorhanden. Vor der Einlenkungsstelle für das Quadratum weist der Unterkiefer auf der Innenseite eine länglich ovale Muskelgrube von 0,85 cm Länge und etwa 0,25 cm Höhe auf. Oberrand und Unterrand der Innenseite werden durch eine leistenartige Erhöhung verdickt. Beide Unterkieferhälften sind auf einè Länge von 3,3 cm in der Symphyse verwachsen und bilden eine 0,9 cm lange, zahnlose Spitze. Das Fehlen von Alveolen an dieser wohlerhaltenen Spitze beweist, dass die Zähne nicht etwa bei der Ablagerung des Schädels verloren gegangen sind. An der Symphyse ist der Unterrand des Unterkiefers schwach nach aufwärts geschwungen, der Oberrand gerade.

Bezahnung.

Die Zähne im Ober- wie Unterkiefer sind von breiter Form, aussen abgeplattet, an den Seiten etwas zugeschärft und vollständig glatt; von Ersatzzähnen ist keine Spur zu beobachten. Die Bezahnung erstreckte sich im Oberkiefer, wie die Enden der Alveolen noch beweisen, bis etwa unter die Mitte der Nasopraeorbitalöffnung, theilweise sind die Zähne ausgefallen, gegen die Schnauzenspitze sind sie in Kalkspath eingebettet, welcher ein Blosslegen ohne Bruch zur Unmöglichkeit macht; die äusserste Spitze des Oberkiefers ist mangelhaft erhalten, so dass sich nicht mehr feststellen lässt, ob Zähne an dieser Stelle vorhanden waren oder nicht. Die Anzahl der Zähne des Oberkiefers lässt sich also nicht mehr genau bestimmen, sie dürfte jedoch kaum mehr als 18—20 auf einer Seite betragen haben. Im Unterkiefer beträgt die Zahl der Zähne auf einem Aste 12—13, nach hinten stehen hier die Zähne in grösseren Zwischenräumen als im Oberkiefer. Die zwei vordersten Zähne eines Unterkieferastes sind schräg nach vorne gerichtet und zwar der erste mehr als der zweite. Die 0,9 cm lange zahnlose Spitze weist, wie schon oben bemerkt, keine Spur von Alveolen auf.

Die Wirbelsäule.

Von der Wirbelsäule ist der Halsabschnitt, sowie ein Theil des Rumpfabschnittes im Zusammenhang erhalten; zwei noch zusammenhängende Wirbel des Beckens, zwei des Schwanzes und noch zwölf zusammenhängende Schwanzwirbel, desgleichen ein einzelner Lendenwirbel liegen auf der Platte zerstreut. Die übrigen Wirbel befinden sich jedenfalls auf der Gegenplatte, über deren Verbleib mir leider keine näheren Angaben zur Verfügung stehen.

Die ersten zwei Halswirbel ·Atlas und Epistropheus sind nicht verwachsen; ersterer *I hw* (und Textfigur 1) liegt auf der Platte unterhalb des Schädels in der Nähe der Gelenkung des letzteren mit dem Unterkiefer. Er scheint uns seine Rückseite darzubieten und er besteht aus einem ziemlich massiven Körper, sowie aus einem das Nervenrohr umschliessenden Bogenpaar, welches aussen und oben jederseits einen Fortsatz trägt, der wohl zur Anheftung von Muskeln diente (ähnlich wie bei gewissen Vögeln, z. B. Reihern; musculus rectus capitis posticus).

Nach v. ZITTEL, Handbuch der Palaeontologie, Bd. III, p. 776 sollen Atlas und Epistropheus verwachsen sein, auch soll sich ein dachförmiger Proatlas zwischen Hinterhaupt und Atlas einschieben [1]; ich

---

[1] Vergl. auch G. BAUR: Anatom. Anzeiger. Bd. X. No. 11. p. 350.

habe unter. den Flugsauriern der Münchener Sammlung nichts derartiges beobachten können, weder bei *Pterodactylus Kochi* Wagd. noch bei *Rhamphorhynchus Gemmingi* H. v. Meyer. Bei *Pterodactylus* scheinen Atlas und Epistropheus sicher getrennt zu sein, wie vorliegendes Exemplar beweist; ferner ist auch bei O. Fraas, Palaeontographica, Bd. 25 „Ueber *Pterodactylus suevicus* Qu. von Nusplingen" der auf Tab. 22 am hinteren Ende der Unterkieferäste liegende mit g bezeichnete, von Fraas als Schlundring (!) aufgefasste Knochen nichts anderes als der Atlas[1].

Der Epistropheus (*II*) liegt bei unserem Exemplare noch im Zusammenhang mit der Halswirbelsäule, seine Form ist jedoch nicht mehr genau zu ermitteln; er scheint um mehr als die Hälfte kleiner gewesen zu sein als der nächstfolgende dritte Halswirbel (*III*), welcher eine Länge von 1,25 cm aufweist. Vom dritten Halswirbel ab (diesen letzteren eingeschlossen) bieten uns die Wirbel des Halsabschnittes ihre Ventralseite dar. Sie sind von länglich cylindrischer Gestalt und weisen in ihrem vorderen Theile an der Ventralseite eine niedrige Hypapophyse auf. Vordere und hintere Zygapophysen sind vorhanden und es ist das Uebergreifen der Postzygapophysen über die Praezygapophysen des nächsten Wirbels noch deutlich zu erkennen, da dieselben trotz der etwas flachgedrückten auf der Dorsalseite liegenden Wirbel das Centrum seitlich überragen. Ausser diesen Prae- und Postzygapophysen besitzen aber die Halswirbel auf ihrer Ventralseite seitlich zwei Fortsätze, welche vom hinteren Theile des Wirbels auf den vorderen Theil des nächstfolgenden Wirbels übergreifen und wie es scheint mit diesem durch Gelenkflächen verbunden sind. Bei *Pterodactylus antiquus* Sömmerring, dem Cüvier'schen Original zu *Pterodactylus longirostris*, sind dieselben gleichfalls ganz deutlich zu erkennen. Mit sattelförmigen Gelenkverbindungen versehen und besonders stark ausgebildet sind dieselben bei *Pteranodon*. Derartige Fortsätze, aber allerdings ohne Gelenkfläche zur Verbindung mit dem nächstfolgenden Wirbel, beschreibt R. Owen an den Halswirbeln der englischen Kreidepterodactylen[2]. Auch Seeley bespricht dieselben bei *Ornithocheirus*, desgleichen schreibt v. Ammon von den Halswirbeln von *Rhamphorhynchus longicaudatus* Münst., dass sich seitlich des Gelenkkopfes „die abgerundeten Ecken von kleinen Fortsätzen sogen. hinteren Parapophysen" vorschieben[3].

Der vierte Halswirbel hat eine Länge von 1,6 cm, der fünfte misst 1,65 und erreicht damit das Maximum, der sechste ist 1,45 cm, der siebente 1,15 cm lang; der Durchmesser der Halswirbel wird ungefähr 0,5 cm betragen haben.

Der nächstfolgende bedeutend verkürzte Wirbel (*rw I*) weist kräftige Diapophysen (*di*) auf und muss in Folge dessen als erster Rückenwirbel angesehen werden. Wir zählen also sieben Halswirbel und ich fand bei Untersuchung der Halswirbelsäulen an sämmtlichen Flugsauriern des weissen Jura im Münchener Museum, die zu dieser Beobachtung günstig waren, immer die Zahl sieben. Fürbringer[4] war neuestens geneigt, die Zahl von acht Halswirbeln zu vermuthen und meint, „Falls die Patagiosaurier zum Theil nur sieben Hals-

---

[1] Auf diese Weise zähle ich dann sieben Halswirbel bei *Pterod. suevicus*, ohne, wie das Fraas macht, gezwungen zu sein, den ersten Rückenwirbel als siebten Halswirbel zählen zu müssen.

[2] The Palaeontographical Society. Monograph on the fossil Reptilia of the Cretaceous Formations. Bd. XI. Suppl. I. 1859. p. 7 ff. und Bd. XII. Suppl. III. 1861. p. 7 und Philosophical Transactions of the royal Society of London. Bd, 149. Part. I. p. 164.

[3] Correspondenzblatt des Naturw. Vereins zu Regensburg. 1884. p. 156.

[4] Jenaische Zeitschrift für Naturwissenschaft. Bd. 34. 1900. p. 665.

wirbel besitzen, wie allgemein behauptet wird, aber meines Erachtens erst noch zu erweisen ist, so wäre eventuell anzunehmen, dass dieselben durch eine geringgradige, kranial gerichtete Wanderung der vorderen Extremität ihren ursprünglich aus acht Wirbeln bestehenden Hals um einen in das thorakale Gebiet übergehenden Wirbel verkürzten."

Von den mit dem Halsabschnitte in Verbindung stehenden acht Rumpfwirbeln (*rw I—rw VIII*) haben die vier vorderen die Lage auf der Dorsalseite beibehalten, während die vier folgenden sich mehr seitlich gedreht haben. Die Länge dieser Rückenwirbel variirt zwischen 0,7 und 0,5 cm, ihr Durchmesser beträgt etwa 0,4 cm; sie sind deutlich procoel, sanduhrförmig in der Mitte etwas eingeschnürt und, wie der sechste bis achte Wirbel beweisen, mit hohen Dornfortsätzen und mit Zygapophysen versehen. An Wirbel 6—8 haben sich die oberen Bogen nebst Dornfortsätzen vom Centrum losgetrennt. Nach v. ZITTEL, Handbuch der Palaeontologie, Bd. III. p. 776 ist „zwischen oberen Bogen und Centrum keine Sutur zu bemerken." Bei *Pterodactylus antiquus* SÖMMERRING ist bei dem schönen CUVIER'schen Originale die Lostrennung der oberen Bogen in der neuro-centralen Naht sehr deutlich zu sehen; auf der sonst so genauen Abbildung, welche uns H. v. MEYER von diesem Thiere gibt[1], ist dieses Verhalten der oberen Bogen merkwürdiger Weise nicht zum Ausdruck gebracht. Auch bei amerikanischen Kreidepterosauriern führt WILLISTON die leichte Lostrennung der oberen Bogen vom Centrum an[2]. Die vordersten Rückenwirbel besitzen sehr kräftige Diapophysen, welche bei Wirbel 1—4 besonders deutlich zu sehen sind. Bei Wirbel 2 und 3 articuliren noch die kräftigen Rippen an den Querfortsätzen. Die zwei Wirbel *s w* mit breiten etwas nach vorne gerichteten Querfortsätzen versehen, erweisen sich als zum Sacralabschnitt gehörig; sie haben eine Länge von ungefähr 0,55 cm und einen Durchmesser von circa 0,3 cm. Neben diesen zwei Sacralwirbeln liegt ein mit langen Querfortsätzen und hohem Dornfortsatz versehener Wirbel *l w*, welcher seine Rückseite darbietet und an welchem das Neuralrohr deutlich zu erkennen ist, die Querfortsätze dieses Wirbels scheinen etwas nach aufwärts und rückwärts geschwungen, ausserdem zeigt der obere Bogen noch weit nach rückwärts übergreifende Zygapophysen; diesen Wirbel betrachte ich als zur Lendenregion gehörig. Von der Schwanzregion sind im ganzen 14 Wirbel erhalten, und zwar liegen zwei dem vorderen Schwanzabschnitte angehörige, noch mit Zygapophysen versehene Wirbel *schw I* zusammen und ausserdem ein Abschnitt von 12 Wirbeln mit unverletztem Schwanzende *schw II*. Da die grösste bis jetzt bei *Pterodactylus* beobachtete Schwanzwirbelzahl die Zahl 15 nicht überschreitet, so dürfte der hier vorliegende Schwanz mit zusammen 14 Wirbeln nahezu vollständig sein. Sämmtliche dieser Wirbel sind fast cylindrisch, in der Mitte höchstens ganz schwach eingezogen; ihre Länge differirt von vorne nach hinten zwischen 0,3 und circa 0,1 cm, ihr Durchmesser zwischen 0,2 und 0,08 cm.

Rippen.

Halsrippen sind am vorliegenden Exemplare keine zu beobachten, ebensowenig an den übrigen *Pterodactylus*-Skeletten der Münchener Sammlung. Bei *Rhamphorhynchus* scheinen solche vorzukommen, wenigstens hat v. AMMON[3] bei *Rhamphorhynchus longicaudatus* MÜNSTER solche beobachtet und auch

---

[1] Fauna der Vorwelt. Reptilien des lithogr. Schiefers. 1860. T. II, F. I.
[2] The Kansas University Quarterly. Vol. I. No. I. 1892. p. 8.
[3] Correspondenzblatt des naturw. Vereins zu Regensburg. 1884. p. 155.

H. v. Meyer[1] kennt sie bei *Rhamphorhynchus Gemmingi* H. v. M. Von den Rippen des Rumpfabschnittes sind mehrere vorzüglich erhalten. Die Rippen des ersten Rückenwirbels *rw I*, welcher an seiner kräftigen Diapophyse als solcher kenntlich ist, sind verloren gegangen oder sie befinden sich auf der Gegenplatte, über deren Verbleib mir z. Z. nichts bekannt ist. Das erste Rippenpaar wird sich ebenso wie das zweite und dritte durch besondere Stärke ausgezeichnet haben. Zwei dieser besonders kräftigen Rippen befinden sich noch in ihrer ursprünglichen Lage am zweiten und dritten Rückenwirbel *rw I* und *rw II*. Die Rippe des zweiten Rückenwirbels misst 2,35 cm, die des dritten 2,5 cm, die des vierten etwa 3 cm. Die übrigen Rippen sind auf der Platte und wahrscheinlich auch Gegen$_{platte}$ mehr oder weniger zerstreut. Die längste der vorhandenen Rippen misst etwa 3,5 cm. Alle Rippen, deren proximale Enden erhalten sind, sind zweiköpfig. Bei *Pterodactylus antiquus* Sömmerring konnte ich am Cuvier'schen Originale deutlich beobachten, dass noch die achte Rippe zweiköpfig ist; das Verhalten der nächstfolgenden Rippen in dieser Hinsicht lässt sich leider nicht feststellen.

Sternum und parasternale Gebilde.

Das Sternum befindet sich nicht auf der Platte. Parasternale Bildungen, sogenannte Bauchrippen, sind auf der Platte zahlreich zerstreut, in Folge ungünstiger Erhaltung lässt sich über ihre Zusammensetzung nichts sagen.

Bei Untersuchung der parasternalen Bildungen der in der Münchener Sammlung befindlichen Pterosaurier des oberen weissen Jura ergab sich nun, dass sich diese sogen. Abdominalrippen bei den verschiedenen Arten und sogar bei derselben Art verschieden verhalten können. So besteht bei dem v. Zittel'schen Originale zu *Pterodactylus Kochi* Wagl.[2] jedes parasternale Metamer aus zwei Stücken, welche in der Mitte mit nagelkopfartig verdickten und abgeplatteten Köpfen zusammenstossen; die Abbildung bei v. Zittel gibt das sehr gut wieder. Bei dem Originale H. v. Meyer's zu *Pterodactylus Kochi* Wagl.[3] besteht, was auch die Abbildung daselbst zeigt, jedes Metamer nur aus einem winklig gebogenen Stück; bei *Pterodactylus antiquus* Sömmerring (dem schönen Cuvier'schen Originale) scheinen sie aus einem winklig gebogenen Mittelstück und zwei geraden Seitenästen zu bestehen; genau dasselbe Verhalten wird von H. v. Meyer[4] bei *Rhamphorhynchus Gemmingi* H. v. M. angegeben. Bei *Pterodactylus medius* Münst. bestehen sie aus nur einem winklig gebogenen Stück, das aber an der Umbiegungsstelle in der Mitte einen verbreiterten aber flachen Vorsprung nach vorne entsendet; auch bei *Rhamphorhynchus longicaudatus* Münster bestehen nach v. Ammon[5] die Bogen nur aus einem Stück, besitzen aber eine mediane Verdickung, die ein nach unten spitz auslaufendes Köpfchen bildet.

[1] Fauna der Vorwelt. Rept. des lithogr. Schiefers. 1860. p. 69.
[2] Palaeontographica. Bd. 29. T. XIII, F. 1.
[3] Fauna der Vorwelt a. a. O. T. III, F. 1.
[4] Fauna der Vorwelt a. a. O. p. 69. T. IX, F. 1.
[5] v. Ammon: Correspbl. des naturw. Ver. zu Regensburg. 1884. p. 160 ff. Eine etwas andere Auffassung als die hier vertretene gibt v. Ammon in Abhandl. der math. phys. Classe der kgl. bayer. Akad. der Wissensch. Bd. 15. 1886. p. 517. Anm. 25.

Der Schultergürtel.

Scapula und Coracoideum sind mit einander fest verwachsen[1]; sie sind von beiden Körperseiten *sc. r.* und *cor. r.*, *sc. l* und *cor. l.*, aber allerdings ziemlich mangelhaft, erhalten. Die Scapula hat eine Länge von circa 4 cm, das Coracoideum eine solche von circa 3½ cm. Die Scapula lässt sich noch deutlich als ursprünglich breit säbelförmiger Knochen erkennen, welcher sich gegen die Vereinigung mit dem Coracoid zu verbreitert. Das Coracoideum, beim Zusammentreffen mit der Scapula gleichfalls verbreitert, wird von einem fast geraden, seitlich spatelförmig abgeplatteten, sonst gerundeten Knochen gebildet. Scapula und Coracoideum bieten beiderseits ihre Aussenseite dar. Die Gelenkverbindung für den Humerus ist beiderseits verletzt, ebenso beide Scapulae; das Coracoideum der rechten Seite ist an seinem verjüngten Ende nur im Abdruck vorhanden, dasjenige der linken Seite ist vollständig.

Die Vorderextremitäten.

Der Humerus (Oberarm).

Die 5,5 cm langen Humeri sind hinlänglich gut erhalten. Der linke Humerus *h. l.* bietet seine dorsolaterale Seite dar, der rechte Humerus *h. r.* seine Ventralseite. Die 2,5 cm breite, flügelartige, aussen convexe, innen concave Ausbreitung des proximalen Endes ist am linken Humerus deutlich zu sehen, wenn auch theilweise nur im Abdruck; der eine grössere, flügelartige Fortsatz der processus lateralis (deltoideus) *p. l.* ist gut erhalten, daneben ist, durch eine kleine Ausbuchtung getrennt, die Gelenkfläche noch zu erkennen; von dem kleineren Fortsatze neben der letzteren, dem processus medialis, ist nur der Abdruck vorhanden. Der Schaft ist röhrenförmig und besitzt am distalen Ende zwei durch eine Rinne getrennte Condylen, deren Vorderseite am rechten Humerus *h. r.* tadellos erhalten ist, eine grössere,

Fig. 2. Distales Ende des rechten Humerus von *Pterodactylus Kochi*.

schräg nach innen verlaufende Gelenkfläche von querovaler Form, daneben, durch eine gleichfalls schräg verlaufende Rinne getrennt, die kleinere Gelenkfläche. Auf den Seiten befinden sich neben den Gelenkrollen vorspringende Muskelhöcker, der Epicondylus radialis und ulnaris (s. Textfigur 2 *ep. r.* und *ep. u.*).

Ulna und Radius (Vorderarm).

Von den Vorderarmknochen der rechten Seite *u. r.* und *r. r.* sind die distalen Enden erhalten, die proximalen liegen in deutlichem Abdruck vor; von der linken Körperhälfte *u. l.* und *r. l.* sind nur die distalen Enden von Ulna und Radius im Abdruck vorhanden.

Die Ulna, der stärkere und etwas längere Knochen, misst 7,5 cm, der Radius 7,3 cm, der Durchmesser der Ulna circa 3 mm, derjenige des Radius 2—2½ mm.

Die Ulna ist, wie der scharfe Abdruck im Gestein deutlich zeigt *u. r.*, proximal ohne Olecranon; am

---

[1] Bei den übrigen Skeletten von *Pterod. Kochi* sind dieselben getrennt, ein Unterschied, welchem Gewicht um so weniger beigelegt werden kann, als z. B. bei *Rhamphorhynchus Gemmingi* nach H. v. Meyer die beiden Knochen bald verwachsen, bald getrennt gefunden werden. (Altersunterschied?)

distalen Ende ist sie etwas verdickt und gerundet. Der Radius *r. r.* war, wie gleichfalls aus dem Abdruck zu ersehen ist, proximal mit scheibenförmig verbreitertem Kopfe versehen; am wohlerhaltenen distalen Ende ist er abgerundet und auf der Seite gegen die Ulna mit zwei kleinen Erhöhungen versehen, welche jedenfalls in passende Vertiefungen an der Ulna eingriffen und eine besondere Verfestigung dadurch bildeten.

Carpus (Handwurzel).

Von den beiden Vorderextremitäten sind jederseits drei Carpalknochen erhalten und es dürften damit die beiden Carpus vollständig vorliegen. Die drei Carpalia der rechten Vorderextremität *c. r.*, ein grösseres und zwei kleinere Knöchelchen, liegen neben dem distalen Ende der zugehörigen Vorderarmknochen, auch diejenigen der linken Seite *c. l.* sind, wenn auch theilweise im Abdruck, am Rande der Platte mit den distalen Enden des linken Vorderarmes erhalten. Bei H. v. MEYER's Original zu *Pterod. Kochi* WAGLER[1] haben wir, wie untenstehende Figur 3 zeigt, in der proximalen Reihe einen grösseren abgeplatteten Knochen, in

Fig. 3. Carpus von *Pterodactylus Kochi* WAGL. (Original zu H. v. MEYER. T. III, F. 1.)

Fig. 4. Carpus von *Pterodactylus antiquus* SÖMMERRING. (CUVIER'sches Original.)

Fig. 5. Carpus eines *Rhamphorhynchus Gemmingi* H. v. MEYER.

der distalen Reihe zwei Knöchelchen, ein grösseres und ein kleineres. Wir werden darnach auch bei unserem Exemplare den grössten der drei Knochen als zur proximalen Reihe gehörig deuten, während die zwei kleineren dann der distalen zuzuzählen wären. Bei *Pterodactylus antiquus* SÖMMERRING, dessen Carpus ich in obenstehender Figur 4 habe abbilden lassen, besteht die Handwurzel ganz deutlich aus fünf Knöchelchen, wie dies schon WAGLER angiebt, während sich H. v. MEYER[2] später damit begnügt zu sagen, „eine genauere Darlegung dieser Knöchelchen ist kaum möglich." Bei *Rhamphorhynchus Gemmingi* H. v. MEYER besteht der Carpus ähnlich wie bei *Campylognathus Zitteli* F. PLIEN.[3] aus vier Knochen; der Carpus eines neueren Exemplars von *Rhamphorhynchus Gemmingi*, welches sich im Münchener Museum befindet, ist zum Vergleiche in obenstehender Figur 5 abgebildet.

Metacarpus (Mittelhand).

Von den Metacarpalia der beiden Vorderextremitäten scheint ein Theil verloren gegangen zu sein oder sich noch auf der Gegenplatte zu befinden. Ein Metacarpale des Daumens liegt vor, ferner zerstreut

---

[1] H. v. MEYER l. c. p. 35. T. III, F. 1.
[2] H. v. MEYER l. c. p. 28.
[3] Palaeontographica. Bd. 41. 1894. p. 212.

drei Metacarpalia der zweiten, dritten oder vierten Finger, sowie die Metacarpalia der beiden fünften oder Flugfinger; das eine der beiden jedoch nur im Abdruck. Das zurückgebogene Metacarpale des Daumens, der sogenannte Spannknochen mc I hat eine Länge von 4,1 cm und ist ein dünnes sich verjüngendes Knochenstäbchen; es ist am proximalen Ende zur Gelenkung an die Handwurzel abgerundet und weist seitlich eine kleine Vertiefung auf, am distalen Ende bildet es eine stumpfe Spitze. Die den Fingern 2, 3 oder 4 zugehörigen Metacarpalia mc und mc? sind 6,2 cm lange, ausserordentlich dünne, am proximalen Ende nagelkopfartig abgeplattete, im ersten Drittel ihrer Länge sich verjüngende Knochenstäbchen. Das im Gegensatze zu diesen ausserordentlich kräftig entwickelte Metacarpale des fünften oder Flugfingers mc V r und mc V l besitzt eine Länge von 6,5 cm und verjüngt sich vom proximalen zum distalen, etwas verdickten Ende. Das proximale Ende scheint mehr abgeflacht gewesen zu sein, während das distale Ende, wie an dem Abdrucke des der linken Vorderextremität mc V l angehörigen deutlich zu erkennen ist, mit einer Gelenkrolle zur Aufnahme der ersten Phalange des fünften Fingers versehen war.

Phalangen (Fingerglieder).

Von den Flugfingern sind die Phalangen der rechten Extremität vollständig erhalten, bei der linken fehlt nur das distale Ende der ersten Phalange.

Die erste Phalange I ph. r und I ph. l ist 8,1 cm lang, ihr Durchmesser dürfte circa 3 mm betragen haben; am proximalen Ende ist sie verdickt und mit einem olecranonartigen Fortsatze versehen, welcher, wie die linke erste Phalange deutlich zeigt, mit dem proximalen Ende fest verbunden war. Das distale Ende ist nagelkopfartig abgeplattet. Die zweite II ph. r und II ph. l 7,6 cm lange, im Mittel 2,5 mm im Durchmesser besitzende Phalange ist an beiden Enden nagelkopfartig abgeplattet, ebenso die dritte Phalange III ph. r und III ph. l mit einer Länge von 6,5 cm und einem Durchmesser von kaum 1½ mm. Die vierte oder Endphalange IV ph. r und IV ph. l ist 5,45 cm lang und verjüngt sich vom gleichfalls nagelkopfartigen proximalen Ende gegen das distale hin, wo sie in eine abgerundete Spitze ausgeht; ihre Mitte weist einen Durchmesser von ungefähr 1 mm auf. Eine convexe Aufwölbung der distalen Enden der ersten, zweiten und dritten Phalange und dementsprechend eine Concavität am proximalen Ende der zweiten, dritten und vierten Phalange, wie sie z. B. bei den amerikanischen Flugsauriern der Kreide beobachtet werden, ist nicht zu sehen, alle die verdickten Enden scheinen gerade abgeschnitten.

Vom vierten Finger sind Phalangen nicht erhalten. Der dritte Finger d III, welcher nur von der einen Körperhälfte vorliegt, weist drei Phalangen auf, zwei an ihren Enden verdickte Knochenstäbchen von 0,9 bezw. 1,1 cm Länge und die klauenförmige Endphalange. Die Phalangen des zweiten Fingers d II sind beiderseits erhalten und weisen ein 1,3 cm langes, an den Enden verdicktes Knochenstäbchen auf, an das sich die klauenförmige Endphalange anschliesst. Die Grösse der soeben genannten klauenförmigen Endphalangen beweist, dass wir es hier wirklich mit Phalangen der Vorderextremität zu thun haben. Bei allen Pterodactylen sind die Klauen der Vorderextremität kräftiger und gedrungener als diejenigen der hinteren, so dass dieselben, auch wenn nicht im Zusammenhange liegend, leicht unterschieden werden können.

Sacrum (Becken).

Von den Beckenknochen sind zunächst vom Ileum (Darmbein) nur noch ganz spärliche Reste vorhanden, welche noch in Zusammenhang mit den als Sacralwirbel erkannten zwei Wirbeln s. w. stehen; vom

Tibia und Fibula (Schienbein und Wadenbein). Die Tibia mit einer Länge von 8,7 cm verjüngt sich ganz wenig vom proximalen zum distalen Ende. Die Gelenkfläche zur Aufnahme des Femur scheint nicht sonderlich stark vertieft gewesen zu sein; das distale Ende wird durch eine Gelenkrolle gebildet, deren Mitte mässig vertieft ist. Der Durchmesser der Tibia beträgt in ihrer Mitte 0,4 cm. Als dünnes, kleines, nur ca. 3,4 cm langes Knochenstück legt sich die Fibula an die Tibia an, ihr distales Ende geht ohne deutlich sichtbare Grenze in die Tibia über.

Tarsus (Fusswurzel).

Von der Fusswurzel ist gar nichts erhalten, sie dürfte auf der Gegenplatte verblieben sein,

Metatarsus (Mittelfuss).

Von den Mittelfussknochen ist nur ein, der ersten (grossen) Zehe angehöriges, Metatarsale *mt I* erhalten geblieben, ein rundes, 2,4 cm langes, $1^1/_2$ mm dickes Knochenstäbchen mit verdickten Enden.

Phalangen (Zehenglieder).

Zwei an das soeben aufgeführte Metatarsale der grossen Zehe *mt I* sich anschliessende Phalangen, ein 0,9 cm langes Knochenstäbchen, an welches sich die klauenförmige Endphalange anschliesst, sind die einzigen erhaltenen Reste der Zehenglieder.

Beziehungen zu den bekannten Pterodactylus-Skeletten derselben und anderer Arten.

Beim Vergleiche unseres Exemplares mit den bekannten *Pterodactylus*-Arten ist die Aehnlichkeit mit *Pterodactylus Kochi* WAGL. bei H. v. MEYER[1] ohne weiteres in die Augen springend. Die Längenmaasse der einzelnen Skelettheile unseres Exemplares und des angeführten Originals von H. v. MEYER stehen in überraschend gleichmässigem Verhältnisse. Unterschiede sind nur vorhanden im Fehlen des Knochenkammes auf dem Schädeldache (wegpräparirt? Geschlechtsunterschied?), sowie bei jüngeren Exemplaren von *Pterod. Kochi* in der kürzeren zahnlosen Spitze des Unterkiefers[2], was Letzteres wohl mit dem Alters- und dadurch bedingten Grössenunterschiede zu erklären ist. Gegenüber *Pterodactylus antiquus* SÖMMERRING = *longirostris* CUVIER bestehen Differenzen in der Länge der Halswirbel bei *antiquus*, ferner ist dessen Schädel im Verhältnisse zur Höhe viel länger als bei *Kochi*, und die Zähne sind bei *Kochi* flachkonisch, bei *antiquus* spitzkonisch, ausserdem besteht der Carpus bei ersterem aus drei, bei letzterem aus fünf Knochenstückchen; allerdings weisen die übrigen Skelettelemente wiederum eine grosse Uebereinstimmung in den Längenverhältnissen auf[3]. Ich will hier gleich beifügen, dass eine graphische Darstellung der Längenverhältnisse der einzelnen Knochen aller mir zur Verfügung stehenden *Pterodactylus*-Skelette des lithographischen Schiefers in Bayern, soweit sie sich dazu eigneten, das Resultat ergab, dass der Verlauf der Linien bei den *Pterod. Kochi*, *antiquus* und *scolopaciceps* ausserordentlich ähnlich ist; davon verschieden, aber unter sich wieder ausserordentlich ähnlich, verlaufen die Linien von *Pterod. pulchellus, elegans* und *spectabilis*.

Für sich allein steht *Pterod. micronyx* und ebenso weisen *propinquus* und *eurychirus* ganz verschiedenen Verlauf der Linien auf und lassen sich auch keiner der andern Gruppen angliedern. Was die Gruppe *Kochi, antiquus, scolopaciceps* betrifft, so schliesst sich BEYRICH[4] der schon von WAGNER ausgesprochenen Ansicht an, dass *antiquus* von *scolopaciceps* specifisch nicht zu trennen sei, während v. ZITTEL eher für eine Vereinigung von *scolopaciceps* mit *Kochi* eintreten möchte, „wenn man es nicht vorziehe, alle drei unter dem gemeinsamen Namen *antiquus (longirostris)* zu vereinigen." Die Vereinigung von *scolopaciceps* und *antiquus* halte ich aus den von WAGNER und BEYRICH angegebenen Gründen für gerechtfertigt, die Differenzen sind nicht bedeutend; allerdings wissen wir über die Grenzen der individuellen Unterschiede bei diesen Thieren fast nichts. *Pterodactylus Kochi* aber möchte ich von *antiquus* getrennt wissen auf Grund der oben aufgeführten Differenzen in Schädel, Hals und Carpus.

Bei Unterscheidung der *Pterodactylus*-Arten hat H. v. MEYER auf die Längenverhältnisse von Oberarm zu Mittelhand, von Vorderarm zu Mittelhand, von Mittelhand zu den einzelnen Flugfingern und von Vorderarm zu den einzelnen Flugfingern grosses Gewicht gelegt. Diese Unterschiede sind, soferne sie nicht sehr bedeutend sind, zur Speciestrennung sehr unsichere Merkmale, da diese Verhältnisse nicht einmal bei

---

[1] H. v. MEYER l. c. T. III, F. 1. p. 35.

[2] Man vergl. H. v. MEYER l. c. T. III, F. 2 und v. ZITTEL: Palaeontographica. Bd. 29. T. 18, F. 1.

[3] Bezüglich der Ausdehnung der Bezahnung nach rückwärts bei *Pterod. antiquus*, worin H. v. MEYER einen Unterschied finden wollte, hat eine erneute Untersuchung des schönen CUVIER'schen Originals ergeben, dass die Bezahnung, wie bei *Kochi*, unter das vordere Drittel der Nasopraeorbitalöffnung reicht. Im Unterkiefer sind die hintersten Zähne im deutlichen Abdruck, im Oberkiefer noch die Zahnstumpen zu sehen.

[4] v. ZITTEL: Palaeontographica. Bd. 29. p. 71.

Exemplaren derselben Art und derselben Grösse, geschweige denn verschiedener Grösse gleich sind. So finden wir z. B. bei v. Zittel l. c., in der Tabelle auf p. 72, bei dem unter No. 6 aufgeführten Pterodactylus Kochi den Oberarm länger als die Mittelhand, bei dem in derselben Tabelle No. 3 aufgeführten Pterod. Kochi, dessen Schädel die gleiche Länge aufweist, wie derjenige von No. 6, ist die Mittelhand länger als der Oberarm. Von Pterodactylus antiquus sagt H. v. Meyer selbst, dass bei grösseren Exemplaren Oberarm und Mittelhand von gleicher Länge seien, bei einem kleineren Exemplare sei das Verhältniss 6 : 7.

Zum Vergleiche in Betracht zu ziehen wäre nun ferner noch Pterodactylus propinquus Wagn., dessen Schädelprofil grosse Aehnlichkeit mit unserem Exemplare von Kochi aufweist; dagegen ist der Unterkiefer des in der Länge fast gleichen Schädels von propinquus bis zur Spitze bezahnt, während unser Exemplar eine 0,9 cm lange zahnlose Spitze aufweist, ausserdem sind die Verhältnisse von Vorderarm, Mittelhand und Flugfinger wesentlich andere.

Das Exemplar von Pterodactylus medius Münst., den Wagner für ein grösseres Exemplar von Pterod. Kochi hielt, lasse ich, als zum Vergleiche ungeeignet, bei Seite; von ihm sagt ja schon H. v. Meyer l. c. p. 40, „es sind jedoch der vergleichbaren Theile zu wenige und sie bestehen dabei nur in solchen, die in mehreren Species ähnliche Längenverhältnisse darbieten, so dass hieraus sich auf die Species kein Schluss ziehen lässt."

Von Pterodactylus elegans Wagn., dem ich spectabilis v. Meyer und (v. Zittel folgend) pulchellus v. Meyer zuzähle, ist unser Exemplar schon durch seine Grösse unterschieden. v. Zittel hat die Gründe, warum elegans als besondere Art aufrecht erhalten werden muss, ausführlich dargelegt[1]. Auffallend war mir in der v. Zittel'schen Beschreibung des zweiten Exemplares von elegans, p. 74. Taf. 13, Fig. 3, die daselbst angegebene von Knochen rings umgrenzte mittlere Oeffnung, die sonst bei Pterodactylus von der Nasenöffnung nicht völlig getrennt ist. Auf der Abbildung lässt sich auch erkennen, dass der Unterrand der rechten Schädelseite nach aufwärts verschoben ist, und eine genaue Untersuchung des Originalexemplares mit der Lupe hat mich belehrt, dass diese rings umschlossene mittlere Oeffnung nur das Produkt der Verschiebung ist, indem die vordere Begrenzung dieser Oeffnung durch den verschobenen aufsteigenden Ast des Jugale gebildet ist, nicht aber, wie v. Zittel angibt, durch den von H. v. Meyer als Fortsatz des Vorderstirnbeins gedeuteten Knochen. Diese mittlere Oeffnung existirt also auch bei Pterodactylus elegans Wagn. in Wirklichkeit nicht.

Die übrigen Pterodactylenarten des oberen weissen Jura, welche meist nur auf dürftige Reste begründet sind, können zum Vergleiche nicht in Betracht kommen.

2. Ueber Pteranodon (Marsh).

Im Jahre 1871 machte Marsh[2] in einer kurzen Notiz Mittheilung von dem Vorkommen eines gigantischen Flugsauriers in der Kreide von Kansas, welchen er Pterodactylus Oweni[3] nannte. Später stellte

---

[1] Palaeontographica. Bd. 29. p. 76.
[2] American Journal of Science and Arts. III. Series. Vol. I. 1871. p. 472.
[3] Der Name wurde später, da Pterod. Oweni schon vergeben war, von Marsh in Pterod. occidentalis umgeändert. American Journ. of Sc. and Arts. Vol. III. 1872. p. 242.

Marsh[1] auf Grund dieser Reste und neuerer Funde die Gattung *Pteranodon* auf. Marsh's Publikationen über *Pteranodon* und die Zahl der aufgestellten Arten sind zwar sehr zahlreich, jedoch mangelt jede genauere. Beschreibung der Skelettstücke und mit Ausnahme einer Schädelskizze auch jegliche Abbildung. In den Jahren 1892—96 hat nun Williston im „Kansas University Quarterly Journal" von dem reichen Material des Universitätsmuseums in Kansas zuerst unter dem Namen *Pteranodon*, später unter dem Namen *Ornithostoma* in einzelnen Abhandlungen kurze Beschreibungen gegeben, sowie restaurirte Abbildungen des Schädels, des Beckens mit der Hinterextremität und des ganzen Tieres. Leider fehlen auch diesen Abhandlungen die so wichtigen Abbildungen der einzelnen Skelettelemente, welche allein eine derartige Beschreibung, wie sie Williston gibt, ergänzen und brauchbar machen können.

Die Münchner palaeontologische Staatssammlung hat nun im Jahre 1893 eine kleine Serie von *Pteranodon*-Resten erworben; da dieselben verchiedene interessante, theilweise noch nicht genau beschriebene oder abgebildete, osteologische Details aufweisen, so habe ich dieselben mit Genehmigung des Herrn Geheimrath v. Zittel, dem ich an dieser Stelle für Ueberlassung auch dieses Materials meinen besten Dank ausspreche, hier einer eingehenden Betrachtung unterzogen.

Ehe ich zur Beschreibung der einzelnen Stücke übergehe, haben wir uns mit der Frage zu befassen, welchem der beiden Namen, *Pteranodon* Marsh oder *Ornithostoma* Seeley, die Priorität gebührt.

Im Jahre 1871 gibt H. G. Seeley in „Additional evidence of the structure of the head in Ornithosaurs etc." Annals and Magazine of Natural History. IV. Series. Vol. VII. p. 35, folgende Fussnote: „A new genus appears to be constituted by some (three) portions of jaws from the Cambridge Greensand. Unfortunately, the extremity is not preserved. They have the ordinary dagger-shaped snout, but appear to be entirely destitute of teeth. J provisionally name the genus Ornithostoma."

Im Jahre 1876 hat Marsh[2] den Namen *Pteranodon* für seine Funde aufgestellt und im Jahre 1884, ausser den kurzen Beschreibungen, auch eine Abbildung des Schädels gegeben[3]. 1891 behauptet nun H. G. Seeley[4] die Identität von *Ornithostoma* und *Pteranodon* und beansprucht auch für den Namen *Ornithostoma* die Priorität; er beruft sich dabei darauf, dass er ein von R. Owen in „the Palaeontographical Monograph of Cretaceous Pterosauria. Pal. Soc. 1859. pl. IV. Fig. 4, 5" als Theil des proximalen Endes des Metacarpale des fünften oder Flugfingers beschriebenes Fragment für einen Theil des Praemaxillare eines zahnlosen *Pterodactylus* hielt. Dieses Restes, der bei R. Owen abgebildet ist, geschieht, wie aus der oben wörtlich angeführten Fussnote ersichtlich ist, im Jahre 1871 mit keiner Silbe Erwähnung!

Williston[5] ändert nun in Uebereinstimmung mit Seeley den Namen *Pteranodon* in *Ornithostoma*. Abgesehen davon, dass die Uebereinstimmung des europäischen *Ornithostoma* mit dem amerikanischen *Pteranodon* durch die dürftigen Reste, welche Seeley aufführt, noch gar nicht hinlänglich bewiesen ist, so kann für *Ornithostoma*, da dieser Name ohne Beschreibung und Abbildung und auch ohne Hinweis auf die Abbildung von Owen aufgestellt wurde, das Recht der Priorität niemals beansprucht werden; der

---

[1] American Journ. of Sc. and Arts. Vol. XI. 1876. p. 507.
[2] American Journ. of Sc. and Arts. Vol. XI. 1876. p. 507.
[3] American Journal of Science. Vol. XXVII. 1884. p. 423.
[4] Annals and Magazine of natural history. Vol. VII. 1891. p. 441 ff. „On the shoulder-girdle in Cretaceous Ornithosauria."
[5] The Kansas University Quarterly. Vol. II. Nro. II. 1893. Kansas Pterodactyls. Part. II. Vergl. auch ib. Vol. I. 1892. p. 12.

von MARSH gegebene Name *Pteranodon* muss also aufrecht erhalten werden, selbst wenn die Identität mit *Ornithostoma* dereinst bewiesen werden sollte.

Von *Pteranodon* besitzt die Sammlung ein in untenstehender Zeichnung Fig. 6 abgebildetes Schädelstück, dessen fehlende Theile (nicht schraffirt) nach WILLISTON's Abbildung ergänzt sind. Schnauzenspitze, Occipitalcrista nebst einem Theil der oberen Hinterhaupts- und Schläfengegend, sowie je ein kleines Stück ober- und unterhalb der Nasopraeorbitalöffnung fehlen. Der vordere Theil des ausserordentlich schmalen Schädels, dessen einzelne Knochen vollständig verschmolzen sind, hat durch die Verdrückung bei der Ablagerung

Fig. 6.

weniger gelitten als der hintere Theil; namentlich die Basis des Schädels hat, soweit sie im vorderen Theile erhalten ist, trotz des seitlichen Druckes kaum eine Verkleinerung erfahren. Die Länge des erhaltenen Schädelstückes misst 58,5 cm; denken wir uns nach WILLISTON und MARSH den Schädel ergänzt, so ergibt sich mit der Occipitalcrista (nach WILLISTON) eine Totallänge von über 1 m. Die vereinigte Nasopraeorbitalöffnung hat eine grösste Breite von circa 18—19 cm, eine grösste Höhe von 6—8 cm. Die Augenhöhle hat einen grössten Durchmesser von 7,7 cm, ihre Breite beträgt circa 7,2 cm. Die seitliche Schläfenhöhle dürfte, ihrem wohlerhaltenen Vorderrande nach zu urtheilen, eine Ausdehnung von ungefähr 8 cm gehabt haben. Die Höhe des Schädels, vom Oberrand der Augenhöhle bis zur Einlenkungsstelle für den Unterkiefer am Quadratum, ergibt 19 cm, diejenige in der Gegend des Vorderrandes der Nasopraeorbitalöffnung 11,2 cm. Die Breite des Gaumendaches direct vor der fehlenden Stelle unter der Nasopraeorbitalöffnung (siehe Abbildung) ist 5 cm.

Nach MARSH sollte das knöcherne Gaumendach bei *Pteranodon* tief concav sein, was WILLISTON bestreitet; bei vorliegendem Exemplare ist, wie dies auch WILLISTON beobachtet hat, das Gaumendach vollständig flach. Die Maxillaria und Praemaxillaria tragen am unteren Rande eine glatte, dünne, 2—3 mm hohe Leiste, welche sich wohl bis zur Schnauzenspitze erstreckt haben dürfte. Von Zähnen ist keine Spur zu entdecken. In seinen ersten Publikationen über amerikanische Kreidepterodactylen erwähnt MARSH das Vorhandensein von Zähnen. American Journ. of. Sc. Vol. I. 1871 p. 472 und ebenso Vol. III. 1872. Im Jahre 1876 in derselben Zeitschrift p. 423 sagt er dann über die Bezahnung von *Pteranodon:* „In no specimens examined young or old have any indications of teeth detected"; über die früher erwähnten Zähne geht er mit Stillschweigen hinweg. Die Medianlinie des Schädels ist im vorderen Theile in eine scharfe Kante ausgezogen, welche allmählich nach hinten, gegen die Nasopraeorbitalöffnung hin, in eine sanfte, stumpfe Rundung übergeht; allem Anscheine nach ist die scharfe Kante im vordersten Theile nicht durch

Druck hervorgerüfen, sondern war ursprünglich Vorhanden. MARSH fand bei seinen Exemplaren eine scharfe Kante, welche vom ·Praemaxillarende längs der Mittellinie des Schädels sich in die Occipitalcrista fortsetzen soll. .WILLISTON kennt keine solche scharfe ·Kante längs der Medianlinie, nach seinen Angaben ist die Kante gerundet, stumpf und in. der Frontalregion abgeflacht. Bei vorliegendem Exemplare ist die Nasal-, Frontal- und Parietalregion (?) etwas zerdrückt und es lässt sich gerade in der Nasalregion von einer Fortsetzung dieser Kante nichts erkennen, wohl aber sieht man in der Frontalgegend Taf. V, Fig. 1 eine gegen die Parietalregion verlaufende, tiefe Furche, deren Entstehung nicht allein dem seitlichen Drucke zur Zeit der Ablagerung zu- geschrieben werden kann; die die Furche zu beiden Seiten begleitenden leistenförmigen Erhebungen, welche, sich in ihrem weiteren Verlaufe nach hinten auswärts biegend, den Rand der oberen Schläfenöffnung er- reichen, sind dafür zu gleichmässig ausgebildet. Die Knochenbrücke zwischen Schädeldach, Augenhöhle und hinterer oberer Ecke der Nasopraeorbitalöffnung ist leider zu schlecht erhalten, um uns Aufschluss zu geben über die Verhältnisse von Lacrimale und Praefrontale, wie sie WILLISTON beschrieben hat, der jedoch in der Deutung dieser Knochen nicht sicher ist. Dagegen liegt die innere und obere Begrenzung der Augenhöhlen in guter Erhaltung vor, dieselben sind in Fig. 1 und 2 auf Taf. V von der Seite und von unten abgebildet. Auf der Innenseite der vorderen Begrenzung der Augenhöhle sehen wir zwei von aussen nach innen und abwärts steigende, gegen die Medianebene sich vereinigende, kräftige, gerade Knochenstäbe *prf*, welche ich als absteigende Fortsätze des Praefrontale deuten möchte; dieselben scheinen sich nach ihrer Vereinigung in der Median- ebene noch etwas weiter nach abwärts ausgedehnt zu haben, wie die gebrochene Stelle beweist; sie begrenzen in Verbindung mit einem etwas nach abwärts strebenden Theile der Frontalia, eventuell einem theilweise verknöcherten Septum interorbitale, je einen Durchbruch *D*. Ungefähr in der Mitte der oberen und inneren Begrenzung der Augenhöhle befindet sich eine Oeffnung zum Durchtritt eines Nerven und zwar wahrschein- lich des Nervus olfactorius, welcher in seinem weiteren Verlauf die vorhin erwähnten von dem absteigenden Fortsätze der Praefrontalia begrenzten Durchbrüche passirte, um in der Gegend der Nasalia nach vorne zu verlaufen. Vor den Durchbrüchen verlaufen auf der Unterseite des Schädeldaches zwei durch eine dünne Leiste getrennte Furchen. Am Dache der Augenhöhle innen ist eine Furche oder ein Canal, wie ihn manche Vögel für den Nervus olfactorius aufweisen, nicht zu beobachten.

Das auf Taf. V, Fig. 3—5 abgebildete Knochenstück bildet die seitliche hintere und untere Begrenzung des Schädels. Der geschweifte, dünne Vorderrand *n. p. o.* bildet die hintere und theilweise untere Begrenzung der Nasopraeorbitalöffnung, am oberen Ende bildet die mit *o.* bezeichnete bogenförmige Ausbuchtung den Unterrand der Augenhöhle. An der Zusammensetzung dieses Knochenstückes betheiligen sich zunächst vorne unten noch das Maxillare, des weiteren Jugale und Quadratojugale und das Quadratum. Hinter- und Unter- rand des im Uebrigen dünnen Knochenstückes sind beträchtlich verstärkt und stabförmig verdickt. Auf der Innenseite der unteren Ecke, am Quadratum, ist noch ein etwas nach vorne, auf- und einwärts verlaufender flügelartiger Fortsatz zu sehen *pt.* Fig. 5, welcher dem Pterygoid zugerechnet werden darf. An der hinteren unteren Ecke, welche durch das Quadratum gebildet wird, ist die Gelenkfläche *q.* zur Aufnahme des Unterkiefers. Die Breite dieser Gelenkfläche beträgt 2,6 cm, von vorne nach hinten gemessen ergibt sich eine Länge von 1,7 cm. Die Gelenkfläche ist von innen nach auswärts und etwas rückwärts gerichtet; im Querschnitt (von hinten nach vorne) hat sie die Form einer liegenden *S*, d. h. einer Mulde und eines daran anschliessenden Sattels. Die so gebildete kräftige Rolle liegt vor einer sich ihr nach rückwärts anschliessenden Furche. Von dem nach vorne strebenden Theile des Quadratums ist die Rolle durch eine starke Vertiefung abgesetzt.

„charakteristischsten Theil des Skeletts" gar nicht erkennen. Auch aus Williston's[2] Beschreibung und Abbildung der Gelenkfläche am Quadratum muss man auf eine von der hier abgebildeten wesentlich verschiedene Gelenkfläche schliessen.

Von der Hinterhauptsgegend liegt ein seitlich etwas comprimirtes Knochenstück vor, das den wohlerhaltenen, halbkugeligen Condylus occipitalis trägt. An der Bildung dieses Fig. 6 abgebildeten Knochenstückes sind beteiligt zuoberst das Occipitale superius, welches sich mit den verlängerten Parietalia verbunden hat, darunter folgen die Occipitalia lateralia und das Occipitale basilare, welche das Foramen magnum $F.\,m.$ umschliessen und den Condylus bilden. Der Unterrand des Foramen magnum ist an der Basis etwas verbreitert und abgeflacht, und es trägt auch der sonst halbkugelförmige Condylus oben eine ganz geringe aber doch deutliche Abflachung. Der Durchmesser des Condylus occipitalis beträgt 1,45 cm. Unterhalb des Condylus, wohl auf der Grenze von Occipitale basilare und Basisphenoid, befindet sich gleichfalls ein Foramen Fig. 6 $F.\,i.\,t.$, das ich als Foramen intertympanicum medium deuten möchte, wie ein solches bei den Crocodiliern auf der Schädelbasis zwischen Occipitale basilare und Basisphenoid mündet, als eine weitere aber unpaar mündende Verbindung der beiden Paukenhöhlen mit der Mundhöhle[3]. Da dieses Schädelstück nur durch seitlichen Druck gelitten hat und die dasselbe zusammensetzenden Knochen in einer geraden Linie liegen, so ergibt sich, dass die Lage dieser Hinterhauptknochen und auch diejenige des Basisphenoids sehr schräg von unten nach oben und hinten, dementsprechend auch der Condylus stark abwärts und rückwärts geneigt gewesen sein muss, letzterer also am Grunde des Schädels lag, nicht an der hinteren Seite. Der Kopf scheint mir, der Lage des Condylus nach, nicht ganz im rechten Winkel zum Hals gestanden zu haben. Williston[4] meint, die Lage des Condylus sei derart, dass der Kopf in spitzem Winkel zum Hals gestanden haben müsse. Nach der Williston'schen Abbildung[5] müssen allerdings die Gegend des Occipitale superius und des Basisphenoids rechtwinklig zu einander stehen, was sicher nicht der Fall war, sondern nur von der Verdrückung des Schädels in der Richtung von oben nach unten herrührt.

Die sämmtlichen Schädelknochen, mit Ausnahme der besonders starken Gelenkflächen und theilweise der verdickten Ränder, sind ausserordentlich pneumatisch; sie sind gebildet aus papierdünnen Flächen, deren Zwischenräume von einer ausserordentlich spongiösen Masse erfüllt sind, welche durch dünne, stäbchenförmige Pfeiler, gewissen Lithistidenskeletten vergleichbar, gebildet ist. Die Oberfläche der Schädelknochen ist fast durchwegs mit verschieden geformten, meist annähernd ovalen Grübchen bedeckt. Williston[6]

---

[1] American Journ. of Science. Vol. 27. 1884. p. 425. T. XV.
[2] The Kansas University Quarterly. Vol. IV. 1896. p. 197. T. I.
[3] In Figur 7 ist ein einem anderen kleineren Exemplare angehöriges Hinterhauptsstück abgebildet, welches gleichfalls das Foramen intertympanicum medium $F.\,i.\,t.$ aufweist.
[4] The Kansas University Quarterly. Vol. VI. 1897. p. 39.
[5] The Kansas University Quarterly. Vol. IV. 1896. T. I.
[6] The Kansas University Quarterly. Vol. I. 1892. p. 3.

glaubt, dass das nur der Abdruck der in der spongiösen Masse befindlichen Hohlräume sei, eine Ansicht, welche ich nicht theilen kann.

Ueber die Halswirbel von *Pteranodon* erfahren wir von Marsh[1] nur, dass die Wirbel ähnlich sind denjenigen der europäischen Flugsaurier und dass Atlas und Epistropheus verschmolzen seien. Williston[2] gibt 1892 bei *Nyctodactylus* sieben Halswirbel an, von welchen er des weiteren sagt, dass sie „differ in no special respect from the corresponding vertebrae of Pteranodon and apparently of Pterodactylus". Atlas und Epistropheus sollen entgegen Marsh's Angaben getrennt sein. Bei Beschreibung der nächstfolgenden Halswirbel erwähnt Willitson der so merkwürdigen „Exapophysen", die er 1897 von *Pteranodon* beschrieb, durchaus nicht. In der Publikation von 1897 erfahren wir dann von Williston, dass er bei *Pteranodon* Atlas und Epistropheus „nie gesehen hat" und dass sie „wahrscheinlich" nicht wesentlich von den früher beschriebenen bei *Nyctodactylus* differiren. In dieser Abhandlung beschreibt er nun auch an den Halswirbeln die so merkwürdige, gelenkige Verbindung gewisser Fortsätze, welche er „Exapophysen" nennt. Es wäre nun interessant, von Herrn Williston zu erfahren, ob diese Exapophysen sich auch bei *Nyctodactylus* zeigen, da ja, wie oben wörtlich citirt, dessen Halswirbel von denjenigen bei *Pteranodon* sich nur unbedeutend unterscheiden.

Das Münchner palaeontologische Museum besitzt nun einen einzelnen Halswirbel von *Pteranodon* (welcher übrigens nicht zu dem früher beschriebenen Schädeltheil gehört), der zwar von oben nach unten zusammengedrückt und dessen oberer Bogen abgebrochen ist, dessen gelenkige Verbindungen jedoch, weil gegenüber dem übrigen Wirbeltheile besonders kräftig, sich gut erhalten haben.

Der procoele, ebenso wie die übrigen Knochen von *Pteranodon*, pneumatische Wirbel hat (ohne Fortsätze), von Gelenkfläche zu Gelenkfläche gemessen, eine Länge von 7,5 cm; wie sich deutlich erkennen lässt, war er gegen die Mitte etwas eingeschnürt. Auf der Oberseite Taf. V, Fig. 8 sehen wir, da der grösste Theil des Neuralbogens fehlt, den Verlauf und die untere Begrenzung des Neuralrohres (*n*) sehr deutlich, dessen Durchmesser in unverdrücktem Zustande man auf cr. 0,5 cm wird schätzen dürfen. Figur 8 zeigt uns ferner die Prae- und Postzygapophysen (*pr.zg* und *p.zg*) von oben; die Gelenkflächen der Praezygapophysen sind gebildet von einem nach oben und schräg nach auswärts gerichteten Oval, dessen längerer Durchmesser 1,5 cm, dessen kürzerer (rechtwinklig dazu) 1,2 cm beträgt; die Gelenkflächen sind nach den Richtungen dieser beiden Durchmesser convex. Die Praezygapophysen überragen die Gelenkfläche des Centrums etwas nach vorne. Die Postzygapophysen, welche sich nach rückwärts nicht ganz bis zur Höhe der Gelenkfläche des Centrums erstrecken, haben entsprechend den Praezygapophysen gleichfalls Gelenkflächen von ovaler Gestalt, welche gegen unten und schräg nach auswärts gerichtet sind; bei vorliegendem Wirbel ist der grösste Durchmesser dieser Gelenkflächen 1,6 cm, der kürzere Durchmesser rechtwinklig zu vorigem 1,2 cm; die Gelenkverbindungen sind nach diesen beiden Richtungen concav. Wie der Wirbel auch noch im verdrückten Zustande erkennen lässt, waren die Gelenkverbindungen des Centrums, die concave der Vorderseite Fig. 10 und die convexe der Rückseite Fig. 11, von elliptischer Gestalt und bedeutend breiter als hoch. Auf der Unterseite des Wirbels befindet sich am Vorderrande eine Hypapophyse *hp*. Fig. 9 und 10, welche nach rückwärts in eine gegen die Mitte des Wirbels verschwindende Leiste übergeht. Zu beiden Seiten der Hypapophyse befanden sich, durch eine schwache Vertiefung getrennt, Gelenkfacetten *x* (an unserem Exemplare ist nur diejenige der linken Seite noch erhalten), welche, wie diejenige der linken Seite noch zeigt, vom Rande

---

[1] American Journal of Science. 1876. p. 507.
[2] l. c. 1892. p. 8.

der Gelenkgrube des Centrums nur durch einen äusserst schmalen Zwischenraum getrennt waren; die Gelenk-facette, welche in ihrer Form derjenigen der Zygapophysen gleicht, ist oval und nach der einen Richtung schwach convex, nach der anderen schwach concav, ihr längerer Durchmesser ist 1,3 cm, der kürzere 1,2 cm. Diese Gelenkfacetten dienten zur Aufnahme der in Fig. 8, 9 und 11 mit p bezeichneten kräftigen Fortsätze, welche an der Unterseite des Wirbels seitlich und nach rückwärts sich erstrecken und den Gelenkkopf des Centrums in ihrer Ausdehnung nach hinten noch um einige Millimeter überragen. Die Unterseite des Centrums zwischen diesen zwei Fortsätzen ist vertieft. Auf der Oberseite tragen sie nach oben gerichtete, auswärts und rückwärts schauende Gelenkfacetten von ovaler Gestalt, deren längster Durchmesser 1,4 cm misst, rechtwinklig dazu der kleinere Durchmesser 1,2 cm; in der Richtung des längeren Durchmessers sind sie concav, in derjenigen des kürzeren Durchmessers convex. Die beiden Gelenkfacetten berühren die Gelenk-verbindung des Centrums.

WILLISTON nennt diese merkwürdige Artikulation „Exapophysen" [1]. Ausserordentliche Aehnlichkeit in der äusseren Form weisen die Wirbel von *Pterodactylus Sedgwickii* und *Pterodactylus Fittoni* [2] ferner von *Pterodactylus simus* und *Woodwardi* [3] auf, welche R. OWEN beschreibt und abbildet [4]. Die von der unteren Seite des Wirbels ausgehenden, nach rückwärts gerichteten Fortsätze, welche aber keine gelenkige Verbindung mit dem nächstfolgenden Wirbel haben, sind bei OWEN als Parapophysen aufgefasst.

SEELEY [5] sagt von der Unterseite der Halswirbel von *Ornithocheirus* „and the part of the centrum on each side is prolonged slightly into a strong rounded or flattened tubercle below the side borders of the posterior articulation; these posterior processes, in vertebrae in situ fitted, on each side of the mesial anterior process of the vertebrae behind, on to concavities more or less marked". Das sind jedenfalls genau dieselben Bildungen, die bei *Pteranodon* zur Ausbildung von förmlichen Gelenkflächen geführt haben und welche auch bei *Pterodactylus Kochi* WAGL. und *Pterodactylus antiquus* SÖMMERRING von mir beobachtet worden sind (siehe diese Abhandlung p. 68).

Die Verbindung, wie sie bei den Halswirbeln von *Pteranodon* besteht, ist offenbar eine ausser-ordentlich kräftige, was bei dem ungeheuren Schädel auch nötig war. WILLISTON glaubt, dass diese Art der Articulation die Bewegung des Halses in verticaler Richtung von vorne nach hinten eingeschränkt hat. Die Gelenkflächen der Parapophysen (Exapophysen WILLISTON) lassen aber meiner Ansicht nach, gerade in Folge der Form der Gelenkverbindung, auch in vertikaler Richtung eine grosse Beweglichkeit zu und ver-liehen der Halswirbelsäule bei der Bewegung des grossen Schädels eine ausserordentlich sichere Führung.

Vom Oberarm eines *Pteranodon* besitzt die Sammlung das proximale Ende eines linken und das distale Ende eines linken, aber wahrscheinlich einem anderen Individuum angehörigen Humerus. Ueber die Länge des Knochens lässt sich nichts sagen, nach WILLISTON sind die Humeri, wenigstens bei *Pteranodon occidentalis*, merkwürdig kurz und stark.

[1] WILLISTON: The Kansas Univ. Quarterly. Vol. VI. 1897.
[2] R. OWEN: Monograph on the fossil Reptilia of the cretaceous formations. Suppl. I. Pterosauria. Palaeontograph. Society. 1859. p. 7. T. II, F. 11, 12 u. 18.
[3] R. OWEN: l. c. Palaeontogr. Soc. 1861. Suppl. III. p. 7. T. II, F. 1 u. 2.
[4] Vergl. auch OWEN: On the vertebral characters of the order Pterosauria etc. in Philosophical Transactions of the royal society of London. 1860. p. 161. T. X, F. 2, 3, 4 u. 10.
[5] The Ornithosauria. 1870. p. 66 ff. T. IX, F. 6.

d von Seite zu Seite, nur das oberste Viertel desselben ist von Seite zu Seite stark
nten aber convex, was aus der Abbildung Fig. 12 deutlich ersichtlich ist.

tteralis *P. l.* (Radial oder Deltoidcrista) ist nach vorne concav, sein Oberrand ver-
en Ende des Gelenkkopfes aus gegen aussen und abwärts. Auf der Vorderseite
prägte Muskelansatzstellen, wohl für Mm. pectoralis und supracoracoideus. Von der
s Gelenkkopfes verläuft nach unten gegen den Schaft der Processus medialis (Ulnar-
Ablagerung vollständig an den Schaft angedrückt wurde und es liegt in Folge dessen
anschliessende Theil als kräftige Leiste vor *P. m.*, an ihm hefteten sich Musc. sub-
r Musc. scapulo-humeralis posterior an. WILLISTON[1] spricht von einer bicipital-
nlich der processus medialis gemeint ist. FÜRBRINGER[2] hat auf das Unrichtige dieser
a gemacht, da der musculus biceps brachii bei allen lebenden Sauropsiden keine
hat, sondern denselben nur passirt. Fürbringer schliesst aus der Form und Aus-
ateralis und medialis der Flugsaurier, „dass die Mm. supracoracoideus (supracoraco-
ralis posterior und subcoracoscapularis eine relativ hohe Entfaltung besassen; der
ine so abnorme Stärke darbot, wie es von vornherein von einem fliegenden Thiere
und der M. deltoides nur mittelstark entwickelt war."

le der Humeri ist, wie das ein der linken Seite angehöriges Stück eines Oberarms
reitert und trägt zwei nach vorne gerichtete Gelenkflächen; die grössere, äussere,
läuft schräg von aussen nach innen gegen die Medianlinie des Knochens, die kleinere,
die beiden Condylen sind durch eine schräge Vertiefung getrennt, an deren oberem
pneumaticum *F. p.* befindet, dessen Existenz schon von MARSH beobachtet wurde.
n, an Stelle der grössten Breite, springen Muskelhöcker (Epicondylen) hervor; der
ter ausbreitende, liegt auf der Ulnarseite, der Epicondylus ulnaris *ep. u.*; er war wohl
Flexoren; der kleinere, der radiale, dessen proximale Ausdehnung weggebrochen
ep. r., war die Ursprungsstelle der Extensoren am Vorderarm.

ie sind die zu dem soeben erwähnten distalen Ende eines linken Humerus gehörigen
g vorhanden, nur dem Radius fehlt das distale Ende; die beiden Knochen sind voll-
hlerhaltene Ulna besitzt eine Länge von 25 cm, ihr Durchmesser in unzerdrücktem
itte des Schaftes auf 2,5 cm geschätzt werden. Der dünnere Knochen, der Radius,
er verletzt ist, besitzt noch eine Länge von 22,2 cm, während der Durchmesser des
m betragen haben wird. In Fig. 15 ist das proximale und in Fig. 16 das distale Ende
gebildet, genau in der Lage, wie sie aus dem umgebenden Gesteine blossgelegt
welcher ursprünglich vor der Ulna *u.* lag, hat sich bei der Ablagerung neben dieselbe,
ite gelegt. Am proximalen Ende der Ulna sind, entsprechend den Condylen am

Kansas Univ. Quarterly. 1892. Vol. I. p. 7.
Jenaische Zeitschrift für Naturwissenschaft. Bd. 84. 1900. p. 364.

Humerus, eine grössere und eine kleinere concave Gelenkfläche, welche durch eine in die zwischen den Condylen des Humerus befindliche Vertiefung passende Erhöhung getrennt sind. Auf der Vorderseite, etwas unterhalb der Gelenkflächen, befindet sich ein foramen pneumaticum *F. p.* Auf der Rückseite weist die Ulna am Oberrande einen deutlichen olecranonartigen Fortsatz auf *o.* Am distalen Ende besitzt die nur wenig verbreiterte Ulna zwei, durch eine Grube getrennte, schwach convexe Gelenkflächen zur Aufnahme der proximalen Carpusreihe *c.* Die innere, bedeutend grössere Gelenkfläche ist von ovaler Gestalt und verläuft schräg gegen die Mittellinie des Knochens, die äussere auf der Radialseite ist kleiner, ihre Form lässt sich nicht mehr deutlich erkennen. WILLISTON [1] beobachtete zwischen den zwei Gelenkfacetten nahe dem distalen Ende ein grosses foramen pneumaticum; an vorliegendem Stücke konnte ich ein solches nur am proximalen Ende beobachten.

Der Radius ist am proximalen Ende scheibenförmig verbreitert und schwach vertieft; das distale Ende fehlt, wie schon oben gesagt.

Vom Carpus, der nach WILLISTON [2] aus drei Stücken besteht, liegt nur ein grosses zu den oben beschriebenen Vorderarmknochen gehöriges Carpale der proximalen Reihe vor *c.* Das Stück ist von oben nach unten zusammengedrückt, jedoch hat die proximale Fläche, wie deren Abbildung Fig. 17 zeigt, kaum gelitten, während die distale Fläche gänzlich zerdrückt ist. Es ist ein flaches, von Seite zu Seite 4 cm, von vorne nach hinten gemessen 2,6 cm (ohne Fortsatz) breites Knochenstück, welches auf der proximalen Fläche zwei concave Gelenkflächen trägt. Das Stück hat in Form und Lage der Gelenkflächen ausserordentliche Aehlichkeit mit einem bei R. OWEN [3] als proximale Gelenkfläche eines Carpale von *Pterodactylus* sp. *incert.* aus dem Kimmeridge Clay bei Weymouth, Dorsetshire, abgebildeten Stücke.

Vom Metacarpus besitzt die Sammlung nur Metacarpalia des fünften oder Flugfingers. Das proximale Ende fehlt meist, oder, wenn vorhanden, ist es so zerdrückt, dass seine ursprüngliche Form und besonders diejenige der Gelenkflächen nicht mehr festgestellt werden kann. Das distale Ende ist fast regelmässig gut erhalten und wurde schon von COPE [4] abgebildet und beschrieben. Nach MARSH [5] gleicht das distale Ende der Metacarpalia des fünften Fingers dem distalen Ende einer Vogeltibia, soll aber wesentlich davon differiren durch die schiefe Richtung seiner Condylen, sowie durch die Anwesenheit eines grossen foramen pneumaticum auf der Palmarseite in der Vertiefung zwischen den Condylen.

Figur 19 zeigt das distale Ende eines vollständigen 41,3 cm langen Metacarpale, dessen proximales Ende zerdrückt ist. Figur 18 zeigt das distale Ende eines bedeutend grösseren Flugfingermetacarpale. Der Knochen verjüngt sich vom proximalen zum distalen Ende; die rollenartige Gelenkverbindung steht etwas schief zum Schafte, der Bogen, welchen die Rollen beschreiben, ist etwas grösser als ein Halbkreis, er liegt nicht in einer Ebene, sondern ist etwas spiral gedreht. Auf der Palmarseite erstreckt sich die Gelenkrolle etwas weiter nach oben als auf der Anconalseite, auch nimmt ihre Erhebung über den Schaft des Knochens gegen den Palmarrand allmählich zu. Der eine der beiden Condylen, der äussere, erstreckt sich auf der

[1] The Kansas Univ. Quarterly. Vol. VI. 1897. p. 45.
[2] The Kansas Univ. Quarterly. Vol. VI. 1897. p. 46.
[3] Monograph on the fossil Reptilia of the Mesozoic formations. Part. I. Pterosauria. Palaeontographical Society. 1874. p. 10. T. I, F. 25 und 27.
[4] E. D. COPE: Cretaceous Vertebrata. 1875. p. 65 ff. T. VII, F. 1 und 5.
[5] American Journal of Science. Vol. III. 1872. p. 243.

Anconalseite etwas weiter nach aufwärts als der andere und geht dort nicht allmählich in den Schaft über, sondern setzt in einer Ecke rechtwinklig gegen den Schaft ab. Am oberen Rande der die beiden Condylen trennenden Grube auf der Palmarseite des Knochens befindet sich ein foramen pneumaticum $F.\ p.$

Der längste Knochen der Vorderextremität ist, wie aus den verschiedenen vorhandenen Resten der viergliederigen Flugfinger zu ersehen ist, die erste Flugfingerphalange. Am proximalen Ende verbreitert trägt dieselbe auf der Anconalseite einen olecranonartigen Vorsprung o, welcher von einem unter ihm liegenden, kräftigen Vorsprung des Schaftes p durch eine winklige Einbuchtung getrennt ist; dieser Vorsprung dürfte einem kräftigen Musculus extensor alae zur Anheftung gedient haben, während der olecranonartige Fortsatz wohl dazu bestimmt war, die Biegung des Flugfingers über eine bestimmte Grenze hinaus zu verhindern. Vom Olecranon aus verlaufen auf der Oberseite, gegen die Palmarseite zu, zwei durch eine mediane Leiste getrennte Gelenkgruben von verschiedener Ausdehnung. Die laterale Gelenkgrube, die grössere a, erstreckt sich vom Olecranon bis zum Rande der Palmarseite, die mediale b, etwas steiler gegen den Schaft gerichtete ist nicht viel mehr als halb so lang und endet an dem medialen Oberrand des Schaftes, direkt über einer, ein foramen pneumaticum $F.\ p.$ bergenden, in proximal-distaler Richtung verlaufenden, kurzen, seichten Rinne (siehe Fig. 21, das proximale Ende eines 45 cm langen [ohne Olecranon] Gliedes). Das distale Ende ist, ebenso wie dasjenige der zweiten und dritten Phalangen des Flugfingers, etwas verdickt und schwach convex, das distale Ende der vierten Phalange endet in einer gerundeten Spitze. Die proximalen Enden der zweiten, dritten und vierten Phalangen sind schwach concav. Phalangen der übrigen Finger liegen nicht vor; nur eine mit dem distalen Ende eines fünften Metacarpale, einem zerdrückten Carpus und dem proximalen Ende einer ersten Flugfingerphalange eines mächtigen Thieres zusammengefundene Endphalange eines zweiten, dritten oder vierten Fingers beweist, dass die Vorderextremität mit kräftigen Klauen bewehrt war. Um die Längenverhältnisse der einzelnen Flugfingerphalangen zu einander zu zeigen, sind hier die Maasse verschiedener zusammengehöriger Flugfingerglieder aufgeführt, welche in der Münchner Sammlung liegen:

	1.		2.		3.	
Phalange I.	42 cm ohne Olecranon	I.	— cm	I.	62 ? cm ohne Olecranon	
„ II.	37 „	II.	36 „	II.	47,4 „	
„ III.	23,8 „	III.	22,5 „	III.	— „	
„ IV.	— „	IV.	16,2 „	IV.	— „	

Von den übrigen Skelettheilen, speciell von Beckengürtel und Hinterextremität ist gar nichts vorhanden. Nach WILLISTON war Becken und Hinterextremität ganz schwach, so dass das Thier in Folge der schwachen Zehen und rudimentären Klauen die Hinterextremität auch nicht zum Greifen brauchen und auch nicht frei auf den Beinen stehen konnte.

Die vielfach erörterte Frage der näheren Verwandtschaft der Pterosaurier zu den Reptilien oder zu den Vögeln darf man als zu Gunsten der Reptilienähnlichkeit entschieden betrachten.

Vogelähnlich scheint vor allem der Schädel mit seinen vollständig verschmolzenen Nähten; das Gehirn entspricht in seiner Grösse eher demjenigen der Vögel, auch die Länge des Halses und dessen der Crocodilier und Dinosaurier hin. Das Fehlen der Clavicula ist entschieden vogelunähnlich[1]. Die Crista oder Spina am Sternum der Pterosaurier ist als Parallelerscheinung zu dieser Bildung bei den Vögeln aufzufassen, hervorgerufen durch die gleichartige, aber mit andern Mitteln erreichte Funktion der Vorderextremitäten.

Im Humerus zeigen die Pterosaurier in der Ausbildung des Processus lateralis etwas Aehnlichkeit mit demjenigen der Vögel, ebenso in der distalen Gelenkfläche desselben, während die proximale wieder bedeutende Unterschiede zeigt. Ganz verschieden und eigenartig bei den Flugsauriern ist die Entwicklung der Hand, besonders diejenige des fünften Fingers, des wichtigsten Theiles des Flugorganes. Am Beckengürtel sehen wir die Darmbeine wie bei den Vögeln nach vorne und nach rückwärts verlängert, was aber auch bei gewissen Dinosauriern statt hat. Die Verwachsung der proximalen Tarsusreihe mit der Tibia, welche vereinzelt vorkommt (z. B. bei *Campylognathus*), erinnert an dieselbe Erscheinung bei Vögeln.

Durchaus reptilienähnlich sind das am Schädel unbeweglich befestigte Quadratum, sowie die Existenz eines besonderen Postfrontale, welches durch Vereinigung mit dem Squamosum eine obere Schläfengrube bildet. Lacertilierartig ist die Verbindung des Postfrontale mit dem Jochbein. Wirbelsäule und Schwanz sind reptilienartig, ebenso die parasternalen Bildungen, die sogenannten Bauchrippen, welche man bei Vögeln (mit Ausnahme der Archaeopteryx) nicht kennt; dieselben fehlen aber auch den Lacertiliern und Ophidiern. Die Ausbildung der Hand hat auch mit derjenigen der Reptilien keine Aehnlichkeit, was in Folge Umbildung zum Flugorgan erklärlich ist. Das Pubis ist crocodilierähnlich und nimmt bei den Pterosauriern, ebenso wie bei den Crocodiliern, an der Bildung des Acetabulum nicht theil.

Die Pneumaticität der Knochen bei Pterosauriern, manchen Dinosauriern und Vögeln ist nur als gleichartige Anpassungserscheinung zu deuten und wird in keiner Beziehung stehen zu irgend welcher Verwandtschaft[2].

In seinen „Untersuchungen zur Morphologie und Systematik der Vögel" hat FÜRBRINGER im Jahre 1888 die Verwandtschaft zwischen Pterosauriern und Vögeln ausführlich behandelt und sich auch gegen eine solche, sowie gegen eine Ableitung der Vögel aus den Pterosauriern ausgesprochen. Neuerdings nun hat derselbe Autor die Verhältnisse des Brustschulterapparates bei den Reptilien und Vögeln und die verwandtschaftlichen Beziehungen der einzelnen Gruppen einer eingehenderen Untersuchung gewürdigt. (M. FÜRBRINGER: Zur vergleichenden Anatomie des Brustschulterapparates und der Schultermuskeln. Jenaische Zeitschrift für

---

[1] Nach FÜRBRINGER: Jenaische Zeitschrift für Naturw. Bd. 34. 1900. p. 553 „darf mit guten Gründen angenommen werden, dass sämmtliche der Clavicula entbehrende Vögel von solchen mit Clavicula abstammen."

[2] Nach H. v. MEYER: Fauna der Vorwelt. III. Saurier aus dem Kupferschiefer der Zechsteinformation. 1856. hat auch *Proterosaurus*, das zu den ältesten Amnioten gehörige Reptil, welches von v. ZITTEL zu den *Rhynchocephalia* gestellt wird, Röhrenknochen, was auch SEELEY Philosophical Transactions of the Royal Society of London. Vol. 178. 1887—88. p. 199 bestätigt.

Naturwissenschaft. Bd. 34. 1900.) Aus dem in dieser Abhandlung speciell über die Beziehungen der Pterosaurier Gesagten will ich nur die wichtigsten Punkte herausgreifen:

Bei den Pterosauriern ist die von den jüngeren Crocodilen (Eusuchia) eingeschlagene Richtung im Verhalten von Clavicula und von Scapula und Coracoid in parallelem Entwicklungsgange zur höchsten Ausbildung gebracht. Scapula und Coracoid verbinden sich nämlich im sagittalen Winkel an der Prominentia scapulo-coracoidea und die Achsen derselben bilden einen Winkel, der kleiner als ein rechter ist und sich bis zu 60° zuschärfen kann. Bei den besten Fliegern unter den Vögeln (Carinaten) wird der Coracoscapularwinkel ein spitzer, dagegen sind bei diesen Scapula und Coracoid beweglich verbunden, während gerade bei den Formen ohne Flugvermögen (Ratiten), den primitiveren, der Winkel stumpfer und die beiden Knochen durch Synostose verbunden seien. Dies Verhalten ist gerade umgekehrt, wie bei den Ornithocheiridae, wo bei den mit höchstentwickeltem Flugvermögen versehenen Formen die Anchylose überwiegt[1]. Die vollständige Verknöcherung des Schultergürtels (also z. B. bei *Pteranodon*) zeigt eine Entwicklungshöhe der Pterosaurier, die die Reptilien überragt und dieselben in diesem Stücke den Vögeln gleichstellt. Eine ganz einseitige Differenzirung ist die bei *Pteranodon* und *Ornithocheirus* auftretende, gelenkige Verbindung der dorsalen Enden der Scapula mit sacrumartig verschmolzenen Dorsalwirbeln, welche, abgesehen von entfernt ähnlichem Verhalten, bei den Rochen und den Schildkröten unter den tetrapoden Wirbelthieren ohne Gleichen dasteht. Während die Clavicula bei den Vögeln zu besonderer Ausbildung gelangte, ist sie bei den Pterosauriern völlig verschwunden, eine Erscheinung, die wir auch unter den Crocodilen bei den Eusuchia finden, während noch bei den Parasuchia (Aëtosaurus) eine allerdings reducirte, kleine Clavicula vorhanden war. Das Sternum der Pterosaurier erreichte die höchste Entwicklungsstufe unter den Reptilien. Betreffs der medianen Fortsätze am Sternum glaubt FÜRBRINGER bei demjenigen von *Rhamphorhynchus* schliessen zu dürfen, dass es sich um eine Combination von Crista und Spina (Cristo-spina) handelt, bei den übrigen Pterosauriern hält er den Fortsatz nur für eine Spina, an welcher sich, zusammen mit der Aussenfläche des Sternums, die Ursprungsstellen der Mm. pectoralis, supracoracoideus und subcoracoideus befanden, und an deren Basis seitlich die Coracoide einlenkten, eine Verbindung, die kein anderer Sauropside, überhaupt kein tetrapodes Wirbelthier darbietet[2]. Der Pneumaticität der Knochen legt FÜRBRINGER zum Vergleiche mit Dinosauriern und Vögeln nicht die Bedeutung bei, wie es manche Autoren thun, sie „kann Verwandtschaft bedeuten, aber ebensogut nur ein Kennzeichen blosser Parallel- oder Convergenzanalogie sein". Einige Punkte in den Beziehungen zwischen Dinosauriern und Pterosauriern weisen wenigstens auf gemeinsame Vorfahren. Das prae- und postacetabular verlängerte Ileum, wie das Sacrum überhaupt und gewisse Züge in der Structur des Unterschenkels und des Fusses weisen darauf hin, „dass der erste Schritt zur Aus-

---

[1] Die feste Verbindung von Scapula und Coracoid scheint nur bei *Pteranodon* sicher festgestellt zu sein; bei *Ornithocheirus* sind die beiden Knochen nach SEELEY „gewöhnlich" durch Anchylose verbunden, bei *Nyctodactylus* nach MARSH getrennt, nach WILLISTON „probably not coossified". Bei *Rhamphorhynchus Gemmingi* findet man nach H. v. MEYER die beiden Knochen bald verwachsen, bald getrennt, während sie bei *Rhamphorhynchus longicaudatus* nach v. AMMON stets getrennt gefunden worden sind. Bei den *Pterodactylus*-Arten des oberen Jura sind sie bald getrennt, bald verwachsen, sogar bei derselben Art.

[2] Sicher nachgewiesen ist die Articulation des Coracoids an der Basis der Spina des Sternums nur bei *Pteranodon* und wie es scheint auch bei *Pterodactylus spectabilis* H. v. MEYER. Palaeontographica. Bd. X. 1863. p. 4. Bei *Pteranodon* ist diese Articulation nach WILLISTON offenbar durch convex-concave Gelenke (also Sattelgelenke) verbunden gewesen. An den mir zum Vergleich zur Verfügung stehenden jurassischen Flugsauriern der Münchner Sammlung konnte ich an den Sterna einen sichtbaren Anheftungspunkt für die Coracoidea nicht entdecken.

und Flughand um, bei den Dinosauriern in die Greifhand. Die Vorfahren der Pterosaurier und Dinosaurier wären, nach Fürbringer, dann etwa durch folgende gemeinsame Merkmale ausgezeichnet: „Beginnende Aufrichtung des Körpers, beginnende Pneumaticität, verschmolzenes Squamosum und Prosquamosum, zwei Schläfenbogen und zwei Schläfengruben, Quadratojugale anwesend, Quadratum nur mit dem oberen Theile fest mit dem Schädel verbunden, acht Halswirbel[1], lange Schwanzwirbelsäule, verlängerter und schräg nach vorn gerichteter, primärer Schultergürtel, sekundärer Brustschulterapparat in Rückbildung begriffen, fünffingerige Greifhand mit gut ausgebildetem, aus vier Phalangen bestehendem fünften Finger, in sagittaler Richtung verlängertes, ornithopodenähnliches Ileum, zur Orthopodie tendierende Entwicklung der Hinterextremität." Entfernte Verwandtschaft mit den Vögeln will auch Fürbringer für die Pterosaurier gelten lassen, aber die gemeinsame Wurzel liege sehr tief und er ist „nach wie vor geneigt, die Pterosaurier, wie hoch und einseitig und in unverkennbarer Analogie zu den Vögeln sie entwickelt sind, doch zu den Reptilien zu rechnen und nicht zwischen diese und die Vögel zu stellen".

Fürbringer vereinigt demnach die Crocodilier, Dinosaurier und Pterosaurier zur Subclasse „Archosauria".[2]

Haeckel[2], welcher mit Seeley die Pterosaurier für warmblütig hält, trennt die kaltblütigen Sauropsiden, als Reptilien im engeren Sinne, von den warmblütigen und bildet aus letzteren zwei Classen, die der Dracones und der Aves. Die Classe der Dracones umfasst die Pterosaurier und die gleichfalls als warmblütig angesehenen Dinosaurier. Haeckel's Vermuthung, dass sich bei den Pterosauriern, wie bei den Vögeln, Luftsäcke von den Lungen in die hohlen Knochen ausgestülpt haben und dass auch Luftsäcke in der Leibeshöhle ausgebildet waren, hat sehr viel Wahrscheinlichkeit für sich. Da ich, im Gegensatze zu Haeckel, welcher die Pterosaurier ihre Flughaut nur als Fallschirm benützen lässt, diese Thiere, wenigstens die jüngeren, kurzschwänzigen für ausgezeichnete Flieger halte, wofür meiner Ansicht nach die ausserordentliche Befestigung des Schultergürtels, das (bei den papierdünnen Knochen selbstverständlich) geringe Gewicht des Thieres im Vergleich zu den enormen Flugorganen, sowie die Rückbildung der Hinterextremität (bei *Pteranodon*) sprechen[3], so nehme ich an, dass diese Thiere, ebenso wie die guten Flieger und die schnellen Läufer unter den Vögeln, wohlausgebildete Luftsäcke hatten, welche beim Fluge als Luftbehälter dienten und die Thiere in den Stand setzten, während der Flugbewegungen ohne besondere Athembewegung sich die nöthige Luft zu verschaffen[4], da wohl wie bei den Vögeln die Brustwände während der Flugbewegung fixirt waren.

Dass die gewaltige Muskelanstrengung bei der Bewegung so mächtiger Flugorgane Wärme producirt haben muss, wird sich nicht bestreiten lassen, aber man wird annehmen müssen, dass in Folge des mangelnden

---

[1] Vergl. diese Abhandlung p. 68.

[2] Systemat. Phylogenie. Bd. III. 1895. p. 370.

[3] Williston schliesst auch daraus, dass die *Pteranodon*-Reste in completten Skeletten weitab von der ehemaligen Küste gefunden werden, dass sie gute Flieger waren.

[4] Vergl. M. Baer: Beiträge zur Kenntniss der Anatomie und Physiologie der Athemwerkzeuge bei den Vögeln. Gekrönte Preisschrift. Zeitschrift für wissenschaftl. Zoologie. Bd. 61. 3. Heft. 1896.

Wärmeschutzes der völlig nackten Haut und durch die Pneumaticität der Knochen ein etwaiger Wärme-
überschuss gegenüber der Aussentemperatur leicht ausgeglichen und rasch entfernt werden konnte. Ich bin
darum eher geneigt, die Pterosaurier als Kaltblüter aufzufassen. Auch DAMES „Ueber Archaeopteryx"
Palaeontolog. Abhandlungen von DAMES und KAYSER. Bd. II. 1884. p. 63 (179) hält mit OWEN die Pterosaurier für kaltblütige Thiere, „so geistreich auch die SEELEY'schen Ausführungen zu Gunsten ihrer Warm-
blütigkeit sind, so hat er doch die Klippe des fehlenden Hautschutzes nicht umschiffen können."

Die Frage der Herkunft der Pterosaurier hat uns die Palaeontologie leider noch nicht beantwortet;
da wo uns zum erstenmale Reste dieser Thiere überliefert sind, welche uns auf ihre Organisation sichere
Schlüsse ziehen lassen, sehen wir sie schon mit hoch- man könnte fast sagen mit fertig entwickelten Flugorganen auftreten. Ihr erstes Auftreten fällt, wie dürftige, aber sicher Flugsauriern angehörige Reste beweisen,
ins Ende der Triaszeit. Im Lias treten zunächst die langschwänzigen Flugsaurier auf[1]; die im Dogger gefundenen werden gleichfalls den Langschwänzen zugezählt und erst im oberen Jura sehen wir neben langschwänzigen Formen zahlreiche kurzschwänzige erscheinen, welch letztere dann in der Kreideperiode die
langschwänzigen völlig verdrängt haben. Die Veränderungen, welche das Flugorgan in diesen Perioden durch-
gemacht hat, beziehen sich nur auf die Länge des Metacarpale des Flugfingers und der Phalangen desselben.
Während bei den langschwänzigen Formen des Lias und des oberen Jura das Metacarpale des Flugfingers
kurz und gedrungen war, hat sich bei den kurzschwänzigen des oberen Jura und der Kreide das Flugfingermetacarpale zu bedeutenderer Länge entwickelt. Ebenso hat sich die erste Flugfingerphalange, die bei den
liasischen Langschwänzen noch kürzer ist als die zweite, bei den Flugsauriern des oberen Jura sowohl lang-
als kurzschwänzigen und bei denjenigen der Kreide verlängert und ist zur längsten Phalange des Flugorgans
geworden. Bei den höchstentwickelten Fliegern der Kreide treffen wir dann noch Formen mit der eigenartigen Verfestigung des Schultergürtels an den sacrumartig verschmolzenen Dorsalwirbeln, Formen von
theilweise mächtiger Körpergrösse, deren hohe und specialisirte Organisation sie nicht mehr befähigte, den
sich ändernden Lebensbedingungen Zugeständnisse in weiterer Anpassung zu machen; darin dürfte die Ursache des Niedergangs und Verlöschens dieser interessanten Reptiliengruppe am Ende der Kreideperiode
zu suchen sein.

Für eine brauchbare systematische Eintheilung der Flugsaurier war die ungenügende Kenntniss der
Kreidepterosaurier lange ein Hinderniss. Durch SEELEY und WILLISTON ist nun Klarheit und der Grund zu
einer wirklich zweckmässigen Eintheilung der Flugsaurier geschaffen worden:

---

[1] Nach genauerer Untersuchung des QUENSTEDT'schen Originals zu *Pterodactylus liasicus* bin ich zu der Ueberzeugung
gekommen, dass der von QUENSTEDT Württ. Naturw. Jahreshefte. Bd. 14. 1858. p. 304. T. II. als Coracoid gedeutete Knochen
das Metacarpale des Flugfingers ist und dass auch der daran anstossende Knochen mit einer Scapula nichts zu thun hat. Es
wären damit die sämmtlichen liasischen Flugsaurier, soweit sie bekannt sind, als langschwänzige Formen anzusehen, da aus
dem kurzen Flugfingermetacarpale von QUENSTEDT's *Pterodactylus liasicus* auf einen langen Schwanz geschlossen werden
muss. Die Tübinger Sammlung besitzt noch ein besseres Exemplar der Vorderextremität eines liasischen Flugsauriers mit
kurzem Metacarpale.

Ordnung: **Pterosauria.**

Unterordnung: **Rhamphorhynchoidea**: Schwanz lang. Metacarpale des Flugfingers kürzer als der halbe Vorderarm.

Unterordnung: **Pterodactyloidea**: Schwanz kurz. Metacarpale des Flugfingers länger als der halbe Vorderarm.

Familie: **Pterodactylidae**: Scapula nicht in Verbindung mit verschmolzenen Dorsalwirbeln.

Gattung: { *Pterodactylus* [1]. Bezahnt.
{ *Nyctodactylus*. Zahnlos.

Familie: **Ornithocheiridae**: Scapula in Verbindung mit verschmolzenen Dorsalwirbeln.

Gattung: { *Ornithocheirus*. Bezahnt.
{ *Pteranodon*. Zahnlos.

---

[1] *Cycnorhamphus suevicus* betrachte ich nach eingehender Untersuchung des Stuttgarter und Tübinger Exemplares nicht als selbständige Gattung, sondern ziehe denselben ebenso wie *Ptenodracon* LYDEKKER (vergl. v. ZITTEL: Flugsaurier) zu *Pterodactylus*.

Ueber obercarbonische Faunen aus Ost- und Südasien.

Von **G. Fliegel** in Bonn.

Mit Tafel VI—VIII und 5 Textfiguren.

Einleitung.

Die marinen Aequivalente des in Europa terrestrisch entwickelten, jüngeren Carbon haben in den östlichen Ländern eine weite und allgemeine Verbreitung. Die Erkenntniss der Thatsache, dass die seit lange aus diesen Ländern, namentlich aus China und Japan, aus dem Ural und dem centralen Russland beschriebenen, jung-palaeozoischen, oft durch das massenhafte Auftreten von Fusulinen charakterisirten Bildungen zum guten Theil dem jüngeren Carbon angehören, hat sich erst in neuerer Zeit allgemeine Geltung verschafft. Die Ursache hiervon mag im Wesentlichen darin zu suchen sein, dass die Stratigraphie des gesammten Carbon lange Zeit völlig im Argen lag, zumeist wegen der Schwierigkeit, die gegenseitige stratigraphische Stellung rein terrestrisch entwickelter Schichtencomplexe, wie wir sie in unserem produktiven Carbon haben, und rein mariner Schichten zu ermitteln. Nachdem diese Schwierigkeiten in erster Linie durch die Arbeiten russischer Forscher im Ural, dem centralen Russland und dem Donezbecken im Grossen und Ganzen überwunden worden sind, ist es möglich geworden, alle die zahlreichen Angaben über jung-palaeozoische, meist als „Kohlenkalkfauna" beschriebene Bildungen des fernen Ostens einer Nachprüfung zu unterziehen und ihr gegenseitiges stratigraphisches Verhältniss festzustellen. Die Ergebnisse meiner hierauf bezüglichen Untersuchungen habe ich an anderer Stelle [1] veröffentlicht und gleichzeitig versucht, eine speciellere Uebersicht über die Verbreitung der marinen Aequivalente des produktiven Carbon in den östlichen Ländern zu geben. Die Veröffentlichung des jetzt vorliegenden, beschreibenden Theiles hat sich vermöge äusserer Umstände bisher verzögert; demgemäss konnten die in der Zwischenzeit erschienenen, unseren Gegenstand berührenden Arbeiten wenigstens noch zum Theil [2] berücksichtigt werden.

Die Grundlage meiner Studien über das marine Obercarbon des fernen Ostens bilden drei weit [3] von einander entfernte Vorkommen: dasjenige von Padang auf Sumatra, von Lo-ping im mittleren China (Provinz Kiangsi) und von Teng-tjan-csing und Santa-szhien im nordwestlichen China (Provinz Kansu).

---

[1] Zeitsch. Deutsch. geolog. Gesellsch. Bd. 50. p. 385.

[2] Julius Enderle: „Ueber eine anthracolitische Fauna von Balia Maaden in Kleinasien."

[3] Padang, Lo-ping und Teng-tjan-csing sind etwa 3800 bezw. 1700 km von einander entfernt, letzteres vom erstgenannten ungefähr 4300 km.

Das Obercarbon von Padang, seine Stratigraphie und seine Fauna wird in der bisherigen Litteratur mehrfach[1] besprochen und hat zuletzt durch FERDINAND ROEMER[2] Bearbeitung gefunden. Die von Herrn Geh.-Rath Professor Dr. Freiherr v. RICHTHOFEN bei Lo-ping gesammelten Fossilien sind von KAYSER[3] beschrieben worden. Das Obercarbon von Ten-tjan-csing und Santa-szhien verdanken wir der chinesischen Reise des Grafen SZECHÉNYI und des Herrn Professor v. LÓCZY in Budapest, der es in neuerer Zeit bearbeitet[4] hat.

Das mir zur Verfügung gestellte Material umfasst die von VERBEEK dem Breslauer palaeontologischen Museum überlassene Fossilsuite von Padang, wobei zu bemerken ist, dass diese Fossilien offenbar in mehreren Theilsendungen zu verschiedener Zeit nach Breslau gekommen sind, sodass RÖMER nicht das gesammte, heute vorhandene Material bei seiner Arbeit zur Verfügung stand. In Folge dessen sind selbst Arten von höherem stratigraphischen Werth unbeschrieben geblieben. Dieser Umstand, sowie auch die Thatsache, dass die RÖMER'sche Arbeit wegen der schematischen Ausführung der Tafeln ein zuverlässiges Urtheil über die meisten beschriebenen Arten nicht gestattet, drängte zu einer gänzlichen Neubearbeitung der Fauna. Zudem bietet das zahlreiche, jung-carbonische Vergleichsmaterial, das RÖMER in ähnlichem Umfange nicht zur Verfügung stand, sowie die mannigfache neuere Literatur heute eine weit festere Grundlage für die Bestimmung carbonischer Versteinerungen und für die Beurtheilung der stratigraphischen Stellung des betreffenden Schichtencomplexes, als es damals der Fall war. Im Uebrigen dürfte die Berechtigung zu einer völligen Neubearbeitung der „Kohlenkalkfauna" von Padang aus der der Besprechung der geologischen Ergebnisse beigefügten Uebersichtstabelle, wie aus den Ergebnissen selbst, zu denen ich hinsichtlich des Alters der betreffenden Bildungen gelange, hervorgehen.

Ferner wurden mir durch die Liebenswürdigkeit des Herrn Geh.-Rath Professor Dr. Freiherr v. RICHTHOFEN, des verstorbenen Prof. DAMES und des Herrn Prof. JAEKEL in Berlin die Originale der KAYSER'schen Bearbeitung des Obercarbon von Lo-ping zugänglich gemacht. Meine Angaben beschränken sich jedoch durchaus auf die stratigraphisch bedeutsamen Formen.

Die schöne, von Herrn Professor v. LÓCZY gesammelte Fauna von Teng-tjan-csing und Santa-szhien durfte ich ebenfalls einer genauen Durchsicht unterziehen. Trotzdem ich den Angaben und der Beschreibung des Herrn Professor v. LÓCZY nichts neues beizufügen vermag, war mir doch die Durchsicht dieser Fauna für vergleichende, stratigraphische Untersuchungen von hohem Werth.

Die sonstigen aus China und den angrenzenden Gebieten herrührenden, kleineren, verschiedenen Horizonten des Carbon und der Dyas angehörenden Suiten können hier naturgemäss wegen ihres zumeist abweichenden Alters nur gelegentlich in den Kreis der Betrachtung gezogen werden. Wenn andererseits dem Text die Beschreibung einiger, entfernten Carbongebieten, z. B. Mjatschkowo, entstammender Arten eingeflochten wird, so geschieht es nur, soweit es zur Vergleichung nothwendig ist.

Ich kann diese einleitenden Bemerkungen nicht schliessen, ohne denjenigen Herren, die mir ihre Unterstützung bei dieser Arbeit geliehen haben, meinen verbindlichsten Dank auszusprechen, in erster Reihe

---

[1] VERBEEK, BRADY, GEINITZ, V. D. MARCK, WOODWARD: cf. Zeitschr. Deutsch. geol. Gesellsch. Bd. 50. p. 386.
[2] Diese Zeitschrift. Bd. XXVII. p. 1—11. T. 1—3.
[3] v. RICHTHOFEN: „China." Bd. IV. p. 160—208. T. 19—29.
[4] Ostasiatische Reise des Grafen SZECHÉNYI. Reisewerk, palaeontologischer Theil von v. LÓCZY. 1897. p. 35—83. T. 1—3.

I. Obercarbonische Fauna von Padang.

Die älteren[1] Angaben VERBEEK's über das geologische Auftreten der im Folgenden zu beschreibenden Fauna sind durch die zusammenfassende topographische und geologische Beschreibung[2] der Westküste von Sumatra in vielen Punkten korrigirt und überholt worden. Danach sind die palaeozoischen Sedimente der Westküste von Sumatra theils carbonisch, theils praecarbonisch. Im Carbon ist eine ältere Schiefer- und eine jüngere Kalketage zu unterscheiden. Der Kalkstein, aus dem unsere Fossilien stammen, lagert im Allgemeinen concordant auf der völlig fossilfreien Schieferformation; nur an einigen wenigen Punkten treten schwache Schiefereinlagerungen im Kalkstein und umgekehrt auch Kalksteineinlagerungen im Schiefer auf. Die präcarbonischen Sedimente bestehen ebenfalls aus einer anscheinend fossilleeren Thonschieferformation, die sich durch das Auftreten goldführender Quarzgänge und das Fehlen von Mergelschiefern von der jüngeren Schieferformation petrographisch unterscheidet. Eine Uebereinanderlagerung beider wurde nicht beobachtet; dagegen bedeckt der Kalkstein die ältere Schieferformation vielfach discordant. Die angeführten palaeozoischen Schichtglieder werden unmittelbar vom Tertiär und zwar zumeist von Eocaen überlagert. Mesozoische Bildungen triasischen Alters sind neuerdings durch VOLZ[3] auf Sumatra in grösserer Entfernung nachgewiesen worden. Daneben treten Eruptivgesteine in grosser Mannigfaltigkeit auf: Granite von höherem als carbonischem Alter, Diabase und Gabbros, welche den Kohlenkalk durchbrechen und jedenfalls kurz nach dessen Ablagerung zum Ausbruch gekommen sind, endlich jung-vulkanische Andesite und Basalte, deren Ausbruch im Eocaen begann.

Die in dem Kalkstein gefundenen Fossilien beweisen das obercarbonische Alter der Bildung, sodass wir naturgemäss für die mit dieser Kalkbildung eng verbundenen Schiefer am ehesten ein untercarbonisches Alter annehmen dürfen. Die Mächtigkeit der Schieferformation beträgt im Allgemeinen etwa 200 m, während die praecarbonischen Thonschiefer und Quarzite eine ungeheure Mächtigkeit von bis zu 3400 m besitzen. Der obercarbonische Kalkstein schwankt in seiner Mächtigkeit beträchtlich; 300 m dürfte das Maximum sein. Petrographisch lassen sich innerhalb des Kalksteins verschiedene Varietäten unterscheiden, ohne dass es möglich wäre, darauf mehrere Etagen zu begründen. Allerdings scheinen die dunklen Kalke, aus denen die grosse Mehrzahl der Fossilien stammt, besonders an der Basis der Formation vorzukommen. Der Masse nach wiegt ein hellerer, dunkelgrauer, brauner bis lichter Kalkstein vor. Andererseits deutet der Charakter der Fauna auf das thatsächliche Vorhandensein mehrerer Stufen hin, wie ich weiter unten des näheren ausführen werde.

---

[1] „On the geology of central Sumatra." Geological magazine. New. Ser. Dec. II. Vol. II. 1875. p. 477—486. Vergl. auch F. RÖMER l. c. p. 3.

[2] R. D. M. VERBEEK: „Topographische en geologische Beschrijving van een gedeelte van Sumatras Westkust." Batavia 1883.

[3] Zeitschr. Deutsch. geolog. Gesellsch. Bd. 51. p. 1.

1. Fusulina granum-avenae F. R.

1880. *Fusulina granum-avenae* F. R. l. c. p. 4.

Diese Fusuline, die das Gestein stellenweise in grossen Mengen erfüllt, ist spindelförmig, langgestreckt. Sie ist durch eine eigenthümliche Sachtelbildung ausgezeichnet und steht, wie ich den freundlichen Mittheilungen des Herrn Professor Dr. SCHELLWIEN in Königsberg entnehme, *Fusulina alpina* SCHELLWIEN [1], der Hauptform der karnischen Alpen, am nächsten. Sie würde zur Gattung *Hemifusulina* MÖLLER zu stellen sein, wenn diese nicht überhaupt auf Grund einer falschen Beobachtung aufgestellt wäre.

Die *Fusulina granum-avenae* F. R. ist aus andern Verbreitungsgebieten des Carbon als aus Sumatra bisher nicht bekannt geworden und ihr Werth für die Beurtheilung des Alters der carbonischen Fauna von Padang in Folge dessen nur gering.

Schwagerina MÖLLER.

Subgenus: Möllerina SCHELLWIEN.

2. Möllerina Verbeeki GEINITZ sp.

1876. *Fusulina Verbeeki* GEINITZ u. W. v. d. MARCK: „Zur Geologie von Sumatra." Palaeontogr. Vol. 23. p. 1, 2.

1880. *Schwagerina Verbeeki* (GEINITZ) F. R. l. c. p. 4. T. I, F. 1.

1884. „ „ „ SCHWAGER: „Carbonische Foraminiferen aus China und Japan" in v. RICHTHOFEN: „China." Bd. IV. p. 135. T. XVI, F. 17, 18; T. XVII, F. 9–17.

Diese echte, kugelige Schwagerine vermittelt zwischen den Formen ohne „Basalskelett" (nicht, wie SCHWAGER will, mit rudimentärem Skelett) und denen mit „Basalskelett"; sie nimmt also eine Mittelstellung ein zwischen den Formen aus der Verwandtschaft der *Schwagerina princeps* EHRENBERG [2] einer- und der *Schwagerina lepida* SCHWAGER [3] andererseits.

Möllerina Verbeeki ist eine charakteristische, obercarbonische Foraminifere und im Gegensatz zu der vorigen Art durch eine grössere Verbreitung ausgezeichnet. Sie ist aus dem Obercarbon von Japan und China und zwar von einer ganzen Reihe von Fundpunkten bekannt geworden, jedoch sind noch keine mit ihr zusammen vorkommenden Fossilien beschrieben worden, sodass auch sie ein Leitfossil für irgend eine enger umgrenzte Stufe des Obercarbon nicht abgeben kann.

---

[1] Palaeontographica. Bd. 44. p. 243.

[2] SCHWAGER l. c. p. 132. T. XVI, F. 15, 16; T. XVII, F. 1–8.

[3] Ibidem. p. 138. T. XVII, F. 18; T. XVIII, F. 1–14.

Anthozoa.

Clisiophyllum Dana.

3. Clisiophyllum cf. Gabbi Meek.

1874. *Clisiophyllum Gabbi* Meek: Geological survey of California. Palaeontology. Vol. I. p. 8. T. I, F. 1.
1886. „ spec. F. R. l. c. p. 4.

Schief-kreiselförmig, der Querschnitt annähernd kreisrund. Der Kelch ist tief; in seiner Mitte erhebt sich ein hoch-kegelförmiger Wulst. Die Zahl der Primärsepten beträgt 36, zwischen die sich eine gleiche Anzahl kürzerer einschaltet. Die ersteren reichen bis zu dem centralen Wulst, und von ihren Enden aus laufen gekrümmte Rippen über diesen Wulst.

Vom feineren Bau der Koralle war im Längsschnitt die eigenthümliche Anordnung mehrerer Zellenschichten zu beobachten: An der Peripherie eine schmale, nach unten sich verbreiternde Zone von kleinen, länglichen, schräg nach aussen gerichteten Zellen. Ganz im Innern grössere, ebenfalls längliche Zellen, die schräg nach oben und innen gerichtet waren. Das zwischen beiden Zonen gelegene, mittlere Gewebe ist dicht und wenig deutlich; es zeigt horizontale, durch Querblättchen gebildete Zellen.

Die Uebereinstimmung unserer Form mit dem *Clisiophyllum Gabbi* Meek aus dem jüngeren Carbon von Californien ist hinsichtlich des feineren Zellenbaues wie auch hinsichtlich der Form und Tiefe des Kelches und der Gestalt des Säulchens vorhanden. Ein Unterschied dagegen scheint darin zu liegen, dass die sekundären Septen bei der Padanger Art länger sind. Bei der amerikanischen werden sie in der Beschreibung zwar erwähnt, sind aber in der Abbildung nicht vorhanden.

Neben diesem soeben ausführlicher beschriebenen Stück liegen noch mehrere andere vor, die nach den angefertigten Querschnitten zu urtheilen mit jenem identisch sind.

Lonsdaleia M' Coy.

4. Lonsdaleia spec.

1880. *Lithostrotion* cf. *Portlocki* F. R., non M.-Edw. u. Haime l. c. p. 5.

Die Kelche des einzigen vorhandenen, aus einigen 30 Zellen zusammengesetzten Polypenstockes haben unregelmässig polygonale Gestalt; sie sind fünf- bis siebenseitig. In der Mitte erhebt sich ein starkes Säulchen. Die Septen reichen bis dicht an dieses Säulchen heran, gehen jedoch nicht von der äusseren Zellenwand aus, sondern sind erst etwa von der Mitte ab, wo eine accessorische Wand vorhanden ist, zu beobachten. Ihre Zahl beträgt gegen 30. Der periphere Theil des Kelches zwischen Aussenwand und Sekundärwand ist mit dichtem, blasigem Gewebe erfüllt. Der Raum innerhalb der Sekundärwand ist z. Th. mit Querböden erfüllt. Die Columella zeigt im Längsschnitt die der Gattung eigenthümlichen, schräg von beiden Rändern nach der Achse zu aufsteigenden, feinen Lamellen.

In dem feineren Zellenbau nähert sich unsere Art sehr der *Lonsdaleia Wynnei* Waagen und Wentzel [1] aus dem mittleren Produktuskalk der Salzkette, unterscheidet sich jedoch durch die stärkeren, weniger zahlreichen Septen, die dort an der Aussenwand beginnen. Dieser letztere Umstand, sowie die Thatsache, dass

---

[1] Waagen l. c. p. 896. T. 99, F. 2.

bei der *Lonsdaleia salinaria* WAAGEN und WENTZEL[1] die Septen verschiedene Länge haben, und das blasige, äussere Gewebe schwächer entwickelt ist, trennen die Padanger Art auch von dieser Form der indischen Salzkette; die verschiedene Beschaffenheit des feineren Zellenbaues macht auch eine Vereinigung mit der *Lonsdaleia papillata* (FISCHER) WAAGEN (= *Lonsdaleia floriformis* TRAUTSCHOLD[2], non FLEMMING) aus dem unteren Fusulinenkalk von Mjatschkowo unmöglich.

Echinodermata.

5. Poteriocrinus spec.

1880. *Poteriocrinus* spec. F. R. l. c. p. 5. T. I, F. 3.

Unter den zahlreichen Crinoidenstielgliedern, die man als solche vom Genus *Poteriocrinus* zu bezeichnen pflegt, sind folgende vier Formen zu unterscheiden:

1. Starke Stielglieder, bis zu 18 mm im Durchmesser, innerer Kanal fünflappig, in seinem grössten Durchmesser gleich der halben Dicke des Stieles.

2. Stielglieder von gleicher Stärke wie die eben beschriebenen. Nahrungskanal gross und kreisrund. Er ist in seinem Durchmesser gleich $^2/_3$ des Gesammtdurchmessers. Die einzelnen Stielglieder sind niedrig (0,5 cm), dazwischen stellenweise stärkere eingeschaltet.

3. Stielglieder von gleicher Stärke mit feinem runden Kanal. Es wechseln regelmässig zwei bis drei schwächere und ein stärkeres Glied, das durch einen ringförmigen Wulst verstärkt ist, ab. Narben weisen auf die frühere Anwesenheit chirrenartiger Anhänge hin.

4. Stielglieder von geringem Durchmesser mit feinem, runden Kanal.

Alle vier Formengruppen besitzen auf der Gelenkfläche der einzelnen Glieder die gewöhnliche, radiale Strichelung. Die Nähte selbst sind dementsprechend nicht glatt, sondern gezähnelt.

Die vorhandenen Stücke gleichen den aus zahlreichen Carbongebieten bekannt gewordenen Crinoidenstielen. Von den an zweiter und dritter Stelle angeführten gilt insbesondere, dass sie im Fusulinenkalk von Mjatschkowo durchaus identische Vertreter haben, woraus freilich noch nicht auf das gemeinsame Vorkommen derselben Arten geschlossen werden kann.

Brachiopoda.

Dalmanella HALL emend. WYSOGÓRSKI (= Orthis auct.).

6. Dalmanella cf. Michelini L'ÉVEILLÉ.

1858. *Orthis Michelini* (L'ÉVEILLÉ) DAVIDSON: „British carboniferous brachiopods." p. 132. T. XXX, F. 6—12.
1880. „ *resupinata* F. R., non MARTIN l. c. p. 6 e. p.

Das einzige vorhandene Stück lässt sich nicht mit Sicherheit als *Dalmanella Michelini* bestimmen, da es stark verdrückt und die Schale unvollständig erhalten ist. Immerhin steht es durch den subquadratischen Umriss, den kurzen Schlossrand und die Skulptur dieser Art recht nahe. Beide Klappen sind flach,

[1] WAAGEN: Ibidem. p. 895. T. 100, F. 1, 3, 4.
[2] TRAUTSCHOLD „Kalkbrüche von Mjatschkowo". p. 131. T. 16, F. 3—5.

der Wirbel der Ventralklappe überragt den der Dorsalklappe; beide sind eingekrümmt. Die Area ist schmal. Zahlreiche radiale Streifen von geringer Stärke bilden die Skulptur; daneben sind auch concentrische Anwachsstreifen angedeutet.

7. Dalmanella Frechi nov. spec.

Taf. VI, Fig. 10.

1880. *Orthis resupinata* F. R., non MARTIN l· c. p. 6 e. p. T. I, F. 5.
1898. *Dalmanella* cf. *Derbyi* WAAGEN, FLIEGEL l. c. p. 390.

Der Umriss dieser neuen Art, von der in der Fauna nur ein allerdings sehr gut erhaltenes, grosses Stück vorliegt, ist quer-oval. Die grösste Schalenbreite liegt nahe dem Stirnrande; der Schlossrand ist kurz, kaum halb so lang als die grösste Schalenbreite. Die Ventralklappe ist stark gewölbt, fast kugelig. Der Wirbel ist hoch und ragt über den Schlossrand vor. Die Area ist lang und schmal, die Deltidialspalte bildet ein gleichseitiges Dreieck.

Die Dorsalklappe ist flacher. Nahe am Wirbel beginnt ein sich rasch verbreiternder und vertiefender Sinus, der durch sein Eingreifen in die Ventralklappe eine starke Ausbuchtung des Stirnrandes bewirkt. Der weit zurückgebogene Wirbel lässt zwischen sich und dem Schlossrande eine hohe, flache Area. Die Deltidialspalte ist hier entsprechend der Höhe der Area etwa doppelt so hoch wie breit.

Vom inneren Bau ist in jeder Klappe ein Medianseptum sowie je zwei seitlich divergirende Septen zu beobachten.

Die Skulptur wird durch sehr regelmässige, dem Stirnrande parallele, concentrische Anwachsstreifen, sowie durch feine, radiale Streifen gebildet. Die ersteren sind wenig zahlreich; die letzteren tragen ähnlich, wie es DAVIDSON von der *Orthis resupinata* MARTIN [1] beschreibt und abbildet, zahlreiche Stachelnarben von länglicher Form.

Unsere Art unterscheidet sich von der *Orthis resupinata* MARTIN durch die starke Zurückbiegung des Wirbels der Dorsalschale. In Folge dessen ist die Area wesentlich höher, die Schalenwölbung stärker. Ferner ist der Wirbel der Ventralschale höher; er überragt die andere Klappe bedeutend, während bei jener Art das Gegentheil der Fall zu sein pflegt.

Weit näher steht ihr die *Orthis Derbyi* WAAGEN [2]; doch besitzt diese einen nicht entfernt so tiefen Sinus und dementsprechend weniger gekrümmten Stirnrand. Auch ist die Area der Dorsalklappe bei uns höher, die Deltidialspalte etwa doppelt so hoch.

Orthothetes FISCHER.

8. Orthothetes politus nov. spec.

Taf. VI, Fig. 8.

1880. *Streptorhynchus crenistria* var. *senilis* F. R., non PHILL. l. c. p. 6.
1898. *Meekella polita* FLIEGEL l. c. p. 390.

Die neueren Untersuchungen SCHELLWIEN's [3] veranlassen mich, das vorliegende Stück, das ich auf

---

[1] „British carboniferous brachiopods." p. 390. T. 29, F. 1b, 2, 2a, 3b.
[2] „Salt range fossils." „Productus limestone." p. 595. T. 56, F. 2, 5, 6.
[3] „Beiträge zur Systematik der Strophomeniden des oberen Palaeozoicum." Neues Jahrbuch für Mineralogie. 1900. Bd. I. p. 1—15. T. I.

Grund des inneren Baues der Klappen ursprünglich als *Meckella* bezeichnet hatte, zu der Formengruppe von *Orthothetes* zu zählen, für die er den Namen *Orthothetina* vorschlägt. Diese Gruppe von Formen stimmt mit *Meckella* in der Anordnung der Zahnleisten und Septen überein, besitzt aber keine radiale Schalenfaltung. Immerhin zeigt unsere Form nahe dem Rande der Dorsalklappe eine schwache Andeutung derselben. Der Umriss ist quer-oval, die grösste Breite liegt etwa in der Mitte der kleineren Klappe. Der Schlossrand ist gerade (erscheint aber, da er an den Enden bestossen ist, gebogen) und beträgt etwa die Hälfte ·der grössten Schalenbreite.

Die grosse Klappe ist schwach concav, der Wirbel hoch und stark zurückgebogen. Die Area, die durch scharfe Kanten gegen die übrige Schale abgegrenzt ist, hat dementsprechend die Form eines hohen, gleichschenkligen Dreiecks. Der schmale Deltidialspalt ist durch ein gewölbtes Deltidium verschlossen. Die Zähne werden durch Zahnplatten gestützt, die nach dem Boden zu convergieren und zwei über die Hälfte der Schale zu verfolgende Septen bilden.

Die Dorsalklappe ist gleichmässig gewölbt. Vom Wirbel aus geht ein schnell breiter und tiefer werdender Sinus von unregelmässiger Form nach dem Stirnrande. Vom inneren Bau waren zwei starke, divergirende Septen zu beobachten, die über mehr als $^1/_3$ der Schale, vom Wirbel aus gerechnet, verlaufen.

Die Skulptur besteht in sehr feinen, dicht neben einander stehenden, radialen Streifen. Die Area ist längs- und quergestreift, sodass sie gegittert erscheint. Von concentrischen Falten finden sich nur geringe Spuren.

9. **Orthothetes** spec.

Die einzige hier zu beschreibende Form ist ein Bruchstück einer grossen Klappe und unterscheidet sich von der vorigen Art durch sehr beträchtliche Grösse und regelmässiges Waehsthum. Die Schalenwölbung ist gering, aber gleichmässig; ·starke concentrische Falten gliedern die Schale. Daneben wird die Oberfläche von feinen, scharfen Radialrippen bedeckt. Jede Andeutung einer radialen Faltung fehlt. Vom inneren Bau beobachtete ich zwei starke, nach dem Boden zu convergirende, septenartige Zahnplatten.

Productus Sowerby.

10. **Productus lineatus** Waagen.

1876. *Productus Cora* Trautschold, non d'Orb. l. c. p. 53. T. V, F. 1.
1880.   „   „   F. R., non d'Orb. l. c. p. 5.
1887.   „   *lineatus* Waagen l. c. p. 678. T. 66, F. 1, 2; T. 67, F. 3.
1892.   „   „   Schellwien: „Die Fauna des karnischen Fusulinenkalkes." I. Theil. Palaeontographica. Vol. XXXIX. p. 21. T. I, F. 16—18; T. III, F. 1.

Die grosse Klappe ist stark gewölbt, der Wirbel stark eingerollt, der Schlossrand fällt mit der grössten Schalenbreite zusammen. Vom Wirbel aus zieht sich ein allmählich breiter werdender, flacher Sinus nach dem Schlossrande. Der gewölbte Schalenteil geht in die schmalen, schräg nach unten und aussen abfallenden Ohren langsam über. Am Schlossrande nehmen eine Anzahl starker, runzeliger Falten ihren Anfang und laufen etwa gleich weit von einander entfernt über die Flügel. Den Höhepunkt der Schalenwölbung erreichen sie nicht, da sie schnell schwächer werden und verschwinden. Daneben besteht die Skulptur in einer feinen Radialberippung. Sehr zahlreiche, scharfe Rippen nehmen am Wirbel ihren Anfang und ziehen sich, ohne merklich stärker zu werden, in schwach welligem Verlauf bis zum Stirnrande. Dazwischen schalten sich allenthalben neue Rippen ein bezw. zweigen sich von den älteren ab. Unregelmässig vertheilt sind über die ganze Schale eine geringe Anzahl von Stacheln.

Die kleine Klappe ist flach concav, unregelmässig gestaltet, die Ohren breiten sich flach aus, eine unregelmässige Falte, die dem Sinus der grossen Klappe entspricht, beginnt in der Nähe des Wirbels. Auch hier tragen die Ohren concentrische Falten, die im Gegensatz zu der andern Klappe über die Schale laufen. Ueber die sonstige Schalenverzierung gilt dasselbe wie für die grosse Klappe.

Erwähnt sei noch, dass eines der mir vorliegenden Stücke insofern von der normalen Form abweicht, als es bei regelmässigerer Gestalt stärkere, gleichmässig verlaufende Rippen aufweist. Zugleich ist die grosse Klappe stärker gewölbt. In der Art der Berippung scheint dieses Stück dem *Productus lineatus* WAAGEN noch näher zu stehen, doch müssen auch die übrigen Formen für identisch mit dieser jungcarbonischen, weit verbreiteten Art gelten.

11. Productus semireticulatus MARTIN.

1847. *Productus semireticulatus* (MARTIN) DE KONINCK: „Recherches sur les animaux fossiles. I. Partie: Monographie des genres Productus et Chonetes." p. 83. T. 8, F. 1; T. 9, F. 1; T. 10, F. 1.
1861.   „   „   (MARTIN) DAVIDSON: „British carboniferous brachiopods." p. 149. T. 43, F. 1—4.
1883.   „   „   „   KAYSER: „Obercarbonische Fauna von Lo-ping." p. 181 e. p. T. 25, F. 1, 4 non 2, 3.
1897.   „   „   „   v. LÓCZY l. c. p. 51. T. I, F. 27—31.
Weitere Synonyma geben KONINCK, DAVIDSON, v. LÓCZY (l. c.).

Von dieser horizontal wie vertical weit verbreiteten Art liegt ein Bruchstück einer grossen Klappe, sowie eine vollständig erhaltene kleine Klappe vor. Beide sind mit den typischen Vertretern der Art identisch. Der lange, gerade Schlossrand, die starke Wölbung der grossen Klappe, sowie die rechtwinklige Knickung der kleinen Klappe, die flach ausgebreiteten Ohren, der schwache Sinus sprechen ebenso für die Zugehörigkeit zum *Productus semireticulatus* MARTIN wie die charakteristische Skulptur. Diese letztere besteht in zahlreichen, gleichmässigen, radialen Streifen und stärkeren concentrischen Runzeln, die auf den Schalentheil nahe dem Wirbel beschränkt sind und der Schale zusammen mit den Radialrippen ein gegittertes Aussehen verleihen. Zu ihnen gesellen sich noch zahlreiche, unregelmässig vertheilte Stachelröhren.

12. Productus Sumatrensis F. R.

Taf. VI, Fig. 1.

1880. *Productus Sumatrensis* F. R. l. c. p. 5. T. I, F. 4.
1883.   „   *semireticulatus* KAYSER, non MARTIN l. c. p. 181 e. p. T. XXV. F. 3.
1883.   „   *costatus* KAYSER, non SOWERBY l. c. p. 182 e. p. T. XXV, F. 6, 7.

Dass diese RÖMERsche Art, die in der bisherigen Literatur so wenig beachtet ist (wesentlich wohl wegen der mangelhaften Abbildung und der kurzen Beschreibung), eine gewisse äussere Aehnlichkeit mit dem *Productus semireticulatus* MARTIN hat, wurde schon von RÖMER hervorgehoben. Die grosse Klappe ist stark und gleichmässig gewölbt, der Wirbel stark eingekrümmt, den Schlossrand mässig überragend. Dieser ist lang und gerade, gleich der grössten Schalenbreite. Die Seitenohren sind schmal, flach ausgebreitet.

Dicht am Wirbel beginnt ein langsam breiter und tiefer werdender Sinus, der selbst am Stirnrande noch recht flach ist. Die Skulptur wird durch etwa 34 starke Radialrippen gebildet, die sich durch die Gleichmässigkeit ihres Verlaufes auszeichnen; nirgends schalten sich zwischen die älteren jüngere ein. Das dem Wirbel zunächst gelegene Drittel der Schale erhält durch concentrische Falten, die am Schlossrande beginnen und über die ganze Schalenwölbung verlaufen, ein gegittertes Aussehen. An den Schnittpunkten dieser Falten mit den radialen Rippen verdicken sich diese letzteren vielfach zu knotigen Erhebungen. Ausserdem sind Stachelwarzen in grösserer Zahl unregelmässig über die Schale vertheilt; nur längs des Schlossrandes ordnen sie sich in einer Reihe an. Eine kleine Klappe ist nicht vorhanden.

Der wesentliche Unterschied vom *Productus semireticulatus* MARTIN liegt in der weit gröberen Berippung. Auch eine Aehnlichkeit mit dem *Productus subcostatus* WAAGEN spricht sich in dem ganzen Habitus aus[1]. Der einzige Unterschied, der sich angeben lässt und von WAAGEN angegeben wird, besteht in dem angeblichen Fehlen einer die seitlichen Flügel von dem gewölbten Schalentheile trennenden Stachelreihe bei der Padanger Form. Da aber diese Stachelreihe beim *Productus subcostatus* WAAGEN weit schwächer entwickelt und keineswegs ein so charakteristisches Merkmal ist wie beim *Productus costatus* SOWERBY des Kohlenkalkes, und andererseits die Erhaltung der Padanger Stücke ein zuverlässiges Urtheil über diese Frage nicht zulässt, so muss einstweilen die Möglichkeit offen bleiben, dass sich bei Prüfung eines umfangreicheren Materials die Identität beider Arten ergiebt.

Ebenso muss ich die Frage unentschieden lassen, ob die von NÖTLING[2] aus Tenasserim in Hinterindien beschriebene, dort mit zahlreichen Schwagerinen vergesellschaftet vorkommende Form, die er als *Productus* cf. *Sumatrensis* F. R. beschreibt, mit unserer Art identisch ist oder nicht, da sich aus der betr. Abbildung ein Urtheil über die charakteristischen Merkmale der Art nicht gewinnen lässt.

Sicherer sind dagegen die Beziehungen unserer Art zu einer bei Lo-ping vorkommenden Art festzustellen, die von KAYSER z. Th. als *Productus semireticulatus* MARTIN, z. Th. als *Productus costatus* SOWERBY bezeichnet wird. Auch der *Productus pustulosus* var. *palliata* KAYSER[3] ist nichts anderes als eine zu unserer Art gehörige Varietät, von der die betr. Abbildungen ein falsches Bild geben. Endlich stellt auch der in Taf. XXV, Fig. 5 abgebildete *Productus costatus* KAYSER eine wenig abweichende Varietät dar, während die übrigen genannten Formen mit dem *Productus Sumatrensis* F. R. identisch sind. Des näheren werde ich auf diese Beziehungen weiter unten im Zusammenhange bei Besprechung der Fauna von Lo-ping eingehen.

13. **Productus longispinus** Sow.

1858. *Productus longispinus* (SOWERBY) DAVIDSON: „British carboniferous brachiopods." p. 154. T. 35, F. 5—13.
1876. „ „ „ TRAUTSCHOLD l. c. p. 57. T. V, F. 4.
1880. „ „ „ F. R. l. c. p. 5.
1883. „ „ „ KAYSER l. c. p. 183. T. XXVII, F. 1—4.
1890. „ „ „ NIKITIN: „Dépots carbonifères et puits artésiens dans la région de Moscou." p. 59. T. I, F. 7—12.
1892. „ „ „ SCHELLWIEN: „Fauna des karnischen Fusulinenkalkes." Palaeontographica XXXIX. p. 25. T. 3, F. 4, 5; T. VIII, F. 26.

---

[1] „Salt range fossils. Productus limestone. p. 686. T. 57, F. 4, 5; T. 58, F. 2; T. 59, F. 4.
[2] „Carboniferous fossils from Tenasserim" (Records, geol. survey of India. Vol. XXVI. Pt. 3. 1893. p. 99. F. 4).
[3] l. c. p. 186. T. XXVII, F. 9—13.

1897. *Productus longispinus* (Sow.) v. Lóczy l. c. p. 57. T. II, F. 9–12.
Weitere Synonyma geben DAVIDSON und TRAUTSCHOLD (l. c.).

Die wenigen, nicht sonderlich erhaltenen Stücke dieser Art wurden schon von RÖMER als *Productus longispinus* Sow. bestimmt. Sie sind von unregelmässiger Gestalt, haben einen langen, geraden Schlossrand, einen schwachen Sinus und sind von zahlreichen Stachelwarzen bedeckt. In der Nähe des Wirbels runzelige, concentrische Falten.

14. Productus ovalis WAAGEN sp.

1880. *Productus Keyserlingianus* F. R., non DAVIDSON l. c. p. 6.
1887. *Marginifera ovalis* WAAGEN l. c. p. 723. T. 77, F. 1—4.

Die grosse Klappe dieser Form, von der drei Stücke vorliegen, ist stark und gleichmässig gewölbt; der Schlossrand ist beinahe gleich der grössten Sebaalenbreite. Der Umriss ist queroval, die Breite etwas beträchtlicher als die Höhe. Der Rückensinus ist breit und flach. Die kleine Klappe ist stark concav, die Ohren werden gegen die Schalenwölbung durch je eine vom Wirbel ausgehende schräge Falte begrenzt. Die Skulptur besteht in zahlreichen, rundlichen Stachelröhren, die unregelmässig über die Schale vertheilt sind; nur an der Grenze von Ohren und gewölbtem Schalentheil ordnen sie sich in einem regelmässigen Bogen an. Auf beiden Klappen, namentlich auf der kleinen, verlängern sich die Stachelwarzen vielfach nach dem Stirnrande zu, sodass stellenweise eine Art Radialberippung entsteht. In der Nähe des Wirbels treten daneben concentrische Anwachsstreifen auf.

Da der einzige Unterschied zwischen der Padanger Form und der *Marginifera ovalis* WAAGEN der ist, dass die erstere einen etwas weniger eingekrümmten Wirbel besitzt, so trage ich kein Bedenken, beide zu identificiren. Dass die Gattung *Marginifera* WAAGEN, der diese Art von WAAGEN zugerechnet wurde, sich nicht aufrecht erhalten lässt, wurde bereits von NIKITIN [1] dargethan.

Der armenische *Productus spinoso-costatus* ABICH [2] unterscheidet sich durch den lang-ovalen Umriss und die grössere Höhe, sowie den sehr viel stärker eingekrümmten und niedergedrückten Wirbel, Unterschiede, die bereits von WAAGEN angegeben werden. Dagegen sei hier erwähnt, dass, wie eine Prüfung der betreffenden sehr zahlreichen Stücke aus den neueren Aufsammlungen bei Djoulfa ergab, der *Productus spinoso-costatus* ABICH einen identischen Vertreter in der indischen Salzkette in der *Marginifera typica* WAAGEN [3] hat. Die von WAAGEN geltend gemachten Unterschiede sind nicht durchgreifend, da zahlreiche armenische Stücke dieser ziemlich variablen Art gerade so wie die indische Form ebensowohl einen recht deutlichen Sinus und eine concentrische Streifung nahe dem Wirbel wie auch eine radiale Streifung besitzen.

15. Productus punctatus MARTIN.

Taf. VI, Fig. 5.

1858. *Productus punctatus* (MARTIN) DAVIDSON l. c. p. 172. T. 44, F. 9—16.
1872. „ „ „ MEEK: „Report on the palaeontology of Eastern Nebraska". p. 169. T. II, F. 6; T. IV, F. 5.

---

[1] „Dépots carbonifères et puits artésiens dans la region de Moscou. p. 160.
[2] „Eine Bergkalkfauna aus der Araxesenge bei Djoulfa in Armenien." p. 41. T. 9, F. 6, 7, 10.
[3] l. c. p. 717. T. 76, F. 4—7; T. 78, F. 1.

das nur mit feinen Anwachsstreifen bedeckt ist. Die Falten tragen eine sehr grosse Zahl regelmässig vertheilter Stachelwarzen, die sich auf den älteren Theilen der Schale in Form und Grösse kaum merklich unterscheiden. Auf den jüngeren dagegen, nahe dem Stirnrande, sind sie in mehreren parallelen Reihen angeordnet und sind z. Th. rundlich, z. Th. röhrenartig verlängert.

Die Padanger Form weicht von dem *Productus punctatus* MARTIN des europäischen Kohlenkalkes durch die kräftigere Entwicklung der concentrischen Anwachsfalten und die regelmässigere Vertheilung der Stachelröhren auf diesen Falten ab. Dagegen ist die Uebereinstimmung mit der weit verbreiteten amerikanischen Varietät, die durch mannigfache Uebergangsformen mit der europäischen verknüpft ist, vollständig.

Die Bestimmung RÖMERS als *Productus pustulosus* PHILL. kann, wenngleich Umriss und Wölbung der Schale für diese Bezeichnung sprechen würden, wegen der geringen Zahl starker, concentrischer Falten und wegen der regelmässigen Anordnung der Tuberkeln, beides Merkmale, die dem *Productus pustulosus* PHILL. fremd sind, nicht als richtig anerkannt werden.

Spirifer SOWERBY.

Subgenus **Reticularia** M' COY.

Die unter diesem Genus zu beschreibenden Stücke fanden sich zusammen mit einer grossen Zahl von Athyriden und waren, wie es scheint, von RÖMER bei der Bestimmung übersehen worden.

16. Spirifer (Reticularia) lineatus MART.

1878. *Spirifer lineatus* (MARTIN) ABICH l. c. p. 80 e. p.[1]
1883.   „   „   „   KAYSER l. c. p. 174 e. p. T. XXII, F. 6, 7 non 8.
1887. *Reticularia lineata* „   WAAGEN l. c. p. 540. T. 42, F. 6—8.
1892.   „   „   „   SCHELLWIEN l. c. Palaeontographica XXXIX. p. 38. T. 6, F. 10—13.

---

[1] Der echte *Spirifer (Reticularia) lineatus* MART. kommt bei Djoulfa, wie ich mich selbst überzeugen konnte, vor. Dagegen sind die von ABICH abgebildeten Stücke verschiedene Varietäten.

1892. *Reticularia lineata* (MARTIN) ROTHPLEIZ: „Die Perm-, Trias- und Juraablagerungen auf Timor und Rotti im indischen Archipel." Palaeontographica XXXIX. p. 81. T. 9, F. 8.

1897.   „   „   „   v. LÓCZY l. c. p. 78. T. III, F. 28—33.

Sonstige (ältere) Synonyma giebt WAAGEN l. c.

Von dieser vom älteren Carbon bis in die Dyas aufsteigenden, in ihrer horizontalen Verbreitung kaum von einer anderen carbonischen Art übertroffenen Form liegen mir eine Anzahl mehr oder minder vollständiger Stücke vor, die den den älteren Vertretern der Art eigenen, quer-ovalen Umriss besitzen. Der Wirbel ist hoch und zurückgebogen, der Schlossrand gekrümmt. Der Stirnrand ist entsprechend dem mässig starken Sinus der grossen Klappe schwach ausgebuchtet. Die Skulptur, der das Subgenus *Reticularia* M' Coy seinen Namen verdankt, ist sehr vollständig zu beobachten: Zahlreiche, gleich feine Anwachsstreifen werden durch radiale, äusserst feine Streifen geschnitten, sodass eine netzförmige Schalenverzierung entsteht.

Rynchonella FISCHER.

Subgenus: Terebratuloidea WAAGEN.

17. Terebratuloidea cf. Davidsoni WAAG.

Taf. VI, Fig. 11, 12.

1880. *Rynchonella* cf. *pleurodon* F. R., non DAVIDSON l. c. p. 6.

1887. *Terebratuloidea Davidsoni* WAAGEN l. c. p. 416. T. 33, F. 1—5.

Die Zugehörigkeit der von RÖMER als der *Rynchonella pleurodon* DAVIDSON nahestehend bezeichneten Form zum Genus *Terebratuloidea* WAAGEN kann als sicher angenommen werden. Das einzige vorhandene Stück ist von quer ovalem Umriss, hat einen gebogenen Schlossrand, der Stirnrand ist ebenso wie Theile der übrigen Schalenoberfläche corrodirt. Dem tiefen Sinus der grossen Klappe entspricht in der kleinen eine hohe mediane Falte. Das Eingreifen des ersteren in die kleine Klappe bewirkt den gezackten Verlauf des Stirnrandes. Von radialen, starken Rippen besitzt die grosse Klappe 8, von denen 2 auf den Sinus entfallen; die kleine Klappe besitzt deren 9, davon 3 auf der medianen Falte.

Der Wirbel der grossen Klappe trägt eine weite, rundliche Oeffnung; die Spitze fehlt. Es ist dies wohl kein ursprüngliches Merkmal der Art, sondern die Oeffnung mag, wie WAAGEN allgemein von den Terebratuloideen annimmt, dadurch ihre jetzige Weite erhalten haben, dass die Schnabelspitze bei dem gänzlichen Fehlen von stützenden Septen oder Zahnplatten leicht zerstört werden konnte. Auch in der kleinen Klappe sind keinerlei Septen vorhanden.

Die Identität der Form mit der *Terebratuloidea Davidsoni* WAAGEN aus dem mittleren Productus-kalk der Salzkette ist nicht ganz vollständig, da die mediane Falte bei der Padanger Art stärker hervor-tritt, die seitlichen Schalentheile mehr gewölbt sind und in Folge dessen der Stirnrand stärker gewölbt erscheint. Auch die Zahl der Rippen im Sinus stimmt nicht ganz überein.

Dagegen ist die Identität unseres Stückes mit einem Breslauer Sammlungsstück aus dem Ural voll-ständig, dessen näherer Fundpunkt und Horizont mir nicht bekannt sind.

Von der *Rhynchonella pleurodon* PHILLIPS unterscheidet sich die Art durch dieselben Merkmale, welche schon WAAGEN angiebt. Aus anderen Carbongebieten sind Angehörige des Genus *Terebratuloidea* WAAGEN bisher überhaupt nicht beschrieben worden.

Spirigera D'Orb.

Die im folgenden beschriebenen, verschiedenen Arten des Genus *Spirigera* D'Orb. wurden von Römer unter einer Bezeichnung *Terebratula subtilita* Hall zusammengefasst. Abgesehen davon, dass sie wegen ihrer äusseren Form in drei durch Uebergänge nicht verknüpfte Arten zerlegt werden müssen, ist eine grössere Aehnlichkeit mit der von Römer citirten Abbildung[1] nur bei einer der drei Arten vorhanden. Alle Formen haben das gemein, dass ihre Schale glatt ist; sie gehören also zur Gruppe der „Simplices", die Waagen für die glatten Athyriden (= Spirigeriden) aufstellt.

18. Spirigera cf. subtilita Hall.

1858—63.	*Terebratula ? subtilita* (Hall) Davidson l. c. p. 18. T. I, F. 21, 22.
1858—63.	*Athyris subtilita* (Hall) Davidson: Ibidem. p. 86. T. 17, F. 8—10.
1880.	*Terebratula subtilita* (Hall) F. R. l. c. p. 6 e. p.

Die wenigen hierher zu stellenden Stücke haben die oben erwähnte Aehnlichkeit mit der *Spirigera subtilita* Hall, jedoch auch nur in beschränktem Grade. Die Schalenwölbung ist stark, der Sinus tief, der Schlossrand ausgebogen. Der Umriss, namentlich der kleinen Klappe, länglich vierseitig, daher die ganze Form lang und ziemlich schmal. Hierin liegt zugleich der Unterschied von der *Spirigera subtilita* Hall, die breiter und im allgemeinen schwächer sinuirt ist.

19. Spirigera Damesi nov. spec.
Taf. VII, Fig. 8—10.

1880.	*Terebratula subtilita* F. R., non Hall l. c. p. 6 e. p.

Nur wenige, doch schöne und gut erhaltene Stücke liegen vor. Beide Klappen sind stark gewölbt, der Umriss etwa rechteckig, was besonders in der kleinen Klappe auffällt. Die grosse Klappe besitzt einen breiten, kräftigen Sinus, dem in der anderen eine Auffaltung in der Medianlinie und je eine seitlich hiervon gelegene Depression entspricht. Diese flachen Furchen greifen in den Stirnrand der grossen Klappe ebenso ein wie der Sinus der grossen Klappe in den Stirnrand der kleinen. Dadurch wird der Stirnrand kräftig ausgebuchtet ähnlich wie es bei der *Spirigera ambigua* Sowerby[2] der Fall ist.

Durch letztere Eigenschaft spricht sich eine gewisse Aehnlichkeit mit der genannten Kohlenkalkart aus; doch gestattet der Umriss und die gleichmässige Wölbung unserer Stücke eine Identificirung nicht.

20. Spirigera pseudodielasma nov. spec.
Taf. VII, Fig. 1—4.

1880.	*Terebratula subtilita* F. R., non Hall l. c. p. 6 e. p.

Zu dieser neuen Art gehört die Mehrzahl der Padanger spiraltragenden Brachiopoden; sie unterscheidet sich von den eben beschriebenen Arten wie überhaupt von der Mehrzahl der bisher bekannt gewordenen Spirigeren durch die ihr eigene Form, besonders den Umriss. Beide Klappen sind wenig gewölbt, der Stirnrand ist kaum nennenswerth ausgebuchtet, da der Rückensinus der kleinen Klappe schwach ist.

---

[1] Davidson: British carboniferous brachiopods. p. 18. T. I, F. 21, 22.

[2] Davidson l. c. p. 77. T. XVII, F. 11—14.

Der Wirbel der grossen Klappe ist spitz, durchbohrt, wenig eingekrümmt und ragt weit hervor. Die Seiten-ränder sind gerade, laufen von dem sehr kurzen Schlossrande aus schräg auseinander und gehen dann in den halbkreisförmigen Stirnrand über. Daher liegt die grösste Schalenbreite nahe dem unteren Rande und der Umriss hat die Form eines mehr oder weniger spitzen, gleichschenkligen Dreiecks.

Die Art variirt etwas, da sowohl sehr schmale, spitze Formen mit hohem Wirbel als auch breitere Stücke mit etwas niedrigerem Wirbel vorliegen. Doch nähern sich selbst diese letzteren noch nicht den rundlichen bis quer-ovalen Formen, wie sie besonders aus dem Kohlenkalk in reicher Zahl bekannt sind.

Lamellibranchiata.

Aviculopecten M' Coy.

Die Angabe Römers, dass eine nähere Bestimmung der von Padang vorliegenden Angehörigen dieses Genus nicht möglich sei, trifft nur z. Th. zu, da mehrere Stücke gut erhalten sind und auch die Einzel-heiten der feineren Skulptur auf der Schalenwölbung wie auf den Ohren erkennen lassen.

21. Aviculopecten Waageni nov. spec.

Taf. VII, Fig. 6.

1880. *Pecten* spec. F. R. l. c. p. 6.

Die stark gewölbte, etwas schiefe Schale (nur die linke Klappe ist vorhanden) wird von etwa 35 gleich kräftigen Radialrippen bedeckt. Zugleich sind sehr zahlreiche feine und einige stärkere concentrische Anwachsstreifen zu beobachten. Der Schlossrand ist lang und gerade, die Ohren gross, die Anwachsstreifen auf beiden deutlich entwickelt, indem sie dem gekrümmten Rande der Flügel parallel laufen. Die radialen Streifen dagegen sind nur auf dem hinteren Ohre in grösserer Zahl vorhanden.

Diese Art, die durch die starke Schalenwölbung und den charakteristischen Umriss, besonders der Ohren ausgezeichnet ist, hat meines Wissens zu bekannten Arten keine näheren Beziehungen.

22. Aviculopecten Verbeeki nov. spec.

Taf. VII, Fig. 7.

1880. *Pecten* spec. F: R. l. c. p. 6.

In Umriss und Schalenwölbung steht diese neue Art der vorigen nahe, ist jedoch etwas unsym-metrisch. Charakteristisch ist die Schalenverzierung: Zahlreiche Radialrippen, immer abwechselnd eine starke und eine schwächere beginnen in der Nähe des Wirbels; ihre Zahl beträgt etwa 32. Zwischen je zwei von ihnen schaltet sich dann ungefähr in der Mitte der Klappenwölbung gleichmässig eine neue, noch feinere Rippe ein, sodass die Gesammtzahl dieser radialen Streifen weit über 100 beträgt. Auch die Ohren tragen radiale Rippen, jedoch in grösserem Abstande von einander. Concentrische Anwachsstreifen sind deutlich nur auf den Flügeln vorhanden.

Auch verwandtschaftliche Beziehungen dieser Art sind mir nicht bekannt geworden.

24. **Pinna Richthofeni** nov. spec.

Taf. VII, Fig. 11.

1880. *Pinna* spec. F. R. l. c. p. 6. T. I, F. 6.

Für diese Art ist in erster Linie die schlanke, pyramidenförmige Gestalt, sowie die dachförmige Form der Klappen, die der Muschel einen ähnlichen rhombischen Querschnitt verleiht, wie ihn die *Pinna Confutsiana* KAYSER[1] besitzt, bemerkenswerth. Der Kantenwinkel, unter dem der breitere, dorsale und der schmälere, ventrale Abschnitt der Klappen zusammentrifft, ist wegen der starken Verdrückung nicht genau anzugeben. Er beträgt bei der einen Klappe gegen 100°, bei der andern etwa 60°.

Die Spitze ist abgebrochen, die Begrenzung am hinteren, breiteren Ende ist bogenförmig. Die Skulptur besteht, soweit sie auf der dünnen, glänzenden, inneren Schalenschicht, die allein erhalten ist, zu erkennen ist, in gebogenen, concentrischen Anwachsstreifen, sowie in einer beschränkten Anzahl flacher, radialer Streifen, die nahe dem Schlossrande am dichtesten stehen.

Die schöne Art, von der ein gut erhaltenes, grosses Stück vorliegt, unterscheidet sich von der *Pinna Confutsiana* KAYSER aus dem Obercarbon von Lo-ping durch geringere Breitenzunahme, sowie dadurch, dass die concentrischen Anwachsstreifen hier einen einfachen Bogen bilden, während sie dort einen auf der Kante der Klappen zurückspringenden Doppelbogen beschreiben.

Conocardium BRONN.

Die von RÖMER als *Conocardium Sumatrense* F. R. beschriebenen Formen gehören zwei Arten an.

25. **Conocardium Uralicum** VERN. sp.

Taf. VII, Fig. 5.

1845. *Cardium Uralicum* VERNEUIL: MURCHISON, VERNEUIL, KEYSERLING: „Geology of Russia in Europe and the Ural mountains.“ Vol. II. p. 301. T. XX, F. 11.

1846. *Conocardium Uralicum* KEYSERLING: „Wissenschaftliche Beobachtungen auf einer Reise in das Petschoraland.“ p. 258. T. XI, F. 4.

1874. „ „ TRAUTSCHOLD: „Kalkbrüche von Mjatschkowo.“ p. 44. T. IV, F. 23.

1880. „ *Sumatrense* F. R. l. c. p. 7 e. p. T. II, F. 1.

Eine Abbildung des *Conocardium Uralicum* VERNEUIL, mit deren Hilfe man sich ein richtiges Bild von der Art machen könnte, existirt bisher nicht. Dass diejenige von VERNEUIL selbst stark verzeichnet

---

[1] l. c. p. 170. T. XX, F. 1.

ιss schon deshalb angenommen werden, weil sich Beschreibung und Abbildung (z. B. hinsichtlich der
ung) nicht recht decken. Wenn ich trotzdem der grossen Mehrzahl der Sumatraner Stücke diesen
. beilege, geschieht es deshalb, weil sie der Abbildung bei VERNEUIL sehr nahe stehen und mit einer
ιshauer Museum in zahlreichen Stücken vorhandenen Art von Mjatschkowo, die von TRAUTSCHOLD als
ιrdium Uralicum bestimmt ist, identisch sind.

Die Schale ist stark gewölbt, das hintere Ende röhrenartig verlängert, stark klaffend. Der vordere
ist kurz, abgestutzt. Der weit nach vorn gerückte Wirbel erhebt sich nur wenig über den Schloss-
ιud ist schwach eingekrümmt. Der hintere Flügel ist von dem stärker gewölbten Abschnitt durch
reite, glatte Furche getrennt, die dicht hinter dem Wirbel am Schlossrand beginnt und in schräger
ιng nach dem unteren Schalenrande läuft. Hier entspricht der Furche eine Einbiegung des Schalenrandes.

Die Skulptur setzt sich aus Radialrippen und Anwachsstreifen zusammen. Erstere sind scharf und
ιch; sie ziehen sich zum Theil vom Wirbel aus mehr oder weniger gekrümmt über den gewölbten
ιntheil; zum Theil auch laufen sie, indem sie dicht hinter dem Wirbel am Schlossrande beginnen und
ausstrahlen, jenseits der erwähnten glatten Furche über die hintere, röhrenartige Verlängerung. Der
ιel der Radialrippen und der dazwischen liegenden, schmalen Furchen bewirkt eine Auskerbung des
ιs. Die concentrischen Anwachsstreifen sind wesentlich feiner, vielfach kaum zu beobachten und folgen
ιgemeinen dem Umriss der Schale.

Im einzelnen unterscheidet sich unsere Padanger Art von der Abbildung bei VERNEUIL durch weniger
ene Radialrippen und durch schrägeren Verlauf der seitwärts vom Wirbel beginnenden glatten Furche;
ιtsprechend liegt die Einbuchtung des Schalenrandes näher. am hinteren Ende. Mit den betr. Stücken
ljatschkowo stimmt die Form wie in anderem so auch hierin überein.

Demnach muss es für sehr wahrscheinlich gelten, dass unsere Art das echte *Conocardium Uralicum*
ΕUIL ist, wenngleich nicht ganz ausgeschlossen ist, dass die mit der Sumatraner Form identischen
e von Mjatschkowo eine neue, jener sehr nahe stehende Art bilden, eine Möglichkeit, die für die
graphie jedenfalls gleichgiltig ist.

26. Conocardium Sumatrense F. R.

1880. *Conocardium Sumatrense* F. R. 1. c. p. 7 e. p.

Für die wenigen Stücke, die vom *Conocardium Uralicum* VERNEUIL verschieden sind, behalte ich
ezeichnung RÖMERS, *Conocardium Sumatrense* bei. Sie sind gegenüber dieser Art durch folgende
schaften ausgezeichnet: Die Schalenwölbung ist weit geringer, beinahe flach. Der hintere Flügel ist
und flach ausgebreitet, der vordere ist zwar kurz, aber am Schlossrande in eine Spitze ausgezogen.
ιurche, welche den hinteren Schalenabschnitt vom gewölbteren trennt, verläuft weniger schräg. Auch
kulptur weicht wesentlich ab: Die Radialrippen sind weniger gekrümmt; soweit sie über den hinteren
l ziehen, ist ihre Zahl geringer und ihr gegenseitiger Abstand verschieden. Die concentrischen Anwachs-
ιn treten hier stärker und zwar in Gestalt von Falten auf.

Edmondia DE KON.

27. Edmondia (?) spec.

Die Schale ist quer-oval; am vorderen Ende breit, nach hinten zu sich verschmälernd, der Schlossrand gerade, der Wirbel weit nach vorn gerückt. Die Wölbung ist gering; der Wirbel erhebt sich sehr wenig, der hintere Theil ist flach zusammengedrückt. Von ersterem aus zieht eine breite, flache Einsenkung kaum merklich nach dem gegenüberliegenden Rande, sowie eine etwas stärkere Falte nach dem hinteren Ende. Die Skulptur wird von zahlreichen concentrischen Anwachsstreifen gebildet.

Eine nähere Bestimmung ist wegen der mangelhaften Erhaltung der einzigen vorliegenden linken Klappe nicht möglich; ebenso ist die Zugehörigkeit zum Genus *Edmondia* nicht ganz gesichert. Am nächsten steht ihr die *Edmondia selecta* DE KONINCK[1], die sich aber vor allem durch grössere Länge und die Parallelität von Schlossrand und Unterrand unterscheidet.

Allorisma KING.

28. Allorisma Padangense F. R.

1880. *Sanguinolites Padangensis* F. R. l. c. p. 7. T. I, F. 7.

Das einzige vorhandene, gut erhaltene und schon durch seine Maasse in die Augen fallende Stück (Länge 12$^1/_2$ cm, Höhe über 6 cm, Dicke fast 5 cm) ist von lang-ovalem Umriss; der Wirbel ist bis ans vordere Ende gerückt und ragt weit hervor. Der Schlossrand ist dem Unterrande fast parallel. Das vordere Ende ist abgestutzt, sodass der Vorderrand mit dem Schlossrande ungefähr einen rechten Winkel bildet; der Hinterrand ist stark gebogen und klafft weit. Vom Wirbel zieht eine deutliche Depression nach dem gegenüberliegenden Schalenrande, zugleich eine Falte schräg nach dem hinteren Ende. Besonders bemerkenswerth für unsere Art wie für alle Glieder des Genus *Allorisma* ist ein vertieftes Schossfeld hinter dem Wirbel, das von zwei Kanten begrenzt wird, sowie dicht unter dem Wirbel eine kleine Lunula am Vorderrande, die ebenfalls beiderseits von einer Kante eingefasst wird. Die Skulptur besteht in zahlreichen, kräftigen, concentrischen Anwachsstreifen.

Zu keiner sonst bekannten Art steht diese Art in näherer Beziehung, da sie sich von allen durch den abgestutzten, fast senkrecht vom Schlossrande abfallenden Vorderrand unterscheidet.

29. Allorisma spec.

Textfigur 1.

Ein Zweischaler, der seine jetzige Gestalt wohl zum Theil durch Verdrückung erhalten hat, besitzt einen langen, etwas gekrümmten Schlossrand. Der untere, gerade Schalenrand ist ihm ungefähr parallel. Der vordere und hintere Rand sind ebenfalls gerade und treffen den Schlossrand unter einem schiefen Winkel, sodass der Umriss ein Parallelogramm ist. Der sehr hohe, eingerollte Wirbel ist spitz und ans äusserste Ende des Schlossrandes gerückt. Eine breite, flache Einsenkung läuft auch bei diesem Stück vom Wirbel aus nach dem unteren Schalenrande und ein hoher scharfer Kiel in schräger Richtung nach dem Schnittpunkt von Unter- und Hinterrand. Von diesem Kiele aus fällt die Schale ohne nennenswerthe

---

[1] Faune du calcaire carbonifère de la Belgique. Vol. V. Lamellibranches. p. 46. T. XI, F. 47—48.

Wölbung nach den Rändern ab. Die Schale ist bedeckt von zahlreichen, concentrischen Anwachsstreifen, die in der Nähe des Kieles zu kräftigen Falten anschwellen.

Wenn ich diese Muschel als ein eigenartig gestaltetes *Allorisma* betrachte, dessen Wirbel ungewöhnlich weit nach vorn gerückt ist, und bei dem die schräg nach hinten über die Schale gehende Falte zu einem Kiele verstärkt ist, so spricht für die Richtigkeit dieser Annahme neben der erwähnten, vom Wirbel nach dem Unterrande reichenden Depression auch der von einem, allerdings undeutlichen, vertieften Schlossfelde begleitete Schlossrand und eine kleine Lunula, die am Vorderrande dicht unter dem Wirbel liegt.

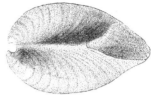

Fig. 1. *Allorisma* spec. Von oben gesehen.

Von einer speciellen Bestimmung der Art wird, da nur ein freilich gut und vollständig erhaltenes Stück von so ungewöhnlicher Form vorliegt, abgesehen. Die Art lässt sich mit irgend welchen verwandten Formen nicht in Beziehung bringen.

Gastropoda.

Patella Linné.

30. Patella anthracophila F. R.

1880. *Patella anthracophila* F. R. l. c. p. 9. T. III, F. 1.

Die Form ist niedrig kegelförmig, der Umriss schwach oval; die Spitze liegt excentrisch und ist um etwa ¼ des Radius dem hinteren Rande genähert. Die Schale ist schlecht erhalten, sodass von Skulptur nichts ausser einer undeutlichen concentrischen Streifung wahrzunehmen ist. Andere Beziehungen der Art ausser zu der von Römer erwähnten zur *Patella sinuosa* Phill., sind mir nicht bekannt geworden.

Bellerophon Montfort.

Die zahlreichen, sehr verschieden grossen Padanger Bellerophonten bilden mehrere Arten. Sie haben das gemeinsam, dass sie, soweit der Erhaltungszustand eine Entscheidung dieser Frage zulässt — es handelt sich zumeist um Steinkerne mit nur geringen Schalenresten und nur vereinzelt erhaltenen Mündungen — dem Genus *Bellerophon* s. s. angehören. Römer fasst beinahe alle Formen unter dem Sammelnamen *Bellerophon Asiaticus* zusammen.

31. Bellerophon Asiaticus F. Römer.

Taf. VIII, Fig. 1.

1874. *Bellerophon costatus* Trautschold, non Sowerby: „Die Kalkbrüche von Mjatschkowo.“ p. 19 e. p. T. III, F. 18.
1880. „ *Asiaticus* F. R. l. c. p. 9 e. p. T. III, F. 2a.
1883. *Nautilus an Warthia* Kayser l. c. p. 165. T. 19, F. 5.

Ich behalte die Bezeichnung *Bellerophon Asiaticus* F. R. für die häufigste Art bei, zu der auch die mehr als faustgrossen Stücke, deren Römer eins in Taf. III, Fig. 2a abgebildet hat, zu rechnen sind. Diese

Art zeichnet sich durch stark-involute, kugelige Form aus. Die Umgänge nehmen rasch an Breite zu, sind niedrig und sehr gleichmässig gewölbt. Die Mündung ist ebenfalls niedrig und breit, der Nabel eng und z. Th. durch eine Schwiele, die sich von der Aussenlippe der Mündung um den Nabel herumlegt, verdeckt. Ein Rückenkiel ist eben angedeutet; deutlicher sind auf den spärlichen Schalenresten feine, scharfe Anwachsstreifen ausgebildet, die in leichtem Bogen quer über die Schalenwölbung laufen.

Ausser den erwähnten, bis 10 cm im Durchmesser betragenden Bellerophonten gehören zu unserer Art eine Anzahl kleinerer Stücke von 1,5—2,5 cm Durchmesser, die sich in nichts als in der Grösse von den erstgenannten unterscheiden.

Die Verbreitung der Art ist nicht auf Sumatra beschränkt. TRAUTSCHOLD bildet in seiner Monographie des oberen Bergkalkes von Mjatschkowo zwei Bellerophonten[1], einen Steinkern und ein Schalenexemplar, als *Bellerophon costatus* Sow.[2] ab, die jedoch, wie die zahlreichen Stücke der ehemaligen TRAUTSCHOLD'schen Sammlung im Breslauer Museum lehren, Vertreter zweier Arten sind: Der Steinkern besitzt eine niedrigere und breitere Mündung, die Umgänge nehmen rascher an Breite zu, der Rücken ist flacher; jede Spur eines Kieles fehlt. Hierin liegt der Unterschied von der in Fig. 17 abgebildeten Art; dagegen ist die Identität mit unserem *Bellerophon Sumatrensis* F. R. vollständig. Der echte *Bellerophon costatus* Sow. kann zu einem Vergleiche kaum in Betracht kommen.

Auch die kleine von KAYSER als *Nautilus an Warthia* spec. bezeichnete Form aus dem Oberkarbon von Lo-ping dürfte hierher zu stellen sein.

32. **Bellerophon subcostatus** nov. nom.
Taf. VIII, Fig. 2, 9.

1874. *Bellerophon costatus* TRAUTSCHOLD, non Sow. l. c. p. 89 e. p. T. IV, F. 17.
1880.   „   *Asiaticus* F. R. l. c. p. 9 e. p.

Für die von TRAUTSCHOLD Taf. IV, Fig. 17 abgebildete Form schlage ich die Bezeichnung *Bellerophon subcostatus* vor. Sie unterscheidet sich, wie mir mehrere theils verkieselte, theils verkalkte Exemplare mit ausgezeichnet erhaltener Schale zeigten, vom *Bellerophon costatus* Sow. durch den fast geradlinigen Verlauf der feinen Anwachsstreifen, die sich erst in unmittelbarer Nähe des Kieles so zurückbiegen, dass sie ihn unter einem spitzen Winkel treffen.

In Padang ist diese Art durch wenige Stücke vertreten, deren unvollkommene Erhaltung eine durchaus sichere Identificirung nicht gestattet. Doch spricht neben der Form der Windungen der starke Kiel und die am Kiel sich zurückbiegenden feinen Anwachsstreifen dafür.

33. **Bellerophon convolutus** L. v. BUCH.
Taf. VIII, Fig. 1, 3, 4.

1842. *Bellerophon convolutus* L. v. BUCH: Karstens Archiv. 1842. p. 532.
1880.   „   *Asiaticus* F. R. l. c. p. 9 e. p.
1898. FRECH: Lethaea palaeozoica. Bd. II. p. 393.

---

[1] l. c. T. III, F. 17, 18.
[2] Wegen der verschiedenen Bezeichnung, die Fig. 17 und 18 bei TRAUTSCHOLD im Text und der Tafelerklärung führen, bleibt unklar, ob TRAUTSCHOLD beide für dieselbe Art hält.

Eine Anzahl kleinerer Stücke haben ein stark involutes Gewinde und einen sehr engen, vollständig von einer Schwiele verdeckten Nabel. Die älteren Umgänge besitzen einen gleichmässig gewölbten Rücken, der erst gegen Schluss des letzten Umganges höher wird, Die Aussenlippe der Mündung trägt einen tiefen, medianen Einschnitt. Die Skulptur besteht in feinen, scharfen Anwachsstreifen, die in stark geschwungenem Bogen verlaufen.

Die so beschriebene Art gleicht einem bei Mjatschkowo zahlreich vorkommenden *Bellerophon* völlig und passt andererseits ebenso wie die russische Form gut zu der Beschreibung des *Bellerophon convolutus* v. Buch. Da diese Bezeichnung zudem einer Art der Moskaustufe zuerst beigelegt wurde, ist die Wiederaufnahme dieses in Vergessenheit gerathenen Namens berechtigt, trotzdem v. Buch von seiner Art keine Abbildung giebt.

Was die Art von fast allen näherstehenden Bellerophonten unterscheidet, ist die geringe Breitenzunahme der Windungen und die hohe Form des letzten Umganges.

34. **Bellerophon Römeri** nov. nom.

1880. *Bellerophon Asiaticus* F. R. l. c. p. 9 e. p. T. III, F. 2b.

Der kleine von Römer in Taf. III, Fig. 2 abgebildete *Bellerophon* ist der Typus einer neuen Art. Sie ist charakterisirt durch involutes, kugeliges Gehäuse und starke Breitenzunahme der Umgänge. Der letzte ist noch breiter als der Schlusswindung des *Bellerophon Asiaticus* F. R. und in seinem letzten Theile niedergedrückt. Daher ist die Mündung niedriger und die Aussenlippe flacher als bei jener Art. Vom Nabel aus, der auch hier theilweise durch eine schwielige Verdickung verdeckt ist, ziehen sich geradlinig über die Schalenwölbung starke, wenig zahlreiche Querstreifen, die in der Symmetrieebene des Thieres von einem breiten Schlitzbande unterbrochen werden.

35. **Bellerophon** spec.

1880. *Goniatites Listeri* F. R., non Martin l. c. p. 10. T. III, F. 6.

Entscheidend dafür, dass diese Art dem Genus *Bellerophon* angehört, nicht, wie Römer will, ein Goniatit ist, ist die Thatsache, dass die Schale des einzigen vorhandenen Stückes eine Dicke hat, wie sie sich bei Goniatiten nie findet. Der Umstand, dass keine Spur einer Lobenlinie zu entdecken war, kommt als negatives Merkmal erst in zweiter Linie in Betracht. Vom *Glyphioceras (Pericyclus) Listeri* im Besondern unterscheidet sich die Art durch engeren Nabel, den Windungsquerschnitt und die Form der Mündung, die sich beide der Gestalt eines gleichschenkligen Dreiecks nähern. Der Rücken ist nämlich nicht gleichmässig gewölbt, sondern bildet in der Mittellinie eine gerundete Kante, von der aus die Seitenflächen beinahe eben nach der Nabelkante abfallen.

Mit diesen Bemerkungen sind die wesentlichen Eigenschaften der Art gegeben. Das Gewinde ist auch hier involut, der Nabel eng; auch sind Spuren von feinen, rückwärts gekrümmten Anwachsstreifen vorhanden.

Es sei noch hervorgehoben, dass die Zeichnung bei Römer ein sehr falsches Bild der Art giebt.

1880. *Euomphalus Sumatrensis* F. R. l. c. p. 7 e. p. ·T. II, F. 2.

Die sich berührenden Umgänge nehmen gleichmässig an Höhe und Breite zu; ihre Oberseite liegt in einer Ebene, die Unterseite ist sehr weit und flach genabelt. Die älteren Windungen zerfallen durch Scheidewände in eine Reihe von Kammern. Die Mündung ist hoch, ihre Form länglich-vierseitig. Bei Steinkernen, die völlig glatt sind und in der Mittellinie ein Schlitzband deutlich erkennen lassen, haben die älteren Umgänge etwa kreisrunde Gestalt. Schalenexemplare besitzen auf dem Rücken, der Unterseite genähert, einen starken Kiel, der sich nach oben zu scharf absetzt. Die Oberseite der Umgänge trägt nahe dem äussern Rande eine Reihe knotenartiger Erhebungen, deren Zahl so gering ist, dass die Oberfläche gewellt erscheint. Ausserdem sind zahlreiche Anwachsstreifen von „S"-förmiger Gestalt vorhanden.

Die Art steht zu anderen Euomphaleen, wie es scheint, in keinerlei Beziehungen. Vom *Euomphalus*. *subquadratus* MEEK[1] unterscheidet sie sich durch die geringe Zahl der Knoten auf der Oberseite, anders begrenzte Mündung und abweichenden Verlauf der Anwachsstreifen. Die von RÖMER und später von KONINCK[2] erwähnte Verwandtschaft mit dem *Euomphalus (Phanerotinus) cristatus* PHILLIPS ist hinfällig, da die Angabe, dass sich die einzelnen Umgänge nicht berühren — wie es auch RÖMERS Abbildung zeigt — auf einer falschen Beobachtung an einem schlecht präparirten Stücke beruht.

37. Euomphalus (Phymatifer) pernodosus MEEK.

Taf. VIII, Fig. 12; Textfigur 2.

1873. *Straparollus (Euomphalus) pernodosus* MEEK u. WORTHEN: Geological survey of Illinois. Vol. V. p. 604. T. 29, F. 14.
1880. *Euomphalus Sumatrensis* F. R. l. c. p. 7 e. p.

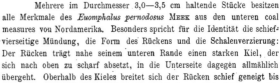

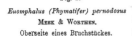

Fig. 2.

Euomphalus (Phymatifer) pernodosus
MEEK & WORTHEN.
Oberseite eines Bruchstückes.

Mehrere im Durchmesser 3,0—3,5 cm haltende Stücke besitzen alle Merkmale des *Euomphalus pernodosus* MEEK aus den unteren coal measures von Nordamerika. Besonders spricht für die Identität die schiefvierseitige Mündung, die Form des Rückens und die Schalenverzierung: Der Rücken trägt nahe seinem unteren Rande einen starken Kiel, der sich nach oben zu scharf absetzt, in die Unterseite dagegen allmählich übergeht. Oberhalb des Kieles breitet sich der Rücken schief geneigt bis zum Rande der Oberseite aus. Die Grenze zwischen beiden wird durch eine Reihe ziemlich dicht stehender

---

[1] Geol. surv. Illinois. Vol. V. p. 604. T. 29, F. 13.
[2] „Faune du calcaire carbonifère de la Belgique." Vol. IV. Gastéropodes. II. Theil. p. 3.

Knoten bezeichnet. Auch auf der Unterseite war der äussere Rand der einzelnen Windungen durch eine dichte Reihe von Knoten bezeichnet, die hier nichts anderes als Verdickungen des Kieles sind. Im übrigen besteht die Schalenverzierung in zahlreichen, scharfen Anwachsstreifen, die sich auf dem Rücken weit zurückbiegen und sich auch über den Kiel und die Knotenreihen verfolgen lassen.

Mit dem *Euomphalus (Phymatifer) Sumatrensis* F. R. lässt sich diese Art offenbar nicht vergleichen; näher steht sie dem *Euomphalus (Phymatifer) subquadratus* MEEK & WORTHEN, der jedoch durch annähernd quadratische Mündung, noch flacheren Nabel und abweichende Form des Rückens ausgezeichnet ist.

Es sei noch bemerkt, dass der *Euomphalus canaliculatus* TRAUTSCHOLD [1] aus dem jüngeren Obercarbon von Russland (Gsehlstufe) unserer Art keineswegs so nahe steht, wie man bisher anzunehmen geneigt war [2]. Neben anderem unterscheidet sich die russische Form durch die Eigenschaft, der sie ihren Namen verdankt: Eine Furche, die in der Mitte der Oberseite der Windungen spiralig verläuft und von zwei kielartigen Leisten begrenzt wird.

Pleurotomaria D'ORB.

Von den im Folgenden beschriebenen Arten des Genus *Pleurotomaria* enthält die Arbeit RÖMERS nur eine Art, die *Pleurotomaria orientalis* F. R. Die anderen, kleineren Formen dürften erst später hinzugekommen sein.

38. Pleurotomaria orientalis F. R.

Taf. VIII, Fig. 7, 8.

1880. *Pleurotomaria orientalis* F. R. l. c. p. 8. Taf. II, F. 3.

Von dieser schönen Art enthält die Fauna von Padang eine ganze Anzahl theils grösserer, theils kleinerer Stücke. Sie alle sind durch folgende Eigenschaften ausgezeichnet: Vier treppenförmig abgesetzte Umgänge, die jüngeren kantig begrenzt, die älteren mehr gerundet. Ober- wie Seitenfläche der Windungen flach gewölbt, fast eben; erstere fällt schwach geneigt nach aussen ab, letztere senkrecht. Die Unterseite ist stärker gewölbt, sodass der Nabel mässig weit und ziemlich tief ist. Die Mündung, die an keinem der RÖMER'schen Stücke sichtbar war und erst durch Präparirung freigelegt wurde, ist oben eckig, unten rund, Aussen- und Innenlippe gehen nicht in einander über. Eine zuverlässige Angabe über die Lage des Schlitzbandes gestattet die Art der Erhaltung nicht. Was die Skulptur betrifft, so ist eine feine Längsstreifung erkennbar, trotzdem die Schale stark abgerieben ist.

Zwar steht die Art, wie schon RÖMER hervorhebt, allen bisher beschriebenen palaeozoischen Pleurotomarien fern, ist aber mit einer grossen *Pleurotomaria* der Breslauer Sammlung aus dem unteren Fusulinenkalk von Mjatschkowo identisch. Trotzdem das betr. Stück als Steinkern erhalten ist, muss es doch wegen der völlig gleichen spiralen Einrollung, der übereinstimmenden Form und Begrenzung der Umgänge, sowie der gleichen Mündung mit unserer Padanger Art vereinigt werden.

---

[1] „Kalkbrüche von Mjatschkowo." p. 159. T. 17, F. 16; NIKITIN: „Carbon de Moscou." p. 55. T. 1, F. 1.
[2] FRECH: „Karnische Alpen." p. 370.

39. Pleurotomaria cf. orientalis F. R.

Ein einzelnes, kleineres Stück unterscheidet sich von der eben beschriebenen *Pleurotomaria orientalis* F. R. durch höhere Mündung und höhere Umgänge. Die Begrenzung der Ober- und Aussenseite der Umgänge ist nicht kantig, sondern gerundet. Das Schlitzband liegt dicht am oberen Rande der Aussenseite. Eine gewisse Aehnlichkeit mit der *Pleurotomaria orientalis* F. R. ist unverkennbar.

40. Pleurotomaria Nikitini nov. spec.

Die jüngeren Umgänge sind kantig begrenzt und ihre Aussenseite fällt senkrecht ab; die Oberseite ist schräg geneigt. Die Zahl der Windungen ist grösser als bei der letzten Art; sie nehmen weniger schnell an Breite zu. Daher ist die ganze Form höher und spitzer. Die Skulptur wird von wenigen, kräftigen Spiralstreifen gebildet.

41. Pleurotomaria cf. subscalaris MEEK & WORTHEN.

1866. *Pleurotomaria subscalaris* MEEK & WORTHEN: Geological survey of Illinois. Vol. II. p. 360. T. 28, F. 10.

Das einzige, hierher zu stellende Stück erinnert in der Art der Einrollung, der Form und Begrenzung der Umgänge an die *Pleurotomaria subscalaris* M. & W. aus den unteren coal measures von Illinois. Die Zahl der erhaltenen Windungen beträgt drei; die Spitze ist abgebrochen. Von der *Pleurotomaria orientalis* F. R. unterscheidet sich die Art durch beträchtlichere Höhe, stärkere Spiralskulptur und abweichenden Windungsquerschnitt, indem die obere Seite der Umgänge schräger nach aussen zu abfällt; die Mündung ist höher.

Die Identität mit der amerikanischen Form ist keine vollständige, da dort die Windungen niedriger sind.

42. Pleurotomaria obliqua nov. spec.

Textfigur 3.

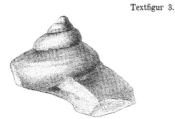 

Fig. 3a u. 3b. *Pleurotomaria obliqua* nov. spec. Dasselbe Stück.

Die Form ist schief-kreiselförmig; die Umgänge nehmen gleichmässig an Breite und Höhe zu, ihr Querschnitt ist quer-oval. Die Oberseite der Windungen ist schwach gewölbt, fällt schräg nach aussen zu ab und geht in sanfter Biegung in die ebenfalls schwach gewölbte Unterseite über, sodass eine Rückenite so gut wie fehlt. Das kräftige Schlitzband liegt in der eben beschriebenen Grenze von Ober- und nterseite. Die Skulptur kommt auf dem Steinkern in starken Spiralstreifen und sehr feinen, quer-verufenden Anwachsstreifen zum Ausdruck.

43. Pleurotomaria (?) spec.

Gehäuse hoch-kreiselförmig, aus drei stark gewölbten Umgängen bestehend. Letzte Windung wesentch höher als breit, Mündung daher hoch-oval, Nabel eng und tief. Das Schlitzband scheint etwa in der litte der Schalenwölbung zu liegen. Erhaltung: Steinkern; keinerlei Andeutung von Skulptur.

Murchisonia d'Arch.

44. Murchisonia Padangensis nov. spec.

Taf. VII, Fig 14.

1880. *Murchisonia* spec. F. R. l. c. p. 8.

Das Gehäuse ist thurmförmig und besteht aus acht Umgängen. Diese sind stark gewölbt, in der litte stumpf gekielt. Das Schlitzband liegt dicht unterhalb des Kieles. Die Schale ist nur in unbedeutenden testen erhalten, von Skulptur nichts zu erkennen. Mehrere schöne Stücke liegen vor und erinnern am hesten an die *Murchisonia carinata* Etheridge [1] aus dem Karbon von Queensland.

Trochus Lin.

45. Trochus (?) anthracophilus F. R.

1880. *Trochus (?) anthracophilus* F. R. l. c. p. 8. T. II, F. 4.

Die mangelhafte Erhaltung des einzigen Stückes dieser Art macht es unmöglich, der Römer'schen Beschreibung etwas neues hinzuzufügen: Fünf Umgänge, niedrig kreiselförmig. Die Aussenseite der Windungen ist eben und fällt schräg nach aussen ab. Die einzelnen Umgänge sind von einander nur durch eine vertiefte Naht getrennt. Der Nabel ist weit und tief, die Mündung schief vierseitig. Von Skulptur ist nichts zu beobachten.

Naticopsis M'Coy.

Auch bei diesem Genus ist die Ursache dafür, dass ich eine grössere Anzahl von Arten beschreibe, darin zu suchen, dass das mir vorliegende Material umfangreicher ist als dasjenige Römer's.

46. Naticopsis Sumatrensis F. R.

Taf. VIII, Fig. 5, 6; Textfigur 4.

1874. *Nerita ampliata* Trautschold, non Phill.: „Kalkbrüche von Mjatschkowo." p. 35.
1880. *Naticopsis Sumatrensis* F. R. l. c. p. 9 e. p. T. II, F. 6.

Ein Vergleich der *Naticopsis Sumatrensis* F. R., von der mir drei grössere Stücke vorliegen, mit der von Trautschold aus dem unteren Fusulinenkalk von Mjatschkowo als *Nerita ampliata* beschriebenen

---

[1] „Description of the palaeozoic and mesozoic fossils of Queensland." Quart. journ. Vol. 28. 1872. p. 337. T. 18, F. 5.

Fig. 4.
Naticopsis Sumatrensis F. Römer. Von Padang.

getrennt werden muss, ergiebt sich aus der verschiedenen Einrollung und besonders dem abweichenden letzten Umgange. Dieser nimmt bei der Kohlenkalkart gleichmässig an Höhe und Breite zu, hier dagegen bleibt er annähernd gleich stark, bis er sich kurz vor der Mündung plötzlich stark erweitert und sich gleichzeitig nach unten umbiegt. Daher ist die *Naticopsis ampliata* Phill. bauchig, unsere Art dagegen breiter und quer verlängert.

47. Naticopsis spec.

1880. *Naticopsis Sumatrensis* F. R. l. c. p. 9 e. p.

Eines der von Römer als *Naticopsis Sumatrensis* bestimmten Stücke hat wesentlich anderen Habitus. Die Spindel ist hoch, die Umgänge sind stark gewölbt und nehmen gleichmässig zu. Die letzte Windung legt sich dicht an die vorangehende an. Die Höhe der lang-ovalen Mündung beträgt $^3/_4$ der Gesammthöhe.

Da diese ebensowenig wie die Skulptur erhalten ist, wird von einer näheren Bestimmung abgesehen.

48. Naticopsis Trautscholdi nov. spec.
Taf. VIII, Fig. 11.

Ein einzelnes Stück, das grosse Aehnlichkeit mit der *Naticopsis Sumatrensis* F. R. hat und sich von der *Naticopsis ampliata* Phill. durch dieselben Merkmale unterscheidet wie diese, muss von ihr wegen der abweichenden Skulptur getrennt werden. Bestand diese bei der eben genannten Art in feinen, quer verlaufenden Anwachsstreifen, so treten hier starke und deutliche Spiralstreifen auf. Auch fällt gegenüber jener Art die geringe Grösse auf.

49. Naticopsis elegantula nov. spec.

Zwei kleine, wohl erhaltene Stücke unterscheiden sich von der *Naticopsis Sumatrensis* wie von der *Naticopsis Trautscholdi* recht bedeutend: Die Spindel ist wesentlich höher, daher umschliessen die jüngeren

Umgänge die älteren (ihre Gesammtzahl beträgt $2^1/_2$—3) nicht. Aus demselben Grunde überdeckt die dicke Schale die Windungen nicht in gleichmässiger Wölbung, sondern die älteren Umgänge überragen die jüngeren und die Begrenzung der Windungen gegen einander drückt sich als eine Einsenkung aus, die als flache spirale Furche verläuft. Die Skulptur besteht in scharfen, gekrümmten Anwachsstreifen.

Die Art hat Aehnlichkeit mit der *Naticopsis Altonensis* MEEK & WORTHEN [1], namentlich was die Skulptur und die Begrenzung der Umgänge gegen einander betrifft. Doch ist die Spindel bei dieser noch höher und die letzte Windung weniger weit und enger anschliessend.

50. **Naticopsis subovata** MEEK & WORTHEN.

Textfigur 5.

1873. *Naticopsis subovatus* MEEK & WORTHEN: Geological survey of Illinois. Vol. V. p. 595. T. 28, F. 9.
1880.   „   *brevispira* F. R. l. c. p. 9. T. II, F. 7.

Das Gehäuse besteht aus reichlich zwei, stark und gleichmässig gewölbten Umgängen. Die Höhe des letzten ist annähernd gleich der Gesammthöhe der Schnecke; daher umschliesst er die älteren Windungen, und diese überragen ihn kaum. Die Form des ganzen Gehäuses ist etwa kugelförmig. Die vollständig erhaltene Schale besitzt sehr feine, deutliche Anwachsstreifen, die sich in leicht nach vorn geschwungenem Bogen über die Schalenwölbung ziehen.

Fig. 5. *Naticopsis subovata*
MEEK & WORTHEN.

Die Art stimmt in alledem mit der *Naticopsis subovata* M. & W. aus den oberen coal measures von Illinois gut überein. Der RÖMER'sche Name ist daher nach dem Rechte der Priorität einzuziehen, ganz abgesehen davon, dass diese Bezeichnung schon damals für eine Kohlenkalkart vergeben war [2].

Macrocheilus PHILL.

51. **Macrocheilus intercalare** M. & W. var. **pulchella** MEEK.

Taf. VIII, Fig. 10.

1872. *Macrocheilus intercalaris* var. *pulchella* MEEK: „Report on the palaeontology of Eastern Nebraska." p. 228.
         T. VI, F. 8.
1880.   „   spec. F. R. l. c. p. 8.

Diese Art ist in Padang durch ein von RÖMER specifisch nicht bestimmtes Stück vertreten. Die Zahl der Windungen beläuft sich auf 4—5; sie sind mässig gewölbt; der letzte nimmt etwa $^2/_3$ der Gesammthöhe ein. Die Mündung ist höher als die Hälfte des letzten Umganges; sie ist unten gerundet, oben winklig, die Aussenlippe scharf, die Innenlippe nicht deutlich erkennbar; ein Ausguss ist nicht vorhanden. Feine, gerade Anwachsstreifen bilden die Skulptur.

---

[1] Geological survey of Illinois. Vol. V. p. 595. T. 28, F. 11, 12.
[2] *Naticopsis brevispira* DE RYCKHOLT. Cf. DE KONINCK: „ Faune du calcaire carbonifère de la Belgique." III. Theil. Gastéropodes. p. 22. T. I, F. 23—26.

Die Aehnlichkeit mit der Gruppe von Formen, deren typischer Vertreter der *Macrocheilus inter-calaris* M. & W.[1] ist, ist gross. Von diesem selbst unterscheidet sich die Padanger Form durch gewölbtere Umgänge, während der *Macrocheilus medialis* M. & W.[2] niedriger eingewickelt ist.

Ganz vollständig scheint auch die Uebereinstimmung mit dem *Macrocheilus intercalaris* var. *pulchella* nicht zu sein, da dieser einen etwas niedrigeren letzten Umgang besitzt.

52. Macrocheilus cf. Newberryi STEVENS.

1858. *Loxonema Newberryi* STEVENS: „American journal of science." Vol. XXV. new. ser. p. 259.
1858. *Macrocheilus Newberryi* HALL: „Geological survey of Jowa." Vol. I. p. 719. T. 29, F. 9.
1873.　　„　　　　„　　MEEK & WORTHEN l. c. Vol. V. p. 594. T. 28, F. 14.

Das einzige mir vorliegende Stück besitzt 6 Umgänge, deren letzter beträchtlich höher ist als das übrige Gewinde. Die Umgänge sind schwach gewölbt, die die Windungen trennende Naht ist nur wenig vertieft. Die Mündung ist zum Theil abgebrochen; doch ist zu erkennen, dass sie oval war, unten rund, oben winklig. Ihre Höhe beträgt die Hälfte des letzten Umganges. Der Steinkern zeigt Spuren von quer verlaufenden Anwachsstreifen.

Im Vergleich zum *Macrocheilus Newberryi* STEV. nehmen bei unserer Form die Umgänge rascher an Höhe zu; auch scheint die Zahl derselben nicht ganz die gleiche zu sein. Die Uebereinstimmung ist also nicht vollständig.

53. Macrocheilus (Polyphemopsis) nitidulum MEEK & WORTHEN.

Taf. VII, Fig. 12.

1866. *Polyphemopsis nitidulus* M. & W. l. c. Vol. II. p. 374. T. 31, F. 9.
1880. *Macrocheilus* spec. F. R. l. c. p. 8. T. II, F. 5.

Das Gewinde besteht aus sechs langsam an Höhe zunehmenden, flach gewölbten Umgängen. Das ganze Gehäuse ist thurmförmig, die Spitze bei beiden vorhandenen Stücken abgebrochen. Der letzte Umgang beträgt mehr als die halbe Höhe des Gewindes, die Mündung fast $^2/_3$ der Höhe des letzten Umganges. Sie ist lang oval, oben winklig. Die Aussenlippe ist scharf, eine Schwiele oder Verdickung der Columella nicht zu beobachten. Da die Oberfläche beider Stücke angewittert ist, lässt sich über die Skulptur nichts sagen.

In allen den genannten Eigenschaften steht unsere Form dem *Polyphemopsis nitidulum* M. & W. aus den jüngeren coal measures von Illinois nahe. Freilich gestattet der Erhaltungszustand keine sichere Fest-stellung, ob die Padanger Stücke die besonderen Eigenthümlichkeiten des Genus *Polyphemopsis* PORTLOCK — abgesehen von der erwähnten glatten Columella ein schwacher Ausguss — besitzen oder nicht; denn der untere Rand der Mündung ist bestossen. Da aber überhaupt über die Abgrenzung dieser Gattung wegen der unvollkommenen Kenntniss, die wir von ihr haben, noch Zweifel herrschen, wird es zweck-mässig sein, die vorliegende Art als ein *Macrocheilus* zu bezeichnen.

Der Unterschied gegenüber dem *Macrocheilus fusiforme* HALL[3] liegt in dem schlankeren Gehäuse und dem höheren letzten Umgange.

---

[1] l. c. Vol. V (1873). p. 371. T. 31, F. 6.
[2] Ibidem. F. 5.
[3] Geological survey of Jowa. Vol. I. p. 718. T. 29, F. 7.

Loxonema PHILL.

54. Loxonema spec.

Die Schale ist thurmförmig und wird von sechs stark gewölbten Umgängen gebildet. Die Nähte liegen sehr vertieft. Die Mündung ist höher als breit, oben winklig, nicht ganz erhalten. Das einzige mir vorliegende Stück ist ein Steinkern mit anhaftenden Schalenresten.

Die Schale ist sehr dick und trägt quer über die Umgänge kräftige, durch breite Furchen getrennte Rippen.

Vom *Loxonema rugosum* M. & W.[1] unterscheidet sich die Art durch schlankeres Gewinde und stärkere Rippen, vom *Loxonema Széchenyi* v. Lóczy[2] ebenfalls durch grössere Höhe und durch gewölbtere Umgänge.

Cephalopoda.

Orthoceratidae.

Orthoceras M' Coy.

55. Orthoceras orientale nov. spec.

Taf. VIII, Fig. 16.

1880. *Orthoceras undatum* F. R., non FLEMMING l. c. p. 10. T. III, F. 5.

Die vorliegenden Stücke erinnern in ihrem Habitus an das *Orthoceras undatum* FLEMMING, zu dem sie Römer gestellt hat: Der Querschnitt ist kreisrund, die Gestalt hoch-kegelförmig; Bruchstücke, die nur zwei bis drei Kammern umfassen, erscheinen cylinderförmig. Da jedoch der Sipho im Gegensatz zur europäischen Form excentrisch, fast randständig liegt, kann von einer Identität beider nicht die Rede sein. Die gegentheilige Angabe RÖMERS, der sogar eine Kammerscheidewand mit centralem Sipho abbildet, beruht zweifellos auf einem Beobachtungfehler. Ferner unterscheidet sich unsere Art durch grössere Länge der Kammern und die grössere Entfernung der Ringwülste von einander. Die Zahl dieser stimmt mit der der Kammerscheidewände überein, ohne dass sie jedoch regelmässig zwischen ihnen liegen: vielmehr sind sie wellig gebogen und laufen vielfach schräg über die Suturen.

Das *Orthoceras orientale* ist mir ausser von Padang nur von Djoulfa bekannt.

Das *Orthoceras cycloforum* WAAGEN unterscheidet sich durch regelmässigeren Verlauf der Ringwülste und die subcentrale Lage des Sipho.

Nautilidae.

Temnocheilus M' Coy.

56. Temnocheilus (Metacoceras) Hayi HYATT sp.

Taf. VIII, Fig. 13.

1880. *Nautilus tuberosus* (?) F. RÖMER, non M' Coy l. c. p. 9. T. III, F. 3.
1890. *Metacoceras Hayi* HYATT: Geological survey of Texas. Annual report for 1890. p. 339. F. 38, 39.

---

[1] Ibidem. p. 378. T. 31, F. 11.
[2] l. c. p. 46. T. I, F. 8, 9.

Weit genabelt, Centrum durchbohrt. Querschnitt der Windungen annähernd rechteckig, Aussenseite schwach gewölbt, Seitenflächen flach ausgebreitet, gegen die Externseite durch eine Knotenreihe abgegrenzt.

Bezeugt das vorliegende Stück durch diese Eigenschaften seine Zugehörigkeit zum Genus *Temnocheilus* M' Coy, so stimmt es durch Stärke und Zahl der Knoten, die kräftig geschwungene Suturlinie und die Art der Einrollung mit dem *Metacoceras Hayi* Hyatt aus dem Carbon bezw. der Dyas[1] von Kansas überein. Auch die Aehnlichkeit mit dem *Nautilus Tschernyschewi* Tzwetaev[2] ist unverkennbar; der Unterschied besteht in der Stärke, Zahl und Anordnung der Knoten, sowie der grösseren Breite der Seitenflächen bei der Padanger Form.

Dass Römer seine Bestimmung als *Nautilus tuberosus* M' Coy mit Recht mit einem Fragezeichen versehen hat, geht schon daraus hervor, dass die Rückenseite dieser Kohlenkalkart concav ist, auch die Seitenflächen weit schmäler sind.

Nur ein Stück liegt vor; dasselbe ist stark verdrückt, in Folge dessen der Windungsquerschnitt verzerrt, der Rücken schief.

Pleuronautilus Mojs.

Von diesem Genus liegen zwei verschiedene Arten vor, die von Römer, wie es scheint, für identisch gehalten, jedoch nicht näher bestimmt wurden.

57. Pleuronautilus sumatrensis nov. spec.
Taf. VIII, Fig. 15.

1880. *Nautilus* spec. F. R. l. c. p. 10 ex parte T. III, F. 4.

Die Art besitzt einen breiten, flachen Rücken, nur wenig nach innen einfallende Seitenflächen, daher regelmässig trapezförmigen Windungsquerschnitt. Der Sipho liegt central. Charakteristisch ist die Schalenverzierung: Der Rücken trägt zwei schmale, leistenförmige Längskiele, die eine schwache Furche einschliessen. Die Seitenflächen tragen kräftige, radiale Rippen, die aussen in starken Knoten endigen.

Wenngleich diese schöne Art einen Formenkreis mit dem *Nautilus orientalis* Kayser[3] bildet, bei dem die Längskiele in Knotenreihen aufgelöst sind, so fehlt es doch an näheren Beziehungen unserer Art zu solchen anderer Carbongebiete. Auch ein vereinzeltes Stück aus den marinen Zwischenlagen des produktiven Carbons Westphalens, das zum Vergleich herangezogen wurde, konnte nicht identificirt werden.

58. Pleuronautilus Lóczyi nov. spec.
Taf. VIII, Fig. 14.

1880. *Nautilus* spec. F. R. l. c. p. 10 e. p.

Ein Windungsbruchstück, dessen gute Erhaltung eine Bestimmung erlaubt, unterscheidet sich von der vorigen Art durch höheren Windungsquerschnitt und stark gewölbten Rücken; in Folge dessen ist die

---

[1] Eine Angabe über den geologischen Horizont fehlt.
[2] „Cephalopodes du calcaire carbonifère de la Russie centrale." Mém. com. géol. V. No. 3. p. 47. T. II, F. 7—10.
[3] l. c. p. 163. T. XIX, F. 2.

Begrenzung von Aussenseite und Seitenfläche nicht kantig, sondern beide gehen allmählich in einander über. Die Rückenkiele sind nicht überall gleich deutlich und kräftig, sondern werden nach dem einen Ende des Rückens zu undeutlich und flach, jedenfalls in Folge von Abreibung.

Trilobitae.

Phillipsia Portlock.

Subgenus: **Griffithides** Portlock.

59. Griffithides Sumatrensis F. Römer sp.

Taf. VIII, Fig. 17, 18.

1880. *Phillipsia Sumatrensis* F. Römer l. c. p. 11. T. III, F. 7.
1897.   „   *Kansuensis* v. Lóczy l. c. p. 36. ex parte (ein einzelnes Pygidium).

Die Art, von der eine grosse Anzahl wohl erhaltener, eingerollter Stücke, daneben eine Reihe einzelner Kopf- und Schwanzschilder vorliegen, ist vor allem durch das schlanke, vielgliederige Pygidium ausgezeichnet. Die Achse ist schmal und hoch und besitzt 24 Glieder, die Pleuren deren 13; der Rumpf besteht aus 9 Segmenten. Das Kopfschild ist halbkreisförmig bis länglich; der Rand endet beiderseits in einen kräftigen Stachel. Die mässig stark gewölbte Glabella hat birnförmige Gestalt und wird von tiefen Furchen begrenzt. Seitlich greifen je zwei Furchen in die Glabella ein; am Grunde dieser letzteren wird in der Medianlinie ein Knoten und seitwärts hiervon je ein rundlicher Lappen abgeschnürt. Die Augen sind mässig gross und glatt; die Achse des Pygidiums trägt zwei Reihen von Knoten.

Das Hypostom besitzt, soweit die unvollkommene Erhaltung des einzigen vorhandenen Stückes ein Urtheil zulässt, einen winkligen Vorderrand; der Hinterrand ist wesentlich kürzer. In der Mittellinie erhebt sich eine kielartige Aufwölbung, während die seitlichen Theile sich flach ausbreiten und durch eine gebogene Linie begrenzt werden.

In dem vorhandenen Material lassen sich unschwer zwei Gruppen, eine lange und eine breite Form, unterscheiden, erstere mit länglich-ovalem, letztere mit halbkreisförmigem Kopfschild.

Das charakteristischste Merkmal unserer Art liegt in dem ungewöhnlich verlängerten Pygidium. Sie gehört dadurch in einen Formenkreis mit der *Griffithides elegans* Gemmellaro sp.[1], würde also zum Subgenus *Pseudophillipsia* Gemmellaro zu zählen sein, falls man in diesen Formen mehr als eine blosse Gruppe erblicken will.

Die nachfolgende Tabelle führt die vorstehend beschriebenen Formen aus dem carbonischen Kalkstein von Padang an und lässt durch die Gegenüberstellung der betr. Bestimmungen Ferdinand Römer's vor allem erkennen, ein wie viel reichhaltigeres Material meiner Bearbeitung zu Grunde liegt. Sie giebt

---

[1] Crostacei dei calcari con fusulina della valle del Fiume Sosio. 1890. p. 14. T. II, F. 1—4.

Obercarbonische Fauna von Padang. — Uebersichtstabelle.

Bezeichnung der Art.	Bezeichnung nach F. RÖMER. (Von Römer nicht beschriebene Arten sind durch „—" bezeichnet.)	Europäischer Kohlenkalk	Karnische Alpen	Russland Moskau-Stufe	Russland Gschel-	Russland Artinsk-	Salt range unt. Productuskalk	Salt range mitt.	Salt range ober.	Lo-ping	Nan-chan-gebirge	Nord-Amerika unt. Coal measur.	Nord-Amerika ob.
1. *Fusulina granum-avenae* F. RÖMER.	*Fusulina granum-avenae* F. RÖM.												
2. *Müllerina Verbeeki* GEINITZ sp.	*Schwagerina Verbeeki* GEINITZ.												
3. *Clisiophyllum* cf. *Gabbi* MEEK.	*Clisiophyllum* spec.											a.	
4. *Lonsdaleia* spec.	*Lithostrotion* cf. *Portlocki* M. EDW. & HAIME.												
5. *Poteriocrinus* spec.	*Poteriocrinus* spec.												
6. *Dalmanella* cf. *Michelini* L'ÉVEILLÉ. }	} *Orthis resupinata* MARTIN.	a.											
7. „ *Frechi* FLIEGEL. }													
8. *Orthothetes politus* . „	*Streptorhynchus crenistria* var. *senilis* PHILLIPS.												
9. „ spec.	—												
10. *Productus lineatus* WAAGEN.	*Productus Cora* D'ORB.		×	×			×	×	×	×	×		
11. „ *semireticulatus* MARTIN.		×	×	×			×			×	×	×	×
12. „ *Sumatrensis* F. RÖMER.	*Productus Sumatrensis* F. RÖMER.							×					
13. „ *longispinus* SOWERBY.	„ *longispinus* SOWERBY.	×	×	×	×					×	×		
14. „ *ovalis* WAAGEN.	„ *Keyserlingianus* DAVIDS.							×					
15. „ *punctatus* MARTIN.	„ *pustulosus* PHILLIPS.	×	×	×								×	×
16. *Reticularia lineata* M° COY.		×	×	×	×	×	×			×	×	×	×
17. *Spirigera* cf. *subtilita* HALL. }	} *Terebratula subtilita* HALL.	a.											
18. „ *Damesi* FLIEGEL. }													
19. „ *pseudodielasma* FLIEGEL. }													
20. *Terebratuloidea* cf. *Davidsoni* WAAG.	*Rynchonella* cf. *pleurodon* DAVIDS.								a.				
21. *Aviculopecten Waageni* FLIEGEL.	*Pecten* spec.												
22. „ *Verbeeki* FLIEGEL.	„ „												
23. „ spec.	—												
24. *Pinna Richthofeni* FLIEGEL.	*Pinna* spec.												
25. *Conocardium Uralicum* VERNEUL. }	} *Conocardium Sumatrense* F. R.				×								
26. „ *Sumatrense* F. R. }													
27. *Edmondia* (?) spec.	—												
28. *Allorisma Padangense* F. R. sp.	*Sanguinolites Padangensis* F. R.												
29. „ spec.	—												
30. *Patella anthracophila* F. R.	*Patella anthracophila* F. R.												
31. *Bellerophon Asiaticus* F. R.				×						×?			
32. „ *subcostatus* FLIEGEL. }	} *Bellerophon Asiaticus* F. R.			×									
33. „ *convolutus* v. BUCH. }				×									
34. „ *Römeri* FLIEGEL. }													
35. „ spec.	*Goniatites Listeri* MARTIN.												
36. *Euomphalus(Phymatifer) Sumatrensis* F. R. }	} *Euomphalus Sumatrensis* F. R.												
37. „ „ *pernodosus* MEEK. }											×		
38. *Pleurotomaria orientalis* F. R.	*Pleurotomaria orientalis* F. R.			×									

Bezeichnung der Art.	Bezeichnung nach F. RÖMER. (Von Römer nicht beschriebene Arten sind durch „—" bezeichnet.)	Europäischer Kohlenkalk	Karnische Alpen	Russland Moskau-Stufe	Russland Gschel-Stufe	Russland Artinsk	Salt range Productus-kalk. unt.	Salt range mitt.	Salt range ober.	China Lo-ping.	China Nan-shan-Gebirge.	Nord-Amerika Coal measur. unt.	ob.
39. Pleurotomaria cf. orientalis F. R.	—												
40. „ Nikitini FLIEGEL.													
41. „ cf. subscalaris MEEK.	—										a.		
42. „ obliqua FLIEGEL.													
43. „ (?) spec.	—												
44. Murchisonia Padangensis FLIEGEL.	Murchisonia spec.												
45. Trochus (?) anthracophilus F. R.	Trochus anthracophilus F. R.												
46. Naticopsis Sumatrensis F. R.	Naticopsis Sumatrensis F. R.			×									
47. „ spec.	—												
48. „ Trautscholdi FLIEGEL.	—												
49. „ elegantula FLIEGEL.	—												
50. „ subovata MEEK & WORT.	Naticopsis brevispira F. R.											×	
51. Macrocheilus intercalare M. & W. var. pulchella MEEK.	Macrocheilus spec.										×?	×	
52. „ cf. Newberryi STEVENS.	—										a.	a.	
53. „ (Polyphemopsis) nitidulum M. & W.	Macrocheilus spec.											×	
54. Loxonema spec.	—												
55. Orthoceras orientale FLIEGEL.	Orthoceras undatum FLEMMING.												
56. Temnocheilus (Metacoceras) Hayi HYATT.	Nautilus tuberosus (?) M' COY.												
57. Pleuronautilus Sumatrensis FLIEGEL.	Nautilus spec.												
58. „ Lóczyi FLIEGEL.													
59. Griffithides Sumatrensis F. R. sp.	Phillipsia Sumatrensis F. R.												

gleichzeitig die Verbreitung der einzelnen Formen an den sonstigen wichtigeren jungcarbonischen Fundpunkten an. In Uebereinstimmung mit RÖMER's Ansicht charakterisirt sich diese Fauna als carbonisch durch das Vorkommen einer Reihe von Arten, die überall fast, wo carbonische Schichten anstehen, gefunden werden. Hierher zählt das Vorkommen von:

Productus punctatus MARTIN,
„ semireticulatus MARTIN,
„ longispinus SOWERBY,
Reticularia lineata M' COY,

ferner das Auftreten von Orthothetiden aus der Formengruppe Orthothetina SCHELLWIEN, von Griffithides, von Lonsdaleia und vor allem das massenhafte Erscheinen von Fusulinen und Möllerinen.

Da jedoch der Mehrzahl dieser Arten neben einer weltweiten horizontalen eine beträchtliche verticale Verbreitung eigen ist, so kommen sie für die Feststellung des genaueren Alters der betreffenden Schichten kaum in Betracht. Doch deutet Orthothetina, die ihre Hauptverbreitung vom jüngeren Carbon an findet, so gut wie ganz: *Productus lineatus* WAAGEN kommt zwar im mittleren und oberen *Productus*-Kalk der indischen Salzkette vor, ist aber nicht auf diese jüngeren Schichten beschränkt, sondern erscheint bereits in der Moskaustufe. *Terebratuloidea Davidsoni* WAAGEN aus dem mittleren *Productus*-Kalk ist mit der nahestehenden Padanger Form nicht ganz ident. Die Beziehungen zu Djoulfa endlich sind vereinzelt und das gemeinsame Vorkommen von *Orthoceras orientale* und *Pleuronautilus Lóczyi* fällt nicht allzusehr ins Gewicht, da die durch ABICH von dort beschriebene Fauna keineswegs das jung-dyadische Alter besitzt, an das man so lange zu glauben gewohnt war. Daneben spricht gegen ein dyadisches Alter das völlige Fehlen der aus der Salzkette wie auch anderswoher bekannt gewordenen, für die marine Dyas der östlichen Länder so charakteristischen Gattungen *Lyttonia, Oldhamia, Richthofenia, Aulosteges, Strophalosia*.

Muss man aus all den angeführten negativen Merkmalen ein mittleres, d. h. obercarbonisches Alter folgern, so wird diese Vermuthung durch das Auftreten folgender Arten zur Gewissheit:

> *Fusulina granum-avenae* F. RÖMER,
> *Möllerina Verbeeki* GEINITZ sp.,
> *Productus ovalis* WAAGEN,
>   „   *Sumatrensis* F. RÖMER,
> *Conocardium Uralicum* VERNEUIL,
> *Bellerophon Asiaticus* F. RÖMER,
>   „   *convolutus* v. BUCH,
> *Euomphalus (Phymatifer) pernodosus* MEEK & WORTHEN,
> *Pleurotomaria orientalis* F. RÖMER
> *Naticopsis Sumatrensis* F. RÖMER.

Von diesen Arten ist *Productus Sumatrensis* F. RÖMER theils durch idente, theils durch nahestehende Formen im Oberkarbon von Lo-ping vertreten. *Productus ovalis* WAAGEN ist eine auf den unteren *Productus*-Kalk der Salt range beschränkte Art. *Fusulina granum-avenae* F. RÖMER steht der *Fusulina tenuissima* SCHELLWIEN aus dem Obercarbon der karnischen Alpen nahe, während *Möllerina Verbeeki* GEINITZ im marinen Obercarbon von China und Japan weite Verbreitung besitzt. *Conocardium Uralicum* VERN. ist charakteristisches Leitfossil des jüngeren russischen Obercarbon (der Schwagerinenschicht). Die Mehrzahl der übrigen angeführten Arten ist aus der Stufe der *Spirifer mosquensis* bekannt.

Das Nebeneinandervorkommen der genannten Arten macht es nicht leicht, die Fauna von Padang, die wir demnach als obercarbonisch ansprechen müssen, einem enger begrenzten geologischen Horizont zuzurechnen. Abgesehen von den als für das jüngere Obercarbon bezeichnend angeführten Arten finden sich unter den allerdings weniger massgebenden Gastropoden mehrere Formen, die bisher nur aus den oberen coal measures von Nord-Amerika bekannt geworden sind:

Macrocheilus intercalare var. *pulchella* MEEK,

     ,,   (*Polyphemopsis*) *nitidulum* MEEK & WORTHEN,

Naticopsis subovata MEEK & WORTHEN.

Auf der andern Seite verdienen die nahen Beziehungen zum unteren russischen Fusulinenkalk, die sich besonders in der Uebereinstimmung einer ganzen Reihe von Gastropoden aussprechen, hervorgehoben zu werden.

So wird es wahrscheinlich gemacht, dass wir in der Fauna verschiedene Stufen des Obercarbon vereinigt finden, älteres Obercarbon (= Moskaustufe) mit jüngerem Obercarbon (= Gsehlstufe). Zugleich kehren wir damit zu der eingangs gestreiften Frage zurück, ob sich bei Padang selbst mehrere Stufen nachweisen lassen. VERBBBK verneint zwar auf Grund seiner persönlichen Kenntniss der Lagerungsverhältnisse diese Möglichkeit, hebt aber doch die petrographischen Verschiedenheiten der Kalksteinvarietäten hervor; die dunklen Varietäten bilden die tiefen, die lichteren, grauen und braunen im Allgemeinen die oberen Schichtglieder. Leider gestattet das mir vorliegende Material die Entscheidung der Frage nicht; denn bei weitem die meisten Stücke stammen aus dem schwarzen Kalkstein, nur einige wenige aus den anderen Gesteinsvarietäten.

II. Obercarbonische Fauna von Lo-ping.

(Revision der von KAYSER in v. RICHTHOFENS „China", Bd. IV. p. 160—208. Taf. XIX—XXIX beschriebenen Arten, soweit sie geologisch wichtig sind.)

Da eine Neubearbeitung der Obercarbonfauna von Lo-ping (China, Provinz Kiangsi) ursprünglich nicht in meiner Absicht lag, vielmehr diese Fauna erst im Laufe der Bearbeitung des Obercarbon von Sumatra zu Vergleichszwecken herangezogen wurde, beschränkt sich die im Folgenden gegebene Revision auf die geologisch wichtigsten Arten. Dabei schieden Zweischaler und Gastropoden von vornherein als minder wichtig aus; auch Korallen, Bryozoen und Trilobiten nehmen in der Arbeit von KAYSER einen so beschränkten Raum ein, dass ich in dieser Hinsicht auf die betr. Bestimmungen KAYSERS verweisen kann.

Um eine vollständige Uebersicht über unsere gegenwärtige Kenntniss des marinen Obercarbon von Lo-ping zu geben, habe ich der Neubestimmung einer Anzahl von Arten über eine weitere Reihe von Formen kurze Angaben beigefügt, die sich in der Litteratur bisher zerstreut finden und doch für die Beurtheilung der stratigraphischen Stellung der Fauna nicht unwesentlich sind.

Was das geologische Auftreten der betr. Fossilien betrifft, so dürfte es genügen, auf v. RICHTHOFEN's „China" verwiesen zu haben.

Beschreibung der Arten.

Brachiopoda.

Dalmanella Hall, emend. Wysogórski.

1. Dalmanella subquadrata nov. nom.

1883. *Orthis Pecosii* Kayser, non Marcou l. c. p. 177. T. 24, F. 1.

Diese Art, deren Identität mit der *Orthis Pecosii* Marcou aus dem jüngern amerikanischen Carbon bereits von Waagen[1] und Schellwien[2] bezweifelt wird, weicht von der typischen Form der *Orthis Pecosii*, wie sie durch die genannten Forscher neuerdings auch aus der indischen Salzkette und den karnischen Alpen beschrieben worden ist, abgesehen von ihrer beträchtlicheren Grösse durch folgende Eigenschaften ab: Beide Klappen sind stark gewölbt, der Umriss ist subquadratisch, der Wirbel stark eingekrümmt, nicht zurückgebogen. Die *Dalmanella Pecosii* Marcou dagegen ist höher und flacher, der Umriss lang-oval, der Wirbel der grossen Klappe spitz und zurückgebogen.

Wegen des durch den eigenthümlichen Umriss und den eingekrümmten Wirbel bewirkten eigenartigen Habitus sehe ich sie als eine neue Art an.

Streptorhynchus King.

2. Streptorhynchus Kayseri Schellwien.

1883. *Streptorhynchus crenistria* var. *senilis* Kayser, non Phillips l. c. p. 178 e. p. T. XXIII, F. 1.
1900.   „   *Kayseri* Schellwien: „Beiträge zur Systematik der Strophomeniden des oberen Palaeozoicum" (Neues Jahrbuch für Mineralogie. Jahrg. 1900. Bd. I. p. 6).

Dass der *Streptorhynchus crenistria* var. *senilis* der älteren Literatur ein Sammelnamen für Arten nicht bloss einer, sondern verschiedener Gattungen ist, ist schon mehrfach hervorgehoben und neuerdings von Schellwien genauer dargelegt worden. Die von Kayser Taf. XXIII, Fig. 1 abgebildete, von mir nicht untersuchte Form ist nach Schellwien wegen des Fehlens septenartiger Zahnplatten in der grossen Klappe ein typischer *Streptorhynchus* und von ihm als *Streptorhynchus Kayseri* bezeichnet worden.

3. Streptorhynchus subpelargonatus nov. spec.

1883. *Streptorhynchus crenistria* var. *senilis* Kayser, non Phillips l. c. p. 178 e. p.

Unter dem von Kayser nicht abgebildeten Material fand sich eine kleine *Streptorhynchus*-Art vom Habitus des *Streptorhynchus pelargonatus* Schlotheim, mit dem sie sich jedoch wegen des Fehlens eines

---

[1] l. c. p. 574.
[2] Palaeontographica. Bd. 39. p. 35.

Ruckensinus in der kleinen Klappe und wegen des sich daraus ergebenden, geradlinigen Verlaufes des Stirnrandes nicht identificiren lässt.

Orthothetes FISCHER.

4. Orthothetes circularis nov. spec.

1883. *Streptorhynchus crenistria* var. *senilis* KAYSER, non PHILLIPS l. c. p. 178 e. p. T. 23, F. 2, 5, 7.
1900. SCHELLWIEN: Neues Jahrbuch für Mineralogie. Jahrg. 1900, Bd. I. p. 9. T. I, F. 3—6.

Wesentliches Gattungsmerkmal ist das Auftreten zweier kräftiger Septen in der grossen Klappe, die jedoch nicht wie bei den älteren Orthotheten divergiren, sondern ziemlich parallel, dicht nebeneinander vom Wirbel aus verlaufen (= *Orthothetina* SCHELLWIEN). Die charakteristischen Eigenschaften der Art zeigen die betr. Abbildungen bei KAYSER gut. Insbesondere unterscheidet sich die Form von der *Orthothetes crenistria* PHILLIPS durch die grössere Gleichmässigkeit des Wachsthums, den mässig langen Schlossrand, die hohe Area und den zurückgebogenen Wirbel, dazu durch feinere Berippung. Das regelmässige Wachsthum findet, abgesehen von der Wölbung der grossen Klappe, die nur wenig concav ist, seinen Ausdruck in der Regelmässigkeit der concentrischen Falten und dem kreisförmigen Umriss.

5. Orthothetes Kayseri JÄKEL sp.
Taf. VI, Fig. 9.

1883. *Streptorhynchus crenistria* var. *senilis* KAYSER, non PHILLIPS l. c. p. 178 e p. (nicht abgebildete, grosse Klappe).
?1883. *Meekella striato-costata ?* KAYSER, non Cox l. c. p. 178. T. XXIII, F. 8.
1897. „ *Kayseri* JÄKEL: Manuscriptname.
1898. „ „ FLIEGEL l. c. p. 394.

Ein weiteres, von KAYSER nicht abgebildetes, schönes Stück gehört vermöge der Anordnung der Septen ebenfalls in die Formengruppe *Orthothetina* SCHELLWIEN, unterscheidet sich aber äusserlich vom *Orthothetes circularis*, mit dem es in der Berippung und der Grösse übereinstimmt, durch schwach gewölbte, nicht concave, grosse Klappe, hoch-ovalen Umriss und weniger zurückgebogenen Wirbel.

Das von KAYSER nicht ohne Bedenken als *Meekella striato-costata* beschriebene und abgebildete, mangelhaft erhaltene Stück könnte sehr wohl ebenfalls hierher gehören, zumal die radiären Falten, wie sie *Meekella* besitzt, bei dem fraglichen Stück keineswegs so ausgeprägt sind, wie man nach der Abbildung Taf. XXIII, Fig. 8 vermuthen muss.

Derbyia WAAGEN.

6. Derbyia spec.

1883. *Streptorhynchus crenistria* var. *senilis* KAYSER, non PHILLIPS l. c. p. 178 e. p. T. XXIII, Fig. 6.
1900. SCHELLWIEN: Neues Jahrbuch für Mineralogie. 1900. Bd. I. p. 12.

Der Vollständigkeit wegen erwähne ich noch, dass die Untersuchungen SCHELLWIEN's ergeben haben, dass Taf. 23, Fig. 6 bei KAYSER eine specifisch nicht bestimmbare *Derbyia*, also einen Orthothetiden darstellt, in dessen grosser Klappe die Deltidialleisten am Wirbel zur Bildung eines langen Medianseptums zusammentreten.

Productus SOWERBY.

7. Productus semireticulatus MARTIN var. bathykolpos SCHELLWIEN.

1883. *Productus sinuatus* ? KAYSER, non DE KONINCK l. c. p. 184. T. 25, F. 8.
1892.   „   *semireticulatus* MARTIN var. *bathykolpos* SCHELLWIEN l. c. p. 22. T. II, F. 4—10.

Die Bestimmung der Art als *Productus sinuatus* DE KONINCK ist nach KAYSER selbst nicht sicher: Die Berippung ist feiner, die für den *Productus sinuatus* DE KONINCK charakteristische Ohrenform nicht zu beobachten. Dagegen spricht die feine Berippung zusammen mit der concentrischen Streifung für die Zugehörigkeit zur Gruppe des *Productus semireticulatus* MARTIN. Durch den tiefen Sinus und die Art der Schalenknickung wird die Zugehörigkeit zu der tief-sinuirten Varietät dieser Art, dem *Productus semireticulatus* MART. var. *bathykolpos* SCHELLWIEN sehr wahrscheinlich gemacht,

8. Productus Sumatrensis F. R.

1880. *Productus Sumatrensis* F. R. l. c. p. 5. T. I, F. 4.
.1882.   „   *costatus* KAYSER, non SOWERBY l. c. p. 182 e. p. T. 25, F. 6, 7.
1882.   „   *semireticulatus* KAYSER, non MARTIN l. c. p. 181 e. p. T. 25, F. 3.

Der durchgreifende Unterschied, der den *Productus costatus* KAYSER von dem echten *Productus costatus* SOWERBY trennt, liegt in dem Fehlen der bei letzterem auf einer Falte an der Grenze von Ohren und Schalenwölbung gelegenen Stachelreihe. Zugleich besitzt die chinesische Art schwächeren Sinus und regelmässigere Berippung.

Wie schon oben erwähnt wurde, stimmt die Form mit dem *Productus Sumatrensis* F. R. in der Schalenwölbung, dem schwachen Sinus und der Form der Ohren überein: Die Skulptur beider ist nur scheinbar nicht ganz gleichartig, da die Art der Erhaltung verschieden ist. Beide weisen etwa die gleiche Anzahl starker, radialer Rippen auf, dazu eine kräftige, concentrische Streifung in dem dem Wirbel nächstgelegenen Theil der Schale und eine beschränkte Anzahl von Stachelröhren: Der in Taf. 25, Fig. 3 abgebildete *Productus semireticulatus* KAYSER, non MARTIN ist ebenfalls hierher zu stellen und unterscheidet sich vom *Productus semireticulatus* MARTIN, wie er in Taf. 25, Fig. 1 und 4 abgebildet ist, durch wesentlich gröbere Berippung. Dass die Zahl der Stachelröhren bei ihm eine geringere ist, und er dadurch noch mehr, als die andern chinesischen Stücke an den *Productus Sumatrensis* F. R. erinnert, ist eine Thatsache von geringer Bedeutung.

Ob auch die von KAYSER in Taf. XXV, Fig. 2 abgebildete Form, die sicherlich nicht der *Productus semireticulatus* MARTIN ist, hierher zu zählen ist, muss wegen der mangelhaften Erhaltung zweifelhaft bleiben.

9. Productus Sumatrensis F. R. var. palliata KAYSER.

Taf. VI, Fig. 2, 3.

1882. *Productus pustulosus* var. *palliata* KAYSER l. c. p. 186. T. 27, F. 9—13.
1882.   „   *costatus* KAYSER, non SOWERBY l. c. p. 182. T. 25, F. 5.
· 1899.   „   . *Sumatrensis* F. R. var. *palliata* KAYSER. FRECH: Lethaea palaeozoica. Bd. II. T. 47b, F. 3a, b u. c.

Wie bei der Beschreibung der Fauna von Padang bereits hervorgehoben wurde, tritt in China neben dem *Productus Sumatrensis* F. R. eine diesem sehr nahe stehende Varietät auf. Sie ist durch stärkere

Ausprägung der concentrischen Streifung der Schale und durch das Vorhandensein sehr zahlreicher, unregelmässig vertheilter Stachelröhren ausgezeichnet. Die letztere Eigenschaft tritt besonders an dem Taf. 25, Fig. 5 abgebildeten *Productus costatus* KAYSER, der zugleich die nahe Beziehung zum *Productus Sumatrensis* erkennen lässt, hervor. Die starke, concentrische Faltung bewirkt, indem sie die radialen Rippen durchschneidet, vielfach eine Ausbildung von „länglichen Tuberkeln", in welche die Radialrippen durch die Falten zerschnitten werden. Von den bei KAYSER abgebildeten, als *Productus pustulosus* var. *palliata* bezeichneten Stücken gilt, dass diese eigenthümliche Skulptur übertrieben dargestellt ist. Zugleich lässt Fig. 13 und z. Th. Fig. 12 erkennen, dass die KAYSER'sche Deutung der Radialrippen als verlängerte Tuberkeln unrichtig ist.

Mit dem *Productus pustulosus* PHILLIPS kann die Form wegen des Vorhandenseins einer radialen Streifung und wegen der rechtwinkligen Knickung der kleinen Klappe nicht in Beziehung gebracht werden.

10. **Productus intermedius helicus** ABICH var. nov. **lopingensis.**
Taf. VI, Fig. 7.
1882. *Productus aculeatus* var. KAYSER, non MARTIN l. c. p. 185 e. p. T. 26, F. 1.

Als Varietät des *Productus aculeatus* MARTIN bestimmt KAYSER eine Reihe von Formen, die, ohne dem *Productus aculeatus* MARTIN sonderlich nahe zu stehen, drei verschiedene Arten bilden. Die Taf. 26 Fig. 1 abgebildete Art ist durch mehrere Stücke vertreten und gehört in die Gruppe des *Productus intermedius helicus* ABICH[1].

Der Umriss ist quer-oval, der Sinus der grössen Klappe schwach concav. Die Schalenverzierung besteht in zahlreichen, unregelmässig vertheilten Stachelröhren, die sich nach dem Stirnrande zu ein wenig verlängern.

Ganz stimmt unsere Form mit keiner der armenischen Arten überein, die ABICH als *Productus intermedius helicus* bezeichnet. Von der nächststehenden Taf. IX, Fig. 3 abgebildeten Form, von der mir eine grössere Zahl von Stücken vorlag, unterscheidet sie sich durch schwächere Wölbung der grossen Klappe und die geringere Zahl von Stachelröhren.

11. **Productus** spec.
1883. *Productus aculeatus* var. KAYSER, non MARTIN l. c. p. 185 e. p. T. 26, F. 2, 3.

KAYSER scheint bei der Beschreibung seines *Productus aculeatus* die in Taf. 26, Fig. 2, 3 abgebildeten Stücke vor allem im Auge gehabt zu haben. Doch trifft seine Angabe, dass durch Umformung der Tuberkeln eine Radialberippung entstanden sei, auch für sie nicht zu. Seine Abbildungen zeigen selbst am besten, dass wir es mit einem regelmässig radial-gestreiften *Productus* zu thun haben, der auf seiner Oberfläche hier und da Stachelröhren trägt.

Vom *Productus aculeatus* MARTIN aus dem europäischen Kohlenkalk unterscheidet sich die Art hierdurch, sowie durch die starke Einrollung des Wirbels der grossen Klappe. Näher steht sie dem *Productus muricatus* PHILLIPS[2], der jedoch eine mehr quer-ovale Form hat.

---

[1] ABICH l. c. p. 45 e. p. T. IX, F. 3. — Der *Productus intermedius helicus* ABICH ist ein Sammelname für mehrere Arten, wie ich aus der Durchsicht eines reichen Materials entnehmen musste.
[2] DAVIDSON l. c. p. 153. T. 32, F. 10–14.

1883. *Productus plicatilis* Kayser, non Sowerby l. c. p. 188. T. 27, F. 6—8.
1897. „ *subplicatilis* Frech: Lethaea palaeozoica. Bd. II. p. 888.

Wie ich den freundlichen Mittheilungen des Herrn Professor Frech entnehme, unterscheidet sich diese Art von dem älteren *Productus plicatilis* Sowerby des Kohlenkalkes durch die sehr viel schwächere Ausbildung der concentrischen Falten und die grössere Deutlichkeit der radialen Streifung; im Uebrigen steht sie der Kohlenkalkform nahe.

14. Productus mongolicus Diener.

1883. *Productus* cf. *Cora* Kayser, non d'Orb. l. c. p. 188. T. 27, F. 5.
1883. „ *undatus* Kayser, non Defrance l. c. p. 188, T. 26, F. 12, 13.
1895. „ *mongolicus* Diener: „Ergebnisse einer geologischen Exkursion in den Central-Himalaya von Johar, Hundes und Painkhanda." p. 57.

Die von Kayser als *Productus* cf. *Cora* bezw. als *Productus undatus* bestimmten Formen bilden eine Art; die an ihnen zu beobachtenden Verschiedenheiten, die sich z. B. in der Gestalt der Ohren aussprechen, sind eine Folge ungleicher Erhaltung bezw. Verdrückungserscheinungen. An den *Productus Cora* d'Orb. erinnert nur die feine radiale Streifung, während gegen eine nähere Beziehung zum *Productus undatus* Defr. die scharfen, concentrischen Anwachsstreifen sprechen. Dagegen weist diese concentrische Faltung zusammen mit der radialen, feinen Streifung, die längliche Form mit dem spitzen Wirbel, die nach unten gebogenen, nicht seitwärts ausgebreiteten Ohren — diese Eigenschaft zeigt der *Productus* cf. *Cora* Kayser besonders deutlich — auf die Zugehörigkeit zur Gruppe des *Productus compressus* Waagen. Von diesem selbst, mit dem sie auch eine Reihe von Stacheln am Rande der Ohren gemein hat, unterscheidet sie sich durch die Regelmässigkeit und Feinheit der concentrischen Falten.

Wenn wir von der nahen Verwandtschaft unserer Art mit dem *Productus compressus* Waagen aus dem mittleren *Productus*-Kalk der Salzkette absehen, so ist sie bisher nur bekannt geworden aus der von Diener erforschten dyadischen Klippenregion des Central-Himalaya.

Ob der *Productus undatus* v. Lóczy[1] unserer Art nahe steht, konnte wegen der Kleinheit der betr. Stücke und der abweichenden Erhaltung nicht mit Sicherheit entschieden werden.

---

[1] l. c. p. 56. T. II, F. 4—5.

Richthofenia KAYSER.

15. Richthofenia sinensis WAAGEN.

1888. *Richthofenia Lawrenziana* KAYSER, non DE KONINCK l. c. p. 195. T. 24, F. 4—5.
1884.   „   *sinensis* WAAGEN l. c. p. 742. T. 82A, F. 4.

Die von KAYSER aus dem Obercarbon von Lo-ping beschriebene *Richthofenia* unterscheidet sich nach WAAGEN von der *Richthofenia Lawrenziana* KONINCK durch den wesentlich kürzeren, mitunter kaum wahrnehmbaren Schlossrand, ferner durch den grösseren Schlossfortsatz der kleinen Klappe und durch die abweichende Struktur der mittleren Schalenlage der grossen Klappe.

Das von WAAGEN angegebene Vorkommen der Art in der unteren Abtheilung des mittleren *Productus*-Kalkes der indischen Salt range ist zweifelhaft.

Was die systematische Stellung des Genus *Richthofenia* KAYSER betrifft, so steht sein Charakter als Brachiopod nach den Untersuchungen WAAGENS fest.

Lyttonia WAAGEN.

16. Lyttonia Richthofeni KAYSER sp.

1888. *Leptodus Richthofeni* KAYSER l. c. p. 161. T. 21, F. 9—11.
1884. *Lyttonia Richthofeni* WAAGEN l. c. p. 403.

Als *Leptodus Richthofeni* beschreibt KAYSER das eigenthümliche Fossil, das später von WAAGEN zusammen mit ähnlichen Formen der Salzkette als Brachiopod erkannt und in eine neue Gattung *Lyttonia* gestellt wurde. Mit der indischen Art[1] hat die unsere die unregelmässige, festgewachsene Ventralklappe gemeinsam, der ein eigentlicher Wirbel fehlt. Ebenso besteht die Schale aus einer inneren, stark entwickelten, punktirten und einer äusseren, feinen, glatten, leicht abblätternden Schicht. Die Mittellinie wird von einem glatten Streifen eingenommen, von dem nach den seitlichen Rändern gekrümmte Falten verlaufen. Ihnen entsprechen im Inneren septenartige Leisten. Nur Ventralklappen liegen vor; ihr innerer Bau ist nicht ganz bekannt.

Sie unterscheiden sich durch geringere Grösse und dreikantige Gestalt von den nächststehenden Formen der Salzkette. Die Gattung ist bisher nur aus China und Indien beschrieben worden.

Spirifer SOWERBY.

Subgenus: Reticularia M' COY.

17. Spirifer (Reticularia) Waageni v. LÓCZY.

1888. *Spirifer lineatus* KAYSER, non MARTIN l. c. p. 174 e. p. T. XXII, F. 8.
1897. *Reticularia Waageni* v. LÓCZY l. c. p. 93. T. III, F. 1, 2.

Neben der echten *Reticularia lineata* MARTIN, die sich durch quer-ovalen Umriss auszeichnet, kommt bei Lo-ping eine jüngere Mutation vor, die sich, wie KAYSER selbst hervorhebt, durch den vierseitigen, sub-

---

[1] *Lyttonia* cf. *Richthofeni* WAAGEN l. c. p. 403.

quadratischen Umriss und den wenig gekrümmten Schnabel der grossen Klappe von der älteren Form unterscheidet.

Sie ist mit der von v. Lóczy aus dem marinen Obercarbon von Teng-tjan-esing (Provinz Kansu) beschriebenen, dort gemeinsam mit dem *Spirifer mosquensis* Verneuil vorkommenden Art ident. Die eigenthümliche Skulptur ist auf dem Stücke von Lo-ping in Folge von Abreibung nur undeutlich wahrzunehmen.

Aus andern Gebieten als aus China ist mir die Art bisher nicht bekannt geworden. Die bei Djoulfa neben dem dort ziemlich seltenen *Spirifer lineatus* Martin vorkommenden Formen[1] unterscheiden sich z. Th. durch die schmale, mehr längliche Form, z. Th. durch den spitzen Wirbel der grossen Klappe und den in Folge dessen nicht rechteckigen Umriss dieser Klappe[2] vom *Spirifer lineatus* Martin sowohl wie von der chinesischen Form.

Retzia King.

Subgenus: Hustedia Hall.

18. Hustedia grandicosta Dav. sp.

1882. *Retzia compressa* Kayser, non Meek l. c. p. 176. T. 22, F. 1—4.
1884. *Eumetria grandicosta* (Davidson) Waagen l. c. p. 491. T. 34, F. 6—12.
1894. *Hustedia* „ „ Hall: Geological survey of New-York. Palaeontology Vol. VIII. Palaeozoic brachiopoda. Part. II. p. 120.
Weitere Synonyma giebt Waagen l. c.

Die von Kayser als *Retzia compressa* Meek[3] bestimmte Art ist, soweit ein Vergleich mit der wenig gekannten, kalifornischen Art überhaupt möglich ist, mit ihr nicht identisch: Die amerikanische Art ist weit flacher gewölbt, die Klappen fast zusammengedrückt, der Umriss nicht lang-oval, sondern dreieckig; auch sind die Radialrippen stärker und breiter als bei der chinesischen Form.

Dagegen stimmt sie gut mit der *Eumetria grandicosta* (Dav.) Waagen, die von Hall auf Grund des inneren Baues zu seinem Genus *Hustedia* gestellt wird, überein: Umriss und Schalenwölbung stimmen überein; die, wie es scheint, nicht ganz gleiche Zahl der Radialrippen ist ein Unterschied von geringer Bedeutung, da sie bei der indischen Form selbst nicht ganz constant ist.

Diese Art ist eine typische, jungcarbonische Form, die bis in die Dyas aufsteigt. Sie wird von Waagen aus der ganzen Schichtenserie der indischen *Productus*-Kalke beschrieben und fehlt nur in der obersten Abtheilung des oberen *Productus*-Kalkes. Nikitin[4] weist ihr Vorkommen im jüngeren russischen Obercarbon, in der Gsehlstufe nach, während sie in Nordamerika durch eine nahe verwandte Form, die *Hustedia Mormonii* Marcou[5] vertreten ist, eine Form, die sich durch die stets grössere Zahl der radialen Rippen unterscheidet.

---

[1] Abich l. c. p. 79. T. VI, F. 6—8; T. X, F. 5; T. VIII, F. 14; T. VII, F. 10.
[2] cf. Abich l. c. p. 79. T. VI, F. 7.
[3] Palaeontology of California. Vol. I. p. 14. T. II, F. 7.
[4] „Dépots carbonifères etc." p. 166. T. III, F. 9—11.
[5] Hall: Palaeontology of New-York. VIII. P. II. p. 120. T. 51, F. 1—9.

Enteles Fischer.

19. Enteles Kayseri Waagen.

1883. *Syntrielasma hemiplicatum* Kayser, non Hall l. c. p. 179. T. 24, F. 2, 3.
1884. *Enteletes Kayseri* Waagen l. c. p. 553.
1892.   „   „   (Waagen) Schellwien l. c. p. 35. T. VII, F. 1, 2.

Diese Art zeichnet sich vor dem *Enteles hemiplicatus* Hall durch längeren Schlossrand und breiteren und zugleich flacheren Sinus der Ventralklappe aus, was besonders in der abweichenden Auszackung des Stirnrandes zum Ausdruck kommt.

Abgesehen von Lo-ping ist die Art aus dem mittleren *Productus*-Kalk der Salzkette und dem Obercarbon der karnischen Alpen bekannt; sie ist also ein für das jüngere Obercarbon bezw. schon für die untere Dyas charakteristisches Fossil.

Aus vorstehender Artbeschreibung ergiebt sich zusammen mit der Kayser'schen Bearbeitung folgende Liste der wichtigeren Formen von Lo-ping:

1. *Fusulina cylindrica* Fischer?
2. *Lophophyllum proliferum* M' Chesney.
3. *Rhombopora lepidendroides* Meek.
4. *Dalmanella subquadrata* nov. nom.
5. *Streptorhynchus Kayseri* Schellwien.
6.   „   *subpelargonatus* nov. spec.
7. *Orthothetes circularis* nov. spec.
8.   „   *Kayseri* Jäkel.
9. *Derbyia* spec.
10. *Productus semireticulatus* Martin.
11.   „   „   „   var. *bathykolpos* Schellwien.
12.   „   *sumatrensis* F. Römer.
13.   „   „   var. *palliata* Kayser.
14.   „   *longispinus* Sowerby.
15.   „   *subplicatilis* Frech.
16.   „   *aculeatus* Martin var.
17.   „   *mongolicus* Diener.
18.   „   *intermedius* Abich var. nov. *lopingensis.*
19.   „   *spinulosus* Sow. mut. nov. *lopingensis.*
20.   „   *kiangsiensis* Kayser.
21. *Richthofenia sinensis* Waagen.
22. *Lyttonia Richthofeni* Kayser.
23. *Strophalosia* cf. *horrescens* Verneuil.
24.   „   *poyangensis* Kayser.
25. *Reticularia lineata* Martin.
26.   „   *Waageni* v. Lóczy.
27. *Spirigera globularis* Phillips.
28. *Hustedia grandicosta* Davidson spec.
29. *Enteletes Kayseri* Waagen.
30. *Terebratula hastata* Sowerby.
31. *Orthoceras* cf. *cyclophorum* Waagen.
32.   „   *bicinctum* Abich.
33. *Pleuronautilus orientalis* Kayser.

Diese Fossilliste allein lehrt schon, wie wenig eng die Beziehungen der Fauna von Lo-ping zu der von Padang sind. Der Grund ist darin zu suchen, dass die chinesische Fauna im wesentlichen jünger ist als die von Sumatra. Für ihre Zugehörigkeit zum jüngsten Obercarbon, also für ein Alter etwa gleich dem der unteren indischen *Productus*-Kalke, sprechen neben anderen von Kayser hervorgehobenen Arten besonders die Gattungen:

Strophalosia,
Richthofenia,
Lyttonia,

ferner die Thatsache, dass die Fauna mit dem Untercarbon so gut wie keine Aehnlichkeit besitzt; denn die Mehrzahl der von KAYSER mit Arten des europäischen Kohlenkalkes identificirten Formen ist bei Lo-ping entweder nur durch mehr oder minder fernstehende Mutationen vertreten, oder die betr. Arten steigen aus dem Kohlenkalk, wie inzwischen anderweitig erkannt worden ist, in das jüngere Carbon auf; es fehlt ihnen also jede Bedeutung für die Feststellung des genaueren Alters der Fauna. Andererseits darf aus dem Auftreten einer beschränkten Zahl dyadischer Arten auf ein jüngeres als carbonisches Alter nicht geschlossen werden; denn ihre Zahl ist, wie schon KAYSER ausführt, gering, und sie sind mit einer Ueberzahl carbonischer Formen vergesellschaftet. Besonders schwer fällt gegen ein dyadisches Alter das Fehlen gewisser charakteristischer Formengruppen ins Gewicht: der Productiden aus der Verwandtschaft des *Productus horridus* und der der russischen Artinsk-Stufe und der Dyas der indischen Salzkette so eigenthümlichen Cephalopoden. Wir haben also die Fauna von Lo-ping im Wesentlichen als jüngstes Carbon zu betrachten.

III. Obercarbonische Fauna vom Nordabhange des Nan-shan-Gebirges.

Die von Herrn Professor v. LÓCZY auf der chinesischen Reise des Grafen SZÉCHENY gesammelten obercarbonischen Faunen vom Nordabhange des Nan-shan-Gebirges (Teng-tjan-csing und Santa-szhien, Prov. Kansu) mussten schon in Rücksicht auf die verhältnissmässig geringe Entfernung, in der sie von Lo-ping auftreten, in den Kreis meiner Betrachtung gezogen werden. Doch ergab die Durchsicht sämmtlicher Originale nichts wesentlich von der Darstellung LÓCZY's abweichendes und besonders keine neuen stratigraphischen Resultate. Ich kann mich daher darauf beschränken, bei der Besprechung der geologischen Ergebnisse bezw. des geologischen Alters der obercarbonischen Faunen aus Süd- und Ostasien auf diese Fauna zurückzukommen, indem ich einfach auf die betr. Arbeiten LÓCZY's verweise. Ebenso finden sich dort die näheren Angaben über das geologische Auftreten des versteinerungsreichen, dichten, schwarzen Kalksteines, der in seinem petrographischen Charakter[1] auffallend an denjenigen von Padang erinnert.

v. LÓCZY führt von den genannten, benachbart gelegenen Fundpunkten, die aus geologischen wie palaeontologischen Gründen für völlig homotax gelten müssen, folgende Arten an:

I. Fauna von Teng-tjan-csing.

1. *Fusulina cylindrica* FISCHER.
2. *Fusulinella Lóczyi* LÖRENTHEY.
3. *Archaeodiscus Karreri* BRADY.
4. *Spirillina irregularis* MÖLLER.
5. *Nodosinella simplex* LÖRENTHEY.
6. *Valvalina* cf. *bulloides* BRADY.
7. *Tetrataxis conica* EHRENBERG.
8. „ „ „ var. *gibba* MÖLLER.
9. *Climacammina eximium* BRADY.
10. „ cf. *commune* MÖLLER.
11. *Endothyra* cf. *crassa* BRADY.
12. „ spec. indet.

---

[1] Graf SZECHENYI's ostasiatische Reise. p. 535 ff.

13. *Bradyina rotula* Eichwald.
14. *Rhabdomeson* cf. *rhombiferum* Phillips.
15. *Cyathocrinus* spec. indet.
16. *Hallia (Amplexus)* spec. indet.
17. *Productus semireticulatus* Martin.
18.   „   *elegans* M' Coy.
19.   „ - *scabriculus* Martin.
20.   „   *aculeatus* Martin.
21.   „   *longispinus* Sowerby.
22. *Chonetes pseudovariolatus* Nikitin.
23. *Dalmanella* spec. (= *Orthis* nov. spec. Lóczy).
24. *Enteles Lamarcki* Fischer.
25. *Orthothetes crenistria* Phillips.
26. *Spirifer mosquensis* Verneuil.
27.   „ cf. *duplicicosta* Phillips.
28.   „ *Strangwaysi* Verneuil.

29. *Reticularia lineata* Martin.
30. *Spirigera (= Athyris)* cf. *Royssi* Léveillé.
31. *Dielasma vesicularis* Koninck.
32. *? Lima* cf. *Haueriana* Koninck.
33. *? Aviculopecten* cf. *exoticus* Eichwald.
34. *Macrodon tenuistriata* Méek.
35. *Cardiomorpha* aff. *concentrica* Koninck.
36. *Bellerophon (Bucania ?) incertus* v. Lóczy.
37. *Straparollus* cf. *placidus* Koninck.
38. *Loxonema Széchenyi* v. Lóczy.
39. *Macrochilina Kreitneri* v. Lóczy.
40. *Cyrtoceras* an *Orthoceras* spec. indet.
41. *? Nautilus Kayseri* v. Lóczy.
42. *? Nautilus (Temnocheilus) Waageni* v. Lóczy.
43. *Phillipsia Kansuensis* v. Lóczy.

2. Fauna von Santa-szhien.

1. *Calamites* aff. *Suckowi* Brongniart.
2. *Cordaites* spec.
3. *Fusulina cylindrica* Fischer.
4. *Productus* cf. *undatus* Defrance.
5.   „   *longispinus* Sowerby.
6.   „ cf. *lineatus* Waagen.
7. *Chonetes pseudovariolatus* Nikitin.
8.   „ cf. *uralicus* Möll. var. *pygmaea* Lóczy.
9.   „ *Flemmingi* Norwood u. Pratten var. *gobica* Lóczy.

10. *Chonetes* cf. *Buchianus* Koninck.
11.   „ cf. *politus* M' Coy.
12. *Chonetella dubia* Lóczy.
13. *Orthothetes crenistria* Phillips.
14. *Hustedia* cf. *grandicosta* Davidson.
15. *Gervillia* aff. *longa* Geinitz.
16. *Bellerophon (Tropidocyclus)* spec. indet.
17. *Euchondria tenuilineata* Meek u. Worthen.
18. *? Nautilus (Discites)* spec. indet.

Von den beiden Fundpunkten der Provinz Kansu liegen demnach, wenn wir von den Pflanzen absehen, zusammen 55 Arten vor. Die Fauna ist von der von Lo-ping gänzlich verschieden; sie ist älter als diese und erweist sich durch das Auftreten der typischen Leitformen der Stufe des *Spirifer mosquensis* als älteres Obercarbon. Es sind dies:

Fusulina cylindrica Fischer,
Chonetes pseudovariolatus d'Orbigny,
Spirifer mosquensis Verneuil,
Enteles Lamarcki Fischer,

ferner eine Reihe von Arten, die in Europa vom Kohlenkalk bis in den Fusulinenkalk von Mjatschkowo aufsteigen und ebenfalls für ein beträchtlicheres Alter der Fauna gegenüber der von Lo-ping sprechen:

PALAEONTOGRAPHICA.

BEITRAEGE

ZUR

NATURGESCHICHTE DER VORZEIT.

Herausgegeben

von

KARL A. v. ZITTEL,

Professor in München.

Unter Mitwirkung von

W. von Branco, Freih. von Fritsch, A. von Koenen, A. Rothpletz und **G. Steinmann**

als Vertretern der Deutschen Geologischen Gesellschaft.

Achtundvierzigster Band.

Vierte und fünfte Lieferung.

Stuttgart.

Vorwort.

Bevor ich mit der speciellen Betrachtung der im Titel genannten Fauna beginne, möchte ich begründen, warum ich statt des allgemein gebrauchten Ausdruckes „pontische Stufe" die Benennung „pannonische Stufe" benütze. Hiebei will ich bemerken, dass ich unter dem Begriffe „pannonische Stufe"
dasselbe verstehe, was früher unter dem Namen „Congerienschichten" begriffen wurde. Dass der letztere
Ausdruck verworfen wurde ist natürlich, nachdem die Congerien auch in Eocaen-Gebilden, stellenweise sogar
ganze Schichten erfüllend, vorkommen, wie die *Congeria eocena* MUN.-CHALM. in den Dorogher kohlen-
haltigen Schichten, ebenso im Miocaen von Oberkirchberg bei Ulm, im Mediterran des Comitats Baranya,
wo sie sich in Gesellschaft des *Mytilus Haidingeri* vorfinden etc.[1] Nachdem also Congerienschichten von
verschiedenem Alter vorhanden sind, in welchen die Congerien nicht etwa sporadisch, sondern massenhaft
auftreten, kann der Name „Congerienschichten" nicht als ein das Niveau bezeichnender geologischer Begriff gelten. Dies führte zur allgemeinen Annahme der Benennung „pontische Stufe", welche ich selbst
auch bisher anwandte. Nachdem diese Benennung jedoch nicht mehr jene Bedeutung besitzt, welche ihr
die russischen Geologen und Palaeontologen anwiesen, als sie ihn in die Literatur einführten, ward es
nothwendig, den Begriffsumfang des Ausdruckes zu erweitern — wie wir dies auch thatsächlich thun — oder
ihn fallen zu lassen und einen anderen, den veränderten Verhältnissen und dem neueren Wissen angemessenen
Namen in Anwendung zu bringen. Prof. ANDRUSOV sagt in seinen: „Einige Bemerkungen über die jungtertiären Ablagerungen Russlands und ihre Beziehungen zu denen Rumäniens und Oesterreich-Ungarns"
folgendes: „Die Bezeichnung „pontisch" wurde zuerst für den Odessaër Kalk geschaffen, somit müssen zur
„pontischen Stufe" im engeren Sinne auch die Aequivalente des ersteren gezählt werden, also nach meiner
Ueberzeugung die Schichten von Kamyschburun und das *Congeria rhomboidea*-Niveau. Jüngere und ältere
Congerien-(Cardien-)Schichten können anders bezeichnet werden." Es müsste also auch das Niveau, zu
welchem unsere Schichten gehören, einen neuen Namen bekommen. Ich halte es jedoch für zweckmässiger,
statt der vielen Benennungen dem ganzen Gebilde einen Namen zu verleihen, darin eine untere, mittlere
und obere Stufe und in diesen wieder verschiedene Zonen zu unterscheiden. Zweckdienlich und in die
Literatur bereits eingeführt sind hiefür die Benennungen „pontische Stufe" und „pannonische Stufe". Bezüglich ersterer ist die Bemerkung Prof. SINZOW's in seinem Werke: „Zur Frage über die palaeontologischen
Beziehungen der neurussischen Neogen-Ablagerungen zu den gleichen Schichten Oesterreich-Ungarns und

---

[1] J. BÖCKH: Geol. und Wasserverhältnisse d. Umgeb. der Stadt Fünfkirchen (Mittheilungen a. d. Jahrbuch d. kgl.
ung. geol. Anstalt. Bd. IV).

Rumäniens" (p. 170) sehr richtig. Er sagt, dass: „die Bezeichnung „pontische Fauna" grosse Missverständnisse mit sich bringt, da man gewöhnlich unter der „pontischen Fauna" nicht die in den Congerienschichten angetroffene Fauna, sondern jene des Schwarzen Meeres versteht." Darin kann ich jedoch mit Prof. Sinzow nicht übereinstimmen, dass die auf die russischen Congerienschichten schon lange gebrauchte Benennung, „alte arabo-caspische" „eine ziemlich zutreffende" sei, nachdem man darunter z. B. auch die diluvialen Ablagerungen in der Gegend zwischen dem Aral- und Kaspischen See verstehen konnte. Es bleibt also nichts übrig, als die Benennung „pannonische Stufe" in Anwendung zu bringen, nachdem die Schichten dieser Stufe im alten Pannonia, dem heutigen Ungarn, am meisten verbreitet und am schönsten ausgebildet sind. Für die Anwendung dieser Bezeichnung spricht auch der Umstand, dass die ungarischen Geologen schon Ende der sechziger Jahre sie gebrauchten und sie demnach bereits in die Literatur eingeführt ist. So sagt auch Eduard Suess in seinem Werke: „Das Antlitz der Erde" (Bd. I. p. 422) über diese Schichten folgendes: „. . . welche man in neuerer Zeit die pontische oder wohl auch die pannonische Stufe zu nennen sich gewöhnt hat."

Nachdem in Ungarn unter den fossilienreichen Gebilden die aus dem Pliocaen stammenden die reichsten und zugleich interessantesten sind, nachdem weiters von deren Fauna sehr wenig bekannt ist, befasse ich mich schon mehr als zwölf Jahre mit deren Studium. So beschrieb ich während dieser Zeit die pannonische Fauna von Nagy-Mányok, Szegzárd, Árpád, Hidasd, Kurd, weiter die der Comitate Szilágy (Szilágy-Somlyó, Perecsen) und die der Erdélyer (Siebenbürger) Landestheile.

Seit Jahren sammle ich die pannonischen Fossilien in Budapest—Köbánya und Budapest—Rákos, so auch in Tinnye, und nachdem mir genügend Material zur Verfügung gestanden, entschloss ich mich, es aufzuarbeiten. In der Ausführung meines Planes verhinderte mich bisher die Anfertigung der Tafeln; nachdem ich jedoch vor Kurzem in der glücklichen Lage war, an der Seite des Geheimrath Dr. K. A. v. Zittel zu arbeiten, benützte ich diese Gelegenheit, um Tafeln anfertigen zu lassen und so meine Arbeit zu beendigen.

In dieser Abhandlung behandle ich einige Fundstätten Budapests, sowie die der nahegelegenen Gemeinde Tinnye. Tinnye liegt so nahe bei Budapest, dass es in einem Tag bequem abzugehen und während dieser Zeit reiches Material zu sammeln ist.

Auf den Tafeln, welche dieser Abhandlung beiliegen, war ich genöthigt, viele Formen abbilden zu lassen, welche nicht mehr ganz neu sind. Ein Theil davon ist nur aus schlechten Zeichnungen bekannt, auf welchen die Merkmale nicht gut erkennbar sind, wie die *Melania (Melanoides) Vásárhelyii* Hantk.; ein anderer Theil hinwieder ist wohl kurz beschrieben, doch nicht abgebildet. So waren beinahe alle Arten von Brusina behandelt worden, von welchen die Abbildungen und eingehenden Beschreibungen hier zuerst mitgetheilt werden. Auf diese Art geben die vorliegenden Tafeln jetzt ein Gesammtbild dieser eigenthümlichen Fauna.

Es bleibt mir nun noch die angenehme Pflicht übrig, den Herren Prof. Spiridion Brusina in Agram, Dr. Anton Koch zu Budapest, Dr. Richard Hertwig und Geheimrath Dr. K. A. v. Zittel zu München, welche die Güte hatten, die unter ihrer Leitung stehenden Sammlungen, Bibliotheken, Institutsräumlichkeiten und Geräthschaften mir zugänglich zu machen, meinen Dank abzustatten. Ebenso schulde ich Dank dem Herrn Géza v. Vásárhelyi, Grundbesitzer zu Tinnye, für seine echt ungarische Gastfreundschaft, so auch dafür, dass er mir aus seiner Sammlung mehrere interessante Stücke zur Beschreibung überliess.

Budapest, im April 1901.

Einleitung.

Die Pliocaenablagerungen des südöstlichen Europa in ihrer charakteristischen Brackwasser-Facies sind in Südrussland, Rumänien und Oesterreich-Ungarn am schönsten ausgebildet. Forscher eben dieser Länder sind es, welche sich mit diesen Ablagerungen am meisten befassten resp. befassen; so besonders ANDRUSOV, SINZOW, COBALCESCU, ŞABBA STEFANESCU, BRUSINA, FUCHS, NEUMAYR, R. HOERNES, ROTH, v. TELEGD und HALAVÁTS. Die Studien ANDRUSOV's und BRUSINA's zeigten, dass die Pliocaenfaunen von Südrussland, Slavonien und Dalmatien sich als immer ähnlicher mit den im Kaspi-, Aral- und Baikal-See lebenden erweisen, indem wir die für den Kaspi- und Baikal-See charakteristischen Formen wie *Caspia*, *Micromelania*, *Zagrabica* und die mit der *Liobajkalia* nahe verwandte *Baglivia* auch in unseren Pliocaengebilden vorfanden.

Ich will mich an dieser Stelle indessen nicht in die Erörterung der Frage einlassen, ob der Kaspi- und Baikal-See Relictenseen sind; ich möchte jedoch auf die grosse Aehnlichkeit, die auch aus den Arbeiten von BRUSINA, FUCHS[1] und R. HOERNES[2] hervorgeht, hinweisen, welche zwischen unserer Pliocaenfauna und jener des Kaspi- und Baikal-Sees besteht. Diese Aehnlichkeit besteht jedoch nicht nur zwischen der Fauna der Brackwasser-Pliocaengebilde Oesterreich-Ungarns, Serbiens und jener des Kaspi- und Baikal-Sees, sondern auch zwischen der Fauna dieser Seen und jener der Pliocaengebilde von Südrussland. Aus einem an mich gerichteten Brief ANDRUSOV's erfuhr ich nämlich, dass auch in Südrussland eine der Szegzárder *Baglivia spinata* LÖRENT. ähnliche Form vorkommt.

Solche Beobachtungen sprechen jedenfalls für den „Relikten"-Charakter der Fauna des Baikal- und Kaspi-Sees. R. HOERNES äussert sich in seinen „Sarmatische Conchylien aus dem Oedenburger Comitat": „Ich möchte deshalb annehmen, dass der Baikalsee seine eigentliche Bevölkerung grossentheils durch Einwanderung, aber nicht von dem Nordmeere, sondern von dem grossen jungtertiären Binnenmeere her erhalten hat, wenn er vielleicht auch nicht unmittelbar mit diesem Binnenmeere in Verbindung stand." Jedoch besteht diese Aehnlichkeit nicht nur zwischen der Fauna der obenbenannten Seen Oesterreich-Ungarns und Südrusslands, sondern auch zwischen jener des schwarzen Meeres und der erwähnten Pliocaenfauna, wie dies die Tschernomorec-Expedition bewies, als sie das Vorkommen der Dreissensien und der Brackwasser-Cardien am Grunde des schwarzen Meeres feststellte. Nachdem Prof. Dr. v. LÓCZY während der ostasiatischen Expedition des Grafen BÉLA SZÉCHÉNYI aus den Süsswasserseen (Tali-fu) Chinas theils lebend, theils in subfossilem Zustande *Fossarulus* und *Prososthenia*[3], also solche Arten, welche bisher nur aus den Miocaen- und Pliocaengebilden Dalmatiens und Südungarns bekannt waren; ist die Verwandtschaft evident, welche zwischen der Fauna des Miocaens und Pliocaens und jener der chinesischen Süsswasserseen besteht.

Nachdem sich herausstellte, dass viele Arten unserer Brackwasser-Pliocaengebilden auch heute leben, wurde das Studium der lebenden Arten zur Nothwendigkeit. Dies hatte zur natürlichen Folge, dass jene verhältnissmässig geringen Charakterzüge, welche bei den lebenden Formen zur Charakteristik und somit

---

[1] Ueber die lebenden Analoga der jungtertiären Paludinenschichten und der Melanopsis-Mergel Südeuropas. (Verhandl. d. k. k. geol. R.-A. 1879.)

[2] Sarmatische Conchylien aus dem Oedenburger Comitat. (Jahrb. d. k. k. geol. R.-A. Bd. 47. Heft I. 1897.)

[3] Wissenschaftliche Ergebnisse der Reise des Grafen BÉLA SZÉCHÉNYI in Ostasien. Bd. III. Die Beschreibung des gesammten Materials. 1898.

zu deren Trennung dienen, auch auf die fossilen Formen übertragen wurden, ohne dass man hier die rein formellen Abweichungen durch anatomische und embryologische Abweichungen des Thieres unterstützen konnte. So entstehen alsdann Arten zweifelhaften Werthes, oder aber man weiss bei mancher Form nicht, zu welcher Art sie gehöre, da die Charakterzüge der Arten sehr armselig sind [1]. So sind bei den Micromelanien, Prososthenien, Bythinellen, und Hydrobien viele solcher Formen, bei welchen „. . . die vorgeschlagene Eintheilung wesentlich zur Erleichterung der Uebersicht dienen sollte, nicht aber den Anspruch erheben könnte, eine natürliche Gruppirung aller Formen darzustellen."

Unter den Taenioglossen giebt es viele Arten, welche hauptsächlich durch die Ausbildung der Mundöffnung von einander getrennt sind. Es ist jedoch auf Grund der an Fossilen und lebenden Formen erworbenen Erfahrungen genugsam bekannt, welch grossen Umwandlungen die Mundöffnung während der Entwicklung des Individuums unterworfen ist [2]. Besonders abweichend ist die Ausbildung der Mundöffnung bei derselben Art, wenn die Existenzbedingungen sich verändern und die Formen sich den veränderten Verhältnissen anpassen müssen, oder wenn das Thier genöthigt war, Verletzungen eines früheren Mundrandes auszubessern.

Es muss in Betracht gezogen werden, dass zur pannonischen Zeit in dem von den Karpathen umgebenen Becken und auch südlich davon unzählige, von einander getrennte oder theilweise zusammenhängende Salz- resp. Brackwasserseen existirten, welche durch die sich darein ergiessenden Flüsse allmählig ausgesüsst wurden; andere wieder, welche in der Nähe des Meeres sich befanden oder damit in Verbindung standen, wurden von demselben vielleicht zeitweilig mit Salzwasser versehen und erst bei erneuter Abtrennung vom Meere wieder ausgesüsst. Die am Rande des Beckens oder in der Nähe grösserer Trockenflächen gelegenen Seen wurden durch die darein fliessenden Süsswasser stärker ausgesüsst, als die gegen die Mitte des Beckens resp. von Trockenflächen weitergelegenen. In dieser eigenartigen Vertheilung und dem Zusammenhange liegt der Grund für die Ausbildung eigenthümlicher Faunen, wie z. B. derjenigen von Kurd, wo eine Menge von Viviparen, Unio, Helix etc. im Verein mit Congerien, Limnocardien und Foraminiferen vorkommen [3]. Darauf ist auch die grosse Mutation der Formen zurückzuführen, welche nicht nur zwischen den verschiedenen Arten, sondern auch zwischen den einzelnen Gattungen Uebergänge schuf, so dass die exakte Bestimmung derselben erschwert wird. Es ist heute in vielen Fällen Sache subjectiver Anschauung, wo zwischen den einzelnen Gattungen und Arten die Grenze zu ziehen ist. Darum ist es auch heute nothwendiger denn je, im Rahmen der einzelnen Gattungen die so schon allzu grosse Anzahl der Arten nicht unnöthig zu vergrössern, sondern die von einander wenig abweichenden Formen als Varietäten aufzufassen, um damit die Beurtheilung zu erleichtern, wohin irgend eine Form gehört, welche verwandtschaftliche Verbindungen sie hat und dadurch den Ueberblick zu erleichtern.

[1] Solche werden in der Literatur mit einem Fragezeichen bezeichnet und solcher giebt es verhältnissmäsig viele. So sind im „Matériaux etc." und anderen Werken Brusina's viele mit Fragezeichen versehene Formen unter den Hydrobien, Bythinellen, Pseudoamnicolen, Micromelanien, Pyrgulen und Lithoglyphen.

[2] Welche Umwandlungen die Mundöffnung in Folge von Verletzungen durchmachen kann, zeigen am besten die weiter unten im Text gegebenen Abbildungen von Melanoiden und die diesbezüglichen Figuren der Tafeln XIV und XV.

[3] Lörenthey: Foraminiferen der pannonischen Stufe Ungarns. (Neues Jahrb. f. Min. Geol. u. Palaeont. 1900. Bd. II. p. 102.)

A. Geologischer Theil.

Vor der détailirten Beschreibung der Fauna möchte ich einige Worte über die geologischen Verhältnisse des Tinnyeer und des gleichalten Budapest-köbányaer (Brunnen der Schweinemast-Anstalt) Fundortes vorausschicken.

I. Tinnye.

Tinnye, die reichste der hier behandelten Lokalitäten, etwa 35 km von Budapest, im Becken Tinnye-Biá, an der Budapest-Esztergomer Eisenbahn, ist die von Budapest entfernteste Fundstelle meines Materiales.

Die pannonischen Gebilde füllen hier das durch Sarmaten-Kalk, theils auch durch *Pectunculus obovatus* enthaltenden Oligocaen-(Aquitanien-)Sandsteine und Dolomite der oberen Trias gebildete Becken aus und sind grossentheils von Löss bedeckt. Zwischen Tinnye und Puszta-Jászfalu reichen diese Gebilde ins Csaba-Dorogher Thal und eben hier finden sich die schönsten Aufschlüsse.

Nördlich vom Dorfe wird der Westrand der nach Puszta-Jászfalu führenden Strasse aus feinem pannonischen Sand gebildet, welcher stellenweise glimmerreich und thonhaltig ist. Hier dominirt neben *Melanopsis Martiniana* Fér., *Mel. impressa* Krauss und *Mel. Bouéi* Fér. — *Mel. Sturii* und *Congeria arnithopsis* Brus.

An einer Stelle, näher beim Dorfe führt der Weg durch einen tiefen Einschnitt, dessen beide Seiten ebenfalls aus feinem, thonigen Sand bestehen. Auch hier treten die oben genannten Fossilien auf. Oben liegt hier derber Quarzsand, unten feinerer, thoniger Sand. Etwa 150—200 Schritte westlich von dieser Strasse finden sich zwischen den Aeckern einige Sandgruben, zu welchen ein von der Strasse nach Jászfalu-puszta abzweigender Feldweg führt. Hier ist stellenweise in den derben Sand auch eine härtere, kalkige Bank eingekeilt. Diese besteht aus derbem Quarzsand, welcher durch die aus den darin vorkommenden Molluskenschalen ausgelaugten Kalksubstanz zusammengekittet ist. Das durchsickernde Wasser hat oft die Oberfläche der grösseren Fossilien angefressen und die dünneren Schalen zumeist total aufgelöst. Deshalb findet man auch unversehrte Exemplare der Microfauna nur im Innern grosser Schnecken, wo sie dem Sickerwasser nicht ausgesetzt waren. In diesen Sandgruben sammelte Hantken sein Material; aus ihnen stammt auch das hier zu besprechende Material.

Obwohl die pannonischen Ablagerungen von Tinnye längst bekannt sind, ist die Fauna derselben sozusagen unbekannt. Max Hantken von Prudnik gab die erste diesbezügliche Mittheilung 1859: „Die Umgegend von Tinnye bei Ofen" und zählt darin folgende 7 Arten auf: *Congeria triangularis* Partsch (häufig), *Melanopsis Martiniana* Fér. (sehr häufig), *Mel. Bouéi* Fér. (sehr häufig), *Mel. Dufouri* Fér. (häufig), *Neritina Grateloupana* Fér. (häufig), *Helix* sp. (selten), *Pycnodus Münsteri* Ag. (sehr häufig).

Später, im Jahre 1861, führt Hantken in seinen „Geologiai Tanulmányok Buda és Tata között" aus dem Hohlweg von Tinnye und dem von hier nach Jászfalu führenden Wasserriss folgende Arten an:

Moritz Hoernes nennt in seinem grossen Werke: „Die fossilen Mollusken des Tertiärbeckens von Wien" nach Hantken die Arten *Congeria spathulata* Partsch. und *Cong. triangularis* Partsch. von hier. Theodor Fuchs beschreibt im XXIII. Bande des Jahrbuches die hier vorkommenden Arten *Melanopsis avellana* Fuchs und *Mel. Sturii* Fuchs, welche er als häufig bezeichnet.

Später, im Jahre 1887, als Hantken die *Tinnyea Vásárhelyii*[1] beschrieb, änderte er das 1859 mitgetheilte Verzeichniss der hier folgenden Arten wie folgt: *Congeria balatonica* Partsch., *Melanopsis Martiniana* Fér., *Mel. Bouéi* Fér., *Mel. avellana* Fuchs und *Tinnyea Vásárhelyii* Hantk.

Unter den Geschenken, welche dem Wiener Institute eingesandt wurden, erwähnt v. Zepharovich[2] aus der Gegend von Tinnye *Melanopsis Martiniana* Fér., *Mel. Bouéi* Fér. und *Congeria triangularis* Partsch., welche seiner Angabe nach aus sandigem Lehm stammen.

Als 1892 das die Markusevecer Fauna behandelnde Werk Brusina's erschien, fiel sofort der Reichthum der Fauna und die grosse Uebereinstimmung auf, welche zwischen den Faunen von Tinnye und Markusevec besteht. Um nach der in Slavonien in den durch *Melanopsis Martiniana* Fér. und nahe verwandten Melanopsiden charakterisirten Schichten vorgefundenen Markusevecer Fauna zu suchen und die in Ungarn noch wenig oder garnicht bekannten Gattungen wie *Orygoceras, Caspia, Prososthenia, Baglivia* etc. möglichenfalls zu finden, machte ich im Frühjahr 1893 einen Ausflug nach Tinnye und sammelte dort in der Sandgrube einige Säckchen *Melanopsis* und Sand.

Die Ausbeute an kleineren Formen sowohl aus dem derberen wie aus dem die *Melanopsis*-Schalen erfüllenden Sande war wider Erwarten reich. Ich fand die Gattung *Orygoceras* in bisher unbekanntem Erhaltungszustand, ferner fand ich die Gattungen *Caspia* und *Prosothenia* und ausser diesen noch zwei neue Gattungen, deren eine inzwischen von Brusina unter dem Namen *Papyrotheca* beschrieben wurde; im ganzen eine reiche Fauna, welche der Markusevecer entschieden nahesteht, deren Arten ich jedoch nicht bestimmen konnte, da Brusina in seiner Abhandlung über die Markusevecer Fauna leider keine detaillirte Beschreibung und keine Abbildungen bietet. Beiläufig drei Viertel der Formen schien mir neuen Gattungen anzugehören. Um aber nicht etwa die selben Formen als neu zu beschreiben, welche Brusina von Markusevec anführte, reiste ich nach Zágráb (Agram), wo ich meine Formen mit jenen von Markusevec und Ripanj verglich. Es stellte sich dabei heraus, dass die Fauna von Tinnye fast alle Arten von Markusevec enthält und dass einige Formen vorhanden sind, welche bisher nur von Ripanj bekannt waren, wie *Papyrotheca mirabilis* Brus. und *Congeria Zujovići* Brus.

Ich möchte nicht versäumen, auch hier meinem tiefgefühlten Danke Ausdruck zu geben für die ausserordentliche Liebenswürdigkeit, mit welcher Herr Prof. Brusina meinen Wünschen entgegenkam.

Als erstes Resultat der Durcharbeitung der Fauna von Tinnye konnte ich 1895 in meiner Notiz „Einige Bemerkungen über Papyrotheca" folgende Fossilliste veröffentlichen[3]:

---

[1] *Tinnyea Vásárhelyii* nov. gen. et nov. spec. (Foldtani Közlöny.) [Geol. Mitth.] Bd. XVII.)

[2] Verzeichniss der an die k. k. geol. Reichsanstalt gelangten Einsendungen von Mineralien, Gebirgsarten, Petrefacten u. s. w. (Jahrb. d. k. k. geol. R.-A. Bd. IV. p. 405.) 1853.

[3] Földtani Közlöny. Bd. XXV.

Vertebrata: *Pygnodus Münsteri* Ag.

Ostracoda: In grosser Anzahl.

Gastropoda: *Helix* sp., *Succinea* sp.; *S. gracilis* Lörent. nov. sp., *Papyrotheca mirabilis* Brus., *Planorbis verticillus* Brus., *P. ptycophorus* Brus., *P. Sabljari* Brus., *Melanopsis Martiniana* Fér., *M. impressa* Krauss, *M. vindobonensis* Fuchs, *M. scripta* Fuchs, *M. Bouéi* Fér., *M. defensa* Fuchs, *M. defensa* var. *trochiformis* Fuchs, *M. Sturi* Fuchs, *M. Zujovići* Brus., *M. serbica* Brus., *M. avellana* Fuchs, *M.* cfr. *leobersdorfensis* Handm., *M. Fuchsi* Handm., *M. stricturata* Brus., *Melania* nov. sp., *Tinnyea Vásárhelyii* Hantk., *Hydrobia Vidovići* Brus., *H. atropida* Brus., *H. (Caspia) Dybowskii* Brus., *H. (Caspia) Vujići* Brus., *H. (Pannona* non *Pannonica* nov. sbg.) *minima* Lörent. sp., *Micromelania Bielzi* Brus., *M. Bielzi* var. *sulcata* Lörent. nov. form., *Prososthenia pontica* Lörent. nov. sp., *Orygoceras cultratum* Brus., *O. corniculum* Brus., *Neritodonta Pilari* Brus., *N. Zografi* Brus., *N. Cunici* Brus., *N.* cfr. *Cunici* Brus., *Nacella pygmaea* Stol.

Pelecypoda: *Congeria Partschi* Ciži., *C. ornithopsis* Brus., *C. tinnyeana* Lörent. nov. sp., *C. ramphophora* Brus., *C.* nov. sp., *C. scrobiculata* Brus., *C. Gitneri* Brus., *C. Mártonfii* Lörent. (= *selenoides* Brus.), *C. pseudoauricularis* Lörent., *C. minima* Brus., *C. Doderleini* Brus., *Limnocardium Robici* Brus., *L. Jagici* Brus., *L. pseudoobsoletum* Fuchs, *L.* nov. sp., Unio 2 sp. ind., *Pisidium* sp. ind.

Diese Fossilliste muss allerdings nach detailirtem Studium und neueren Sammlungen etwas abgeändert werden.

II. Budapest-Kőbánya.
(Brunnen der Schweinemast-Anstalt.)

Schón lange war es mir aufgefallen, dass die pannonische Stufe im nahen Tinnye ganz anders entwickelt ist, als in den mächtigen Aufschlüssen der Ziegelfabriken zu Budapest-Kőbánya und Rákos. In Tinnye herrscht nämlich die *Melanopsis Martiniana* und *M. Bouéi*, in Kőbánya und Rákos dagegen fehlen diese Arten; auch stratigraphische Stützpunkte für den Zusammenhang der beiden Faunen fehlten. Ich war daher hocherfreut, als Professor Dr. A. Koch im Februar 1895 aus dem bei Erweiterung des Brunnens der Ferdinand Eigel'schen Schweinemast-Anstalt zu Tage geförderten bläulichen thonigen Sand prächtige Exemplare von *Melanopsis Martiniana* Fér. und *Melanopsis Bouéi* Fér. sammelte.

Dieser Fundort, welchen ich später mit Herrn Dr. F. Schafarzik besuchte, befindet sich etwa in der Mitte von Budapest-Kőbánya, südlich der vom Westbahnhof Budapests ausgehenden Eisenbahn, am „Mázsálótér". Hier steht unmittelbar über sarmatischem Kalk[1]) gräulichblauer Thonsand, „Sandschlamm", an, in welchen stellenweise feine, glimmerreiche Quarzsandbänke eingelagert sind. Seine Mächtigkeit beträgt 16—18 m.

Ich sammelte hier folgende Fauna:

1. *Rotalia Beccarii* L. sp.
2. *Nonionina granosa* d'Orb.
3. *Polystomella Listeri* d'Orb.
4. „ *macella* F. und M.

---

[1] Wie mir Herr F. Ergml. mittheilte.

Ferner Zähne, Knochen und Ostracoden.

Für eine Parallele zwischen der im Brunnen der Köbányaer Schweinemästerei aufgeschlos thonigen Sandschichte mit *Melanopsis Martiniana* Fér., *Melanopsis impressa* Krauss, *Congeria Gitneri Congeria Mártonfii* Lörent., *Limnocardium Andrusovi* nov. sp., *Orygoceras, Baglivia* und *Caspia* un in der Köbányaer und Rákoser Ziegelfabrik aufgeschlossenen, durch *Congeria ungula-caprae* M *Congeria Partschi* Čižek, *Limnocardium Penslii* Fuchs, *Limnocardium zagrabiensis* Brus., *Limnoca Steindachneri* Brus., *Micromelania laevis* Fuchs und *Micromelania* (?) *Fuchsiana* Brus. charakter blauen Thon und für die gegenseitigen Beziehungen beider ist Folgendes wichtig: Direkte Auflag beider Schichten ist nicht beobachtet worden. Folgert man aus der Fauna, so zeigt sich, dass d *Congeria ungula-caprae* Münst., reiche Thon jünger ist, da er mehrere Formen aus dem obersten, Co *rhomboidea* Hörn., führenden Niveau besitzt; so *Congeria Partschi* Čižek, *Limnocardium zagrabiense Limnocardium Steindachneri* Brus., *Micromelania laevis* Fuchs, *Micromelania* (?) *Fuchsiana* Brus., P *incisa* Fuchs etc. Die durch *Melanopsis Martiniana* Fér. charakterisirte Köbányaer Fauna hat da mit dem sogenannten *Congeria rhomboidea*-Niveau nur die folgenden drei Formen gemein: *Congeria C* Brus., *Prososthenia sepulcralis* Partsch, *Valvata balatonica* Rolle und vielleicht *Neritina* (*Nerito Pilari* Brus. In der reichen Tinnyeer Fauna findet sich zwar noch eine Art, die *Congeria Partschi C* welche auch im "*Rhomboidea*-Niveau" vorkommt, da sie jedoch hier selten, ist sie auch nicht so gebend als jene Arten, welche im Rákoser und Köbányaer Thon mit *Congeria ungula-caprae* u "*Rhomboidea*-Niveau" gemeinsam vorkommen. Auf Grund der percentuellen Zusammensetzung der muss die durch *Melanopsis Martiniana, impressa* und *vindobonensis* charakterisirte Fauna des Brunn der Schweinemästerei und jene von Tinnye als älter betrachtet werden, wie die durch *Congeria u caprae* charakterisirten Faunen der Köbányaer und Rákoser Ziegelfabriken.

Dass der durch *Congeria ungula-caprae* charakterisirte Thon wirklich ein höheres Niveau repräsentirt, als der durch das massenhafte Auftreten von *Melanopsis Martiniana* FÉR., charakterisirte Sand, beweist auch die örtliche Lage der beiden Köbányaer Fundorte. Der an *Congeria ungula-caprae* reiche blaue Thon bildet nämlich Hügel über der Oberfläche, der an *Melanopsis* reiche Sand hingegen liegt tief unter der Oberfläche, er muss also — überhaupt wenn man auch die horizontale Lage der Schichten betrachtet — einem tieferen Niveau angehören.

Nachdem die Fauna von Szilágy-Somlyó und Perecsen [1]) aus demselben tieferen Niveau stammt, benütze ich die Gelegenheit, um an ihr einige Korrektionen und Ergänzungen zu bewerkstelligen. Als ich nämlich die beiden letzten Faunen beschrieb, waren jene von Markusevec und Tinnye mir noch unbekannt, und so konnte ich die zumeist beschädigten Exemplare nicht mit ganzer Sicherheit bestimmen, nachdem sie grösstentheils mit keiner bekannten Art übereinstimmten und ich auf Grund von Bruchstücken mir neue Arten aufzustellen nicht getraute. Jetzt jedoch, da mir von Tinnye ein ausgezeichnet erhaltenes Vergleichsmaterial zur Verfügung steht, ist es möglich, die damals noch zweifelhaften Sachen grossentheils zu bestimmen und so zwischen den Faunen eine Parallele zu ziehen.

---

[1] LÖRENTHEY: Beitr. zur Kennt. der unterpont. Bild. des Szilágyer Comitates und Siebenbürgens.

B. Palaeontologischer Theil.

I. Protozoa.

Classe: **Rhizopoda**.

Ordnung: **Foraminifera**.

Aus den Ablagerungen der pannonischen Stufe kannte man bisher keine Foraminiferen. In meiner Abhandlung „Neuere Daten zur Kenntniss der oberpontischen Fauna von Szegzárd" 1895 machte ich zum ersten Male darauf aufmerksam, dass in den Schichten der oberpannonischen Stufe Ungarns zusammen mit vielen Süss- und Brackwasserformen auch Foraminiferen vorkommen. Der vorzügliche Kenner der Foraminiferen, Dr. August FRANZENAU, beschrieb zwar „Fossile Foraminiferen von Markusevec in Kroatien"[1]) schon vorher im Jahre 1894 eine reiche Foraminiferenfauna desselben Horizontes, aus welchem meine hier zu beschreibende Fauna von Tinnye und Budapest-Köbánya stammt; er hielt jedoch diese nicht für autochtone, sondern für eingeschwemmte Formen. Nachdem ich aber Foraminiferen an den meisten Fundorten der pannonischen Stufe[2]), so auch bei Tinnye und Budapest-Köbánya, fand, ist es zweifellos, dass der grösste Theil der Formen von Markusevec nicht eingeschwemmt ist, sondern dort in den pliocaenen Brackwasser-Seen lebte. Den Grund des grösseren Reichthums der Foraminiferenfauna von Markusevec, als derjenigen von Tinnye oder Budapest-Köbánya sehe ich darin, dass Markusevec näher an jenem Meere lag, mit welchem unsere Seen der pannonischen Stufe verbunden waren, und aus welchem die Foraminiferen in die Brack- oder Süsswasser-, vielleicht lagunenähnlichen, Binnenseen wanderten.

Herr Dr. August FRANZENAU, Custos am ungarischen National-Museum, hatte die Güte, die Bestimmung der Foraminiferen zu übernehmen, wofür ich ihm auch an dieser Stelle meinen wärmsten Dank ausspreche.

Von Budapest-Köbánya bestimmte er folgende Formen:

1. *Rotalia Beccarii* L. sp. (12 Exemplare),
2. *Nonionina granosa* D'ORB. (1 Exemplar),
3. *Polystomella Listeri* D'ORB. (1 Exemplar),
4. „ *macella* D'ORB. (1 gewölbtes Exemplar).

Aus Tinnye, wo die Foraminiferen schlechter erhalten sind, war es nur möglich, drei Exemplare einer *Nonionina* zu bestimmen, welche nach der äusseren Form zu urtheilen wahrscheinlich zur *Nonionina granosa* D'ORB., gehört. Betrachtet man die verticale Verbreitung dieser Formen, ist zu erkennen, dass alle seit dem Tertiär bis heute leben.

Rotalia Beccarii L. sp., welche unter den Foraminiferen die herrschende Form ist, lebt seit dem Miocän meist in Seichtwasser, auch im Aestuarium des Deeflusses bei Chester.

---

[1] Glasnika hrvatskoga naravoslovnoga drustva. Bd. VI.

[2] LÖRENTHEY: Foraminiferen der pannonischen Stufe Ungarns.

Nonionina depressula W. und J. sp., nach Brady's Untersuchungen synonym mit *Non. granosa* d'Orb, (Report on the Foraminifera collected by H. M. S. Challenger during the Years 1873—76. p. 725) lebt seit dem Eocän und zwar im Aestuarium des Deeflusses und auch in Salztümpeln.

Polystomella striatopunctata F. u. M. sp., nach Brady gleich *Pol. Listeri* d'Orb., lebt ebenfalls seit dem Eocaen und kommt im Aestuarium des Deeflusses und in Salztümpeln vor.

Polystomella macella F. u. M. sp. lebt seit dem mittleren Jura und kommt in den Gegenden der gemässigten Zone im Mittelländischen und Adriatischen Meer vor. Diese, sowie die zwei vorhergehenden Species sind in meiner Fauna durch je ein kleines Exemplar vertreten. Gleichzeitig ist dies die einzige Art, welche auch in Markusevec vorhanden ist. Das Gehäuse meiner Form ist gewölbt, nicht flach.

Wie man sieht, gehören meine Formen nicht nur zu Gattungen, welche auch im Brackwasser gut fortkommen, sondern auch die Arten sind durchwegs solche, welche auch im Brackwasser leben.

II. Mollusca.

Classis: **Pelecypoda.**
Ordo: **Tetrabranchia.**
Subordo: **Mytilacea.**

I. Dreissensidae Gray.

1· **Congeria** Partsch 1836.

Die grosse Familie der Dreissensiden ist in der Fauna von Tinnye und Budapest-Köbánya nur durch die Gattung *Congeria* Partsch vertreten; die Gattungen *Dreissensia* van Beneden und *Dreissensiomya* Fuchs fehlen. *Dreissensia* und *Dreissensiomya* kommen in den höheren Niveaus unserer Pliocänablagerungen vor, doch sind beide Gattungen an Arten verhältnissmässig arm und spielen nur der Individuenzahl nach stellenweise eine Rolle. So ist die *Dreissensia serbica*, Brus., im Kurder oberen pannonischen Niveau, im „Niveau der *Congeria rhomboidea* Hörn." dominirend in Nagy-Mányok (Comitat Tolna), Alcsút (Com. Fehér.) und Neszmély (Com. Komárom). Hingegen kommt im gleichen Niveau *Dreissensia auricularis* Fuchs in erstaunlicher Individuenzahl vor. Zufolge der stratigraphischen Lage meiner Schichten haben zwei der durch Andrusov aufgestellten sechs Gruppen von Congerien in meiner Fauna keine Vertreter; und zwar die Gruppe der „*Eocenae*", welche alttertiäre Formen enthält und jene der „*Rhomboidae*", deren Arten sich auf ein höheres Niveau beschränken, als es die in Rede stehende Schicht repräsentirt. Die Gruppen *Mytiliformes*, *Modioliformes*, *Triangulares* und *Subglobosae* sind jedoch vertreten.

Die kleinen Arten überwiegen grössere Formen, wie *Cong. Partschi* Czjž., *Cong. ornithopsis* Brus., *Cong. Zujovići* Brus., *Cong. subglobosa* Partsch, *Cong. tinnyeana* nov. spec. und *Cong. Budmani* Brus. spielen nur eine untergeordnete Rolle. Die herrschende Form meiner Fauna ist *Congeria Mártonfii* Lőrent.

Da Andrusov's grosse Monographie[1]) der Dreissensien in russischer Sprache[2]) geschrieben ist und

---

[1] Andrusov: Fossile und lebende Dreissensidae Eurasiens.
[2] Herr Dr. W. Laskarew hatte die Freundlichkeit, vieles zu übersetzen; was nicht er übersetzte, war er so freundlich mit dem Originaltext zu vergleichen und zu corrigiren. Meinen besten Dank dafür.

Zu dieser Gruppe gehören jene Formen, deren Schale mytilusartig, deren Vorderrand ganz reducirt ist. Der Wirbel befindet sich am Ende der Muschel (terminal). Der Kiel befindet sich in der Nähe der ventralen Seite und ist entweder stumpf oder mit scharfen Rippen verziert. Die Byssusöffnung ist weniger stark. Die Apophyse ist stark entwickelt und immer gegen das Septum geneigt. Diese Gruppe ist in meiner Fauna durch *Congeria Budmani* Brus, *Cong. rhamphophora* Brus. und *Cong. Doderleini* Brus. vertreten.

1. Congeria Budmani, Brus.

(Taf. IX, Fig. 9.)

1897. *Congeria Budmani* Brus., Andrusov: Dreissensidae. p. 108; Resumé. p. 28. T. II, F. 29—37.

In der Tinnyeer Fauna fand ich eine mittelgrosse Congeria, welche mit der von Andrusov beschriebenen Art übereinstimmt. Brusina hat diese Form bereits früher am Görgeteg (Symien) gefunden und benannt, ohne zu publiciren.

Der Umriss des mittelgrossen typischen Exemplars (Fig. 9) ist keilförmig, mit stark gedehntem Wirbelfeld; rückwärts schwach verbreitert; das Dorsalfeld kaum flügelartig. Der Unterrand oder Ventralrand ist schwach gebogen, beinahe gerade. Der obere Rand ist lang, allmählich in den mehr oder minder kurzen Hinterrand übergehend. Der Wirbel ist hoch, scharf, gestreckt. Vom Wirbel nach rückwärts zieht sich ein scharfer, schwach gestreifter Kiel, welcher die Oberfläche in den ziemlich sanft abfallenden Dorsaltheil und den schmalen, flachen, bis zum Unterrand beinahe vertical abfallenden Verticaltheil theilt. Die Schale ist dick, die Anwachsstreifen gewöhnlich stark. Das Ligamentgrübchen ist sehr schief und breit und sehr prägnant ausgebildet, das Septum stark verlängert, schmal, von der Form eines gleichschenkeligen Dreiecks. Die Apophyse tritt in der Form einer mächtigen, zugespitzten Platte aus der unterseptalen Vertiefung hervor. Sie ist nach innen und hinten zu geschärft. Der Abdruck des Fussmuskels auf ihr ist elliptisch. Der Abdruck der rückwärtigen Schliessmuskel ist beinahe kreisförmig und ein Theil der gelben Muskelsubstanz ist noch erhalten. Andrusov hebt hervor, dass die rechte und linke Schale von einander ein wenig abweichen und dass keine zwei Exemplare einander gleich sind. Andrusov's Abbildungen zeigen das gut. Neben Exemplaren, deren Oberfläche der starken Anwachsstreifen zufolge stark wellig ist, kommen andere, glatte vor. Bei den einen ist der Byssusausschnitt stark und demzufolge der Theil der Ventralseite um den Byssus herum convex, bei anderen hingegen ist der Byssusausschnitt kaum sichtbar und dem entsprechend ist die Ventralseite nicht concav, sondern gerade. Auch der untere Rand kann gerade oder gebogen sein und demnach variirt auch die Grösse des durch den Ventral- und unteren Rand gebildeten (Ventro-anal-) Winkels und die Lage des längsten Transversaldiameters. Der Ventralrand erweitert sich manchmal unter dem Wirbel zahnartig und dann entspricht demselben in der entgegengesetzten Klappe eine Höhlung, in welche der Zahn passt. Bei anderen wieder ist keine Spur von diesem Zahn vorhanden. Ich fand in Tinnye eine typische keilförmige Klappe (Fig. 9), deren rückwärtiger Theil sich nicht flügelartig erweitert. Die Oberfläche ist zufolge der starken Anwachsstreifen wellig. Der Byssusausschnitt ist schwach, die Byssusfurche jedoch deutlich. Unter dem Wirbel erweitert sich der Ventralrand zahnförmig. Der grösste Transversaldiameter liegt rückwärts. Das Ventralfeld ist gerade, nicht concav. · Diese meine Form stimmt mit jenen ANDRUSOV's (Fig. 36—37) am meisten überein, sie ist jedoch etwas höher, rückwärts breiter, ihre Anwachsstreifen stärker. Der über die Oberfläche sich ziehende Rand ist gebogener und demzufolge das Ventralfeld weniger vertical. Auch der Unterrand ist beinahe ganz gerade und fällt mit dem grössten Transversaldiameter zusammen. Bei meiner Form streicht sich der Ventralrand abweichend von jenen ANDRUSOV's zahnähnlich vor.

Maasse:

	Meine Form (Fig. 9):	ANDRUSOV:
Länge	22 mm	23 mm
Länge des Oberrandes (Dorsalrand)	21 „	18 „
„ „ Hinterrandes (Chorda)	14 „	12 „
„ „ Unterrandes (Ventralrand)	22 „	23 „
Breite	14 „	10 „
Dicke (Höhe)	9 „	7 „

Vergleicht man also die Maasse meiner Form mit jenen ANDRUSOV's, von welchen ich die Maasse des meiner Form am nächsten stehenden Görgeteger Exemplars mittheile; so sieht man, dass meine Form ein mittelgrosses typisches Exemplar repräsentirt.

Fundort: Die zwischen der *Congeria spathulata* PARTSCH und *Congeria slavonica* BRUS. stehende *Budmani* ist bisher nur von Görgeteg und Tinnye bekannt. Während sie jedoch in Görgeteg häufig und gross ist, findet sie sich in Tinnye, wo ich bisher nur ein, und zwar mittelgrosses Exemplar fand, selten, in Budapest-Köbánya kommt überhaupt nicht vor. Diese Art erreicht demnach den Culminationspunkt ihrer Entwicklung in der obersten pannonischen Stufe, im sogenannten „*Congeria rhomboidea*-Horizont", und ist im tieferen Niveau, wohin die Tinnyeer Fauna gehört, selten. Wahrscheinlich ist dies jene Form, welche HANTKEN in seiner Arbeit „Geologische Studien zwischen Buda und Tata" unter dem Namen *Congeria spathulata* PARTSCH erwähnt (in der Sammlung HANTKENS fand ich diese Form nicht). — Nach den Angaben von HANTKEN erwähnt auch M. HÖRNES die *Congeria spathulata* von Tinnye. (Foss. Mollusk. des Tertiärbeck. von Wien.)

2. Congeria ramphophora, BRUS.

1892. *Congeria rhamphophora* BRUS.: BRUSINA: Fauna di Markusevec. p. 85.
1895. „ „ „ LÖRENTHEY: Papyrotheca. p. 392.
1896. „ „ „ BRUSINA. La collection néogène de Hongrie. p. 142 (46).
1897. „ „ „ ANDRUSOV: Dreissensidae. p. 113. T. III, F. 9—12.

Von dieser gleichschenkelig dreieckigen, mit schwach convexen Rippen verzierten Form fand ich in Tinnye nur ein fragmentarisches Exemplar, dessen gerader oder kaum merkbar convexer Ventralrand oder Unterrand abgebrochen ist. Der Hinterrand und Ober- oder Dorsalrand sind beinahe gleich lang. Der Dorsalrand ist kaum merkbar convex; der Hinterrand bildet einen flachen Bogen, wie aus den Anwachsstreifen hervorgeht. Vom Wirbel zieht sich — gerade wie bei *Congeria Schmidti* LÖRENT. — ein plattenförmiger Kiel gegen rückwärts, welcher auch hier von der Oberfläche der Muschel scharf hervorspringt und diese in einen schmalen, flachen, verticalen, von oben unsichtbaren Vorder- und einen schwach convexen Hintertheil zerlegt. Der scharfe Wirbel ist kaum gekrümmt. Das Septum ist klein, die Apophyse verhältnissmässig gross und nach innen gerichtet. Die Anwachsstreifen sind schwach, dort jedoch, wo sie den Kiel kreuzen, stärker, wodurch der Kiel schwach gezähnt oder wenigstens wellig ist.

Meine einzige bessere Muschel ist, obzwar mangelhaft erhalten, so wie alle meine Formen, welche mit der Marcusevecer Fauna übereinstimmen, stärker und grösser. Denn während die Marcusevecer nur 5—6 mm lang ist, beträgt die Länge meines Tinnyeer Exemplars 18 mm. Abgesehen von der Grössendifferenz ist meine Form ganz typisch, wie dies aus dem Vergleich mit den Marcusevecer Stücken hervorging. Mit den Stücken von Ripanj stimmt mein Exemplar schon besser überein, da jene grösser sind als die Markusevecer.

Die nächsten Verwandten der C. ramphophora sind ausser homoplatoides ANDRUS. Schmidti LÖRENT, und simulans BRUS. und ist C. Schmidti noch bedeutend grösser als C. ramphophora, und ihr Wirbel ist stärker gekrümmt. Sie ist weniger gleichschenklig als ramphophora, ihr Dorsalrand ist verhältnissmässig kürzer und ihr Hinterrand viel mehr gebogen. Bei C. Schmidti ist der durch Dorsalrand und Hinterrand gebildete (Dorsal-anal) Winkel abgerundet, wohingegen er bei ramphophora ziemlich spitz ist. Während bei letzterer Art das Ventralfeld schmal und vertical ist, zeigt es sich bei Schmidti breiter und nicht vertical, sondern schwach abfallend. Es kommt zwar auch bei C. ramphophora vor, dass nämlich das Ventralfeld nicht vertical ist. Der plattenförmig hervorspringende Keil ist bei C. Schmidti stärker gebogen, ja manchmal sogar schwach S-förmig und gegen das rückwärtige Ende der Muschel langsam abgeschwächt, bei ramphophora hingegen immer stärker werdend. Bei C. Schmidti bildet der Byssusausschnitt eine deutliche Spalte, die Byssusfurche fehlt. Der Kiel bei C. simulans BRUS., welcher sehr scharf, doch nie mit einer Lamelle verziert ist wie bei ramphophora und Schmidti, läuft gerade aus wie bei C. ramphophora oder ist ausserordentlich schwach S-förmig wie bei C. Schmidti und ist stark nach vorne geschoben wie bei C. ramphophora: Demzufolge stimmt C. simulans betreffs der verticalen Lage des Ventralfeldes besser mit ramphophora überein. Bei C. simulans ist kein Byssusausschnitt vorhanden, doch besitzt sie manchmal eine ziemlich starke Byssusfurche, die bei ramphophora und Schmidti fehlt. Der Hinterrand ist bei C. Schmidti stärker gebogen, der Uebergang des Dorsalrandes zu dem Hinterrand viel abgerundeter als bei ramphophora oder simulans.

Fundort: Die bis dahin nur von Markusevec und Ripanj bekannt, liegt mir aus Tinnye in einem Exemplar vor.

3. Congeria Doderleini BRUS.

(Taf. X, Fig. 16—18.)

1892. *Congeria Doderleini* BRUS.; BRUSINA, Fauna die Markusevec. p. 71.
1893. „   nov. form. LÖRENTHEY: Beitr. zur Kennt. der unt. pont. Bildungen des Com. Szilagy ect. p. 314.
T. IV, F. 7.
1895. „   *Doderleini* BRUS., LÖRENTHEY: Papyrotheca. p. 392.
1897. „   „   „   ANDRUSOV: Dreissensidae. p. 126. T. III, F. 23—30.

Eine verhältnissmässig kleine, mit aufgeblasenen, convexen Klappen versehene Art von variabler Form, welche ziemlich häufig ist. Meistens werden beide Klappen zusammen gefunden, deren linke gewöhnlich etwas kleiner, nämlich kürzer und besonders niedriger ist, als die rechte. Sie zeigt entweder die Form eines gestreckten Dreiecks oder öfter die „einer vorn breiten Füsssohle." Die Wurzel ist ziemlich convex, die Anwachsstreifen sind wie bei den Markusevecer so auch den Tinnyeer Exemplaren ziemlich stark, wohingegen ANDRUSOV sie als zart bezeichnet. Der Wirbel ist etwas vom Rande verschoben, der Kiel stark abgerundet und bildet, nachdem · er vom Wirbel ausgehend sich auf die Dorsalseite wendet und in deren Mitte die Richtung wechselnd sich gegen die Vorderseite kehrt, eine S-förmige Linie. Dieser Kiel theilt die Oberfläche der Muschel in ein breites, hohes, schiefstehendes, convexes Ventralfeld und in ein schwach convexes, unten beim Dorsal-Anal-Winkel eigenthümlich flügelartig erweitertes Dorsalfeld. Bei den Tinnyeer zweiklappigen Exemplaren erweitert sich der Dorsal-Anal-Theil nicht flügelartig. Der Ventralrand ist convex gebogen, der Byssusausschnitt nicht gerade schwach und bei den zwei zusammengehörigen Klappen nicht gleich, sondern bald auf der rechten, bald auf der linken Klappe stärker. Der Ventralrand erweitert sich auf beiden Klappen vorne zwischen dem Wirbel und dem Byssusausschnitt zahnförmig, und auch diese zahnförmig sich erweiternde Platte ist auf den beiden Klappen nicht gleich entwickelt, sondern bald auf der rechten, bald auf der linken stärker. BRUSINA spricht bei der Beschreibung nur von dem scharfen und hervorragenden Zahn der linken Klappe. Die Byssusfurche fehlt. Der Dorsalrand ist schwach gebogen entweder convex oder concav, gewöhnlich sehr lang, länger als der Hinterrand, seltener gleich demselben wie bei einem meiner Klappenpaare und bei ANDRUSOV's Figur 23, 27. Der Hinterrand ist zumeist sehr kurz, schwach gebogen; stärker gebogen ist er nur bei solchen Exemplaren, wo er mit dem Dorsalrand annähernd die gleiche Länge hat. Bei der kleinen Klappe ist das Septum im Verhältniss gross und breit, von der Form eines rechtwinkeligen Dreiecks. Auch die Apophyse ist auffallend stark, breit und nach innen gerichtet. Die Ligamentgrube und die diese begrenzende Leiste ist für gewöhnlich ebenfalls sehr stark, wie dies aus Fig. 16 b und 17 a ersichtlich.

Maasse:	I.		II. (Fig. 16—18)		III.		Markuse-
	linke	rechte	linke	rechte	linke	rechte	vecer[1]
Länge (Umboventral-Diameter)	12,0	12,5 mm	10,8	11,0 mm	10,0	10,0 mm	12,0 mm
Breite (Anteroposterior- „)	6,5	6,5 „	5,8	5,8 „	4,8	4,9 „	6,5 „
Dicke (Höhe)	2,5	3,0 „	2,5	3,0 „	2,0	2,5 „	3,5 „

BRUSINA vergleicht diese Art in seiner Beschreibung mit der aus Bisenz (Mähren) stammenden, von ihm *Congeria Basteroti* DESH. benannten, nächstverwandten Form. ANDRUSOV führt in seiner Monographie aus, dass die Bisenzer *Congeria* mit der *Cong. Basteroti* DESH. nicht identisch, sondern eine neue Art sei, welche er *Cong. Neumayri* ANDRUS. benennt. Die *C. Doderleini* weicht jedoch von *C. Neumayri* in Vielem ab. Sie ist kleiner, gewölbter, dicker. Das Ventralfeld von *C. Neumayri* ist weniger convex, neben dem Byssusausschnitt concav, dasjenige bei *Doderleini* jedoch beinahe immer aufgewölbt und um den Byssusausschnitt herum überhaupt nie concav. Während der stumpfe Kiel bei *C. Neumayri* eine regelmässig gekrümmte Linie bildet, ist jener von *C. Doderleini* S-förmig. Als Unterschied erwähnt noch BRUSINA, dass der Oberrand bei *C. Neumayri* eine mehr oder minder gebogene, beinahe halbmondförmige Linie bildet, derjenige von *Doderlini* hingegen flügelartig ausgebreitet ist und mit dem Hinter- oder Analrand einen Winkel bildet. Bei dem Taf. X, Fig. 16—18 abgebildeten, vom Typus abweichenden Klappenpaar aus

---

[1] Die Daten ANDRUSOV's. „Dreissensidae." p. 126.

Tinnyė ist der durch Dorsal- und Hinterrand gebildete Winkel stark abgerundet, das Septum, die Apophyse und die Ligamentgrube sind schwächer, diese Form nähert sich demzufolge der bei M. Hoernes *C. Basteroti* genannten *C. Neumayri* (Foss. Moll. d. Tertiärbeck. von Wien. Taf. 49, Fig. 5—6), unterscheidet sich jedoch durch die Form ihres Ventralfeldes und ihres Kieles von der letzteren Art.

Der starke Dorsalrand, der kurze Hinterrand, die grosse Ligamentgrube der *C. Doderleini* erinnert auch an. *C. Budmani*, doch sind die beiden Arten durch ihre angeführten Charaktere im Uebrigen von einander scharf getrennt.

Fundort: Von den bisher besprochenen Formen ist diese am meisten verbreitet. Wir kennen sie von Ripanj (Serbien), Markusevec, Neudorf bei Wien. Nach Andrusov kommt sie wahrscheinlich auch bei Gaya in Mähren vor. In Ungarn fand ich sie nur bei Oláh-Lapád und Tinnye, an letzterem Orte drei zweischalige Stücke; in Budapest-Köbánya fand ich sie nicht. Bei Oláh-Lapád wurde im oberen Niveau zusammen mit *Melanopsis impressa* Krauss, *Mel. Martiniana* Fér. und *Mel. vindobonensis* Fuchs ein mangelhaftes Exemplar gefunden, welches ich zuerst für eine besondere Art hielt.

b) Triangulares.

Die hieher gehörigen Formen weichen von den Mytiliformes darin ab, dass die dreieckige Muschel einen starken Kiel und eine starke flügelartige Erweiterung besitzt. Diese Gruppe ist in unserer Fauna durch zwei grosse Arten vertreten, *Congeria Zujovići* Brus. und *Congeria ornithopsis* Brus.

4. Congeria Zujovići Brus.
(Taf. XV, Fig. 1—3.)

1897. *Congeria Zujovići* Brus., Andrusov: Dreissensidae. p. 168. T. VII, F. 9—15.

Zwei mangelhafte Exemplare von Tinnye stimmen nicht ganz mit den in Agram liegenden Exemplaren von Ripanj überein. Zieht man jedoch den immerhin grossen Unterschied in Betracht, welcher zwischen den bei Andrusov Fig. 9—10 abgebildeten Exemplaren von Gaya und den Fig. 11—15 dargestellten von Ripanj herrscht, so stehen meine Exemplare zwischen denen von Gaya und Ripanj, wie dies aus den unten aufgezählten Merkmalen erhellt. Von meinen Exemplaren ist das in Fig. 1 dargestellte typischer, obwohl das hinter dem Kiel gelegene Feld der Schale nicht concav, sondern schwach convex und der Kiel weniger S-förmig ist, wie auf den serbischen Exemplaren.

Die Schale ist bei meinen Exemplaren ziemlich concav; von innen gesehen dem Ohr der Katzenarten ähnlich. Der Wirbel ist stark convex und gekrümmt. Der Oberrand ist gerade oder er bildet einen sehr schwach convexen Bogen, welcher mit dem ebenfalls beinahe geraden (Fig. 2) oder schwach concaven (Fig. 1) Analrand so wie auf dem Exemplar von Gaya einen Winkel von 100° bildet. Der Analrand ist länger als der Oberrand. Der Ventralrand besteht wie bei der Gruppe der Subglobosae aus zwei Theilen und theils aus dem mit dem beinahe geraden (schwach concaven) Hinterrand fast parallellen und dem unteren convex gebogenen Theil. Der vom Wirbel ausgehende und in die Nähe des Unterrandes sich dahinziehende Kiel ist zuerst ziemlich scharf, wird dann immer stumpfer und verschwindet gegen rückwärts und unten verlaufend gänzlich. Bei meiner in Fig. 1 abgebildeten Form ist der Kiel beinahe ganz gerade wie auf der Fig. 13 bei Andrusov, auf der in Fig. 2 dargestellten linken Klappe jedoch schon etwas mehr gebogen.

Der Ventralrand hat auf letzterer vor dem Septum gleich unter dem Wirbel einen zahnförmigen Vorsprung, für dessen Aufnahme in der rechten Klappe neben dem Septum — wie auf Fig. 1b ersichtlich — eine Vertiefung vorhanden ist, welche gegen aussen von einem schmalen Rand begrenzt wird. Dieser Rand erzeugt im Ventralfeld hinter dem Wirbel eine leichte Anschwellung. Während der Apicalwinkel nach ANDRUSOV zwischen 75^0—80^0 schwankt, beträgt er bei meinen Formen 82^0. Das stark convexe Ventralfeld ist kräftig entwickelt, doch nicht so sehr wie bei den Subglobosae, da der die Oberfläche der Schale theilende Kiel sich noch am vorderen Theil der Klappe befindet. Vom Wirbel zieht sieh bis zu jener Stelle, wo Ventral- und Analrand zusammentreffen, ein stark abgerundeter, kaum wahrnehmbarer Rand, welcher nur dadurch zu erkennen ist, dass die Oberfläche einen starken Bruch aufweist, von welchem an sie jäh, beinahe vertical abfällt. Das Dorsalfeld ist entweder gerade, flach (Fig. 1a) oder convex (Fig. 2b). Die vorliegende rechte und linke Klappe weichen in der Entwickelung der Oberfläche in Vielem ab. Auf der rechten Klappe (Fig. 1a) verläuft die stark abgerundete Kante beinahe ganz gerade und das Dorsalfeld ist sehr schwach convex. Auf der linken Klappe ist die Kante schärfer, mehr rückwärts gelegen und gebogener, schwach S-förmig. Das Ventralfeld ist convexer, die vom Wirbel zum Vereinigungspunkte des Ventral- und Analrandes ziehende Kante stärker und besser sichtbar. Unsere linke Klappe neigt demnach mehr zu den Subglobosae, besonders zur *Partschi* Czjz. Das Septum ist verhältnissmässig klein. Die starke Apophyse hat die Form eines dreischenkeligen Dreiecks, ihre Spitze ist der Mittellinie zugewendet. Die Byssusöffnung bildet eine lange, schmale Spalte (Fig. 3). Die Anwachsstreifen sind fein, aber scharf und nur um die Byssusöffnung herum stärker.

Diese Charaktere sind auf den Abbildungen gut zu sehen. In Fig. 3 stelle ich die rechte und linke Klappe Raummangels halber vereint dar, als ob sie zusammengehörig wären. Wie erwiesen sind sie nicht nur nicht die Muscheln eines Individuums, sondern weichen von einander in ihrer Ausbildung ziemlich ab.

ANDRUSÒV nimmt an, *C. Zujovići* sei in der Formenreihe eine weiterentwickelte Form der *Congeria Wähneri* ANDRUS. und *Cong. moravica* ANDRUS. *C. Zujovići* unterscheidet sich von *C. moravica* darin, dass ihr Umriss mehr viereckig, der Obertheil des Analrandes nicht so concav ist wie bei dieser. Der Apicalwinkel ist stumpfer, denn während derselbe bei *C. moravica* 60^0 beträgt, schwankt er bei *Zujovići* zwischen 75—82^0.

Fundort: Die bisher nur von Ripanj (Serbien) und Gaya (Mähren) bekannte Art liegt jetzt auch von Tinnye vor. An allen drei Orten ist sie selten und in Budapest-Kőbánya gar nicht vorhanden.

5. Congeria ornithopsis BRUS.

(Taf. IX, Fig. 1—8.)

1859. *Congeria triangularis* PARTSCH., V. HANTKEN: Die Umgegend von Tinnye. p. 569.
1861. „ „ „ „ Geologiai tanulmángoh Buda éi Tata között. p. 273.
1867. „ „ „ „ M. HOERNES: Foss. Moll. von Wien. Bd. II. p. 363.
1887. „ *balatonica* PARTSCH, V. HANTKEN: *Tinnyea Vásárhelyii* nov. gen. et nov. spec. p. 345.
1892. „ *ornithopsis* BRUS., BRUSINA: Ueber die Gruppen der *Congeria triangularis*. p. 495.
1895. „ „ „ LÖRENTHEY: Papyrotheca. p. 392.
1897. „ „ „ ANDRUSOV: Dreissensidae. p. 170. (Resumé. p. 87) T. VII, Fig. 16—19.

Diese eigenthümliche Form ist auffallend convex und erinnert von der Seite wie im Profil gesehen an einen Vogelkopf. Der Oberrand ist gerade oder bildet einen sehr schwach convexen Bogen, welcher in

concav. Der Ventralrand zeigt zwischen Wirbel und Septum meistens eine zahnartige Verlängerung (Fig. 1c, 2c und 3c). Das verschieden grosse Septum hat an seinen Spitzen die Form des abgerundeten Dreiecks. Die Apophyse ist kräftig, länglich, stark nach innen gerichtet und von oben gut sichtbar.

Maasse:

	(Fig. 1)	(Fig. 2)	(Fig. 3)	(Fig. 4)	(Fig. 5)	(Fig. 6)	ANDRUSOV
Länge	43 mm	41 mm	44 mm	52 mm	55 mm	51 mm	53 mm
Breite	23 „	23 „	26 „	30 „	32 „	30 „	45 „
Dicke (Höhe) . . .	17 „	15 „	18 „	22 „	20 „	19 „	18 „
Länge des Oberrandes	25 „	28 „	27 „	37 „	33 „	32 „	44 „
Apikalwinkel	60°	60°	70°	45°	65°	55°	75°[1]
Winkel des Flügels .	110°	95°	100°	110°	105°	100°	70°

Bezüglich der an einen Vogelkopf erinnernden Form weicht *C. ornithopsis* von den übrigen Formen der Triangules ab. Besonders *C. croatica* BRUS. ist es, welche sich hinten ebenfalls flügelartig ausbreitet, aber auch deren Dorsalfeld hat keine derartige Vertiefung, wie die *ornithopsis*. Bei *croatica* ist der Analrand nicht concav oder ist die Concavität so gering, dass die Umrisse demzufolge nicht an den Vogelkopf erinnern, ANDRUSOV hat Recht, wenn er im Gegensatz zu BRUSINA sagt, dass *C. ornithopsis* der Form nach der *Cong. moravica* und *Zujovići* näher steht, als der *Cong. Hörnesi* und *croatica*. — Die nach dem Oberrand verschobene Kante, sowie auch die Concavität des Unterrandes lassen die *C. ornithopsis* der *C. moravica* und *Zujovići* näher erscheinen. *C. ornithopsis* wird jedoch von diesen Arten, sowie auch von den übrigen Formen der Triangulares-Gruppe scharf unterschieden durch die Entwicklung des Dorsalfeldes. Dieses ist nämlich zusammengepresst, breitet sich flügelförmig aus und ist stark concav und eingedrückt, und fällt anfangs — vom Rande ausgegangen — in demselben Maasse nach hinten, wie das Ventralfeld nach vorne, und dieser Umstand trennt sie scharf von ihren übrigen Verwandten. Dass *C. ornithopsis* thatsächlich in naher Verwandtschaft zu *Żujovići* steht, das beweist die in Fig. 6 gegebene Abbildung, welche einen Uebergang zu *Zujovići* darstellt. Bei dieser Figur ist nämlich der Wirbeltheil schwächer entwickelt, breiter, nicht so schnabelförmig vorgestreckt, und der Wirbel selbst windet sich nicht so stark, biegt sich nicht so ein, wie bei *C. ornithopsis* Das Septum bildet an den Spitzen abgerundete Triangeln, welche nicht nur zwei, sondern drei gleiche Seiten haben. Die Schale ist weniger aufgeblasen, die Kante ist schwächer, abgerun-

---

[1] Wahrscheinlich sind die beiden Winkelwerthe verwechselt, weil immer der Apikalwinkel kleiner ist.

as hier abgebildete Exemplar füglich auch zu *C. Zujovići* gestellt werden, nachdem es sich von *C. Zujovići* on Gaya kaum unterscheiden lässt. Andrusov hebt hervor, dass die Gayaer Form von dem Typus abeicht, indem sie hier etwas dünner und der Dorso-anal-Winkel kleiner ist; dieser beträgt bei dem typischen erbischen Exemplar 110°, bei dem Gayaer nur 100°, und ich kann hinzufügen, dass während der Apikalinkel — an den Figuren Andrusov's gemessen — bei dem typischen serbischen Exemplar 75°, bei dem iährischen nur 63° beträgt. Der Analrand ist schwach concav, während er bei dem Typus kaum merkbar onvex ist. — Zum Schluss sagt Andrusov: „Wir dürfen daher die Exemplare aus Gaya als Uebergangsorm zur *Cong. moravica* betrachten". Ich kann indess auf Grund meiner Exemplare von Tinnye constatiren, .ass *C. Zujovići* von Gaya ebenso den Uebergang zu *C. ornithopsis* bildet, wie auch zu *C. moravica*. Diese rei Arten sind also mit Uebergangsformen derart verbunden, dass es oft ziemlich schwierig ist, die Grenze wischen ihnen zu ziehen. Dass ich meine in Fig. 6 abgebildete Form — trotz des Gesagten — daher zu *C. ornithopsis* und nicht zu *C. Zujovići* stelle, geschieht aus folgenden Gründen: Bei meiner Form ist der Rand etwas nach hinten geschoben und verläuft in stärker ausgeprägter S-Form, wie auf dem Stücke von Gaya der Dorsalanalwinkel unserer Form grösser (100°) als bei *Zujovići* (92°), von Gayaer (68°) und aus Serbien: während das Dorsalfeld — soweit man aus der unklaren Abbildung bei Andrusov folgern kann — bei der Form von Tinnye eingedrückter, concaver ist. — Diese Charaktere weisen mehr auf *C. ornithopsis*, als auf *C. Zujovići*. *C. ornithopsis* zeigt jedoch nicht nur Uebergänge zur — ebenfalls der Gruppe Triangulares angehörenden — *C. Zujovići*; ich habe unter Anderen auch ein Exemplar gefunden, welches mit ler — der Gruppe Subglobosae angehörigen — *Partschi* Cižek — grosse Aehnlichkeit besitzt (Fig. 1). Bei diesem Stücke ist nämlich der Kiel so weit zurückgeschoben, dass das Dorsalfeld nur so klein ist wie bei *Partschi*. Da jedoch der untere convex gewölbte Theil des Ventralrandes schmal ist, der Hinterrand concav, las Dorsalfeld hinter dem Kiel stark eingedrückt und der Dorsoanalwinkel durch eine kleine flügelartige Ausbreitung gebildet ist, so muss diese Form zu *C. ornithopsis* gestellt werden.

Bei der in Fig. 2 abgebildeten Form ist der Theil um den Wirbel etwas abnormal entwickelt, das Ventralfeld ist in Folge einer Verletzung überconcav. Besonderes Interesse bietet diese Form dadurch, dass Bau des Wirbeltheiles mit dem in Fig. 8 abgebildeten Stücke vollkommen übereinstimmt: das Exemplar ist eine junge, unentwickelte *C. ornithopsis*. Wenn man nämlich aus dem Wirbeltheile der Fig. 2 den Anwachslinien entsprechend einen 24 mm langen und 16 mm breiten Theil abtrennen würde, so ergäbe das eine zu der in Fig. 8 abgebildeten rechten passende linke Schale. Ich war anfangs geneigt, das in Fig. 7 abgebildete Exemplar für *C. ramphophora* zu halten, da dessen vorstehende Kante so scharf ist, dass sie sich förmlich abblättert und stark vorwärts geschoben ist. Der Vergleich mit den Agramer Exemplaren von *C. ornithopsis* ergab jedoch, dass unser Exemplar nur eine Embryonalform der *C. ornithopsis* ist.

Ein anderes Exemplar von *C. ornithopsis* — ebenfalls von Tinnye — zeigt auf dem Scheiteltheil hinter dem starken Hauptkiel eine vorzüglich erhaltene dorsale Kielfalte, wie sie bei den typischen Triangularis-Exemplaren von Radmanest und Tihany vorkommt. Diese Kielfalte beschränkt sich jedoch nur auf noch vor bei Drsnik iu Bosnien, am östlichen Ende der Ebene von Ipek. In Tinnye sammelte ich vierzehn vollständige Exemplare und einige Bruchstücke. Im gleichen Niveau fand ich sie in Budapest-Kőbánya bisher noch nicht. Wahrscheinlich besitzt diese Art eine noch weit grössere Verbreitung. Die meisten der in der Litteratur als *C. triangularis* bezeichneten Formen, welche mit *Melanopsis Martiniana* und *impressa* zusammen vorkommen, gehören wahrscheinlich zu *C. ornithopsis*. Wahrscheinlich gehört auch die von R. Hoernes aus Zemenye (Sopranyer Comitat) als „*Congeria triangularis* Partsch." (Sarmatische Condylien aus dem Oedenburger Comitat, pag. 57, 59) aufgeführte Form hierher. Eine Form mit schärferer Kante fand Brusina in Croatien, in Dubski Dol bei Sibiny, von welcher er glaubt, sie sei ebenfalls *ornithopsis*. Wahrscheinlich gehören auch jene defecten Exemplare grösstentheils hierher, welche ich aus Siebenbürgen unter dem Namen *Cong.* cfr. *Zsigmondyi* Hal. aufgezählt habe. (Beiträge zur Kenntniss der unteren pont. Bildungen des Szilágyer Comitats und Siebenbürgens.)

c) Modioliformes.

Zu dieser Gruppe zählt Andrusov die „modiolaartigen" Formen, welche oft ungleichklappig sind. Der Vorderrand ist, wenn auch schwach, doch zumeist deutlich ausgebildet. Die abgerundete Kiellinie liegt median oder dorsal, seltener ventral. Die Byssusöffnung ist sehr schwach. Die Apophyse liegt öfters horizontal in einer Fläche mit dem Septum. Diese Gruppe, deren typische Form *Cong. amygdaloides* Dunk ist, ist in unserer Fauna durch drei, resp. vier Arten vertreten und theils durch die mit *Cong. zagrabiensis* Brus. nahe verwandten *Cong. tinnyeana* nov. sp., *Cong. Gitneri* Brus. und *Cong. plana* nov. sp. Als Anhang setze ich die *Cong. scrobiculata* Brus. hieber.

6. **Congeria tinnyeana** nov. sp.

(Taf. XVI, Fig. 1a—1d.)

1895. *Congeria tinnyeana* nov. sp. Lörenthey: Papyrotheca. p. 892.
1897. „ „ „ Andrusov: Dreissensidae. p. 664 und 674.

Die solide, dicke Muschel ist breit, wenig convex, bald gestreckt, gedehnt oval, bald rhomboidal, das Dorsalfeld mehr-minder flügelförmig erweitert. Der Wirbel ist stark, streckt sich gegen die Ventralseite, ist ziemlich stark gewunden und wird nach unten von einem zahnartigen, schwachen Randvorsprung begleitet, welcher auf der linken Klappe vom Wirbel weiter nach rückwärts verschoben ist. Der vom Wirbel zum unteren Analwinkel sich ziehende stark S-förmige Kiel ist anfangs scharf, wird jedoch gegen rückwärts allmählig schwächer und breiter, schliesslich platt. Hinter dem Hauptkiel befindet sich manchmal eine dorsale

Kielfalte. Der Kiel theilt die Klappe in zwei beinahe ganz gleiche Felder. Das obere dreieckige, schwach eingedrückte Dorsalfeld wird von dem geraden Dorsalrand und dem beinahe ganz geraden, längeren oder kürzeren Hinterrand begrenzt. Der Dorsal- und Hinterrand treffen in scharfem Dorsoanalwinkel zusammen. Zwischen dem Kiel und dem stark gebogenen Ventralrand, also am Ventralfeld, zieht vom Wirbel bis etwa zur Mitte des Ventralrandes eine sehr schwache Kante hin, welche das Ventralfeld in einen schmalen, viel steiler, beinahe vertical abfallenden, flachen Vorder- und einen verhältnissmässig convexeren, breiten Hintertheil theilt. Der Ventralrand bildet vorne einen schwach concaven, von seiner Mitte gegen rückwärts hingegen einen schwach convexen Bogen. Die Byssusöffnung ist sehr schwach. Die Oberfläche ist durch feine, aber mit scharfen und tieferen Furchen abwechselnden Anwachslinien geziert. Das Septum bildet ein an seinen Spitzen schwach abgerundetes, gleichseitiges Dreieck. Die von oben gut sichtbare Apophyse ist gross, gestreckt, breit, mit ihrer Spitze gegen innen gerichtet. Ist die Ligamentgrube schwach, so ist sie nur halb so lang wie der Dorsalrand. Dies ist der Fall einer rechten Klappe, auf der ovalen linken hingegen ist sie kräftig entwickelt und reicht bis zum Ende des Dorsalrandes. Sehr schön sind die Eindrücke des Mantels, der rückwärtigen Byssusmuskel und der Schliessmuskel zu sehen.

Maasse:	rechte Klappe:	mangelhafte linke Klappe:	Embryonen: rechte	linke
Länge	48 mm	41 mm	11 mm	11 mm
Breite	35 „	26 „	7,2 „	7,2 „
Höhe (Dicke)	14 „	12 „	4,3 „	4 „
Länge des Dorsalrandes . .	32 „	30 „	7 „	7,5 „
Apicalwinkel	75°	50°	53°	53°
Dorsoanalwinkel	95°	105°	86°	— Sehr rund.

Cong. tinnyeana ist mit *Cong. zagrabiensis* BRUS. sehr nahe verwandt, wie ein Vergleich meiner Figuren mit jenen der ANDRUSOV'schen Monographie Taf. IX, Fig. 17—19 zeigt. Die unterscheidenden Charaktere sind die folgenden: Die ganze Muschel der *C. tinnyeana* ist dicker, solider. Da rechte und linke Klappe der neuen Art bekannt sind, lässt es sich mit Bestimmtheit constatiren, dass sie convexer, aufgelaufener ist als *C. zagrabiensis*. Auch die rechte Klappe allein ist convexer als diejenige von *C. zagrabiensis*, welche schon convexer ist als deren linke. Der Wirbel unserer Form streckt sich mehr vor und ist gekrümmter als bei *C. zagrabiensis*. Der Kiel verläuft in starker S-Biegung, wohingegen er bei *C. zagrabiensis* viel stumpfer ist und einen nahezu geraden, schwach gebogenen Verlauf nimmt. Die Kielfalte hinter dem Wirbel ist an beiden Formen vorhanden. Die grössere Convexität meiner Form ist am Ventralfeld am augenfälligsten, welches viel gewölbter ist als das von *C. zagrabiensis*; demzufolge ist auch die vom Wirbel bis in die Mitte des Ventralrandes reichende schwache Kante an meiner Form stärker und auffälliger, das Septum ist an meiner Form schmäler, nicht rundlich dreieckig wie bei *C. zagrabiensis*, die Apophyse ist gross, wohingegen sie bei *C. zagrabiensis* klein ist. Das Innere der Muschel von *C. zagrabiensis* kennt man nicht, da die Klappe so dünn ist, dass man sie aus dem umgebenden Thon nicht freilegen kann; über die Eindrücke des Mantels und den rückwärtigen Muskeln lässt sich daher nichts sagen.

Dafür, dass *C. tinnyeana* eine selbständige Art ist, spricht auch der Umstand, dass sie in einem tieferen Niveau vorkommt als die *C. zagrabiensis*, welche bisher nur aus der obersten pannonischen Stufe, aus dem sogenannten *Congeria rhomboidea* M. HOERN.-Niveau bekannt ist.

mehr der *C. Cijteki* PARTSCH als der *C. zagrabiensis*. Die flügelartige Erweiterung des Dorsalfeldes und die gewölbte Form des Ventralfeldes, so auch die rhomboidale Gestalt bringen meine Form dagegen wieder der *C. zagrabiensis* näher. *C. tinnyeana* bildet also eine Mittelform zwischen *C. Cijteki* und *C. zagrabiensis*, steht aber der letzteren näher.

Interessant ist, dass bei *C. tinnyeana*, wie bei *C. zagrabiensis* schmälere, gestreckt ovale (ANDRUSOV, Dreissensidae. IX, 17—18) und breite, rhomboidale Formen (Dortselbst. IX, 19) vorkommen. Zwischen meinen zwei ausgewachsenen Exemplaren besteht der Unterschied, dass auf der breiten, rhomboidalen, rechten Klappe der Dorsalrand beinahe so lang ist als der kaum gebogene Hinterrand, während auf der länglich ovalen, linken Klappe der Dorsalrand um ein Drittel länger ist als der ziemlich gebogene Hinterrand. Während weiter der Ventralrand auf der rechten Klappe etwa in der Mitte am stärksten gebogen ist, fällt der am stärksten convexe Theil der linken Klappe mehr nach rückwärts. Hieraus folgt, dass auf der rechten Klappe der grösste Transversaldurchmesser ein wenig vor die Mittellinie, auf der linken Klappe bedeutend hinter dieselbe fällt. Auf der rechten Klappe befindet sich hinter dem Kiel die dorsale Kielfalte, auf der linken fehlt dieselbe, sogar am Wirbelfelde, wo sie am stärksten sein sollte. Bei der zweiklappigen Jugendform ist die dorsale Kielfalte auf beiden Klappen vorhanden, auf der rechten Klappe jedoch stärker.

Fundort: Ausser zwei erwachsenen Exemplaren und einer Jugendform dieser neuen Art fand ich in Tinnye eine lose rechte Klappe und eine linke, welche mit Ausnahme der Wirbelpartie Steinkern ist. In Budapest-Köbánya ist *C. tinnyeana* bisher nicht nachgewiesen.

7. **Congeria Gitneri** BRUS.

(Taf. X, Fig. 11—12 und 14—15.)

1879· *Congeria amygdaloides* DUNK., L. MÁRTONFI: A szilágysomlyói neogen. p. 195.
1892. „ *Gitneri* BRUS., BRUSINA: Fauna di MarkuseVec. p. 184 (72).
1893. „ sp. LÖRENTHEY: Beitr. zur Kennt. d. unterpont. Bild. d. Szilágyer Comitates etc. p. 302.
1895. „ *Gitneri* BRUS., LÖRENTHEY: Papyrotheca. p. 392.
1896. „ „ ·„ BRUSINA: La collection néogène de Hongrie etc. p. 142 (46).
1897· „ „ „ ANDRUSOV: Dreissensidae. p. 189 (Resumé. p. 40). Taf. VIII, Fig. 83—86.

Die kleine, ovale, mit *C. Brardi* AL. BRONG. nächst verwandte Art ist in unserer Fauna sehr häufig. Der Dorsalrand bildet einen schwach convexen Bogen, welcher meist kürzer ist als der bedeutend convexere Analrand, obzwar bei meinen convexeren, grösseren Exemplaren der Dorsalrand länger ist. Der Dorsalrand geht ohne Grenze in den Analrand über. Der Analrand ist schwach concav. Der kleine Wirbel ist abgerundet, zur Seite geschoben, auf der rechten Klappe convexer als auf der linken. An Stelle des fehlenden Kieles ist die Oberfläche in der Mitte der Klappe stark convex; ventral davon ist die Oberfläche stark convex, gegen rückwärts verflacht und in der Nähe des Dorsalrandes eingedrückt. Demzufolge entsteht eine mehr oder minder breite Furche und die Form erweitert sich manchmal zwar schwach, flügelartig. Vom Wirbel bis zum rückwärtigen Ende des Analrandes zieht auf manchen Exemplaren eine schwache Furche, welche meist nur in günstiger Beleuchtung erkennbar wird. In Folge dieser Furche entsteht auf der Mitte der Klappe ein schwacher, runder Kiel und hinter diesem eine dorsale Kielfalte, beide so schwach, dass sie nur bei gewisser Beleuchtung unter der Lupe sichtbar sind. Viel charakteristischer für diese Art ist eine ziemlich tiefe Furche, welche unter dem Wirbel beginnt und sich halbkreisförmig über den concaven vorderen Theil des Ventralfeldes bis zum gut sichtbaren Byssusausschnitt zieht; auf meinen Abbildungen tritt dieses nicht klar genug hervor. Charakterístisch ist ferner, dass am Wirbel die ovale Embryonalschale meist vorhanden ist, welche sich scharf vom übrigen Theil der Muschel abhebt. Um sie herum laufen kreisförmige, feine, auffallend scharfe, das Anwachsen reizende Furchen, und zwar derart, dass das Ventralfeld immer schneller wuchs und sich so der Wirbel zur Seite schob. Das Septum ist verhältnissmässig breit, die spitze Apophyse verhältnissmässig stark nach unten gerichtet.

Wie die meisten meiner Formen, so erreicht auch diese in der Umgebung von Budapest grössere Dimensionen als in Markusevec, von wo sie Brusina beschrieb. Das grösste Exemplar von Markusevec ist 5,5 mm lang und 3 mm breit, von Tinnye dagegen liegt ein 9,5 mm langes und 6 mm breites Stück vor. Ausserdem fand ich embryonale Exemplare von nur 1 mm Durchmesser. Jugendliche und unausgewachsene Exemplare sind auch die hier abgebildeten Formen.

Fundort: Diese bisher nur von Markusevec bekannte Art ist in Tinnye sehr häufig, mir liegen von hier über 200 Exemplare der verschiedensten Grösse von 1 bis 9,5 mm Durchmesser vor. In Budapest-Kőbánya fand ich nur einige Exemplare. Bei Szilágy-Somlyó kommen typische Exemplare vor, welche Mártonfi unter den Namen amygdaloides in seinem Werke erwähnt. Im Material von Perecsény fand ich mehrere Exemplare.

Dieses reiche Material überzeugte mich, sowie Brusina davon, dass dies thatsächlich eine neue Art sei und nicht das Embryo einer bereits bekannten Art.

8. **Congeria plana,** nov. sp.

(Taf. IX, Fig. 12—13.)

1895. *Congeria* nov. sp. Lörenthey: Papyrotheca. p. 392.

Diese verhältnissmässig kleine und ungleich klappige Art ist flach, von der Form eines gleichschenkeligen oder beinahe gleichschenkeligen Dreieckes; die linke Klappe ist flacher als die rechte. Der Wirbel ist sehr schwach gekrümmt, spitz und steht am Ende. Das erste Drittel des Kiels ist scharf, später wird der Kiel breit und abgerundet (auf den Abbildungen ist der Kiel aus Versehen in seinem ganzen Verlaufe scharf gezeichnet). Der Kiel verläuft bogenförmig oder S-förmig am Ventralfeld und theilt die Oberfläche in zwei ungleiche Theile. Das schmälere Ventralfeld ist flach oder wenig convex; bei jüngeren Exemplaren steil, da der Kiel bei diesen näher am Ventralrande liegt. Das breitere Dorsalfeld ist schwach convex, sich verbreitend, manchmal ist die schwache Spur einer Kielfalte darauf zu sehen. Der Vorderrand ist sehr schwach. Der Ventralrand bildet einen schwach convexen Bogen und dehnt sich auf der linken Klappe zahnartig gegen vorne. Auf der rechtsseitigen Klappe zieht sich vom Wirbel bis etwa zur Mitte des Ventralrandes eine bogenförmige Furche hin. Der Dorsalrand ist lang, gerade, seltener schwach gebogen, der Hinterrand schwach gebogen und entweder so lang wie der Dorsalrand oder etwas kürzer. Der Dorsalrand geht in abgerundetem Winkel in den Hinterrand über. Die Ligamentgrube ist stark entwickelt und beinahe so lang wie der Dorsalrand. Die Anwachslinien sind stark und scharf. Das Septum besitzt die Form eines an seinen Ecken abgerundeten gleichseitigen Dreieckes und liegt in der convexeren linken Klappe tiefer als in der rechten. Die Apophyse ist ein mit der Spitze gegen unten und gegen die Ventral-

seite gekehrtes Dreieck; sie ist in der rechten Klappe stärker, spitzer als in der linken. D
Muskelabdrücke sind besonders stark.

Die Maasse eines kleinen Klappenpaares und der beiden abgebildeten Exemplare si

	Klappenpaar:		linke	re
	linke	rechte	Fig. 12	Fi
Länge	9 mm	9,5 mm	16 mm	16
Breite	6 „	6 „	12 „	10,ٍ
Länge des Dòrsalrandes	6,5 „	6,5 „	13 „	11,ٍ
Höhe	1,5 „	2 „	3,5 „	4,ٍ

C. plana erinnert am meisten an die bei ANDRUSOV Taf. VIII, Fig. 31—32 dargeste
Congeria Rzehaki BRUS. Der Dorsalrand ist bei beiden lang, so dass die äusseren Conturen e
Dreieck bilden. Der Ventralrand und Hinterrand bildet einen schwach convexen Bogen und є
winkel stimmt bei beiden überein. *C. plana* ist aber etwas flacher, der Kiel ist noch m
Ventralrand verschoben als bei *C. Rzehaki* und, wie ich aus der Abbildung ANDRUSOV's sc.
Kiel der *C. plana* wenigstens am Wirbelfelde stärker wie bei der *C. Rzehaki*. Anderseit
jugendlichen Exemplare der *C. plana*, deren Kiel mehr nach vorne gerüc$_{kt}$ ist und deren V
nach plötzlicher abfällt, sehr an *C. scrobiculata* BRUS. var. *carinifera*, nov. form. Verkl∈
Apikalwinkel der jugendlichen *plana*, wodurch der Hinterrand bedeutend kürzer wird, so entsteht
BRUS. var. *carinifera*, nov. form.

Fundort: *C. plana* fand ich bisher nur in Tinnye, wo sie nicht eben selten ist,

9. Congeria scrobiculata BRUS.
(Taf. X, Fig. 1—2.)

1895· *Congeria scrobiculata* BRUS., LÖRENTHEY: Papyrotheca. p. 392.
1897.   „   „   „   ANDRUSOV: Dreissensidae. p. 231 (Resumé. p. 50). T. XVI, 1

Die zarte, dünne Muschel dieser variablen Art ist schmal und langgestreckt. Der V
Ende, er ist stumpf, tritt jedoch deutlich hervor. Vom Wirbel zum Hinterrand läuft ein v
Kiel, der mit einem Vorsprung verziert oder seltener abgerundet ist. Wenn die Kiellinie
Mitte liegt, so verläuft sie meist in Bogen- (Fig. 1) oder S-Form (Fig. 2). Zumeist ist є
vorne geschoben; sie ist dann gerade oder schwach S-förmig und — dies die Hauptsacl
gerundet, sondern scharf und rückwärts von einer Furche begrenzt, wodurch sie rippenför
(Taf. IX, Fig. 14 und Taf. X, Fig. 3—5). Diese Kielrippe verstärkt sich gegen hinten un
nur hier sichtbar. Sie erinnert an die ähnliche rippenförmige Kante der *Dreissensia crist*∈
welcher Art sie jedoch am Wirbel am stärksten ist und nach rückwärts schwächer wird.
spricht inwendig — am rückwärtigen Ende der Muschel — zumeist eine Furche. Der Kiel
fläche in zwei ungleiche Theile. Die beiden Theile sind von sehr verschiedener Ausbildung
Kiel nach vorne geschoben ist, um so schärfer ist er, und um so schmäler wird das Vent
plötzlich ab und ist kaum wahrnehmbar convex. Liegt hingegen der Kiel mehr rückwärts (
ist er immer abgerundeter), so wird das Ventralfeld grösser und convexer. Das Dorsalfel∙
Fällen breiter als das Ventralfeld und flach oder sehr wenig convex. Der Vorderrand ist, c

doch deutlich entwickelt. Der Ventralrand ist gerade, schwach gebogen oder S-förmig mit deutlichem Byssusausschnitt. Der Dorsalrand ist gerade öder kaum wahrnehmbar convex gebogen und sehr lang, wie bei *C. Doderleini.* Der Dorsalrand geht unvermerkt in den schwach gebogenen, manchmal beinahe geraden kurzen Hinterrand über. Die Byssusfurche ist gut entwickelt und geht im Halbkreis vom Wirbel bis zum Ventralrand. Das Septum ist sehr charakteristisch ausgebildet, breit, dünn, tief liegend. Vorne wird es vom zahnartig nach vorne gestreckten Vorsprung des Ventralrandes begrenzt. Die Apophyse bildet am rückwärtigen Theil einen kleinen löffelförmigen Fortsatz. Derselbe liegt mit dem Septum in einem Niveau, ist mit diesem ganz verwachsen, so dass dann von einer besonderen Apophyse nicht die Rede sein kann, oder er liegt etwas tiefer und ist in diesem Falle nach innen und gegen die Ventralseite gekehrt. Der erste Fall kommt bei der linken, der zweite bei der rechten Klappe vor. Der Abdruck des vorderen Fussmuskels ist klein. Die linken Klappen, bei welchen der Abdruck des vorderen Fussmuskels am Septum selbst liegt, resp. wo die Apophyse vom Septum kaum abgeschieden ist, da sie mit demselben in einem Niveau liegt, erinnern an *Dreissensiomya aperta.* Die Ligamentgrube ist schwach und von wechselnder Ausbildung, meist um Weniges länger als die Hälfte des Dorsalrandes; seltener beinahe eben so lang wie der Dorsalrand. Auf der linken Klappe ist sie immer länger und kräftiger als auf der rechten. Die Klappen sind etwas ungleich. Wie bereits bemerkt, ist auch das Septum verschieden, indem auf der linken Klappe keine eigentliche Apophyse vorhanden ist; der vordere Fussmuskel ist hier an einem kleinen Fortsatz des Septums befestigt, auf der rechten Klappe hingegen ist die Apophyse schärfer vom Septum getrennt. Die rechte Klappe ist etwas convexer, ihr Kiel kräftiger, schärfer und der Byssusausschnitt etwas stärker als auf der linken Klappe. Auf letzterer ist wieder die Ligamentgrube kräftiger als auf der rechten. Meine Formen sind bezüglich ihrer Grösse sehr verschieden. Während das bei ANDRUSOV abgebildete einzige Exemplar 6,5 mm lang ist, schwankt die Länge meiner mehr als 500 Exemplare zwischen 2—13 mm, wobei die Breite zwischen 1—4,5 mm variirt.

Es hält schwer, *C. scrobiculata* in eine der durch ANDRUSOV aufgestellten sechs Gruppen einzureihen, da sie mit keiner ganz übereinstimmt. Zwischen den von ANDRUSOV als „isolirte und zweifelhafte Formen der Gattung Congeria" mitgetheilten Formen figurirt sie an erster Stelle. Thatsächlich bildet sie jedoch den Uebergang zwischen den Mytiliformes und Modioliformes. Ihr Aeusseres erinnert am meisten an *C. spathulata,* sie steht demnach in dieser Beziehung den Mytiliformes näher. Die Kiellinie liegt ventral wie bei den Mytiliformes. Die schwache Ausbildung des Vorderrandes weist auf die Modioliformes hin. Ihre Klappen sind ungleich wie die der Modioliformes. Die Apophyse liegt mit dem Septum in einer horizontalen Fläche, was ebenfalls auf die Modioliformes hinweist. *C. scrobiculata* vereinigt in sich also Charaktere der Mytiliformes und Modioliformes; nachdem sie jedoch in vielen Beziehungen der *Cong. plana,* nov. sp. nahe steht, stelle ich sie vorläufig ans Ende der Modioliformes.

Die sehr wechselnden Gestalten der *Cong. scrobiculata* lassen sich in zwei durch Uebergänge verknüpfte Modifikationen gruppiren:

Die typische seltenere Form ist jene, welche auch ANDRUSOV in Fig. 27—30 abbildet. Charakteristisch ist der beinahe in der Mitte verlaufende S-förmige oder schwach gebogene Kiel, welcher nur beim Wirbel scharf, später abgerundet ist. Ventral- und Dorsalfeld sind beinahe gleich breit, beide sind convex. Die Apophyse ist ziemlich stark und mit ihrer Spitze nach abwärts, der Ventralseite zugewandt.

Fundort: Diese Form, welche bisher nur aus Gaya (Mähren) und Ripanj (Serbien) bekannt war,

abgerundeten Kanten abgebildet hätte, eher die mit scharfer und am Ventralfeld beinahe abgerundeter
te versehene häufigern Form als Typus angenommen hätte, nachdem sie Brusina weder abbildete
h beschrieb.

Fundort: Während von Tinnye nur einige typische Exemplare vorhanden sind, sammelte ich hier
ir als 600 Vertreter dieser Varietät. In Budapest-Köbánya kommt ausschliesslich die var. *carinifera*
deren ich hier 16 Exemplare fand. In Ripanj ist ebenfalls nur die Varietät vertreten, deren Formen
ich stets kleiner sind, als die von Tinnye. Wenn ich mich recht erinnere, ist sowohl der Typus als auch
var. *carinifera* dieser Species in Brusina's neuen Aufsammlungen von Markusevec vorhanden.

d) Subglobosae.

Hieher gehören zumeist grosse, aviculaartige oder kugelige Formen, deren Ventralrand einen sehr
vexen Bogen bildet und in zwei Theile zerfällt, deren vorderer die Rolle des Vorderrandes spielt; es ist
jedoch nur ein falscher Vorderrand, weil der echte — obzwar rudimentär — unter dem Wirbel vor-
den ist. Der Hauptkiel besteht oft aus zwei, manchmal fadenförmigen Falten. Die Apophyse ist oft
i Septum getrennt und nach rückwärts geschoben. Diese Gruppe ist in unserer Fauna durch *Cong.
lobosa* Partsch. und *Cong. Partschi* Czjżek vertreten, welche jedoch nicht unter die häufigen Arten ge-
:n. Als Anhang an diese Gruppe wird hier wie bei Andrusov *Congeria Mártonfii* Lörent. beschrieben,
:he die herrschende Form unserer Fauna ist.

11. **Congeria Partschi** Czjżek.
(Taf. XV, Fig. 4.)

1893. *Congeria Partschi* Czjż., Lörenthey: Beitr. z. Kennt. d. unterpont. Bild. d. Szilágyer Com. u. Siebenbürgens.
      p. 290, 291, 292, 301, 317, 318 und 319. Siehé hier die vorhergehende Literatur.
1897.   „   „   „   Andrusov: Dreissensidae. p. 217. T. XII, F. 6—11.

Neben mehreren Bruchstücken liegt das Taf. XV, Fig. 4 abgebildete unversehrte typische Exemplar vor. Dieses ist oval gestreckt rhombisch. Der Dorsalrand ist schwach gebogen und geht unter einem Winkel von 125° in den ähnlich langen Hinterrand über. Der vordere, längere Theil des Unterrandes ist gerade und parallel mit dem Hinterrand, während sein ziemlich gebogener hinterer kleinerer Theil mit dem Dorsalrand beinahe parallel läuft. Die auf den gekrümmten, gegen die Ventralseite geschobenen Wirbel sich befindende Kante ist anfangs scharf, später abgerundet. Mit der Kante parallel läuft über das Dorsalfeld eine schwache Falte. Die Ausbildung der Muschel ist typisch, das Ventralfeld breit, convex, gegen den Ventralrand abfallend; das Dorsalfeld schmal, schwach concav. Auf dem vorderen, vertical abfallenden, schmalen Theil des Ventralfeldes, unter dem Septum befindet sich jene kleine, von einer Furche begrenzte Kante, welche nur auf der gut entwickelten und erhaltenen rechten Klappe vorhanden zu sein pflegt und zur Aufnahme des zahnartigen Fortsatzes der linken Klappe dient. (Eine solche ist auf der Abbildung der Cong. Zujoviçi Brus., Taf. XV, Fig. 1 b zu sehen.) Vorne liegt eine schwache spaltartige Byssusöffnung. Die Byssusfurche fehlt. Die Maasse meiner Form sind in Folgendem neben jene bei Andrusov gestellt:

		Andrusov's Maasse		
Länge	50 mm	54 mm	46 mm	36 mm
Breite	28 „	39 „	28 „	26 „
Dicke oder Höhe	17 „	19 „	15 „	13 „
Länge des Oberrandes	30 „	31 „	23 „	20 „
Apikalwinkel	50°	85°	55°	85°
Dorsoanalwinkel	125°	115°	126°	125°

Fundort: *C. Partschi* ist im Wiener Becken und auch in Ungarn verbreitet. Die in der ungarischen Literatur unter dem Namen *Partschi* citirten Formen gehören nicht alle zu dieser Art. Typische Formen sind ausser vom Wiener Becken noch von Markusevec, Ripanj und Begaljica (Serbien), Szilágy-Somlyó und Perecsen (Com. Szilágy), Nikolincz (Com. Krassó-Szörény) und Dolni-Tuzla (Bosnien) bekannt. Als neuen Fundort kann ich Tinnyé nennen, doch gehört die Art hier wie in Markusevec zu den selteneren Formen. In Budapest-Kőbánya ist sie aus dem Brunnen der Schweinemästerei unbekannt, doch kommt sie bei den Ziegelfabriken vor und zwar im höheren Niveau der pannonischen Stufe.

12. **Congeria subglobosa** Partsch.

1884. *Dreissena subglobosa* Partsch, S. Brusina: Congerienschichten. p. 134.
1892. *Congeria* „ „ „ Fauna di Markusevec. p. 180.
1893. „ „ „ Lörenthey: Beitr. z. Kennt. d. unterpont. Bild. d. Szilágyer Com. und Siebenbürgens. p. 291, 317 und 319.
1897. „ „ „ Andrusov: Dreissensidae. p. 220 u. f. (Resumé. p. 48). T. XII, F. 12—16. Siehe hier die vorhergehende übrige Literatur.

Drei fragmentär rechte Klappen, welche der *C. Partschi* ähneln, werden aus unten angegebenen Gründen zu *C. subglobosa* gestellt.

Die Stücke stimmen mit der bei M. Hörnes „Foss. Moll. d. Wiener Beckens Taf. 47, Fig. 2" abgebildeten Form am meisten überein, obwohl sie kleiner, dünner und noch schlanker sind.

Der äussere Habitus, und besonders die auffallende Convexität weisen schon auf den ersten Blick auf *C. subglobosa* hin. Der vom Wirbel bis zum hinteren Ende des Analrandes ziehende Kiel ist nicht so

Ventralrandes gerade, der hintere stark gebogen ist, ist hier übereinstimmend mit *C. subglobosa*, der vordere Theil convex und demnach der Ventralrand S-förmig. Das Septum besitzt die Form eines an seinen Spitzen abgerundeten Dreieckes. Davor, unmittelbar unter dem sich krümmenden Wirbel streckt sich der Rand flügelartig aus. Der innere Theil dieses flügelartigen Fortsatzes ist concav und so hat zwischen demselben und dem Septum der zahnartige Fortsatz des Ventralrandes der linken Klappe Platz.

Diese Charaktere bringen meine Form jedenfalls der *C. subglobosa* näher, dass jedoch der mittlere schwach convexe Theil der Klappe vom Kiel zum Pseudolunularrande sich nicht hebt, sondern schwach fällt, nähert sie der *C. Partschi*. Das Gleiche beobachtete übrigens auch BRUSINA an den Markusevecer Exemplaren. An letzteren ist noch eine andere interessante Abweichung zu konstatiren, nämlich dass der Kiel durch eine Furche in zwei Theile getheilt wird. Nachdem meine Form durch mehrere Charaktere der *subglobosa* näher gebracht wird, zähle ich sie hieher, obzwar sie auch zur *Partschi* neigt. Die vorhandenen Uebergänge erklären es, dass PARTSCH noch die im Wiener Becken vorkommenden *C. subglobosa* und *Partschi* als *subglobosa* betrachtete und erst später Cžjžek die *C. Partschi* abtrennte, welche heute allgemein als besondere Art gilt.

Fundorte: Ausser im Wiener Becken, Grocka und Begaljica (Serbien) kommt *C. subglobosa* in Ungarn bei Markusevec, Perecsen und in Tinnye vor. In Budapest-Köbánya fehlt sie. Die Marcusevecer Exemplare stehen, wie BRUSINA sagt, zwischen der bei M. HÖRNES Fig. 1 abgebildeten breiten und der in Fig. 2 dargestellten schlanken Form. Meine Formen sind noch schlanker als die bei HÖRNES Fig. 2 abgebildeten. In Tinnye sind diese vom Typus abweichenden Formen nicht gerade sehr selten, da ich ausser den erwähnten drei rechten Klappen noch einige hergehörende Fragmente fand. Wie in Markusevec so kommen auch in Tinnye keine zweiklappigen Stücke vor wie bei Brünn.

13. Congeria Mártonfii Lörent.

(Taf. X, Fig. 7—10 und 19—20.)

1879. *Congeria Cžjžeki* (non PARTSCH iuv.?) MÁRTONFI: A szilágysomlyói neogen képletek. p. 195.
1879.   „   *amygdaloides* (non DUNK.) MÁRTONFI: Dortselbst, p. 195.
1892.   „   *subglobosa* iuv. (non PARTSCH) BRUSINA: Fauna di Markusevec. p. 180.
1893.   „   *pseudoauricularis* LÖRENT., LÖRENTHEY: Beitr. z. Kennt. d. unterpont. Bild. d. Szilágyer Com. etc. p. 301. T. IV, F. 8.
1893.   „   *Mártonfii* LÖRENT., LÖRENTHEY: Dortselbst. p. 302. T. IV, F. 6.
1893.   „   sp. LÖRENTHEY: Dortselbst. p. 293.
1895.   „   *Mártonfii* LÖRENT., LÖRENTHEY: Papyrotheca. p. 392.
1897. *Dreissensia pseudoauricularis* LÖRENT., ANDRUSOV: Dreissensidae. p. 246. Fig. A—D im Text.

1897. *Congeria pseudoauricularis* Lőrent., Andrusov: Dreissensidae. Resumé. p. 53.
1897. „ *Mártonfii* Lőrent., Andrusov: Dreissensidae. p. 223. T. XII, F. 17 und 18.
1900. „ „ „ „ Erstes Supplement zu Dreissensidae. p. 124.

Diese bezüglich ihrer Form sehr mannigfaltige *Congeria*, welche Andrusov als Anhang bei den Subglobosen bespricht, stelle auch ich vorläufig hieher, trotzdem bei *C. Mártonfii* der Ventralrand nicht sehr convex ist und auch in keinen vorderen und hinteren Theil zerfällt, sondern immer gerade oder nur wenig gebogen ist und der Hauptkiel sich nie hinter, sondern vor der Mittellinie der Muschel befindet.

Diese Form fand zuerst Mártonfi in Szilágy-Somlyó (Com. Szilágy). Die jugendlichen bestimmte er als *Cijżeki* Partsch, die grösseren, convexeren Exemplare als *amygdaloides* Dunk. Später sammelte sie Brusina bei Markusevec in grosser Menge, hielt sie aber für embryonale *C. subglobosa* Partsch. Als ich in der Sammlung des Kolozsvárer Museumvereins das Material der pannonischen Stufe und so auch das Szilágy-Somlyóer studirte, sah ich, dass die bei Mártonfi als *Cijżeki* iuv. (?) und *amygdaloides* bestimmte Form neu sei und beschrieb die erstere unter dem Namen *Mártonfii*, letztere unter *pseudoauricularis* an citirter Stelle.

In Agram fand ich den grössten Theil der vorher als Embryoualformen von *C. subglobosa* angesehenen Stücke — welche ich bereits unter dem Namen *Mártonfii* beschrieben hatte — als *selenoides* nov. sp. bestimmt vor. Bisher war nur ein Exemplar der *Mártonfii* von Szilágy-Somlyó und ein Fragment von Perecsen bekannt; von *pseudoauricularis* sammelte ich zwei Exemplare in Szilágy-Somlyó. In Tinnye fand ich von *Mártonfii* mehr als 3000 Exemplare und dieses reiche Material überzeugte mich davon, dass *C. Mártonfii* eine sehr variirende Art sei und dass die *C. pseudoauricularis* mit *C. Mártonfii* vereinigt werden muss.

Die Variabilität schwankt in mancher Hinsicht, natürlich nur zwischen gewissen Grenzen, die geht aber dabei so weit, dass in meinem ausserordentlich reichen Material kaum zwei Exemplare sind, die ganz übereinstimmen. Wäre ich ein Freund der minutiösen Unterscheidungsmethode, könnte ich beinahe jede Form für eine Varietät nehmen. Bei gewissenhaftester Abwägung der nur individuellen Abänderungen lassen sich aus dem so sehr reichen Materiale jedoch nur zwei Varietäten abscheiden.

Auf Grund meines reichen Materials fasse ich die Charaktere der Art in folgendem zusammen.

Die mannigfaltig geformte kleine Muschel ist meist schmal, convex. Der Wirbel schwächer oder stärker gekrümmt, vorwärts geschoben. Der scharfe Kiel verläuft gerade oder in S-Form. Er ist entweder ganz an den Ventralrand geschoben und das Ventralfeld ist ganz vertical und flach oder er liegt nahe am Ventralrand und das Ventralfeld ist dann beinahe vertical und etwas convex oder aber der Kiel kann auch in der Mitte der Klappe liegen. Bei jenen Formen, deren Kiel in der Mitte verläuft, ist die Muschel dachförmig, steil abfallend, das Ventral- und Dorsalfeld gleich gross und eben. Das Dorsalfeld ist entweder schwach concav und glatt ohne jede Furche oder stark concav, flügelartig ausgebreitet. In letzterem Falle läuft vom Wirbel bis etwa zur Mitte des Hinterrandes eine Furche, hinter welcher eine schwache Kielfalte sichtbar ist. Ebenfalls vom Wirbel zieht sich bei den meisten Formen parallel mit dem Dorsalrand nahe demselben eine andere Furche bis zum Hinterrand, welche die flügelartige Erweiterung des um den Dorso-analwinkel befindlichen Theiles verursacht. Der Ventralrand ist lang, entweder gerade oder — und dies ist häufiger der Fall — schwach gebogen, in den seltensten Fällen schwach S-förmig, am Wirbel meist zahnähnlich ausgezogen. Der Dorsalrand ist gerade, schwach convex oder schwach concav, sehr kurz, ein

Drittel des Längsdiameters oder selten etwas länger als die Diameterhälfte. Der Hinterrand ist schwach gebogen, $1^1/_2$—$2^1/_2$mal so lang als der Dorsalrand. Der Byssusausschnitt fehlt oder er ist sehr schwach, ebenso die Byssusfurche. Auch die Ligamentgrube kann kräftig oder schwach entwickelt sein, letzterenfalls ist sie um vieles kürzer als der Dorsalrand, ist sie stark entwickelt, so erreicht sie die Länge des Dorsalrandes. Das Septum ist schwach, dreieckig, die Apophyse ebenfalls schwach und mit dem Septum fest verwachsen. Sie liegt mit letzterem entweder in einer Ebene oder ist mit ihrer Spitze ein wenig nach innen und hinten gerichtet. Die Anwachsstreifen sind fein, aber sehr scharf, stellenweise ragen sie hervor, so dass die Oberfläche unter der Lupe fein superfoetirt erscheint.

Diese kleine Art ist wie dies aus dem bisher Besagtem und den Abbildungen hervorgeht, von so abwechslungsreicher Gestalt, dass man drei Arten daraus machen könnte. Die mit einander eng verbundenen Formen will ich jedoch nicht in besondere Arten zerspalten und die so schon übergrosse Anzahl der Arten durch neue überflüssiger Weise vermehren. Anderseits möchte ich doch auch nicht alles zusammenfassen, was durch Uebergänge mit einander verbunden ist, weil dies wieder dahin führen würde, dass alles zusammenziehbar wäre. Es empfiehlt sich, hier die gemeinsame Hauptcharaktere aufweisenden Formen nicht als gesonderte Arten, sondern als Varietäten von *C. Mártonfii* zu behandeln, welche auch in der geographischen Verbreitung einige Selbständigkeit zeigen.

Typus (Fig. 7).

Die Muschel ist schlank, langgezogen, verhältnissmässig flach. Der Kiel ist sehr scharf, gerade oder schwach gebogen, ganz auf die Ventralseite geschoben, so dass von dieser, von oben betrachtet, nichts zu sehen ist. Das Dorsalfeld ist sehr schwach convex, glatt, ohne Furche oder höchstens mit einer schwachen Spur der Kielfalte, nicht flügelartig erweitert. Der Ventralrand ist gerade oder nur sehr gering gebogen; ebenso der sehr kurze Dorsalrand, welcher unvermerkt oder einen abgerundeten Winkel bildend in den Hinterrand übergeht. Der Hinterrand ist schwach gebogen, lang, durchschnittlich $2^1/_2$mal länger als der Dorsalrand. Die Ligamentgrube ist schwach, vieles kürzer als der Dorsalrand. Byssusausschnitt und Byssusfurche fehlen.

14, Congeria Mártonfii Lörent., var. scenemorpha[1]), nov. var.
(Taf. X, Fig. 8—10.)

Die schlanke, lange Muschel ist bedeutend convexer als die Grundform; der Wirbel ist stark gekrümmt, gegen den Ventralrand geschoben. Der scharfe Kiel verläuft in der Mitte oder nahezu in der Mitte in stärkerer oder schwächerer S-form. So erhält die Muschel ein zeltähnliches Aeusseres. Das Ventralfeld ist sehr schwach, kaum wahrnehmbar convex. Die Byssusfurche ist zwar schwach, doch deutlich sichtbar und über derselben zieht sich vom Wirbel bis etwa zur Mitte des Ventralrandes ein halbkreisförmiger Höcker (auf den Abbildungen nicht sichtbar). Das Dorsalfeld ist sehr schwach convex, beinahe gerade, längs des Dorsalrandes concav (auf den Zeichnungen auch nicht zu sehen) flügelartig erweitert. Hinter dem Kiel befindet sich eine ziemlich starke Furche und Kielfalte. Der Dorsalrand ist kurz, gerade oder schwach convex.

---

[1] $\acute{\eta}$ $\sigma\varkappa\eta\nu\acute{\eta}$ = das Zelt, $\acute{\eta}$ $\mu o\varrho\varphi\acute{\eta}$ = die Gestalt.

Der Ventralrand ist nicht gerade, sondern von der Form eines am Ende der hinter der Byssusfurche gelegenen Falte gebrochenen Bogens, oder aber er ist S-förmig, beim Wirbel zahnähnlich, stark nach vorne gestreckt. Der Dorsalrand geht, einen ziemlich scharfen Winkel bildend, in den Hinterrand über. Auch dieser ist nicht einfach gebogen, sondern gewöhnlich am Ende der Kielfalte schwach geknickt, wodurch er in einen längeren, concaven vorderen und einen kürzeren, schwach convexen hinteren Theil zerfällt. Die Ligamentgrube ist stark entwickelt und so lang wie der Dorsalrand.

Figur 10 vermittelt zwischen dem *typus* und der var. *scenemorpha*; der von der Mittellinie gegen den Ventralrand geschobene Kiel, das Fehlen der Byssusfurche und des Byssusausschnittes bringt sie dem Typus, die erhöhte Convexität der Muschel, die stärkere Krümmung des Wirbels, die zahnförmige Erweiterung des Ventralrandes unter dem Wirbel, die hinter dem Kiel befindliche Kielfalte, der mit dem Dorsalrand parallel gehende Eindruck des Dorsalfeldes und demzufolge flügelförmige Erweiterung hingegen der var. *scenemorpha* näher.

15. Congeria Mártonfii Lörent. var. pseudoauricularis Lörent.

(Taf. X, Fig. 19—20.)

Dies ist eine convexe, breite, aufgeblähte Form, deren Wirbel stark gekrümmt und gegen den Ventralrand geschoben ist. Der scharfe Kiel verläuft in S-form, ist immer um vieles mehr gegen den Ventralrand geschoben, wie bei der vorigen Varietät, doch nie so weit wie beim Typus, deshalb ist das Ventralfeld nie so vertical wie bei letzteren, aber auch nicht so sehr schief wie bei voriger Varietät. Das Ventralfeld ist ziemlich breit, schwach convex und ziemlich steil abfallend. Das Dorsalfeld ist breit, convex, rückwärts concav, flügelartig erweitert mit ziemlich starker Kielfalte. Der Ventralrand ist schwach S-förmig gebogen oder in der Mitte weniger concav. Der Dorsalrand ist schwach concav, ziemlich lang, länger als beim Typus und der vorigen Varietät. Der lange Hinterrand, welcher jedoch kürzer ist als bei der var. *scenomorpha*, und welcher nur 1½ oder aber mehr als zweimal so lang ist als der Dorsalrand, ist stark gebogen und durch einen Knick am Ende der Kielfalte zu einem vorderen und hinteren Theil zerlegt. Byssusausschnitt und der vordere zahnähnliche Fortsatz des Ventralrandes, welch letzterer bei der vorigen Varietät stark ausgebildet war, fehlen. Die Byssusfurche und der dieselbe begrenzende Höcker fehlen hier ebenso wie beim Typus. Die var. *pseudoauricularis* wird durch Fig. 20 am besten illustrirt; Fig. 19 steht schon der vorigen Varietät, zum Theil auch dem Typus (Fig. 7) näher.

In Gesellschaft dieser Formen kommen auch embryonale Subglobosen vor, welche der in Fig. 20 gezeichneten *C. Mártonfii* var. *pseudoauricularis* am nächsten stehen. Doch sind sie leicht von einander zu unterscheiden, selbst auch dann, wenn sie an Grösse gleich sind, weil der Kiel der *subglobosa* in der Mitte steht, nie scharf ist, wie bei der *Mártonfii*, sondern abgerundet; das Ventralfeld ist auch convexer. Für *C. Mártonfii* ist charakteristisch: der scharfe Kiel und das sehr steil oder vertical abfallende Ventralfeld.

Fundort: Diese Form beschrieb ich aus Szilágy-Somlyó, von wo ich eine typische Form und ein Exemplar einer der var. *pseudoauricularis* nahestehenden Form kenne, welch letztere ich damals ohne die grosse Variabilität der Art zu kennen unter dem Namen *pseudoauricularis* als neue Art beschrieb. Nachdem ich jetzt mehrere tausend Exemplare dieser Art kenne, muss *C. pseudoauricularis* mit *C. Mártonfii* als Varietät vereinigt werden. Im Kolozsvárer Museum befindet sich ein fragmentär typisches Exemplar von Perecsen.

Brusina sammelte sie in grosser Menge bei Marcusevec. In Tinnye fand ich mehrere tausend Exemplare, unter welchen alle drei Variationen in grosser Menge vorkommen. Auch in Budapest-Köbánya sammelte ich mehrere Exemplare. Neuerdings habe ich zwei Exemplare des Typus auch in der bekannten Kúper Fauna gefunden. Wie ersichtlich ist die *Cong. Mártonfii* eine sehr verbreitete Form dieses Niveau's der pannonischen Stufe, in der Fauna von Tinnye ist sie die vorherrschende Form.

Ich muss hier noch erwähnen, dass in Andrusov's „Foss. und lebende Dreissensidae Eurasiens", erstes Supplement, die auf Taf. III, Fig. 25—27 dargestellte kleine *Congeria* irrthümlich für meine Original-*pseudoauricularis* gilt, da dieselbe eine *Cong. Gitneri* Brus. ist. Uebrigens kann sich jedermann leicht davon überzeugen, dass dies nicht mein Original ist, wenn er meine Figuren und die Andrusov's der *pseudoauricularis* vergleicht.

Subordo: **Submytilacea.**

Familie: **Unionidae.**

Genus: **Unio** Retzius 1788.

Die Gattung *Unio* ist in den pannonischen Schichten selten, bei Ripanj und Markusevec ist sie nicht vertreten, bei Tinnye kommt nur eine neue Art vor, welche in die im engeren Sinne genommene Gruppe *Unio* gehört.

16. **Unio Vásárhelyii** nov. sp.

(Taf. XV, Fig. 5 und Taf. XVI, Fig. 2, 3.)

1895. *Unió* sp. ind. . . . . . Lörenthey: Papyrotheca. p. 392.

Die dicke Schale ist mehr oder weniger quer oval, nach hinten schnabelartig erweitert, ziemlich hoch gewölbt. Der ziemlich hohe, bald einen stärkeren, bald flacheren Bogen bildende Vorderrand tritt seitwärts, vor den Wirbeln, nicht weit vor und bildet mit dem Schlossrand einen stumpfen Winkel. Der hintere Theil der Schale ist schief abgestumpft und verschmälert. Der Schlossrand bildet einen schwachen Bogen. Der Wirbel ist stark entwickelt; eingerollt, sehr weit nach vorne gerückt und etwas gedreht, so dass sich seine Spitze nach vorne wendet. Die scharf umgrenzte Area ist mässig gross. Vom Wirbel bis zur hinteren, unteren Ecke zieht sich eine stumpfe Kante. Auf der vom hinteren Schlossrand und dieser Kante begrenzten dreieckigen Fläche laufen zwei Furchen und darunter zwei Falten bis zum Schalenrand. Ausser den feinen Anwachsstreifen treten ungleich starke, bald breitere, bald schmälere, meistens etwas unregelmässig vertheilte, flache Zuwachsfalten und dazwischen hie und da ziemlich breite Furchen auf.

Das Schloss ist kräftig entwickelt. Der hintere Schlossrand ist schwach bogenförmig gekrümmt. Der den Cardinal-Zähnen entsprechende vordere Schlossrand fällt von der hinteren Spitze der Area nach vorne schief ab und bildet mit dem hinteren Schlossrand einen abgerundeten Winkel. Das Schloss hat in der rechten Klappe einen starken, hervorstehenden, länglichen, fast dreieckigen Hauptzahn, der vor dem Wirbel liegt und einen langgestreckten, scharfen, kaum merklich gebogenen Lateralzahn. Der Hauptzahn ist auf der Oberseite gekerbt. Die Grube, welche den Hauptzahn von dem Schlossrande scheidet, ist tief und breit. Eine schmale aber tiefe Furche scheidet den Hauptzahn vom Lunulartheile des Vorderrandes. Unter dem hinteren Ende des Lateralzahnes liegt eine kleine, von Leisten begrenzte Vertiefung zur Aufnahme des unteren Lateralzahnes der linken Schale. In der linken Schale unter dem Wirbel liegen zwei starke, kurze, dreieckige, in einem Winkel zu einander geneigte Hauptzähne, von denen der äussere schwächer, nach oben zu verschmälert, in der Jugend leistenförmig (XVI, 3), auf seiner ganzen Oberfläche gekerbt ist, während der innere stärker und nach unten zugespitzt ist. Das obere Ende beider Zähne ist gekerbt. Diese zwei Zähne scheiden die zur Aufnahme des Hauptzahnes der rechten Schale dienende tiefe Furche; diese Furche oder Zahngrube ist an dem Fig. 3 a abgebildeten Exemplar breit, nach unten zu plötzlich verschmälert. Die beiden Hauptzähne sind durch eine kleine, dreieckige, schwach concave Fläche von den Seitenzähnen getrennt. Die beiden kaum gebogenen Lateralzähne, von welchen der untere immer höher aufragt als der obere, sind langgestreckt, schneidend und schliessen zwischen sich eine lange, tiefe, rinnenartige, für den Seitenzahn der rechten Klappe bestimmte Grube ein.

Der vordere Schliessmuskeleindruck ist ziemlich gross und ziemlich tief eingesenkt, gegen seinen inneren Rand gekerbt. Ueber diesem liegt ein kleiner, runder Hilfsmuskeleindruck. Ein anderer Hilfsmuskeleindruck befindet sich am unteren, hinteren Ende der vorderen Adductoren; dieser ist länglich und ungefähr halbmondförmig. Der hintere Schliessmuskeleindruck ist grösser, rundlich, aber nicht annähernd so tief wie der vordere. Ueber diesem liegt in beiden Schalen ein Hilfsmuskeleindruck, welcher klein, rundlich und verhältnissmässig tiefer ist als der Schliessmuskeleindruck. (Die Hilfsmuskeleindrücke sind auf der Abbildung der rechten Schale [XVI, 2.] nicht genügend hervorgehoben). Die Mantellinie ist sehr gut sichtbar. Die Ligamentgrube ist lang, nur um einen verhältnissmässig geringen Betrag kürzer als die Lateralzähne. Im Inneren der Schale verlaufen von der Wirbelgegend zum Schalenrande zwei Wülste; der vordere zieht sich gegen die Mitte der Schale und verschwindet allmählich gegen den Rand hin. Ebenso verschwindet jener, der den hinteren Schliessmuskeleindruck nach vorne zu umrandet.

Von den beiden abgebildeten, unversehrten Exemplaren ist die linke Schale kürzer, abgerundeter und gewölbter als die rechte, wie dies auch aus folgenden Maassen hervorgeht:

	Linke Schale (Fig. 5):	Rechte Schale (Fig. 2):	Fehlerhafte linke Schale (Fig. 3):
Länge	60 mm	62 mm	ca. 38 mm
Höhe	45 „	38 „	26 „
Dicke	18 „	15 „	11 „

Diese interessante neue Art nähert sich der von Eucнs aus Radmanest beschriebenen Unio Bielzii. Mein Exemplar ist zwar kürzer, aber dennoch so breit wie Bielzii, welche 80 mm lang und 45 mm hoch ist. An meiner Form ist die hintere Abstumpfung stärker und besonders charakteristisch für sie sind die drei am hinteren Theil befindlichen, oben von Furchen begrenzten, erhabenen Falten.

Während bei U. Bielzii der Hauptzahn der rechten Schale unmittelbar unter dem Wirbel liegt, befindet er sich an meiner Form ganz vor dem Wirbel, demgemäss ist der vordere Schliessmuskeleindruck bei U. Vásárhelyii viel kleiner, seichter und sinkt nicht fast trichterförmig ein wie bei Bielzii. Der Hauptzahn der rechten Schale ist an meiner Form länger gestreckt, hingegen bei U. Bielzii kürzer, gedrungener und während bei U. Vásárhelyii eine starke, tiefe Furche den Hauptzahn von der Lunula scheidet, begrenzt ihn bei U. Bielzii eine viel schwächere Furche gegen den Wirbel. Bei U. Vásárhelyii scheidet die zwei Hauptzähne der linken Schale eine stärkere, aber schmälere Furche, als wie bei Bielzii, daraus folgt, dass der in die Grube passende Zahn der rechten Schale an meiner Form schlanker und oben schärfer ist wie bei *Bielzii*. Während an meiner Form der hintere Schliessmuskeleindruck einfach ist, ist er bei *U. Bielzii* durch eine horizontale Linie in zwei gleiche Hälften getheilt.

Die Oberfläche von *U. Bielzii* ist, abgesehen von den etwas blättrigen Zuwachsstreifen, glatt; an meiner Form hingegen zeigt die Oberfläche ausser den Zuwachsstreifen und Falten auch noch die zwischen denselben befindlichen breiten, tiefen Furchen. Der Wirbel ist bei beiden Arten glatt, bei meiner Form aber sind nahe der Spitze des Wirbels zwei schwach-erhabene, wellenförmige Zuwachslinien sichtbar, welche bei den in höheren Schichten vorkommenden Formen so zahlreich und charakteristisch sind.

U. Vásárhelyii ist in einem gewissen Grad veränderlich. Anfangs war ich geneigt, das Taf. XVI, Fig. 3 abgebildete fragmentäre Exemplar für eine eigene Art zu halten, da die zwei Spitzen des Hauptzahnes von denen bei Taf. XV, Fig. 5 abweichen, indem die innere kurz und knollig, die äussere leistenförmig verlängert ist, hingegen dort beide kurz, gedrungen dreieckig sind. Einerseits ist die Grube zwischen den beiden Zähnen für den Hauptzahn der rechten Schale an meinem unversehrten Exemplar schmal und tief, anderseits ist sie an meinem fragmentarischen Schalenexemplar weit und trichterförmig vertieft. An diesem letzteren, schadhaften Exemplar ist der vordere, obere Hilfsmuskeleindruck verhältnissmässig stärker als am unversehrten.

Das Aeussere von *U. Vásárhelyii* erinnert gewissermassen an *U. atavus* PARTSCH, die fragmentäre linke Schale aber ein wenig an *U. moravicus* HÖRN. Die Aehnlichkeit bezieht sich aber nur auf das Aeussere, da sie sonst weit von einander abstehen.

Der Schlossrand ist an meiner Form ziemlich stark gebogen, bei *U. atavus* und *moravicus* ist er dagegen gerade. Bei *U. Vásárhelyii* trägt der hintere Theil der Schale drei Falten, bei den beiden anderen Arten fehlen diese Falten. Dem Aeusseren nach steht meine Form zwischen *U. atavus* und *moravicus*. Sie ist kürzer als *U. atavus*, aber länger als *moravicus*, hinten mehr abgestumpft, stärker, schnabelartig verlängert als *moravicus*, aber nicht so stark als wie *atavus*. Allein in Hinsicht der Zahnstruktur und der Verzierung — wie schon erwähnt — bestehen grosse Unterschiede zwischen den drei Arten.

v. HANTKEN und ich haben nur je ein Bruchstück dieser Art gesammelt. Nach langjährigem Sammeln fand aber Herr GÉZA VON VÁSÁRHELYI, Grundbesitzer in Tinnye, zwei unversehrte Exemplare, welche er mir zur Verfügung stellte. Mit verbindlichem Danke für diese freundliche Unterstützung benenne ich die neue Art nach ihrem Finder.

Fundort: *U. Vásárhelyii* ist bisher nur von Tinnye bekannt. Ich glaube aber, dass jene Formen, welche aus diesem tieferen Niveau der pannonischen Stufe von anderen Fundorten schon seit geraumer Zeit bekannt sind und in der Literatur unter dem Namen *U. atavus* PARTSCH gehen, grösstentheils dieser Art angehören.

Subordo: **Cardiacea.**

C. Familie: **Cardiidae.**

III. Genus. **Limnocardium** STOLICZKA 1870.

Die Familie der *Cardiidae* ist in unserer Fauna nur durch das Genus *Limnocardium* vertreten und zwar durch vier gut bestimmbare Arten und eine Varietät. Der Manteleindruck scheint bei allen keine Ausbuchtung zu besitzen.

Von den sicherbestimmbaren Formen meiner Fauna gehören nur die neuen Species *Halavátsi* und *minimum* zu *Limnocardium* im engeren Sinne, dagegen sind *Jagici* Brus., *Andrusovi* nov. sp. und *Andrusovi* u. sp. var. *spinosum* n. var. dem durch Sabba Stefanescu aufgestellten Subgenus *Pontalmyra* einzureihen.

Interessant ist es, dass während im oberen Niveau der pannonischen Stufe, im sogenannten „*Congeria rhomboidea*-Horizont", die grossen Limnocardien und stellenweise das Subgenus *Budmania* Brus. vorherrschen, die Limnocardien im tieferen Niveau eine untergeordnete Rolle spielen. Häufiger ist das Subgenus *Pontalmyra* S. Stef., welches zwar auch nur durch einige Species, aber in grosser Individuenzahl, vertreten ist, jedoch auffallend ist es auch, dass während die Limnocardien des oberen Niveaus grosse Formen sind, die des tieferen Niveaus, welchem unsere Fauna angehört, lauter kleine Formen sind.

17. Limnocardium Halavátsi nov. sp.

(Taf. XI, Fig. 19, Taf. XII, Fig. 8 und Taf. XVI, Fig. 4.)

1895. *Limnocardium* nov. sp. Lörenthey: Papyrotheca. p. 392.

Die mittelgrosse, rundliche oder ovale solide Schale ist ziemlich convex, der Wirbel entweder schwach gebogen, flach und in diesem Falle ein wenig über der Schlosskante gelegen (Fig. 19) oder aufgeblasen, gebogen und mit seiner Spitze der Ventralseite zugewandt (Fig. 4). Der Wirbel ist ein wenig gegen die Ventralseite geschoben und ist demnach der vordere, abgerundete Theil der Klappe nur wenig kürzer als der rückwärtige. Die Schale ist hinten abgestutzt, stark klaffend. Von dem beinahe in der Mitte befindlichen Wirbel ziehen 16—17 Radialrippen zu dem beinahe halbkreisförmigen oder schwach bogigen Unter- und Vorderrand. Die Rippen werden gegen die Mitte der Klappe allmälig stärker, dann wieder schwächer. Auf der dem abgestutzten Theile entsprechenden äusseren concaven Oberfläche befinden sich vier Rippen von verschiedener Stärke, welche am besten in der Nähe des Wirbels sichtbar sind, weiter jedoch sich ganz verflachen. Die Rippen sind abgerundet dreieckig, in der Jugend zugeschärft und von den etwas schmäleren Zwischenräumen scharf gesondert. Die vorderen Rippen, wie auch der um den Wirbel herum sich befindende Theil der anderen Rippen ist noch mit einer Kante versehen. Den Rippen entsprechen auf der Innenfläche der Schale Furchen, welche sich bis zum Wirbel erstrecken und über den Manteleindruck hinaus schwächer werden. Somit ist der Vorder- und Unterrand der Klappe gefurcht. In den Zwischenräumen befinden sich meist noch Secundärfurchen. Der Schlossrand ist verhältnissmässig schwach, leicht gebogen. Das Schloss trägt auf der linken Klappe in der Mitte einen spitzen und vorne einen ziemlich starken Schlosszahn, hinten hingegen einen rudimentären Leistenzahn. Hinter dem Schlosszahn befindet sich eine runde, tiefe Grube zur Aufnahme des Schlosszahnes der rechten Klappe. Das Schloss der rechten Klappe ist nur theilweise bekannt, da der Wirbeltheil fehlt; nur ein vorderer und ein hinterer Seitenzahn sind erhalten; beide sind stark und leistenförmig. Die Oberfläche der rechten Klappe ist mit feinen, scharfen Anwachsstreifen bedeckt, welche besonders gut gegen die Ränder der Klappe sichtbar sind und die Oberfläche der Schale, namentlich jedoch die Rippen schuppig machen. Die Schlosskante wird von aussen durch die Bandgrube und Lunula begrenzt, welche wieder durch die vom Wirbel ausgehenden Kanten begrenzt sind. Die vor dem Wirbel befindliche Lunula ist länglich oder eiförmig. Hinten ist auch die Ligamentleiste sichtbar, welche nur halb so lang ist als der Hinterrand. Der Manteleindruck ist nicht ausgebuchtet. Die Eindrücke der Vorder- und Hintermuskel sind oval.

natürlich die den Rippen entsprechenden inneren Furchen auch viel dichter, als bei *apertum*, wo 11 solche: Furchen vorhanden sind, während bei meiner Form ihre Zahl. 15—16 beträgt. Bei *L. Halavátsi* ist di: Lunula viel schärfer entwickelt, als dies auf der Abbildung von *apertum*[1] sichtbar ist. *L. Halavátsi* besitz in vieler Hinsicht auch Aehnlichkeit mit *truncatum* VEST.[2], welch letztere Form in den pannonischei Schichten der Umgebung des Balaton-(Platten-)Sees vorkommt. Sie klafft jedoch mehr als *L. Halavátsi* ihre Rippen sind schärfer, höchstens gegen den Rand der Klappe wird ihre Kante stumpf; während ferner *L truncatum* 15—16 Rippen trägt, hat *L. Halavátsi* deren 20—21. Endlich ist auch in den Zähnen und Mantel eindrücken eine Abweichung vorhanden, da der Manteleindruck von *L. truncatum* schwach ausgebuchtet ist Von *L. Baraci* BRUS.[3], welche Form dem *L. truncatum* nahe steht, weicht *L. Halavátsi* noch meh: ab. Auch *L. Baraci* klafft ein wenig. *L. Baraci* hat wie *L. truncatum* nur 15—16 Rippen, bei letztere: Form, sind sie jedoch scharf, bei *L. Baraci* und *L. Halavátsi* hingegen abgerundet. Die für *L. Barac* charakteristischen sehr feinen dachziegelartigen Lamellen, welche vom Wirbel bis zur halben Höhe der Schal: gehen, findet sich bei *L. Halavátsi* keine Spur.

Die neue Art benenne ich zu Ehren des gründlichen Kenners der ungarischen jüngeren Tertiär bildungen, des H. Chefgeologen Julius HALAVÁTS.

Fundort: *L. Halavátsi* fand ich bisher nur in Tinnye, doch auch hier nur selten (zwei linke und eine rechte Klappe). Sehr wahrscheinlich ist aber, dass es auch in Budapest-Köbánya vorkommt; einig: Bruchstücke weisen wenigstens auf diese Art hin.

18. **Limnocardium** sp. ind.

In Tinnye fand ich auch das Bruchstück einer kleineren, soliden, ausgezeichnet erhaltenen, glän zenden Klappe, welche näher zu bestimmen nicht möglich ist. Von den übrigen hier vorkommendei Limnocardien weicht die Form deutlich ab.

[1] M. HÖRNES bildet in seinem Werke: „Foss. Moll." unter dem Namen *apertum* auf Taf. XXIX, Fig. 5—6 aus de Umgebung von Wien Formen ab, unter welchen BRUSINA die in Fig. 6 dargestellte mit *Adacna Schedeliana* PARTSCH identificir (Die Fauna der Congerienschichten von Agram. p. 151 [27].)

[2] Verhandl. u. Mittheil. d. Malakozool. Gesellsch. II. Jahrg. 1875. p. 318. T. 11, F. 6,

[3] Die Fauna der Congerienschichten von Agram. p. 156 (82). T. XXVIII, F. 42,

Die schwach convexe Klappe ist von 16 scharfen, dachförmigen Rippen bedeckt, welche von den gleich breiten Zwischenräumen scharf abgesetzt sind. Die erste Rippe, welche die sehr schmale Lunula begrenzt, ist mit feinen stachelähnlichen Anschwellungen verziert. Hinten liegen 6 fadenförmige Rippen auf der Klappe. Den Rippen entsprechen im Innern der Klappe — so viel an meinem Wirbelbruchstück ersichtlich — keine Furchen; es konnte höchstens der Rand der Klappe gefurcht sein. Der Wirbel ist sehr klein, gerade, kaum eingebogen, spitz, stark gegen die Ventralseite gewendet und kaum über den Schloss- rand erhaben. Die Ligamentgrube ist schmal, kaum begrenzt. Die Ligamentleiste ist auch kaum halb so lang als der hintere Schlossrand. Der Schlossrand ist spitz, stark, kegelförmig; vorne und hinten befindet sich je ein starker, leistenförmiger Seitenzahn. Wahrscheinlich repräsentirt das Stück eine neue Form, zu deren Charakteristik das vorliegende Stück jedoch nicht ausreicht.

In Tinnye fand ich auch ein Bruchstück einer anderen linken Klappe, welche von den übrigen Arten ebenfalls abweicht. Sie ist mit niedrigen, abgerundeten Rippen versehen, welche durch etwas schmälere Zwischenräume von einander getrennt sind. Die Rippen sind dicht mit Schuppen besetzt wie bei *Limno- cardium plicatum* Eichw., mit welcher meine Form auch identisch zu sein scheint.[1] Den Rippen entsprechen im Innern der Klappe keine Furchen, nur der Rand der Klappe ist gefurcht und gezähnt.

Fundort: Tinnye — ein fragmentarisches Exemplar.

19. Limnocardium minimum nov. sp.
(Taf. XII, Fig. 7 a, 7 b.)

Die aussergewöhnlich kleine Klappe ist eiförmig, ziemlich convex, vorne abgerundet, hinten ab- gestutzt, jedoch nicht klaffend. Die Klappe ist in ihrem vorderen Drittel am stärksten convex, von hier gegen hinten verflacht sie sich allmälig. Der Wirbel ist eingebogen, gegen die Ventralseite gewendet und steht beinahe in der Mitte. Die Oberfläche ist von 8 gegen die Mitte allmälig kräftiger, dann wieder all- mälig schwächer werdenden hohen, abgerundeten Rippen bedeckt, welche durch ungefähr gleich breite, ebene, quergestreifte Zwischenräume von einander getrennt werden. Rippen und Zwischenräume sind nicht scharf getrennt. Am stärksten ist die vierte und fünfte Rippe. Letztere verläuft etwa in der Mitte der Klappe ganz gerade und die Zwischenräume zu ihren beiden Seiten sind breiter als die Rippen selbst; ja der hintere Zwischenraum ist zweimal so breit. Die nach der mittleren fünften Rippe folgenden krümmen sich mit ihren unteren Enden gegen hinten. Am schwächsten ist die letzte Rippe, welche auf den hinteren abgestutzten Theil fällt und welcher keine innere Furche entspricht. Unter den Rippen sind die zwei vorderen und die zwei hinteren — so viel dies an einer so kleinen Form zu erkennen ist — nahe an ihren unteren Enden mit Anschwellungen verziert. Der Unterrand ist stark gezähnt. Den Rippen entsprechen starke Furchen im Innern der Klappe, welche jedoch nur bis zur Mitte reichen. Am Ende des hinteren Schlossrandes befinden sich zwei stark hervortretende Anschwellungen. Die Lunula ist gross und oval. Das Schloss ist kräftig entwickelt, stark gebogen. Auf meiner einzigen rechten Klappe ist ein starker kegelförmiger Schlosszahn und je ein starker leistenförmiger Seitenzahn vorhanden.

---

[1] J. Sinzow: Beschreibung einiger Arten neogener Versteinerungen, welche in den Gouvernements von Cherson und Bessarabien aufgefunden wurden. T. IV, F. 5.

Die Ausbildung der ganzen Form, besonders die Schlosszähne lassén darauf schliessen, dass hier keine embryonale, sondern eine ausgewachsene Zwergform vorliegt. Es ist dies das kleinste *Limnocardium*, das ich bisher kenne; Länge 1,3 mm, Höhe 1 mm und Dicke 0,4 mm.

L. minimum gehört in den Formenkreis von *Limnocardium latisulcatum* Münst.[1] und *L. plicato-Fittoni* Sinz.[2], ist jedoch bedeutend kleiner und steht — wie nach ·den Abbildungen Sinzow's festzustellen ist — zwischen den beiden, wenigstens bezüglich der Rippénanzahl. Im Uebrigen sind *L. latisulcatum* und *L. plicato-Fittoni* in ihrem hinteren Dritttheil am gewölbtesten, während dies bei meiner Form im vorderen Drittel der Fall ist. Die Rippen meiner Form werden bis zur Mitte immer stärker, dann allmälig schwächer, diejenigen des *L. latisulcatum* und *plicato-Fittoni* hingegen nehmen an Stärke bis zu der ·den rückwärtigen, abgestutzten Theil gegen die Ventralseite begrenzenden Kante fortwährend zu, über welche hinaus nur einige sehr feine fadenförmige Rippen vorhanden sind. Bei *L. minimum* sind die zwei mittleren Rippen die stärksten, bei seinen russischen Verwandten jedoch jene des hinteren Dritttheils, diejenigen, welche sich vor dem abgestutzten, durch einen Rand begrenzten Theil befinden.

Fundort. *L. minimum* ist vielleicht die seltenste Form unserer Fauna, da ich bisher nur in Budapest-Köbánya ein Exemplar davon fand.

20. Limnocardium sp. ind.

In Gesellschaft des ·neuen *Limnocardium minimum* fand ich in Budapest-Köbánya auch ein Bruch-stück einer etwas grösseren Form, von welcher jedoch erst auf Grund besseren Materials zu entscheiden sein wird, ob sie eine neue Form ist oder — was viel wahrscheinlicher — ob sie mit dem *L. plicatum* Eichw. zu identificiren ist. Das einzige Bruchstück ist der Wirbeltheil einer linken Klappe. Die ziemlich convexe Oberfläche ist mit 8 langsam, jedoch ·gleichmässig stärker werdenden, abgerundeten, mit Anschwellungen bedeckten Rippen verziert; auf dem abgestutzten Hintertheil befinden sich 4 fadenförmige Rippen. Die Zwischenräume sind breiter als die Rippen und erweitern sich gegen rückwärts immer mehr. Rippen und Zwischenräume sind von einander nicht scharf getrennt. Der Wirbel ist schwach gegen vorne gebogen, unter ihm liegt ein kegelförmiger Schlosszahn. Innen sind sehr schwache Spuren von Furchen vorhanden; am Rande aber sind sie — wie bei *L. minimum* — wahrscheinlich stark gewesen. Diese Form stimmt mit jener bei Pilar (Das Tertiärgebirge und seine Unterlage an der Glinaer-Culpa Taf. I, Fig. 6) unter dem Namen *Cardium plicatum* angeführten ganz überein. Da jedoch Pilar's *plicatum* von dem bei Sinzow (Beschreibungen einer Neogen-Verstein. Taf. IV, Fig. 5) abgebildeten *L. plicatum* abweicht, getraue ich mir nicht, meine Form zu Eichwald's *plicatum* zu stellen.

·An derselben Localität fand ich auch die Bruchstücke zweier anderer Arten, welche aber auch nicht zu bestimmen sind. Bei der einen sind etwa in der Mitte zwischen zwei stärkere Rippen eine oder zwei schwächere eingeschaltet. Die stärkeren Rippen sind mit Anschwellungen verziert. Schloss- und Seitenzähne sind gleich stark entwickelt. Die Zahl der Rippen.beträgt cà. 20.

Fundort: Budapest-Köbánya.

---

[1] *Cardium latisulcatum* Münst. Goldfuss: Petrefacta Germaniae. p. 213. T. CXLV, F. 9, a.
   Limnocardium latisulcatum Münst. J. Sinzow: Beschreibung einiger Arten neogener Versteinerungen, welche in den Gouvernements von Cherson und Bessarabien aufgefunden wurden. T. IV, F. 4.
[2] *Limnocardium plicato-Fittoni* Sinz. J. Sinzow: Dortselbst. p. 68. T. IV, F. 1—3.

Subgenus. **Pontalmyra** Sabba Stefanescu.

S. Stefanescu stellte *Pontalmyra* als selbständiges Genus aus. Hieher gebören seiner Ansicht nach flache, mit subquadratischen Klappen versehene Formen, deren vorderer Theil viel kürzer ist als der hintere. Letzterer ist abgestutzt. Den Rippen entsprechen im Innern bis zum Wirbel sich erstreckende Furchen, welche über den Manteleindruck hinaus schwächer werden. In der rechten Klappe befinden sich zwei durch eine Grube getrennte Schlosszähne, deren hinterer rudimentär ist oder auch ganz fehlen kann. In der linken Klappe ist ein Schlosszahn vorhanden; vorderer und hinterer Seitenzahn schwach oder fehlend. Die Schloss-ränder sind von der Area, diese wieder von einer Kante begrenzt. Der vordere Muskeleindruck ist stärker als der hintere. Der Manteleindruck besitzt keine oder nur eine schwache Einbuchtung.

Meiner Ansicht nach sind diese Formen nicht von *Limnocardium* als selbständiges Genus zu trennen, da der Gattungsbegriff von *Limnocardium* ein so weiter ist, dass diese Formen auf Grund obiger Charaktere unbedingt hineingehören. Trotzdem können — ja müssen — sie als besonderes Subgenus zusammengefasst werden. Der typischeste Vertreter dieses Subgenus ist in meiner Fauna *L. (P.) Jagici* Brus.

21. **Limnocardium (Pontalmyra) Jagici** Brus.
(Taf. XI, Fig. 13—18 und Taf. XII, Fig. 4—6.)

1893. *Limnocardium* sp. Lörenthey: Beiträge zur unterpont. Bild. des Szilágyer Com. p. 304.
1895.   „   · *Jagici* Brus. Lörenthey: Papyrotheca. p. 392.

Die ganze Oberfläche dieser mit kleinen, flachen, zerbrechlichen Klappen ausgestatteten Form trägt 30—35 flache, kaum erhabene, breite Rippen. Die Schale ist vorne breiter als hinten und stark abgerundet, während sie sich gegen rückwärts verschmälert und abgestutzt oder abgerundet ist. Vom Wirbel zum unteren hinteren Winkel zieht sich zumeist eine gut sichtbare Kante. Die Rippen verbreitern sich allmälig gegen rückwärts und die Zwischenräume sind entweder eben so breit als die Rippen oder schmäler. Rippen und Zwischenräume sind von einander durch scharfe Linien getrennt. Die Rippen sind vorne oft verschwommen, so dass der vordere Theil, würde er nicht von den starken Anwachsstreifen durchzogen, ganz glatt wäre. Hinten sind die Rippen stets gut sichtbar, höchstens sind sie weniger erhaben, doch bleiben sie stets deutlich von einander getrennt, da zwischen ihnen scharfe Furchen liegen; übrigens sind sie hier gewöhnlich schmäler und stehen dichter. Den Rippen entsprechen im Innern der Klappe rund herum, den Rippen zum unteren Theil, Furchen, welche sich beinahe bis zum Wirbel erstrecken, doch über den Manteleindruck hinaus sehr schwach werden. Der Wirbel ist kaum eingebogen, spitz, schwach, er steht gerade gegen die Ventralseite, ist glatt und liegt ein wenig vor der Mittellinie. Das Schloss ist dünn, schwach bogig. In der rechten Klappe ist unter dem Wirbel ein spitzer, starker Schlosszahn vorhanden, vor demselben eine tiefe Grube, vorne und hinten je ein langer, scharfer, hoher Seitenzahn. In der linken Klappe befindet sich ein stark vortretender Schlosszahn, dahinter eine Grube, die Seitenzähne fehlen jedoch ganz. Selten ist — wie in Fig. 18 b — der vordere Seitenzahn rudimentär entwickelt. Die Schale ist hinten abgestutzt und schwach klaffend. Die Lunula und die hinter dem Wirbel befindliche Bandgrube sind schmal, unter der Lupe jedoch gut zu sehen und sehr scharf begrenzt. Die Ligamentleiste ist sehr kurz. Die Oberfläche ist stellenweise von so starken, dicken, hervortretenden Anwachsstreifen bedeckt, wie sie bei so dünnen Schalen sonst kaum vorkommen. Die Veränderlichkeit der Form der Schale, die Ausbildung und Vertheilung der Rippen ist auf den Abbildungen gut dargestellt, weshalb ich deren weitere Beschreibung übergehe. Der Manteleindruck, welcher nur selten erkennbar ist, scheint keine Ausbuchtung zu haben. Die Muskeleindrücke liegen hoch, sind oval, der vordere etwas stärker als der hintere.

Maasse:

Länge:	2 mm	4,5 mm	4,8 mm	6,5 mm	8,4 mm	9,8 mm
Höhe (Breite):	1,5 „	3 „	3 „	4,5 „	5,5 „	5,5 „
Dicke:	0,4 „	0,8 „	1 „	1 „	1,5 „	2 „

L. (P.) Jagici, welche embryonalen Formen von *Limnocardium Majeri* M. HÖRNES und *L. simplex* FUCHS am nächsten steht, weicht von diesen beiden durch die grosse Anzahl der Rippen und durch den schmal, scharf und dicht gerippten, abgestutzten Hintertheil ab. Das junge *L. Majeri* besitzt hinten keine Rippen, das *L. simplex* ist weder abgestutzt noch klaffend, die Rippen sind dort hinten ebenso oder noch breiter als vorne.

Für meine Tinnyeer Exemplare gilt nicht das, was BRUSINA von den Markusevecern sagt, dass nämlich rückwärts keine Spur der Kante vorhanden, und dass die rückwärtige Seite durch das Verschwinden der Rippen mehr oder weniger glatt sei; da auf meinen Formen die Rippen, wie bei *L. simplex*, überall sichtbar sind und der Hinterrand bei den meisten vorhanden ist. Auch wird meine Form durch die auffallend starken, manchmal hervortretenden Anwachsstreifen von *L. Majeri* wie von *L. simplex* getrennt. Unzweifelhaft ist die Verwandtschaft zwischen meiner Form und dem *L. Majeri*. Nachdem erstere in tieferem Niveau vorkommt, dürfte sich das *L. Majeri* aus ihr entwickelt haben. *L. Jagici* BRUS. (Fig. 6) ist dem jungen *L. Andrusovi* nov. sp. nahestehend.

Fundorte: *L. (P.) Jagici* ist ausser Markusevec noch von Szilágy-Somlyó bekannt, wo ich jedoch nur ein Bruchstück fand (in der Szilágy-Somlyóer Fauna als *Limnocardium* sp. aufgeführt). Ebenfalls Bruchstücke fand ich auch in Budapest-Köbánya. In Tinnye sammelte ich über 350 grösstentheils unbeschädigte Exemplare.

22. Limnocardium (Pontalmyra) Andrusovi nov. sp.

(Taf. XI, Fig. 12 und Taf. XII, Fig. 1 u. 2).

1879. *Cardium secans* (non FUCHS) MÁRTONFI: Szilágy Somlyóer Neogenbildungen. p. 195.
1893. *Limnocardium solitarium* (non KRAUSS). LÖRENTHEY: Beitr. d. unterpont. Bildung. d. Szilágyer Com. p. 303.

Die dünne Schale ist entweder stark convex und oval oder länglich und in diesem Falle flacher. Sie würde, wenn die vorderen Spitzen nicht abgerundet wären, die Form eines länglichen Vierecks haben. Der Schlossrand ist sehr schwach gebogen, beinahe gerade; vom Wirbel läuft sein vorderer Theil gerade und geht dann unvermerkt in den ziemlich gebogenen Vorderrand über. Die Klappe ist hinten abgestutzt, doch nicht klaffend. Der Wirbel ist schwach eingekrümmt, nach vorne gerichtet und von der Mittellinie ein wenig gegen die Ventralseite verschoben. Die Oberfläche ist von 35—42 flachen, oben abgerundeten Rippen bedeckt, welche vorne schuppig sind und mit schwachen Anschwellungen verziert zu sein scheinen. Die Rippen verstärken sich langsam gegen rückwärts, die in der Mitte der Klappe befindlichen beginnen oben langsam zu verflachen und es bildet sich, da ihr hinterer Theil steiler abfällt, rückwärts eine scharfe Kante, welche an jener Rippe am stärksten ist, die sich, auf der Oberfläche der Klappe eine schwache Kante bildend, vom Wirbel zum hinteren unteren Winkel zieht. Von ihr gegen rückwärts, am hinteren abgestutzten Theil folgen ihr zumeist 9 Rippen, welche bis zum hinteren Schlossrand langsam, jedoch gleichmässig schwächer und convexer werden. Eine Ausnahme bildet unter den 9 Rippen manchmal die mittlere, welche stärker ist als ihre Nachbaren. Die Rippen sind von einander durch die etwas schmäleren Zwischenräume scharf getrennt. Den Rippen entsprechen im Innern der Klappe bis zum Wirbel reichende Furchen. Jenen 8—9 Rippen, welche sich am hinteren, abgestutzten Theil befinden, entsprechen im Innern der Klappe bei ausgebildeten Formen schwächere Furchen. Unter diesen Rippen ist die letzte, welche die längliche Bandgrube begrenzt, meist sehr stark entwickelt und mit Stacheln verziert. Die Lunula ist pfeilförmig, gut entwickelt. Das Schloss ist schwach und besteht auf der linken Klappe aus einem unter dem Wirbel befindlichen, spitzen, kegelförmigen Schlosszahn, mit einer Grube hinter demselben; vorne ist ein kleiner, spitziger, hinten ein kaum sichtbarer, rudimentärer Seitenzahn vorhanden. Auf der rechten Klappe befindet sich ein ähnlicher Schlosszahn; die zur Aufnahme des linken Schlosszahnes dienende Grube liegt vor demselben; der vordere Leistenzahn ist hier ebenso gut entwickelt wie der hintere. Manteleindruck nicht zu sehen. Der vordere, kleinere und stärkere Muskeleindruck ist deutlicher als der hintere, grössere; beide sind oval. Der Rand der Klappe ist gezähnt. Die Anwachsstreifen sind sehr fein und besonders zwischen den Rippen sehr scharf, mit der Lupe gut sichtbar.

Maásse:

Länge:	1,0 mm	2,5 mm	3,0 mm	5,9 mm	8,0 mm	11,5 mm
Höhe:	0,9 „	1,8 „	2,0 „	3,5 „	6,0 „	8,5 „
Dicke:	0,3 „	0,5 „	0,5 „	1,0 „	2,0 „	3,5 „

Ein fragmentäres Exemplar hatte bei ca. 20 mm Länge, eine Breite von 17 mm und eine Dicke von 7 mm. Die Länge varriirt also zwischen 1—20 mm, die Breite oder Höhe zwischen 0,9—17 mm uud die Dicke zwischen 0,3—7 mm.

Die nächste Verwandte meiner Form ist die bei CAPELLINI („Gli strati a Congerie nella provincia di Pisa etc." Taf. III, Fig. 10—16) als Cardium solitarium beschriebene Form. Auf den ersten Blick ist die Aehnlichkeit frappant, vergleicht man jedoch die beiden Formen genauer, so ergeben sich Unterschiede. Bei meiner Form erhebt sich der Wirbel nämlich weniger, ist also weniger convex wie bei der italienischen Form. Auch das Schloss ersterer ist schwächer. Während die italienische Form 30—32 Rippen aufweist, ist meine neue Art von Tinnye mit 35—42 Rippen bedeckt, welche viel dichter stehen. Bei der Form CAPELLINI's reichen die im Innern der Klappe den Rippen entsprechenden Furchen nur bis zum Manteleindruck, bei meiner bis zum Wirbel. Die Rippen der CAPELLINI'schen Form sind nicht so sehr abgerundet wie die der meinigen — was der bei CAPELLINI in Fig. 13 abgebildete vergrösserte Theil einer Klappe veranschaulicht — sondern dachförmig und sind auch von den Zwischenräumen nicht so scharf abgesetzt wie bei meiner Art. Die Zwischenräume letzterer sind im Verhältniss zur Breite der Rippen, trotzdem dieselben dichter stehen, doch breiter als auf den Abbildungen CAPELLINI's. Die auf dem hinteren Schlossrand befindliche letzte Rippe ist auch auf den Formen CAPELLINI's manchmal stachelig, wie bei meiner.

Die Unterschiede, welche zwischen den Figuren CAPELLINI's und meiner Form vorhanden sind, reichen also aus, um letztere als selbständige Species hinzustellen. Der Vergleich mit den Original-Exemplaren des Card. solitarium, welche Herr Prof. CAPELLINI die grosse Liebenswürdigkeit hatte, mir zu leihen, ergab noch deutlicher, dass L. (P.) Andrusovi von C. solitarium verschieden ist. Während die Schalen von C. solitarium stark und dick sind, ist dies bei meinen, selbst wenn sie grösser sind, nicht der Fall. Auch über-

e Stachel durch das schuppige Aufbiegen der Schalenplättchen entlang der Anwachsstreifen
wohingegen auf meiner Form àn derselben Stelle wirkliche Stacheln vorhanden sind. Der
en halber steht das italienische „*solitarium*" nicht so sehr dem *Andrusovi* als der folgenden
nosum, näher; doch bieten hinwieder eben die Stacheln auch die Hauptunterschiede, da in
ʒ und Form die wesentlichste Abweichung der beiden Arten liegt. Während nämlich die
· var. *spinosum* auf jenem Klappentheil vorkommen, welcher dem abgestutzten Hinterrand
deren Spuren auf den „*solitarium*"-Exemplaren CAPELLINI's gerade hier rückwärts· nicht,
der Mitte der Klappe und deren vorderem Theile zu sehen; ferner sind die Stacheln meiner
Stacheln, sie sind stark, gross, gegen den Ventralrand offen und der Dünne und Leichtigkeit
rechend innen hohl, diejenigen der CAPELLINI'schen Exemplare hingegen breit, oval, An-
ulich und erheben sich nur gegen den Ventraltheil, also an ihren unteren Enden stachel-
heln selbst sind kurz, compact und in Reihen auf den Anwachsstreifen angeordnet. Am
pe endigen die Rippen in solchen Stacheln.
ichstück meines grössten Tinnyeer Exemplars erinnert theils durch seine äussere Form, theils
ʋentik der Oberfläche und die Grösse sehr an *Limnocardium Karreri* FUCHS. Doch ist es
icht zu identificiren, da bei meiner Form der Wirbel mehr gegen die Ventralseite verschoben
etzterer im Ganzen genommen gegen rückwärts breiter wird, während sie sich bei der *Karreri*
ımälert; auch ist die Schale meiner Form etwas mehr convex.
Jugend ist *L. Andrusovi* länglich, flach und von *L. Jagici*, bei welchem am hinteren Theil
tärker entwickelte Rippen ausgebildet zu sein pflegen, nicht zu unterscheiden.
eue Art benenne ich nach·Herrn Prof. ANDRUSOV aus Jurjew (Dorpat), dem Verfasser der
ıphie der Dreissensidaeen.
rt: In Tinnye ist *L.* (*P.*) *Andrusovi* sehr häufig, bisher sammelte ich 270 Exemplare.
d ich auch im Material von Szilágy-Somlyó. MÁRTONFI bestimmte dieselben als *Cardium*
as). Ich vereinige sie später mit *solitarium*, wobei ich schon hervorhob, dass ein Theil der-
us des *L. solitarium* verschieden ist. Jetzt jedoch, nachdem ich sie mit unversehrten Exem-
trenne ich wieder den grössten Theil der Bruchstücke von *solitarium* und stelle sie zu
In Budapest-Kőbánya fand ich ein unverletztes Exemplar und mehrere Bruchstücke.

. Limnocardium (Pontalmyra) Andrusovi LÖRENT., var. spinosum ɴ. var.

(Taf. XI, Fig. 1—11 und Taf. XII, Fig. 3.)

beraus elegante, kleine, dünnschalige Form meiner Fauna ist quer gestreckt oval; beinahe
ı finden sich — wie beim Typus — langgestreckte, beinahe viereckige Formen. Die vordere

Schlosskante fällt vorne jäh ab und geht als schwach concaver Bogen einen ziemlich scharfen Winkel bildend in den flach bogigen Unterrand über. Die Schale ist vorne ziemlich spitzig, schmal und wird gegen hinten breiter, so dass sie zumeist entlang des Hinterrandes, welcher vertical abgestutzt, jedoch nicht klaffend ist, am höchsten wird (Fig. 10). Die Oberfläche wird durch eine vom Wirbel zum unteren hinteren Winkel ziehenden scharfen Kante in einen grösseren vorderen und einen nicht viel kleineren hinteren Theil getheilt. Der Wirbel .ist schwach eingebogen, spitzig, stark gegen die Ventralseite verschoben: Die Oberfläche der Klappe ist dicht mit feinen, schwach convexen, wenig hervorspringenden Rippen bedeckt, welche gegen rückwärts langsam und gleichmässig anwachsen, so dass sie auf dem hinter der Kante liegenden rückwärtigen Theil am stärksten sind. .Vor und hinter der Kante werden manchmal eine bis zwei Rippen dachförmig. Die Rippen sind von den sehr schmalen Zwischenräumen nicht scharf getrennt. Im Innern der Klappe entsprechen den Rippen bis zum Wirbel reichende Furchen, welche um so tiefer sind, je stärker die Rippen sind; demnach sind sie auf der Hinterseite der Klappe am tiefsten. Den vorderen Theil der gegen hinten fortwährend sich hebenden Klappe, welche entlang der Kante am convexesten ist, bedecken 20—26 (zumeist 20—21), den hinteren Theil hingegen, die Kante und den Hinterrand mit eingerechnet 8—10 (zumeist 9) höhere Rippen. Darunter ist die erste und letzte, also jene, welche die Kante und die Bandgrube begrenzen und die mittlere unter den zwischen den beiden ersteren befindlichen Rippen, stärker als die anderen und mit starken Stacheln versehen. Manchmal sind jedoch nicht nur diese Rippen stachelig, sondern — wie aus den Abbildungen ersichtlich — auch mehrere, ja es gibt sogar Formen, deren Kante keine Stacheln besitzt, sondern nur die zwei anderen Rippen (Fig. 4). Die Stacheln sind lamellenartig, erinnern an die Stacheln der Rosen, sind innen hohl, gegen hinten zumeist geöffnet. Gewöhnlich befinden sich auf einer Rippe 5—8 solcher Stacheln. Es kommt auch vor, dass einige Rippen am Vordertheil der Klappe mit kleineren Stacheln versehen sind, welche Anschwellungen gleichen. Noch seltener scheint es vorzukommen, dass die ganze Oberfläche mit kleinen Stacheln bedeckt ist, einige Bruchstücke weisen wenigstens darauf hin. Die Anwachsstreifen sind sehr fein. Der vordere Theil der schwachen Schlosskante ist leicht concav, während ihr längerer Hintertheil einen schwach convexen Bogen bildet. Das Schloss besteht auf der linken Klappe nur aus einem spitzigen, kegelförmigen, unter dem Wirbel befindlichen Schlosszahn, mit einer Grube hinter demselben; Seitenzähne fehlen. In der rechten Klappe liegt die Grube für die Aufnahme des linken Schlosszahnes vor dem kegelförmigen Schlosszahn; vorne und hinten ist je ein schwacher Seitenzahn vorhanden, welche zumeist ein wenig vor resp. hinter dem mittleren Theil des Randes stehen. Der Manteleindruck scheint keine Ausbuchtung zu haben. Der Rand der Klappe ist stark gezähnt. Die Lunula ist schmal, scharf begrenzt, so auch die Bandgrube, welche durch die letzten stacheligen Rippen begrenzt wird. Die Bandleiste ist kurz. Die var. *spinosum* ist im Allgemeinen klein, ihre Länge beträgt 1—5 mm, ihre Breite 0,8—3,5 mm, ihre Dicke 0,3— 1 mm.

Diese meine Form weicht von L. *Andrusovi* Typus wesentlich ab; während die var. *spinosum* beinahe dreieckig ist, zeigt der Typus eine ovale Form, während der breiteste Durchmesser, also die Höhe der var. *spinosum* beinahe immer mit dem Hinterrand zusammenfällt, liegt derselbe beim Typus etwas mehr gegen vorne. Der Vorderrand der var. *spinosum* ist vor dem Wirbel concav, beim Typus gerade; die var. *spinosum* ist vorne überhaupt eckig, der Typus viel mehr abgerundet. Bei Letzterem ist der hinter der Kante gelegene Theil verhältnissmässig kleiner als bei der Varietät. Der Typus trägt 35—42, .die var. *spinosum* 28—36 Rippen. Auch ist letztere kleiner als der Typus, denn während beim Typus die Länge zwischen 1—20, die Höhe

da sie so ineinander übergehen, dass es manchmal schwer hält, von mancher Form zu bestimmen, wohin sie gehört. Denn es finden sich — obzwar selten — auch unter der var. *spinosum* vorne breit abgerundete, eiförmige oder beinahe länglich viereckige Formen wie beim Typus. Es gibt Formen des Typus, bei welchen der hinter der Kante gelegene rückwärtige Theil ungewöhnlich lang und wieder solche der var. *spinosum*, wo er klein ist. Auch finden sich bei der var. *spinosum* Exemplare (Fig. 11), bei welchen, wie beim Typus, nur die allerletzte Rippe stachelig ist. Mit einem Wort: unvermerkte Uebergänge sind häufig.

Der var. *spinosum* steht jene Form am nächsten, welche G. Pilar unter dem Namen *Cardium squamulosum* nov. sp. (Tertiärgebirge der Glianer Culpa. p. 48. Taf. I, Fig. 7—8) aus der sarmatischen Stufe von Sestanj beschreibt. Da jedoch Deshayes schon eine Art als *squamulosum* beschrieb, empfiehlt R. Hörnes die Benennung *Cardium Pilari* R. Hörnes (Verhandl. d. k. k. geol. R. A., Jahrg. 1874 p. 228). Die var. *spinosum* ist kleiner als das sarmatische *Pilari*. Letzteres ist übrigens im Ganzen grösser (8 mm lang, 5 mm hoch und 1,5 mm dick), stärker und besitzt dickere Schalen. Seine Rippen sind breiter und stehen weitläufiger; da es auf der Vorderseite der Klappe nur deren 13 besitzt, während die kleinere var. *spinosum* deren 20—26 aufweist; auf der Hinterseite hat erstere 5, letztere 8—10 Rippen. Das Schloss von *L. Pilari* ist auch viel kräftiger als das der var. *spinosum*. Meine Form entstammt wahrscheinlich dem sarmatischen *L. Pilari*.

Fundort: Von Tinnye in 230 Exemplaren, von Budapest-Köbánya nur in einigen Bruchstücken vorliegend.

Subordo: **Conchacea.**

Familie: **Cyrenidae.**

Genus: **Pisidium** C. Pfeiffer. 1821.

24. **Pisidium** sp. ind.

(Taf. XVI, Fig. 5.)

In Tinnye fand ich einige Exemplare einer aussergewöhnlich kleinen *Pisidium*-Art, welche aus Mangel an Vergleichsmaterial nicht bestimmt werden konnte. Auch Brusina fand in Markusevec ein kleines, bisher ebenfalls nicht bestimmtes *Pisidium*.

Classis: **Gastropoda** Cuv.

Ordo: **Pulmonata** Cuv.

Subordo: **Geophila.**

A. Familie: **Helicidae** Keferstein.

Genus I. **Helix** Linné. 1758.

Diese Landschnecken-Gattung kommt in beinahe allen Niveaux unserer Brackwasser-Pliocaenbildungen, natürlich überall nur selten, vor. In unserer Fauna ist *Helix* nur durch ein schlecht erhaltenes Exemplar, gleichzeitig die einzige Landschnecke der ganzen Fauna, vertreten.

25. **Helix** ind. sp.

1859. *Helix* sp. Hantken: Die Umgegend von Tinnye bei Ofen.
1895. „ „ Lörenthey: Einige Bemerkungen über Papyrotheca. p. 392.

Hantken sammelte ein mittelgrosses, zusammengedrücktes Exemplar, das weder der Art noch der Untergattung nach zu bestimmen war. Auch in Markusevec mit seiner der Tinnyeer so ähnlichen Fauna wurde ein schlecht erhaltenes Exemplar gefunden, welches, zwar nicht näher bestimmbar, wahrscheinlich der Art von Tinnye angehört.

Fundort: Bisher ist diese Species nur aus Tinnye bekannt.

B. Familie: **Succineidae.**

Genus II. **Papyrotheca** Brusina. 1893.

Bereits in meiner kurzen Besprechung der Gattung *Papyrotheca*[1] begründete ich, warum dieses seltene Genus zu den Succineidaeen und nicht zu den Limnaeidaeen gehört. Hier sollen jene Charaktere, welche Brusina bei Beschreibung dieser Gattung feststellte, auf Grund der neuen Art *Papyrotheca gracilis* in einigen Punkten ergänzt werden.

Die flache, pantoffelähnliche oder spindelförmige, dünnwandige, glänzende, weisse Schale besteht aus einem oder mehreren nach rechts gewundenen Umgängen und wächst entweder plötzlich, wobei die letzte Windung $^{16}/_{17}$ der Schale ausmacht, oder gleichmässiger, langsamer, wobei die letzte Windung $^{5}/_{6}$ der ganzen Schale einnimmt. Die wirkliche Spindel fehlt und so kann von einer festen Axe, einem Nabel und einer eigentlichen Mündungswand keine Rede sein. Der Mündungsrand ist einfach, Nabel und Lippe fehlen. Die eiförmige Mundöffnung nimmt mehr als die Hälfte der Schalenhöhe ein. Der Wirbel ist spindelförmig. Der Mündungsrand ist unzusammenhängend, gegen unten stark erweitert, oben in einer Spitze endigend. Die Naht steigt plötzlich ab, geht kurz vor der Mündung in eine scharfe Kante über, welche wieder in den rechten Mündungsrand übergeht und so gegen die Mundhöhle eine dreieckige Lamelle begrenzt, welche Brusina Septum benannte. Diese Lamelle ist umso grösser, je weniger Windungen das Gehäuse besitzt, je mehr sich also die Schale gegen unten glockenförmig erweitert und je grösser die Mündung ist. Das dreieckige Septum wird durch die letzte Windung nur zum Theil verdeckt, sein übriger Theil bleibt frei und erstreckt sich, gleichsam die Axe, Spindel ersetzend, bis zum Wirbel. Die Anwachsstreifen sind verzweigt und fein.

---

[1] In diese Abhandlung schlichen sich einige Schreibfehler ein, welche ich bei der Correctur übersah und welche ich hier richtigstelle. Auf p. 389, Absatz 6 soll es statt: „Zweitens steht es nicht, dass dieselbe mit der *Succinea* in keinerlei Verwandtschaft steht, da ihr Haus so dünn ist, dass die Anwesenheit des Deckels ausgeschlossen erscheint" heissen: „. . . dass dieselbe mit der *Succinea* in keinerlei Verwandtschaft steht und dass ihr Haus so dünn ist . . ." Ferner soll auf p. 391, Absatz 1 statt: „Den Grund hiefür, dass Herr Brusina entgegen dieser seiner Behauptung die *Papyrotheca* dennoch zu den Limnaeen stellt, kann ich einzig darin finden, dass Boettger die Meinung abgab, dass sie keine *Succinea* sein könne, da ihr Gehäuse derart dünn ist, dass die Anwesenheit eines Deckels ausgeschlossen erscheint. Diese Behauptung verliert aber alle und jede Beweiskraft, wenn ich hinzufüge, . . ." heissen: „. . . dass Boettger die Meinung abgab, dass sie mit der *Succinea* in keinerlei Verwandtschaft steht. Diese Behauptung aber, dass ihr Gehäuse derart dünn ist, dass die Anwesenheit eines Deckels ausgeschlossen erscheint, verliert alle und jede Beweiskraft, wenn ich hinzufüge . . ." Endlich ist der letzte Satz dieses Absatzes wegzulassen.

kusevec, an letzterem Orte *Papyrotheca* nicht gefunden wurde.

26. **Papyrotheca mirabilis** BRUSINA.

(Taf. XIII, Fig. 6—8.)

1893. *Papyrotheca mirabilis* BRUS. BRUSINA: The Conchiogist. Vol. II. p. 161. Pl. II, F. 1—3.
1895. „ „ „ LÖRENTHEY: Einige Bemerkungen über Papyrotheca. p. 387, 389, 390, 391 u. 392.

Exemplare verschiedener Entwicklungsstadien liegen vor. Ganz unversehrte sind darunter verhältnissmässig wenige, da die dünnwandige Schale keine feste Axe besitzt und demzufolge ziemlich zerbrechlich ist. Diese Species ist in Tinnye seltener als in Ripanj (bei Belgrad), von wo sie BRUSINA beschrieb, doch sind die Exemplare grösser und ihre Schale somit kräftiger und dicker. Ich sammelte elf Exemplare, welche sich nach dem Vergleich mit BRUSINA's Original-Exemplaren von Ripanj als vollkommen typisch erweisen.

Fundort: Ausser in Tinnye (und in Ripanj) bisher nirgendswo gefunden; wahrscheinlich wird die Art auch in Köbánya und Markusevec — den zwischen Tinnye und Ripanj — liegenden Lokalitäten gefunden werden.

27. **Papyrotheca gracilis** nov. sp.

(Taf. XIII, Fig. 9; Taf. XIV, Fig. 3 u. 4.)

1895. *Succinea gracilis* LÖRENT. LÖRENTHEY: Papyrotheca. p. 391 u. 392.

Papyrotheca steht der Gattung *Succinea* so nahe, dass ich, als ich ein Exemplar dieser neuen *Papyrotheca*-Art fand, dessen linker Mundsaum ein wenig lädirt war, dies für eine *Succinea* hielt. Ich bemerkte dazu: Wird diese *Succinea* (jetzt *Papyrotheca gracilis*) so weit losgewunden, dass nur 1,5 Umgänge in Berührung bleiben, entsteht daraus *Papyrotheca mirabilis* und umgekehrt, wird die *Papyrotheca mirabilis* BRUS. um 360° aufgewunden, entsteht die „*S. gracilis* LÖRENT." Ein unversehrtes Exemplar der in Rede stehenden Art (Taf. XIII, Fig. 9), welches ich 1896 in Tinnye fand, beweist nun, dass hier keine *Succinea*, sondern eine ganz *Succinea*-ähnliche *Papyrotheca* vorliegt. Neuere Aufsammlungen lieferten noch besseres Material (Taf. XIV).

Das dünnwandige, spindelförmige Gehäuse besteht aus $2^1/_2$ schnell anwachsenden Windungen, worunter die letzte $5^1/_2$mal höher ist als die ganze Spira. Letztere wird von einem kleinen Wirbel und einer ziemlich convexen Windung gebildet. Die tiefe Nahtlinie fällt plötzlich ab und geht dort, wo der rechtseitige Mundsaum die vorletzte, d. i. die einzige Windung der Spira berührt, in eine Kante und diese wieder nach unten in den linksseitigen Mundsaum über. In der Mundhöhle, rechts von der aus der Naht ausgehenden und im linken Mundsaum verschwindenden Kante befindet sich eine kleine, dreieckige Lamelle der letzten Windung, das Septum, welches in den Wirbel hineinreicht. Das Septum ist als die nicht gehörig gewundene Axe aufzufassen. Die Mundöffnung ist länglich oval, unten abgerundet, oben eckig. Der Mundsaum ist unzusammenhängend. Der äussere Mundsaum verläuft von dort, wo er aus der die Fortsetzung der Naht bildenden Kante ausgeht, in schwachem Bogen, dann wendet er sich gerade gegen unten, indem er sich von der gedachten Axe immer mehr entfernt. Die Mundöffnung erweitert sich in demselben Maasse, in welchem sich der Mundsaum von der gedachten Axe entfernt. Der linke Mundsaum ist sehr flach und bildet einen gegen sein unteres Ende in eine gerade Linie übergehenden Bogen, welcher sich gegen unten von der gedachten Axe ebenfalls entfernt. Die Mundhöhle ist in ihrem unteren Drittel am breitesten. Sowohl der gerade rechte, als auch der schwach gebogene linke Mundsaum vereinigen sich an den beiden, Enden des grössten Transversaldiameters einen starken Bogen bildend, zu dem beinahe geraden, unteren Mundsaum. Der linke Mundsaum bildet oben, von der Stelle, wo er sich mit der die Fortsetzung der Naht bildenden Kante vereinigt, bis zum rechten Mundsaum eigentlich den inneren Rand des Septums. Zwischen den sehr feinen Anwachsstreifen kommen hie und da auch weniger feine vor, doch sind auch die letzteren so zart, dass sie nur mit der Lupe sichtbar sind.

Durch *P. gracilis* wird die zoologische Stellung der Gattung am besten begründet, Sie lässt jene Charaktere, welche ihre Zugehörigkeit zu den Succineidaeen unzweifelhaft machen, am deutlichsten erkennen. *P. gracilis* steht unter den bisher bekannten vier *Papyretheca*-Arten der *P. mirabilis* Brus. am nächsten, doch weicht sie von derselben so wesentlich ab, dass sie als selbständige Art betrachtet werden muss. Die Schalen beider Arten sind glänzend, dünn. Ein wesentlicher Unterschied zwischen den beiden Arten liegt darin, dass die Schale der *P. mirabilis* nur aus dem Wirbel und einer Windung, also aus $1\frac{1}{2}$ Windungen besteht, während *P. gracilis* $2\frac{1}{2}$ Windungen besitzt. *P. mirabilis* ist daher „wenig schneckenförmig", *P. gracilis* hingegen ganz schneckenförmig. Letztere erinnert daher an das Subgenus *Amphybina* und steht der *Amphybina elegans* Risso am nächsten. Da die letzte resp. hier gleichzeitig die erste Windung der *P. mirabilis* sehr schnell wächst und sich pantoffelähnlich erweitert, vergleicht sie Prof. Brusina sehr treffend mit einer gedrehten Papierdüte. *P. mirabilis* erweitert sich gleich nach dem spitzen Wirbel zu einer grossen Mündung und wird somit glockenähnlich, während *P. gracilis* nach dem Wirbel noch eine Windung mit convexer Seite hat und erst nach derselben die plötzlich wachsende letzte Windung folgt. Dieselbe ist hier nur $4\frac{1}{2}$mal höher als die ganze Spira, bei *P. mirabilis* jedoch 7 mal. Bei letzterer Art ist die dreieckige Lamelle (Septum), welche sich von der die Fortsetzung der Naht bildenden Kante gegen die Mündung erstreckt, viel grösser als bei *P. gracilis*, wo sie durch die äussere Lippe besser verdeckt wird. Während bei *P. gracilis* die äussere Lippe schon von der Naht nach auswärts schwenkt, fällt dieser Rand der letzten Windung bei *P. mirabilis* von der Naht ausgehend erst lothrecht ab und dreht sich erst später nahe dem unteren Rand des Septums plötzlich nach aussen, so die Form einer Fünfer (5) erhaltend. Die Mündung ist bei *P. mirabilis* rundlich, bei *P. gracilis* länglich oval. Während *P. mirabilis* flach pantoffelähnlich ist, zeigt *P. gracilis* die Form einer Spindel. Die beiden Arten stehen also einander so ferne, dass sie auf den ersten Blick von einander zu unterscheiden sind (vgl. die Abbildungen).

Fundort: *P. gracilis* ist bisher nur aus der Umgebung Budapests bekannt; sie kommt auch hier nur selten vor. Fünf Exemplare aus Tinnye (aus dem die Melanopsiden-Schalen erfüllenden Sande), ein Bruchstück aus dem Brunnen der Schweinemästerei zu Budapest-Köbánya.

Subordo: **Hygrophila.**

C. Familie: **Limnaeidae** Keferstein.

Genus III: **Limnaea** Lamarck 1801.

Die Gattung *Limnaea* ist in unseren pliocänen Brackwasserablagerungen im Allgemeinen selten. Mir liegt sie nur in einer dem Subgenus *Gulnaria* Leach. angehörenden Art vor.

Subgenus: **Gulnaria** Leach.

28. **Limnaea (Gulnaria)** nov. sp.

(Taf. XIII, Fig. 10 und 11.)

Das dünne, durchschimmernde, kleine weisse Gehäuse besteht aus $3\frac{1}{2}$ so schnell anwachsenden Windungen, dass die letzte 6 mal so hoch ist wie die anderen zusammen. Bei 18 mm Gesammthöhe ist das Gewinde, welches durch die beiden obersten mässig gewölbten Windungen gebildet wird, nur 3 mm hoch. Die Naht ist ziemlich stark, vertieft, wodurch die Windungen ein treppenförmiges Aeussere erlangen. Das Wachsthum der Windungen ist ungleichmässig, plötzlich; die letzte Windung ist, mit der vorletzten verglichen, sehr gross und aufgebläht. Die grosse Mündung, welche etwa drei Viertel der ganzen Höhe misst, ist birnförmig beinahe lothrecht stehend. Der äussere Mundraum bildet von der Naht bis zu seinem untersten Ende einen vollkommenen Bogen. Die Spindel ist flachbogig, nach unten sehr verlängert. In der Jugend ist das obere Drittel der letzten Windung ein wenig aufgebläht, so dass der grösste Transversaldiameter der Schale hierher fällt, während er bei ausgewachsenen Exemplaren in der Mitte der letzten Windung liegt. Der innere Mundraum legt sich mit einer so dünnen Lamelle an die vorhergehende Windung an, dass man ihn nur unter der Lupe sehen kann. Manchmal löst er sich von der letzten Windung und bricht ab, alsdann erinnert meine Form lebhaft an *Succinea* (Subgenus *Amphybina*). Nur bei genauer Prüfung mittels der Lupe sieht man eine noch erkennbare Nabelritze. Die Oberfläche ist mit sehr zarten, unregelmässigen, häufig sich gabelnden und miteinander wieder zusammentreffenden Anwachsstreifen bedeckt. Die Höhe des Gehäuses variirt zwischen 2 und 7 mm. Meine Form steht der recenten *Gulnaria ovata* Drap. am nächsten, nur besteht letztere aus 5, meine Form jedoch nur aus 3,5 Windungen. Weiter sind die Seiten jener Windungen, welche das Gewinde bilden, auf meiner Form flacher und somit die Naht schwächer, wodurch die Windungen nicht so stark treppenförmig werden wie bei *G. ovata*. Während bei *G. ovata* der Spindelumschlag breit ist, ist derjenige meiner Form schmäler und bedeutend dünner, wodurch auch der Nabel der letzteren schwächer wird. Meine Form ist überhaupt kleiner als *G. ovata*. Ich bin jedoch im Besitze eines 7 mm hohen Exemplares, welches, neben die Exemplare der recenten *ovata* gestellt, kaum von denselben zu unterscheiden ist, so dass meine Form nur durch ihre aus weniger Windungen bestehende Spira, die Flachheit der Windungen und die schwächere Naht von jenen getrennt wird. Auffallend ist der verhältnissmässig geringe Unterschied der beiden Formen, da man in Anbetracht der grossen Zeitdifferenz und des Umstandes, dass meine Form im Brackwasser, *G. ovata* hingegen im Süsswasser lebte, grössere Unterschiede erwarten sollte.

Fundort: Tinnye, 11 Exemplare.

Genus: **Planorbis** GNETTARD. 1756.

Während die bisherigen Gastropodengattungen zu den Seltenheiten gehören, die bloss durch eine oder höchstens zwei Arten vertreten sind, wird *Planorbis* in meiner Fauna schon durch fünf Arten und eine neue Varietät vertreten, welche mit Ausnahme von *Planorbis solenoeides*, *Pl. Fuchsi* und *Pl. verticillus* BRUS. var. *ptychodes* n. var. wenigstens in der Fauna von Tinnye in grosser Menge vorkommen. Die häufigste *Planorbis*-Art ist *P. Sabljari* BRUS. Auch in Budapest-Köbánya ist die Gattung *Planorbis* häufig zu nennen, wenn man in Betracht zieht, dass von hier nur wenig Material gesammelt werden konnte.

Alle *Planorbis*-Formen sind hier klein, kaum einige mm gross. *Planorbis verticillus* BRUS., *Pl. Sabljari* BRUS., *Pl. ptychophorus* BRUS., wahrscheinlich auch *Pl. Fuchsi* nov. sp. kommen auch in der Fauna von Markusevec vor; *Pl. solenoeides* nov. sp. und *Pl. verticillus* BRUS. var. *ptychodes* nov. var. jedoch sind bisher nur der Umgebung von Budapest eigen. Ausserordentlich interessant ist, dass gerade so, wie die Gattungen *Zagrabica*, *Micromelania* und *Caspia* der pannonischen Stufe gegenwärtig im Kaspisee, *Fossarulus* und *Prosothenia* in den chinesischen Süsswässern, die nächste Verwandte von *Baglivia*, die *Liobajkalia*, im Bajkalsee vorkommen: die nächsten Verwandten von *Planorbis verticillus* BRUS. und *Pl. Sabljari* BRUS. ebenfalls im Orient, in den südasiatischen (Indien) Süsswässern lebend vorzufinden sind.

Auffallend ist die grosse Aehnlichkeit zwischen den *Planorbis* der levantinischen Bildungen von Rhodus und jenen unserer pannonischen Schichten. Sowohl bei uns als auch auf der Insel Rhodus kommen winzige, kaum einige Millimeter grosse Formen vor. In der Fauna von Rhodus sind auch glatte und gerippte Arten vorzufinden, die Subgenera *Tropodiscus* und *Armiger*. Auch in Hinsicht der Arten stehen die Formen von Rhodus jenen von Tinnye, Köbánya und Markusevec sehr nahe. So steht unser *Planorbis* (*Tropodiscus*) *Sabljari* BRUS. zu den Arten von Rhodus: *Planorbis* (*Tropodiscus*) *transsylvanicus* NEUM. var. *dorica* BUK. und *Planorbis* (*Tropodiscus*) *Skhiadica* BUK. in überaus enger Beziehung und *Pl.* (*Armiger*) *cristatus* DRAP. spielt wieder in der Fauna von Rhodus die Rolle des nahen Verwandten unseres *Pl.* (*Armiger*) *ptychophorus*. Es scheint demnach, als verbänden die levantinischen Formen der Insel Rhodus in Hinsicht der horizontalen und verticalen Verbreitung unsere aus dem Pliocaen stammenden fossilen Formen mit den nahe verwandten lebenden Formen Indiens.

In meiner Fauna sind vertreten die Untergattungen: *Tropodiscus* STEIN mit *T. Sabljari* BRUS., *Armiger* HARTM. mit *A. ptychophorus* BRUS. und *Gyraulus* AGASS. mit den neuen Arten *solenoeides* und *Fuchsi*. Bezüglich *Pl. verticillus* BRUS. sagt BRUSINA, er zweifle nicht, dass diese Art die neue Species eines eigenartigen Typus sei. Natürlich ist dasselbe auch mit var. *ptychodes* n. var. der Fall. Da jener Theil der letzten Windung, welcher sich zwischen der neben der Naht befindlichen Kante und der Peripherie ausdehnt, besonders auf der Nabelseite convex ist, weicht *Pl. verticillus* von den übrigen *Planorbis*-Arten derart ab, dass sie in keine der Untergattungen einzutheilen ist, wesshalb ich sie nur unter dem Gattungsnamen *Planorbis* anführe.

29. **Planorbis (Tropodiscus) Sabljari** BRUSINA.

(Taf. XIII, Fig. 18—20.)

1892. *Planorbis Sabljari* BRUS. BRUSINA: Fauna di Marcusevec. p. 127.
1895. „ „ „ LÖRENTHEY: Papyrotheca. p. 392.

Meine Formen stimmen mit jenen von Markusevec überein, jedoch, wie alle Markusevecer Arten, so mehr concav ist, je flacher die Windungen sind. Auf der Apical- und Nabelseite ist die Naht immer schwach; nur auf der Nabelseite ist sie etwas stärker, wenn die Windungen schwach convex und nicht flach sind. Die Zahl der Windungen ist bei meinen Formen so wie bei jenen von Markusevec 3—3^1/$_2$. Die Winkel der letzten Windung sind weniger scharf als jene bei *Pl. verticillus* BRUS. Am deutlichsten ist der Winkel der Peripherie, doch ist auch dieser von verschiedener Stärke, am stärksten dann, wenn die Windungen der unteren Seite gerade sind und somit die ganze Oberfläche convexer ist; weniger stark, wenn die Windungen der unteren Oberfläche schwach convex sind. Bei meinen Exemplaren ist der Winkel der Peripherie immer stärker als bei *Pl. verticillus*. Auf der oberen, der Apicalseite, fehlt die neben der Naht befindliche Kante entweder ganz, oder sie ist sehr schwach; unten, auf der Nabelseite, ist dieselbe ebenfalls schwach, obwohl stärker als auf der oberen Seite. Die Charaktere der Art sind auf meinen Abbildungen so getreu wiedergegeben, dass jede weitere Beschreibung überflüssig ist. BRUSINA hebt hervor, dass die Oberfläche längsgestreift ist und diese Längsstreifen so zart sind, dass sie selbst unter der Lupe kaum sichtbar sind. Auf den meisten Exemplaren von Tinnye sind Längsstreifen nicht zu sehen und wo schon welche sind, findet man auf der Oberfläche nur hie und da eine Spur von ihnen.

Interessant ist es, dass die dem *Pl. Sabljari* nächst verwandte lebende Form *Pl. trochoideus* BENS. in Indien bei Barrakpore vorkommt. Die indische, recente Art und der von ihm weit entfernt im Westen, im mittleren Theile der pannonischen Stufe fossil gefundene *Pl. Sabljari* werden in stratigraphischer und geologischer Beziehung durch jene Formen mit einander verbunden, welche GEJZA v. BUKOWSKI[1] aus den levantinischen Schichten von Rhodus als *Planorbis (Tropodiscus) Skhiadicus* BUK. und *Planorbis (Tropodiscus) transsylvanicus* NEUM. var. *dorica* BUK. aufführt. Inwiefern die var. *dorica* von dem Székler *Pl. transsylvanicus* NEUM. abweicht, werde ich demnächst bei Beschreibung der Székler levantinischen Fauna erörtern. Hier möchte ich nur *Pl. transsylvanicus* var. *dorica* und *Skhiadicus* mit *Pl. Sabljari* kurz vergleichen, da in dieser Art der Zusammenhang zwischen *Pl. Sabljari* und dem recenten *Pl. trochoideus* BENS. zu suchen ist.

Bei meinen Exemplaren des *Pl. Sabljari* ist die auf der Nabelseite befindliche Kante stärker wie bei den Arten von Rhodus, seien nun die Windungen schwach convex oder ganz flach. Der Winkel der Peripherie ist umgekehrt wieder bei meinen Formen schwächer und die äussere Spitze der Mündung ist auch nicht so spitz wie bei den rhodischen Formen, sondern runder. Die Mündung fällt bei meinen Formen nicht so sehr mit den Windungen in eine Ebene, wie bei den Exemplaren der Insel Rhodus, sondern neigt sich mehr abwärts.

Der Güte des Herrn Prof. BRUSINA verdanke ich es, durch Einsicht in die „Conchologia Indica; being illustrations of the land and freshwatter shells of British India" von S. HANLEY und W. THEOBALD *Pl. Sabljari* mit *Pl. trochoideus* (l. c. Taf. XXXIX, Fig. 4—6) vergleichen zu können. Bezüglich der Grösse stimmen die beiden Formen überein, bei *Pl. trochoideus* BENS. ist jedoch zwischen der oberen und unteren

---

[1] Die levantinische Molluskenfauna der Insel Rhodus. II. Theil. Wien 1895. p. 21.

Seite der Unterschied grösser, da auf der unteren Seite die Windungen einander viel besser umschliessen als auf der oberen, so sehr, dass der Nabel nur eine kleine runde Oeffnung bildet; während sich bei *Pl. Sabljari* die Windungen oben und unten in beinahe gleichem Maasse umfassen und somit der Nabel weit ist; die Windungen sind aber auch hier gut sichtbar, viel besser als auf der oberen Seite von *Pl. trochoideus*. Bei letzterem umfassen sich die Umgänge überhaupt mehr als bei *Pl. Sabljari*. Bei *Pl. trochoideus* ist die Peripherialkante viel stärker als bei *Pl. Sabljari* und somit die Form der Mündung auch eine ganz andere.

Fundort: Diese häufigste meiner *Planorbis*-Arten sammelte ich in Tinnye in 310, in Budapest-Köbánya in 9 Exemplaren. Bisher war sie nur von Markusevec bekannt.

30. **Planorbis verticillus** Brusina.

(Taf. XIII, Fig. 12 u. 14.)

1892. *Planorbis verticillus* Brus. Brusina: Fauna di Markusevec. p. 127.
1895.   „   „   „   Lörenthey: Papyrotheca. p. 392.

Die mir vorliegenden Exemplare stimmen — abgesehen von ihrer bedeutenderen Grösse — mit dem bei Markusevec vorkommenden Typus überein. In Markusevec überschreitet die Art nie einen Durchmesser von 1,5 mm — wie dies Brusina hervorhebt — in Tinnye finden sich jedoch Stücke, deren Durchmesser 3,8 mm beträgt, obzwar die Zahl der Windungen auch hier nur 3—4 ist. Die Höhe ist auch bei meinen Exemplaren höchstens 1 mm, wie bei denen von Markusevec. Auch bei meinen Formen ist schön zu sehen, dass der Apical- und Nabeltheil beinahe gleich concav ist. Die obere und untere Seite der letzten Windung wird längs der Naht durch eine starke Kante verziert; besonders stark ist die Kante auf der Nabelseite und umso deutlicher, da jener Theil der Windung, welcher sich zwischen der Kante und der Peripherie befindet, gewöhnlich stark eingesenkt ist (Fig. 12b und 14b), während auf der Apicalseite die Oberfläche zwischen der Kante und der Peripherie flach oder sehr wenig, und nur in den seltensten Fällen concav ist, wie dies Brusina von den Markusevecer Exemplaren hervorhebt. Der zwischen der Kante und der Naht befindliche Theil der Schale ist schwach convex oder ganz flach, wie in Fig. 12b, ja es sind selbst solche Exemplare vorhanden, bei denen zwischen Naht und Kante eine feine, jedoch tiefe Furche verläuft (Fig. 14a). Auch auf der Peripherie bildet die letzte Windung einen Winkel. So sind also auf der letzten Windung 3 Winkel vorhanden, unten und oben neben der Naht und auf der Peripherie; der auf dem Apicaltheile befindliche ist der schwächste. Der Wirbel an der Peripherie ist hier bei *Pl. verticillus* gewöhnlich schwächer, als bei *Pl. Sabljari*. Bei *Pl. verticillus* sind auf der Apicalseite die Windungen convexer und somit auch die Nähte tiefer wie bei *Pl. Sabljari*. Die Anwachsstreifen sind fein, doch scharf hervortretend, so dass die Oberfläche unter der Lupe dicht mit feinen Rippen bedeckt erscheint. Brusina hält diese Form für eine neue Art eines besonderen Typus' und hebt hervor, dass ihr nächster Verwandter der in Bengalien lebende *Pl. sindicus* Bens. sei, welcher ebenfalls klein und zart, jedoch circa doppelt so gross ist, wie der *Pl. verticillus* von Markusevec. Demnach stehen die Tinnyer Exemplare dem *Pl. sindicus* noch näher, da sie auch zweimal so gross werden, wie die von Markusevec. Trotzdem sind sie auch — wie dies aus dem Vergleich mit der Abbildung des *Pl. sindicus* Bens. (Conchologia Indica. Taf. XL, Fig. 4—6) hervorgeht — weit von *Pl. sindicus* entfernt, da letzterer bedeutend grösser, die Kante der oberen und unteren Seite um Vieles schwächer ist, wie bei *Pl. verticillus*, so dass man sie kaum sieht. Ferner umfassen die Windungen

(Taf. XIII, Fig. 13a—c.)

Diese neue Varietät besteht aus $3^{1}/_{2}$ langsam und gleichmässig anwachsenden Windungen, welche einander auf der unteren wie auf der oberen Seite ein wenig umfassen; die Naht ist ziemlich tief, die Apicalseite gerade, flach, die Nabelseite schwach concav. Auf der letzten Windung sind drei Kanten vorhanden. Die auf der Nabelseite befindliche liegt neben der Naht und theilt die Oberfläche in zwei ungleiche Theile, in einen zwischen Naht und Kante befindlichen schmalen, flachen und steil abfallenden und einen zwischen Kante und Peripherie liegenden, breiteren, concaven Theil. Die zwischen Naht und Nabelkante befindliche Oberfläche trägt keine solche Furche, wie sie Fig. 13b irrthümlich aufweist. Die Kante auf der Apicalseite liegt nicht neben dem Nabel wie beim Typus, sondern ungefähr in der Mitte der Windung. Diese Kante theilt die letzte Windung in zwei Theile von gleicher Breite, in einen inneren flachen, horizontal stehenden und einen äusseren sehr schwach convexen Theil. Die Kante der Peripherie ist etwas abgerundeter wie beim Typus. Die Oberfläche zeigt ausser den überaus feinen Anwachsstreifen starke Falten. Die var. *ptychodes* weicht vom Typus nur durch die Ornamentik der Oberfläche und die Lage der Kante auf der Apicalseite etwa in der Mitte der Windung ab. Die Form ist oben viel flacher, nicht so convex wie der Typus. Auch die Mündung der var. *ptychodes* weicht von jener des Typus ab. Bezüglich der Ausbildung der Nabelseite stimmt sie mit dem Typus ganz überein und eben deshalb trenne ich sie nicht als besondere Art, sondern nur als Varietät ab. Der Durchmesser meines einzigen Exemplares beträgt 3 mm, ihre Höhe beinahe 1 mm.

Fundort: Tinnye, 1 Exemplar.

32. **Planorbis (Armiger) ptychophorus** Brus.[2]
(Taf. XIII, Fig. 15—17.)

1892. *Planorbis ptycophorus* Brus. Brusina: Fauna di Markusevec. p. 128.
1895.   „   „   „   Lörenthey: Papyrotheca. p. 392.

Die ungarischen Stücke stimmen mit denen von Markusevec überein. In Tinnye ist diese Form häufiger und grösser und zeigt die Art-Charaktere besser entwickelt als die Markusevecer Exemplare. So ist deutlich zu erkennen, dass sie der Form nach nicht mit *Pl. Sabljari*, sondern mit *Pl. verticillus* Brus. übereinstimmen: die Windungen umfassen einander auf der Apicalseite — wie bei *Pl. verticillus* — weniger, sind convexer, und demnach ist auch die Naht tiefer als bei *Pl. Sabljari*. Während letztere Art oben convex, unten concav ist und ihre beiden Oberflächen von einander sehr abweichen, sind sie bei *Pl. ptycho-*

---

[1] $\pi\tau\nu\chi\acute{\omega}\delta\eta\varsigma$ = faltig, runzelig.
[2] Bei Brusina „*Pl. ptycophorus* Brus.“

phorus beide schwach concav und bezüglich ihrer Ausbildung ziemlich übereinstimmend, nur mit dem Unterschiede, dass die letzte Windung oben convex ist, während auf der unteren Seite, wie bei *Pl. verticillus*, der Naht entlang sich eine Kante befindet und die Oberfläche von hier bis zur Peripherie concav ist. Die Peripherie ist abgerundet, weshalb auch die äussere Lippe rundlich erscheint. Einige meiner Exemplare bilden jedoch Ausnahmen, bei welchen die Kante der Peripherie nicht abgerundet ist. In diesem Falle nähert sich die Form der von *Pl. verticillus* und weicht von derselben nur dadurch ab, dass die Oberfläche mit lamellenartig vorspringenden Rippen verziert ist, oben jedoch die Kante fehlt. Meine mit scharfen Peripherialkanten versehenen Exemplare von *ptychophorus* stehen dem *Pl. verticillus* var. *ptychodes* sehr nahe, doch während bei jenem oben überhaupt keine Kante vorhanden.ist, trägt *Pl. ptychophorus* eine Kante im mittleren Theil der Windung und während bei *Pl. verticillus* var. *ptychodes* die Oberfläche nur von starken Falten bedeckt ist, trägt die Oberfläche von *Pl. ptychophorus* lamellenartig vorspringende Rippen. Die Innenlippe von *Pl. ptychophorus* ist dick, dieselbe ist an vielen Bruchstücken des letzten Umganges gut sichtbar. Der grösste Durchmesser variirt zwischen 1—3,5 mm, die Dicke beträgt nicht ganz 1 mm.

Fundort: Budapest-Kőbánya, 1 Exemplar; Tinnye, 60 unverletzte Stücke und 10 Bruchstücke. Bisher war *Pl. ptychophorus* nur von Markusevec bekannt.

33. Planorbis (Giraulus) Fuchsi nov. sp.
(Taf. XII, Fig. 14.)

1870. *Planorbis micromphalus* Fuchs (non Sandb.). Fuchs: Fauna von Radmanest. T. XIV, F. 24—27.
1879.   „   *Reussi* Mártonfi (non Hoern.). Mártonfi: Neogenbildungen von Szilágy-Somlyó (ungarisch). p. 195.
1898.   „   *micromphalus* (non Fuchs). Lőrenthey: Beitr. zu unterpont. Bildungen des Szilágy-Somlyóer Com.
                            p. 299 u. 306.

Fuchs beschrieb von Radmanest einen *Planorbis micromphalus*. Die l. c. p. 346 gegebene Beschreibung passt jedoch auf jene Form, welche auf Taf. XIV, Fig. 24—27 als *Pl. micromphalus* abgebildet ist, nicht; da sie, „von unten betrachtet", nicht „flach" und nicht „mit sehr engem, runden Nabel" versehen ist, sondern auch auf der Nabelseite schwach convexe Windungen hat, da ferner der Nabel ziemlich weit ist und die Windungen hier einander nicht mehr umfassen wie auf der Apicalseite.

Ursprünglich war ich geneigt, den Abbildungen bei Fuchs mehr Gewicht beizulegen als dem Text, und ich hielt daher die im Kolozsvárer Museum befindlichen Exemplare von Perecsen und Szilágy-Somlyó, nachdem sie mit den Zeichnungen Fuchs' übereinstimmten, für *Pl. micromphalus*, während Mártonfi sie als *Pl. Reussi* bestimmte. Mehrere Stücke von Radmanest überzeugten mich jedoch, dass die Beschreibung bei Fuchs gut sei, die Abbildungen aber eine andere Form darstellen. Somit sind also die Exemplare von Perecsen und Szilágy-Somlyó wahrscheinlich auch keine *micromphalus*, sondern gehören zu jener abweichenden Art, welche ich *Planorbis Fuchsi* benenne und deren getreues Bild die Fig. 24—27 bei Fuchs bieten.

Pl. Fuchsi ist flach, scheibenförmig und besteht aus 3—3,5 ziemlich plötzlich anwachenden Winddungen. Dieselben sind oben flach und der ganze Apicaltheil ist sehr schwach concav, die Naht sehr schwach. Am Nabeltheil umfassen sich die Windungen in Uebereinstimmung mit dem Apicaltheil nur wenig; die letzte Windung ist hier convexer als am Apicaltheil, die übrigen Windungen sind ziemlich versenkt, so dass die Nabelseite concaver ist, als der Apicaltheil. Die Kante der Peripherie.ist sehr stumpf. Die Anwachsstreifen sind sehr fein. Der Durchmesser meines grössten Exemplares beträgt 2 mm, die Dicke 0,6 mm.

Fundort: Tinnye, 6 Exemplare (wahrscheinlich auch in Perecsen und Szilágy-Somlyó vorkommend).

34. Planorbis (Gyraulus) solenoeides[2] nov. sp.

(Taf. XIII, Fig. 21.)

Das kleine Gehäuse besteht aus 2,5 langsam und gleichmässig anwachsenden, in einer Ebene gewundenen, stark convexen Umgängen, die nur sehr wenig übereinandergreifen. Die Mündung ist — da die Windungen röhrenförmig sind — beinahe vollkommen rund, nur dort, wo sie die vorletzte Windung berührt, sinkt die innere Lippe ein wenig ein, während die äussere Lippe vorgezogen ist. Die Lippen sind scharf, zusammenhängend. Da die Windungen des Gehäuses röhrenförmig und so ihre Seiten convex sind, ist die Naht natürlich tief, kanalähnlich. Das Gehäuse ist auf der Unterseite kaum merklich stärker vertieft als auf der Oberseite. Die Oberfläche ist von feinen, stellenweise scharfen Anwachsstreifen bedeckt.

Maasse:

Grösster Durchmesser:	0,8 mm	1,0 mm	1,3 mm	1,5 mm
Höhe:	0,4 „	0,4 „	0,4 „	0,5 „

Diese ausserordentlich kleine Form ist keinesfalls eine unentwickelte, sondern eine beständige, gute Art, welche sich immer innerhalb der Grenzen obiger Maasse bewegt.

Pl. solenoeides steht an Grösse und Gestalt der aus den sarmatischen Schichten von Vizkendva beschriebenen *Pl. vermicularis* STOL.[3] am nächsten. *Pl. solenoeides* hat aber nicht 3,5, sondern nur 2,5 Wind-

---

[1] SANDBERGER: „Land und Süsswasserconchylien der Vorwelt." p. 777, T. XXXIII, F. 19.

[2] σωληνοειδής = röhrenförmig.

[3] Beiträge zur Kennt. d. Molluskenfauna d. Cerithien- und Inzersdorfer Schichten des ungarischen Tertiärbeckens. p. 532. T. XVII, F. 1.

ı. Unsere Art ist dicker, ihre Mündung noch runder wie bei *Pl. vermicularis;* das Gehäuse des ersterén
en und unten etwas stärker vertieft, die Anwachsstréifen sind schwächer, feiner, dichter und die äussere
, ist auffallend vorgezogen (Fig. 21 a und b.) Letzteres ist auf den meisten meiner Exemplare gut
ıar. Für die Trennung beider Arten spricht auch gewissermassen — neben den angeführten Unter-
den — der Umstand, dass *Pl. vermicularis* STOL. sarmatischen Alters ist, während *Pl. solenoeides* dem
eren Theil der Pannonischen Stufe angehört.

Bei *Pl. Hörnesi* ROLLE und *hians* ROLLE [1] aus dem Schönsteiner Lignit wáchst die letzte Windung
icher; die Form der Mündung weicht bei beiden von jener des *Pl. solenoeides* ebenfalls ab; die Schöner Formen sind auch grösser und weichen somit von meiner Form wesentlich ab.

Fundort: Tinnye, 10 Exemplare, Budapest-Köbánya, 3 Exemplare; die Stücke von beiden
punkten zeigen die gleichen Grössen- und Entwickelungsverhältnisse.

Genus: **Ancylus** GEOFFROY 1767.

In den pannonischen Bildungen, wie überhaupt auch in anderen Ablagerungen sind die zerbrech-
n, dünnen Schalen von *Ancylus* sehr selten. Aus dem Pliocaen Oesterreich-Ungarns und Serbiens kenne
ıur drei sicher bestimmbare *Ancylus*-Arten von sechs Orten, welche überall in geringer Individuenzahl
mmen. NEUMAYR [2] beschrieb eine Art als *Ancylus illyricus* NEUM. aus der Herzegowina, wo sie
talioa parvula NEUM., *Euchilus elongatus* NEUM., *Fossarulus pullus* BRUS. und zwei unbestimmbaren
orbis-Arten bei Haptovae vorkommt und zwar in einer Schicht, die wahrscheinlich dem Dalmatinischen
nopsidenmergel entspricht, aus welchen BRUSINA von Mioèiè später (La collection néogène de Hongrie,
Iroatie, de Slavonie et de Dalmatie etc. p. 115) ebenfalls den *A. illyricus* erwähnt. Diese Species ist
velche auch in meiner Fauna vorkommt. BRUSINA [3] beschreibt von Zvezdan (Serbien) *Ancylus serbicus*
s, (zusammen mit *Pisidium* sp., *Hydrobia* sp., *Prososthenia serbica* BRUS., *Planorbis Pavlovići* BRUS. und
orbis sp.). Ich sammelte in Árapatak aus den levantischen Schichten *Ancylus* sp. ind. [4], welcher durch
ı mehr kegelförmige Gestalt den recenten Arten näher steht.

35. **Ancylus illyricus** NEUM.
(Taf. XII, Fig. 9 u. 10.)

1880. *Ancylus illyricus* NEOM. NEUMAYR: Tertiäre Binnenmollusken aus Bosnien und der Herzegowina. p. 486.
  T. VII, F. 16.
1896.   „   „   „ BRUSINA: La collect. néogène de Hongrie etc. p. 115. (19).

Anfangs war ich geneigt, diese Form nach Vergleichung mit der Beschreibung und Figur des einzigen
MAYR'schen Exemplares als neue Species zu betrachten, da sie etwas kleiner und flacher ist, als die

---

[1] F. ROLLE: Die Lignit-Ablagerungen des Beckens von Schönstein in Unter-Steiermark und ihre Fossilien. (Sitzungs-
lite d. k. Akad. d. Wissensch. in Wien. Bd. XLI. 1860.
[2] Tertiäre Binnenmoluken aus Bosnien und der Herzegowina. (Jahrb. d. k. k. geol. Reichsanst. Bd. XXX. 1880.
6. T. VII, F. 16.)
[3] Frammenti di malacologia tertiaria Serba. (Annales géol. de la péninsule Balcanique. Tom. IV. 1893, p. 70.)
[4] LÖRENTHEY: Ueber die geologischen Verhältnisse der Lignitbildung des Széklerlandes. (Medic. Naturwissensch.
eil. Értesítö. 1894. p. 248.)

Form Neumayr's und überdies auch ihr Wirbel flacher und nicht so sehr nach rechts und hinten gerückt ist, wie bei diesem. Sie weichen auch darin ab, dass auf ihnen die beiden kaum sichtbaren, schwachen, stumpfen Kiele, welche von der Spitze radial nach vorne laufen, fehlen. Als ich jedoch meine Exemplare mit jenen beiden Miočiēer Exemplaren verglich, welche sich im Museum der kgl. ung. geologischen Anstalt befinden, fand ich, dass auch die Miočiēer Species variabel und meine Form ein typischer *illyricus* ist. In Miočič ist nämlich der Wirbel der kleineren Exemplare ebenfalls nicht so sehr nach rechts und hinten geschoben und jene beiden nach vorne laufenden, schwachen, stumpfen Kiele fehlen ebenfalls.

Mein grösstes Exemplar ist 2,5 mm lang, 1,1 mm breit und 1,0 mm hoch.

Fundort: Der *A. illyricus* ist mit der *Bythinia Jurinaci* Brus. zusammen jene interessante Form, welche meine Fauna mit dem dalmatinischen Melanopsidenmergel in Verbindung bringt. Sowohl in Tinnye als auch in Budapest-Köbánya fand ich ihrer je 2 Exemplare.

Ordo: **Prosobranchiata.**

Subordo: **Pectinibranchiata.**

Taenioglossa.

Familie: **Caecidae** Adams.

Genus: **Orygoceras** Brusina 1882.

Brusina beschrieb 1882 aus dem Melanopsiden-Mergel Dalmatiens die neue Schneckengattung *Orygoceras*, deren systematische Lage nach Brusina „räthselhaft" ist. Er vergleicht sie sehr richtig mit den Caeciden und zwar mit *Parastrophia*, und auf Grund der grossen Uebereinstimmung sagt er, „dass wir unsere *Orygoceras* wahrlich Süsswasser-Caeciden nennen könnten, ... aber" — setzt er gleich hinzu — „jedenfalls nur scheinbare Verwandtschaft, nachdem, wie gesagt, die Thiere unserer Gattung und jene der Caeciden von anatomischem Standpunkte aus verschieden gebaut sein mussten." Die Voraussetzung jedoch, dass zwischen den Caeciden und *Orygoceras* anatomische Unterschiede existiren mussten, entbehrt jeder Grundlage; jetzt noch mehr, als bei Aufstellung der Gattung *Orygoceras* keine Süsswasser-, sondern — wie dies schon Gorjanović-Kramberger betonte[1] — eher eine Brackwasser-Gattung ist, welche nicht nur im dalmatinischen Melanopsiden-Mergel, sondern von den Brackwasser-Ablagerungen der sarmatinischen Stufe angefangen bis zur höchsten Stufe der pannonischen Brackwasserbildungen in sämmtlichen Niveaux der Länder der ungarischen Krone vorkommt. A. Bittner führt in seiner Abhandlung: „Orygoceras aus sarmatischen Schichten von Wiesen" aus, dass die in der Sammlung der k. k. geol. Reichsanstalt zu Wien aus Wiesen als *Dentalium Jani* Hörn. bestimmte Form nichts anderes, als ein *Orygoceras* und zwar ein dem *Orygoceras dentaliforme* Brus. nahe stehende Form ist. Dieser Fund bringt *Orygoceras* den Caeciden in Vielem näher, wie dies auch Bittner hervorhebt, indem er sagt: „... und die direkte Verbindung von *Orygoceras* mit den marinen Caeciden angedeutet und deren bisherige Isolirung wenigstens zum grossen Theile aufgehoben." Seit Erscheinen dieser Abhandlung Bittner's fänden wir noch in mehreren Brackwasserschichten — in jedem Niveau der pannonischen Stufe — Vertreter der Gattung *Orygoceras*, wodurch bewiesen ist, dass dies keine Süsswassergattung, sondern eher eine Brackwasserform sei. Setzt man auch

---

[1] Die praepontischen Bildungen des Agramer Gebirges.

voraus, dass zwischen einer marinen und einer Süsswasser-Form unbedingt ein anatomischer Unterschied bestehen müsse, wie dies Brusina behauptet, wäre dieser Unterschied noch immer so gering — im Falle nämlich nicht eine marine und eine Süsswasser-, sondern eine marine und eine Brackwasser-Form einander gegenüberstehen — dass auf Grund desselben die marine Form nicht in eine andere Familie eingereiht werden darf als die Brackwasser-Form. Es kann dies umso weniger geschehen, da dieser anatomische Unterschied, welcher zwischen zwei äusserlich gänzlich übereinstimmenden marinen und Süsswasser-Formen bestehen sollte, vollkommen hypothetisch, eine Voraussetzung ist, welche den Beobachtungen widerspricht. Auf dieser Grundlage wären wir genöthigt, die marinen und die in den Deltas und Aestuarien lebenden Exémplare und auch die in unseren pannonischen Schichten vorkommenden Formen der *Rotalia Beccari* L. von einander zu trennen. Ferner müssten wir die in Asien im Süsswasser lebenden *Fossarulus, Prososthenia, Micromelania, Caspia* und *Zagrabica* von unserer pannonischen Form *Fossarulus, Prososthenia, Micromelania, Caspia* und *Zagrabica*, und die im Caspisee lebende *Phoca caspia* Nilson, und die im Baikalsee lebende *Phoca bajkalensis* Dyb. von den marinen *Phoca*-Arten zu trennen und in besondere Familien eintheilen.

Ich stimme O. Boettger vollkommen bei, welcher in seiner Mittheilung „Ueber Orygoceras Brus." sagt: „Auch die anatomische Verschiedenheit des Süsswasserthiers vom Meeresbewohner dürfte nicht allzugross gewesen sein", natürlich hätte sich diese Verschiedenheit · — wäre sie auch vorhanden gewesen — aufs Minimum reducirt, da *Orygoceras* keine Süss-, sondern eine Brackwasserform war. Boettger sagt weiter: „Solche hypothetischen Unterschiede können niemals zur Aufstellung von neuen Familien berechtigen. Ich möchte nach alledem die Familie *Orygoceratidae* Brus. einziehen und die Gattung *Orygoceras* endgiltig der Familie *Caecidae* überweisen." Auch stellt Boettger fest, dass *Parastrophia*, welche auch nach Brusina der Gattung *Orygoceras* am nächsten steht, ein junges *Caecum* sei: „Ich bin in der glücklichen Lage, beweisen zu können, dass Montebosato in der That recht hat, wenn er *Parastrophia* als Jugendschale von *Caecum* auffasst." Daraus ist ersichtlich, dass das Salzwasser bewohnende *Caecum* in unentwickeltem Alter dem Brackwasser-*Orygoceras* am nächsten stand, woraus man mit einigem Recht vielleicht auch die Vermuthung schöpfen könnte, als wäre *Orygoceras* eine durch ungünstige Lebensbedingungen verkümmerte *Caecidae*.

Boettger stellt die Abbildungen des jungen *Caecum tenuistriatum* Boettg. und des *Orygoceras dentaliforme* Brus. neben einander, woraus sehr schön ersichtlich, „dass die Embryonalschale (der Nucleus) des ersteren einen einzigen, die des letzteren zwei deutliche Umgänge zeigt, bis sie sich röhrenförmig verlängert." Dies ist der ganze Unterschied und der ist so gering, dass auf Grund desselben die Verwandtschaft beider nicht zu bestreiten ist, besonders heutzutage, da man nicht nur bei mehreren Gattungen, sondern auch bei derselben Art die Wahrnehmung macht, dass entweder die Mundöffnung (*Pannona* Lörent.) oder die letzte Windung sich von den übrigen loslöst (*Corymbina* Buk.), oder aber mit ·Ausnahme der 0,5 bis 1,5 embryonalen Windung alle Windungen losgelöst werden (*Bajkalia* Márt., *Baglivia* Brus.). Mit einem Worte, nach wie vielen Windungen sich die anderen loslösen und in welchem Maasse sie gerade werden, kann heutzutage nicht mehr als trennender Familiencharakter betrachtet werden.

Demgemäss glaube ich am richtigsten zu handeln, wenn ich *Orygoceras* nicht in eine besondere, in die von Brusina in Vorschlag gebrachte Familie *Orygoceratidae* stelle, so wie dies Brusina auch noch in seinem vor kurzem erschienenen Atlas „Matériaux etc." thut, sondern den Caeciden zuzähle.

An dieser meiner Ueberzeugung ändert auch der Umstand nichts, dass Crosse 1885 ebenfalls die Aufstellung einer néuen Familie in Vorschlag bringt (Journal de Conchyliologie. Vol. XXXIII. p. 62), indem

etc." als *Orygoceras* sp. auf Taf. I, Fig. 15 u. 16 abbildete.

Als ich die Tinnyeer und Köbányaer Microfauna entdeckte, fand ich — zu meiner nicht geringen Ueberraschung — an beiden Orten sofort auch *Orygoceras*, welches hier im Gegensatz zu anderen Fundorten sehr häufig ist und — was noch seltener — gut erhalten vorkommt, so dass vollkommen unversehrte Exemplare nicht zu den Seltenheiten gehören. Der Mundsaum ist selbst bei den glatten Formen, wie bei *Or. corniculum* Brus. ein wenig erweitert, so dass sich rundherum eine kleine Vertiefung zur Aufnahme des Operculum bildet. Da ich bisher das Operculum von *Orygoceras* nicht fand, trotz der Hunderte von Stücken aus Tinnye, und ich das Material nicht schlämmte[2], nehme ich an, dass das Operculum hornig, nicht kalkig war und so bei der Versteinerung zu Grunde ging. Diese Vermuthung gründet sich auf die negative Thatsache, dass es mir nie gelungen ist, einen Deckel irgend welcher Art aufzufinden.

36. Orygoceras corniculum Brus.

(Taf. XI, Fig. 20, 21 u. 22 und Taf. XII, Fig. 11.)

1892. *Orygoceras corniculum* Brus. Brusina: Fauna di Markusevec. p. 169 (57).
1895. „ „ „ Lörenthey: Papyrotheca. p. 392.

Diese Art ist am nächsten verwandt mit *O. dentaliforme* Brus. aus dem Melanopsidenmergel von Ribarič (Dalmatien). Während jedoch das Gehäuse von *O. dentaliforme* grösser, dicker, solider ist und demzufolge die Anwachsstreifen stärker sind und das Gehäuse kreisförmigen Querschnitt zeigt, ist das Gehäuse

---

[1] Gorjanović-Kramberger: Ueber die Gattung *Valenciennesia* und einige unterpontische Limnaeen etc.
[2] Beim Schlämmen des Materials hätten die kleinen Opercula wohl leicht mit dem Wasser fortgeschüttet werden können.

von *O. corniculum* kleiner, dünner, die Anwachsstreifen feiner, manchmal, besonders auf der Dorsalseite, so zart, dass sie selbst unter der Lupe kaum sichtbar sind, und das Gehäuse abgeflacht, im Querschnitte von der Form eines an den Spitzen stark abgerundeten Dreiecks, wie dies auf den angeführten Figuren sichtbar ist. *O. dentaliforme* ist regelmässiger, beinahe immer gerade, *corniculum* hingegen, wie Fig. 21 und 22 veranschaulicht, zumeist verschiedenartig gekrümmt. Die beiden Arten sind jedoch von einander — wie dies BRUSINA hervorhebt — am schärfsten dadurch unterschieden, dass bei *O. dentaliforme* der Rand der Mundöffnung einen regelrechten Bogen bildet und scharf ist, bei *corniculum* hingegen auf der convexen Vorderseite sich lippenförmig vorstreckt, was ebenfalls aus den Abbildungen gut ersichtlich ist; selten erweitert sich die Mündung trompetenförmig, oder verdickt sich, doch dass sie doppelt wäre, wie dies BRUSINA beobachtete, konnte ich bei meinen Exemplaren nicht wahrnehmen.

Die Vorderseite ist immer convex, die Hinterseite stets flach. Die 0,5 embryonale Windung ist immer gegen die convexe Vorder-(Ventral-)Seite gerichtet. BRUSINA erwähnt bei Beschreibung des Markusevecer *O. corniculum*, dass er in grosser Menge Mundbruchstücke sammelte, unter welchen er nebst Formen mit trompetenförmig erweiterter Mündung auch solche mit einfachem, scharfen Mundsaum vorfand. Von den Formen mit einfachem, scharfen Mundsaum (Taf. XI, Fig. 22) bemerkt er, dass hier entweder der Mundsaum abgebrochen ist, oder dass solche Formen eine andere Art repräsentiren. Da jedoch BRUSINA nicht im Besitze unversehrter Exemplare war, so konnte er darüber keinen Entscheid fällen. Unter meinen mehr als hundert Exemplaren sind auch zahlreiche unversehrte in den verschiedensten Entwicklungsstadien, auf Grund derer festzustellen war, dass die trompetenförmig erweiterten Formen und jene mit geradem, scharfen Mundsaum verschieden entwickelte Exemplare ein und derselben Art sind. Anfangs war ich selbst auch geneigt, die beiden Formen mit verschiedenem Mundsaum, welche im Uebrigen ganz gleich sind, für verschiedene Arten zu halten, als ich jedoch das auf Taf. XI, Fig. 21 abgebildete Exemplar fand, sah ich, dass auch bei derselben Form in verschiedenen Stadien der Entwicklung beide Mundsäume vorkommen können. Denn nachdem schon zweimal trompetenartige Mundsäume gebildet waren, wurde später ein gerader, scharfer Mundsaum differenzirt. Dieser scharfe Mundsaum ist nicht abgebrochen, wie BRUSINA meint, denn in den verschiedenen Wachsthumsstadien mussten so lange scharfe Mundsäume vorhanden sein, bis in einer Wachsthumspause ein trompetenförmiger Mundsaum abgesondert wurde. Da der Mundsaum der grössten Exemplare gewöhnlich trompetenförmig erweitert ist, muss angenommen werden, dass alle vollständig entwickelten Exemplare von *corniculum* einen solchen trompetenartig erweiterten Mundsaum besassen. Dass mein in Fig. 21 abgebildetes Exemplar auch dann noch weiter wuchs, nachdem bereits ein trompetenförmig erweiterter Mundsaum gebildet war, bin ich geneigt, als Abnormität zu betrachten. Diese Ansicht wird dadurch bekräftigt, dass das vordere Ende meiner Form thatsächlich schief ist (Fig. 21 c) und dass sich am oberen Theile des Gehäuses mehrere stärkere Anwachsstreifen befinden (Fig. 21 b), was auf normal gewachsenen Formen nicht wahrzunehmen ist.

Der Mundsaum ist nicht nur auf der Vorderseite, sondern schwach auch auf der Hinterseite nach vorne gezogen, wie dies Taf. XI, Fig. 20 c, 21 c u. 22 c zeigt; bei anderen Exemplaren ist der Mundsaum auf der Hinterseite noch mehr vorgezogen. Der Mundsaum ist schwach erweitert und so bildet sich rund herum eine schwache Vertiefung wahrscheinlich zur Aufnahme des Deckels. Die Erweiterung des Mundsaumes ist so schwach, dass sie auf der Abbildung kaum zu veranschaulichen war. Die Anwachsstreifen sind auf der Vorderseite viel breiter und stärker als auf hinten. Das Gehäuse ist weiss, glänzend, innen porzellanähnlich.

Fundorte: Bisher nur von Markusèvec bekannt, doch während dort trotz zahlreicherer Stücke unversehrte Exemplare kaum vorkommen, sind solche in Tinnye nicht gerade selten. Durch mündliche Mittheilung Prof. Brusinas weiss ich, dass *O. corniculum* auch in Ripanj in Serbien vorkommt. Aus dem Brunnen der Schweinemästerei zu Budapest-Köbánya erhielt ich die Bruchstücke einiger Exemplare. Wie zu ersehen, ist die Form in diesem Niveau ziemlich verbreitet.

37. Orygoceras cultratum Brus.

(Taf. XII, Fig. 13, Taf. XIII, Fig. 2—5.)

1892. *Orygoceras cultratum* Brus. Brusina: Fauna di Markusevec. p. 171 (59).
1895.   „   „   „   Lörenthey: Papyrotheca. p. 392.

Während *O. corniculum* unter den Ribaricer Arten dem *dentaliforme* Brus. am nächsten steht, ähnelt *O. cultratum* am meisten dem *O. stenonemus*. Es ist kleiner als *O. corniculum* und während dieses glatt ist, weist *cultratum* ringelförmige Lamellen auf, welche auf der Vorderseite um Vieles stärker sind als auf der Hinterseite. Der Querschnitt von *O. corniculum* hat die Form eines an den Ecken abgerundeten Dreiecks, der von *cultratum* — wie aus meinen Abbildungen ersichtlich — die einer Ellipse und ist vorne bedeutend convexer als hinten. Der Mundsaum ist auch hier gegen die Ventralseite vorgezogen, obzwar nicht so stark wie bei *stenonemus*. Dies ist übrigens auch bei *stenonemus* zu finden, wie dies in Brusina's „Orygoceras", Taf. XI, Fig. 5 u. 6, und in seinen „Materiaux", Taf. I, Fig. 10, schön zu sehen ist. Auch bei *O. cultratum* wie bei *corniculum* kommen gerade. scharfe und trompetenförmig erweiterte Mundsäume vor, wie dies aus den Anwachsstreifen ersichtlich und auch die Abbildungen meiner Exemplare, welche sich in verschiedenen Wachsthumsstadien befinden, zeigen. Die Entfernung der Ringellamellen von einander und deren Anzahl variirt. So zeigt die auf Taf. XIII, Fig. 4 abgebildete Form nur 5, die in Fig. 5 dargestellte 10 Ringellamellen. Da letzteres Exemplar kaum etwas grösser ist als jenes, stehen natürlicher Weise die Lamellen auf dem ersten dichter. Das obere Ende von *O. cultratum* ist ebenso, wie bei *corniculum*, vollkommen glatt und glänzend; die Ringellamellen treten erst tiefer auf. Die Grösse des oberen glatten Theiles ist verschieden; bei Fig. 2 u. 5 zieren die Lamellen nur die untere Hälfte der Schale, bei Fig. 5 beinahe die unteren $^2/_6$; mir liegen jedoch auch solche Exemplare vor. wo die unteren $^7/_8$ des Gehäuses von Lamellen bedeckt sind. Bei meinen Formen schwankt die Zahl der Ringellamellen zwischen 5 und 14. Auch ihre Stärke ist verschieden. Regel ist es jedoch, dass die Lamellen zur Mündung gleichmässig langsam stärker werden.

Nachdem die Ringellamellen nur einen Theil des Gehäuses bedecken, könnte man beim ersten Anblick ein auf Taf. XI, Fig. 21 abgebildetes Exemplar auch für ein mit wenigen Ringen bedecktes *O. cultratum* halten; zieht man jedoch den beinahe dreieckigen Querschnitt desselben in Betracht, so muss dieses Stück zu *O. corniculum* gestellt werden, da der Querschnitt des Gehäuses von *O. cultratum* elliptisch ist. Da der Mündungstheil des in Fig. 21 abgebildeten *O. corniculum* abnorm entwickelt ist, kann es nicht einmal als Uebergangsform zwischen *O. corniculum* und *cultratum* betrachtet werden. Meine Tinnyeer Exemplare sowohl von *corniculum* als auch von *cultratum* stimmen mit denen von Markusevec vollkommen überein, wovon ich mich durch Vergleich mit letzteren überzeugte. Auch Prof. Brusina bestätigte diese Beobachtung, als er meine Exemplare sah.

Fundorte: Diese Art, welche bisher nur von Markusevec bekannt war, fand ich sowohl in Tinnye (ca. 100 Stücke, darunter mehrere ganz erhaltene) als auch im Brunnen der Schweinemästerei zu Budapest-Köbánya (ca. 20 fragmentäre Exemplare). Auch in B.-Köbánya kommen Exemplare mit schwächeren und stärkeren Lamellen und solche mit dichter oder weiterstehenden Lamellen vor; bei manchem dieser Exemplare ist beinahe die ganze Oberfläche, bei anderen kaum deren Hälfte von Lamellen bedeckt. An beiden Fundorten ist *O. cultratum* seltener als *corniculum*.

38. Orygoceras filocinctum Brus.

(Taf. XI, Fig. 23, Taf. XII, Fig. 12 und Taf. XIII, Fig. 1.)

1892. *Orygoceras filocinctum* Brus. Brusina: Fauna di Markusevec. p. 171 (59).

Noch eine dritte Art kommt in meiner Fauna vor, welche zwischen *O. corniculum* und *cultratum* steht. Diese bin ich geneigt, mit dem ebenfalls von Marcusevec bekannten *filocinctum* zu identificiren, obzwar nur auf Grund einer lückenhaften Beschreibung ohne Abbildungen.

In den Formenkreis von *O. corniculum* und *cultratum* gehört auch diese Form; also in die Gruppe jener schlanken Formen, welche gegen rückwärts ziemlich plötzlich, jedoch gleichmässig schmäler werden, hinten flach, vorne convex sind und eine gegen die Dorsalseite vorgezogene Lippe besitzen. Nur ist das Gehäuse meiner dritten Art, während das des *corniculum* glatt, jenes des *cultratum* mit Lamellen verziert ist, mit feinen, ringelförmigen Rippen bedeckt, wie *O. Brusinai* Gorj.-Kram.[1] Diese meine Form, welche ich auf Grund ihrer Charaktere mit *filocinctum* Brus. identificirte, steht nicht nur bezüglich ihrer Ornamentik, sondern auch in Hinsicht ihrer Grösse und der Form ihres Gehäuses zwischen *O. corniculum* und *cultratum*. Während erstere im Querschnitt die Form eines an den Spitzen abgerundeten Dreiecks, letztere die einer Ellipse besitzt, steht die Form des *filocinctum* — wie dies meine Abbildungen bezeugen — zwischen den beiden, da sie im Querschnitt ein an seinen Ecken mehr abgerundetes, mit stärker convexen Seiten versehenes Dreieck bildet als das *corniculum*. Die ringelförmigen Rippen meiner auf Taf. XI, Fig. 23 und Taf. XIII, Fig. 1 dargestellten Formen sind sehr schwach. Neuerdings fand ich jedoch mehrere Exemplare, auf welchen die dichter oder weiter stehenden Rippen zwar stärker sind, jedoch nie so sehr, wie bei Brusina's *cornucopiae* (Matériaux. Taf. I, Fig. 7—9). So gilt von meiner Form dasselbe, was Brusina in seinem Markusevecer Werke von *filocinctum* sagt, dass sie sich nämlich von *O. corniculum* durch fadenförmige Ringe unterscheidet, welche Ringe mit den dicken und hohen Ringen von *O. cornucopiae* Brus. nichts gemein haben, auch mit den Lamellen von *O. cultratum* Brus. nicht, sondern am meisten mit der Skulptur von *O. Brusinai* Gorj.-Kramb. übereinstimmen. *O. filocinctum* stimmt bezüglich der Entwickelung der Mündung mit dem einen geraden, scharfen Mundsaum besitzenden *O. corniculum* überein. Ein Exemplar mit trompetenförmig erweitertem Mundsaum fand ich bisher noch nicht. Unter meinen Exemplaren sind jene häufiger, auf welchen die fadenförmigen, ringelartigen Rippen dicht stehen, deren Anzahl in diesem Falle natürlich gross ist und welche, ungewöhnlich hoch hinanreichen, beinahe die ganze Oberfläche bedeckend, so dass auf dem rückwärtigen, oberen Ende kaum ein von ihnen freier Raum bleibt.

---

[1] Gorjanovió-Kramberger: Die praepontischen Bildungen des Agramer Gebirges. p. 158. T. VI, F. 10.

Die Form des Gehäuses erinnert am meisten an jene von *O. corniculum* und ist schwach gebogen, .asselbe zierenden ringelförmigen Rippen sind vorne bedeutend stärker als auf der hinteren Seite des uses.

Fundorte: In Tinnye ziemlich häufig (mehr als 50 Exemplare), ich fand dort aber kaum ein un-hrtes Exemplar. Bezüglich der Häufigkeit kann ich von hier nicht dasselbe sagen, was BRUSINA in r Arbeit über die Fauna von Markusevec sagt, dass *O. filocinctum* häufiger sei als *O. cultratum*, jedoch .so häufig wie *corniculum*, da sie in Tinnye wie in Köbánya unter den drei *Orygoçeras*-Arten am isten ist. Aus dem Brunnen der Schweinemästerei zu Budapest-Köpánya liegt nur ein Bruchstück eines :hen Exemplares vor. Das Vorkommen an den angeführten Fundorten beweist jedoch jedenfalls, dass *O. filocinctum* BRUS. eine der verbreiteten Formen dieses Niveaus der pannonischen Stufe sei.

Familie: **Melaniidae** GRAY.

Genus: **Melania** LAMARCK 1799.

In der Umgebung von Budapest ebenso wie in den übrigen Ablagerungen der pannonischen Stufe rns spielt *Melania* eine sehr untergeordnete Rolle und ist nur durch ein Subgenus derselben, nämlich *noides* (H. u. A. ADAMS) OLIV. vertreten, doch kommt auch dieses, wie wir sehen werden, nur sehr ı in grösserer Menge vor.

Subgenus: **Melanoides** H. u. A. Adams 1854.

(= *Tinnyea* HANTK.)

Mit dieser Benennung belegten die Brüder ADAMS jene grossen, thurmförmigen Melanien, welche sfurchen und Querrippen tragen, wie *M. Escheri* BRONGT. und die dem Formenkreis derselben ange-en Arten. Es ist zwar richtig, dass die in die Gruppe der *Melania Escheri* gehörenden Formen sehr bel sind, so z. B. weicht die Mündung von *M. Pilari* von jener der typischen Melanien nach NEUMAYR ar einige tertiäre Süsswasserschnecken aus dem Orient) durch die kräftige Callosität der Spindel und ı die dicke, etwas vorgezogene, umgeschlagene Aussenlippe ab. Ferner sagt NEUMAYR (p. 42), wenn n Anhänger sehr scharfer Scheidung gewesen wäre, würde er eine neue Untergattung gegründet ı, welche durch *Mel. Laurae* MATH. mit den echten Melanien und speciell mit *Mel. Escheri* verbunden

Dazu bemerkt BITTNER später (Verhandl. d. k. k. geol. R.-A. 1884. p. 203), „aus dem mir vor-ıden Material ergiebt sich, dass die Mündung dieser Schnecke gerade so variabel sei, wie übrige aktere. Sechs Exemplare mit vollständig erhaltener Mündung wurden untersucht, davon fünf zu *M.* i, eines zu *M. Verbasensis* gehörend, ausserdem mehrere Bruchstücke von Mundrändern. Nur unter ıren findet sich eines, welches mit der von Prof. NEUMAYR gesehenen verdickten Aussenlippe überein-ıt, bei allen übrigen ist die Aussenlippe nicht verdickt oder sogar fast schneidend, dabei etwas nach ın gebogen." Jedoch nicht nur die in den Formenkreis von *Mel. Escheri* gehörenden Arten sind sehr hieden gestaltet, sondern auch die verschiedenen Individuen von *Mel. Escheri* BRONGT. selbst. Davon ıman sich überzeugen, wenn man die im Michelsberger (Ulm) Süsswasserkalk des unteren Miocaens ımmenden Exemplare von *Melania Escheri* BRONGT. untersucht, bei welchen besonders die Form der lung sehr veränderlich ist.

HANTKEN schied auf Grund der eigenartig entwickelten Mündung, welche „oben mit unten mit einem engen kurzen Canale und unmittelbar über diesem mit einem Wulst versehen Tinnye gefundene riesige *Melania* unter dem Gattungsnamen „*Tinnyea*" von *Melania* s. str. giebt später in seiner Abhandlung „Ueber die Mündung der *Melania Escheri* BRONGT. und Formen" der Ansicht Ausdruck: wenn v. HANTKEN schon die grosse Aehnlichkeit zwischen *Ti helyii* und *Melania Escheri* hervorhebt, „würde der Gedanke naheliegend gewesen sein, zu unter für eine Mündung *Melania Escheri* habe und ob dieselbe und die mit ihr identischen oder doch wandten Formen, die vielfach ebenfalls aus Congerienschichten angeführt werden, wirklich täuschende äusserliche Aehnlichkeit oder ob sie mehr als das, eine wirklich nahe Verwandtsch neuen Gattung (*Tinnyea*) besitzen. Ein Blick in die bereits über diesen Gegenstand vorliegen lehrt, dass letztere der Fall sei."

Nachdem ich in den Besitz mehrerer neuer Exemplare von „*Tinnyea*" gelangte, welche überzeugten, dass sich die Mündung im Laufe der Entwicklung stark veränderte, untersuc Mündungen der nächsten Verwandten, um festzustellen, in welchem Maasse sich die Mündu einer Gattung verändern könne, d. h. was für Veränderungen sie innerhalb einer Art im La wickelung durchzumachen vermag, und ob somit jene Charaktere, welche HANTKEN an der M Tinnyeer Exemplare beobachtete, thatsächlich als Gattungsmerkmale verwendet werden dürfen.

Zu diesem Behufe studirte ich in Wien mit gütiger Erlaubniss Herrn A. BITTNER's j *Pilari* NEUM., *Melania Verbasensis* NEUM. und die von Dzepe stammende *Melania*, welche er i handlung über die Mündung der *Melania Escheri* abbildete (Fig. 1), und noch einige and Weiters hatte ich Gelegenheit, die aus Michelsberg bei Ulm stammenden, in der prächtigen Leitung des Herrn Geheimrath v. ZITTEL stehenden bayerischen Staatssammlung in grosser M lichen Exemplare von *Melania Escheri* MERIAN zu studiren, welche KLEIN (Conchylien der Süss p. 158—159) unter den Namen *Mel. grossecostata* und *Melania turrita* von *M. Escheri* trenn sie M. HÖRNES (Moll. d. Tert.-Becken v. Wien. Bd. I. p. 603) wieder zusammenzog. — Endlich ebenfalls in München in dem unter der Leitung des Prof. Dr. HERTWIG stehenden zoologisc die recensenten Melanien, Melanatrien, Melanoiden und *Pirena* durchsehen. Diese Unt wie auch das Studium der Literatur überzeugten mich davon, dass die Form der Mündung der M wie von *Melanoides* ausserordentlich veränderlich sei und dass sie bei demselben Exemplare in v Entwicklungsstadien sehr verschieden sein könne, sowohl bei den lebenden als auch den foss Wie sehr sich die Form der Mündung im Laufe der Entwickelung verändern kann, zeigt an sogenannte „*Tinnyea*", auf welche wir noch zurückkommen.

Schon KLEIN machte 1852 auf die Mündung der durch ihn von Michelsberg bei Ulm b *Mel. grossecostata* aufmerksam; „sie ist abgerundet, eiförmig," sagt er, „der Mundsaum ist am nicht anliegend, sondern abgerundet und bauchig, nicht beinahe elliptisch und nach oben unt gezogen . . ., der rechte Rand ist scharf." M. HÖRNES sagt im I. Bande, p. 603 seines Werkes des Tertiärbeckens von Wien" über die Mündung von *Melania Escheri*, sie „ist eiförmig, am C ausgussartig gebildet."

Wie sehr veränderlich die Mündung der recenten Verwandten von *Melania Escheri* ist auf, wenn man die Mündungen von *Melanatria spinosa* LAM., *Melanatria fluminca* GMEL. un

spinosa Lam., welche sich im Münchener zoologischen Museum befindet, ist zu sehen, dass die Aussenlippe
nur bei erwachsenen Exemplaren stark vorgezogen ist, während sie bei demselben Exemplare in unent-
wickelterem Zustande — wie dies die Anwachsstreifen zeigen — nicht so stark vorgezogen war. Je nachdem die Aussenlippe mehr oder weniger vorgezogen ist, ändert sich auch die Grösse und Tiefe der oberen
Bucht und des Ausgusses. Bei mancher recenten *Melanatria*, so bei *Mel. plicata* Rv. und *Mel. fluminea*
Gmel., ist der Spindelrand unten an der dem Wulst der sogenannten *„Tinnyea"* entsprechenden Stelle
wellig, wodurch ein schwacher Wulst entsteht, welcher vielleicht ebenso stark sein würde wie jener der
„Tinnyea", wäre der Spindelrand kräftiger und dicker. Die schwankende Form der Mündung zeigt auch
die auf Taf. 43, Fig. 5 und 5b bei Martini und Chemnitz abgebildete glatte *Melanatria madagascariensis*.
Bei der Form in Fig. 5 ist die Aussenlippe stark vorgezogen und somit auch die obere Bucht gross und
tief, während in Fig. 5b die Lippe kaum vorgezogen, also auch die obere Bucht seicht und somit breit ist.
Eine der nächsten lebenden Verwandten der Form von Tinnye ist die bei den Philippinischen Inseln
lebende *Melanoïdes asperata* Lam. Auch bei diesen ist dasselbe wie bei den übrigen verwandten Formen
zu beobachten, sei es nun eine recente oder eine fossile, wie *Melanoïdes Escheri* oder die Tinnyeer Species,
nämlich dass die Mündung im Laufe der Entwickelung einer grossen Metamorphose unterworfen und somit
bei den einzelnen Exemplaren sehr verschieden ist. Die Lippen von *Melanoïdes asperata* Lam. sind dick
und oben und unten wie mit starker, breiter und tiefer Bucht versehen. Ich studirte mehrere aus dem indischen
Ocean stammende Exemplare von *Melanoïdes asperata* Lam. im Münchener zoologischen Museum. Ihre
Skulptur stimmt mit jener von *Escheri* ziemlich überein; die Aussenlippe ist bald stärker, bald schwächer
gegen die Ventralseite gezogen, bald dünn und scharf, bald verdickt; auch die obere Bucht und der kurze
Canal sind schmäler oder breiter und natürlich auch von verschiedener Tiefe.

So sehr veränderlich die Mündungsform bei den lebenden Formen derselben Gattung in den verschiedenen Entwicklungsstadien ist, so ist sie es auch bei den fossilen Formen, wie bei *Melanoïdes Escheri*
Brongt. und *Melanoïdes Vásárhelyii* Hantk. sp. Dies soll durch die nebenstehenden sieben Abbildungen,
welche die Mündungen der aus Michelsberg bei Ulm stammenden Exemplare von *Melanoïdes Escheri* darstellen, erläutert werden.

Während auf der ersten Figur der kurze Canal kaum vorhanden, ist er auf der sechsten und
siebenten schon ziemlich stark und zwischen diesen beiden Grenzen sind verschiedene Uebergangsstufen
vorhanden. Auch ist aus den Abbildungen ersichtlich, wie sich die Grösse des oberen Ausschnittes verändert, wie verschieden vorgezogen die Aussenlippe ist und wie deren Dicke varriirt.

Nachdem nun untersucht wurde, wie variabel die Form des Mundsaumes von *Melanoïdes Escheri*
und deren nächsten Verwandten ist, wollen wir sehen, inwiefern die Form des Mundsaumes der sogenannten
„Tinnyea" sich verändert und inwiefern jene Charaktere, auf Grund derer v. Hantken die riesige Tinnyeer
Form von der Gattung *Melania* trennte und statt sie zu *Melanoïdes* zu stellen als neue Gattung: *„Tinnyea"*
auffasste, von wesentlicher Bedeutung sind. Hantken nimmt als Grundlage der Trennung des Genus an:
„dass die Schalenmündung unten mit einem engen, kurzen Canale und unmittelbar über diesem mit
einem Wulste versehen ist." Auf Grund des bisher Gesagten wurde klar, dass *„Tinnyea"* nur darin

von den in die Untergattung *Melanoides* gehörigen lebenden und fossilen Formen abweicht, dass sie über dem kurzen Canale einen Wulst besitzt, da die Stärke der oberen Bucht, nachdem sie sich im Laufe der Entwickelung so sehr verändert, wie dies Fig. 2b auf Taf. XIV zeigt, nicht als wesentliches Merkmal betrachtet werden kann.

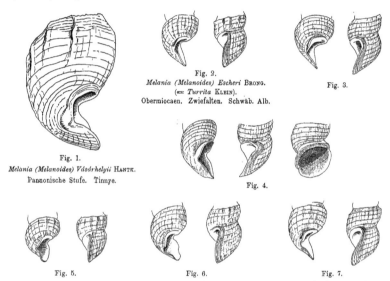

Fig. 2.
Melania (Melanoides) Escheri Brong.
(= *Turrita* Klein).
Obermiocaen. Zwiefalten. Schwäb. Alb.

Fig. 3.

Fig. 1.
Melania (Melanoides) Vásárhelyii Hantk.
Pannonische Stufe. Tinnye.

Fig. 4.

Fig. 5.   Fig. 6.   Fig. 7.

Fig. 3—7. *Melania (Melanoides) Escheri* Brong. Untermiocaen. Süsswasserkalk. Michelsberg bei Ulm.
(Die Figuren sind alle in natürlicher Grösse gezeichnet.)

So sehen wir nun die Entwickelung des Untertheiles der Mündung, resp. den Wulst über dem kurzen Canale als einzigen Unterschied. Um über die Entwickelung und Veränderungen des Untertheiles der Mündung einen vollständigen Ueberblick zu bieten, halte ich es für nothwendig, von den Originalen Hantkens ein getreues Bild zu geben, um die Charaktere besser hervorzuheben als dies auf den mangelhaften Abbildungen Hantken's geschehen ist. Es ist dies umso nothwendiger als die Abbildungen in Hantken's Abhandlung in solchen Stellungen gegeben sind, dass die Hauptcharaktere nicht deutlich ersichtlich sind, resp. die abnorme Entwickelung der Lippen nicht veranschaulicht ist. Um von der Entwickelung des Mundsaumes ein noch vollständigeres Bild zu bieten, bilde ich auf Taf. XIV, Fig. 2c noch ein Bruchstück ab und dasselbe in anderer Stellung in der Textfigur 1; ebenso ein anderes, sehr interessantes Bruchstück auf Taf. XV, Fig. 11a—b.

Exemplar ebenso wie das in Fig. 1 abgebildete lautet und demzufolge

ist, macht die Entstehung des Wulstes verständlich, der sich in Fig. 2a unmittelbar unter eine der letzten Windung des Gehäuses befindet. Wie sehr veränderlich der Mundsaum meiner Fo beweist am besten der Umstand, dass auf Taf. XV, Fig 11b solch eine Form dargestellt ist, v gespitzte Spindel einen offenen Nabel darstellt.

Dem Tinnyeer Exemplar steht das bei BITTNER (Mündung der *Melania Escheri.* p. 98. F Dzepe (an der Narenta) abgebildete Bruchstück sehr nahe, bei welchem die Aussenlippe ebenfall ist und nur der Wulst über dem Canale fehlt. Ich sah jedoch bei BITTNER in der k. k. geol. Rei ein anderes, ebenfalls aus Dzepe stammendes Exemplar, bei welchem, obzwar es nur so gross wa erstere, doch ein viel grösserer Wulst über dem engen und tiefen Canal entwickelt war, wie bei Tinnyeer Exemplaren. Die Anwachsstreifen zeigen klar, dass die obere Bucht im Laufe der Ent kleiner wurde.

Daraus ist ersichtlich, dass auch der Mundsaum der Tinnyeer Exemplare, gerade so wi *Melania Escheri* und den nahe verwandten récenten Formen, sehr veränderlich ist. Wir haber dass die Verdickung der Innen- und Aussenlippe auch im Formenkreis der *Melania Escheri* üb kommt, dass die obere Bucht und der untere Canal nicht nur innerhalb der in den Formenkreis *Escheri* gehörenden fossilen und lebenden Arten, sondern auch bei ein und demselben Exempla schiedenen Stadien der Entwickelung von der verschiedensten Tiefe und Breite sein kann. Das spiel dafür ist die Mündung meiner hier abgebildeten vier Tinnyeer Exemplare. Aus denselben Al ist auch ersichtlich, dass der über dem kurzen Canal befindliche Wulst nicht als wesentlicher Chara dern nur als Abnormität betrachtet werden kann, da er an den meisten Exemplaren fehlt und dort, v handen ist, auch nur dann auftrat, als die Schale beschädigt wurde, wie dies in Fig. 2a aus den streifen hervorgeht. Auch hier hatte er sich erst nach Ablagerung der letzten Kalklamelle der gebildet. Herr Chefgeolog HALAVTÁS sammelte in Szócsán (Com. Krassó Szörény) ein Exemplar *Vásárhelyii* HANTK., über deren kurzem, seichten Canal keine Spur von einem Wulste vorhanden ist wird also klar, dass der Wulst über dem kurzen Canal kein wesentliches Merkmal, sondern nu manchen Exemplaren vorkommende, auf Laedirung rückzuführende Abnormität ist. Uebrigens sag l. c. über diesen Wulst folgendes: „aber wäre derselbe auch bei allen Exemplaren von Tinnye v so wird es doch nicht angehen, diese von HANTKEN beschriebene Riesenform von den Formei Verwandtschaft der *M. Escheri* generisch zu trennen."

Nach all diesem können wir mit BITTNER sagen, „dass die als *Melania Escheri* und beschriebenen Formen keinesfalls von *Tinnyea* getrennt werden können." Wollte man die Gattun aufrechterhalten, so müssen sämmtliche in den Formenkreis von *Melania Escheri* gehörigen Formen zur Gattung „*Tinnyea*" gestellt werden. Nachdem dies die Brüder ADAM's so schon thaten, als sie die in den Formenkreis von *Melania Escheri* gehörenden Formen zu einem besonderen Subgenus erhoben, ist der Platz der sogenannten „*Tinnyea*" in der Untergattung *Melanoides* bereits vorgezeichnet.

39. Melania (Melanoides) Vásárhelyii HANTKEN sp.

(Taf. XIV, Fig. 1a—e, 2a—c; Taf. XV, Fig. 11a—b und Fig. 1 im Text.)

1887. *Tinnyea Vásárhelyii* HANTK. M. v. HANTKEN: *Tinnyea Vásárhelyii* nov. gen. et nov. spec. p. 845. T. IV (Doppeltafel), F. 1—4.
1888. „   „   „   BITTNER: Mündung der *Melania Escheri* BRONGT. und verwandter Formen. p. 97.
1894. „   „   „   HALAVÁTS: Die Szócsán-Tirnovaër Neogenbucht im Comit. Krassó-Szörény. p. 116.
1895. „   „   „   LÖRENTHEY: Papyrotheca. p. 892.
1897. „   „   „   ANDRUSOV: Dreissensidae. p. 438.

Ausser durch bessere Abbildungen möchte ich die Beschreibung HANTKEN's durch einige Daten ergänzen.

Diese interessante, grosse (das abgebildete Exemplar misst 13 cm), thurmförmige Art, welche billigermassen *gigantea* genannt werden könnte, besteht (der Wirbel ist überall abgebrochen) aus etwa 14 schnell, jedoch gleichmässig wachsenden, flach gewölbten Windungen, welche unter der kaum sichtbaren Naht eingedrückt sind, wodurch sich eine starke, scharfe Kante bildet, die am vorletzten Umgange am stärksten hervortritt und am letzten schwächer ist. Alle Umgänge haben ausserdem starke Querrippen und schmale Längsbänder. An den ersten Windungen erstrecken sich die Rippen von der unteren zu der oberen Naht, an den übrigen Windungen bedecken die Haupttrippen nur ungefähr $^4/_5$ der Höhe der Windungen und endigen in mehr oder weniger zugespitzten Knoten an der erwähnten starken Kante am Rande des eingesenkten Theiles. An der letzten Windung verkümmern die Rippen mehr oder weniger. Auf dem vorletzten Umgang sind acht starke, knotige Rippen vorhanden. Zwischen den Rippen verlaufen schwächere oder stärkere Streifen von einer Naht zur andern. An den Stellen, wo die Rippen mit den Querbändern zusammentreffen, ist die Schale mehr oder weniger knotig. Auf dem vorletzten Umgang befinden sich zwischen den beiden Nähten ungefähr 10 Längsbänder (4 am eingesenkten Theil, eines ist die Kante selbst und 5 oder 6 unter derselben); auf dem letzten sind 15 solcher Längsbänder (10 unter der Kante) und zwischen diesen 5—6 schwächere. Die Schalenmündung ist eiförmig, sehr schief, schiefer wie bei *Melania Escheri*, denn während bei dieser die Axe des Gehäuses mit der Axe der Mündung (auf Fig. 1 BITTNER's gemessen) einen Winkel von nur 35° bildet, beträgt derselbe bei *Mel. Vásárhelyii* 38—42°. Die Ränder sind zusammenhängend; der innere ist dick und bedeckt manchmal den Nabel, ein andermal stellt die zugespitzte Spindel einen offenen Nabel dar. Die Aussenlippe ist gebogen, gegen die Ventralseite gezogen, bald verdickt, bald wieder scharf. Die Mündung ist oben, wie bei *Mel. Escheri*, mit einer mehr oder weniger tiefen Bucht, unten mit einem kurzen Canal von sehr veränderlicher Breite und Tiefe versehen.

Fundorte: In Tinnye nicht eben selten (Bruchstücke von ca. 15 Exemplaren). Unversehrte Exemplare gehören zu den grössten Seltenheiten. Am besten erhalten ist die auf Taf. XIV, Fig. 1 dargestellte Form. Diese Art ist in diesem Niveau der pannonischen Stufe viel verbreiteter als man bisher glaubte. Sie kommt noch in der Umgebung von Ettyek (Com. Fehér) am Heidelberg vor, wo Hantken auf einer 600 cm grossen Kalksteinplatte die Hohldrücke von 16 Exemplare nfand. In Budapest-Köbánya sammelte ich auch die Bruchstücke einiger Exemplare auf. Doch nicht nur hier in der Umgebung Budapests, sondern auch im südöstlichen Ungarn kommt *Mel. Vásárhelyii* vor, .wo Chefgeolog Halaváts in der Umgebung von Szócsán (Com. Krassó Szörény) ein Bruchstück derselben zusammen mit *Mel. Martiniana* Fér., *Mel. vindobonensis* Fuchs, *Mel. pygmaea* Partsch, *Mel. Bouéi* ·Fér., *Mel. defensa* Fuchs, *Melanopsis* nov. sp., *Plourocera Kochii* Fuchs, *Neritina obtusangula* Fuchs und einer kleinen *Congeria* sp. fand. (Die Umgebung von Lupák-Kölnik-Szócsán und Nagy-Zorlencz. [Jahresbericht d. kgl. ung. geol. Anstalt vom Jahre 1891. p. 91]). Wahrscheinlich kommt sie noch an mehreren Stellen vor, denn die in der pannonischen Stufe vorkommenden und unter dem Namen *Melania Escheri* zusammengefassten Formen gehören wohl grösstentheils dieser Art an. In der Sammlung der kgl. ung. geol. Anstalt ist auch unter dem Namen *Melania Escheri* Brongt. ein Wirbeltheil dieser Species von Tinnye ausgestellt. Hantken — wie er in der Beschreibung der „*Tinnyea*" erwähnt — getraute sich, die Bruchstücke dieser Art nur deshalb nicht mit *Melania Escheri* zu identificiren, da sie auf eine so grosse Form hinweisen, welche *Melania Escheri* nie zu erreichen pflegte; sicher konnte er sie erst dann bestimmen, als er ein vollständiges Exemplar bekam. In den Verhandlungen, Jahrg. 1888, p. 85 sind unter den eingesandten Geschenken auch zwei Gypsabgüsse der „*Tinnyea Vásárhelyii*" erwähnt, über welche der Redacteur schreibt: „Wie schon der Autor (Hantken) darauf aufmerksam gemacht hat, ist die Aehnlichkeit der äusseren Ornamentik der Schale der *Tinnyea* mit jener der *Melania Escheri* in der That eine so sehr grosse, dass Bruchstücke der einen und der anderen Art von einander nicht zu unterscheiden sind." J. Pethö sagt auf p. 139 seiner Abhandlung: „Die Tertiärbildungen des Fehér-Körös-Thales zwischen dem Hegyes-Drócsa- und Pless-Kodru-Gebirge" (Jahresberichte d. kgl. ung. geol. Anstalt für 1885) bei Besprechung der Umgebung von Laáz ausgebildete pannonische Stufe: „von *Melania Escheri* sind Steinkerne und Abdrücke von gewöhnlicher Grösse zu finden (Schalen kommen nicht vor), meist aber liegen Steinkerne und Reste von Abdrücken von ungewöhnlicher Grösse zerstreut umher, auf welchen die Verzierung sehr schön auszunehmen ist. Diese Fragmente nach dem Spiralwinkel ergänzt, entsprechen Gehäusen von 80—100 mm Grösse." Auch diese auffallend grossen Formen gehören aller Wahrscheinlichkeit nach zu *Mel. Vásárhelyii* Hantk., da die in tieferen Niveaux vorkommende *Mel. Escheri* nie eine so beträchtliche Grösse erreicht.

Genus: **Melanopsis** Férussac 1807.

Die Familie der Melaniiden ist ausser der Gattung *Melania* noch durch *Melanopsis* vertreten. Brusina beschreibt von Ripanj noch eine Art der Gattung *Amphimelania* und von Markusevec zwei neue Arten der Gattung *Melanoptychia*. Das Genus *Melanoptychia* beschrieb Neumayer aus den Ablagerungen gleichen Alters Bosniens, doch scheint es, dass sie, wie auch *Amphimelania*, in südlicheren Gegenden lebte. Bisher sind Ripanj und Markusevec die nördlichsten Punkte, von denen wir diese beiden Gattungen kennen.

Während die Gattung *Melania* einzig nur durch die Art *Vásárhelyii* Hantk. vertreten ist, kommt *Melanopsis* in zahlreichen Arten und Varietäten vor und während man von *Melania* nur einige Exemplare kennt, kommen die *Melanopsis*, so z. B. *M. Martiniana* Fér., in riesiger Individuumsanzahl vor, so dass in Tinnye *Mel. Martiniana* nach der *Congeria Mártonfii* LÖRENT. am häufigsten ist. Nachdem jedoch die *Congeria Mártonfii* eine kleine, kaum auffallende Form ist, scheint die grosse *Mel. Martiniana* vorherrschend zu sein. Ich sammelte *M. Martiniana* in mehreren hundert Exemplaren und in dem aus denselben herausgeschüttelten Sand fand ich die hier beschriebene Microfauna. *M. Martiniana* ist in solchem Maasse polymorph, dass man kaum zwei annähernd gleiche Exemplare findet. Mit *M. Martiniana* zusammen kommen *Melanopsis impressa* KRAUSS und *Melanopsis vindobonensis* FUCHS vor. So scheint denn auch dieses Vorkommen, wie das zu Markusevec und Leobersdorf, die Ansicht von FUCHS („Ueber den sogenannten chaotischen Polymorphismus und einige *Melanopsis*-Arten") zu erhärten, „dass die *Melanopsis Martiniana* sich vollständig so verhält, wie ein Bastard zwischen *Melanopsis impressa* und *Mel. vindobonensis* sich verhalten müsste etc."; da *M. Martiniana* auch hier grösser ist als die beiden anderen Arten, da sie ferner keine constanten Charaktere besitzt, sondern bald in die eine, bald in die andere Art übergeht, und endlich da sie besonderen Hang zur Bildung von Monstrositäten zeigt.

Wer sich übrigens mit systematischen Untersuchungen befasst, dem sind jene aussergewöhnlichen Schwierigkeiten bekannt, mit welcher das Bestimmen der Grenzformen bei den meisten palaeontologischen Gattungen oder noch häufiger Arten verbunden ist. Wo auf einem grösseren Gebiete sehr viele Vertreter einer Art zusammen wohnen oder wohnten, dort werden solche Formen zu finden sein, bei welchen individuelle und locale Eigenschaften ausgebildet sind, welche Formen jedoch allesammt miteinander in Zusammenhang stehen. Wird dieser Zusammenhang bis zur Uebertreibung verfolgt, so kommt man dahin, dass man endlich jede schärfere Scheidung lächerlich finden muss. Besonders gross ist dieser Polymorphismus bei *Vivipara* und *Melanopsis*.

In unserer Fauna sind alle fünf von HANDMANN aufgestellten Untergattungen vertreten und zwar: *Homalia* (z. B. *avellana* FUCHS, *textilis* HANDM.), *Lyrcaea* (*stricturata* BRUS.), *Martinia* (z. B. *vindobonensis* FUCHS, *impressa* KRAUSS, *Martiniana* FÉR.), *Canthidomus* (z. B. *Bouéi* FÉR., *Sturii* FUCHS, *defensa* FUCHS) und *Hyphantria* (*austriaca* HANDM.). Da diese, wie auch die in der Palaeontologie gebräuchlichen anderen Subgenera von *Melanopsis*, wie z. B. die von SANDBERGER, zumeist nur auf ein geringes und an nur ein bis zwei Fundorten gesammeltes Material (die HANDMANN's auf die Leobersdorfer Fauna) begründet sind und eben deshalb den modernen Anforderungen nicht entsprechen, führe ich meine Formen nur unter den Gattungsnamen *Melanopsis* an, doch werde ich bestrebt sein, die verwandten Formen nacheinander zu behandeln.

Auf Grund des Vorkommens zu Tinnye kann ich bestätigen, was BRUSINA bei Beschreibung der Fauna von Markusevec sagt, dass nämlich schon bisher die Anzahl der bei uns bekannten fossilen Formen von *Melanopsis* gross ist und dass doch immer wieder neue Formen entdeckt werden. BRUSINA beschreibt von Markusevec vier neue Arten, von denen ich *M. stricturata* BRUS. auch in Tinnye fand. Ausserdem fand ich noch drei neue Arten: die *M. Sinzovi* nov. sp., *M. rarispina* nov. sp. und *M. Brusinai* nov. sp.

Die *Melanopsis*-Arten kommen in meiner Fauna im Allgemeinen in gut erhaltenem Zustande vor. An den meisten ist schön zu sehen, dass das Gehäuse im Innern porcellanartig und aussen mit orangegelben Flecken und Streifen verziert ist. Die Farbenzeichnung wird besonders gut sichtbar, wenn die Exemplare in Wasserglas gekocht werden.

In diesen mittleren Schichten der pannonischen Stufe kommen die Melanopsiden in grösster Individuen- als Artenzahl vor und doch kennen wir kaum eine ordentliche Abbildung der hier vorkommenden

Arten. So sind die Figuren Handmann's von der leobersdorfer Fauna grösstentheils unbrauchbar; Brusina wieder theilt seine Markusevecer Fauna ohne Abbildungen mit. So wird es denn erwünscht sein, wenn ich nicht nur die Abbildungen der neuen, sondern auch jene der selteneren und typischen Formen gebe.

Meine Fauna ändert einiges an den Beobachtungen bezüglich der verticalen Verbreitung der Melanopsiden. Während nämlich in Italien *Mel. impressa* Krauss var. *Monregalensis* Sacco im Helvetien, die *Mel. impressa* Krauss var. *Bonellii* Sism. mit der var. *carinatissima* Sacco in der „Sarmatischen Stufe" und im Tortionien vorkommen, in den „Congerienschichten" jedoch *Mel. Martiniana* Fér., *Mel. impressa* var. *Bonellii* Sismd., *Mel. impressa* Krauss var. *carinatissima* Sacco und *Mel. vindobonensis* Fuchs zusammen auftreten, kommt in unserer Fauna im Vereine mit obigen vier Formen auch noch eine Uebergangsform zu der aus dem italienischen Helvetien bekannten *Mel. impressa* Krauss var. *Monregalensis* Sacco vor, ebenso wie in der Fauna von Szemenye bei Sopron, welche R. Hoernes als sarmatischen Alters bestimmte.

40. Melanopsis avellana Fuchs.

(Taf. XII, Fig. 15—17.)

1873. *Melanopsis avellana* Fuchs. Th. Fuchs: Neue Conchylienarten aus den Congerienschichten etc. p. 20. T. IV, F. 16, 17.
1887. „ *(Homalia) avellana* Fuchs. Handmann: Die fossile Conchylienfauna von Leobersdorf. p. 16. T. II, F. 1—3.
1887. „ *avellana* Fuchs. Hantken: Tinnyea Vásárhelyii. p. 345.
1895. „ „ „ Lörenthey: Papyrotheca. p. 392.

Am Locus Classicus sammelte ich elf typische Exemplare dieser kleinen, rundlichen, glatten, mit niederer Spira versehenen Form. Manche meiner Exemplare sind niedriger wie das Exemplar von Fuchs, dessen Höhe 14 mm bei einer Breite von 10 mm beträgt, während bei meinen Exemplaren die

Höhe:	13 mm	13 mm	15 mm
Breite:	9 „	10 „	10 „ ist.

Diese Art ist bisher aus Ungarn nur aus der Umgebung von Sopron und aus Tinnye bekannt. Handmann bildet drei Exemplare derselben von Leobersdorf (Nieder-Oesterreich) ab und sagt über seine in Fig. 2 und 3 dargestellten Formen Folgendes: „sind Schalen mit stärkerer Einsenkung der Schlusswindung und spielen in den Formenkreis von *Lyrcea* hinüber." Dasselbe ist auch vom Typus zu sagen, da der letzte Umgang in der Mitte ein wenig eingesenkt ist und sich somit unten und oben ein Wulst bildet. Fuchs erwähnt dies in der Beschreibung der Art nicht, doch ist es auf seiner Figur gut zu sehen; auf meinen Exemplaren von Tinnye ist diese Einsenkung noch etwas stärker als auf der Figur bei Fuchs; sie stimmen in dieser Hinsicht mit Fig. 2 und 3 Handmann's überein. Auf manchen meiner Exemplare ist die Färbung, welche aus entfernt stehenden, wellenförmig verlaufenden, orangengelben Streifen besteht, schön zu sehen.

Fundort: Bisher nur von Tinnye, aus der Umgebung von Sopron (Sulzlacke) und von Leobersdorf bekannt, jedoch nirgends sehr häufig. In Tinnye sammelte ich 11 Exemplare. In Budapest-Köbánya noch nicht gefunden.

41. Melanopsis textilis (Handmann).

(Taf. XII, Fig. 18—20.)

1887. *Melanopsis (Homalia) textilis* Handmann: Fossile Conchylienfauna von Leobersdorf. p. 15. T. I, F. 12.
1892. „ *textilis* (Handmann). Brusina: Fauna di Markuševec. p. 132 (20).

Ich sammelte in Tinnye drei Exemplare einer Art, welche zufolge Mangels an bestimmter Verzierung zur Untergattung *Homalia* Handmann gehörte und welche ich, obwohl sie durch ihren localen Habitus von den Figuren 12 und 14 Handmann's wenig abweicht, doch als *textilis* zu betrachten geneigt bin, umsomehr, da die Mangelhaftigkeit der Handmann'schen Figuren ohnehin kein vollkommen richtiges Bild dieser Art bietet, während die Beschreibung vollkommen auf die Tinnyer Exemplare passt.

Das aus fünf Umgängen bestehende Gewinde ist kegelförmig; der letzte Umgang ist angeschwollen, die übrigen flach; das ganze Gewinde ist halb so hoch als die letzte Windung, wie dies aus der unten stehenden Maassangabe hervorgeht. Der letzte Umgang „besitzt" thatsächlich — wie Handmann sagt — „eine cylindrische Form". Am letzten Umgang, ein wenig unter der Sutur, ist die Spur eines schwachen Kieles zu sehen, wie bei Handmann's Fig. 12 und 14. An dem Kiele zeigen sich bisweilen knotige Anschwellungen auf einem meiner Exemplare, welches mit Handmann's Typus (Fig. 12) übereinstimmt und so einen Uebergang zu Handmann's Untergattung *Canthidomus* bildet. Der letzte Umgang ist etwa in der Mitte unter dem erwähnten schwachen Kiele eingesenkt, wodurch sich unter dieser Einsenkung ein zweiter Kiel bildet, der jedoch noch schwächer ist als der obere. Die Mündung ist schief eiförmig. „Die Spindel ist ziemlich eingebogen und die Callosität besonders oben stark entwickelt." Die Aussenlippe ist scharf, unten etwas bogenförmig ausgezogen. Die Basis ist abgestutzt, der Canal verhältnissmässig schwach, doch gut sichtbar. Gegen aussen befindet sich ein von einem Wulst begrenzter, spaltenförmiger Nabel. Von der dem Typus entsprechenden, schlanken Form besitze ich nur die drei abgebildete Exemplare. Diese stimmen mit Handmann's Fig. 12 überein. Sie sind von gestreckter Form; bei keinem ist der obere Kiel des letzten Umganges stellenweise mit knotenförmigen Anschwellungen versehen. Diese Exemplare sind bräunlichgelb gefärbt, mit in Zickzackform angeordneten orangegelben Flecken, während die Leoberdorfer Stücke nach Handmann dicht stehende orangengelbe Linien aufweisen, „diese Linien verlaufen quer in Zickzackform und bilden so ein zierliches Netz über die ganze Schale."

Maasse:

Höhe:	13 mm	14 mm
Breite:	8 „	9 „
Höhe der Schlusswindung:	9 „	9,5 „

Handmann's Fig. 12 zeigt 12 mm Höhe, 7 mm Breite, bei einer Höhe der Schlusswindung von 9 mm.

Fundort: Diese Art gehört in Leobersdorf zu den herrschenden Formen. Brusina fand in Markusevec nur vier Exemplare. Ich fand sie bisher nur in Tinnye, doch auch von hier besitze ich nur zwei Exemplare, welche typisch sind. Ein drittes dort gefundenes Stück gehört bereits zur var. *ampullacea* Handmann.

Das bei Tinnyé gefundene Exemplar stimmt mit der Abbildung bei HANDMANN überein. Es ist bauchiger, mit relativ niedrigerem, vorletztem Umgang als die Grundform. Auch bezüglich der Färbung weicht die var. vom Typus ab, indem auf weissem Grund ziemlich entfernt stehende, wellenförmig verlaufende, schmale, orangengelbe Linien auftreten. HANDMANN's Exemplar wird schon vom oberen Kiel nach unten zu fortwährend spitziger, während mein Exemplar erst unter dem unteren Kiele anfängt schmäler zu werden. Höhe 15 mm, Breite 10 mm, Höhe des letzten Umganges 10 mm. HANDMANN's Fig. 14 hat eine Höhe von 13 mm, eine Breite von 10 mm, mit 10 mm hoher Schlusswindung.

Der Typus von *Mel. textilis* ist, wie aus meinen Figuren ersichtlich, selbst auch von variabler Form, trotzdem halte ich die Abtrennung einer var. *ampullacea* für gerechtfertigt, da sie gedrungener, mit weniger schlankem und vorspringendem Gewinde ist als die Grundform und da der letzte Umgang durch eine viel schwächere Sutur abgetrennt wird als beim Typus. Die Grundform wird von dem am letzten Umgang befindlichen oberen Kiel bis zum Canal schmäler, die var. *ampullacea* nicht. . In Tinnye scheidet auch noch die oben besprochene Färbung den Typus von der var. *ampullacea*.

Mel. textilis HANDM. steht zwischen *avellana* FUCHS und *scripta* HANDM. (non FUCHS). Letztere belegte BRUSINA mit dem Namen *Mel. serbica* und bildete sie auf Taf. VII, Fig. 15 u. 16 seiner „Matériaux" ab. *Mel. textilis* weicht jedoch von *avellana* durch die höhere Spira, von *serbica* durch den Mangel der stachelförmigen Anschwellungen und dadurch ab, dass der letzte Umgang bei *serbica* in der Mitte keine Einsenkung besitzt.

Fundort: Wie *Mel. textilis*, so ist auch die var. *ampullacea* in Tinnye sehr selten; die dritte Varietät, *bicarinata* HANDM., fehlt hier überhaupt, während in der Leobersdorfer Fauna *Mel. textilis* herrschend ist.

43. Melanopsis stricturata BRUS.
(Taf. XVIII, Fig. 2.)

1892. *Melanopsis stricturata* BRUS. BRUSINA: Fauna di Markusevec. p. 139 (27).
1895.   „   „   „   LÖRENTHEY: Papyrotheca. p. 392.
1896.   „   „   „   BRUSINA: La collection néogène de Hongrie etc. p. 122 (26).

Die oberen Umgänge dieser verhältnissmässig kleinen, thurmförmigen, aus sieben Windungen bestehenden Art sind glatt, während die unteren unterhalb der oberen Sutur gewulstet sind. Dieser Wulst ist umso auffallender, da unter ihm die Umgänge stark eingeschnürt und demnach convex sind. Unter dieser Einschnürung, ebenso wie über derselben, verläuft ein zweiter Wulst, unter welchem der letzte Umgang abermals schmal wird und die Basis bildet.

Maasse:

Höhe:	10 mm	9,5 mm
Breite:	5,5 „	4 „

Das Exemplar von Markusevec ist 11 mm hoch und 5 mm breit.

Diese mit *Mel. pygmaea* PARTSCH und *Mel. varicosa* HANDM. nahverwandte Species scheint in Tinnye ebenso' wie in Markusevec ziemlich beständig zu sein. Meine Exemplare stimmen selbst bezüglich der Grösse, vollkommen mit jenen von Markusevec, welche ich der Güte des Herrn Prof. BRUSINA verdanke, überein.

Fundort: In Tinnye fand ich acht Exemplare. Sollte sich die Annahme BRUSINA's, dass HANDMANN mit den von Leobersdorf unter den Namen *Mel. textilis* und *Mel.* varicosa beschriebenen Formen mehrere Stücke von *Mel. stricturata* vereinigte, als richtig erweisen, so käme diese Art auch in Leobersdorf vor. Während sie jedoch in Markusevec häufig vorkommt, ist sie in Tinnye nur selten.

44. Melanopsis Bouéi FÉR.

1859. *Melanopsis Bouéi* FÉR. HANTKEN: Die Umgegend von Tinnye. p. 569.
1861. „ „ „ „ Geolog. Studien zwischen Buda und Tata. p. 273.
1887. „ „ „ „ Tinnyea Vásárhelyii. p. 345.
1893. „ *(Canthidomus) Bouéi* FÉR. LÖRENTHEY: Beiträge zur Kenntniss d. unterpont. Bildungen d. Szilágyer Comit. etc. p. 297. (Siehe daselbst die ältere Literatur.)
1895. „ *Bouéi* FÉR. LÖRENTHEY: Papyrotheca. p. 392.
1896. „ „ „ BRUSINA: La collection néogène de Hongrie etc. p. 121 (25).

Diese Art ist wie in Markusevec auch in unserer Fauna sehr häufig und an beiden Orten, sowie auch in Leobersdorf, sehr polymorph. Da jedoch die Zeichnungen HANDMANN's sehr mangelhaft sind, möchte ich den grössten Theil meiner Formen nicht mit den dort beschriebenen Varietäten identificiren. Meine typischen Formen sind selten so gedrungen, wie sie M. HOERNES („Foss. Moll." auf Taf. 49, Fig. 12) darstellt, sondern schlanker und mehr gestreckt. Bei manchen Exemplaren sind die oberen stachelförmigen Anschwellungen ziemlich spitzig, so dass sie in dieser Beziehung an die var. *spinosa* HANDM. erinnern, bei anderen sind sie wieder sehr schwach. Andere Exemplare kommen vor, bei welchen beide Reihen der knotenförmigen Anschwellungen, wie auch die dieselben verbindenden Rippen stark sind, und wieder solche, bei denen die untere Knotenreihe schwach ist und somit auch die Längsrippen abwärts um vieles schwächer werden. Bei den meisten meiner Exemplare ist die Färbung sehr schön sichtbar. Bei dem grössten Theil laufen an dem Gehäuse orangengelbe — bald schmälere, bald breitere — Linien oder Bänder im Zickzack herab. Stellenweise zertheilen sich diese farbigen Bänder in längliche oder runde Flecken; bei anderen wieder erscheinen orangengelbe Flecken zwischen den im Zickzack verlaufenden farbigen Bändern. Besonders auffallend wird die Färbung, wenn man die Schnecken in verdünntem Wasserglas kocht.

Um die Mutabilität der Form ein Bild zu geben, lasse ich hier einige Maasse folgen, welchen ich die von HANDMANN und jene der citirten Figur von HOERNES gegenüberstelle.

Höhe:	15	15	14	14	14	14	14	14	13	13	13 mm
Breite:	10	8	8	9	9	7	8,5	8	8,5	8	7 „
Höhe der Schlusswindung:	9	9	8	9	8	8	8	9	7	8	8 „

Nach HANDMANN ist das Gehäuse 13 mm hoch und 6,5 mm breit, nach der Figur von HOERNES beträgt die Höhe 19 mm, die Breite 8,5 mm und die Schlusswindung ist 8 mm hoch. *Mel. Bouéi* ist — wie bereits erwähnt — von sehr variabler Form, so dass sie nicht nur zu den einzelnen Varietäten, sondern auch zu den naheverwandten Arten Uebergänge bildet. In meiner Fauna dürften sämmtliche Varietäten

45. **Melanopsis Bouéi** Fér. var. **ventricosa** Handm.

1887. *Melanopsis Bouéi* Fér. var. *ventricosa* Handm. Handmann: Fossile Conchylienfauna von Leobersdorf. p. 35. T. VIII, F. 1 und 2.

Einige Exemplare von Tinnye stimmen mit Handmann's Fig. 1 auf Taf. VIII überein. Die Maasse meiner Formen sind:

Länge:	9 mm	9 mm	10 mm	11 mm	12 mm	13 mm
Breite:	6 „	6 „	6 „	7 „	7 „	7 „
Schlusswindung:	6 „	6,5 „	7,5 „	8 „	8 „	9 „

Auf der aufgeblasenen Schlusswindung befinden sich acht, seltener neun, zehn oder elf Paar Tuberkel, welche durch Rippen verbunden werden. Die Höcker der oberen Reihe sind spitzig, die der unteren schwächer, stumpf. Diese Varietät ist schlanker und ihre mit 10—11 Rippen versehenen Formen nähern sich sehr der var. *multicostata*, doch sind sie — wie aus der Beschreibung der letzteren ersichtlich sein wird — von derselben doch verschieden. Das Gehäuse ist bis zum canalförmigen Ausschnitt der Mündung stark zugespitzt.

Aus Tinnye liegt eine Form vor, welche grösser und aufgeblasener ist als die andern und mit Handmann's Fig. 2 auf Taf. VIII übereinstimmt, nur ist sie kleiner, da das Leobersdorfer Exemplar 15 mm meines 13 mm hoch, jenes 11,5 mm, meines nur 9,5 mm breit ist, und während die Höhe der Schlusswindung dort 13 mm beträgt, ist sie auf dem Exemplar von Tinnye nur 10 mm.

Fundort: Bisher fand ich nur in Tinnye einige Exemplare dieser Varietät.

46. **Melanopsis Bouéi** Fér. var. **spinosa** Handm.

1887. *Melanopsis Bouéi* Fér. var. *spinosa* Handm. Handmann: Fossile Conchylienfauna von Leobersdorf. p. 35. T. VIII, F. 3—5.

Es fand sich in Tinnye auch ein Vertreter einer spitzstacheligen und demzufolge an die *Mel. Sturii* Fuchs erinnernden Varietät vor. Dieses Exemplar steht zwischen Handmann's Figuren 3 u. 5 auf Taf. VIII.

Brusina sagt in seiner Arbeit über Markusevec, von der *Mel. defensa* Fuchs sprechend, folgendes: „Fuchs beobachtete die Verwandtschaft zwischen *Mel. defensa* und *Bouéi* richtig, da Formen existiren, welche zu beiden gezählt werden können. Es ist wahrscheinlich, dass die *Mel. Bouéi* var. *spinosa* Handm. und die *Mel. Bouéi* var. *doliolum* Handm. zur *Mel. defensa* gehören." Diesbezüglich muss ich bemerken, dass die bei Handmann Taf. VIII, Fig. 4 abgebildete, bauchige Form, deren Gehäuse sich kaum erhebt und die sich demnach in dieser Hinsicht der *Mel. megacantha* Handm. nähert, eher zu *megacantha* Handm.

als zu *Bouéi* oder *defensa* zu zählen ist. Die auf Taf. VIII in Fig. 3 und 5 abgebildeten und auch in der Fauna von Tinnye vertretenen, höheren Formen, welche eine mehr treppenförmige Spira besitzen, können thatsächlich ebenso für *Bouéi* wie für *defensa* gelten.

Fundort: Tinnye, ein einziges Exemplar.

47. **Melanopsis Bouéi** Fér. var. **multicostata** Handm.

1887. *Melanopsis Bouéi* Fér. var. *multicostata* Handm. Handmann: Fossile Conchylienfauna von Leobersdorf. p. 36. T. VIII, F. 10—12.

Diese verhältnissmässig dünnschalige Form liegt in einigen Exemplaren aus Tinnye vor; dieselben stimmen mit Handmann's Fig. 10 auf Taf. VIII, also mit den schlankeren Formen dieser Varietät, überein. Bei diesen sind die zwei Reihen von Stacheln der drei oder vier letzten Windungen durch schief stehende Rippen verbunden. Doch nur auf den zwei unteren Umgängen ist das deutlich ausgebildet, während auf den darüber befindlichen zwei, resp. einem Umgang die Stacheln und die sie verbindenden Rippen zu einem länglichen Tuberkel verschmelzen. Am letzten Umgang befinden sich, wie bei den Leobersdorfer Exemplaren, 11 Rippen, doch giebt es auch Formen mit 10 Rippen. Unter dem oberen Wulst sind die Windungen etwas eingeschnürt, wodurch die unteren Höcker auf einem Kiel zu sitzen scheinen. Das Gewinde ist treppenförmig.

Maasse:

Höhe:	11 mm	14 mm	Handmann's	{	12 mm
Breite:	6 „	7 „	Fig. 10.		6 „
Schlusswindung:	6 „	8 „			6 „

Mel. Bouéi var. *multicostata* Handm., welche die dünnste Schale besitzt, erinnert sehr an *Mel. Sturii* Fuchs, nur ist letztere mehr thurmförmig, schlanker, das Gewinde höher, ihr Gehäuse noch feiner, ihre Stacheln spitziger und auch die Rippen feiner, schärfer hervorgehoben.

Die var. *multicostata* Handm. unterscheidet sich von der nahestehenden var. *ventricosa* Handm. dadurch, dass *ventricosa* dickschaliger und gedrungener, ihr letzter Umgang mehr aufgeblasen ist und dass sich nur auf demselben zwei Reihen von Knoten befinden, während auf den übrigen nur eine Reihe vorhanden ist; unter den beiden Reihen Knoten des letzten Umganges sind die der oberen Reihe spitzig, stachelförmig.

Fundort: Auch diese Varietät der *Melanopsis Bouéi* Fér. fand ich bisher nur in Tinnye.

48. **Melanopsis Sturii** Fuchs.
(Taf. XVII, Fig. 16—17.)

1873. *Melanopsis Sturii* Fuchs. Fuchs: Neue Conchylienarten aus den Congerienschichten etc. p. 21. T. IV, F. 18, 19.
1892. „ „ „ Brusina: Fauna di Markusevec. p. 136 (24).
1895. „ „ „ Lörenthey: Papyrotheca. p. 392.

Auf Grund mehrerer bei Tinnye gesammelten Exemplare möchte ich die Beschreibung Fuchs' in Manchem ergänzen. Fuchs sagt unter Anderem, es seien „die oberen Umgänge glatt, die späteren mit Längsrippen versehen, von denen circa zehn auf einen Umgang kommen und welche in der Mitte einen stark entwickelten, spitzen, dornförmigen Knoten tragen. Die Rippen sind unter dem Knoten stärker entwickelt als über demselben. . . . Der letzte Umgang zeigt an der Grenze gegen die Basis meist eine Reihe schwächerer Knoten." Demgegenüber kann ich die Charaktere in Folgendem zusammenfassen.

Das Gehäuse ist thurmförmig, etwa doppelt so hoch als breit, und besteht aus circa acht mässig wachsenden Umgängen (ich kann nur sagen „etwa", da der Wirbel aller meiner Exemplare verletzt ist). Das spitzige, kegelförmige Gewinde ist höher als die Schlusswindung, selten von gleicher Höhe. Die oberen Umgänge sind glatt, die 4—5 letzten mit Längsrippen geziert. Die drei letzten Windungen sind beiläufig in der Mitte (zumeist jedoch über derselben) mit spitzigen, stacheligen Knoten versehen, von denen durchschnittlich zehn auf einen Umgang entfallen. Von den stachelförmigen Knoten ziehen sich scharf vorstehende Rippen abwärts, während nach oben zu diese Rippen entweder sehr schwach sind oder zumeist vollkommen verschwinden. Die Rippen endigen unten bei der Sutur in einen kleinen, stumpfen Knoten, und so sind denn nicht nur auf der Schlusswindung zwei Reihen Knoten vorhanden, wie dies Fuchs sagt, sondern auf den drei letzten Umgängen. Uebrigens ist auch eine Spur dieser zweiten Reihe von Knoten auf Fuchs' Abbildung erkennbar. Die Windungen zeigen zwischen der oberen Reihe spitziger Knoten und der Sutur eine schwache Einsenkung. Die oberen, stachelförmigen Knoten sind manchmal durch einen schmalen Kiel miteinander verbunden. Die Basis ist kegelförmig flach, nur mit feinen, welligen Spirallinien verziert. Die Mündung ist länglich eiförmig, mit kurzem, ausgussförmigem Canal versehen. Die innere Lippe ist mässig gewulstet, die äussere scharf. Auf der glänzenden Oberfläche sind stellenweise orangengelbe Flecken sichtbar.

Maasse:

Höhe:	17 mm	13 mm	12 mm	10,5 mm	10 mm
Breite:	8 „	6 „	6,5 „	5,5 „	5,5 „ .

Die Figur von Fuchs zeigt bei 13 mm Höhe eine Breite von 7 mm.

Mel. Sturii steht der *Bouéi* Fér. am nächsten, doch ist sie schlanker, feiner, zierlicher, mehr thurmförmig, als die letztere; die Knoten sind stärker und spitziger, während sie bei *Bouéi* mehr stumpf sind.

Fundort: Bisher ist sie nur von Tinnye, von Budapest-„Disznófő" und Moosbrunn bekannt; von letzterer Stelle erwähnt sie Fuchs als eine sehr häufige Art. In Tinnye ist sie nicht sehr häufig zu nennen, da ich bisher nur 10 Exemplare sammelte, worunter das auf Taf. XVII, in Fig. 17 abgebildete 17 mm hohe Exemplar in Bezug auf seine Grösse, wie auch auf die Dickschaligkeit seines Gehäuses besonders kräftig entwickelt ist. Die Höhe des Gehäuses variirt sowohl in Tinnye als auch am Fundorte „Disznófő" regelmässig zwischen 10 und 13 mm. Während die Art in Tinnye verhältnissmässig selten ist, findet sie sich in der Süsswasserfauna[1] von Budapest-Disznófő sehr häufig.

49. **Melanopsis defensa** Fuchs.

1892. *Melanopsis defensa* Fuchs. Brusina: Fauna di Markusevec. p. 134 (22). (S. daselbst die vorhergeh. Lit.)
1895. „ „ „ Lörenthey: Papyrotheca. p. 892.
1896. „ „ „ Brusina: La collection néogène de Hongrie etc. p. 121 (25).

---

[1] J. von Szabó führt in seiner Abhandlung: „Budapest és környéke geologiai tekintetben" (Budapest und Umgebung geologisch betrachtet) auf p. 47 auf Grund der Bestimmung von Dr. Karl Hoffmann folgende Arten an: „*Melanopsis Sturii* Fuchs, *Neritina radmanesti* Fuchs, *Planorbis corneus* Brongt., *Planorbis* cfr. *applanatus* Thomae, *Paludina acuta* Drap. und *Helix* sp. etc."

Es liegen einige Formen vor, welche länglich eiförmig sind und deren Gewinde entweder höher oder eben so hoch ist wie die Schlusswindung, oder aber — was sehr selten der Fall — etwas niedriger. Auf den Umgängen befinden sich — mit Ausnahme einiger der ersten — zwei Reihen Knoten, welche durch Rippen verbunden sind; die Basis erscheint gegen den Canal zu abgeflacht. Meine Formen stimmen also mit Fig. 79 von Fuchs überein, doch sind sie niedriger. Auch bei meinen Exemplaren ist auf den mittleren Windungen, wie bei den Radmanester Exemplaren, zumeist nur die obere Knotenreihe sichtbar. Diese Knotenreihe befindet sich am Obertheile der hohen Windungen. Die Längsrippen sind sehr scharf entwickelt und hierin unterscheidet sich *Mel. defensa* von *Bouéi* Fér., wo die Längsrippen zumeist nur auf der Schlusswindung sichtbar sind, während die übrigen niederen Umgänge nur mit der etwa in ihrer Mitte befindlichen Knotenreihe verziert sind. Die Farbenzeichnung der Schale ist auch bei meinen Formen gut sichtbar, doch besteht sie nicht aus unregelmässig zerstreuten rothen Flecken, wie dies Fuchs bei den Radmanester Exemplaren fand, sondern aus unregelmässig verlaufenden orangengelben Bändern. Wie bei allen Arten, so sind auch hier Uebergänge vorhanden und zwar zur nächstverwandten *Mel. Bouéi*; es gibt nämlich gedrungenere Formen, welche mit gleichem Rechte für *Mel. Bouéi* und für *defensa* gelten können.

Die Maasse einiger Exemplare sind:

Höhe:	20 mm	17 mm	16 mm
Breite:	8 „	9 „	8,5 „
Schlusswindung:	8 „	8,5 „	9 „

Das Radmanester Exemplar, an Fig. 79 bei Fuchs gemessen, ist 21 mm hoch, 10 mm breit, die Schlusswindung beträgt dort 11 mm. *Mel. defensa* erinnert überaus lebhaft an *Mel. Sturii* Fuchs, nur ist im Ganzen genommen ihr Gehäuse nicht so fein, ihre Knoten sind nicht so spitzig und die Längsrippen viel dicker, wie bei *Mel. Sturii*.

Fundort: *Mel. defensa*, welche auch in Markusevec vorkommt, fand ich in mehreren Exemplaren in Tinnye. Ihre gedrungenere Varietät jedoch, welche Fuchs unter dem Namen var. *trochiformis* von Radmanest und dann später Brusina von Markusevec beschrieb und von der ich ein Bruchstück von Szilágy-Somlyó erwähnte, kommt in meiner Fauna nicht vor.

50. Melanopsis Sinzowi nov. sp.
(Taf. XVII, Fig. 31 u. 32.)

Das Gehäuse ist eiförmig, besteht aus circa 7 oder 8 Umgängen, welche plötzlich anwachsen, so dass das Gewinde nur halb so hoch ist, wie die Schlusswindung. (Höhe des Gewindes 5 mm, der Schlusswindung 11 mm.) Die ersten Umgänge der Spira sind sehr mässig gewölbt, beinahe flach, durch eine schwache Sutur von einander getrennt und glatt, ohne jeder Ornamentik, während am unteren Theile der zwei letzten flachen Windungen der Spira, ein wenig über der Sutur, sich stachelförmige, starke Knoten, je 9 auf einem Umgang, zeigen. Der unter der Naht befindliche (obere) Theil der Schlusswindung hat eine flache, kegelförmige Oberfläche, welche von unten durch eine mit ziemlich spitzigen Knoten verzierte, schwache Kante begrenzt wird. Von dieser Kante bis zum unteren Theil der Mündung, zum Çanale, wird das Gehäuse immer schmäler. Unter der ersten befindet sich eine zweite, noch viel schwächere Kante, auf welcher stumpfe Knoten vorhanden sind; die unter einander befindlichen Knoten dieser beiden Reihen sind meiner Form ist auch noch die Spur einer mit der Knotenreihe parallel laufenden Kante vorhanden und demzufolge der zwischen der unteren Knotenreihe und dem Canal befindliche Theil schwach convex; während bei den Formen NEUMAYR's durch das Fehlen dieser unteren stumpfen Kante dieser Theil flach, ja beinahe concav erscheint. So ist denn die Basis des bosnischen Exemplars spitziger, wie die meines Exemplars von Tinnye. Meine Form ist, wie auch NEUMAYR's Exemplar, am breitesten längs der oberen Knotenreihe der Schlusswindung, während *Mel. defensa* var. *trochiformis* von FUCHS an der unteren Knotenreihe am breitesten ist. Auch sonst steht unsere Form der FUCHS'schen *Mel. defensa* var. *trochiformis* so fern, dass ein weiterer Vergleich mit derselben überflüssig wird.

Der äussere Habitus meiner Form erinnert mit Ausnahme der Ornamentik der Schlusswindung sehr an die *Melanopsis angulata* NEUM. (Binnenconchylien aus Bosnien. p. 479. Taf. VII, Fig. 8); während sich jedoch am mittleren Theile der Schlusswindung von *angulata* nur eine Knotenreihe befindet, ist jene der *Sinzowi* mit zwei solchen und einer schwachen Kante versehen.

Diese Species widme ich Herrn J. SINZOW, Professor an der Universität zu Odessa, einem der gründlichsten Kenner der Tertiärbildungen.

Fundort: Tinnye; nur wenige Exemplare. Möglich, dass NEUMAYR's *Mel. angulata* auch hieher gehört, doch auf Grund der Figur getraue ich mir nicht, diese zwei Formen zusammenzuziehen.

51. Melanopsis affinis HANDMANN.
(Taf. XVII, Fig. 1—15.)

1887. *Melanopsis (Canthidomus) affinis* HANDMANN. Foss. Fauna von Leobersdorf. p. 32. T. VII, F. 9—12.

Von dieser Art fand ich mehrere Exemplare, welche mit dem Typus HANDMANN's (Fig. 11 u. 12) übereinstimmen, obzwar sie etwas schlanker sind und die Schlusswindung gegen die Basis mehr verschmälert

---

[1] Tertiäre Binnenmollusken aus Bosnien und der Herzegowina (Jahrb. der k. k. geol. Reichsanstalt. Bd. XXX. p. 477. T. VII, F. 5.)

Wie die Abbildungen zeigen, liegen Reihen von sehr jungen Formen (kleiner als HANDMANN's Fig. 11)
u ausgewachsenen Individuen (in der Grösse von Fig. 12 bei HANDMANN) vor. Diese Serie illustrirt
schön die Entwickelung dieser Species und ihre specifische Selbständigkeit. In Tinnye scheint die
affinis ziemlich constant zu sein, während nach HANDMANN, in Leobersdorf Uebergänge zu *Mel.*
a HANDM. vorhanden sind. An ersterer Stelle besitzt nur *Mel. rarispina* nov. form. solch schlanke
en· (Taf. XVII, Fig. 33—36), welche — wie wir sehen werden — sich der *Mel. affinis* HANDM. nähern.
Schlusswindung mancher meiner Exemplare ist unter den mit spitzen Stacheln versehenen Knoten
ich eingeschnürt, demzufolge bildet sich unter dieser Einschnürung eine Anschwellung, ja stellenweise
schwache Knoten. Die Schlusswindung ist — wie aus der folgenden Maassangabe ersichtlich — nur
; höher als die halbe Höhe des Gehäuses. Die Oberfläche ist mit von einander entfernt stehenden,
; verlaufenden, orangengelben Linien verziert.

Maasse einiger Exemplare:

Höhe:	9,5 mm	12 mm	12 mm	13 mm	14 mm
Breite:	4,5 „	5 „	6 „	6,5 „	6 „
Schlusswindung:	6 „	7 „	7 „	8 „	8 „

Fundort: Bisher sammelte ich sie nur in Tinnye, wo sie, wenn auch nicht selten, so doch nicht
z ist.

52. **Melanopsis rarispina** nov. sp.

(Taf. XVII, Fig. 18—30.)

Das eirunde Gehäuse besteht aus 7 oder 8 Umgängen, welche schnell anwachsen, so dass die
ge Spira nur etwa ein Drittel der ganzen Höhe ausmacht, ja sie kann sogar noch etwas niedriger
Die ersten Windungen der Spira sind flach und schmal; durch eine schmale Sutur von einander
mnt. Sie sind glatt, ohne aller Verzierung, nur auf der vorletzten Windung befinden sich schwache
ckel, während die letzte ein wenig unter der Sutur 5—6, seltener 7 spitzige, sich nach unten·er-
cende, verhältnissmässig weitstehende Dornen trägt. Diese Dornen sind durch eine scharfe Kante mit
der verbunden, welche zwischen denselben schwächer wird, ja zumeist verschwindet, die Dornen jedoch
n vierkantig. Unter den Dornen ist das Gehäuse eingeschnürt, so dass der letzte Umgang in der
concav ist, von hier aber allmählich convex wird, da der eingeschnürte Theil unten durch
abgerundete stumpfe Kante begrenzt wird. Auf letzterer sind mehr oder weniger starke Knoten sicht-
welche mit den dornförmigen Höckern der oberen Reihe durch schmale Rippen verbunden sind. Diese
n sind manchmal sehr schwach, so dass in diesem Falle nur die zwei Knotenreihen sichtbar bleiben.
3ehäuse wird von der unteren Knotenreihe zum Canal plötzlich schmal. Die Mundöffnung ist länglich
d, unten mit kurzem, ausgussförmigem Canal versehen. Der Callus der inneren Lippe ist stark. Die
nlippe ist scharf und unten ein wenig vorgezogen. Die Nabelspalte wird von aussen durch eine Falte
grenzt. Die Oberfläche zeigt wellenförmige Spirallinien, ebenso sind auch Spuren der orange-gelben,
rm wellig verlaufender Bänder auftretenden Färbung auf derselben wahrnehmbar. Die folgenden
se sollen von der Grösse und Form meiner Exemplare von Budapest-Kőbánya und Tinnye ein möglichst
s Bild bieten; zum Vergleich sind die Maasse von *Mel. serbica* beigefügt:

Abbildung der *Mel. serbica* erschien (Matériaux, Taf. VII, Fig. 15—16) und ich Gelegenheit hatte, meine Exemplare sowohl mit dieser als mit dem durch Herrn Prof. BRUSINA mir übermittelten Exemplare von Begaljica (Serbien) zu vergleichen, stellte es sich heraus, dass sie mit *Mel. serbica* nicht identificirt werden können, obgleich sie derselben sehr nahe stehen. Ebenso war es nicht möglich, sie mit HANDMANN's *Mel. megacantha* (Taf. VIII, Fig. 13) zu vereinigen; sie stehen eben zwischen dieser typischen, gedrungenen *megacantha* (HANDM. Fig. 13) und *Mel. serbica.*

Dass übrigens *Mel. megacantha* und *serbica* einander nahe stehen, bestätigt schon HANDMANN, indem er sagt: „Diese Form (*megacantha*) scheint mit *Mel. scripta* (Taf. VII, Fig. 7—8)[1] verwandt zu sein, wenigstens die Varietäten, bei denen die Rippenbildung zurücktritt . . ."

Um eine lange Beschreibung zu umgehen, stellte ich in den Figuren 18—30 eine ganze Serie von Formen dieser Species zusammen, aus welcher ersichtlich, wie diese Form wächst und wie verhältnissmässig constant diese Art ist.

Sehen wir zunächst, in wie weit *Mel. rarispina* von *serbica* und *megacantha* abweicht. *Mel. rarispina* ist im Ganzen schlanker, die Reihe starker Dornen auf ihrem letzten Umgange steht näher an der Sutur, wie bei *serbica.* Auf meinen Formen sind auch Spuren der zweiten unteren Tuberkelreihe vorhanden, während dieselbe ebenso wie die die übereinander befindlichen Knoten verbindenden Rippen bei *serbica* fehlten. Sind diese Rippen stärker wie in Taf. XVII, Fig. 28—30, so ergiebt sich bereits ein Uebergang zu der sogenannten *Mel. Bouéi* FÉR. var. *spinosa* HANDM.[2] Der zwischen den beiden Höckerreihen befindliche Theil ist ein wenig concav, während bei *Mel. serbica* die unterhalb der Dornenreihe gelegene Partie convex ist. Der Callus der Innenlippe ist bei beiden Arten sehr stark.

Meine Formen stimmen in vieler Hinsicht mit Figur 15 von HANDMANN's *Mel. megacantha* überein; weichen aber von derselben in der Entwicklung des letzten Umganges mehrfach ab. Während nämlich auf Fig. 13 HANDMANN's der letzte Umgang so dornähnliche Knoten aufweist, ist die Zahl derselben auf meinen

---

[1] BRUSINA zählt in seinem Werke „Matériaux etc." diese von HANDMANN l. c. Taf. VII, Fig. 7 u. 8 als *Mel. scripta* abgebildete Form zu seiner *Mel. serbica.*

[2] Aber nur zu der bei HANDMANN Taf. VIII, Fig. 4 abgebildeten Form, welche ich jedoch eher geneigt bin zu *megacantha* als zu *Bouéi* zu zählen.

Exemplaren 5, selten 7, bei *Mel. serbica* zumeist 8, seltener 7 oder 9. Weiter ist das Gehäuse der HAND-MANN'schen Form unter dieser Knotenreihe vollkommen glatt und fängt an schmäler zu werden, dasjenige meines Exemplares hingegen ist hier eingeschnürt, erweitert sich dann wieder und auf dieser erweiterten Partie weist es die zweite Knotenreihe auf, von der wir bei *Mel. megacantha* keine Spur finden.

Bei jenen Formen, deren obere Dornen- und untere Knotenreihe durch stärkere Rippen verbunden werden, sind auf der der Mundöffnung gegenüber gelegenen Seite zwischen die vier Dornen noch ein oder zwei schwächere eingekeilt. Solche Exemplare bilden, besonders wenn auch die Spira noch ein wenig in die Länge gezogen ist, einen Uebergang zu der bei HANDMANN auf Taf. VIII, Fig. 4 als *Mel. Bouéi* var. *spinosa* bezeichneten Form. Bezüglich HANDMANN's Figur 4 bemerkte ich bei Beschreibung der var. *spinosa*, sie wäre eher zu *megacantha* HANDM., als zu *Bouéi* zu zählen, was wieder darauf hinweist, dass *Mel. rarispina* thatsächlich in den Formencyklus der *megacantha* gehöre.

Fundort: *Mel. rarispina* ist in Tinnye ziemlich häufig und kann in Bezug auf ihre Charaktere auch ziemlich constant genannt werden. In Budapest-Köbánya ist sie bedeutend seltener (drei Exemplare) und dort — wie jede andere Art — kleiner (vergl. Maassangabe). Obwohl auch die Stücke von Tinnye gut erhalten sind, sind die Spirallinien auf ihnen doch nur selten sichtbar, da man sie nur auf glänzender Oberfläche bei passender Beleuchtung unter der Lupe sehen kann; die Exemplare von Budapest-Köbánya hingegen zeigen nicht nur diese Spirallinien, sondern auch die in Bändern verlaufende orangengelbe Färbung.

53. Melanopsis austriaca HANDM.
(Taf. XVIII, Fig. 1a—1b.)

1888. *Melanopsis austriaca* HANDM. HANDMANN: Die Neogenablagerungen des österr.-ung. Tertiärbeckens. p. 50, 54. T. VI, F. 64.
1892. „ „ „ BRUSINA: MarkuseVec. p. 138. (Siehe hierselbst die vorhergehende Literatur.)
1895. „ *Zujovići* (non BRUS.) LÖRENTHEY: Papyrotheca. p. 392.
1896. „ *austriaca* HANDM. BRUSINA: La collection néogène de Hongrie etc. p. 122 (26).

Eine 10 mm hohe und 4 mm breite, zarte, dünnschalige Form bin ich geneigt zu der auch in Markusevec vorkommenden *Mel. austriaca* HANDM. zu zählen, welche HANDMANN auf Grund ihrer spiral-linigen Verzierung seinem Subgenus *Hyphantria* einreiht. Mein Exemplar glaubte ich anfangs mit *Melanopsis Zujovići* BRUS, identificiren zu können (Papyrotheca. p. 392). Später äusserte Prof. BRUSINA, als er meine Form sah, dass die erschienene Zeichnung [1] von *Mel. Zujovići* nicht gelungen und meine Form mit *Mel. austriaca* HANDMANN identisch sei. Nachdem aber auf meinem Exemplare kaum eine Spur der Spiral-Verzierung vorhanden ist, getraute ich mir es anfangs nicht mit vollkommener Bestimmtheit zur *austriaca* zu zählen; später jedoch überzeugte mich der Vergleich mit den Markusevecer Exemplaren davon, dass auch auf manchem dieser Exemplare die Spiralverzierung kaum sichtbar ist. Meine Form stimmt übrigens am ehesten mit einem Exemplare von Leobersdorf (HANDMANN l. c. Taf. VIII, Fig. 20) und mit Taf. VI, Fig. 64 bei HANDMANN: „Die Neogenablagerungen d. österr.-ung. Tertiärbeckens" überein.

Die letzten fünf Umgänge meiner Form sind mit zwei Knotenreihen verziert; die übereinander liegenden Knoten sind durch senkrechte Rippen verbunden. Während jedoch nach HANDMANN's Figuren und Beschreibung auf den Kottingbrunner und Leobersdorfer Exemplaren die Knoten der unteren Reihe

---

[1] BRUSINA: Frammenti di malacologia terziaria Serba. (Ann. géol. d. l. pénins. Balkanique. Bd. IV. p. 88. T. II, F. 5.)

stärker sind, als die der oberen, sind dieselben auf meinem Stücke von Tinnye gleich stark, wie dies auch auf meiner Figur gut zu sehen ist. Auf meinem Exemplare ist von den Spirallinien und der Färbung nur hie und da eine schwache Spur vorhanden.

Fundort: Tinnye, nur ein Exemplar. In Budapest-Kőbánya ist diese Species bisher noch nicht gefunden, während sie in Markusevec und Leobersdorf nicht gerade selten ist. In Perecsen wird diese Species durch eine Form der *Mel. spiralis* HANDM. vertreten, welche einen Uebergang zu *Mel. austriaca* bildet.

54. Melanopsis Martiniana FÉR.

1859. *Melanopsis Martiniana* FÉR. V. HANTKEN: Die Umgegend von Tinnye. p. 569.
1861.   ,,   ,,   ,,   ,,   Geologiai tanulmányok Buda és Tata között. p. 273.
1870.   ,,   ,,   FUCHS u. KARRER: V. Geol. Stud. a. d. Tertiärbild. d. Wiener Beckens. p. 139. F. 5.
1877.   ,,   ,,   ,,   ,,   ,,   Geologie der K. F. J. Hochquellen-Wasserleitung. p. 368. T. XVIa, F. 4.
1887.   ,,   ,,   ,,   V. HANTKEN: Tinnyea Vásárhelyii. p. 345.
1892.   ,,   ,,   ,,   BRUSINA: Fauna foss. di Markusevec. p. 19. (Siehe daselbst die vorhergehende Literatur.)
1893.   ,,   ,,   ,,   ,,   Ann. géol. pénins. Balkanique. Bd. IV. p. 31.
1893.   ,,   ,,   ,,   LÖRENTHEY: Beitr. Szilágyer Comit. und Siebenbürgens. p. 295, 304, 314, 317, 318, 319 und 324.
1895.   ,,   ,,   ,,   LÖRENTHEY: Papyrotheca. p. 392.
1896. *Lyrcaea Martiniana* (FÉR.) BRUSINA: La collection néogène de Hongrie etc. p. 125 (29).

Diese Species dominirt zusammen mit der *Congeria Mártonfii* LÖRENT., da jedoch letztere eine sehr kleine Form ist, scheint die *Mel. Martiniana* vorzuherrschen. Unter den vielen Hunderten wohlerhaltener Exemplare dieser polymorphen Form finden sich Exemplare von verschiedenstem Alter und Form. Manche Stücke könnten den Abbildungen nach vielleicht mit *Mel. capulus* HANDM. (möglicherweise die Embryonalform von *Mel. Martiniana*) identificirt werden. In grosser Menge kommen mit Fig. 2 und 3 bei M. HÖRNES (Foss. Moll. Bd. I) übereinstimmende typische Exemplare vor, und auch solche, die mit den Figuren 5 und 6 bei M. HÖRNES übereinstimmen, welche HANDMANN var. *constricta* nannte. Ich sammelte in Tinnye die besterhaltenen Exemplare, worunter sich die auf Fig. 1—6 und 9 der HÖRNES'schen Arbeit, so auch die auf Fig. 2—12 in der FUCHS'schen Abhandlung über den chaotischen Polymorphismus abgebildeten Formen alle vorfanden. Auf sehr vielen Formen sind die auf den FUCHS'schen Figuren 3 und 6 dargestellten Spirallinien sichtbar. Häufig kommen verletzte und monströse Exemplare vor. Ferner liegen Exemplare vor, welche mit KARRER's Fig. 4 (Kais. Franz Josef Hochquellen-Wasserleitung) übereinstimmen und somit keine typischen *Martiniana* sind, sondern Formen, welche einen Uebergang zu *Mel. impressa* KRAUSS bilden.

Fundort: Sowohl in dem Material von Tinnye, als auch in dem Brunnen der Schweinemästerei von Kőbánya ist *Mel. Martiniana* eine der häufigsten Formen. Dieses Vorkommen scheint so wie bei Markusevec und Leobersdorf die Ansicht von FUCHS zu bekräftigen, welche er in seiner Abhandlung über den chaotischen Polymorphismus entwickelte, wonach sich *Mel. Martiniana* so verhielte, als wäre sie ein Bastard der mit ihr zusammen vorkommenden *Mel. impressa* und *Mel. vindobonensis*, da sie grösser ist als diese, keine ständigen Charaktere besitzt, bald in die eine, bald in die andere Form übergeht und zu Monstrositäten neigt. In Budapest-Kőbánya ist *Mel. Martiniana* auffallend gut erhalten, jedoch verhältnissmässig kleiner wie in Tinnye, und während sie an letzterer Stelle wenig Formen aufweist, die in *Mel. vindobonensis* übergehen, sind solche in Budapest-Kőbánya im Verhältniss häufiger.

55. Melanopsis impressa KRAUSS.

(Taf. XV, Fig. 7.)

1837. *Melanopsis Dufourii* (non FÉR.) HAUER: Vorkomm. foss. Thierr.'im tert. Becken v. Wien. (Bronn. Jahrb.) p. 431.
1852.　　,,　　*impressa* KRAUSS. KRAUSS: Moll. von Kirchberg. p. 143. T. III, F. 3.
1857.　　,,　　　,,　　　,,　　M. HÖRNES: Foss. Moll. Bd. I. p. 602. T. 49, F. 16. (Siehe daselbst die Vorhergehende Literatur.)
1859.　　,,　　*Dufourii* (non FÉR.) v. HANTKEN: Die Umgegend von Tinnye. p. 569.
1874.　　,,　　*impressa* KRAUSS. BRUSINA: Foss. Binn.-Moll. p. 47.
1880.　　,,　　　,,　　　,,　　CAPELLINI: Gli strati a congeri o la form. gess.-solfifera. p. 37. T. V, F. 1—6.
1892.　　,,　　　,,　　　,,　　BRUSINA: Faun. foss. di Markusevec. p. 131.
1893.　　,,　　　,,　　　,,　　　,,　　Ann. géol. pénins. Balkanique. Bd. IV. p. 31.
1893.　　,,　　　,,　　　,,　　LÖRENTHEY: Beitr. zur Kennt. pont. Bild. des Szilágyer Com. u. Siebenbürgens. p. 304, 314, 318, 319 und 324.
1895.　　,,　　　,,　　　,,　　LÖRENTHEY: Papyrotheca. p. 892.
1896. *Lyrcaea impressa* (KRAUSS). BRUSINA: La collection néogène de Hongrie etc. p. 125 (29).
1897. *Melanopsis impressa* KRAUSS. R. HOERNES: Sarm. Conch. p. 62. T. II, F. 2—4.

Diese Form ist ebenfalls häufig, aber nicht so, wie *Mel. Martiniana*; in Budapest-Kóbánya scheint etwas häufiger zu sein als in Tinnye. Sie ist sehr gut erhalten und wie *Mel. Martiniana* von sehr abler Form, wie dies die Abbildungen der Exemplare auf Taf. XV zeigen. Es finden sich Uebergänge ohl zu der mit ihr vorkommenden *Mel. Martiniana*, als auch zu *Mel. vindobonensis*. Meine Fauna entdie var. *Bonellii* E. SISMD. und var. *carinatissima* SACCO, welche SACCO (Aggiunte alla fauna malagia estramarina fossile del Piemonte e della Liguria) aus Italien beschreibt. Ein Exemplar steht der derselben Stelle aus dem Helvetien beschriebenen var. *monregalensis* SACCO nahe. Ich sammelte ferner ke, welche mit den Abbildungen der *Mel. spiralis* HANDM. übereinstimmen, welche ich jedoch geneigt als jugendliche *Mel. impressa* zu betrachten, nicht aber als selbständige Species. Seitdem KRAUSS diese auf Grund eines von Kirchberg am Iller stammenden, mangelhaften, jugendlichen Exemplares beschrieb, ften sich die bisher gezählten Formen so sehr an, dass man heutzutage kaum mehr weiss, welche die ntlichen typischen Formen und welche ihre Varietäten sind. Ich halte jene für typisch, welche mit 10 von M. HÖRNES und mit Fig. 4 von R. HOERNES übereinstimmen.

Eine dem Typus sehr nahe stehende Form ist die Taf. XV, Fig. 7 abgebildete. Dieses Exemplar mt mit jenem überein, welches R. HOERNES in Zemenye (Com. Sopron) sammelte und in Sarm. Conch. II, Fig. 1 abbildete. Die auf dem letzten Umgang dieser schlanken Form befindliche Kante ist derart vach, dass sie — wie dies auch R. HOERNES richtig bemerkte — in die aus der helvetischen Stufe beiebene *Mel. impressa* var. *monregalensis* SACCO übergeht. Auch auf meiner Form ist die „feine Querptur" wie auf dem Exemplare von Zemenye gut sichtbar; die Zeichnung zeigt dies nicht deutlich genug. dem abgebildeten Exemplare sind hie und da im Zick-Zack verlaufende orangengelbe Bänder wahrmbar. Das abgebildete Exemplar von Tinnye ist 34 mm hoch und 17 mm breit, während das von enye nach R. HOERNES nur 25 mm hoch und 11,4 mm breit ist. Diese Form kann ich nicht zur var. regalensis zählen, da die Kante des letzten Umganges zwar sehr schwach, aber noch immer stärker ist, auf den bei SACCO aus dem italienischen Helvetien abgebildeten Exemplaren[1].

Fundort: In Tinnye ist diese Species bedeutend seltener als in Budapest-Kóbánya, obzwar typische

---

[1] Taf. II, Fig. 10—11.

Exemplare auch hier selten sind, denn ich besitze nur 4 oder 5 Stücke, welche dem Typus zugezählt werden können. Unter der Lupe sind auf jedem Exemplare die Spirallinien sichtbar, auf manchen von Budapest-Köbánya stammenden sogar die mit den Anwachsstreifen parallel laufenden, orangengelben Bänder.

56. Melanopsis impressa Krauss var. Bonellii E. Sismd.

(Taf. XV, Fig. 8.)

1888. *Melanopsis impressa* Krauss var. *Bonellii* E. Sismd. Sacco: Fauna malac. estramar. foss. p. 65. T. II, F. 16
bis 23. (Siehe hierselbst die vorhergehende Literatur.)
1897.   „   „   „   „   „   „   R. Hoernes: Sarmat. Conchylien. p. 64. T. II. F. 5—7.

Hieher zähle ich jene „deutlich gekielten" Exemplare, welche sowohl mit Sacco's Zeichnungen, als auch mit Fig. 5—7 bei R. Hoernes übereinstimmen. Das in Fig. 8 von Tinnye abgebildete Exemplar ist grösser als alle bisher bekannten Stücke der var. *Bonellii*, da es 45 mm hoch und 24 mm breit ist, während dasjenige von Sacco nur 37 mm hoch und 17 mm breit ist. Sacco sagt über das Vorkommen dieser Form folgendes: „Questa forma che si avvicina alquanto alla *M. Martiniana* Fér., si trova non raramente nelle marne del Tortoniano superiore presso S. Agatà; invece finora non ne raccolsi nei terreni messiniani e quindi per me è alquanto dubbiosa, almeno rigardo al Piemonte, l'eta messiana indicata del Pantanelli per questa forma."

Fundort: In Tinnye und Budapest-Köbánya gehört sie zu den häufigeren Varietäten der *Mel. impressa*; sie ist bedeutend häufiger, als die typische Form. In Tinnye erreicht auch diese, so wie alle anderen Formen eine stattlichere Grösse, als in Budapest-Köbánya. Auf manchen der prächtvollen Exemplare des letzteren Fundortes sind orangengelbe, den Anwachsstreifen parallele Bänder zu sehen. Die welligen Spirallinien sind auf den Exemplaren beider Fundstätten sichtbar, jedoch nur unter der Lupe, auf der Figur waren sie nicht genügend zum Ausdruck zu bringen. Hieher müssen auch jene Formen gezählt werden, welche Handmann l. c. Taf. III, Fig. 4 von Tihany und in Fig. 5 und 6 von Leobersdorf abbildet.

57. Melanopsis impressa Krauss var. carinatissima Sacco.

(Taf. XV, Fig. 10.)

1888. *Melanopsis impressa* Krauss var. *carinatissima* Sacco. Sacco: Ibidem. p. 65. T. II, F. 24 u. 25.
1897.   „   „   „   „   „   „   R. Hoernes: Sarmat. Conch. p. 64. T. II, F. 8—10.

In unserer Fauna ist unter den Varietäten der *Mel. impressa* diese mit kräftigem Kiel und sehr dickem Callus versehene, gedrungenere var. *carinatissima* die häufigste. Die zahlreichen Stücke von Budapest-Köbánya stimmen mit den Figuren 8—10 von R. Hoernes vollkommen überein. In Tinnye nicht selten; das in Fig. 10 abgebildete typischste Exemplar stimmt trotz bedeutenderer Grösse mit Sacco's Fig. 25 überein (Sacco l. c. Fig. 25: Höhe 20 mm, Breite 12 mm; Tinnye Fig. 10: Höhe 39 mm, Breite 24 mm). Die Höhe der Exemplare von Zemenye schwankt zwischen 21,5—32,5 mm, ihre Breite zwischen 13—27,3 mm. Aus den sarmatischen Schichten von Rétfalusiklós bildet R. Hoernes eine *Mel. Martiniana* cfr. *impressa* Krauss ab, welche ich mit R. Hoernes (Sarm. Conch. p. 64) nach der Figur Handmann's zur var. *carinatissima* der *Mel. impressa* zählen möchte, obzwar sie einigermassen zur var. *Bonellii* hinneigt.

Sacco sagt über das Vorkommen dieser Varietät folgendes: „Questa varietà trovasi non die rado assieme alla var. *Bonellii* nelle marne del Tortoniano superiore (facies sarmatiana) e forse auche nel Messiniano inferiore delle colline tortonesi presso S. Agata fossili."

Fundort: In Budapest-Köbánya ziemlich häufig, doch zumeist kleiner als in Tinnye, wo sie selten vorkommt. Von Tinnye kenne ich das typischste Exemplar, während die meisten Formen von Budapest-Köbánya Uebergänge zu *Mel.* var. *Bonellii* bilden. Die Formen beider Fundorte zeigen Spuren der Spiral-linien, auf den von Budapest-Köbánya sind stellenweise sogar die mit den Anwachsstreifen parallellaufenden orangengelben Bänder zu sehen.

58. Melanopsis Matheroni Mayer.

(Taf. XV, Fig. 9.)

1888. *Melanopsis Matheroni* Mayer. Sacco: Ibidem. p. 68. T. II, F. 26—39. (Siehe daselbst die vorhergehende Literatur.)

In Budapest-Köbánya fand ich zwei Exemplare dieser Species, worunter das kleinere vollkommen mit Sacco's Fig. 39 übereinstimmt, nur verschmälert sich die Schlusswindung gegen den Canal gleichförmiger, nicht so schnell wie auf Sacco's Figur; auf dem grösseren Exemplar von Köbánya ist der Kiel der Schluss-windung etwas schwächer als auf dem kleineren Sacco'schen. Dies sind aber nur geringfügige, individuelle Unterschiede, wie der Vergleich mit den aus dem Rhône-Thale stammenden Exemplaren von *Mel. Matheroni* ergab. Den Exemplaren von Budapest-Köbánya ferner steht jenes von Tinnye (Taf. XV, Fig. 9 *Mel.* cfr. *Matheroni*). Dieses ist zwar der *Mel. Matheroni* sehr ähnlich, steht jedoch auch der *impressa* und *Martiniana* nahe. Auf meinen Stücken von Köbánya ist die Spiralverzierung sehr gut sichtbar, wie auf allen diesem Formencyclus angehörigen Exemplaren, auch die mit den Anwachsstreifen parallellaufenden, orangengelben Bänder treten schön hervor. Die italienischen Exemplare sind schon bedeutend grösser als die aus dem Rhône-Thale, die Budapest-Köbányaer übertreffen jedoch auch jene noch an Grösse. Die Maasse meiner Formen stelle ich jenen der Sacco'schen Figur 39, den Maassen Mayer's, welche er bei Beschreibung der Art[1] mittheilte und jenen einzelner Stücke aus dem Rhône-Thal (meine Sammlung) gegenüber.

	Budapest-Köbánya		Sacco's Fig. 39	Mayer's Form	Rhône-Thal
Höhe:	34 mm	28 mm	26 mm	20 mm	15 mm
Breite:	17 „	15 „	13,5 „	9 „	7 „

Von Budapest-Köbánya liegt ein Exemplar vor, welches mit Sacco's *Melanopsis Matheroni* May. var. *agatensis* Pant. (l. c. Fig. 47) vollkommen übereinstimmt, aber grösser ist (Sacco: Fig 47, 15 mm hoch und 8 mm breit, Budapest-Köbánya 24 mm hoch und 12,5 mm breit). Diese Form stimmt in vielem auch mit jener überein, welche Handmann von Leobersdorf als *Mel. Martiniana* Fér. var. *coaequata* Handm. be-schreibt und auf Taf. IV, Fig. 8 abbildet. Es beweist das wieder, wie sehr die einzelnen *Melanopsis*-Arten in einander übergehen, so dass es oft unmöglich ist, Grenzlinien zwischen ihnen zu ziehen.

Sacco sagt über die italienischen Vorkommnisse: „Un fatto importante a notare si è che la forma descritta dal Mayer come *M. Matheroni*, per quanto si trovi non rara nei terreni messiniani del Piemonte,

---

[1] Ch. Mayer: Découverte des couches à Congeries dans le bassin du Rhône.

59. **Melanopsis vindobonensis** Fuchs.
(Taf. XV, Fig. 6.)

1877. *Melanopsis vindobonensis* Fuchs. Fuchs in Karrer: Geologie d. K. F.-J.-Hochquellen-Wasserleitung. p. 369. T. XVI a, F. 5.

'1898.   „   *(Martinia) vindobonensis* Fuchs. Lörenthey: Beitr. zu unter-pont. Bild. des Szilágyer Com. und Siebenbürgens. p 296. (Siehe hierselbst die vorhergehende Literatur.)

1893.   „   *vindobonensis* Fuchs. Brusina: Ann. géol. d. penins. Balkanique. Bd. IV. p. 31.

1895.   „   „   „   Lörenthey: Papyrotheca. p. 392.

1896. *Lyrcaea vindobonensis* (Fuchs) Brusina. La collection néogène de Hongrie etc. p. 125 (29).

1897. *Melanopsis vindobonensis* Fuchs. R. Hoernes: Sarm. Conch. p. 66—67.

Typische Formen der *Mel. vindobonensis* sind in unserer Fauna nicht selten; eine der typischsten habe ich in Fig. 6 abgebildet. An meinen beiden Fundorten kommen jedoch sowohl die typischen Exemplare vor, welche Handmann auf Taf. V in Fig. 8 u. 9 abbildet, als auch sämmtliche Varietäten, welche l. c. Taf. V, Fig. 10—13 und Taf. VI, Fig. 1—13 abgebildet sind.

Fundort: In Tinnye und Budapest-Kőbánya gleich selten, so dass an diesen beiden Fundorten *Mel. vindobonensis* die seltenste der drei Formen, *Martiniana*, *impressa* und *vindobonensis*, während *Martiniana* die häufigste ist. In Markusevec ist das Verhältniss ein anderes; dort ist *Mel. vindobonensis* am häufigsten und die *impressa* am seltensten.

60. **Melanopsis leobersdorfensis** Handm.?

1887. *Melanopsis (Martinia) leobersdorfensis* Handm. Handmann: Conch. von Leobersdorf. p. 28. T. III, F. 10.

1895.   „   cfr. *leobersdorfensis* Handm. Lörenthey: Papyrotheca. p. 392.

In Tinnye fand ich 25 Exemplare einer schlanken, kleinen *Melanopsis*, welche den citirten Figuren Handmann's entsprechen. Sie bestehen zumeist aus drei, beinahe flachen, durch schwache Sutur von einander getrennten Umgängen; die „lanzettliche Spira" nimmt beinahe die Hälfte der Höhe des Gehäuses ein. Meine Formen möchte ich aus dem Grunde nicht direct mit *Mel. leobersdorfensis* identificiren, da es mir nicht möglich ist, sie mit typischen Leobersdorfer Exemplaren zu vergleichen, und es schwer hält, auf Grund der Handmann'schen Abbildungen ein sicheres Urtheil zu fällen. Die vorliegenden Exemplare könnten nur noch als Jugendform einer in die Gruppe der *impressa* gehörigen Art betrachtet werden. Doch auch das scheint nicht gut angänglich zu sein, da ich im Besitze mehrer Jugendformen bin[1], mit welchen ich diese unter Vorbehalt zu *Mel. leobersdorfensis* gezählten Formen um so weniger vereinigen möchte, da sie constante Charaktere zu besitzen scheinen.

Fundort: In Tinnye nicht eben selten, in Budapest-Kőbánya bisher noch nicht gefunden.

---

[1]. So besitze ich auch die von Brusina in „Matériaux etc." auf Taf. VII in Fig. 11 und 12 abgebildete Jugendform.

61. **Melanopsis Brusinai** nov. spec.
(Taf. XVI, Fig. 7 und Taf. XVIII, Fig. 3—6.)

Das spitz-konische Gehäuse besteht aus circa 7—8 ziemlich plötzlich wachsenden Umgängen. Der letzte Umgang ist grösser als die Spira, nur bei ganz jugendlichen Exemplaren von gleicher Grösse. Die spitzige Spira beginnt mit einer kleinen, aus circa 2—2,5 Umgängen bestehenden, keinerlei Ornamentik aufweisenden Empryonalspitze, welcher sich vier oder fünf mit kräftigem Kiel versehene Mittelwindungen anschliessen. Die Schlusswindung ist ebenfalls mit einem kräftigen Kiel versehen. Während der Kiel auf der Spira im unteren Drittel ein wenig über der Naht liegt, verläuft er auf der Schlusswindung zwischen der Mittellinie und dem oberen Drittel. Der Kiel ist auf allen Umgängen mit runden Stacheln verziert, welche auf der Spira nur nach unten einen rippenartigen Fortsatz bilden, auf der Schlusswindung hingegen auch nach oben einen jedoch schwächeren Fortsatz zeigen. Somit sind die Stacheln der Schlusswindung vierkantig. Die Umgänge sind über dem Kiel flach oder concav, während sie unter demselben schwach convex sind. Die längliche Mündung verläuft unten in einen schmalen, kurzen Canal. Die Spindel ist unten abgeschnitten. Die ziemlich dicke Innenlippe ist nach oben noch mehr verdickt. Die auf den Jugendformen deutlichere Spiralstreifung ist nur unter der Lupe sichtbar.

Mel. Brusinai steht unter den bisher bekannten Melanopsiden der von Fuchs aus Tihany beschriebenen *Melanopsis gradata*[1] am nächsten. Mehrere Exemplare der *Mel. gradata* aus Tihany und Kurd gestatten einen eingehenderen Vergleich zwischen beiden Arten.

Mel. gradata Fuchs (non Rolle) und *Mel. Brusinai* bestehen beide aus 7—8 Umgängen. Die Schlusswindung der *gradata* ist nur bei jugendlichen Exemplaren so hoch wie das Gewinde, während sie bei ausgewachsenen etwas grösser ist, als die halbe Höhe des Gehäuses. Bei *Mel. Brusinai* ist die Schlusswindung erheblich grösser, als die halbe Höhe des Gehäuses, jedoch auch nur bei ausgewachsenen Exemplaren; in jugendlichem Alter sind auch hier die beiden Maasse gleich. Während der die Umgänge verzierende Kiel bei *Mel. gradata* am unteren Theil, später in der Mitte der oberen Umgänge, auf der Schlusswindung hingegen bereits in deren oberem Viertel liegt, verläuft er bei *Mel. Brusinai* beständig am unteren Theil der Umgänge, nur auf der Schlusswindung ein wenig über der halben Höhe oder im oberen Drittel. Bei *Mel. gradata* ist dieser Kiel nur auf den oberen Umgängen stark, während nach unten die Stacheln auf Rechnung des Kiels stärker werden; bei *Brusinai* hingegen bleibt der Kiel gleich stark, die Stacheln sind schwächer und breiter. Die Stacheln der *Mel. gradata* sind schmäler, spitziger, bei *Brusinai* flacher, breiter und schärfer. Die Stacheln der *Mel. gradata* gehen, wie bei *Mel. Brusinai*, nach unten in zugerundete, faltenförmige Längsrippen über, doch während dieselben bei der letzteren kürzer und im Ganzen schwächer sind, erscheinen sie bei *Mel. gradata* stärker und länger, was besonders auf den zwei letzten Umgängen des Gewindes auffällt. Bei beiden Arten bilden die Stacheln auch nach oben einen beträchtlich schwächeren Fortsatz, als die nach unten gerichteten Längsrippen; bei *Mel. Brusinai* sind die oberen Fortsätze nur auf der Schlusswindung sichtbar. Die Form der Mündung und Lippen ist auf beiden Arten gleich.

Um von dem Verhältniss der Spira zur Schlusswindung ein Bild zu geben, stelle ich hier einige Maasse der *Mel. Brusinai* jenen der *Mel. gradata* gegenüber:

In unserer Fauna ist kaum eine Species vorhanden, welche als typische *Hydrobia* betrachtet werden könnte. Ich zähle hieher die *Hydrobia pupula* Brus., welche Brusina (Matériaux etc.) unter Vorbehalt zu *Hydrobia* stellt, ferner *Hydrobia atropida* Brus., obwohl dieselbe in Folge ihrer gedrungeneren Form, ihrer plötzlicher anwachsenden, ziemlich flachen, durch eine tiefe Sutur von einander getrennten, treppenförmigen Umgänge, einer besonderen Untergattung zugetheilt werden könnte. Auf den ersten Blick könnte man diese Form ihrem äusseren Habitus nach für eine ganz kleine *Vivipara* oder vielleicht auch *Melantho* (aus Nord-Amerika) halten. In Markusevec ist diese eigenartige Gruppe ausser durch *Hydrobia atropida* Brus. auch durch *Hydrobia szegzárdinensis* Lörent. und mehrere verwandte Formen vertreten. Brusina vermochte, trotz der zahlreicheren ihm vorliegenden Arten, die systematische Stellung dieser Gruppe nicht zu fixiren, vergl. Brusina, Fauna di Markusevec, bei Beschreibung der *atropida:* „Es wäre vielleicht angezeigter, sie mit einem besonderen Sections- oder Subgenusnamen zu belegen. Solch ein Vorgehen würde uns aus der Verlegenheit helfen, welche durch ein Einreihen in ein Genus, wo sie nicht hineingehört, entstehen könnte.

Dies brächte uns jedoch nur in eine neuerliche Verlegenheit, da die Charaktere einer Section zu bestimmen wären und man behaupten kann, dass hier keine bestimmten Charaktere vorhanden sind, welche als richtige Grundlage zur Unterscheidung von anderen dienen könnten. Zur Unterscheidung ist zwar das abweichende Aeussere vorhanden, doch ist dies nicht hinreichend — belassen wir sie also vorläufig in der Gattung *Hydrobia*.“

Eine wichtige Rolle spielen in meiner Fauna einzelne Untergattungen der *Hydrobia* und zwar die im Kaspi-See noch heute lebende *Caspia* (zwei Arten) und ein neues Subgenus, *Pannona* (eine Art, *Pannona minima* Lörent.).

62. Hydrobia pupula Brus.

1874. *Hydrobia pupula* Brus. Brusina: Foss. Binn.-Moll. p. 64.
1875.   ,,   ,,   ,, Neumayr u. Paul: Cong.- und Pallud.-Schichten Slav. p. 77. T. IX, F. 12.

[1] Neumayr u. Paul: Die Cong.- und Palud.-Schichten Slavoniens und d. Faunen. p. 76. 1875.

Hydrobia pupula Brus. Brusina: La collection néog. de Hongrie etc. p. 125.
„   ·? „   „   „   Matériaux etc. p. 19. T. IX, Fig. 28—31.

_mmelte elf Exemplare dieser Art in Tinnye, welche mit typischen Exemplaren von Gromačnik
_itirten Figuren Brusina's übereinstimmen. Neben glatten, glänzenden Exemplaren ohne Spiral-
nen auch solche mit Spuren von Spirallinien vor.

_dies eine der interessantesten Formen unserer Fauna, da sie bisher nur aus den levantischen
Kroatien und Slavonien bekannt war. Ihr Vorkommen in Tinnye beweist, dass *Hydrobia*
um die Mitte der pannonischen Zeit im Gebiete Ungarns lebte, dann gegen ·Süden zog und
_mischer Zeit weiterlebte.

ort: Tinnye (11 Exemplare).

63. Hydrobia atropida Brus.
(Taf. XVIII, Fig. 14—16.)

Hydrobia atropida Brus. Brusina: Fauna foss. di Markusevec. p. 151 (39).
„   „   „   Lőrenthey: Neuere Daten zur Kennt. d. oberpont. Fauna von Szegzárd. p. 819.
„   „   „   „   Papyrotheca. p. 392.

atropida ist die Vertreterin einer eigenartigen Gruppe, welche in ihrem äusseren Habitus
burnea Neum.[1] erinnert oder auch an *Melantho* von Nord-Amerika; Brusina sagt daher l. c.:
fallen durch ihre eigenartige Form auf, welche man *melanthiformis* nennen könnte, natürlich
_r." Während diese eigenartige Gruppe in Markusevec durch *atropida* Brus., *szegzárdinensis*
_onotropida* Brus.), *ditropida* Brus. und *polytropida* Brus. vertreten ist, kommt in Tinnye nur
_or. Die *szegzárdinensis* ist in Ungarn nur aus der obersten pannonischen Stufe von Szegzárd
ditropida und *polytropida* jedoch in Ungarn völlig unbekannt.

ort: Sehr häufig (190 Exemplare) in Tinnye in typischen Exemplaren, welche mit denen von
_llkommen übereinstimmen (in Markusevec sehr selten).

Subgenus: Caspia Dybowskii 1891.

wski beschrieb aus dem Kaspischen Meer sieben Arten dieser Untergattung (nach Dybowski
Diagnose: „Mündung spitz-eiförmig; Mundsaum scharf; Ränder durch eine starke Spindel-
_nden, Aussenwand oben an der Naht etwas zurückgezogen, dann aber vortretend,
Mündung unten ausgussförmig wird." Hieher gehören glatte oder mit Spiralstreifer
_en. Die Untergattung *Caspia* verbindet die Fauna der pannonischen Stufe mit der recenten
_pischen und Aral-Sees. Interessant ist es, dass sie bisher fossil nur aus den *Melanopsis impressa*
Martiniana Fér. und *Mel. vindobonensis* Fuchs enthaltenden Schichten der pannonischen
_ (Szilágy-Somlyó, Tinnye, Budapest-Kőbánya), Kroatiens (Markusevec) und Serbiens (Ripanj)
_ährend sie in dem höchsten Niveau der pannonischen Stufe — welche man auch Niveau der
_boidea M. Hörn. oder *Budmania*-Horizont nennt — meines Wissens nicht gefunden ist. Dies
_allehder, da G. v. Bukowski (Denkschr. d. k. Akad. in Wien. LX.) aus' der levantinischen
_dus ebenfalls zwei fossile Arten beschreibt: *Hydr. (Caspia) Sturanyi* Buk. und *Hydr. (Caspia)*

_iayr u. Paul: Cong.- u. Pal.-Schicht. Slav. u. d. Faunen. p. 65. T. V, F. 9.

Caspia-Arten also von der mittleren pannonischen Stufe bis heute.

In unserer Fauna sind zwei Arten dieser Untergattung vorhanden, welche auch in der Fauna von Markusevec vorkommen, Caspia Vujići Brus. und die Caspia Dybowskii Brus. Wird in die Untergattung Caspia, als deren einen Charakter Dybowski die wenig gewölbten Umgänge bezeichnet[1], auch eine Form mit so stark gewölbten Umgängen wie Caspia Dybowskii Brus. eingereiht, so müssen auch die neuen Arten Böckhi und Krambergeri hieber gezählt werden, die durch Uebergänge mit Caspia Dybowskii verbunden sind. Diese Gruppe kann der Spiralstreifung und Entwicklung der Lippen halber von den Formen des Subgenus Caspia nicht getrennt werden.

Ich fasse nach dem Vorstehenden die Untergattung Caspia vorläufig etwas weiter, als dies von Seite derjenigen Forscher, die sich speciell mit recenten Conchylien beschäftigen, zu geschehen pflegt.

64. Hydrobia (Caspia) Vujići Brus.

(Taf. XVIII, Fig. 7, 9 und 10.)

1879. *Paludina spiralis* (non Frfld.). Mártonfi: Szilágy-Somlyóer Neogen. p. 195. (Ungarisch.)
1892. *Caspia Vujići* Brus. Brusina: Framenti di Malacologia tertiaria Serba. p. 30. T. II, F. 4.
1892. „ „ „ „ Fauna di Markusevec. p. 157 (45).
1893. *Hydrobia spiralis* Frfld. (?). Lörenthey: Beiträge zur Kennt. der unterpont. Bild. des Szilágyer Com. etc. p. 305. T. IV, F. 9—10.
1895. „ *(Caspia) Vujići* Brus. Lörenthey: Papyrotheca. p. 392.

Während diese Art nach Brusina in Markusevec sehr selten ist, kommt sie in meiner Fauna sehr häufig vor. Ich besitze typische Exemplare, welche mit jenen von Ripanj vollkommen übereinstimmend, mit treppenförmigen Umgängen und tiefer Sutur versehen sind. Auf manchen meiner Stücke sind die Umgänge noch gewölbter, als auf den von Ripanj, und dann bilden sie einen Uebergang zu Hydr. (Caspia) Krambergeri n. sp. Die meisten meiner Exemplare sind jedoch etwas schlanker und grösser, als das von Ripanj abgebildete Exemplar. Sie bestehen aus 5,5—6,5 Umgängen. Auf einigen befindet sich aussen, nahe am Rande der Aussenlippe ein Wulst, welcher einer Adererweiterung gleicht, zugleich zeigen einige Stücke, dass sie in früheren Entwicklungsstadien ebenfalls schon eine wulstige Aussenlippe besassen, da auf manchen Umgängen die Spur derselben in Form einer vorspringenden faltenartigen Rippe vorhanden ist. Interessant ist, dass der Rand der Lippe trotz des Wulstes doch scharf ist.

Fundort: Diese Art ist ziemlich verbreitet. Sie kommt in Tinnye, Budapest-Köbánya, Szilágy-Somlyó und wahrscheinlich auch in Perecsen vor, wenigstens sprechen einige Bruchstücke dafür. Von Ripanj und Markusevec ist sie schon lange bekannt. Wie es scheint ist sie in Tinnye, wo ich 940 Exemplare sammelte, häufiger als an allen anderen Fundorten. In Budapest-Köbánya fand ich nur 30 Stücke.

---

[1] Dybowski sagt am Schluss der Beschreibung der Gattung Caspia (Die Gasteropoden-Fauna d. Kaspischen Meeres. p. 34): „Die kleinen mehr Hydrobien-ähnlichen Gehäuse, die dünnere Schale, die weniger gewölbten Umgänge und der weniger vorgezogene Mundsaum rechtfertigen es wohl, die Arten des Genus Caspia nicht mit den mehr Bythinien-ähnlichen Clessinia-Arten vereinigen." Vergleicht man jedoch in Dybowski's Arbeit die Figuren der schlanken Caspien mit jenen der gedrungenen Clessinien, so erkennt man, dass die Umgänge der Clessinia Martensi noch mehr convex sind, als die der Caspia-Arten, dass Clessinia triton Eichw. sp. und Clessinia variabilis Eichw. sp. jedoch ebenso wenig gewölbte Umgänge besitzen, wie eine Caspia.

65. **Hydrobia (Caspia) Dybowskii** Brus.

(Taf. XVIII, Fig. 8.)

1892. *Caspia Dybowskii* Brus. Brusina: Fauna di Markusevec. p. 155 (43).
1895. *Hydrobia (Caspia) Dybowskii* Brus. Lörenthey: Papyrotheca. p. 392.
1896.. *Caspia Dybowskii* Brus. Brusina: La collection néogène de Hongrie. p. 126 (80).

Diese Species, deren nächste Verwandte die im Kaspischen Seé noch heute lebende *Caspia Gmelini* Dyb. ist, hat eine gedrungenere Form als *Caspia Vujići* Brus. Ihre 4,5—5,5 Windungen sind weniger gewölbt und die Sutur demnach auch nicht so tief. Die Spiralstreifung ist ebenfalls schwächer, wie bei *Caspia Vujići*. Meine Exemplare sind — wie aus dem Vergleich mit denen von Markusevec hervorgeht — vollkommen typisch, doch meist mit deutlicherer Spiralverzierung. Einzelne Exemplare tragen auf der Schlusswindung unter der Sutur einen Kiel, wie *Caspia Gmelini*. Nach Brusina (Fauna di Markusevec) erscheint die Aussenlippe „dadurch, dass sie im Innern einer Adererweiterung ähnlich angeschwollen ist, verdickt." Diese einer Adererweiterung ähnliche Verdickung der Aussenlippe kommt auch bei meinen Stücken von Tinnye vor, jedoch nicht ständig, sondern eher als exceptionelle Eigenschaft. Auch bei *Caspia Vujići* ist — wie erwähnt — eine solche einer Adererweiterung ähnliche Anschwellung vorhanden, jedoch bei beiden am äusseren und nicht am inneren Theile der Aussenlippe, wie dies Brusina behauptet.

Fundort: Von *Caspia Dybowskii*, die bisher nur von Markusevec bekannt war, fand ich in Tinnye 125 zumeist typische Exemplare.

66. **Hydrobia (Caspia) Böckhi** nov. sp.

(Taf. XVIII, Fig. 17 und 18.)

Diese neue und die folgende Art *C. Krambergeri* zähle ich auf Grund ihrer Mündungsform zum Subgenus *Caspia*, trotzdem ihre Seiten viel gewölbter sind, als die der lebenden Clessinien und Caspien. Wie Brusina die mit gewölbten Umgängen versehene *H. Dybowskii* hieher stellte, so rechne ich auch obengenannte Arten derselben Untergattung zu, da diese drei Arten durch Uebergänge mit einander verbunden sind.

Das ziemlich grosse, aus 6,5 Windungen bestehende Gehäuse dieser neuen Art ist kegelförmig. Die Embryonalwindung ist sehr klein, sie ragt nur wenig empor, so dass der Wirbel des Gehäuses nicht besonders spitzig ist. Die Umgänge sind auf ihrem oberen Theil flach und am unteren Drittel convex, was besonders gut auf den 2—3 letzten sichtbar ist. Die Umgänge werden durch eine scharf ausgeprägte, ziemlich tief eingedrückte Naht von einander getrennt. Sie nehmen verhältnissmässig langsam und gleichmässig an Breite zu und umfassen einander wenig, so dass die Schlusswindung etwa $\frac{1}{3}$ der Gesammtlänge ausmacht. Ihre flachgewölbten Flanken gehen allmählig in die Basis über. Die breite, eirunde Mündung ist ziemlich schief gestellt, die zusammenhängenden Lippen bilden oben bis zu einem gewissen Grade abgerundete Winkel. Die Aussenlippe ist dünn, scharf, oben bei der Naht etwas zurückgezogen, weiter in der Mitte bogenförmig vortretend, unten an der Mündung mit schwach ausgeprägtem Ausguss. Der ein wenig umgeschlagene, schwach verdickte Spindelrand ist schwach gekrümmt, und nur mit seiner oberen Hälfte an den vorhergehenden Umgang angewachsen, wodurch sich eine ziemlich starke Nabelritze bildet. Die ganze Oberfläche des schwachglänzenden Gehäuses ist mit dichtstehenden feinen Spirallinien bedeckt. Höhe im Durchschnitt 4 mm; Breite der Schlusswindung 2 mm.

Diese Art wäre ihrer äusseren Form nach, wenn man von der Mündungsform absieht, zu *Hydrobia* im engeren Sinne zu stellen; aber die oben eingebuchtete, in der Mitte bogig vorgezogene Aussenlippe und der schwache Ausguss weisen sowohl diese als auch die folgende Species zu *Caspia*. *C. Böckhi* stimmt ihrer äusseren Form nach mit keiner bisher bekannten *Caspia* überein; noch am nächsten steht sie durch die Form ihrer Windungen der im Kaspischen See lebenden *Caspia Grimmi* Dyb., obzwar sich die Umgänge von *C. Böckhi* unten stärker und plötzlicher wölben wie bei letzterer, wodurch die Basis meiner Form flacher ist als die der *C. Grimmi*.

Der Typus wird durch das in Fig. 17 abgebildete Exemplar vertreten, während das auf Fig. 18 dargestellte mit den schon im Ganzen gewölbteren Umgängen und gewölbterer Basis einen Uebergang zur folgenden *C. Krambergeri* bildet.

Diese Species benannte ich zu Ehren des Sektionsrathes im kgl. ung. Ackerbauministerium, Direktor der kgl. ung. Geologischen Landesanstalt, Herrn Johann Böckh.

Fundort: Tinnye, ziemlich häufig (35 typische Exemplare und 40 Stücke der Uebergangsform zu *C. Krambergeri*).

67. Hydrobia (Caspia) Krambergeri nov. sp.
(Taf. XVII, Fig. 40.)

Die mit *C. Böckhi* n. sp. und *C. Vujići* Brus. durch Uebergänge verbundene Form weicht durch die Form ihrer Umgänge sowohl von den levantinischen Arten von Rhodus, als auch den heute im Kaspischen See lebenden Caspien ab.

Das ziemlich grosse, feine, aus 6,5 Windungen bestehende Gehäuse ist spindelförmig. Die Embryonalwindung ist sehr klein und ragt durchaus nicht stark empor. Die Umgänge sind stark gewölbt und somit die Naht sehr tief. Die Windungen nehmen an Breite allmählig und gleichmässig zu und berühren einander kaum. Die Schlusswindung macht etwa $^1/_3$ der Gesammthöhe aus. Die Basis ist abgerundet und gewölbt. Die breit-eiförmige Mündung erscheint etwas schief gestellt und bildet oben einen schwach abgerundeten Winkel. Die Aussenlippe ist dünn, zugeschärft, oben neben der Sutur etwas zurückgezogen und in der Mitte bogenförmig vortretend, wodurch unten ein schwach ausgeprägter Ausguss gebidet wird. Die etwas umgeschlagene, mässig verdickte Innenlippe ist schwach gebogen und da sie nur mit ihrer oberen Hälfte an den vorhergehenden Umgang angewachsen ist, entsteht eine ziemlich starke Nabelritze. Die ganze Oberfläche des matt glänzenden Gehäuses ist mit dicht stehenden Spirallinien bedeckt. Im Durchschnitt ist diese Form 4 mm hoch und die Breite ihrer Schlusswindung beträgt 1,5 mm.

Neben ganz typischen Exemplaren mit stark gewölbten Umgängen liegen andere vor, auf deren Windungen ein oben abgerundeter Kiel vorhanden ist, wodurch die Umgänge letzterer Formen oben etwas treppenförmig und gewölbt werden. Diese Formen bilden Uebergänge zu *C. Vujići*, während die ersteren mit der Spur eines abgerundeten Kieles am unteren Theil der Windungen zu *C. Böckhi* neigen. Diese Uebergänge beweisen, dass diese drei Arten generisch zu einander gehören. Die Unterschiede zwischen *C. Krambergeri, Böckhi* und *Vujići* sind folgende: Die Windungen nehmen bei *C. Krambergeri* und *Vujići* an Breite allmählich, bei *C. Böckhi* wesentlich schneller zu, weshalb diese konisch, die beiden ersteren jedoch spindelförmig sind. Die Umgänge der *C. Krambergeri* sind am stärksten gewölbt und zwar in der Mitte am gewölbtesten. Auf dem oberen Theil der Windungen befindet sich bei *C. Vujići* ein stark abgerundeter Kiel, weshalb dieselben an dieser Stelle gewölbt erscheinen und demzufolge hier, am oberen Drittel, nicht aber wie bei *C. Krambergeri* in der Mitte, am breitesten sind. Dazu stehen im Gegensatze die im unteren Drittel am breitesten entwickelten Umgänge der *C. Böckhi*, welche auf dem unteren Theile solch einen abgerundeten Kiel tragen, wie ihn *C. Vujići* im oberen Theil der Windung hat. Sonst sind die Dicke, Grösse und Ornamentik des Gehäuses bei allen drei Arten gleich, ebenso die Form der Mündung und der Lippen. Die Basis ist bei *C. Vujići* und *Krambergeri* abgerundet, bei der *C. Böckhi* hingegen des unteren abgerundeten Kieles halber viel flacher.

Diese schöne Art benenne ich zu Ehren des Herrn Dr. Gorjanovics-Kramberger, Professor an der Universität zu Agram, als den gründlichsten Kenner und unermüdlichen Forscher der Pliocaen-Bildungen von Kroatien und Slavonien.

Fundort: Bisher mit Sicherheit nur von Tinnye bekannt, hier aber zu den häufigeren Formen gehörend (140 Exemplare). In Budapest-Köbánya sammelte ich einige Bruchstücke, welche vielleicht auch hieber gehören.

Subgenus: Pannona nov. subgen.

Im Jahre 1893 beschrieb ich (Beiträge zur Kenntniss der unterpontischen Bildungen des Szilágyer Comitates und Siebenbürgens) von Szilágy-Somlyó eine Form, welche Dr. Ludwig Mártonfi als *Valvata debilis* Fuchs bestimmte; ich könnte sie jedoch nach den mir damals zu Gebote stehenden zwei lädirten Exemplaren weder generisch noch specifisch mit einer der bisher bekannten lebenden und fossilen Formen identificiren. Unter Vorbehalt bezeichnete ich sie, da sie durch ihre Form und Ornamentik am meisten an die Cyclostomen erinnerte, als *Cyclostoma (?) minima* nov. sp. (die l. c. Taf. IV, Fig. 1 gegebene Abbildung ist jedoch schlecht gelungen).

Mehrere unversehrte Exemplare, die ich in der reichen Fauna von Tinnye fand, ergeben, dass diese Form als eine Cyclostomen-ähnliche *Hydrobia* innerhalb dieser Gattung entweder eine besondere „Section“ oder ebenso wie *Caspia* ein neues „Subgenus“ vertritt. Herr Prof. Oskar Boettger in Frankfurt a. M., dem ich mein Material mit der Bitte um seine Meinungsäusserung zuschickte, hatte die Güte, mir mitzutheilen: „Hydrobien mit ähnlicher Spiralskulptur, wie die beiden mir übersandten, kenne ich unter den lebenden Arten nicht; dagegen besitze ich ein Stück einer analogen . . . Form aus den Orygoceras-Schichten von Miočić in Dalmatien, das ich seiner Zeit unter einer grösseren Anzahl der dortigen *Pseudoamnicola Stošićiana* Brus. auffand, aber als mögliche Abnormität dieser Art aufzufassen geneigt war. — Ihre Funde setzen diese Schnecke in das rechte Licht; es scheint in der That eine kleine Gruppe von Formen zu sein, die für die Orygocerasschichten charakteristisch sein dürfte. Die Skulptur erinnert an die mehrerer Arten von *Euchilus* Sandb. Einer Abtrennung als „Sectio“ oder „Subgenus“ steht meiner Ansicht nach nichts im Wege.“ 1895 erwähnte ich („Einige Bemerkungen über Papyrotheca.“ p. 392) dieses Fossil unter dem Namen *Pannonica* statt *Pannona minima* Lörent. Bevor ich diese neue Untergattung beschrieb, sandte ich auch noch an Prof. Brusina einige Stücke, seine Ansicht erbittend. Er hatte die Güte, mir zu antworten, er habe diese neue Form in seinem im Werden begriffenen grossen Werke abbilden lassen und werde sie unter dem Namen *Lörentheya minima* beschreiben. Als ich ihm jedoch zurückschrieb, dass die von mir publicirte Benennung *Pannona minima* sich auf diese Form beziehe, acceptirte er letzteren Namen.

Die Charakteristik der neuen Untergattung gebe ich bei Beschreibung der Species *minima* Lörent.

68. Hydrobia (Pannona) minima Lörent. sp.

(Taf. XVI, Fig. 9—11.)

1879. *Valvata debilis* (non Fuchs). Mártonfi: Adatok a szilágy-somlyói neogen képletek ismeretéhez stb. p. 195. (Ungarisch.)

1893. *Cyclostoma (?) minima* Lörent. Lörenthey: Beiträge zur Kenut. der unter-pont. Bild. des Szilágyer Comit. p. 306. T. IV, F. 1.

1895. *Hydrobia (Pannona) minima* Lörent. Lörenthey: Papyrotheca. p. 392.

Das kleine, dünne, durchschimmernde, feine, weisse, glänzende Gehäuse ist nahezu kegelförmig und besteht aus 3,5—4,5 stark gewölbten Windungen, welche gleichmässig, jedoch langsam wachsen. Die Nähte, welche die Umgänge trennen, sind sehr tief, was noch dadurch verstärkt wird, dass uoter der Naht die Spur einer Verflachung über die stark gewölbten Windungen verläuft. Der letzte Umgang wächst gegen sein Ende schneller und wendet sich bei deu einzelnen Individuen verschieden schnell nach unten; der letzte Umgang ist gegen sein Ende hin ein wenig vor der Mündung von der Spira losgelöst (Fig. 11). Der obere Rand der etwas schiefen Mündung berührt höchstens nur an einem Punkte die Basis des vorhergehenden Umganges. Die Form der Mündung ist nicht constant, jedoch im allgemeinen rundlich eiförmig und dann nach oben zu meist ein wenig verschmälert, einen stumpfen Winkel bildend; seltener ist sie kreisförmig. Der zusammenhängende Rand ist scharf. Die gewölbte Basis ist offen, mit einem an die Valvaten erinnernden, ziemlich weiten und tiefen Nabel versehen. Die Oberfläche ist von scharf vorspringenden, stellenweise schwache Rippen bildenden Anwachslinien und diese kreuzenden, feinen, jedoch gut sichtbaren, dichtstehenden Spiralstreifen bedeckt; die Oberfläche ist also gegittert.

Ich verglich meine Form mit den in meiner Sammlung befindlichen Exemplaren von *Pseudoamnicola Torbariana* Brus. von Miočič, von welcher sie sich durch die gitterförmige Skulptur, das dünnere Gehäuse, die schlankere Form, den weiteren Nabel und die langsamer wachsenden Windungen unterscheidet. Von *Hydrobia Skhiadica* Bukowski[1] von Rhodus, von welcher ich Vergleichsmaterial von meinem werthen Freunde Bukowski bekam, unterscheidet sich meine Form nur durch die Ornamentik und den weiteren Nabel.

Fundort: Während von Szilágy-Somlyó nur zwei Exemplare bekannt sind, sammelte ich in Tinnye deren 50. Aus Budapest-Köbánya ist sie bisher noch unbekannt, hier scheint sie durch *Baglivia sopronensis* R. Hoern. sp., welche in Tinnye fehlt, vertreten zu sein.

Genus: Baglivia Brusina 1892.

Dybowski stellte in seinem Werke über die Fauna des Baikalsees 1875 die Gattung *Limnorea* auf, innerhalb welcher er nach der Skulptur des Gehäuses zwei scharf von einander getreunte Untergattungen unterschied: *Leucosia* mit glatter Oberfläche und *Ligea*, deren Schale parallel mit der Naht mit Kanten oder mit Querrippen, oder auch mit beiden Skulpturelementen verziert ist. Von den beiden Untergattungen besitzt *Leucosia* für uns grösseres Interesse. Hieber gehören Formen von zweierlei Typen, und zwar solche mit losgelöstem Gewinde und andere mit geschlossenem Gewinde. Bei der ersten Gruppe, deren typischer

---

[1] *Hydrobia (Bythinella) Skhiadica* Buk. Die Levantinische Molluskenfauna der Insel Rhodus. (Denkschr. der kais. Akad. d. Wiss. in Wien. Bd. LXIII. p. 87. T. IX, F. 5—7.) Mündungsform und der spitzige Wirbel hindern es, diese Art der Untergattung *Bythinella* zuzurechnen.

Vertreter *Leucosia Stiedae* Dyb. ist, bildet die Axe der embryonalen Windung mit der Axe des Gehäuses einen Winkel, während bei der zweiten Gruppe die Axe der embryonalen Windung mit der Axe des Gehäuses zusammenfällt. Da *Leucosia Stiedae* Dyb. durch die Entwickelung der Empryonalwindung, wie auch durch die Form des Gehäuses von den übrigen Leucosien abweicht, bezeichnete sie Mertens 1876 als besondere Gattung, *Liobajkalia*. Die erste fossile verwandte Form dieser Gattung fand ich 1890 zu Szegzárd, leider nur in einem nicht näher zu bestimmenden Fragment. Später, im Jahre 1892, beschrieb Brusina (Fauna di Markusevec) diese Form unter dem Namen *Baglivia*, welcher Gattung ich später meine Szegzárder Form, auf Grund besserer Exemplare, als *Baglivia spinata* Lörent. einreihte [1]. Die fossile *Baglivia* weicht von der recenten *Liobajkalia* dadurch ab, dass, während die Axe der Embryonalwindung bei *Baglivia* mit der Axe des Gehäuses zusammenfällt, die beiden Axen bei der *Liobajkalia* immer einen kleineren oder grösseren Winkel bilden. Brusina führt auch noch andere Unterschiede an, welche jedoch, wie ich l. c. nachwies, belanglos sind. Die Unterschiede sind aber jedenfalls hinreichend, um das Genus *Baglivia* aufrecht zu erhalten. In den Formenkreis von *Baglivia* gehörige fossile Formen fand nach brieflicher Mittheilung auch Andrusov in Russland. R. Hoernes beschreibt 1897 (Sarmatische Conchylien aus dem Oedenburger Comítat) unter dem Namen *Hydrobia (Liobajkalia?) sopronensis* eine hieher gehörige Form. Bezüglich der Unterschiede zwischen der lebenden *Leucosia* oder *Liobajkalia Stiedae* und der fossilen *Hydrobia (Liobajkalia?) sopronensis* hebt R. Hoernes (p. 73) hervor: „Am wesentlichsten scheinen mir die Unterschiede in der Gestaltung der Anfangswindungen." Wie dies auch R. Hoernes betont, bildet bei *Leucosia Stiedae* die Axe des aus 1,5 Windungen bestehenden Wirbels mit der Längsaxe einen Winkel, hingegen ist der Wirbel von *Hydrobia sopronensis* ähnlich gestaltet wie bei *Hydrobia ventrosa* Mont. sp. oder *Hydrobia Frauenfeldi* M. Hörn. *Hydrobia sopronensis* unterscheidet sich nach R. Hoernes von *Hydrobia Frauenfeldi* im Wesentlichen „nur durch die Evolution der Schlusswindung." R. Hoernes fand in der Umgebung von Sopron Exemplare der *Hydrobia sopronensis*, welche bezüglich der Ablösung der Windungen der verschiedensten Variationen zeigen. Einzelne Exemplare, wie das auf Taf. II, Fig. 13 dargestellte, hält Hörnes für Uebergangsformen zwischen *Hydrobia Frauenfeldi* M. Hörn. und *Hydrobia (Liobajkalia?) sopronensis* R. Hoernes. „Es liegen mir," sagt R. Hoernes bei *Hydrobia sopronensis*, „Schälchen vor, welche sich nur sehr wenig von den normalen Gehäusen der *Hydrobia Frauenfeldi* entfernen und bei welchen lediglich die letzte oder die beiden letzten Windungen sich ein wenig von den vorhergehenden ablösen, dann solche, bei welchen diese Ablösung höhere Grade erreicht und auch schon etwas näher der Spitze beginnt (Fig. 13)." Auf Grund der abgelösten Windungen stellt R. Hoernes, ohne das Subgenus *Baglivia* zu kennen, *Hydrobia sopronensis* mit ? zur Untergattung *Liobajkalia*, da *Hydr. sopronensis* und *Liobajkalia Stiedae* bezüglich der Construktion ihrer embryonalen Windungen — wie bereits erwähnt — auch seiner Ansicht nach von einander wesentlich abweichen. Trotzdem nach R. Hoernes *Hydrobia Frauenfeldi* und *Hydrobia (Liobajkalia?) sopronensis* R. Hoern. mit einander in engem Zusammenhang stehen, giebt er doch den aufgerollten Formen einen besonderen Namen und begründet dies folgendermassen (p. 73): „Wenn ich die geschilderten aberraten Hydrobienschälchen aus den sarmatischen Schichten von Zemenye mit einem besonderen Namen bezeiche (*sopronensis*), obwohl mir ihr inniger und unmittelbarer Zusammenhang mit der mitvorkommenden *Hydrobia Frauenfeldi* vollkommen klar ist, so geschieht es deshalb, weil

---

[1] Neuere Daten zur Kenntniss der oberpontischen Fauna von Szegzárd. p. 323.

ich nicht glaube, dass es sich in unserem Falle um eine blosse Missbildung[1] einzelner Gehäuse handelt, die besser als scalaride Formen unter *Hydrobia Frauenfeldi* zu rechnen wären. Die Zahl der mir vorliegenden, in mehr oder minder hohem Grade aufgerollten Exemplare scheint an sich gegen diese Auffassung zu sprechen — ich möchte jedoch auf diesen Umstand hin kein besonderes Gewicht legen. Wünschenswerth scheint es mir aber unter allen Umständen, diese eigenthümlichen sarmatischen, aufgerollten Hydrobien mit einem besonderen Namen als eigene „Form" zu bezeichnen, weil ich glaube, dass ihr Vorkommen allerdings einiges Licht wirft auf die fraglichen Verwandtschaftsverhältnisse der unstreitig ähnlichen Formen des Baikalsees."

Nachdem die „*Hydrobia sopronensis*" von *Liobajkalia* durch die Construktion der Embryonalwindung abweicht, wird es richtiger sein, diese fossile Form von der lebenden *Liobajkalia* zu trennen, um so mehr, da beide Formen ausser durch Unterschiede in den Schalen wahrscheinlich auch anatomische Unterschiede getrennt sind. Ohne Kenntniss des Thieres geht es aber nicht an, diese beiden im Bau des Gehäuses von einander so sehr abweichenden Formen in eine Gruppe zusammenzufassen, selbst wenn sie gleichen Alters wäre. *Hydr. sopronensis* kann nur in die durch aufgerollte Windungen charakterisirte Gattung *Baglivia*, deren Wirbelconstruktion auch übereinstimmt, eingereiht werden. Im Pliocaen der Länder der ungarischen Krone ist diese Gattung ziemlich weit verbreitet; neben glatten kommen verschiedenartig verzierte Formen vor, darunter Formen mit so eigenartiger Ornamentik, wie *Baglivia spinata* LÖRENT. Eine solche mit Stacheln verzierte Form ist sonst innerhalb der Gattung *Hydrobia*, deren Spira geschlossen ist, nicht bekannt. Dies widerspricht der Annahme, als wären die aufgewundenen Formen, welche mit *Bagl. spinata* einer Gattung angehören, abnorm entwickelte Hydrobien. Auch R. HOERNES trennte die *sopronensis* als besondere Art und Untergattung von der *Hydrobia Frauenfeldi*, da er sie nicht bloss als Abnormität betrachten wollte.

Die bisherigen Erfahrungen beweisen, dass die in den tieferen Niveaux der pannonischen Bildungen vorkommenden Baglivien glatt oder einfach verziert sind, während die aus den höheren Niveaux stammenden eine reichere Ornamentik besitzen. Die bei Markusevec vorkommenden *Baglivia ambigua* BRUS. und *sopronensis* R. HOERN. besitzen keine Verzierungen, *Bagl. strongylogyra* BRUS. und *goniogyra* BRUS. ist mit feinen Spirallinien, die *Bagl. rugulosa* BRUS. mit feinen Längslinien, *Bagl. streptogyra* BRUS. mit Längslinien bildenden Anwachsstreifen, endlich die bisher bekannte jüngste Form *Bagl. spinata* LÖRENT. schon mit Stacheln verziert.

---

[1] Es sind Abnormitäten bekannt, bei denen die Windungen aufgerollt sind. So befindet sich in der zoologischen Sammlung des kgl. Museums für Naturkunde zu Berlin unter der Aufschrift: „Missbildungen von Conchylien" eine ganze Sammlung solcher Abnormitäten, wo unter anderen aus Bex und Biedenkopf eine *Helix pomatia* L. ausgestellt ist, deren Windungen aufgerollt sind. Auch ist es häufig der Fall, besonders bei den Hydrobiden, dass die Mündung oder der ganze letzte Umgang abgelöst ist. In jedem dieser Fälle entsteht jedoch, denkt man sich die Form weitergewunden, bis die Windungen einander berühren, die normale Form. Nicht so bei *Hydrobia sopronensis*. Würde man nämlich die bei HOERNES in Fig. 13 abgebildete Form, welche HOERNES als Uebergangsform zwischen *Hydr. Frauenfeldi* und *Hydr. sopronensis* betrachtet, so lange gegen rechts weiterwinden, bis die Umgänge einander berührten, käme nicht die aus 8,5 flachen Windungen bestehende *Frauenfeldi*, sondern eher die aus weniger (5,5) gewölbteren Umgängen bestehende *Hydr. ventrosa* MONT. sp. zu Stande, wie dies eine Betrachtung der Figuren ergiebt.

Bei genauerer Betrachtung nur dieser Figuren erscheint es am wahrscheinlichsten, dass aus *Hydrobia Frauenfeldi* zuerst die aus weniger und gewölbteren Windungen bestehende *Hydr. ventrosa* hervorginge und dass sich erst aus dieser die mit noch weniger und noch gewölbteren Windungen versehene *Hydr. sopronensis* entwickelte. Thatsächlich steht jedoch die *sopronensis* den beiden anderen Formen sehr ferne und so ist denn die bei R. HOERNES in Fig. 13 abgebildete Form, welche er als Uebergang zwischen *Hydr. Frauenfeldi* und *Hydr. sopronensis* bezeichnet, nur der Form nach ein Uebergangsglied, doch auch so eher zu *Hydr. ventrosa*; in Wirklichkeit gehört sie jedoch zur *sopronensis* und mit dieser in eine besondere Gattung: *Baglivia* BRUS.

Es ist nach dem Vorstehenden also am richtigsten, Brusina's Genus *Baglivia* zu acceptiren und auch *Hydr. sopronensis* R. Hoernes hieher zu zählen.

In welchem Verhältnisse *Baglivia* zur lebenden *Liobajkalia* oder zu den im Steinheimer Süsswasser-kalk vorkommenden Formen mit aufgerollter Spira steht, wissen wir jetzt noch nicht.

69. **Baglivia sopronensis** R. Hoernes sp.

(Taf. X, Fig. 1—3.)

1895. *Baglivia bythinellaeformis* Lörent. Lörenthey: Neuere Dat. z. Kennt. d. oberpont. Fauna v. Szegzárd. p. 322.

1897. *Hydrobia Frauenfeldi* R. Hoern., Uebergang zu *Hydrobia Sopronensis* R. Hoernes. Sarmatische Conchylien. p. 71. T. II, F. 13.

1897. *Hydrobia (Liobaicalia?) Sopronensis* R. Hoernes. Dortselbst. p. 72. T. II, F. 14—16.

Bei Beschreibung der *Baglivia spinata* Lörent. erwähnte ich (1895 l. c. p. 322) eine neue skulptur-lose Art, *Bagl. bythinellaeformis*, aus Budapest-Köbánya als die zweite Art dieser Gattung aus Ungarn. Ich glaubte anfangs, diese Form mit *Baglivia ambigua* Brus. aus Markusevec identificiren zu können. Da von letzterer Art keine Abbildung vorlag, schickte ich eine Zeichnung an Herrn Prof. Brusina, welcher dieselbe als *Bagl.* cfr. *ambigua* deutete. Eingehenderer Vergleich ergab jedoch, dass unsere Form als neue Art aufzufassen sei, und ich belegte sie (1895) um ihrer Gestalt willen mit dem Namen *bythinellaeformis*. Inzwischen hat R. Hoernes diese bisher nicht abgebildete Art unter dem Namen *sopronensis* beschrieben. Diese Benennung ist auch für die mir vorliegende Art zu wählen, welcher übrigens wohl auch *Bagl. ambigua* Brus. (nach Stücken, die ich in Agram sah) zuzurechnen ist.

Das in Fig. 1 abgebildete Exemplar mit kaum losgelösten Windungen stimmt mit jener Form überein, welche Hoernes als „Uebergang zwischen *Hydrobia Frauenfeldi* und *Hydrobia (Liobajkalia) sopronensis*" (l. c. Fig. 13) bezeichnet. Meine beiden anderen Formen sind ebenfalls verhältnissmässig weniger aufgerollt, wie die bei Hoernes in Fig. 14—16 abgebildeten Stücke, was darauf hinweist, dass die Los-lösung der Windungen eine sehr verschieden starke ist. Meine drei abgebildeten Exemplare stehen zwischen den bei Hoernes in Fig. 13 und 14 abgebildeten. Ich bin jedoch auch im Besitze einiger stärker aufge-rollter Exemplare. Dass diese aufgerollten Formen nur scheinbar mit der *Hydrobia Frauenfeldi* und *ventrosa* im Zusammenhange stehen, zeigt vielleicht teilweise auch der Umstand, dass in meiner Fauna weder die *Hydrobia Frauenfeldi*, noch die *ventrosa* vorkommt.

Ich besitze nur ein unverletztes Exemplar, das am wenigsten aufgerollte (Fig. 1), die anderen sind alle mangelhaft, bei keinem ist die Mündung unversehrt. So viel ist jedoch festzustellen, dass, während die bei Vereinigung der inneren und äusseren Lippe entstandene Kante in Fig. 1 kaum wahrzunehmen, sie bei Fig. 2 und Fig. 3 ziemlich stark ist. Dieses Schwanken der Mündungsform ist auch bei *sopronensis* R. Hoern. zu sehen. (Eine interessante Mannigfaltigkeit der Mündung zeigt auch die *Hydrobia [Pannona] minima* Lörent. [Taf. VII, Fig. 9—11]). Nachdem also die äussere Form, die Ornamentik und auch die Form der Mündung bei *sopronensis* und den mir vorliegenden Stücken übereinstimmt, ist auch diese Form von Buda-pest-Köbánya als *Bagl. sopronensis* sp. zu bezeichnen.

Fundort: Es ist auffallend, dass ich *Bagl. sopronensis* Hoern. sp. bisher nur in Budapest-Köbánya fand, während diese Form aus der in dasselbe Niveau gehörigen, viel reicheren Fauna von Tinnye fehlt. Es scheint, als würde sie hier von *Hydrobia (Pannona) minima* Lörent. vertreten.

Genus **Bythinella** Moquin-Tandon 1851.

Diese Gattung, welche nunmehr aus beinahe allen Pliocaen-Niveaux der Länder der ungarischen Krone bekannt ist, ist auch in Tinnye vertreten. An jedem Fundort gehört sie zu den seltenen Gattungen und kommt gewöhnlich in kleiner Arten- und Individuen-Anzahl vor. Fast als Ausnahme ist es zu betrachten, wenn sie in so grosser Anzahl vorkommt, wie in Markusevec die *Bythinella scitula* Brus. In Ungarn wies ich diese Genus zuerst und zwar von Perecsen und Szilágy-Somlyó auf Grund einiger mehr oder minder mangelhafter Exemplare nach, welche ich, da diese Gattung bis dahin aus den Pliocaenbildungen Ungarns unbekannt war, und da mir Vergleichsmaterial fehlte, lebenden Arten (mit dem Zusatz „cfr.") zur Seite stellte.

Ich fasse hier diese Gattung etwas weiter, als dies in neuerer Zeit, namentlich von Seite derjenigen Forscher, die sich mit recenten Conchylien beschäftigen, zu geschehen pflegt. Bei den fossilen Formen waren die Charaktere noch nicht so sehr specialisirt, wie bei den lebenden. Ich besitze nämlich eine spitz-kegelförmige Form, welche auf die Gattung *Vitrella* Cless. hinweist, deren Gehäuse jedoch nicht durchsichtig ist. Das Gehäuse einer anderen Form wieder ist walzenförmig-kegelig, wie bei der echten *Bythinella*, jedoch nicht mit ganz stumpfem, sondern mit etwas spitzerem Wirbel wie *Frauenfeldia*. Während in Markusevec nur eine Species, *Bythinella scitula* Brus., vorkommt, ist in meiner Fauna noch eine zweite, mehr thurm-förmige Art vorhanden, *vitrellaeformis* n. sp., welche ich geneigt bin, ebenfalls zu *Bythinella* zu stellen.

70. **Bythinella scitula** Brusina.

1879. *Hydrobia pupula* (non Brus.). Martonfi: Szilágy-somlyói neogen. (Ungarisch.) p. 195.
1892. *Bythinella scitula* Brus. Brusina: Fauna di Markusevec. p. 154 (42).
1893.   „   cfr. *cylindrica* Parreys. Lörenthey: Beitr. z. Kennt. d. unterpont. Bild. d. Szilágyer Com. p. 299.
1893.   „   (*Frauenfeldia*) *minutissima* (non J. F. Schmidt). Lörenthey: Ibidem. p. 305 (19).
1893.   „   „   cfr. *alpestris* Cless. Lörenthey: Ibidem. p. 305 (19).
1896.   „   ? *scitula* Brus.[1] Brusina: La collect. néogène de Hongrie etc. p. 126 (80).

Die vorliegenden Stücke stimmen mit solchen von Markusevec überein. Das Gehäuse ist spitz-eiförmig oder walzenförmig-kegelig, mit weisser, stark glänzender, elfenbeinartiger, durchscheinender Schale, aus 4,5—5 Windungen bestehend. Die ziemlich schnell in die Breite wachsenden Umgänge sind wie bei den Stücken von Markusevec durch linienartige oder tiefere Suturen von einander getrennt. Ich besitze nur vier unverletzte Exemplare, die etwas grösser sind wie die Markusevecer, bei den übrigen fehlt die Schlusswindung. Auf meinen Exemplaren ist die Spira entweder etwa so hoch wie die Schlusswindung oder etwas höher. Die Stücke von Tinnye, Perecsen und Szilágy-Somlyó sind hinsichtlich des Verhältnisses zwischen Spira und Schlusswindung, der tiefe der Sutur und dementsprechend der Wölbung ihrer Flanken ebenso variabel, wie die von Markusevec. In der ziemlich variablen *Byth. scitula* der pannonischen Stufe sind wohl die Charaktere mehrerer recenten Formen vereinigt, so dass ihr mit grosser Wahrscheinlichkeit mehrere heute lebenden Formen entstammen. Durch den etwas spitzigeren Wirbel erinnern die Stücke von Tinnye an die recente Gattung *Frauenfeldia*.

Fundorte: Mittlere pannonische Stufe von Markusevec, Tinnye (9 Exemplare), Perecsen und Szilágy-Somlyó; während sie jedoch in Markusevec sehr häufig ist, kommt sie an den übrigen drei ungarischen Fundorten nur in einigen Exemplaren vor.

---

[1] Exemplare, welche Prof. Brusina der K. Ung. Geol. Anstalt schenkte, sind ohne ? etiquettirt.

71. Bythinella vitrellaeformis nov. sp.
(Taf. XVII, Fig. 41.)

Das höchstens 2 mm breite, cylindrisch-kegelförmige, durchscheinende Gehäuse ist stark glänzend, weiss, elfenbeinfarbig. Es besteht aus 4,5 –5 langsam und gleichmässig wachsenden, wenig gewölbten Umgängen, die durch eine ziemlich tief eingeschnürte Naht getrennt sind; der letzte Umgang nimmt fast $1/4$ der ganzen Gehäuselänge ein. Die Mündung ist eiförmig, etwas schief gestellt; oben leicht winklig. Der Mundsaum ist scharf, zusammenhängend, etwas verdickt; Aussenlippe gerade, nicht vorgezogen. Der Spiralrand pflegt manchmal eingedrückt zu sein; in diesem Falle ist ein Nabel nicht vorhanden, — in anderen Fällen ist er von der Schlusswindung abgetrennt und lässt eine Nabelritze frei. Auf solchen Exemplaren, wo sich der Spiralrand vom letzten Umgang loslöst, ist die obere Ecke stumpfer und abgerundeter.

Meine Form steht der in den Bächen Krains lebenden *Vitrella gracilis* CLESSIN[1], namentlich auch in Bezug auf die Grösse, so nahe, dass beide Formen als eine Art zusammenzufassen wären, würde sie nicht so sehr verschiedenen Alters sein und würden nicht die Windungen meiner Form gleichmässiger wachsen. Bei *Byth. vitrellaeformis* ist der letzte Umgang der Spira nicht so unverhältnissmässig höher als der vorhergehende, wie bei der lebenden verwandten Form.

Fundort: Tinnye, 13 Exemplare.

Genus Micromelania BRUSINA 1874.

BRUSINA stellte diese Genus für kleine, glatte oder verzierte Formen aus dem Neogen Südeuropas auf, deren Aussenlippe in der Mitte vorgezogen ist. Dieselben figurirten bis dahin bei STOLICZKA unter dem Namen *Trycula*, bei FUCHS als *Pleurocera* (*Pleur. laevis* FUCHS und *Pleur. radmanesti* FUCHS); ihnen reihte BRUSINA bei der Beschreibung des Genus noch die *Micromelania Fuchsiana* BRUS., *Micr. monilifera* BRUS., *Micr. cerithiopsis* BRUS., *Micr. coelata* BRUS., *Micr. Schwabenaui* FUCHS sp. und neuerdings noch zahlreiche andere Arten „(Matériaux)" an. Theilweise dieselben Formen fasste SANDBERGER (Land- und Süsswasserconchylien, Atlas) als neue Gattung *Goniochilus* zusammen, für welche eine Diagnose erst 1875[2], nachdem BRUSINA die Gattung *Micromelania* aufgestellt hatte, erschien.

v. ZITTEL (Handbuch) erkennt die Priorität der *Micromelania* BRUS. an, worin die meisten Autoren folgen. DYBOWSKI zählt auch die recenten zumeist als *Rissoa* und *Hydrobia* beschriebenen Formen des Kaspischen Meeres zur *Micromelania*, so dass mit den von ihm aufgestellten neuen Arten nunmehr 6 *Micromelania*-Species aus dem Kaspischen See bekannt sind. Neuerdings ist BRUSINA (Fauna di Markusevec) bemüht, die Gattung *Goniochilus* neben *Micromelania* aufrecht zu erhalten und zwar in folgender Weise:

---

[1] S. CLESSIN: Die Molluskenfauna Oesterreich-Ungarns und der Schweiz. p. 629. F. 422.

[2] SANDBERGER sagt l. c. p. 690 nach der Beschreibung des *Goniochilus costulatum* FUCHS sp. folgendes: „Nur sehr ungern habe ich mich 1870 entschlossen, für diese Art und *Pleurocera laevis, radmanesti, scalariaeforme* von Radmanest, *Schwabenaui* von Tihany und *Kochii* von Küp, welche FUCHS in den oft citirten Abhandlungen (Jahrb. d. geol. R.-A. XX) beschrieben hat, eine neue Gattung zu errichten. Ich vermuthe, dass sie auch lebende Vertreter hat, da mir Herr Dr. SIEVERS eine grössere Zahl von am Rande des Kaspischen Meeres aufgelesenen Schalen übersendet hat, welche mit den fossilen Formen alle wesentlichen Merkmale theilen; Deckel und Thier sind noch unbekannt.· (Jetzt schon bekannt, LÖRENT.) Ein eigener Name war aber nothwendig, da die Mündung von der fast rhombischen und stets in die Quere ausgedehnten, der weit grösseren *Pleurocera*-Arten aus Nordamerika weit abweicht und nur der vorgezogene rechte Mundrand eine entfernte Aehnlichkeit mit dieser erkennen lässt. *Micromelania* BRUSINA 1874 ist dieselbe Gattung. *Pleurocera* kommt fossil nur im Wälderthon vor."

„Goniochilus Sandb.'s Typus ist das Goniochilus costulatum Fuchs von Radmanest und das Gon. croaticum Brus. von Markusevec, deren Peristom zusammenhängend, jedoch nicht doppelt ist, so dass ihre obere Ecke nicht verdickt ist. Die Mündung erscheint in ihrer oberen Ecke und unten ausgebuchtet, während sie in der Mitte vorgezogen ist. Die Mündung steht beinahe senkrecht.

Micromelania Brus.'s Typus sind: die Micromelania cerithiopsis Brus., Micr. coelata Brus., Micr. monilifera und die ähnlichen Formen von Okrugljak, deren Mündung zusammenhängend, mehr oder weniger zugeschärft ist und etwas schief steht.

Zum Schluss bemerkt Brusina, dass eine natürlichere Eintheilung derzeit noch unmöglich sei, da beim grössten Theil der Arten die vollkommene Mündung unbekannt ist. Ich setze hinzu, dass die aus der Verwandtschaft der Hydrobien bisher bekannten unverletzten Mündungen schon eine so grosse Schwankung innerhalb einer Species zeigen, dass auf dieser Grundlage viele einander nahe stehende Gattungen vereinigt werden oder aber die Klassificirung auf einer anderen Basis aufgebaut werden müsste.

Wie variabel die Entwicklung der Mündung — abgesehen von den häufigen Abnormitäten — innerhalb einer Species sein kann, wird durch Hydrobia transitans Neum. aus dem oberen Niveau der levantinischen Stufe des Székelyföld (südöstliches Ungarn) sehr schön illustrirt. Unter den Exemplaren dieser Art fand ich solche, deren Mündung von den Charakteren der Gattung Hydrobia ganz abweicht: Stücke mit unmerklich herabgezogener, in der oberen Ecke verdickter Mündung neigen zu Nematurella, andere, deren Aussenlippe bald sehr schwach, bald stärker bogig vorgezogen ist, zu Micromelania. Unter den Formen der Hydrobia Eugeniae Neum. fand ich solche, bei welchen der Beginn einer Verdickung und Verdoppelung des Mundrandes in der oberen Ecke vorhanden ist, was wieder auf Pyrgidium Tourn. (Journ. de Conchyl. 1869) hinweist. Im Südosten Europas kommt es bei den mit zugeschärftem Mundsaum versehenen Süsswassergattungen häufig vor, dass der Mundsaum an die Prososthenien erinnernd verdickt ist (Burgerstein). Oft kann man auch beobachten, dass sich die Innen- und Aussenlippe bei derselben Art im Laufe der Entwicklung unverhältnissmässig verdickt. Darauf, ob die Mündung „beinahe senkrecht" oder „etwas schief" steht, kann auch kein Gewicht gelegt werden, da dies innerhalb einer und derselben Art ebenfalls sehr variirt. Ferner wird die Anzahl jener Gattungen und Arten immer häufiger, deren Mündung und Schlusswindung sich von der Spira loslöst, was jedenfalls bezeugt, dass die Form und ganze Entwicklung der Mündung sehr grossen Schwankungen unterworfen ist.

Der Grund all dieser Schwankungen und deren Grenzen sind uns noch nicht gehörig bekannt; es wären alle Versuche verfrüht, welche eine Eintheilung in natürlichere Gattungen und Untergattungen dieser durch Uebergänge mit einander engvergnüpften Formen anstrebten.

Wie Zagrabica und Caspia, so ist auch die Micromelania eine Gattung der pannonischen Stufe, welche noch heute im Kaspischen See lebt, während jedoch Zagrabica nur aus dem obersten Niveau der pannonischen Stufe bekannt ist, kommt die Caspia nur im mittleren (und in den levantinischen Bildungen von Rhodus), Micromelania hingegen in der mittleren und oberen pannonischen Stufe, in grösster Individuen- und Artenzahl jedoch im oberen, sogenannten „Congeria rhomboidea-"Niveau, vor und zählt in meiner, dem mittleren Niveau angehörigen Fauna zu den weniger häufigen Gattungen. Im ganzen fand ich zwei neue Arten, doch auch diese in keiner grossen Individuenzahl. Aus der mit meiner in Rede stehenden Schicht von Tinnye und Budapest-Köbánya gleichalterigen Ripanjer Schicht (Serbien) ist bisher nur die glatte

Micromelania laevis FUCHS sp., von Markusevec hingegen ausser *Micromelania laevis* FUCHS sp. und *Micr. radmanesti* FUCHS sp. noch drei neue Arten bekannt.

72. Micromelania ? cylindrica nov. sp.
(Taf. XIV, Fig. 6.)

Das aus 10,5 sehr langsam und gleichmässig wachsenden Windungen bestehende, glatte, jeder Ornamentik entbehrende, nur wenig spitzige Gehäuse ist cylindrisch thurmförmig. Die schwach gewölbten Umgänge trennt eine wenig eingesenkte Naht. Die Wölbung der Umgänge tritt auf deren unterem Drittel am meisten hervor. Die Mündung bildet nur ⅕ der Gesammthöhe; sie ist eirund, beinahe senkrecht stehend, nach oben in eine Ecke ausgezogen. Die dünnen Lippen hängen zusammen (die äussere ist mangelhaft erhalten). Der Spindelrand ist angedrückt, weshalb ein Nabel fehlt. (Auf Fig. 6a ist irrthümlich eine Nabelritze gezeichnet.) Die Höhe meines einzigen Exemplares beträgt 5 mm, ihre Breite 1 mm.

Micr. ? cylindrica steht der in höherem Niveau vorkommenden *Micromelania ? Fuchsiana* BRUS. und *Micr. ? Freyeri* BRUS., welche BRUSINA aus der oberpannonischen Stufe von Okrugljak darstellt (Matériaux etc. Taf. XI), nahe. Die Windungen der *Micr. ? cylindrica* sind etwas gewölbter als die der *Micr. ? Fuchsiana*, jedoch nicht so sehr, wie dies die der *Micr. ? Freyeri* zeigen, und während am unteren Theil der Umgänge bei der *Micr. ? Fuchsiana* ein mehr oder minder starker Kiel verläuft, fehlt derselbe auf der *Micr. ? cylindrica* gänzlich. Im Uebrigen stimmen diese drei Arten in der Zahl der Umgänge, in ihren Maassverhältnissen, in ihrem ganzen äusseren Habitus so sehr überein, dass kein Zweifel darüber herrschen kann, dass die in der oberpannonischen Stufe vorkommende *Micr. ? Fuchsiana* und *Freyeri* von der aus tieferem Niveau bekannten *Micr. ? cylindrica* abstammen. Dies beweist theilweise auch die Thatsache, dass in Budapest-Kőbánya die *Micr. ? cylindrica* der mittelpannonischen Stufe in höherem Niveau durch *Micr. ? Fuchsiana* vertreten wird.

Da bei *Micr. ? cylindrica* die Aussenlippe ebenso wie bei den beiden verwandten Arten unbekannt ist, so konnte sie nur unter Vorbehalt zur Gattung *Micromelania* gestellt werden.

Fundort: Budapest-Kőbánya, 1 Exemplar.

73. Micromelania variabilis nov. sp.
(Taf. XVIII, Fig. 20, 23 und 25.)

Das thurmförmige Gehäuse besteht aus 5,5—6,5 langsam und gleichförmig wachsenden Umgängen; die vier letzten sind winkelig gebogen. Die Schlusswindung macht mehr als ⅓ der Gesammtlänge aus. Die 2—3 Embryonalwindungen sind glatt, die übrigen Windungen der Spira mit Knoten und der letzte Umgang mit stärkeren oder schwächeren Querfalten bedeckt. Auf einen Umgang kommen 14—20 solcher Knoten oder Querfalten, die sich auf den stumpfen Kiel in der Mitte der Windungen beschränken und gegen die Sutur nach oben und unten allmählich abgeschwächt werden. Ueber dem Kiel ist der Umgang ein wenig concav, während er darunter flach oder nur sehr mässig gewölbt ist, manchmal ist unter der Naht eine feine furchenartige Einschnürung sichtbar. Die Mündung ist eiförmig, steht ein wenig schief und bildet oben eine abgerundete Ecke. Die Mundränder hängen zusammen; die Innenlippe ist etwas verdickt, manchmal ist auch die Aussenlippe verdickt, wodurch eine Annäherung an die Prososthenien erzielt wird. Die Aussenlippe ist oben, neben der Sutur, manchmal etwas zurückgebogen, in der Mitte hingegen stark vorgezogen, wodurch unten ein schwacher Ausguss entsteht. Der wenig verdickte Spindelrand ist schwach gekrümmt und da er die Schlusswindung meist kaum berührt, entsteht eine deutliche Nabelritze; manchmal ist die Mündung von der Schlusswindung vollständig abgetrennt, was Fig. 25 veranschaulicht. Bei jugendlichen Exemplaren kommt es vor, dass der obere Theil der dünnen Innenlippe angedrückt ist. Die ganze Oberfläche wird von starken Spirallinien bedeckt.

Die Höhe schwankt zwischen 4—5 mm, die Breite beträgt 2 mm.

Meiner Form steht *Microm. radmanesti* Fuchs am nächsten, nur besitzt letztere zwei Reihen Knoten, während meine nur eine Reihe schwächerer und gestreckterer Knoten aufweist. *Microm. variabilis.* ist ebenso variabel wie *Microm. radmanesti*, denn neben ganz glatten, skulpturlosen Formen kommen welche vor, deren Spirawindungen in der Mitte einen Kiel aufweisen, und dann solche, auf deren Kiel auch noch Knoten auftreten (letzteres ist ein vorgeschritteneres Stadium). Sowohl der Kiel als auch die Knoten erscheinen zuerst auf den oberen Umgängen, auf jenen, welche nach den 2,5 Embryonalwindungen folgen. Bei den Formen, welche nur Spirallinien zeigen, ist der obere Theil der Umgänge concaver, wie bei den mit Knoten verzierten Exemplaren. Die glatten und verzierten Formen sind durch so mannigfache Uebergänge verbunden, dass eine bestimmte Abgrenzung selbständiger Formen nicht möglich ist. *Microm. variabilis* steht auch der folgenden *Prososthenia Zitteli* nov. sp. nahe; letztere ist doch im Ganzen grösser und schlanker, ausserdem ist die Vertheilung und Entwicklung der Querfalten eine ganz andere.

Fundort: Tinnye (20 Exemplare). In Markuševec wird diese Species durch *Micromelania radmanesti* Fuchs vertreten.

Genus **Prososthenia** Neumayr 1869.

Neumayr gründete diese Genus auf einige im Obertertiär Dalmatiens vorkommende Süsswasserformen, deren Mundränder zusammenhängend, verdickt und doppelt sind, deren Aussenlippe vorgezogen, deren letzter Umgang verengt und abwärts gebogen ist. Burgerstein und Brusina erweiterten später diese Genus beträchtlich, indem sie Arten wie *Hydrobia sepulcralis* Partsch, *Hydr. candidula* Neum. und *Prosthenia Suessi* Burgerst. hinzuzogen, deren Schlusswindung sich gar nicht oder kaum verengt, nicht nach abwärts gebogen ist und deren Lippe wenig oder kaum verdickt ist; ja bei *Prososthenia Suessi* ist „die äussere Lippe" sogar „dünn". Eine andere, vom Typus abweichende Form ist auch *Prososthenia croatica* Brus., bei welcher Brusina bemerkt, er müsse im Interesse der Wahrheit aussprechen, dass diese Form unsere Ansicht, wonach diese und die verwandten Arten zusammengehören, schwanken mache, da die Mündung und das Peristom der *Pros. dalmatina* Neum. und *Pros. Tournoueri* Neum. von jenen der *Pros. croatica* sehr wesentlich abweichen. Wir sehen also, dass man zur Gattung *Prososthenia* mehrere abweichende Formen zählt, so dass dieses Genus heute schon viel weiter gefasst ist als es Neumayr that. Brusina fasste die Charaktere der Gattung in Folgendem zusammen:

„Der Typus von *Prososthenia* Neum. ist die *Pros. Tournoueri* Neum. und die *Pros. Schwarzi* Neum. von Dalmatien, deren Peristom zusammenhängend, verdickt und doppelt besonders in der oberen Ecke ist, und deren Mündung beinahe senkrecht steht." Zieht man aber in Betracht, dass auch bei den mit zugeschärftem Mundsaum versehenen Süsswassergattungen von Süd-Europa eine Verdickung des Mundsaumes auftritt, wie bei *Hydrobia Eugeniae* NEUM. und *Micromelania variabilis* nov. sp., dass aber der Mundrand wieder bei manchen Prososthenien zugeschärft bleibt, wie bei *Pros. Suessi*, so erscheint auch diese neuere Definition BRUSINA's als keine genügende. Ungenügend ist sie aus dem Grunde, dass die Gattungen *Micromelania* und *Prososthenia* heutzutage derart überbrückt erscheinen, dass es häufig Sache rein persönlicher Auffassung ist, zu welcher der beiden Gattungen man die eine oder andere Form zählt. BURGERSTEIN rechnet die mit dünnen Aussenlippen versehene *Pros. Suessi*, BRUSINA wieder *Pros. croatica* hieher, von welcher er sagt, dass sie unsere Ansicht darüber, ob sie mit *Pros. dalmatica* oder *Pros. Tournoueri* in ein Genus gehöre, schwanken macht. Auch ich zähle nur auf Grund der Verwandtschaftsverhältnisse die vorher besprochene Art *variabilis* zu *Micromelania*, *Zitteli* hingegen zu *Prososthenia*, da erstere mit *Micromelania radmanesti*, letztere mit *Prososthenia Suessi*, *serbica* und *tryoniopsis* in eine Gruppe gehört, so dass sie von denselben nicht getrennt werden können. Uebrigens sagt NEUMAYR von der *Prososthenia Schwarzi* NEUM., welche wir als den Typus der Gattung *Prososthenia* betrachten: „Es macht sich bei den vorliegenden Exemplaren eine grosse Veränderlichkeit im Grade der Verdickung der Mundränder bemerklich." Am besten wird die systematische Stellung und das gegenseitige Verhältniss der zu den Hydrobiiden gehörigen Formen durch folgende Aeusserung Prof. BRUSINA's in einem an mich gerichteten Brief illustrirt: „... Was die kleinen Hydrobiiden und verwandten Gattungen anbelangt, so sind diese in allen Museen der Welt durch und durch schlecht bestimmt; es wird noch sehr viel Zeit vergehen müssen, bis sich jemand finden wird, der zuerst eine grosse Sammlung zusammenstellen und erst dann die Gattungen und Arten gründlich bearbeiten wird."

Die Gattung *Prososthenia* war bis auf die neueste Zeit nur von der Balkanhalbinsel, aus Dalmatien, Macedonien und Serbien bekannt und BRUSINA gelang es — wie er in seiner „Fauna di Markusevec" erwähnt — erst nach 25jährigem Suchen dieses Genus in Kroatien bei Markusevec in den Arten *Prososthenia* cfr. *serbica* BRUS. und *Prososthenia croatica* BRUS. aufzufinden. In Ungarn fand ich diese Gattung zuerst in zwei Arten bei Tinnye und Budapest-Kőbánya. Ausser den zwei sicher bestimmbaren Arten fand ich in Budapest-Kőbánya auch einige Bruchstücke, welche mit der bei BURGERSTEIN abgebildeten *Prososthenia nodosa* BURGERST. (Taf. III, Fig. 5 u. 6) von Uesküb übereinstimmen. Graf SZÉCHÉNY's Begleiter, Prof. Dr. L. v. LÓCZY, entdeckte die lebenden Vertreter dieser Gattung im See Tali-Fu der chinesischen Provinz Jün-Nan. Demnach gehört auch *Prososthenia* unter jene im Orient lebenden Genera, welche aus den Pliocaen-Bildungen des Balkans und Oesterreich-Ungarns zuerst bekannt wurden und somit die Fauna unserer Pliocaen-Bildungen sowohl mit der recenten Fauna des Kaspischen und Bajkal-Sees, als auch mit der Süsswasser-Fauna Chinas in nähere Relation bringen.

74. **Prososthenia Zitteli** nov. sp.

(Taf. XVI, Fig. 8 und Taf. XVIII, Fig. 22 u. 24.)

Das thurmförmige Gehäuse besteht aus 6,5—8,5 gewölbten, langsam und gleichmässig wachsenden Umgängen. Das Gewinde ist in der Mitte winkelig gebogen. Die Schlusswindung bildet gewöhnlich ⅙ der Gesammtlänge. Die 1,5—2,5 Embryonalwindungen sind glatt, die übrigen mit stärkeren oder schwächeren Querfalten verziert, von denen 10—11, selten 12, auf einen Umgang entfallen. Die Windungen sind oben unter der Sutur schwach eingebuchtet und in diesen Einbuchtungen werden die Querfalten sehr schwach, auf der Spira verschwinden sie sogar. Die Querfalten sind am mittleren Theil der Umgänge am kräftigsten ausgebildet, so dass sie als in der Mitte aneinander gereihte Knoten erscheinen, welche sich nach oben und unten faltenartig fortsetzen. Die breit eiförmige Mündung steht ein wenig schief und ist oben etwas spitz ausgezogen; die Mundränder sind zusammenhängend und nur sehr schwach verdickt. Die Aussenlippe ist oben neben der Naht etwas zurückgezogen und tritt dann in der Mitte stark bogenförmig vor, wodurch unten ein schwacher Ausguss entsteht. Der ein wenig umgeschlagene, schwach verdickte Spindelrand ist schwach gekrümmt und da er die Schlusswindung kaum berührt, bildet sich eine kräftig ausgebildete Nabelritze. Die ganze Oberfläche ist ausser den Querfalten mit starken Spirallinien dicht bedeckt, welche besonders zwischen den Querfalten sehr gut sichtbar sind.

Maasse:

Höhe:	6,5 mm	6,5 mm	7 mm
Breite:	2,5 „	3,0 „	3 „

Wenn Burgerstein die in den Uesküber jungtertiären Süsswasser-Ablagerungen gesammelte *Prososthenia Suessi* Burgerst. trotz ihrer dünnen Mundränder zu den Prososthenien zählt, und zwar „wegen der vorgezogenen Aussenlippe, anderseits weil sie sonst im Totalhabitus am besten in diese Gattung (*Prososthenia*) passt", bin auch ich genöthigt, meine Form, als die nächste Verwandte der *Pros. Suessi*, hieher zu rechnen, trotzdem die Mundränder nur bei den ausgewachsenen Individuen ein wenig verdickt sind und von Doppellippen überhaupt keine Rede ist. Meine Species gehört mit den in den jüngeren tertiären Süss- und Brackwasser-Ablagerungen des Balkans vorkommenden Prososthenien in den Formenkreis der *Pros. tryoniopsis* Brus. von Miočič (Dalmatien), der *Pros. Suessi* Burgerst. von Uesküb und der aus den „Congerienschichten" von Zvezdan (Serbien) stammenden *Pros. serbica* Brus. Die Unterschiede gegenüber diesen Arten sind folgende:

Pros. Zitteli ist etwas grösser als *Pros. tryoniopsis*, denn während letztere 4 mm nie überschreitet, ist erstere zumeist grösser als 6 mm. Während auf den Umgängen von *tryoniopsis* deutliche, starke Falten vorhanden sind, welche sich von einer Sutur zur anderen erstrecken, befinden sich auf der Mitte der Windungen von *Pros. Zitteli* starke Knoten, die nach oben und unten einen faltenartigen Fortsatz bilden, jedoch bei der oberen Einsenkung des Umganges endigen. Höchstens auf der letzten Windung erstrecken sie sich nach oben bis zur Naht, werden aber in der Nähe derselben schon sehr schwach, während sie bei *Pros. tryoniopsis* auch hier stark bleiben. In der Entwicklung des Mundrandes stimmen die beiden — nach Vergleich mit Exemplaren von Miočič — ziemlich überein. Die Lippen sind nämlich auch bei *Pros. tryoniopsis* dünn oder nur wenig dick, nur selten ist mit Hilfe der Lupe zu erkennen, dass sie doppelt sind, bei *Pros. Zitteli* hingegen verdicken sie sich nie so weit, dass sie doppelt wären.

Die nicht abgebildete *Pros. serbica* Brus.[1] unterscheidet sich — wie sich Prof. Brusina, als er meine Exemplare sah, dahin äusserte — von *Pros. Zitteli* durch das Fehlen der Spiralskulptur.

Es erübrigt noch, die *Pros. Zitteli* mit der Uesküber *Pros. Suessi* zu vergleichen. In Bezug der Querfalten stimmt *Pros. Suessi* mit *Pros. tryoniopsis* überein, da dieselben von einer Sutur zur andern sich erstrecken, während sie an *Pros. Zitteli* als gestreckte Knoten auftreten, welche sich nur auf die Mitte be-

---

[1] Brusina: Frammenti di malacologia terziaria Serba. (Ann. geol. d. l. penins. Balcanique. Bd. IV. p. 66.)

schränken. Diese Querfalten sind an der *Pros. Suessi* schwächer als an der *Pros. tryoniopsis*. *Pros. Zittel* ist mit Spirallinien bedeckt, die *Pros. Suessi* hingegen nicht, so weit man nämlich aus der Beschreibung und den Figuren BURGERSTEIN's schliessen kann. Der Mangel an Spirallinien scheidet die *Pros. Suess* nicht nur von der *Pros. Zitteli*, sondern auch von der in der Entwicklung der Querfalten ihr so nah stehenden *Pros. tryoniopsis* scharf ab.

Der *Pros. Zitteli* gleicht in vielen Beziehungen die in den Formenkreis der *Micromelania radmanesi* FUCHS gehörige, vorher beschriebene *Microm. variabilis* n. sp., welche jedoch kleiner und gedrungener is als *Pros. Zitteli* und von derselben überdies bezüglich der Ornamentik abweicht.

Fundorte: Tinnye (100 Exemplare), Budapest-Köbánya (14 Exemplare); es dürfte *Pros. Zittel* wohl jene Form sein, welche HANTKEN in seinem Werke: Geologiai tanulmanyok Buda és Tata között (Geologische Studien zwischen Buda und Tata) unter dem Namen „*Rissoa*" erwähnt.

75. **Prososthenia Zitteli** nov. sp. var. **similis** nov. var.
(Taf. XVIII, Fig. 19 und 21.)

Gerade so, wie BRUSINA die glatte, keinerlei Verzierung aufweisende var. *apleura* BRUS. als d Varietät der *Prososthenia Schwarzi* NEUM. betrachtet (Foss. Binn.-Moll. p. 51. Taf. III, Fig. 10), reihe auc ich eine vollkommen glatte oder hie und da mit schwachen Falten verzierte Form als var. *similis* an *Pro Zittel* an. Auf der in Fig. 19 abgebildeten Form ist nur eine Spur der Falten vorhanden, auf Fig. sind die Falten schon stärker und auch auf den Windungen der Spira sichtbar. Formen mit stärker Querfalten, welche sie mit dem Typus derart verbinden würden, dass sie nicht als selbständige Variet abgetrennt werden könnten, besitze ich nicht; wäre es wieder bei der *Micromelania radmanesti* FUCHS u *Micr. variabilis* LÖRENT. nicht rathsam, die glatten Formen von den verzierten abzutrennen. Auf d Exemplaren, welche keine Querfalten besitzen, ist die Einsenkung auf dem oberen Theil der Umgän welche bei demselben mit einer ziemlich tiefen Einschnürung beginnt, am auffallendsten. Die Charakt der *Prososthenia Zitteli* var. *similis* kann ich in folgendem kurz zusammenfassen.

Das thurmförmige Gehäuse besteht aus 6,5, selten 7,5 langsam und gleichmässig anwachsend Umgängen; die Anzahl derselben erreicht demnach nie 8,5, wie bei der mit faltenähnlichen Knoten v sehenen Grundform. Die Umgänge sind oben etwas eingesenkt, die Schlusswindung unter der Sutur man mal wohl auch eingeschnürt. Die Einsenkung ist stärker, die eingesenkte Oberfläche breiter wie beim Typ so dass die Umgänge demzufolge nicht wie auf letzterem in der Mitte, sondern unter derselben am wölbtesten und breitesten sind. In dem Maasse, wie das Gehäuse wächst, rückt der grösste Breitendur messer gegen die Mittellinie vor. Die Schlusswindung bildet mehr als ¹/₃ der Gesammthöhe, bei der Gru form weniger als ¹/₃. Die Umgänge sind entweder glatt oder hie und da mit Falten verziert. Falten si bei manchen Exemplaren nur auf der Schlusswindung, bei anderen wieder nur auf den 1—2 letzten U gängen der Spira sichtbar. Diese auffallend schwachen Falten erstrecken sich bald über den ganzen U gang, was zumeist auf der Schlusswindung vorzukommen pflegt, oder beschränken sich nur auf die Mi desselben, was wieder auf der Spira der häufigere Fall ist. Die Mündung ist bald breit, bald einfach eiförm ein wenig schief stehend und oben etwas spitz ausgezogen. Die Mundränder sind zusammenhängend und e weder dünn oder wenig verdickt. Die Aussenlippe ist oben etwas zurückgebogen, in der Mitte mehr o

76. Prososthenia sepulcralis Partsch sp.

(Taf. XVIII. Fig. 11—13.)

1875. *Hydrobia sepulcralis* Partsch. Neumayr u. Paul: Cong. u. Palud.-Schicht. Slav. etc. p. 76. T. IX, F. 14.
      (Siehe daselbst die vorhergehende Literatur.)
1884.   „   „   „   Penecke: Beitr. z. Kennt. d. Fauna d. Slav. Palud.-Schicht. p. 84.
1884. *Prososthenia sepulcralis* Partsch sp. Brusina: Neritodonta Dalm. u. Slav. p. 46.
1894. *Hydrobia sepulcralis* Partsch. Lörenthey: Fauna von Kurd. p. 85.
1896. *Prososthenia ? sepulcralis* Partsch. Brusina: La collect. néogène de Hongrie etc. p. 128.
1897.   „   *sepulcralis* Partsch. Brusina: Matériaux. p. 18. T. IX, F. 5, 6, 13, 14, u. 36—39.

Die vertical weit verbreitete Art reicht vom dalmatinischen Süsswassermergel bis in die levantinischen Schichten Kroatiens und Slavoniens hinauf. Meine Exemplare sind — wie dies auch meine Figuren zeigen — zumeist jung und unausgewachsen; ich besitze jedoch auch ausgewachsene typische Exemplare, welche sowohl mit Exemplaren von Ribarič, als auch mit den bei Brusina (Matériaux) von Gradiska in Fig. 13 u. 14 abgebildeten übereinstimmen. Alle meine Formen sind mit Spiralstreifen verziert. Die jugendlichen Stücke mit dünnem Gehäuse und dünnem Mundrand gleichen Hydrobien; auf den ausgewachsenen Exemplaren, welche eine Höhe von 4—4,5 mm und eine Breite von 1,5—2 mm besitzen, sind jedoch die verdickten Lippen gut sichtbar, was auf *Prososthenia* hinweist, obzwar hier die Lippe nicht doppelt ist, wie auf den typischen Prososthenien. Ich bin auch im Besitze solcher Exemplare, welche ihrer Form nach zwischen den Figuren 37 u. 39 Brusina's stehen. Manche meiner Exemplare besitzen keinen Nabel, andere wieder haben eine deutliche Nabelritze. Kurz, diese Form ist in meiner Fauna ebenso variabel, wie dies Brusina's Figuren illustriren.

Ferner liegen Exemplare vor, welche zu *Prososthenia eburnea* Brus.? (Matériaux. p. 18) neigen, nur sind meine Exemplare etwas kleiner, gedrungener, ihre Sutur stärker, ihr Gehäuse weniger glänzend und mit stärkeren Spiralstreifen versehen, wie die aus Dalmatien (Siny [Trnovača]) stammenden Exemplare der *Pros. eburnea*.

Fundort: Tinnye 13, Budapest-Köbánya 2 Exemplare.

Genus Bythinia Gray 1821.

Diese seltene Gattung unserer Pliocaen-Bildungen fand ich nur in zwei Exemplaren, welche mit der im dalmatinischen Melanopsiden- oder Süsswasser-Mergel vorkommenden Art *Bythinia Jurinaci* Brus. identisch sind.

77. **Bythinia Jurinaci** Brusina.

(Taf. XIV, Fig. 5 und Taf. XVI, Fig. 6.)

1884. *Bythinia Jurinaci* Brus. Brusina: Die Neritodonta Dalm. u. Slav. p. 81 u. 87. (Siehe daselbst die vorhergehende Literatur).
1896. „ „ „ Brusina: La collection néogène de Hongrie etc. p. 132 (86).

Diese Form, welche eine der interessantesten meiner Fauna ist, beschrieb Neumayr aus dem Süss-
sermergel von Miočič (Dalmatien) unter dem Namen *Bythinia tentaculata* (Jahrb. d. k. k. geol. R.-A.
XIX. p. 363 u. 378. Taf. XII, Fig. 8). Lange Zeit figurirte sie auch bei Brusina unter diesem Namen,
sie derselbe 1884 l. c. von der recenten *B. tentaculata* L. abtrennte und als neue Species unter dem Namen
Jurinaci ohne Beschreibung und Abbildung in die Literatur einführte. Doch hebt Brusina hervor, dass
Form und die Grössenverhältnisse der Umgänge der *B. Jurinaci* dieselbe von der *B. tentaculata* L.
rf unterscheiden.

Das auf Taf. XIV, Fig. 5 abgebildete gedrungenere, ebenso das auf Taf. XVI, Fig. 6 dargestellte
ankere Exemplar stimmt mit Exemplaren von Miočič sowohl in der Grösse, als auch in Bezug auf die
se Farbe und den Glanz des Gehäuses vollkommen überein, so dass niemand im Stande wäre, sie zu
rscheiden, im Falle man die von den beiden Fundorten herrührenden Exemplare vermengen würde.

Fundort: Es ist auffallend, dass diese im dalmatinischen Melanopsiden-Mergel vorkommende Species
a in meiner, einem höheren Niveau angehörigen Fauna vorkommt, während sie aus den mit der meinigen
chalterigen und näher an Dalmatien gelegenen Faunen von Markusevec und Ripanj bisher unbekannt ist.
meiner Fauna ist sie bedeutend seltener als im dalmatinischen Melanopsiden-Mergel, da ich bisher nur
i ausgezeichnet erhaltene Exemplare in Tinnye und drei mangelhafte in Budapest-Köbánya fand.

Familie **Valvatidae.**

Genus **Valvata** O. F. Müller 1774.

Dieses Genus gehört in unserer Fauna zu den Seltenheiten. In Tinnye fand ich das Bruchstück
s Exemplares, welches mit der von Griechenland beschriebenen und auch in den ober-pannonischen
ichten von Budapest-Köbánya und Szegzárd bekannten *Valv. minima* Fuchs übereinstimmt. Ein
eres mangelhaftes Exemplar sammelte ich in Budapest-Köbánya, welches wieder mit *Valv. balatonica*
le? vielleicht zu identificiren ist. Ich besitze ferner aus Tinnye ein näher nicht determinirbares Bruch-
k, welches von den übrigen Stücken abweicht. In den gleich alten Bildungen von Markusevec kommen
v. *gradata* Fuchs, *Valv. debilis* Fuchs und *Valv. simplex* Fuchs vor, welchen sich die neuen Arten
v. *cyclostrema* Brus. und *Valv. leptonema* Brus. anreihen. Das Genus *Valvata* besitzt also in den Ab-
rungen der mittelpannonischen Stufe Kroatiens und Ungarns keine gemeinschaftlichen Formen.

78. **Valvata minima** Fuchs.

1877. *Valvata minima* Fuchs. Fuchs: Stadien über die jüng. Tertiärbild. Griechenlands. p. 14. T. I, F. 25—27.
1893. „ „ „ Lörenthey: Die Fauna von Szegzárd, Nagy-Mányok u. Árpád. p. 121 (51).

In Tinnye fand ich ein Exemplar, dessen obere Windungen abgebrochen sind. Ich glaube nicht zu
n, wenn ich es zu dieser Species zähle, welche Fuchs aus den jüngeren Tertiärablagerungen Griechen-

lands beschrieb und welche auch ich in den oberpannonischen Schichten zu Budapest-Köbánya und Szegzárd fand. Diese Art ist bisher sowohl von Budapest-Köbánya als auch von Markusevec aus der mittelpannonischen Stufe unbekannt.

79. **Valvata balatonica** ROLLE ?.

1861. *Valvata balatonica* ROLLE. FR. ROLLE: Ueber einige neue Molluskenarten. p. 209, T. I, F. 5.
1870. „   „   „   FUCHS: Cong.-Schichten von Tihany. p. 587. T. XXI, F. 17 u. 18.
1875. „   (*Polytropis*) *balatonica* ROLLE. SANDBERGER: Land- und Süsswasser-Conchylien der Vorwelt. p. 697. T. XXXII, F. 4.
1894. „   *balatonica* ROLLE. LÖRENTHEY: Die pont. Fauna von Szegzárd, Nagy-Mányok u. Árpád. p. 118 (48).
1896. „   „   „   BRUSINA: La collect. néogène de Hongrie etc. p. 138 (42).

Ich fand in Budapest-Köbánya ein mangelhaftes Exemplar, welches ich geneigt bin zur *Valv. balatonica* zu nehmen; dies war bisher nur aus den oberen Schichten der pannonischen Stufe bekannt. Von den übrigen in die weiter unten folgende Tabelle aufgenommenen Fundorten ist sie bisher unbekannt.

Subordo **Scutibranchiata.**

Rhipidoglossa.

Familie Neritidae.

Genus **Neritina** LAMARCK.

Subgenus **Neritodonta** BRUSINA 1884.

In unserer Fauna ist die Familie der *Neritidae* durch das zur Gattung *Neritina* gehörende Subgenus *Neritodonta* vertreten. In der Literatur werden die hieher gehörigen Formen zumeist noch unter dem Namen *Neritina* geführt, da jene Charaktere, auf welche Prof. BRUSINA 1884 (Die Neritodonta Dalmatiens und Slavoniens) das Subgenus *Neritodonta* gründete, sehr selten sichtbar sind. Als ich behufs Bestimmung des grössten Theils der Tinnyeer Fauna nach Agram reiste, um dort meine Formen mit jenen von Markusevec zu vergleichen, bekräftigte auch Prof. BRUSINA, dass meine Exemplare mit den von ihm aufgestellten Arten *Neritodonta Pilari* BRUS., *Cunići* BRUS. und *Zografi* BRUS. identisch sind. Würden meine Formen mit diesen von Markusevec, welche BRUSINA zu *Neritodonta* stellt, nicht vollkommen übereinstimmen, so wäre ich genöthigt gewesen, dieselben unter dem Gattungsnamen *Neritina* zu beschreiben, da der Hauptcharakter, „das Vorhandensein eines Zähnchens oder einer kurzen Leiste am unteren Muskeleindruck" überhaupt nicht festzustellen ist. Der Umstand, dass die Collumellarfläche dünn und eingesenkt (Fig. 27—28) und der Collumellarrand deutlich gezähnelt ist (Fig. 27—28), weist eher auf das Subgenus *Theodoxus*, als auf *Neritodonta* hin.

Auch in der Fauna von Tinnye und Budapest-Köbánya spielen *Neritodonta*-Arten eine untergeordnete Rolle, wie in unseren pannonischen Ablagerungen überhaupt, obzwar sie in Tinnye häufiger sind als an den meisten bisher bekannten Fundorten; in unseren levantinischen Ablagerungen hingegen herrschen gerade sie stellenweise vor.

Unsere Fauna enthält vier neue Arten, welche ihr Entdecker, Prof. BRUSINA, beschreiben wird, ich lege hier nur — um das Bild meiner Fauna zu vervollständigen — die Abbildungen dreier Arten vor und beschränke mich in der Beschreibung nur auf die Erwähnung mancher lokaler Eigenthümlichkeiten meiner Formen.

80. **Neritina (Neritodonta) Pilari** Brusina.

(Taf. XVIII, Fig. 26.)

1884. *Neritodonta Pilari* Brus. Brusina: Congerienschichten von Agram. p. 136 (12).
1892. ,, ,, ,, Brusina: Fauna di Markusevec. p. 176 (64).
1895. ,, ,, ,, Lörenthey: Papyrotheca. p. 392.
1896. ,, ,, ,, Brusina: La collect. néogène de Hongrie etc. p. 140 (44).

Brusina erwähnt diese Species zuerst aus der mittleren pannonischen Stufe von Markusevec auf Grund der Aufsammlungen des Professors Dr. Gorjanovićs-Kramberger. Später fand ich in der oberen pannonischen Stufe von Kurd ein verletztes Stück, welches ich als cfr. *Pilari* Brus.[1] publicirte.

Diese Art, welche in Markusevec die gewöhnlichste Neritodonten-Art ist, gehört auch in der Fauna von Tinnye zu den häufigeren und ist unter den in ihrer Gesellschaft vorkommenden Neritodonten die grösste.

Brusina bemerkt (Fauna di Markusevec), es wäre nicht unmöglich, dass *N. Pilari* mit *Neritina leobersdorfensis* Handm.[2] zu vereinigen sei.

Meine Stücke von Tinnye sind sehr gut erhalten; die Färbung ist stets sichtbar. Die meisten sind mosaikartig mit lichtgelben und lichtbraunen eckigen Flecken verziert; überdies zeigen manche noch drei in der Längsrichtung verlaufende dunkle Bänder. Daneben kommen auch gleichförmig braun gefärbte Exemplare vor. Die Anwachsstreifen zeichnen sich durch ihre Schärfe aus.

Fundort: Tinnye (mehr als 30 unverletzte Exemplare), Budapest-Kőbánya (neben drei ebenfalls unverletzten Exemplaren Bruchstücke von 12—15 Exemplaren). Wahrscheinlich gehört jenes mangelhafte Exemplar, welches ich von Perecsen unter dem Namen *Neritina crenulata* Klein beschrieb, ebenfalls zu *Neritodonta Pilari* (p. 299).

81. **Neritina (Neritodonta) Cunići** Brusina in literis.

(Taf. XVIII, Fig. 29.)

1892. *Neritodonta Cunići* Brus. Brusina: Fauna di Markusevec. p. 177.
1895. ,, ,, ,, Lörenthey: Papyrotheca. p. 392.
1896. ,, ,, ,, Brusina: La collect. néogène de Hongrie etc. p. 140 (44).

Diese Form gehört ebenfalls zu jenen, welche Brusina von Markusevec erwähnt, ohne sie zu beschreiben und abzubilden. Beim Vergleiche meiner Exemplare mit denen von Markusevec, zeigte es sich, dass sie trotz etwas weniger hoher Spira ganz typisch sind. Auch diese Art ist — wie beinahe alle Formen der Fauna von Tinnye — hier im Allgemeinen etwas grösser als in Markusevec, da die meisten Exemplare 2 mm hoch und 3,5 mm breit, wohl auch noch grösser sind. Manche sind weiss, glänzend, besitzen keinerlei Färbung, andere wieder weisen auf braunem oder violettem Grund weisse Flecken auf; wieder andere tragen auf der weissen Schlusswindung oben, in der Mitte und unten ein kleines Längsband, in welchem längliche weisse Flecken verstreut sind. Auch kann das gelblich-weisse Gehäuse mit violetten, im Zick-Zack verlaufenden Linien verziert sein. Die Columellar-Area ist manchmal concav wie bei Brusinas Subgenus

---

[1] Lörenthey: Die pontische Fauna von Kurd im Comitate Tolna. p. 95.
[2] Handmann: Die fossile Conchylienfauna von Leobersdorf im Tertiärbecken von Wien. p. 8. T. VI, F. 14 u. 15.

jedoch gegen die Mündung wieder die Form scharfer Anwachsstreifen zurückgewinnen.

Fundort: In Tinnye ebenso häufig wie in Markusevec (50 Exemplare, welche etwas grösser sind als die Markusevecer). Es ist möglich, dass jene zwei wenig abgerollten Exemplare, welche ich von Pereesen unter dem Namen *Neritina* sp. ind. erwähnte (p. 299), zu *Neritodonta Cunići* gehören.

82. Neritina (Neritodonta) cfr. Cunići Brus. in literis.

1895. *Neritodonta* cfr. *Cunići* Brus. Lörenthey: Papyrotheca. p. 392.

Einige meiner Exemplare weichen von der typischen *N. Cunići* durch die flügelartige Erweiterung des unteren Theiles der Mündung ab. Die in Fig. 29 abgebildete Form ist auch nicht ganz typisch, da auch auf ihr schon die flügelartige Erweiterung des Mundrandes und der Columellar-Area sichtbar ist. Ein Exemplar von Budapest-Köbánya zeigt sehr schön violette Zickzack-Streifen auf weissem Grunde.

Fundorte: Tinnye (15 Exemplare), Budapest-Köbánya (3). Dieselbe Form kommt auch in Markusevec vor.

83. Neritina (Neritodonta) Zografi Brus. in literis.

(Taf. XVIII, Fig. 27 u. 28.)

1895. *Neritodonta Zografi* Brus. Lörenthey: Papyrotheca. p. 392.

Die in Tinnye gesammelten, eigenartig gestreckten Exemplare stimmen in ihrem Gesammthabitus am besten mit *Neritina leobersdorfensis* Handm. var. *oblonga* Handm.[1] überein, nur sind sie bedeutend kleiner, halb so gross wie letztere (Leobersdorfer Form 10 mm hoch und 6 mm breit, Exemplare von Tinnye im Durchschnitt nur 5 mm hoch und 3 mm breit). In der Sammlung Brusina's fand ich die gleiche Form von Markusevec dort als *Neritodonta Zografi* bezeichnet. Bei Beschreibung der Fauna von Markusevec war sie noch unbekannt.

Die Mündung dieser Form ist sehr gestreckt, die Columellar-Area ist breit und an das Subgenus *Theodoxus* erinnernd concav. Die Innenlippe ist entweder gerade oder concav, oder aber etwas convex und in der Mitte stets gezähnelt. Der untere Mundrand ist gerade oder flügelförmig erweitert (Fig. 27); in letzterem Falle nähert er sich dem der *N.* cfr. *Cunići* Brus. Das Gehäuse ist einfarbig, gelblich-weiss, manchmal aber mit feinen bläulichen Zickzack-Linien oder mit im Zickzack, zuweilen in Längsreihen angeordneten ebenfalls bläulichen Flecken verziert. Die Färbung ist feiner als auf den vorhergehenden Formen, da sie nur unter der Lupe sichtbar wird.

Wie *Neritodonta Pilari* mit *Neritina leobersdorfensis*, so wird wahrscheinlich *Neritodonta Zografi*

---

[1] Handmann: Die foss. Conch.-Fauna von Leobersdorf. p. 8. T. VI, F. 15.

von Tinnye besitze ich einige näher nicht bestimmte Formen, welche von den bisherigen abweichen. Unter den von Perecsen als *Neritina* sp. ind. zusammengefassten Formen sind 7 Exemplare einer Species vorhanden, welche vollkommen mit *Neritodonta Stanae* Brus.[1] von Ripanj übereinstimmen, nur ist auf der Innenlippe meiner Formen die Zähnelung nicht zu sehen.

Vertebrata.

Fischzähne.

v. Hantken (Die Umgegend von Tinnye etc.) nennt *Pycnodus Münsteri* Ag. als sehr häufige Species von Tinnye, welche Angabe ich nach Hantken in meiner Mittheilung: „Papyrotheca etc." (p. 392) wiederholte. Ich fand zwar in der Hantken'schen Sammlung keine *Pycnodus*-Ueberreste, doch bin ich geneigt, zu glauben — da ich einige Zähne sammelte, welche auf Formen der Familie *Sparidae*, so auf die Genera *Crysophrys* Cuv. und *Sargus* Cuv. hinweisen — dass Hantken's „*Pycnodus*", ebenso die Otholithen und auch die Bruchtheile mehrerer Knochen von den *Sparidae* herrühren.

---

[1] Brusina: Frammenti di malac. tert. Serba. p. 28. T. II, F. 3.

Schlussfolgerung.

Mit den aufgezählten Formen ist meine Fauna noch nicht erschöpft. Von beiden Fundorten sind noch mehrere von den bisherigen abweichende Arten vorhanden, welche jedoch, da sie nur in Bruchstücken erhalten blieben, nicht bestimmt werden konnten.

In grosser Menge kommen Ostracoden vor, die ich jedoch im Rahmen dieser Abhandlung nicht bespreche, da ich mein aus den verschiedenen Niveaux der pannonischen Stufe Ungarns stammendes reiches Ostracoden-Material zusammengefasst zu publiciren beabsichtige. In Tinnye sind ferner Pflanzen gefunden: zwei an Dactyloporen erinnernde Kalkröhrchen.

Die aus der Sandgrube bei Tinnye und dem Brunnen der Schweinemast-Anstalt in Budapest-Köbánya zu Tag geförderte Fauna stammt aus einem Niveau, dessen Fauna noch kaum bekannt ist und welches Brusina im Gegensatz zur obersten pannonischen Stufe — die er „*Valenciennesia*-“, Halaváts „*Congeria rhomboidea*-“ und Gorjanović-Kramberger „*Budmania*-Horizont“ heisst — „*Lyrcea*-Horizont“ nennt. Ich halte die Benennungen nach einzelnen Gattungen und Arten nicht für zweckmässig, da wir bisher die Faunen nur weniger Fundorte kennen und das Material eines jeden neuen reicheren Fundortes unsere Ansichten über die Wichtigkeit der betreffenden Gattung oder Art ändern kann. Schon längst ist es z. B. bekannt, dass *Valenciennesia* nicht in jenem Niveau in grösster Menge vorkommt, welches Brusina den „*Valenciennesia*-Horizont“ benannte, sondern in einem bedeutend tieferen Niveau. Ich heisse diese Schichten einfach die Schichten der oberen pannonischen Stufe, da meine bisherigen Beobachtungen darauf hinzuweisen scheinen, dass sowohl die sogenannten Budmanien als auch vielleicht die *Cong. rhomboidea* lokale Formen seien, welche nur zur Bezeichnung von Facies-Ausbildungen verwertet werden können.

Unserer Fauna gleichaltrige und eingehender erforschte Faunen sind: die Leobersdorfer, welche Handmann, die Ripanjer und Markusevecer, welche Brusina, und die Perecsener und Szilágy-Somlyóer, welche ich beschrieb. Es sind dies von einander weit entfernte Fundorte, deren Faunen trotzdem eine auffallende Uebereinstimmung zeigen.

Um diese Conformität übersichtlich zu veranschaulichen, stelle ich auf folgender Tabelle der Fauna der Sandgrube bei Tinnye und des Brunnens der Schweinemastanstalt von Budapest-Köbánya diejenige von Perecsen, Szilágy-Somlyó, Ripanj und Markusevec gegenüber.

Protozoa.
Ordn. **Foraminifera.**
Unterordn. **Vitro-Calcarea:**
A. Fam. **Rotalidae.**

	Tinnye	Budapest-Kőbánya	Perecsen	Szilágy-Somlyó	Mar-kuszvec
otalia Beccarii L. sp.	—	+	—	—	—

B. Fam. **Nummulinidae.**

onionina granosa D'Orb.	?+	+	—	—	—
olystomella Listeri D'Orb.	—	+	—	—	—
" macella F. u. M.	—	+	—	+	—

Mollusca.
Pelecypoda.
A. Fam. **Dreissensidae.**
I. Genus: **Congeria** Partsch.

'ongeria Budmani Brus.	+	—	—	—	—
" rhamphophora Brus.	+	—	—	+	+
" Döderleini Brus.	+	—	—	+	+
" Zujovići Brus.	+	—	—	+	+
" ornithopsis Brus.	+	—	?	—	—
" tinnyeana nov. sp.	+	—	—	—	—
Gitneri Brus.	+	+	+	+	+
" plana nov. sp.	+	—	—	—	—
" scrobiculata Brus.	+	+	—	+	—
" " var. carinifera nov. var.	+	+	—	—	+
" subglobosa Partsch.	+	+	—	+	+
" Partschi Czjzek.	+	—	+	+	+
" Mártonfii Lörent.	+	+	+	+	+
" " var. scenemorpha nov. var.	+	—	—	+	+
" " var. pseudoauricularis Lörent.	+	+	+	+	+

B. Fam. **Unionidae.**
II. Genus: **Unio** Retzius.

Unio Vásárhelyii nov. sp.	+	—	?	—	—

C. Fam. **Cardiidae.**
III. Genus: **Limnocardium** Stol.

Limnocardium Halavátsi nov. sp.	+	?	—	—	—
" sp. ind.	—	+	—	—	—
" minimum nov. sp.	—	+	—	—	—
" sp. ind.	—	+	—	—	—

ossilien:	Tinnye	Budapest-Kőbánya	Perecsen	Szilágy-Somlyó	Mar-kuszvec	Rippanj.
21. Limnocardium (Pontalmyra) Jagici Brus.	+	+	—	+	+	+
22. " " Andrusovi n. sp.	+	+	—	+	—	—
23. " " " var. spinosa nov. var.	+	?	—	—	—	—

D. Fam. **Cyrenidae,**
IV. Genus: **Pisidium** C. Pfeiffer.

	Tinnye	Budapest-Kőbánya	Perecsen	Szilágy-Somlyó	Mar-kuszvec	Rippanj.
24. Pisidium sp. ind.	+	—	—	—	?	—

Gasteropoda.
E. Fam. **Helicidae.**
V. Genus: **Helix** Linné.

25. Helix sp. ind.	+	—	—	—	?	—

F. Fam. **Succineidae.**
VI. Genus: **Papyrotheca** Brus.

26. Papyrotheca mirabilis Brus.	+	—	—	—	—	+
27. " gracilis nov. sp.	+	+	—	—	—	—

G. Fam. **Limnaeidae.**
VII. Genus: **Limnaea** Lamarck.

28. Limnaea (Gulnaria) nov. sp.	+	—	—	—	—	—

VIII. Genus: **Planorbis** Guettard:

29. Planorbis (Tropodiscus) Sabljari Brus.	+	+	—	—	+	—
30. " verticillus Brus.	+	+	—	—	—	—
31. " " var. ptychodes n. var.	+	—	—	—	+	—
32. " (Armiger) ptychophorus Brus.	+	+	—	—	+	—
33. " (Gyraulus) Fuchsi nov. sp.	+	—	+	+	?	—
34. " " solenoeides n. sp.	+	+	—	—	—	—

IX. Genus: **Ancylus** Geoffroy.

35. Ancylus illyricus Neum.	+	+	—	—	—	—

H. Fam. **Caecidae.**
X. Genus: **Orygoceras** Brus.

36. Orygoceras corniculum Brus.	+	+	—	—	+	+
37. " filocinctum Brus.	+	+	—	—	+	?
38. " cultratum Brus.	+	+	—	—	+	?

I. Fam. **Melaniidae.**
XI. Genus: **Melania** Lamarck.

39. Melania (Melanoides) Vásárhelyi Hantken.	+	+	—	—	—	—

Fossilien:	Timnye.	Budapest-Kőbánya.	Perecsen.	Szilágy-Somlyó.	Mar-kaszeg.	Ripanj.	Fossilien:	Timnye.	Budapest-Kőbánya.	Perecsen.	Szilágy-Somlyó.	Mar-kaszeg.	Ripanj.
XII. Genus: Melanopsis Férussac.							**XV. Genus: Bythinella** Mog.-Tand.						
40. *Melanopsis avellana* Fuchs.	+	—	—	—	—	—	70. *Bythinella scitula* Brus.	+	—	+	+	+	—
41. „ *textilis* Handm.	+	—	—	—	+	—	71. „ *vitrellaeformis* nov. sp.	+	—	—	—	—	—
42. „ „ var. *ampullacea* Handm.	+	—	—	—	—	—	**XVI. Genus: Micromelania** Brus.						
43. „ *stricturata* Brus.	+	—	—	—	—	—	72. *Micromelania ? cylindrica* nov. sp.	—	+	—	—	—	—
44. „ *Bouéi* Fér.	+	—	+	+	+	?	73. „ *variabilis* nov. sp.	+	—	—	—	—	—
45. „ „ var. *ventricosa* Handm.	+	—	—	—	—	—	**XVII. Genus: Prososthenia** Neum.						
46. „ „ „ *spinosa* „	+	—	—	—	—	—	74. *Prososthenia Zitteli* nov. sp.	+	+	?	—	—	—
47. „ „ „ *vulticostata* „	+	—	—	—	—	—	75. „ var. *similis* n. var.	+	—	—	—	—	—
48. „ *Styrii* Fuchs.	+	—	—	—	—	—	76. „ *sepulcralis* Partsch sp.	+	+	—	—	—	—
49. „ *defensa* Fuchs.	+	—	?	+	—	—	**XVIII. Genus: Bythinia** Gray.						
50. „ *Sinzowi* nov. sp.	+	—	—	—	—	—	77. *Bythinia Jurinaci* Brus.	+	+	—	—	—	—
51. „ *affinis* Handm.	+	—	—	?	—	—	**L. Fam. Valvatidae.**						
52. „ *rarispina* nov. sp.	+	+	—	—	—	—	**XIX. Genus: Valvata** O. F. Müller.						
53. „ *austriaca* Handm.	+	—	—	+	—	—	78. *Valvata minima* Fuchs.	+	—	—	—	—	—
54. „ *Martiniana* Fér.	+	+	+	+	+	+	79. „ *balatonica* Rolle.	—	+	—	—	—	—
55. „ *impressa* Krauss.	+	+	—	+	+	+	**M. Fam. Neritidae.**						
56. „ „ var. *Bonellii* E. Sismd.	+	+	—	—	—	—	**XX. Genus: Neritina** Lamarck.						
57. „ „ „ *carinatissima* Sacco.	+	+	—	—	—	—	80. *Neritina (Neritodonta) Pilari* Brus.	+	+	?	—	+	—
58. „ *Matheroni* Mayer.	+	+	—	—	—	—	81. „ „ *Cunići* „	+	—	—	—	+	—
59. „ *vindobonensis* Fuchs.	+	+	+	+	+	+	82. „ „ cf. „ „	+	+	?	—	+	—
60. „ *leobersdorfensis* Handm.?	+	—	—	—	—	—	83. „ „ *Zografi* „	+	—	—	—	—	—
61. „ *Brusinai* nov. sp.	+	—	—	—	?	—	84. „ sp. ind. ·	+	—	—	—	—	—
K. Fam. Hydrobiidae.							**Vertebrata.**						
XIII. Genus: Hydrobia Hartm.							**Pisces.**						
62. *Hydrobia pupula* Brus.	+	—	—	—	—	—	1. *? Pycnodus Münsteri* Agg.?	+	—	—	—	—	—
63. „ *atropida* Brus.	+	—	—	—	+	—							
64. „ *(Caspia) Vujići* Brus.	+	+	—	+	+	+							
65. „ „ *Dybowskii* Brus.	+	—	—	+	—	—							
66. „ „ *Böckhi* nov. sp.	+	—	—	—	—	—							
67. „ „ *Krambergeri* nov. sp.	+	+	—	—	—	—							
68. „ *(Pannona) minima* Lőrent. sp.	+	—	—	+	—	—							
XIV. Genus: Baglivia Brus.													
69. *Baglivia sopronensis* R. Hoern. sp.	—	+	—	—	?	—	Summe:	81	40	9	14	34	17

Der Grund dafür, dass in dieser Zusammenstellung die in der älteren Literatur erwähnten Formen *Congeria triangularis* Partsch, *Cong. spathulata* Partsch, *Cong. balatonica* Partsch, *Neritina Grateloupana* Fér. und *Neritina fluviatilis* L. nicht vorkommen, ist in den alten Bestimmungen zu suchen. Die Etiquetten Hantken's haben mich nämlich · davon überzeugt, dass die *Cong. triangularis* und *Cong. balatonica* nichts anderes als die· Bruchstücke der in neuerer Zeit beschriebenen *Cong. ornithopsis* Brus. sind, die bisher in der Literatur ganz allgemein unter dem Namen *Cong. triangularis* figurirt. *Cong. spathulata* ist wahrscheinlich mit *Cong. scrobiculata* Brus. identisch. . In der älteren Literatur wurden unter den Namen *Neritina Grateloupana* und *Ner. fluviatilis* viele Arten vereinigt, welche in neuerer Zeit von einander getrennt wurden. *Ner. Grateloupana* von Tinnye kann nur mit *Ner. Pilari* Brus., die *Ner. fluviatilis* mit der *Ner. Zografi* Brus. identisch zu sein.

An Stelle der von Tinnye in der älteren Literatur erwähnten 12 Arten kennen wir durch meine Aufsammlung zusammen mit *Nonionina* jetzt 81 Species und Varietäten, worunter sich 17 neue Arten und 6 neue Varietäten befinden, zusammen also 23 neue Mollusken (31 % der 74 mit Sicherheit bestimmbaren Formen). Ueber eine so grosse Anzahl der Formen kann man nicht staunen, wenn man bedenkt, dass es sich um Binnenmollusken handelt, welche in einem mehr oder weniger geschlossenen Becken lebten. Als Brusina die Fauna von Markusevec beschrieb, fand er dort mehr als 50 % neue Arten. Von den sicher bestimmten 39 Formen von Budapest-Köbánya sind auch 8 Arten und 1 Varietät, mithin mehr als 23 % der gesammten Molluskenfauna neu.

Von den 89 Arten, welche unsere Fauna zusammensetzen, entfallen auf Budapest-Köbánya 40, während von Perecsen nur 9, von Szilágy-Somlyó 14, von Markusevec 34, von Ripanj 17 Species bekannt sind, welche auch in unserer Fauna vorkommen. Dieses Zahlenverhältniss wird jedoch wahrscheinlich durch die neuesten Aufsammlungen Brusina's wesentliche Veränderungen erfahren.

Betrachtet man den Charakter der Fauna von Tinnye, so fällt es auf, dass hier nur eine *Nonionina*, welche wahrscheinlich das bauchige Exemplar der *Nonionina granosa* d'Orb. ist, vorkommt, während in der Fauna von Budapest-Köbánya 4 Foraminiferen-Arten vorhanden sind. Die Hauptmasse der Fauna bilden die Mollusken, da mir von Tinnye 79, von Budapest-Köbánya hingegen 36 Arten vorliegen. Darunter herrschen die Gasteropoden mit 58 Arten und Varietäten den 22 Pelecypoden gegenüber vor; in Budapest-Köbánya fand ich 31 Gasteropoden und 9 Pelecypoden. In meiner Fauna sind die Mollusken derart vertheilt, dass die Gasteropoden durch 8 Familien mit 16 Gattungen und 60 Arten, die Pelecypoden durch 4 Familien mit 4 Gattungen und 24 Arten vertreten sind. Unter den Gasteropoden sind es die 22 Arten und Varietäten von *Melanopsis*, welche den ersten Platz einnehmen und zwar so, dass *Mel. Martiniana* Fér. und *Mel. Bouéi* Fér. unter die häufigsten Arten der Fauna gehören. Auf die *Melanopsis* folgen die Hydrobien; die übrigen Gasteropoden-Gattungen spielen ihnen gegenüber untergeordnete Rollen. In Budapest-Köbánya herrschen ebenfalls die *Melanopsis*-Arten vor, doch fallen sie hier mehr durch ihre immense Individuenzahl als durch Artenreichtum auf, da hier nur 7 Arten und Varietäten vorkommen.

Unter den 22 Pelecipoden von Tinnye stehen die Congerien mit 12 Arten und 3 Varietäten an erster Stelle; ihnen folgen die Limnocardien mit 4 Arten und 1 Varietät. In Budapest-Köbánya sind die Congerien durch 3 Arten und 2 Varietäten, die Limnocardien durch 4 Arten vertreten. Während jedoch in Tinnye *Congeria Mártonfii* Lörent. die vorherrschende Form ist und überdies die *Cong. Gitneri* Brus. und *Cong. scrobiculata* Brus. in grosser Menge vorkommen, bleiben die Congerien bezüglich ihrer Individuenzahl in Budapest-Köbánya weit hinter den Melanopsiden zurück. In Markusevec herrschen die Gasteropoden mit 85 Arten ebenfalls vor und unter ihnen wieder — gerade so, wie in Tinnye — sowohl in Bezug auf ihre Individuen- als Artenzahl (20) *Melanopsis*, während von den Pelecypoden Brusina nur 16 Arten erwähnt, also weniger als in Tinnye bekannt sind. In Tinnye sind wieder die Gasteropoden

tonica ROLLE ?.

Stellen wir die Faunen meiner beiden Fundorte den übrigen Fundorten der Tabelle gegenüber, so sehen wir, dass nur *Congeria Gitneri* BRUS., *Cong. Mártonfii* LÖRENT., *Melanopsis Martiniana* FÉR. und *Mel. vindobonensis* FUCHS an allen sechs Fundorten vorkommen und dass nur fünf Arten vorhanden sind, die von fünf Fundorten bekannt sind, während sie am sechsten fehlen. So fehlt nur von Budapest-Köbánya die *Congeria Partschi* CiẑẑEK, nur von Perecsen die *Congeria Mártonfii* LÖRENT. var. *pseudoauricularis* LÖRENT., *Limnocardium (Pontalmyra) Jagići* BRUS., *Melanopsis impressa* KRAUSS und *Hydrobia (Caspia) Vujići* BRUS. Würden jedoch die Fundorte bei Perecsen und Budapest-Köbánya ebenso ausgebeutet, wie die übrigen, so würden die bis jetzt fehlenden Formen wahrscheinlich auch hier gefunden werden.

Den speciellen Charakter meiner Fauna bilden die *Orygoceras*-Arten mit elliptischem und nicht kreisrundem Querschnitt, die an die recenten Formen von Indien erinnernden *Planorbis*-Arten, die im Aral-, Bajkal- und Kaspi-See und in den Süsswässern Chinas lebenden *Hydrobiidae* und die eigenartig kleinen Limnocardien. Es sind dies lauter Formen, welche auch in Markusevec vorhanden sind; der Unterschied ist nur der, dass sie in Tinnye eine beträchtlichere Grösse erreichen als in Markusevec oder auch in Budapest-Köbánya. Jede einzelne Form meiner Fauna ist gut erhalten; so besitzen z. B. die meisten *Melanopsis*- und *Neritina*-Arten prächtigen Glanz und Färbung. Der Umstand, dass die überaus kleinen, dünnschaligen, zerbrechlichen Formen, wie z. B. die *Orygoceras*-, *Ancylus*-, *Planorbis*-, Hydrobien-, Limnocardien-, die meisten Congerien- und Ostracoden-Arten, in so ausgezeichnetem Zustande erhalten blieben, und dass ich auch Foraminiferen und die Schalen der Eier einiger Schnecken erhielt, findet seine Erklärung darin, dass ich den aus den grösseren Schnecken (*Melanopsis*) gewonnenen Sand ohne ihn zu schlemmen untersuchte. Die meisten Formen unserer Fauna sind nur von den in die Tabelle aufgenommenen Fundorten oder wenigstens aus in den gleichen Horizont gehörenden Schichten bekannt, nur wenige aus höheren oder tieferen Niveaux. Unsere Fauna steht mit dem dalmatinischen Melanopsiden-Mergel durch die gemeinsamen Arten *Ancylus illyricus* NEUM. und *Bythinia Jurinaci* BRUS und durch die mit der *Prososthenia tryoniopsis* BRUS. des Miočičer Melanopsiden-Mergels nahe verwandten *Prososthenia Zitteli* nov. sp. in Beziehung. Es befindet sich in meiner Fauna noch eine Form, welche auch der Fauna des dalmatinischen Melanopsiden-Mergels angehört, *Prososthenia sepulcralis* PARTSCH; dieselbe ist jedoch schon weniger von altem Typus, da sie auch in der oberpannonischen und levantinischen Stufe vorkommt und somit keine Beweiskraft besitzt. Sie verdient nur Interesse, weil sie als balkanischer Typus von Markusevec unbekannt, in Tinnye jedoch vorhanden ist. Mit der oberpannonischen Stufe gemeinsame Formen sind ausser *Prosos-*

kannt. Unsere Fauna beweist also, dass sowohl *Ancylus illyricus* und *Bythinia Jurinaci*, als auch *Valvata minima*, *V. balatonica* und *Hydrobia pupula* länger existirten, als wir bisher meinten.

Eine besondere Eigenartigkeit verleihen unserer Fauna die kleinen levantinischen *Planorbis*-Arten, welche in horizontaler und verticaler Verbreitung unserer Pliocaen-Formen existiren und die nahe verwandten recenten Formen Indiens überbrücken; ebenso jene Gattungen, welche im Aral-, Bajkal- und Kaspischen See und in den Süsswassern Chinas noch heute leben. Solche sind: *Caspia*, *Micromelania*, *Prososthenia* und *Baglivia*, welch letztere zwar recent nicht bekannt ist, die jedoch eine sehr nahe lebende Verwandte, *Liobajkalia*, im Bajkal-See hat. Diese und andere Gattungen unserer pannonischen Sckichten bestätigen die Ansicht, wonach die ärmliche Fauna des Kaspischen, Aral- und Bajkal-Sees ein verkümmerter Zweig der ausgestorbenen pannonischen Fauna von Oesterreich-Ungarn und vom Balkan ist, da die recente Fauna dieser Seen von unserer fossilen Fauna abgeleitet werden muss.

---

[1] Diese Form fand ich jüngst auch in der oberpannonischen Stufe von Szegzárd.

Die Fauna der oberen pannonischen Stufe von. Budapest.

Zu Beginn meiner Abhandlung wurde bemerkt, als von den Vorkommensverhältnissen jenes *Melanopsis*-reichen Thones die Rede war, der beim Brunnengraben in der Schweinemästanstalt zu Budapest-Köbánya aufgeschlossen wurde, dass derselbe ein tieferes Niveau repräsentirt, als die in den Thongruben der Budapest-Rákoser und Budapest-Köbányaer Ziegelfabriken erschlossenen, durch *Congeria ungula-caprae* Münst. und die grossen Limnocardien charakterisirten Schichten, Ohne auf die stratigraphischen Verhältnisse hier einzugehen, von welchen nach der Besprechung der Fauna die Rede sein soll, möge hier einiges über die geologischen Verhältnisse der einzelnen Fundorte dieser in ein höheres Niveau gehörigen Fauna bemerkt sein.

III. Budapest-Rákos.
(Ziegelfabrik.)

Dieser Fundort befindet sich im östlichen Theil der Stadt, an der rechten Seite der nach Kerepes führenden Strasse, im X. Bezirk, einige hundert Schritte von der Eisenbahnstation Rákos entfernt. In den drei riesigen Thongruben der „Kohlen- und Ziegelfabriksgesellschaft", der früheren Drasche'schen Ziegelfabrik, wie auch in den Gruben der benachbarten Ziegelfabriken ist der zur Ziegelfabrikation verwandte pannonische Thon in bedeutender Mächtigkeit — ca. 25—30 m — aufgeschlossen. Er liegt auf sarmatischem Kalk mit schwacher Neigung nach Süden. Die pannonischen Ablagerungen werden unten von grünlichem, sandigem Thon, dann von mit Eisenoxydhydrat durchsetztem Sand gebildet, welcher reich an *Congeria Partschi* ist. Dieser Sand ist ½ m mächtig und auf ihn folgt sogleich der zur Ziegelfabrikation verwendete Thon. Auf dem sarmatischen Kalk lagern discordant abwechselnde Schichten von pannonischem Thon und Sand, welche oben und unten in gröberen Sand übergehen. Die Deckschicht wird von Flugsand oder Humus gebildet. Die pannonischen Schichten bestehen grösstentheils aus blauem Thon, welcher oben wohl auch mergelig ist, stellenweise sind untergeordnet glimmerreiche oder aus gröberem Quarzsand bestehende Lagen eingeschaltet. Die Fossilien kommen nur in einzelnen Lagen in grösserer Anzahl vor; die fossilreichen Lagen sind höchstens einige Decimeter mächtig und die Fossilien sind in denselben stellenweise so häufig, dass man hier während einiger Stunden von den häufigeren Formen ein ganz schönes Material zu sammeln vermag. Die Fauna dieser Budapester pannonischen Schichten war bis heute sozusagen unbekannt, trotzdem die Ablagerungen selbst unter den gleichaltrigen Schichten Ungarns am längsten bekannt sind, da der Thon derselben in Rákos wie in Köbánya seit Jahrzehnten zur Ziegelfabrikation benützt wird. In der Literatur sind von hier bisher nur einige Formen genannt, während ich jetzt eine ziemlich reiche Fauna beschreiben kann.

Dr. Josef v. Szabó führt von Rákos in seiner Abhandlung „Budapest és környéke geologiai tekintetben"[1] folgende fünf Formen an:

1. *Congeria triangularis* Partsch.
2. „ *Szabói* Munier-Chalmas.
3. *Cardium apertum* Münst.

4. *Cardium conjugens* Partsch.
5. „ *hungaricum* Partsch.

Julius Halaváts („Die geologischen Verhältnisse des Alföld zwischen der Donau und Theiss", p. 129) nennt folgende Arten:

1. *Congeria ungula-caprae* Münst.
2. *Limnocardium Penslii* Fuchs und
3. „ *secans* „

Ich habe bisher 27 Formen gesammelt:

1. *Congeria ungula-caprae* Münst.
2. „ „ var. *rhombiformis* nov. var.
3. „ *Partschi* Cžjžek.
4. „ *? Gitneri* Brus.?
5. „ *? ind. sp.*
6. *Dreissensia* ind. sp.
7. *Dreissensiomya intermedia* Fuchs?
8. *Limnocardium Penslii* Fuchs.
9. „ *secans* Fuchs.
10. „ *Steindachneri* Brus.
11. „ *subdesertum* nov. sp.
12. „ *budapestinense* nov. sp.
13. „ *complanatum* Fuchs.
14. „ *fragile* nov. sp.

15. *Iberus balatonicus* Stol.
16. *Planorbis tenuis* Fuchs.
17. „ *porcellanea* nov. sp.
18. „ ind. sp.
19. *Melanopsis pygmaea* Partsch.
20. *Pyrgula incisa* Fuchs.
21. *Micromelania ? Fuchsiana* Brus.
22. „ *? laevis* Fuchs sp.
23. *Valvata kúpensis* Fuchs.
24. „ *minima* Fuchs.
25. „ *subgradata* nov. sp.
26. *Hydrobia scalaris* Fuchs.
27. *Bythinia ? proxima* Fuchs.

Ausserdem noch Fischreste, Otolithen und Ostracoden.

IV. Budapest-Kőbánya.

(Ziegelfabrik.)

Von ähnlicher Ausbildung wie bei Budapest-Rákos sind die pannonischen Ablagerungen zu Kőbánya, welche in der grossen Thongrube der „Budapester Dampfziegelfabriks-Gesellschaft" aufgeschlossen sind. Diese Fundstätte befindet sich in den Weinbergen zwischen den Rákoser und Kőbányaer Ziegelfabriken, kaum eine halbe Stunde vom Centrum Budapests entfernt.

Die Fossilien finden sich auch hier nur stellenweise in dünnen Lagen des Thones vor. Diese fossilführenden Lagen sind wahre Breccien von Fossilien; einzelne Exemplare sind daher nicht leicht gut zu

---

[1] Budapest és környéke természetrajzi, orvosi és közművelődési leírása. (Naturgeschichtliche, sanitäre und kulturelle Beschreibung Budapests und Umgebung.) Theil 1. (Aus Anlass der XX. Versammlung ungarischer Aerzte und Naturforscher red. von Dr. Julius Gerlóczy und Géza Dulácska.) 1879.

isoliren. In dem zwischen und auf dem Thon gelagerten feineren und gröberen Sand kommen dieselben Fossilien vor wie im Thon, nur nicht so massenhaft.

Dr. Josef v. Szabó führt von hier folgende Formen an:

1. *Congeria triangularis* Partsch.
2. „ *Szabói* Munier-Chalmas.
3. *Cardium apertum* Münster.
4. „ *conjungens* Partsch.
5. *Cardium hungaricum* M. Hörn.
6. „ *Carnuntinum* Partsch.
7. *Valenciennesia* sp.
8. *Castor ?* sp.

Dr. Josef v. Szabó gibt in seiner „Geologie" auch ein Profil dieser Ablagerungen sammt ihrem Liegenden und Hangenden (p. 241), welch letzteres er als wahrscheinlich diluvial erklärt, obwohl der Schotter und das von Eisenhydrat durchsetzte Conglomerat meistens pannonischen Alters ist. Grober Sand ist auch neben dem von der Ziegelbrennerei zur Thongrube führenden Fahrweg aufgeschlossen; es finden sich darin hauptsächlich die typische *Congeria triangularis* Partsch und *Congeria Partschi* Cžjžek, ferner auch in grosser Menge unversehrte, ausgewachsene Exemplare von Limnocardien. Die Annahme, dass diese Fossilien sich auf sekundärer Lagerstätte befänden, ist ausgeschlossen. Dass die Sandablagerung in engem Zusammenhang mit dem darunter befindlichen Thon steht, beweist auch der Umstand, dass auch in den Thon Sand eingelagert ist, welcher um so grobkörniger wird, je höher er liegt, so dass zwischen dem untersten feinen Sand oder wie Szabó sagt: „bläulichen Sandschlamm" und dem höchsten groben Sand Uebergänge vorhanden sind. Zwischen dem oberen Sand und unteren Thon herrscht nur der Unterschied, dass in ersterem die *Congeria triangularis* Partsch und *Congeria Partschi* Cžjžek dominiren, während in letzterem *Congeria triangularis* bisher fehlt und statt ihr *Congeria ungula-caprae* Münst. überwiegt.

Julius Halaváts erwähnt von hier in seiner citirten Arbeit *Limnocardium secans* Fuchs und nach Szabó *Valenciennesia*.

Ich sammelte in der Thongrube der Köbányaer Dampfziegelfabriks-Gesellschaft folgende 31 Arten:

1. *Congeria ungula-caprae* Münst.
2. „ „ var. *rhombiformis* nov. var.
3. „ „ var. *crassissima* nov. var.
4. „ *Partschi* Cžjžek.
5. „ *? Gitneri* Brus.?
6. *Dreissensia bipartita* Brus.
7. „ ind. sp.
8. *Dreissensiomya intermedia* Fuchs.?
9. *Limnocardium Penslii* Fuchs.
10. „ *secans* Fuchs.
11. „ *Steindachneri* Brus.
12. „ *subdesertum* nov. sp.
13. „ *budapestinense* nov. sp.
14. „ *complanatum* Fuchs.
15. *Limnaea* sp. cfr. *paucispira* Fuchs.
16. *Valenciennesia* sp.
17. *Planorbis tenuis* Fuchs.
18. „ *porcellanea* nov. sp.
19. „ *solenoides* Lörent. nov. sp.
20. *Melanopsis pygmaea* Partsch.
21. *Pyrgula incisa* Fuchs.
22. *Micromelania ? Fuchsiana* Brus.
23. „ *? laevis* Fuchs sp.
24. *Valvata kúpensis* Fuchs.
25. „ *minima* Fuchs.
26. „ *subgradata* nov. sp.
27. „ *varians* nov. sp.
28. *Hydrobia scalaris* Fuchs.
29. *Bythinella* sp. ind.
30. *Bythinia ? margaritula* Fuchs.
31. „ *? proxima* Fuchs.

MAI 3 1902

PALAEONTOGRAPHICA.

4819

BEITRAEGE

ZUR

NATURGESCHICHTE DER VORZEIT.

Herausgegeben

von

KARL A. v. ZITTEL,

Professor in München.

Unter Mitwirkung von

W. von Branco, Freih. von Fritsch, A. von Koenen, A. Rothpletz und G. Steinmann

als Vertretern der Deutschen Geologischen Gesellschaft.

Achtundvierzigster Band.

Sechste Lieferung.

Wie ersichtlich, stimmen die Faunen von Köbánya und Rákos beinahe vollkommen überein und nachdem diese beiden Fundorte auch einem Niveau angehören und sehr nahe bei einander liegen, wird es zweckdienlich sein, bei kritischer Aufarbeitung der beiden Faunen das Material der beiden Fundorte vereint zu behandeln.

Familie: Dreissensidaé.

Congeria PARTSCH.

Während in der der mittleren pannonischen Stufe angehörigen Tinnyeer Fauna die Familie der *Dreissensidae* ausschliesslich durch die Gattung *Congeria* vertreten wird, kommt in der einem höheren Niveau angehörigen Budapest-Rákoser und Budapest-Köbányaer Fauna auch *Dreissensiomya* FUCHS, ja sogar schón *Dreissensia* vor. Während jedoch in Tinnye von den ANDRUSOV'schen sechs Gruppen der Congerien alle vier der stratigraphischen Stellung gemäss möglichen vorhanden sind, sind hier nur zwei oder drei Gruppen vertreten, nämlich die der Triangulares, Subglobosae und vielleicht die der Modioliformes. Während ferner in Tinnye die kleinen Arten vorherrschen, wie *Congeria Mártonfii* LÖRENT., dominirt hier die grosse *Congeria ungula-caprae* MÜNST. und neben ihr ist auch *Congeria Partschi* CZJZEK ziemlich häufig. Die bei SZABÓ unter dem Namen „*Congeria triangularis*" erwähnte Species ist mit der *C. ungula-caprae*, die „*Congeria Szabói*", welche MUNIER-CHALMAS nicht beschrieb, wahrscheinlich mit der *C. ? Gitneri* BRUS.? oder mit der später unter dem Namen *Dreissensia ? ind. sp.* zu beschreibenden Form identisch.

1. Congeria ungula-caprae MÜNSTER.

(Taf. XIX, Fig. 1, 2 u. 4; Taf. XX, Fig. 1.)

1858.	*Congeria triangularis* (non PARTSCH).	J. V. SZABÓ: Pest-Buda környékének földtani leírása. p. 28.		
1879.	„ „ „	„	Budapest és környéke geologiai tekintetben. I. Th. p. 46.	
1883.	„ „ „	„	Geologia. p. 444.	
1891.	„ *ungula-caprae* MÜNST.	OPPENHEIM: Die Gattung *Dreissensia* VAN BENEDEN und *Congeria* PARTSCH. p. 933 und p. 958.		
1897.	„ „ „	HALAVÁTS: Die geologischen Verhältnisse des Alföld (Tieflandes) zwischen Donau und Theiss. p. 129 (18).		
1897.	„ „ „	ANDRUSOV: Fossile und lebende Dreissensidae. p. 158. Resumé. p. 35. (Siehe hierselbst die vorhergehende Literatur.)		

R. HOERNES und BRUSINA, später HALAVÁTS und ANDRUSOV waren es, welche *C. ungula-caprae* von der mit ihr stets verwechselten *triangularis* und *balatonica* als besondere Species abtrennten. Das erste vollständige Exemplar bildete HALAVÁTS von Kustély ab und gab auf Grund desselben auch die erste Beschreibung und ANDRUSOV ergänzte dieselbe in seiner Monographie. Da ich in der glücklichen Lage bin, mehrere unverletzte Exemplare zu besitzen, deren einige ich auch abbildete, und da dieselben mich davon überzeugten, dass *C. ungula-caprae* nicht nur eine selbstständige, sondern auch eine sehr variable Species ist, so dass auch die bisher für *ungula-caprae* gehaltenen Bruchstücke mehreren Varietäten angehören und ich unter den mir vorliegenden Formen ausser dem Typus auch noch zwei Varietäten vorfand, die zwar durch Uebergänge mit ersterem in Zusammenhang stehen, doch von demselben in vielem abweichen, wird es nicht überflüssig sein, den Typus neuerdings zu beschreiben, umsomehr, da ich die bisherigen Beschreibungen durch neuere Daten zu ergänzen vermag.

Maasse:	Typus: (Fig. 1)	Vom Typus abweichende Formen:		
		(Fig. 2)	(Fig. 4)	
Länge:	75 mm	65 mm	66 mm	83 mm
Breite:	48 „	48 „	44 „	41 „
Höhe:	27 „	22 „	25 „	20 „
Länge des Oberrandes:	52 „	52 „	43 „	ca. 47 „
Apikalwinkel:	70 °	65 °	65 °	52 °
Dorso-Analwinkel:	98 °	80 °	90 °	105 °

Aus den eben mitgetheilten Maassen, besonders aber aus den Werthen der Winkel ist die grosse Variabilität der Form ersichtlich. Uebrigens zeigen dies auch die Anwachsstreifen; auch der Umriss eines Exemplares verändert sich im Laufe der Entwicklung sehr. Ich bin im Besitze von Formen, die von dem Fig. 1 abgebildeten Typus abweichen; so das Fig. 2 abgebildete Exemplar, dessen Ventralrand nicht so stark gebogen, dessen Analrand in der Mitte nicht convex ist wie beim Typus. Der am Vordertheil der Klappe verlaufende Kiel ist weniger S-förmig, beinahe gerade. Der Wirbel ist wenig hackenförmig. Das Fig. 4 abgebildete Exemplar steht mit seinen Conturen und Winkelgrössen dem Typus näher als Fig. 2, bildet jedoch nach seinen übrigen Charakteren einen Uebergang zur folgenden var. *rhombiformis*, da der Ventralrand bogiger ist wie bei Fig. 2, jedoch nicht so sehr wie beim Typus. Es entfernt sich vom Typus darin, dass der Kiel beinahe gerade ist und beinahe in der Mitte der Klappe verläuft, wodurch der Ventraltheil breiter, der Dorsaltheil hingegen verhältnissmässig schmäler wird als beim Typus und bei der Fig. 2 abgebildeten Form, es wird dadurch eine Annäherung an die var. *rhombiformis* erzielt. Meine vom Typus am meisten abweichende Form ist die an den Schluss der Maasstabelle gestellte. Die von einander verhältnissmässig weit entfernten Formen werden durch Uebergänge derart miteinander verbunden, dass es eigentlich unmöglich ist, auch nur Varietäten unter ihnen zu unterscheiden. Die nachstehend beschriebenen

Varietäten können allenfalls unterschieden werden, obzwar auch sie durch Uebergänge mit dem Typus zusammenhängen.

Fundort: In den Thongruben der Budapest-Köbányaer und Rákoser Ziegelfabriken kommt die typische *C. ungula-caprae* Münst. häufig vor; jedoch ist sie nicht nur von hier, sondern auch von Kastély, Tihany und Somlyó-Vásárhely (Ungarn), ferner von Kravaskó (Kroatien) bekannt.

2. Congeria ungula-caprae Münst. var. rhombiformis nov. var.

(Taf. XIX, Fig. 3 und Taf. XX, Fig. 3.)

Die dicke Schale besitzt die Form eines Rhomboides mit abgerundeten Ecken. Der Apikalwinkel hat eine Grösse von 77—80°. Der Dorsalrand ist kurz, gerade und schliesst mit dem bedeutend grösseren und einen convexen Bogen bildenden Analrand (Hinterrand) einen Dorsalwinkel von 95—100° ein. Der Ventralrand verläuft in überaus langgestreckter S-Form, sein längerer Vordertheil ist concav, sein kürzerer Hintertheil schwach convex. Der von den beiden Theilen des Ventralrandes eingeschlossene Winkel misst 120—130°. Der lange Analrand und der kürzere Hintertheil des Ventralrandes vereinigen sich unter einem Ventro-Analwinkel von 50—70°. Vom verdrehten, hackigen Wirbel läuft ein Kiel etwas vor der Mitte der Klappe herab, der anfangs scharf ist, dann gegen hinten stark abgerundet und breit wird. Der vor dem Kiel befindliche Ventraltheil ist breit, convex, während der hinter demselben befindliche breitere Dorsaltheil ein wenig eingedrückt ist. Am Ventraltheil läuft wie bei den Subglobosae vom Wirbel eine Kante bis zum unteren Drittel des Ventralrandes herab; sie ist hier jedoch schwach und tritt hauptsächlich dadurch, dass das Byssusfeld eingedrückt ist, hervor. Doch auch so erscheint dieselbe am Wirbeltheile am kräftigsten, während sie nach rückwärts mehr und mehr verschwindet. Von dieser Kante nach vorne fällt die Oberfläche plötzlicher ab. Die Anwachsstreifen sind ziemlich scharf, besonders kräftig um die Byssusfurche herum und am Hintertheil der Klappe. Das Innere der Schale kann nicht studirt werden, da kein einziges meiner Exemplare aus dem Thon zu befreien ist, ohne dasselbe zu opfern.

Maasse:

	Typus (Fig. 3)		
Länge:	84 mm	95 mm	77 mm
Breite:	44 „	59 „	46 „
Höhe:	23 „	28 „	25 „
Länge des Oberrandes:	43 „	60 „	47 „
Apikalwinkel:	77°	80°	80°
Dorsalwinkel:	95°	ca. 100°	ca. 100°

Diese Maasse, wie auch die Richtung der Anwachsstreifen beweisen, dass ebenso diese Varietät der Art, als auch das einzelne Individuum — im Laufe seiner Entwicklung — von sehr wechselnder Form ist. Die var. *rhombiformis* ist auf den ersten Blick vom Typus zu unterscheiden, denn während dieser dreieckig, ist die var. *rhombiformis* rhomboidal. Beim Typus ist der Dorsalrand (Oberrand) beiläufig so lang wie der Hinterrand, bei der var. *rhombiformis* hingegen etwa nur halb so lang und während der Hinterrand beim Typus concav, ist derselbe bei der var. *rhombiformis* schwach convex. Der Ventralrand ist bei letzterer viel mehr gebogen und der Kiel läuft vom Wirbel nahe an der Mittellinie der Klappe gerade, beim Typus jedoch in Form eines S nahe am Vorderrande der Schale herab. Daher ist beim Typus das Ventralfeld

reine var. *rhombiformis* sind gleich selten, die Uebergänge umso häufiger.

Fundort: *C. ungula-caprae* var. *rhombiformis* kommt in Budapest-Köbánya sowohl, als auch in Budapest-Rákos vor, sie fehlt wahrscheinlich auch in Tinnye nicht, soweit man aus den dortigen „Ziegenklauen" folgern kann.

3. Congeria ungula-caprae Münst., var. crassissima nov. var.

(Taf. XIX, Fig. 5 a—b und Taf. XX, Fig. 2.)

Die dicke Klappe ist eiförmig-dreieckig, mit stark abgerundeten Ecken. Der Apikalwinkel miss 50—55 °. Der Dorsalrand ist kurz, gerade und kürzer als der sehr wenig gebogene Analrand, mit welchen er einen Winkel von 95 ° einschliesst. Der Ventralrand ist schwach S-förmig gebogen. Von dem etwa verdrehten und auffallend dicken, vorgeschobenen Wirbel geht ein anfänglich scharfer, alsbald stark abge rundeter, breiter Kiel aus, welcher in schwachem Bogen am vorderen Drittel der Schale verläuft. Da Byssusfeld ist concav, mit starken Anwachsstreifen versehen. Das elliptische Septum ist sehr kräftig ent wickelt. Die verhältnissmässig schwache Apophyse wendet sich stark einwärts, so dass sie von oben kaum sichtbar. Die Ligamentgrube ist auffallend breit, kräftig und gefurcht; die nach einwärts begrenzend Leiste sehr breit und flach. Die Anwachsstreifen sind stark.

Die Maasse des in Fig. 5 abgebildeten Exemplares sind folgende:

Länge:	73 mm
Breite:	35 „
Höhe:	23 „
Länge des Oberrandes:	ca. 46 „
Apikalwinkel:	55 °
Dorsoanalwinkel:	100 °

Der Manteleindruck ist sehr gut sichtbar; besonders kräftig entwickelt ist der Eindruck des hintere Byssusmuskels und hinteren Schliessmuskels.

Der in Fig. 1 abgebildete Typus ist auf den ersten Blick von der in Fig. 3 abgebildeten *var. rhombiformis* und auch von der in Fig. 5 dargestellten var. *crassissima* zu unterscheiden. Die äussere Form der Hauptform ist beinahe gleichschenklig dreieckig, die der var. *rhombiformis* rhomboidal und die der var. *crassissima* hingegen eiförmig-dreieckig, ein unregelmässiges Dreieck. Beim Typus verläuft der Kiel in S-Form und ist an den Vorderrand der Klappe geschoben, bei den beiden anderen Formen ist er abgerundeter, nur schwach gebogen und verläuft beinahe in der Mitte der Schale. Im allgemeinen ist der Kiel umso stumpfer, je mehr er auf der Oberfläche der Klappe nach innen geschoben ist. Der Wirbeltheil ist bei der var. *crassissima* am stärksten, worauf sich auch der Name bezieht. Der Wirbel ist backig, stark gewunden und beim Typus wie bei der var. *rhombiformis* verdreht, während er bei der var. *crassissima* wenig verdreht, schwach backig und beinahe gerade nach vorne geschoben ist. Während beim Typus hinter dem Kiel, an *Cong. triangularis* Partsch erinnernd, manchmal eine schwache Kielfalte vorhanden ist, fehlt dieselbe bei den beiden Varietäten, doch besitzt die var. *rhombiformis* auf der Ventralseite eine an die *Cong. subglobosa* erinnernde schwache Kante, die wieder am Typus und auf der var. *crassissima* fehlt. Der Oberrand ist bei der Grundform am längsten, fast so lang wie der Dorsalrand, während er bei den beiden andern bedeutend kürzer ist. Der Dorsalrand des Typus ist concav, bei den beiden Varietäten schwach convex. Der Ventralrand erscheint auf der var. *crassissima* am wenigsten bogig, bei der var. *rhombiformis*, wo er in einen längeren vorderen concaven und einen kürzeren hinteren, schwach convexen Theil zerfällt, am stärksten gebogen. Die Winkel sind bei allen drei Formen — wie die Maassangaben beweisen — von sehr abweichender Grösse. Das Septum ist bei allen dreien kräftig: bei der Hauptform dreieckig, bei der var. *crassissima* elliptisch. Auch die Ligamentgrube ist gleich stark und gefurcht, doch während beim Typus und wahrscheinlich auch bei var. *rhombiformis* die die Grube nach innen begrenzende Kante scharf und beiläufig so breit ist wie die Ligamentgrube selbst, ist sie bei der var. *crassissima* flach und bedeutend breiter als die Ligamentgrube. Der Manteleindruck ist gut sichtbar. Der Eindruck des hinteren Byssusmuskels und des hinteren Schliessmuskels ist bei der var. *crassissima* besonders kräftig entwickelt.

Die aufgezählten Unterschiede rechtfertigen die Abtrennung der in Fig. 3 und 5 abgebildeten Formen als Varietäten vom Typus. Viele, die auch auf geringfügige Charaktere Arten gründen, würden in diesem Falle drei besondere Arten aufgestellt haben. Nachdem jedoch diese Formen an einem Fundort und in einer Schicht vorkommen und beinahe unmerklich in einander übergehen, wird es am zweckmässigsten sein, sie als eine mehrere Varietäten differenzirende Art aufzufassen.

Fundort. *C. ungula-caprae* var. *crassissima* ist bisher nur von Budapest-Köbánya bekannt, in Budapest-Rákos fand ich sie bisher noch nicht. Der grösste Theil der Tihanyer sogenannten „Ziegenklauen" sind die Wirbelstücke dieser Varietät.

4. Congeria Partschi Czjžek.[1]
(Taf. XXI, Fig. 1.)

In dieser Fauna ist die *C. Partschi* Czjžek die einzige Vertreterin der Gruppe der „Subglobosae" Ein gänzlich unverletztes Exemplar zu sammeln war mir bisher nicht möglich. In grösster Menge kommt sie in dem auf dem Sarmatenkalk liegenden grobkörnigen Sandstein (mit kalkigem, eisenschüssigem Cement)

---

[1] Die Literatur- und die Synonymennachweise jener Formen, die schon vorne bei Beschreibung der Fauna von Tinnye aufgezählt wurden, theile ich hier nicht mit.

darein gelagerten Sandbänken.

5. Congeria ? Gitneri Brus.?

In meiner Fauna werden die modioliformen Congerien durch eine aus dem Thon nicht befreibare Form vertreten, die, wenn sie thatsächlich eine Congerie und keine Dreissensie ist, nur die *Cong. Gitneri* Brus. sein kann. Diese Art ist im Gegensatze zur *Cong. Partschi* in der einem tieferen Niveau angehörigen Fauna von Tinnye häufiger, denn dort sammelte ich über 200 ihrer Exemplare, in Rákos jedoch nur eine 8 mm lange Klappe. Einige in Köbánya gefundene Bruchstücke dürften ebenfalls hieher gehören.

Wahrscheinlich ist es diese Form oder *Dreissensia bipartita* Brus., die Josef v. Szabó von Rákos und Köbánya unter dem Namen *Congeria Szabói* Munier-Chalmas als „eine neue, schmale, längliche Art" erwähnte und als selten bezeichnete. Dass meine vorliegende Form mit *C. Szabói* identisch sei, ist nur eine Vermuthung, da *C. Szabói* nicht beschrieben wurde. Wir wissen nur so viel von ihr, dass sie eine in Rákos und Köbánya gleich seltene, schmale, längliche Art ist, was auch für *C. Gitneri* stimmt.

Fundort: In Budapest-Rákos und Budapest-Köbánya, selten.

6. Congeria ? ind. sp.
(Taf. XXI, Fig. 2.)

In Rákos fand ich das Klappenpaar der abgebildeten Dreissenside, welche ich, trotzdem der Wirbeltheil fehlt, für eine Congerie halte, da sie am meisten an die Modioliformes erinnert. Die äussere Form ähnelt der *Cong. amygdaloides* Dunk. Der Dorsalrand ist gerade, lang und bildet mit dem etwa ebenso

7. Dreissensia bipartita Brusina.

1897. *Dreissensia bipartita* Brus. Andrusov: Dreissensidae Eurasiens. p. 301 und Resumé p. 68. T. XVI, F. 31—32.

In Budapest-Kőbánya fand ich mehrere 3—4 mm lange, fragmentarische Dreissensien, die mit der bei Andrusov abgebildeten *D. bipartita* von Kúp identisch sind. Andrusov stellt in der Tafelerklärung *D. bipartita* unter Vorbehalt zu *Dreissensia;* auf Grund meiner Exemplare gehört die Form thatsächlich zu *Dressensia.* Die Vorderseite ist gut ausgebildet. Der kleine Wirbel ist etwas abgerundet, an die Seite geschoben und gerade. Ein eigentlicher Kiel fehlt, aber an der ihm entsprechenden Stelle in der Mitte ist die Klappe convex. Das Ventralfeld ist schwach convex, das Dorsalfeld hingegen concav. Auf letzterem verläuft eine tiefe Furche. Dieser tiefe Canal trennt einen oberen breitfaltenförmigen Theil von der übrigen Schale ab. Vom Wirbel geht eine gut sichtbare, halbkreisförmige Furche aus, die sich über das Ventralfeld bis zum Ventralrand, der das stark emporgehobene Byssusfeld begrenzt, erstreckt. Die Anwachsstreifen sind scharf, an manchen Stellen ist die Oberfläche sogar superfoetirt. Das Septum ist stark eingesenkt und durch einen lamellenartigen Vorsprung des Randes begrenzt. Eine Apophyse fehlt; daher ist diese Form zu *Dreissensia* zu stellen. Die Ligamentgrube ist scharf begrenzt. Diese Form erinnert äusserlich an eine *Dreissensiomya*, anderseits auch an das von Andrusov (Monographie Taf. XVI, Fig. 30) abgebildete Exemplar der *Congeria scrobiculata* Brus. Mit letzterer stimmt sie besonders im Byssustheil überein. Es ist nicht unmöglich, dass sich diese Form auf Grund reicheren Materials als die Jugendform der vorhergehenden *Congeria ?* sp. ind. herausstellen wird.

Fundort: In Budapest-Kőbánya sammelte ich einige mm grosse Bruchstücke von 4 rechts- und 1 linksseitigen Klappe, welche mit der aus der verwandten Fauna von Kúp stammenden *Dreissensia bipartita* Brus. vollkommen übereinstimmen. Meine Exemplare sind, wie die von Kúp, nur in Fragmenten erhalten. In Budapest-Kőbánya fand ich die etwas abgeschürften Bruchstücke einiger dickschaligen und grösseren Exemplare, auf deren Dorsalfeld die Furche viel schwächer als beim Typus, und deren Oberfläche stärker skulptirt ist. Ich bin geneigt, auch diese Stücke hieher zu stellen, da die erwähnten Abweichungen auf den schlecht erhaltenen Zustand zurückgeführt werden können.

8. Dreissensia ? ind. sp.

(Taf. XXI, Fig. 3.)

Eine näher nicht bestimmbare Dreissenside sammelte ich in Rákos. Ich stelle sie zu *Dreissensia,* da das einzige dünnschalige — und daher aus dem Thon nicht freizulegende — Exemplar mit der in der Andrusov'schen Monographie Taf. XVIII, Fig. 24 abgebildeten *Dreissensia polymorpha* Pall. am besten

9. Dreissensiomya intermedia Fuchs?

1879. *Dreissensiomya intermedia* Fuchs. Andrusov: Dreissensidae Eurasiens. p. 398. T. XIX, F. 6—8. (Siehe hierselbst die vorhergehende Literatur.)

Während in der der mittleren pannonischen Stufe angehörigen Fauna von Tinnye die Familie der *Dreissensidae* nur durch die Gattung *Congeria* vertreten ist, kommt im höheren Niveau auch *Dreissensiomya* vor. Meine sämmtlichen Exemplare sind mangelhaft. Die Schale ist sehr zart und von Sprüngen ganz durchsetzt und darum so zerbrechlich, dass ich kein einziges unverletztes Exemplar erhalten konnte, welches sämmtliche Artcharaktere zeigt. Die Form ist daher nur unter Vorbehalt zu *D. intermedia* Fuchs gestellt worden. Sie verbreitert sich nach hinten ziemlich und ähnelt darin der *Dreissensiomya croatica* Brus. Die Muschel klafft vorne sehr schwach; wie weit dies hinten der Fall ist, kann nicht beurtheilt werden. Das Septum erscheint „in der Art einer vertical zur Innenseite gestellten Lamelle." Die Apophyse bildet einen canalähnlichen Fortsatz. Manteleindruck nicht gut erhalten. Auf der Oberfläche fehlen die für *Dreissensiomya Schröckingeri* Fuchs charakteristischen Radialfalten; in dieser Hinsicht stimmt also meine Form mit *Dreissensiomya intermedia* und *croatica* überein. Der Vorderrand ist weniger vor den Wirbel gezogen wie bei *Dreissensiomya intermedia;* hierin stimmen die Exemplare von Rákos mit *Dreissensiomya croatica* Brus. und *Dreissensiomya aperta* Desh. überein.

Fundort: Budapest-Rákos; in den Thongruben der Rákoser Ziegelfabrik sammelte ich aus dem zwischen den Thon gelagerten, feinen, graulichen Sand drei Klappenpaare und fünf einzelne Schalen. In den einige cm mächtigen Sandeinlagerungen im Thon zu Rákos ist sie stellenweise sehr häufig. In Köbánya scheint sie seltener zu sein, da ich hier bisher nur ein Klappenpaar fand, das beim Präpariren zu Grunde ging, so dass nur der Schalenabdruck übrig blieb.

Familie: Cardiidae.

Limnocardium Stoliczka.

Während für die aus dem Brunnen der Schweinemastanstalt in Budapest-Köbánya und von Tinnye beschriebene, einem tieferen Niveau angehörige Fauna die kleinen dünnschaligen Cardiden charakteristisch sind, wie *Limnocardium Jagići* Brus., *L. Andrusovi* Lörent., *L. Andrusovi* var. *spinosum* Lörent. und *L. minimum* Lörent., werden die in den Thongruben der Ziegelfabriken in Budapest-Köbánya und Rákos aufgeschlossenen höheren Schichten durch dickschalige Formen, wie *Limnocardium Penslii* Fuchs und *L. secans* Fuchs gekennzeichnet. Es kommt zwar auch im tieferen Niveau z. B. in Tinnye eine grössere, dickschaligere, stark klaffende Form vor, *L. Halavátsi* Lörent., dieselbe spielt jedoch als seltene Form eine untergeordnete Rolle. Die in höherem Niveau von Rákos und Köbánya herrschenden grösseren und dickschaligeren Formen kommen auch im höchsten „*Congeria rhomboidea*-Niveau" vor, oder — wenn nicht dieselben, so doch nahe verwandte Formen; die Cardiiden der Fauna von Tinnye mit Ausnahme von *L. Halavátsi* sind von den Formen des „*Congeria rhomboidea*-Horizontes" vollkommen verschieden. Sowohl im höheren als auch im tieferen Niveau (bei Tinnye) ist eine neue Form die herrschende, hier *L. subdesertum*, in Tinnye *L. Andrusovi.* Doch nicht nur die herrschenden Formen sind neu in meiner Fauna, es sind überhaupt zahlreiche neue Formen vorhanden. Im höheren Niveau kommen ausser *Limnocardium Penslii* Fuchs, *L. secans* Fuchs und *L. complanatum* Fuchs drei neue Arten vor: *L. subdesertum* nov. sp., *L. budapestinense* nov. sp. und *L. fragile* nov. sp., von denen die beiden letzteren selten sind. Typische Limnocardien sind in meiner Fauna eigentlich nur zwei vorhanden, *L. Penslii* und *L. secans*, die übrigen vier Arten klaffen nicht mehr, sondern sind geschlossene Formen, eigentlich also gar keine Limnocardien. Ich fasse jedoch vorläufig alle unter dem Sammelnamen *Limnocardium* zusammen.

10. **Limnocardium Penslii** Fuchs.

(Taf. XIX, Fig. 7 und Taf. XXI, Fig. 4—5.)

1870. *Cardium Penslii* Fuchs. Fuchs: Congerienschichten von Radmanest. p. 355 (13). T. XV, F. 15—17.
1870.   „   „   „   „ Fauna von Tihany und Kúp. p. 540 (10) und 547 (17).
1879.   „   *apertum* (non Münst.) J. v. Szabó: Budapest és környéke természetrajzi, orvosi és közmüvelödési leirása. Bd. I. p. 46.
1879.   „ *carnuntinum* (non Partsch). J. v. Szabó: Ibidem.
1897. *Limnocardium Penslii* Fuchs. J. Halaváts: Die geol. Verhältnisse des Alföld (Tieflandes). p. 129.
1896.   „   „   „ Brusina: La collection neogène etc. p. 149 (53).

Diese von Radmanest bekannte, grosse Form ist in meiner Fauna häufig. Die vorliegenden Exemplare übertreffen selbst die Radmanester Form an Grösse, da letztere nur 44 mm lang und 37 mm hoch wird, während mein grosses Exemplar von Köbánya eine Länge von 50 mm und eine Höhe von 45 mm besitzt. Die Schalen meiner meisten Exemplare sind ausgelaugt, wodurch die Zwischenräume der Rippen sich auf Kosten letzterer verbreiterten (Taf. XIX, Fig. 7) und die Anwachsstreifen stellenweise zu hervorstehenden Leisten wurden. Die Oberfläche ist mit Ausnahme des klaffenden Theiles von 19—22 abgerundeten, schwach convexen, glatten Rippen bedeckt, die durch schmälere Zwischenräume von einander getrennt sind. Die Rippen sind in der Mitte der Klappe am breitesten und stärksten. Am klaffenden Theil sind keine Rippen vorhanden, höchstens in der Nähe des Wirbels findet sich eine Spur von ihnen in Form feiner Falten, die jedoch später verschwinden; somit zieren den klaffenden Theil nur die kräftigen Anwachsstreifen. Den Rippen entsprechen im Innern der Schale schwache, bis zum Wirbel reichende Furchen, welche über den Manteleindruck hinaus schwächer werden. Zwischen den Rinnen sind ebenfalls schwache Furchen vorhanden, die sich jedoch nur in der Mitte der Klappe über den Manteleindruck hinaus erstrecken. Die Oberfläche ist von 4—5 stärkeren und unzähligen feineren Anwachsstreifen bedeckt. Bei meinen Exemplaren ist das Innere bloss auf der rechten Klappe sichtbar; die beiden Schlosszähne sind rudimentär und nicht so regelmässig und stark, wie dies Fuchs in seiner Fig. 17 darstellt. Von den Muskeleindrücken ist der vordere besser entwickelt, er ist grösser und abgerundeter als der hintere. Der Manteleindruck ist nicht sichtbar. Die Lunula ist herzförmig und ziemlich eingesenkt. Die Ligamentleiste kommt an Länge beinahe dem hinteren Theil des Schlossrandes gleich. Ich besitze Exemplare, die durch die schmalen Zwischenräume der Rippen an *L. Kochii* LÖRENT.[1] erinnern, aber nach der geringeren Zahl ihrer breiteren Rippen doch zu *L. Penslii* zu stellen sind.

JOSEF v. SZABÓ hat die vorliegende·Art irrthümlich zu *Cardium Carnuntinum* gestellt. *C. Carnuntinum* ist eine beinahe runde, geschlossene Form mit 22—24 Rippen, *L. Penslii* dagegen klafft stark und trägt 19—22 flache óder schwach convexe Rippen.

Fundort: *L. Penslii* war in der Literatur bisher nur vón Radmanest, Tihany, Kúp und durch HALAVÁTS' Mittheilung von Budapest-Rákos bekannt. Jetzt gelang es mir, es auch in Budapest-Kőbánya zu finden. In Rákos sammelte ich 8, in Kőbánya 6 Exemplare. Besonders gut erhalten sind sie in den zwischen den Thon gelagerten Sandschichten, obzwar die Oberfläche der Schale immer mehr oder minder ausgelaugt ist. Die meisten Exemplare sind kleiner als der Typus, so wie die Stücke von Kúp. Wahrscheinlich hielt SZABÓ die kleineren, jugendlicheren Exemplare von *L. Penslii* für *L. apertum*, da letzteres bisher von meinen Fundorten noch unbekannt ist.

11. **Limnocardium secans** FUCHS.

(Taf. XIX, Fig. 6 und Taf. XXI, Fig. 6.)

1870. *Cardium secans* FUCHS. TH. FUCHS: Fauna der Congerienschichten von Radmanest. p. 355. T. XV, F. 29—31.
1870. „ „ „ „ Fauna der Cong.-Schichten von Tihany und Kúp. p. 540.
1879. „ *hungaricum* (non HÖRN). SZABÓ: Budapest és környéke. p. 46.
1883. „ *(Adacna) secans* FUCHS. HALAVÁTS: Pontische Fauna von Langenfeld. p. 168 (6). T. XV, Fig. 1—2.
1892. „ „ „ „ „ Pontische Fauna von Királykegye. p. 80 (6).
1897. *Limnocardium secans* FUCHS. HALAVÁTS: Die geol. Verhältnisse des Alföld. p. 129.

Bei der von FUCHS gelieferten Beschreibung der Art ist die Zeichnung Taf. XV, Fig. 29—31 fehlerhaft, wie dies auch bereits HALAVÁTS bei Beschreibung der Langenfelder Fauna hervorhebt: Der Schlossrand ist bogiger, die Zwischenräume der Rippen sind· bedeutend breiter als dies auf den Figuren bei FUCHS zum Ausdruck gelangt. FUCHS fand das von HALAVÁTS auf Taf. XV, Fig. 1—2 abgebildete Langenfelder Exemplar mit den Radmanestern vollkommen übereinstimmend, also typisch. Eines meiner Exemplare von Kőbánya (Taf. XXI, Fig. 6) stimmt wieder mit dem Stücke von Langenfeld ganz überein; die übrigen verschiedenaltrigen sind entweder grösser oder bedeutend kleiner.· Auch diese, wie jede andere Species ist nach meinem Material ziemlich variabel, die Exemplare von Királykegye sind z. B. länger als die Langenfelder.

Zur Beschreibung der Art muss als Ergänzung folgendes bemerkt werden. Den 10—15 Rippen auf dem Haupttheil der Schale entsprechen innen bis zum Wirbel sich erstreckénde Furchen, während mit den 4—5 feinen, gegen den Rand der Schale schwächer werdenden, fadenförmigen Rippen des abgeschnittenen Theiles keine Furchen der Innenseite correspondiren. Die Rippen sind in der Mitte der Klappe am stärksten und schärfsten, von hier werden sie nach hinten schwächer und abgerundeter, während die Rippen des klaffenden Theiles — bei erwachsenen Exemplaren —. bedeutend schwächer sind und gegen rückwärts schwächer werden. Bei jugendlichen Stücken sind sämmtliche Rippen scharf, nach hinten so allmählich abgeschwächt, dass sie unvermerkt in die ziemlich starken Rippen des klaffenden Theiles übergehen. Die

---

[1] Die pont. Fauna von Szegzárd, Nagy-Mányok und Árpád. p. 97. T. III, F. 1 und T. IV, F. 3.

Rippen anderer Stücke sind nur in der Umgebung des Wirbels scharf, gegen den Schalenrand hingegen mehr oder minder abgerundet. *L. secans* Fuchs führt Szabó unter dem Namen *L. hungaricum* auf; Halaváts erwähnt in seiner die pannonischen Gebilde von Királykegye behandelnden Arbeit ein jugendliches Exemplar von Budapest-Rákos bereits unter dem Namen *L. secans* Fuchs. Ein mir vorliegendes, wohlentwickeltes Exemplar aus der Rákoser Ziegelfabrik zeigt bei einer Länge von 38 mm 33 mm Höhe und ca. 17 mm Dicke; die klaffende Oeffnung ist 18 mm hoch und ca. 3—5 mm breit; die Anzahl der Rippen beträgt 12 + 4. Die Maasse eines jugendlicheren Exemplars sind folgende: Länge 23 mm, Breite 22 mm, Dicke ca. 10 mm; die Länge der Oeffnung 10 mm, deren Breite ebenfalls 3 mm; die Anzahl ihrer Rippen ist 12; auf dem klaffenden Theil sind vier kaum sichtbare Rippen vorhanden. Diese Form stimmt vollkommen mit der Langenfelder überein (Halaváts l. c. Fig. 1), nur ist diese noch runder, da sie 21 mm lang und ebenso breit ist. (Auf der Figur gemessen.) Endlich habe ich auch noch Jugendexemplare, die nur 13, ja 8 mm lang, 11—7 mm breit und 4—2 mm dick.

Fundort: Budapest-Rákos ca. 20, Budapest-Köbánya 16 Exemplare, ausserdem in ganz Ungarn ziemlich verbreitet.

12. **Limnocardium Steindachneri** Brusina.

1884. *Adacna Steindachneri* Brus. Brusina: Congerienschichten von Agram. p. 154. T. XXVIII, F. 38.
1890. „ „ „ Lörenthey: Pontische Fauna von Nagy-Mányok. p. 48.
1892. *Cardium (Adacna) Steindachneri* Brus. Halaváts: Pontische Fauna von Királykegye. p. 32.
1894. *Limnocardium Steindachneri* Brus. Lörenthey: Pontische Fauna von Szegzárd etc. p. 99 (29).
1896. *Cardium Steindachneri* Brus. Anton Koch: Geologie der Fruscagora. p. 115, 119, 120 und 121.
1896. *Limnocardium Steindachneri* Brus. Brusina: Collection néogène de Hongrie etc. p. 149 (53).

Ich sammelte in Rákos und Köbánya mehrere Bruchstücke dieser interessanten, dünnschaligen, zerbrechlichen Art, die bisher von Okrugljak, Karlovitza, Gergeteg, Beocsin, Királykegye, Fünfkirchen, Szegzárd, Nagy-Mányok und Árpád bekannt war. Diese fragmentarischen und abgeriebenen Exemplare können auf Grund der an ihnen wahrnehmbaren Charaktere nur zu *L. Steindachneri* gezählt werden und nicht zum ähnlichen *L. hemicardium* Brus. [1]

Fundort: Budapest-Köbánya 5, Budapest-Rákos 10 Exemplare.

13. **Limnocardium subdesertum** nov. sp.
(Taf. XXI, Fig. 7—9.)

Die neue Art steht zwischen dem in Markusevec im tieferen Niveau vorkommenden *L. desertum* Stol. und dem einem höheren Niveau angehörigen *L. otiophorum* Brus.

Die kleine Schale ist dick, solid, ei- oder trapezoidförmig, schwach convex. Sie ist stark ungleichseitig, da sie vorne abgerundet, hinten abgeschnitten, jedoch nicht klaffend, sondern geschlossen ist. Der Wirbel ist etwas herabgedreht und ein wenig vor die Mittellinie geschoben. Die Oberfläche ist mit 25—29 radial verlaufenden, bis zum hinteren abgeschnittenen Theil fortwährend sich verstärkenden und dann wieder schwächer werdenden, abgerundeten Rippen bedeckt, die von beinahe ebenso breiten Zwischenräumen ge-

---

[1] Brusina: Matériaux, T, XX, F. 9 u. 10.

In der linken Klappe sind keine Seitenzähne vorhanden oder nur die undeutliche Spur eines Vorderzahnes. Die letzte Rippe, welche die längliche und tiefliegende Bandgrube begrenzt, ist kräftig. Die Lunula, von der Form eines Pfeiles, ist scharf begrenzt. Die eiförmigen Muskeleindrücke und die nicht ausgebuchtete Mantellinie sind sehr stark. Die Anwachsstreifen sind sehr fein und nur unter der Lupe sichtbar.

Maasse:

Länge:	3,5 mm	6	mm
Höhe:	3 „	5	„
Dicke:	1 „	1,5	„

L. subdesertum besitzt eine verhältnissmässig dickere Schale als *L. desertum* und während die den hinteren, abgeschnittenen Theil begrenzende Kante bei *L. desertum* gut sichtbar, ist bei *L. subdesertum* wie bei *L. otiophorum* fast keine Spur davon vorhanden. *L. desertum* ist hinten beinahe gerade, *L. subdesertum* in schwachem Bogen abgeschnitten, so dass letztere Form hinten abgerundeter ist. Der Manteleindruck ist bei *L. desertum* kaum sichtbar, bei *L. subdesertum* hingegen sehr stark. *L. desertum* besitzt in beiden Klappen Seitenzähne, bei *L. subdesertum* fehlen dieselben in der linken Klappe oder es ist nur eine undeutliche Spur eines Vorderzahnes vorhanden wie bei *L. otiophorum*. Die Lunula und Bandgrube bei *L. desertum* sind viel schwächer entwickelt als die von *L. subdesertum*. Während *L. desertum* 30—40 Rippen trägt — ihre Zahl steigt auch bis zu 50 — weist *L. subdesertum* höchstens 25—29 und selten 30 Rippen auf, so dass die Intercostalräume hier viel breiter sind.

Unter den drei Formen ist *L. otiophorum* am dünnschaligsten. In ihrem Innern entsprechen den 33—35 Rippen, welche die Oberfläche zieren, starke, bis zum Wirbel reichende Furchen, während sich dieselben bei *L. desertum* und *L. subdesertum* nur auf den Schalenrand beschränken; bei *L. subdertum* reichen sie bis zum Manteleindruck. Ausnahmsweise kommt es wohl auch bei jugendlichen Exemplaren von *L. desertum* und *L. subdesertum* vor, dass sich die den Rippen im Innern der Schale entsprechenden Furchen bis zum Wirbel erstrecken, doch werden sie hier über den Manteleindruck hinaus schwächer, bei *L. otiophorum* jedoch nicht. In Bezug auf die äussere Form und die Schlosszähne stimmt *L. subdesertum* mit *L. otiophorum* überein, obwohl bei *L. subdesertum* vorne und hinten jene ohrenförmige Erweiterung fehlt, die Brusina bei Beschreibung der Fauna von Agram als charakteristische Eigenschaft des *L. otiophorum* erwähnt. Dass jedoch diese ohrenförmige Erweiterung kein so wesentlicher Charakter ist, geht aus den Fig. 14—18 auf Taf. XX in den „Matériaux" Brusina's hervor, da sie auf diesen Exemplaren fehlt.

L. subdesertum steht sonach sowohl durch sein geologisches Vorkommen, als auch durch morphologische Charaktere zwischen *L. desertum* und *L. otiophorum*, letzterem jedoch näher. Bemerkt muss hier werden, dass die Markusevecer Exemplare von *L. desertum* am hinteren Theil des Schlossrandes schwache Stacheln aufweisen wie *L. Andrusovi*, doch werden dieselben nie so stark wie bei *L. Andrusovi var. spinosum*.

Fundort: Unter den Limnocardien ist *L. subdesertum* die vorherrschende Form in meiner Fauna; ich fand in Budapest-Rákos 57, in Budapest-Köbánya 145 Exemplare.

14. Limnocardium budapestinense nov. sp.
(Taf. XX, Fig. 18 und Taf. XXI, Fig. 10.)

Diese neue Species ist eine kleine, dünnschalige, ziemlich gewölbte, stark ungleichseitige Form, die vorne schmal abgerundet, hinten breit und abgeschnitten, doch nicht klaffend ist. Der schwach gewundene Wirbel ist stark nach vorne gerückt. Die Oberfläche zieren 16 nach hinten bis zum abgeschnittenen Theil gleichmässig verstärkte Rippen; auf dem abgeschnittenen Theil sind 5—8 stark hervortretende, feine, faden-förmige Rippen vorhanden, die von bedeutend breiteren Zwischenräumen getrennt werden. Die 16 breiten, abgerundeten, wenig convexen Rippen des vorderen Oberflächentheiles sind von den beiläufig gleichbreiten Zwischenräumen nicht scharf getrennt. Die 4—5 letzten, am hinteren Rande mit einer starken Kante ver-sehenen Rippen sind die stärksten. Das Innere der vorliegenden rechten und linken Klappe war ohne Ge-fährdung der Stücke nicht bloszulegen. So viel ist auch jetzt in der linken Schale sichtbar (Taf. XX, Fig. 18), dass der Schlossrand vorne von einer Lunula, hinten von einer breiten Bandgrube begrenzt wird. Sowohl die pfeilförmige Lunula als auch die Bandgrube sind von starken Kanten umgeben. Die Oberfläche ist mit feinen, doch scharfen Anwachsstreifen bedeckt.

Maasse:

	rechts:	links:
Länge:	7,5 mm	5,5 mm
Höhe:	5,0 „	3,5 „
Dicke:	2,0 „	1,5 „

L. budapestinense nov. sp. stimmt mit keiner bisher bekannten Form überein, obwohl es dem aus dem höchsten Niveau der pannonischen Stufe bekannten *L. Wurmbi* LÖRENT. vielleicht noch am nächsten steht. Die Unterschiede beider Arten detaillirter hervorzuheben ist überflüssig, da *L. Wurmbi* stark klafft, *L. budapestinense* hingegen eine geschlossene Form ist. Bei *L. Wurmbi* trägt der abgeschnittene Theil keine Rippen, bei *L. budapestinense* dagegen 5—8 etc.

Fundort: In Budapest-Köbánya fand ich eine rechte, in Budapest-Rákos eine linke Klappe.

Es muss hier erwähnt werden, dass Fig. 18 auf Taf. XX nicht gelungen ist, da die Rippen nicht so scharf von den Zwischenräumen getrennt sind wie auf der Abbildung; auch ist die am hinteren Rande der 12—16 Rippen dort vorhandene Kante nicht veranschaulicht. Schliesslich sind die breiten Zwischen-räume der Rippen am abgeschnittenen Theil der Form so gezeichnet, als wären sie Rippen, die schmalen Rippen hingegen die Zwischenräume.

15. Limnocardium fragile nov. sp.
(Taf. XIX, Fig. 8.)

In der Thongrube der Rákoser Ziegelfabrik sammelte ich eine auffallend dünnschalige, kleine Car-dide, die von jeder bisher bekannten Art abweicht und eine neue Species darstellt. Die länglich-eiförmige, linke Schale ist ziemlich convex, vorne abgerundet und breiter als hinten, wo sie abgeschnitten, doch nicht

Form; die beiden müssen demnach von einander getrennt werden.

Fundort: Thongrube der Budapest-Rákoser Ziegelfabrik, eine linke Klappe.

16· **Limnocardium complanatum** Fuchs.

(Taf. XXI, Fig. 11 u. 12.)

1870. *Cardium complanatum* Fuchs. Fuchs: Congerienschichten von Radmanest. p. 858. T. XV, F. 20, 21.
1884. *Adacna complanata* (Fuchs). Brusina: Congerienschichten von Agram. p. 161. T. XXIX; F. 49.
1894. *Limnocardium complanatum* Fuchs. Lörenthey: Fauna von Szegzárd, Nagy-Mányok und Árpád. p. 101.
1897. „ „ „ Brusina: Matériaux. T. XX, F. 12, 13.

Meine Exemplare weichen nur darin von der Beschreibung bei Fuchs ab, dass die Zahl der Rippen nicht zwischen 10 und 12 variirt, sondern 14 oder 15 beträgt, weshalb sie auch dichter stehen und die Zwischenräume schmäler sind als auf der Figur von Fuchs. Die Zahl der fadenartigen, scharfen Rippen auf dem hinteren abgeschnittenen Theil ist 4, wie sie auch Fuchs für die Radmanester Exemplare angibt. Ausser den Rippen ist vorne eine Kante vorhanden, die die· längliche Lunula, und hinten eine andere Kante, welche die lamellenförmige Bandgrube begrenzt. Die Exemplare von Budapest-Rákos stimmen in Bezug auf die Form und Grösse der Schlosszähne mit den Stücken von Radmanest überein. Die Maasse meiner besterhaltenen Exemplare sind folgende:

Länge:	17 mm	11 mm
Breite:	12 „	8 „
Dicke:	2,5 „	2 „

Fundort: Budapest-Rákos 8, Budapest-Köbánya 12 Exemplare.

Familie: **Helicidae.**

Iberus H. u. A. Adams.

Wenn auch die Familie der Helicidae in der pannonischen Stufe vertreten ist, so gehört sie doch immer zu den grössten Seltenheiten; sie ist hier durch *Iberus*, eine der seltensten Gattungen der pannonischen Stufe — bisher fossil nur in einer Art von Zala-Apáti bekannt — vertreten. Neuestens gelang es mir, auch in Budapest-Rákos diese Art wiederzufinden.

17. **Iberus balatonicus** Stoliczka.

1862. *Iberus balatonicus* Stol. F. Stoliczka: Beitrag z. Kennt. d. Molluskenfauna d. Cerithien- und Inzersdorfer
(*Congeria-*) Schichten d. ungar. Tertiärbeckens. p. 584. T. XVII, F. 4a—4c.

Stoliczka zählte diese Helicide, welche aus der pannonischen Ablagerung zwischen Esztergály und
Zala-Apáti stammt, zu der recenten Gattung *Iberus*. Das in Budapest-Rákos gefundene, etwas verdrückte
Exemplar stimmt mit dem bei Stoliczka abgebildeten überein, es ist nur um etwa ein Drittel kleiner.

Fundort: Budapest-Rákos, hier wie in Zala-Apáti sehr selten.

Familie: **Limnaeidae.**

Limnaea Lamarck.

Die Familie der Limnaeiden ist in meiner Fauna durch die Gattungen *Limnaea* Lamarck, *Valenciennesia* Rousseau und *Planorbis* Guettard vertreten. *Limnaea* spielt sowohl hier als im tieferen Niveau
bei Tinnye und in den anderen Niveaux der pannonischen Stufe eine untergeordnete Rolle. Von Budapest-
Rákos liegen einige zerbrochene Exemplare vor.

18. **Limnaea** sp. cfr. **paucispira** Fuchs.

Verletzte Exemplare einer in den Formenkreis der *Limnaea auricularis* gehörigen, aufgeblähten
Limnaea liegen vor; sie können am ehesten der *Limnaea paucispira* [1] oder, da die Spindel fehlt, der *Lytostoma grammica* Brus. [2] angehören. Da jedoch letztere Art bisher nur aus dem höchsten Niveau der pannonischen Stufe bekannt ist, bin ich eher geneigt, die vorliegenden Stücke zu *Limnaea paucispira* zu stellen,
ohne allerdings diese Zuteilung mit voller Bestimmtheit vornehmen zu können, da auf meinen mangelhaften
Exemplaren das Vorhandensein der Querfurchen oder Spirallinien nicht festzustellen ist.

Fundort: Budapest-Köbánya, 3 fragmentäre Exemplare.

Valenciennesia Rousseau.

Seit den Untersuchungen von K. Gorjanović-Kramberger „Ueber die Gattung Valenciennesia und
einige unterpontische Limnaeen. Ein Beitrag zur Entwicklungsgeschichte der Gattung Valenciennesia und
ihr Verhältniss zur Gattung Limnaea" [3] dürfte die Zugehörigkeit von *Valenciennesia* zur Familie der Limnaeidae nicht mehr zweifelhaft sein. Die Gattung *Valenciennesia* lebte in sämmtlichen Niveaux der pannonischen Stufe, dass sie jedoch noch nicht aus sämmtlichen, so z. B. aus dem tieferen Niveau bei Tinnye
bekannt ist, kommt daher, dass ihre sehr zerbrechlichen Schalen in sandigen Schichten nicht leicht erhalten
bleiben können, das durchsickernde Wasser löst die zarten Schalen ausserdem leicht auf.

---

[1] *Limnaea paucispira* Fuchs. Th. Fuchs: Die Fauna d. Cong.-Schichten v. Radmanest. p. 345. T. XIV, F. 56—58.
[2] *Lytostoma grammica* Brusina: Die Fauna der Cong.-Schichten v. Agram. p. 177 (53). T. XXX, F. 17 u. 18.
[3] Beiträge zur Palaeont. und Geologie Oesterr.-Ungarns und des Orients. Bd. XIII. Heft 3. 1901.

Fundort: Budapest-Köbánya.

Planorbis GUETTARD.

In allen Schichten des ungarischen Brackwasserpliocaen, in sämmtlichen Niveaux der pannonischen und levantinischen Schichten kommen einige *Planorbis*-Arten vor, einzelne derselben stellenweise ziemlich häufig. In unserer Fauna kommen nur kleine, einige mm messende Formen vor, von denen *Planorbis tenuis* FUCHS bisher nur aus dem höheren, *Pl. solenoides* LÖRENT. hingegen nur aus dem tieferen Niveau bekannt war. Daneben kommt eine neue und ferner eine vierte näher nicht bestimmbare Art vor. Während jedoch die Heliciden, Limnaeen und Valenciennesien als Seltenheiten auftreten, gehört die Gattung *Planorbis* zu den häufigeren Gasteropoden unserer Fauna.

20. Planorbis tenuis FUCHS.

1870. *Planorbis tenuis* FUCHS. TH. FUCHS: Die Fauna der Cong.-Schichten von Tihany und Kúp. p. 533 u. 542. T. XX, F. 15—18.
1894.   „   „   „   LÖRENTHEY: Die Fauna von Szegzárd, Nagy-Mányok und Árpád. p. 123 (53).
1896.   „   „   „   BRUSINA: La collection néogène de Hongrie etc. P. 117 (21).

Zahlreiche typische Exemplare dieser bei Tihany und Kúp wie auch in Szegzárd im obersten Niveau der pannonischen Stufe vorkommenden Form liegen vor; *Pl. tenuis* ist die häufigste unserer *Planorbis*-Arten.

Fundort: Budapest-Köbánya 145 Exemplare, Budapest-Rákos 1 Exemplar.

21. Planorbis porcellanea nov. sp.
(Taf. XXI, Fig. 13.)

Es ist dies eine der elegantesten Formen meiner Fauna, welche der aus dem tieferen Niveau von Tinnye beschriebenen *Pl. Sabljari* BRUS. und der neuen Species *Pl. Fuchsi* nahe steht, jedoch mit keiner derselben identificirt werden kann.

Diese kleine, einen Durchmesser von 1—2 mm besitzende Art ist flach, scheibenförmig und besteht aus 3—3½ ziemlich plötzlich anwachsenden und ziemlich involuten Umgängen. Die Apicalseite ist gewölbt und nur in der Mitte eng und kaum eingesenkt, während die Nabelseite concav ist, obwohl die Schlusswindung nicht flach, sondern schwach convex ist. Die Naht ist auf der Apical- und Nabelseite gleich gut sichtbar, obwohl sie nur fein linienartig ist. Der Winkel an der Peripherie ist abgerundet und weniger scharf als jener bei *Pl. Sabljari* BRUS. Oben auf der Apicalseite fehlt die neben der Naht befindliche Kante; unten der Nabelseite fehlt sie ebenfalls oder sie ist sehr schwach, kaum bemerkbar. Die Mundöffnung liegt nicht ganz in einer Ebene mit den Windungen, sondern sie ist etwas nach unten gewendet. Das stark glänzende Gehäuse ist porzellanartig, weiss oder schwach beingelb. Die Anwachsstreifen sind selbst mit der Lupe

ı Budapest-Rákos fand ich ein von den bisherigen Arten abweichendes halbes Exemplar,
n, was darauf sichtbar ist, mit *Pl. Brlići* Brus. (Matériaux. · Taf. III, Fig. 13—15) identi:
.nnté; da nur ein Bruchstück vorliegt, ist eine sichere Bestimmung jedoch nicht möglich.

Familie: **Melaniidae.**

Melanopsis Férusac.

ie Familie der Melaniiden ist allein durch die Gattung *Melanopsis* vertreten. Während im tief
Tinnye und Budapest-Kőbánya die *Melanopsis*-Arten sowohl nach Arten- als Individuer
.en, spielen sie im höheren Niveau eine sehr untergeordnete Rolle, da hier nur eine Art, *ß*
mœa Partsch, in verhältnissmässig geringer Individuenzahl vorkommt.

24· **Melanopsis pygmaea** Partsch.

ı87.	*Melanopsis buccinoidea* (non Fér).			J. v. Hauer: Vorkommnisse foss. Thierreste im tert. Becken von ˙ (Bronn. Jahrb. p. 421.)
ı48.	„	*pygmaea* Partsch.		Hörnes: Verz. in Czjzek's Erläut. z. geol. Karte v. Wien. p. 23.
ı56.	„	„	„	„ Foss. Moll. d. tert. Beck. v. Wien. Bd. I, p. 599. T. 49, F. 1ı
ı70.	„	„	„	Th. Fuchs: Cong.-Schicht. v. Tihany u. Kúp. p. 538 u. 545. T. XXII, F. 7
ı74.	„	„	„	Brusina: Foss. Binnenmoll. p. 33.
ı77.	„	„	„	Th. Fuchs: in Führer, Excurs. geol. Gesellsch. p. 75.

Diese Art, welche eine überaus grosse horizontale und eine ziemlich bedeutende verticale Verbreitung besitzt und stellenweise in sehr grosser Menge vorkommt, kann in meiner Fauna nicht häufig genannt werden. Meine Exemplare sind sämmtlich mangelhaft, der Wirbeltheil ist auf allen abgerieben. In der Grösse stimmen sie mit Fuchs' Fig. 10 und 11 überein, sie sind also mittelgross und eher schlank als gedrungen. Einige meiner Exemplare neigen zu der bei Handmann unter dem Namen *Mel. (Homalia) Fuchsi* (Taf. I, Fig. 6) beschriebenen *Mel. Handmanni* Brus.

Fundort: Budapest-Köbánya 15, in Budapest-Rákos 5 Exemplare.

Familie: **Hydrobiidae.**

Micromelania Brusina.

In unserem durch das massenhafte Auftreten der *Congeria ungula-caprae* Münst. charakterisirten Niveau ist hier auf dem Gebiete Budapests *Micromelania ? Fuchsiana* Brus. eine der herrschenden Formen. In ihrer Gesellschaft kommt noch eine Art vor, *Micromelania ? laevis* Fuchs, die jedoch bedeutend seltener ist. Von beiden Arten weiss man nicht bestimmt, ob sie thatsächlich Micromelanien sind, da die Aussenlippe an allen bisher bekannten Exemplaren mangelhaft erhalten ist; es kann deshalb nicht bestimmt werden, ob sie nach vorne gezogen ist. Brusina stellt beide Arten (in seinem Atlas „Matériaux") als fraglich zu *Micromelania*.

25. **Micromelania ? Fuchsiana** Brus.

(Taf. XX, Fig. 4 u. 5; Taf. XXI, Fig. 15.)

1884. *Micromelania Fuchsiana* Brus. Brusina: Fauna der Cong.-Schichten von Agram. p. 163. T. XXIX, F. 5.
(Siehe daselbst die ältere Literatur.)
1897.   „   ?   „   „   Brusina: Matériaux. T. XI, F. 7 u. 8.

Die Charactere dieser Art fasse ich, da bisher nur einige Exemplare bekannt waren und sie noch nicht beschrieben ist, kurz in folgendem zusammen:

Das aus 9,5 sehr langsam und gleichmässig wachsenden Umgängen bestehende Gehäuse ist etwas spitzig. Die oberen Windungen sind schwach gewölbt, die letzten 3—5 hingegen flach oder, wenn sie auch gewölbt sind, doch in ganz geringem, kaum wahrnehmbarem Maasse. Dem entsprechend ist die Naht am oberen Theil des Gehäuses stärker, am unteren sehr fein fadenförmig. „Die letzte Windung ist gegen die Basis deutlich gekielt." Die Mündung bildet beinahe $^1/_5$ der Gesammthöhe. Sie ist eiförmig, beinahe senk-

n in eine Ecke 'ausgezogen.' Die Lippen sind zusammenhängend und dünn. Die
ft erhalten, somit kann nicht bestimmt werden, ob sie nach vorne gezogen und
ächlich eine *Micromelania* ist. Soviel man aus den Anwachsstreifen ersehen kann,
t vorgezogen, die Form wäre somit keine *Micromelania*. Der Spindelrand ist nur
lb auch zumeist ein spaltenförmiger Nabel sichtbar wird. Die Oberfläche ist mit
aum sichtbaren feinen Spirallinien verziert. Meine unverletzten Exemplare sind
/₂ mm breit.

der *Micromelania ? cylindrica* LÖRENT. n. sp., die ich am Anfange vorliegender
st-Köbánya aus dem tieferem Niveau beschrieb, am nächsten. Während jedoch *M.*
en besitzt, zeigt *M. Fuchsiana* nur 9,5. Die Windungen der *M. cylindrica* sind
auch ihre Naht stärker wie bei der *M. Fuchsiana*. Während das Gehäuse der
rische Form zeigt, ist *M. Fuchsiana* thurmförmig, da die Umgänge hier verhältniss-
sen wie bei *M. cylindrica*. Auf der Schlusswindung der *M. Fuchsiana* ist in der
rke Kante sichtbar, die bei *M. cylindrica* fehlt, ebenfalls fehlen auch die bei *M.*
a, feinen Spirallinien. Die *M. Fuchsiana* könnte von der in tieferem Niveau vor-
ca abstammen und aus *M. Fuchsiana* könnte vielleicht die in höherem Niveau
öröki LÖRENT.[1] abgeleitet werden, deren sämmtliche Umgänge bei ausgewachsenen
aahme der beiden ersten — jene Kante tragen, die bei *M. Fuchsiana* erst auf der
it:

öki LÖRENT., oberes Niveau

Fuchsiana BRUS., unteres Niveau ⟩ der oberen pannonischen Stufe

? cylindrica LÖRENT., mittlere pannonische Stufe.

Fuchsiana ist die herrschende Form meiner Fauna, da ich sie in mehreren tausend
ntären Exemplaren sowohl in Budapest-Köbánya, als auch in Budapest-Rákos
b diese Art aus der pannonischen Stufe von Okrugljak, wo sie selten ist. Sie
a Niveau der pannonischen Stufe bereits im Aussterben begriffen.

26. Micromelania ? laevis FUCHS sp.

ia laevis (FUCHS). BRUSINA: Fauna foss. di Markusevec. p. 159 (47).
     „   FUCHS sp. LÖRENTHEY: Die pont. Fauna v. Szegzárd, Nagy-Mányok u. Árpád. p. 109 (39).
                 (Siehe hier die ältere Literatur.)
? „   (FUCHS). BRUSINA: La collection néogène de Hongrie. p. 127 (31).
? „   „   Matériaux. T. XI, F. 11 u. 12.

rtical als auch horizontal weit verbreitete Form kommt auch in meiner Fauna vor,
en meisten Fundstätten auch hier nicht sehr häufig. Wie im tieferen Niveau von

pontische Fauna von Kurd im Comitate Tolna. p. 87. T. II, F. 1—4.

Fundort: Budapest-Köbánya ca. 25,. Budapest-Rákos. 4 Exemplare.

Pyrgula DE CRISTOFORIS ET JAN.

Diese Gattung, welche mit den Gattungen *Hydrobia* und *Micromelania* vielfach durch Uebergän[verbunden ist, hat hier nur eine Vertreterin, *Pyrgula incisa* FUCHS, die jedoch eine der herrschend Formen meiner Fauna ist.

27. Pyrgula incisa FUCHS.

1884. *Pyrgula incisa* FUCHS. BRUSINA: Congerienschichten von Agram. p. 163. T. XXX, F. 11. (Siehe die v· herige Literatur.)
1894. „ „ „ LÖRENTHEY: Die pont. Fauna von Szegzárd, Nagy-Mányok und Árpád. p. 113 (43).
1896. ., „ „ BRUSINA: La collection néogène de Hongrie etc. p. 126 (30).

Von meinen typischen Exemplaren, die mit denen von Radmanest übereinstimmen, kann dassel gesagt werden, was ich über die Stücke von Szegzárd schrieb. „Bei meinen und den Exemplaren FUCH (aus Radmanest) treten die Kanten scharf hervor und sind gürtelförmig, während sie bei BRUSINA (Agra· viel schwächer, verschwommener sind. Die Näht ist am letzten Umgang gleichfalls mit einem Gürtel v· sehen, wie bei den Exemplaren FUBHS', und so weicht meine Form auch in dieser Beziehung von d Formen BRUSINA's ab. Auf der Basis treten, der Zahl nach 3—4, sehr feine, fadenförmige Kanten a· die dem Nabel zu fortwährend schwächer werden." Diese Kanten sind auch bei den Radmanester Exe· plaren vorhanden. Auf meinen gut·erhaltenen Stücken sind unter der Lupe auch die Spuren von Spir· linien sichtbar.

Fundort: Diese Art war bisher nur aus den beiden obersten Niveaux der pannonischen Stufe, d· Niveau der *Congeria balatonica* etc. (Tihany, Radmanest) und dem Niveau der *Congeria rhomboidea* e· (Szegzárd, Okrugljak) bekannt. Nach meinen Funden in dem tieferen Niveau mit *Cong. ungula-cap·* dürfte sie den Höhepunkt ihrer Entwicklung in diesem Niveau erreicht haben und nach aufwärts stetig ε nehmen. In Budapest-Köbánya sammelte ich einige tausend, in Budapest-Rákos ebenfalls ü· tausend Exemplare.·

Hydrobia HARTMANN.

In unserem höheren Niveau der pannonischen Ablagerungen Budapests wird die Familie ·(*Hydrobiidae* ausser durch die Gattungen *Pyrgula* und *Micromelania* noch durch zwei Arten vertreten, de· eine ich für eine *Bythinella*, deren andere ich für eine *Hydrobia* zu halten geneigt bin. Es muss jed· bemerkt werden, dass ich den Begriff der Gattung *Hydrobia* in weiterem Sinne auffasse, als dies die Z· logen nach Studien an recenten Conchylien zu thun pflegen, da bei den fossilen Formen einestheils Charaktere noch nicht so sehr differencirt sind und anderntheils, da die Exemplare nicht so erhalten si· dass alle Charaktere bei ihnen genügend sichtbar wären. Bei der hier zu *Hydrobia* gestellten Form da jedoch die Ränder der Mundöffnung nicht durch eine starke Spindelschwiele verbunden sind, so zähle ich sie einfach zu *Hydrobia*. Während die Gattungen *Pyrgula* und *Micromelania* die zu Tausenden vorkommenden herrschenden Arten liefern, gehören die Vertreter der Gattung *Hydrobia*, noch mehr jedoch die der Gattung *Bythinella* zu den selteneren Formen.

Zur Gattung *Hydrobia* zähle ich *Hydrobia scalaris* Fuchs, die bei Fuchs unter dem Namen *Bythinia*, bei Bukowski unter dem Namen *Bythinella* vorkommt.

28. Hydrobia scalaris Fuchs sp.

(Taf. XXI, Fig. 14.)

1877. *Bythinia scalaris* Fuchs. Th. Fuchs: Jüng. tert. Bild. Griechenlands. p. 13. T. I, F. 22—24.
1895. *Bythinella scalaris* Fuchs sp. Bukowski: Levant. Molluskenfauna von Rhodus. II. Th. p. 38.

Meine in Budapest gesammelten Exemplare stimmen mit den Beschreibungen und den Figuren bei Fuchs, wie auch mit Exemplaren aus Megara, die mir Prof. Fuchs zum Vergleich zu senden die Güte hatte, vollkommen überein; der einzige Unterschied ist der, dass die Exemplare von Megara etwas grösser sind. Die letzteren Exemplare bestehen aus $4^1/_2$ [1], die Budapester aus 4—$4^1/_2$ Umgängen. Dies ist jedoch nicht als Unterschied zu betrachten, wenn die grosse Entfernung der Fundorte und der Umstand in Erwägung gezogen wird, dass die griechischen Formen in süsserem Wasser und auch später lebten als die Budapester. Auch die Budapester Exemplare sind spitz-kegelförmig, das Anwachsen der „stark gewölbten" und durch eine tiefe Naht von einander getrennten Umgänge ist ganz regelmässig, indem sie von der Spitze angefangen bis zur Mündung gleichmässig grösser werden und sich bis zum Schlusse ganz normal an einander legen. Die Mündung weist constant eine nahezu kreisrunde Gestalt auf, wie dies Bukowski hervorhebt; nach Fuchs ist sie „rundlich". Der Mündungssaum ist innen stets an die vorhergehende Windung angewachsen, so kommt auf der abgerundeten Basis nur eine Nabelritze zum Vorschein. Während die Exemplare von Megara 2 mm hoch und 1,2 mm breit sind, besitzen die Budapester eine Höhe von 1,5 mm und eine Breite von $^1/_2$—1 mm. Bei dem einzigen meiner Exemplare, dessen Mundsaum unverletzt ist, erscheint die Aussenlippe in der Mitte etwas bogig vorgezogen, wodurch unten wie bei den Exemplaren von Megara ein schwacher, kaum sichtbarer Ausguss entsteht. Manche meiner Exemplare sind stellenweise glänzend, was darauf hinweist, dass das Gehäuse der Budapester Exemplare ebenso wie das der Megaraer ursprünglich glänzend war.

Fundort: *H. scalaris* ist eine der interessantesten Formen meiner Fauna, da sie bisher nur aus dem pliocaenen (levantinischen) Süsswasserkalk von Megara (Griechenland) und nach Slavik aus dem tertiären Süsswasserkalk von Tuchořic bekannt war. In Megara kommt sie in grosser Menge vor, auch in Budapest ist sie nicht selten zu nennen, da ich in Budapest-Köbánya 30, in Budapest-Rákos ein Exemplar sammelte.

---

[1] Während Fuchs in der Beschreibung hervorhebt, dass diese Form „mit Ausnahme der Embryonalwindung aus fünf mässig wachsenden Umgängen bestehend" ist, weist seine Abbildung (T. I, F. 23) ausser der Embryonalwindung nur 4 Umgänge auf — die Form besteht thatsächlich aus $4^1/_2$ Windungen.

Bythinella Mog.-Tand.

Die Gattung *Bythinella* fasse ich ebenfalls weiter als die Zoologen, da auch jene Form, die ich hieher zähle, im Vergleiohe zu den recenten Bythinellen eine Collectivform ist, weil sie zwar walzig-kegelig ist wie die lebende *Bythinella*, jedoch mit etwas spitzerem Wirbel versehen wie die *Frauenfeldia.* Die Umgänge wachsen nicht so plötzlich wie bei den recenten Bythinellen, sondern sehr gleichmässig wie bei *Vitrella.*

Vertreter der Gattung *Bythinella* gehören, wie an den meisten Fundorten, so auch in unserem Gebiet, zu den grössten Seltenheiten.

29. Bythinella sp. ind.

Sehr kleine $1^1/_2$—2 mm hohe, walzig-kegelige Form mit einem nur wenig spitzen Wirbel; die Umgänge ($5^1/_2$—6) wachsen sehr langsam und sind trotz flacher Wölbung durch eine tiefe Naht getrennt. Diese Form steht der oben aus der Fauna von Tinnye (p. 235) beschriebenen *Bythinella vitrellaeformis* Lörent. sehr nahe.

Fundort: Budapest-Köbánya, 11 gut erhaltene Exemplare mit zumeist glänzender Schale.

Bythinia Gray.

Während in dem im Brunnen der Schweinemastanstalt zu Köbánya und in Tinnye aufgschlossenen tieferen Nivean eine wirkliche *Bythinia, Byth. Jurinaci* Brus., vorkommt, die bisher nur aus tieferem Niveau, aus dem dalmatinischen Melanopsidenmergel bekannt war, kommen in den Schiohten mit *Cong. ungula-caprae* zwei bisher nur aus noch höherem Niveau bekannte Formen vor, *Byth. ? margaritula* Fuchs und *Byth. ? proxima* Fuchs?. Dieselben sind keine echten Bythinien und können nur, wie es Brusina that, unter Vorbehalt zur Gattung *Bythinia* gestellt werden. Die äussere Gestalt dieser Formen erinnert wohl an manche Bythinien, aber auch an manche Hydrobien. Die Innenlippe ist verdickt, diè Aussenlippe in der Mitte vorgezogen, daher sind diese beiden Formen weder typische Bythinien, noch typische Hydrobien. Von Okrugljak beschreibt Brusina eine ähnliche Form, *Bythinia pumila* Brus. (Congerien-Schichten von Agram. p. 166. Taf. XXX, Fig. 13) und bemerkt über sie und ihre Verwandten: „Ihre Kleinheit und das verhältnissmässig sehr stark verdickte Peristom sind ein Fingerzeig, dass diese Arten eine eigene generische Gruppe vorstellen, deren Stellung man erst nach Auffindung weiterer Arten wird bestimmen können."

30. Bythinia ? margaritula Fuchs.

1870. *Bythinia margaritula* Fuchs. Th. Fuchs: Die Fauna der Congerien-Schichten von Radmanest. p. 348. T. XIV, F. 54 u. 55.
1870. „ „ „ Th. Fuchs: Die Fauna der Cong.-Schicht. v. Tihany u. Kúp. p. 534.
1896. „ ? „ „ Brusina: La collect. néogène de Hongrie etc. p. 132 (36).

Zu dieser Art, welche Fuchs von Radmanest beschreibt und die in der gleichaltrigen Fauna von Tihany und Kúp ebenfalls häufig ist, sind einige Stücke von Budapest-Köbánya zu stellen, welche mit Exemplaren von Kúp übereinstimmen. Von letzteren sagt Fuchs, ihr Gewinde sei gegenüber den Stücken von Radmanest gestreckt, „so dass bei einigen Exemplaren die Höhe doppelt so gross ist als die Breite." Die

nplare von Radmanest und Kúp sind flacher als dies Fuchs auf der citirten Figur
veniger tief, die Schlusswindung oben wenig abgeflacht erscheint. Obwohl eines der
.ch Fuchs darin besteht, dass sie ungenabelt ist, sind dennoch auch Formen mit
rhanden, da die Innenlippe bald stark an die vorletzte Windung angedrückt, bald
anz abgetrennt ist. Auch die Stärke der Verdickung auf der Innenlippe ist bei den
lorte sehr variabel; am schwächsten ist sie bei den Budapester Exemplaren. Die
falls bald stärker, bald schwächer eckig.
dapest-Köbánya 4 Stücke.

31. Bythinia ? proxima Fuchs.

(Taf. XX, Fig. 13—17.)

roxima Fuchs. Th. Fuchs: Die Fauna d. Cong.-Schicht. v. Tihany u. Kúp. p. 534. T. XX, F. 34—36.

iner dieser eigenartigen Gruppe angehörigen Formen sind zu B. proxima zu stellen.
ischen B. proxima und margaritula eine Grenze zu ziehen, da beide Arten durch
und die Merkmale auch nicht so scharf ausgeprägt sind wie im höheren Niveau
ip). B. proxima ist mehr kegelförmig als B. margaritula, ihre Umgänge wachsen
ichmässiger an; überdies sind die Windungen der B. proxima gewölbter, die Naht ist
B. margaritula. Demzufolge ist B. proxima manchmal ganz treppenförmig, was be-
apester Exemplaren auffält. Solche Exemplare mit gestreckter Spira, treppenförmigen
iit ihrem Aeussern nach von den Tihanyer Exemplaren abweichen, bildete ich von
ig. 13—17 ab. Bei B. margaritula sind die Seiten der Umgänge flacher, die Naht
Schlusswindung scheint oben etwas abgeflacht, da sie sich rascher senkt als die
ih hier kommen, wie bei B. margaritula, Exemplare mit weiterem und engerem,
vór, da die Innenlippe bald stärker, bald schwächer an die Schlusswindung gedrückt,
sgelöst ist. Die Innenlippe ist bei B. proxima im Allgemeinen schwächer verdickt
weshalb bei B. proxima sich nie der Fall einstellt, dass wegen der stark verdickten
lte nicht sichtbar wäre. Im allgemeinen scheint B. proxima etwas dünnwandiger zu
Fuchs hebt als Unterschied hervor, dass B. proxima sich von B. margaritula „durch
unterscheidet." Dieser Unterschied ist nicht so augenfällig, denn während unter
nders jedoch den Kúper Exemplaren der B. margaritula die meisten höher sind als
r 2 mm, die Breite jedoch 1 mm nie übersteigt, variirt die Höhe der B. proxima
id ihre Breite beträgt immer mehr als 1 mm, zumeist 1½ mm, ohne jedoch, selbst
plaren 2 mm zu erreichen. Bei manchen meiner Stücke von Köbánya und Rákos ist
ben der Naht etwas zurückgezogen und in der Mitte bogenförmig vortretend (Fig. 14c).
en von Budapest-Köbánya ist statt des starken Glanzes, den die meisten Tihanyer
Spur einer schwarzen Färbung vorhanden.
t zu irren, wenn ich auch meine vom Typus abweichenden, treppenförmigen, schlankeren
t identificire, da sie mit der Grundform so durch Uebergänge verbunden sind, dass
i beiden Formen kaum gezogen werden kann.

Familie: **Valvatidae.**

Valvata. MÜLLER.

Die interessantesten Formen der Schichten mit *Congeria ungula-caprae* MÜNST. im Gebiete Budapests sind die Valvaten. Sie erwecken, abgesehen davon, dass sie ausgezeichnet erhalten und von eleganter Form sind, besonderes Interesse dadurch, dass unter ihnen zwei Arten der oberpliocaenen (levantinischen) Süsswasserablagerungen von Megara in Griechenland vorkommen. Es sind dies *V. kúpensis* FUCHS und *V. minima* FUCHS. Sie kommen übrigens auch bei uns in der oberen pannonischen Stufe vor, *Valvata minima* sogar in der mittleren pannonischen Stufe von Tinnye. Beide Arten scheinen demnach allmählich nach Süden gewandert zu sein. Zwei andere *Valvata*-Arten, dieses Niveaus sind neu: *V. varians* nov. sp. und *V. subgradata* nov. sp. Die in den Formenkreis der aus Tihany und Kúp beschriebenen *Valvata gradata* FUCHS, *V. balatonica* ROLLE und *V. tenuistriata* FUCHS gehörende *V. subgradata* erinnert ihrer Form und Skulptur nach an manche *Turbo*-Arten und muss daher in das von SANDBERGER vorgeschlagene Subgenus „*Polytropis*" gestellt werden. *V. varians* nov. sp. gehört in die Untergattung *Tropidina*.

32. **Valvata kúpensis** FUCHS.

1870. *Valvata kúpensis* FUCHS. TH. FUCHS: Die Fauna der Congerien-Schichten von Tihany und Kúp. p. 543 (18). T. XXII, F. 23—25.
1877.   „   „   „   TH. FUCHS: Stud. über die jüng. Tertiärbild. Griechenlands. p. 14 (und vielleicht p. 38. T. V, F. 1—5).
1894.   „   „   „   LÖRENTHEY: Die pont. Fauna von Szegzárd, Nagy-Mányok und Árpád. p. 121 (51).
1896.   „   „   „   BRUSINA: La collection néogène de Hongrie. p. 138 (42).

FUCHS beschrieb diese Art zuerst von Kúp, aus dem durch das massenhafte Auftreten der *Congeria balatonica* FUCHS und der typischen *Cong. triangularis* PARTSCH ausgezeichneten Niveau; später constatirte er sie auch in dem Süsswasserpliocaen von Megara (Griechenland). Ich selbst fand sie bei Szegzárd im Niveau der *Cong. rhomboidea* (oberste pannonische Stufe).

V. kúpensis besitzt eine viel grössere, horizontale Verbreitung als bisher angenommen wurde. In Ungarn kommt sie in allen drei bisher bekannten Niveaux der oberen pannonischen Stufe vor und zwar im Niveau der *Cong. ungula-caprae*, der *Cong. balatonica* und der *Cong. rhomboidea*.

Fundort: Budapest-Köbánya 35, Budapest-Rákos 8 Exemplare.

33. **Valvata minima** FUCHS.

(Taf. XX, Fig. 10—12.)

1877. *Valvata minima* FUCHS. TH. FUCHS: Jüng. tert. Bild. Griechenlands. p. 14. T. I, F. 25—27.
1894.   „   „   „   LÖRENTHEY: Pont. Fauna von Szegzárd, Nagy-Mányok und Árpád. p. 121 (51).

FUCHS beschrieb die *Valvata minima* aus dem pliocaenen Süsswasserkalk von Megara mit der in ihrer Gesellschaft vorkommenden *Hydrobia scalaris* FUCHS sp. zusammen, also beide von dort aus einem höheren Niveau als es die vorliegende Fauna repräsentirt.[1] Aus älteren Ablagerungen kenne ich sie aus dem obersten Niveau der pannonischen Stufe, dem *Congeria rhomboidea*-Niveau von Szegzárd und jetzt aus dem tieferen Niveau von Budapest und Tinnye. In Szegzárd und Budapest sowohl, wie in Megara kommt sie in Gesellschaft der *Valvata kúpensis* Fuchs vor. Das tiefste Niveau, aus welchem sie bisher bekannt, ist das Niveau der oben beschriebenen Fauna von Tinnye, wo *V. kúpensis* bisher jedoch noch unbekannt ist. Stücke der *V. minima* von Megara, welche ich der Freundlichkeit des Herrn Fuchs verdanke, zeigen, dass die griechischen Exemplare sowohl in der Grösse als auch in der Form weniger variabel sind als die Budapester. *V. minima* ist bei Megara im Allgemeinen grösser als die ungarischen Vorkommnisse, ihr Wirbel ist abgerundeter, ihr Gewinde kürzer, ihre Umgänge wachsen etwas plötzlicher und ungleichmässiger; ihre Windungen drehen sich ungleichmässig um ihre Axe und demzufolge fällt der Wirbel nicht in die Mitte der Schale, sondern je grösser das Gehäuse, um so mehr nach hinten. Die Umgänge der Exemplare von Megara sind oben bei der Naht beinahe abgeflacht, ihre Seiten fallen beinahe senkrecht ab, so dass die Umgänge treppenförmiger sind als bei den ungarischen Stücken, deren Windungen gleichmässig gewölbt und gleichmässig um die Axe gewunden sind, so dass der Wirbel in die Mitte des Gehäuses fällt. Die Spira meiner Exemplare ist immer spitziger und zumeist auch höher als bei denen von Megara. Während die griechischen $3^1/_2$ Windungen besitzen, haben die ungarischen Exemplare $3^1/_2$—$4^1/_2$. Die in Fig. 10—12 abgebildeten Stücke weichen von der Grundform ab; ich bin jedoch im Besitze kleinerer mit der citirten Figur Fuchs' vollkommen übereinstimmender Formen, deren Spira niederer und spitziger ist, deren Umgänge ungleichmässiger um die Axe gewunden, dabei immer gewölbt sind, und deren Wirbel von der Mitte nach hinten verschoben ist. Unter den Exemplaren von Megara finden sich auch solche, deren Umgänge sich gleichförmiger um die Axe winden, mehr gewölbt und abgerundet, somit weniger treppenförmig sind. Da ich sowohl in Budapest als auch in Kúp Exemplare von *V. kúpensis* sammelte, deren Spira höher ist als die des bei Fuchs l. c. Taf. XXII, Fig. 23—25 abgebildeten Exemplares, und ferner Formen der *V. minima* mit niedriger Spira vorhanden sind, so ist es evident, dass *V. kúpensis* von variabler Form und vermittelst Uebergängen mit *V. minima* eng verknüpft ist. In Szegzárd ist die *V. minima* stets kleiner als in Megara oder Budapest. Auch in Szegzárd sind Exemplare mit höherer und niederer Spira vorhanden. Meine Budapester Exemplare sind wie die der *Hydrobia scalaris* stellenweise glänzend.

Fundorte: Budapest-Kőbánya 100, Budapest-Rákos 10 Stücke.

34. **Valvata varians** nov. sp.
(Taf. XX, Fig. 6—8.)

Die ziemlich feste Schale der vorliegenden winzigen Form nähert sich im Grossen und Ganzen einem breiten und kurzen Kegel. Sie besteht aus $3^1/_2$ treppenförmigen Umgängen, die durch eine rinnenförmige Naht getrennt sind. Die Windungen wachsen plötzlich an, so dass die Schlusswindung doppelt so hoch ist als die ganze Spira. Die oberen Umgänge sind mässig gewölbt und glatt, ohne alle Skulptur, während die

---

[1] Ueber die Schichten von Megara bemerkt Fuchs l. c. p. 11, dass „die Süsswasserablagerungen von Megara jünger sind als die Congerienschichten," und Oppenheim (Beiträge zur Kennt. des Neogens in Griechenland. Zeitschr. der Deutsch. Geol. Gesellsch. Jahrg. 1891. p. 438) schreibt: „Mit Bestimmtheit scheint mir . . ., dass die Schichten von Megara der levantinischen Stufe angehören."

stark gewölbte Schlusswindung oben entweder glatt und in diesem Falle abgerundet, oder mit einem Kiel verziert und sodann schwach abgeflacht ist. Unter dem Kiel ist die Oberfläche so weit gewölbt, bis auf der Basis ein zweiter, stärkerer, scharfer Kiel auftritt. Von diesem zweiten Kiel an ist der ziemlich weite Nabel eingesenkt. Manchmal tritt auf der Schlusswindung zwischen den beiden Kielen eine dritte schwache Kante auf (Fig. 6). Die Mündung tritt stark nach der Seite vor, so dass nur ein Drittel derselben unter den vorhergehenden Umgang fällt. Der Rand der etwas schiefstehenden, breitovalen Mundöffnung ist zusammenhängend und scharf. Die Mündung berührt die Schlusswindung kaum. Die Oberfläche des schwach glänzenden, weissen Gehäuses ist mit feinen Anwachsstreifen bedeckt. Das grösste Exemplar ist $1^1/_4$ mm hoch, $1^1/_2$ mm breit. Der obere Kiel ist verschieden stark entwickelt. Auf manchen Exemplaren wird er nur durch die abweichende Lichtbrechung sichtbar, bei anderen wird er allmählich stärker. Somit ist das in Fig. 8 abgebildete Exemplar, auf welchem oben kein Kiel vorhanden ist, mit dem Fig. 7 abgebildeten, oben einen Kiel tragenden und mit der in Fig. 6 abgebildeten, drei Kiele besitzenden Form als einer Art angehörend zu betrachten, da die einzelnen Formen durch Uebergänge verbunden sind. *V. varians* steht der aus den levantinischen Ablagerungen von Sibin beschriebenen *V. sibinensis* NEUM.[1] zwar am nächsten, doch sind beide Arten auf den ersten Blick zu unterscheiden. Die Gestalt der *V. varians* ist conisch, ihr Wirbel spitzig, da die ersten Umgänge emporgehoben sind, spiral gewunden, während *V. sibinensis* nur annähernd conisch ist, da die ersten Umgänge nicht spitz emporgehoben, sondern nur wenig hervorragend und beinahe in einer Ebene eingewunden sind. Demzufolge ist die Schlusswindung der *V. sibinensis* etwa viermal so lang wie die Spira, während sie bei *V. varians* nur zweimal so lang ist. *V. sibinensis* besteht aus drei gekielten Umgängen, während bei *V. varians* nur die Schlusswindung gekielt ist, die beiden andern hingegen abgerundet sind. Die Umgänge der *V. sibinensis* sind von der Naht ab ganz horizontal, die der *V. varians* rundlich, mit Ausnahme der Schlusswindung, welche, wenn sie oben gekielt ist, von der Naht dachförmig abfällt. Bei *V. sibinensis* sind immer zwei Kiele vorhanden, deren oberer „sehr scharf", der den Nabel umgebende untere hingegen „etwas schwächer als der obere" ist. Jedoch nur dieser untere Kiel ist constant, der obere kann auch fehlen. Von den beiden Kielen ist bei *V. varians* immer der dem Nabel genäherte der stärkere, bei *V. sibinensis* ist gerade dieser der schwächere. Bei *V. varians* kann in der Mitte der Schlusswindung noch eine dritte Kante vorkommen (Fig. 6), die bei *V. sibinensis* immer fehlt. Der trichterförmige Nabel ist bei *V. varians* etwas weiter als bei *V. sibinensis*. Die Mündung der *V. sibinensis* ist nur „oben etwas winklig", die der *V. varians* ist es nicht nur oben, sondern, dem starken Kiel entsprechend, auch unten. Während die Mundöffnung der *V. sibinensis* senkrecht steht, ist die der *V. varians* etwas schief. In der Grösse stimmen die beiden Formen ziemlich überein, *V. varians* ist nur um wenig kleiner. Ein grosser Unterschied ist jedoch in Bezug auf die Altersstellung vorhanden, da *V. varians* in der unteren, an *Congeria ungula-caprae* reichen Schichte der oberen pannonischen Stufe, die *V. sibinensis* hingegen im mittleren, dem sogenannten *Vivipara stricturata*-Niveau der levantinischen Stufe vorkommt.

Die mit drei Kanten besetzten Exemplare der *V. varians* (Fig. 6) ähneln der in Amerika lebenden und in den Formenkreis der *Valvata sibinensis* gehörigen *Tropidina tricarinata*. *V. varians* hat auch mit *V. levantica* HAL.[2] Aehnlichkeit, doch ist *V. levantica* eine bedeutend grössere Form — Höhe: 9 mm,

---

[1] NEUMAYR und PAUL: Die Cong.- u. Paiud.-Schichten Slavoniens etc. p. 76. T. IX, F. 19 a—d.
[2] J. HALAVÁTS: Die zwei artesischen Brunnen in HÓDMEZŐ-VÁSÁRHELY. (Mitth. a. d. Jahrb. d. k. ung. geol. Anstalt. Bd. VIII. p. 228. T. XXXIV, F. 6 a—b.)

Breite 10 mm —, während die *V. varians* nur 1¼ mm hoch und 1½ mm breit ist. Auf den beiden letzten Windungen der *V. levantica* sind beständig 3 Kiele vorhanden, bei der *V. varians* nur ausnahmsweise, und auch da nur auf der Schlusswindung, wobei der mittlere Kiel auch in diesem Falle sehr schwach ist. Die *V. levantica* besteht aus vier treppenförmigen, die *V. varians* aus drei abgerundeten und daher weniger treppenförmigen Umgängen. Der weite Nabel der *V. levantica* ist von keinem Kiel begrenzt, während bei der *V. varians* eben der Nabelkiel am kräftigsten ist. - Der Nabel der *V. varians* ist weiter als bei *V. levantica*, soweit dies aus der Abbildung der *V. levantica* bestimmt werden kann. Der Unterschied des zeitlichen Vorkommens zwischen den beiden Arten ist auch gross, da *V. levantica* aus der unteren levantinischen Stufe, aus der Gesellschaft der *Vivipara Böckhi* bekannt ist.

Fundort: Budapest-Kőbánya, 9 Exemplare nur mit Nabelkiel, 8 Exemplare mit zwei Kielen, ein Exemplar mit drei Kielen.

35. Valvata subgradata nov. sp.
(Taf. XX, Fig. 9 a—c.)

Diese Form steht zwischen der aus Tihany beschriebenen *Valvata gradata* FUCHS und *V. balatonica* ROLLE. In ihrer äusseren Form stimmt sie zwar mit der *V. gradata* überein — darauf bezieht sich auch der Name — doch ist sie bedeutend grösser und zeigt auch andere Abweichungen.

V. subgradata ist solid dickwandig, das Gehäuse hat die Form eines flachen Kegels und ist etwa ebenso breit als hoch. Es besteht aus 5½ ziemlich plötzlich, jedoch gleichmässig wachsenden, durch eine starke Sutur von einander getrennten Umgängen. Die Spira ist nicht so hoch wie die Schlusswindung. Die ersten Umgänge sind gewölbt, die zwei letzten treppenförmig abgesetzt und, während die ersten glatt sind, tragen die beiden letzten Kiele. Auf der vorletzten Windung sind nur zwei Kiele vorhanden; der eine etwa in der Mitte des Umganges, denselben in einen oberen, schwach gewölbten und einen flachen unteren Teil zerlegend, der andere unmittelbar über der Naht. Dieser letztere Kiel gelangt auf der Schlusswindung in die Mitte, und zwischen dem oberen und diesem starken Mediankiel stellt sich ein schwächerer dritter Kiel ein. Unter der in der Mitte verlaufenden Kielkante sind noch drei schwächere — zusammen also 6 Längskiele — vorhanden, deren unterster den weiten, trichterförmigen Nabel begrenzt. Im Nabel sind einige Windungen sichtbar. Ausser den erwähnten sechs Spiralrippen ist noch zuoberst auf dem dachförmig hervorragenden, flachen Theil und unter der den Nabel begrenzenden Rippe je eine sehr schwache Rippe vorhanden. Die ganze Oberfläche ist mit feinen, jedoch gut sichtbaren, scharfen Anwachsstreifen bedeckt. Die grosse Mundöffnung steht beinahe senkrecht, ist rundlich, oben eckig und nimmt mehr als die Hälfte des Gehäuses ein. Die Lippen sind zusammenhängend, scharf und nur auf einer sehr kurzen Strecke an die vorletzte Windung angeheftet; der angeheftete Theil ist lippenförmig nach vorne gezogen. Ich besitze zahlreiche jugendliche Exemplare, die jedoch alle mangelhaft sind. Die Maasse meines einzigen erwachsenen Exemplares (Fig. 9) sind:

Höhe:	5	mm
Breite:	6	„
Höhe der Schlusswindung:	3	„
Höhe der Spira:	2	„

Fundorte: Budapest-Kőbánya 40, Budapest-Rákos 5 fragmentarische Exemplare. Unverletzt ist nur das abgebildete Stück.

Schlussfolgerungen.

Die hier beschriebene Fauna weicht von der aus dem Brunnen der Schweinemastanstalt in Budapest-Kőbánya stammenden, die ich am Anfang meiner vorliegenden Arbeit besprach, in mehreren Punkten ab; sie scheint nämlich jünger als jene. Sie enthält mehrere Arten, die bisher nur aus höherem Niveau bekannt waren; solche sind: *Dreissensia bipartita* BRUS., *Dreissensiomya intermedia* FUCHS?, *Limnocardium Penslii* FUCHS, *L. Steindachneri* BRUS., *L. secans* FUCHS[1], *L. complanatum* FUCHS, *Iberus balatonicus* STOL., *Planorbis tenuis* FUCHS, *Micromelania ? Fuchsiana* BRUS., *Pyrgula incisa* FUCHS, *Hydrobia scalaris* FUCHS, *Bythinia ? proxima* FUCHS, *B. ? margaritula* FUCHS, *Valvata küpensis* FUCHS, *V. minima* FUCHS, zusammen 15 Arten. Zieht man nun in Erwägung, dass ausser den Wirbelthieren und Ostracoden 35 Arten bekannt sind, worunter 8 Arten neu, 7 Arten nicht bestimmt oder überhaupt unbestimmbar sind; so bleiben nur 20 Arten, die in stratigraphischer Beziehung von Werth sind. Von diesen 20 Arten sind die erwähnten 15 Arten solche, die bisher nur aus einem höheren Niveau bekannt waren. Die *Congeria ungulacaprae* MUNST. war nur aus diesem und aus höherem Niveau bekannt. Nur 4 Arten bleiben übrig, die etwa auf ein tieferes Niveau hinweisen. Davon kommen *Congeria Partschi* CŽIŽEK, *Micromelania ? laevis* FUCHS sp. und *Melanopsis pygmaea* PARTSCH sowohl im tieferen (Tinnye) als in dem höheren Niveau vor, in strati-

---

[1] Auf p. 144 ist *Limnocardium secans* FUCHS von hier zweimal irrthümlich als *Limnocardium zagrabiense* BRUS. aufgezählt. *L. secans* und *L. zagrabiense* scheinen synonym zu sein.

graphischer Beziehung können also auch diese nicht für wichtig gehalten werden. So bleibt denn aus der ganzen Fauna einzig die *Planorbis solenoëides* LÖRENT. übrig als eine Form, die ich bisher nur aus dem tieferen Niveau von Tinnye kannte. Ihr gegenüber stehen 15 Arten, welche bisher nur aus einer jüngeren Schicht bekannt waren. Dies erweist, dass die aus der Ziegelfabrik von Budapest-Rákos stammende Fauna jünger ist als die aus dem Brunnen der Schweinemastanstalt von Budapest-Köbánya bekannte, was übrigens auch die geologischen Verhältnisse beweisen.

Zur leichteren Uebersicht diene folgende vergleichende Tabelle der Faunen von Budapest-Rákos und Budapest-Köbánya:

Name der Fossilien.	Budapest-Rákos.	Budapest-Köbánya.	Name der Fossilien.	Budapest-Rákos.	Budapest-Köbánya.
1. *Congeria ungula-caprae* MÜNST.	+	+	19. *Valenciennesia* sp.	+	—
2. „ „ var. *rhombiformis* nov. var.	+	+	20. *Planorbis tenuis* FUCHS.	+	—
3. „ „ „ „ *crassissima* nov. var.	+	—	21. „ *porcellanea* nov. sp.	+	+
4. „ *Partschi* CŽIŽEK.	+	+	22. „ *solenoëides* LÖRENT. nov. sp.	+	—
5. „ ? *Gitneri* BRUS.?	+?	+	23. „ sp. ind.	—	+
6. „ ? sp. ind.	—	+	24. *Melanopsis pygmaea* PARTSCH.	+	+
7. *Dreissensia bipartita* BRUS.	+	—	25. *Pyrgula incisa* FUCHS.	+	+
8. „ sp. ind.	+?	+	26. *Micromelania ? Fuchsiana* BRUS.	+	+
9. *Dreissensiomya intermedia* FUCHS.?	+	+	27. „ ? *laevis* FUCHS sp.	+	+
10. *Limnocardium Penslii* FUCHS.	+	+	28. *Hydrobia scalaris* FUCHS.	+	+
11. „ *secans* FUCHS.	+	+	29. *Bythinella* sp. ind.	+	+
12. „ *Steindachneri* BRUS.	+	+	30. „ ? *margaritula* FUCHS.	+	—
13. „ *subdesertum* nov. sp.	+	+	31. „ ? *proxima* FUCHS.	+	+
14. „ *budapestinense* nov. sp.	+	+	32. *Valvata köpensis* FUCHS.	+	+
15. „ *fragile* nov. sp.	—	+	33. „ *minima* FUCHS.	+	+
16. „ *complanatum* FUCHS.	+	+	34. „ *subgradata* nov. sp.	+	+
17. *Iberus balatonicus* STOL.	—	+	35. „ *varians* nov. sp.	+	—
18. *Limnaea* sp. cfr. *paucispira* FUCHS.	+	—			

Auch der Fundort bei Budapest-Rákos rechtfertigt FUCHS' Behauptung über die pannonische Stufe[1]: „So oft ein neuer Fundort aufgefunden wird, so oft kann man auch sicher sein, eine grosse Anzahl neuer Formen zu erhalten (8) und zwar sind es gerade immer die auffallenden und herrschenden Arten, welche überall andere sind" (hier *Limnocardium subdesertum* nov. sp.). Obwohl dieser Fundort bekannt war, ist seine Fauna doch neu zu nennen, denn während bisher von hier in der Literatur nur 7 Arten aufgeführt waren, konnte ich jetzt 35 Arten und Varietäten von hier beschreiben, worunter 8 Arten und Varietäten, also ¼ der Fauna, neu sind. Daran, dass in dieser Fauna so viele neue Arten vorhanden sind, ist nichts verwunderliches, wenn man bedenkt, dass nicht nur der Fundort, sondern auch das Niveau, aus welchem die Fauna stammt, bisher sehr wenig ausgebeutet war.

Die Fauna ist mit den hier beschriebenen 35 Arten noch nicht erschöpft, da ich selbst noch im Besitze einiger näher nicht bestimmbarer Mollusken bin und die weiteren Sammlungen sicher noch mehr Material ergeben werden. Ausser den Mollusken kommen hier unter anderem auch an die Familie der

---

[1] Führer z. d. Excurs. d. Deutsch. Geol. Gesellsch. p. 72—73.

Fuchs und *Congeria Partschi* Čiжek.

In der Fauna von Budapest-Rákos sind folgende Arten mit der Fauna des nächsten Niveaus gemeinsam:

Mit der Fauna von Kùp stimmen überein:

1. *Planorbis tenuis* Fuchs.
2. *Bythinia ? margaritula* Fuchs.
3. *Valvalta kúpensis* Fuchs.
4. *Melanopsis pygmaea* Partsch.
5. *Limnocardium Penslii* Fuchs.
6. *Congeria Partschi* Čiжek.
7. „ ungula-caprae* Münst.
8. *Dreissensia bipartita* Brus.?

Mit der Fauna von Tihany sind gemeinsam:

1. *Planorbis tenuis* Fuchs.
2. *Bythinia ? margaritula* Fuchs.
3. „ *? proxima* Fuchs.
4. *Melanopsis pygmaea* Partsch.
5. *Micromelania ? laevis* Fuchs.
6. *Pyrgula incisa* Fuchs.
7. *Limnocardium Penslii* Fuchs.
8. „ *secans* Fuchs.
9. *Congeria Partschi* Čiжek.
10. „ *ungula-caprae* Münst.

Mit der Fauna von Radmanest sind gemeinsam:

1. *Limnaea paucispira* Fuchs.?
2. *Bythinia ? margaritula* Fuchs.
3. *Micromelania ? laevis* Fuchs.
4. *Pyrgula incisa* Fuchs.
5. *Limnocardium Penslii* Fuchs.
6. „ *secans* Fuchs.
7. „ *complanatum* Fuchs.

Während also mit der nächstgelegenen Fauna von Tihany 10 Arten übereinstimmen, kommen nur 8 mit Kúp und vielleicht nur 7 mit Radmanest gemeinsame Arten vor.

Ein besonderes Interesse verleiht meiner Fauna der Umstand, dass drei Arten: *Hydrobia scalaris* Fuchs, *Valvata kúpensis* Fuchs und *V. minima* Fuchs auch in den pliocaenen Süsswasserschichten von Megara (Griechenland) vorkommen, wodurch die Faunen der beiden weit entfernten Fundorte einander näher gebracht werden. Betrachtet man die Verbreitung dieser drei Arten, so sieht man, dass sie alle, besonders jedoch *Hydrobia scalaris*, eine grosse horizontale Verbreitung besitzen, da sie im unteren, durch *Congeria ungula-caprae* Münst. charakterisirten Niveau der pannonischen Stufe in Budapest, im pliocaenen Süsswasserkalk von Megara, von welchem Fuchs annimmt, dass er „jünger ist als die Congerienschichten" und den Oppenheim[1] für levantinisch hält, und im tertiären Süsswasserkalk von Tuchořic (Böhmen) vorkommt.[2] *Valvata minima* besitzt schon eine geringere horizontale, jedoch grössere verticale Verbreitung,

---

[1] A. Slavik: Neuer Beitr. z. Kennt. d. tert. Süsswasserkalkschichten von Tuchořic. (Arch. f. d. naturwiss. Landesdurchforsch. von Böhmen. Bd. I. 1869.)

[2] Oppenheim: Beitr. z. Kennt. d. Neogen in Griechenland. (Zeitschr. d. Deutsch. Geol. Gesellsch. Jahrg. 1891. p. 438).

da sie in der mittleren pannonischen Stufe in Tinnye, im *Congeria ungula-caprae*-Niveau der oberen pannonischen Stufe in Budapest-Köbánya, im *Congeria rhomboidea*-Niveau in Szegzárd und im levantinischen Süsswasserkalk in Megara vorkommt. *Valvata kúpensis* stimmt in der horizontalen Verbreitung mit *V. minima* überein, nur ist ihre verticale Verbreitung kleiner, da sie nur in den durch *Congeria ungula-caprae, Cong. balatonica* und *Cong. rhomboidea* charakterisirten Niveaux der oberen pannonischen Stufe — also in der ganzen oberpannonischen Stufe — und im Süsswasserkalk von Megara vorkommt

In den Schlussfolgerungen theilte ich nach Beschreibung der Fauna von Tinnye die Gründe mit, welche mich bewogen, jene Fauna und die aus dem Brunnen der Schweinemastanstalt in Budapest-Köbánya stammende für älter zu halten als die hier besprochene (aus den Thongruben gesammelte) Fauna. Ich möchte mich hier in eine eingehendere stratigraphische Erläuterung der pannonischen Ablagerungen in den Ländern der ungarischen Krone nicht einlassen, da dies verfrüht wäre, so lange die verschiedenen Fundorte nicht genügend ausgebeutet und das gesammelte Material nicht revidirt ist. Alle Versuche, die zur Eintheilung der pannonischen Stufe in Unterabtheilungen angestellt wurden, blieben eben nur Versuche für lokal engbegrenzte Gebiete, die Eintheilung erlitt Veränderungen und erleidet sie auch heute noch. 1893 gab ich eine Eintheilung der im Comitat Szilágy und in den Siebenbürger Theilen vorkommenden pannonischen Ablagerungen, wonach in denselben drei Niveaus unterschieden werden können:

1. Ein unteres Niveau, das gewöhnlich aus stark schiefrigem, sandigen Thon zusammengesetzt wird und für das auffallend dünnschalige Formen charakteristisch sind, wie *Limnocardium* cfr. *Lenzi* R. HOERN., *Congeria banatica* R. HOERN., *Planorbis ponticus* LÖRENT. etc.

2. Ein mittleres Niveau, dessen charakteristische Formen *Congeria Zsigmondyi* HAL. und *Cong.* cfr. *Zsigmondyi* HAL. sind, und

3. ein oberes Niveau, das durch *Melanopsis Martiniana* FÉR., *Mel. vindobonensis* FUCHS, *Mel. impressa* KRAUSS, *Mel. Bouéi* FÉR. und *Congeria Partschi* CZJŽ. charakterisirt erscheint.

Alle drei Zonen stellte ich in die untere pannonische Stufe, unter die durch *Congeria rhomboidea* M. HÖRN. charakterisirte obere Stufe. Ueber das mittlere Niveau, dessen Leitform *Cong. Zsigmondyi* ist, bemerkte ich noch auf p. 315, dass ich dasselbe aus den Siebenbürger Landestheilen, nicht aus eigener Anschauung kannte; auf Grund der im Museum von Klausenburg befindlichen Exemplare von *Cong. Zsigmondyi* und der ähnlichen geologischen Verhältnisse im Comitate Szilágy nahm ich die Abtrennung dieser Zone für die Siebenbürger Landestheile an.

1895 stellte ich in meiner Arbeit „Ueber die geol. Verhältnisse d. Lignitbildung d. Széklerlandes" das oben erwähnte mittlere und obere Niveau in die mittlere pannonische Stufe und parallelisirte sie mit dem von BRUSINA creirten „*Lyrcea*-Horizont"; zur oberen Stufe hingegen zähle ich nur den „Horizont der *Congeria rhomboidea* M. HÖRN." In die durch *Melanopsis Martiniana* FÉR., *Mel. impressa* KRAUSS und *Mel. vindobonensis* FUCHS gekennzeichnete mittlere pannonische Stufe stellte ich l. c. p. 250 neben der Fauna von Markusevec auch die von Tihany, Kúp und Radmanest, resp. die sie einschliessenden Schichten. Jetzt jedoch bin ich eher geneigt, sie der oberen pannonischen Stufe, als deren unteres Niveau zuzurechnen. In die mittlere pannonische Stufe gehören die früher mitgetheilten Faunen von Tinnye und von Budapest-Köbánya (Brunnen der Schweinemastanstalt), dann die dort erwähnten Faunen von Perecsen, Szilágy-Somlyó, Markusevec und Ripanj.

Die in der Fauna von Tinnye gefundene, sehr variable *Congeria ornithopsis* überzeugte mich dass die in der älteren Literatur unter den Namen *Cong. triangularis* und *Cong.* cfr. *Zsigmondyi* ange Formen, wie auch die auf Grund von Bruchstücken bestimmte *Cong. Partschi* grösstentheils nichts a sind, als die neuerdings beschriebene *Cong. ornithopsis* Brus. Die auf solche schlecht bestimmten l gegründeten Folgerungen sind natürlich verfehlt und die Rolle der *Cong. Partschi* in diesem Nive an Wichtigkeit verloren.

Ich will hier nicht weiter darauf eingehen, in wie ferne die von Gorjanović-Kramberger in Werken: „Das Tertiär des Agramer Gebirges" und „Ueber die Gattung Valenciennesia" mitgethei schon bisher in Vielem abgeänderte Gliederung, die auf seine in der Umgebung von Agram ger Localbeobachtungen gegründet ist, der Zoneneintheilung der ungarischen pannonischen Ablagerung spricht; ich möchte nur auf meine neueren Beobachtungen in der Umgebung von Balatonfüred und Thongruben der Ziegelfabriken von Budapest-Köbánya und Budapest-Rákos hinweisen; die berufe: auf die detaillirte Gliederung der in den Ländern der ungarischen Krone verbreiteten pannonisch lagerungen einiges Licht zu bringen. Es hält schwer, zwischen den einzelnen Niveaux und Stuf Parallele zu ziehen, bevor ihre Fauna nicht genügend studirt ist.

Am nordöstlichen Theil der Tihany-Halbinsel (Platten-See) steht unter dem Wasser die mit *Congeria ungula-caprae* Münst. an. Von hier stammen die bekannten „Ziegenklauen" (uu „Kecskekörmök"), die durch das Wasser abgerundete Wirbeltheile der *Congeria ungula-caprae* sind. dieser Schicht, südöstlich vom Kloster Tihany, im sogenannten „Fehérmart" ist die durch das mass Auftreten der typischen *Congeria triangularis* Partsch und *Cong. balatonica* Fuchs charakterisirte aufgeschlossen. Von hier veröffentlichte Fuchs 1870 seine Fauna von Tihany (Die Fauna der Coi schichten von Tihany etc.). Mit derselben gleichalterig halte ich die Faunen von Fonyód, Radman Kúp. Als höchstgelegen folgt das oberste Niveau mit der in die *Cong. rhomboidea*-Gruppe gehörende *Hilberi* R. Hoern.?, *Cong. croatica* Brus. und *Limnocardium Schmidti* M. Hörn. bei Arács. Die theilung kann ich theilweise auch durch Erfahrungen aus anderen Gebieten stützen. So liegt ir Mányok unter dem Thon mit *Congeria rhomboidea* und *Cong. croatica* ein Conglomerat, welches in Mengen *Cong. balatonica* enthält. In den Thongruben der Ziegelfabriken in Budapest-Köbánya uni pest-Rákos liegt unten ein an *Cong. Partschi* Czjž. reiches Conglomerat, das in den an *Cong. ungul* reichen Thon übergeht und an einer Stelle zwischen Rákos und Köbánya ist zuoberst eine gröbere S schicht aufgeschlossen, in welcher die typische *Congeria triangularis* häufig ist. (Die Schottersch noch nicht näher studirt.) In Mittel-Ungarn befindet sich demnach zu unterst das durch das mas Auftreten der *Cong. Partschi* charakterisirte Niveau, das nach oben mit dem die *Cong. ungula-ca* grossen Mengen enthaltenden Niveau verschmilzt, so dass ich eigentlich geneigt bin, die beiden Niveau zu betrachten. Darauf folgt das durch die grossen Massen von *Cong. balatonica* und der t *Cong. triangularis* gekennzeichnete, mittlere Niveau. Darüber liegt das bisher als höchstes bekannte das durch *Cong. rhomboidea* M. Hörn., *Cong. croatica* Brus., *Limnocardium Schmidti* M. Hörn. un den Formenkreis des *Limnocardium cristagalli* Roth gehörigen, von Brusina zur Untergattung *B* gezählten Formen charakterisirt ist. Diese drei Niveaus sind mit einander durch die erwähnten gros gerien und Limnocardien so eng verbunden, dass ich wohl nicht irre gehe, wenn ich sie zusamme obere pannonische Stufe stelle, im Gegensatz zu jener Stufe, welche durch die eigenartigen Fai

Tinnye und Budapest-Köbànya (Brunnen der Schweinemastanstalt), Perecsen, Szilágy-Somlyó etc., durch die specifische Microfauna, wie auch durch die grosse Anzahl von *Melanopsis* gekennzeichnet ist. Unter allen diesen Schichten und Faunen liegt die unterste Stufe, die ich aus den Siebenbürger Landestheilen und dem Comitat Szilágy als älteste beschrieb, und deren Charakteristicum die dünnschaligen Formen sind. Hieher gehören meiner Ansicht nach die *Orygoceras* enthaltenden Mergel des Mecsekgebirges und die unteren thonigen Schichten von Tinnye, in welchen die in den Formenkreis des *Pisidium costatum* GORJ.-KRAMB. und *Pis. protractum* GORJ.-KRAMB. gehörigen Pisidien und die in den Formenkreis der *Congeria banatica* gehörende *Congeria* (vielleicht die *Cong. banatica* selbst) vorkommen.

Natürlich werden spätere Untersuchungen in jeder Stufe, besonders in der mittleren und unteren — die noch kaum bekannt sind — noch weitere Schichtabtheilungen ergeben und den localen Verhältnissen entsprechend hie und da auch Faciesdifferenzen erkennen lassen. So liegt z. B. im mittleren Niveau von Tihany, etwa in der Mitte der an *Congeria balatonica* reichen Schichten, eine aus süssem Wasser abgesetzte Schichte, in der Mengen von *Unio* und *Vivipara* vorkommen.

In die untere Stufe stelle ich jene Schichten, welche viele Geologen heute zur „präpontischen" resp. „maeotischen" Stufe zählen. Ich halte vorläufig von unseren Schichten höchstens die von Szakadát für äquivalent mit der russischen maeotischen Stufe, in welcher *Cerithium pictum* BAST., *Cer. rubiginosum* EICHW., *Troghus podolicus* EICHW., *Mactra podolica* EICHW., *Tapes gregaria* PARTSCH mit grossen Mengen von *Melanopsis impressa* KRAUSS[1], *Mel. Bouéi* FÉR., *Mel. pygmaea* PARTSCH, ferner mit *Hydrobia* sp. und *Neritina crenulata* KLEIN (= *N. Gratelóupana*) zusammen vorkommen. Ich zähle die Schichten von Szakadát jedoch lieber zur sarmatischen, als deren oberstes Niveau, wie dies Prof. A. KOCH[2] thut, als zur unteren pannonischen Stufe. Bei der Niveaueintheilung lege ich nur auf das massenhafte Vorkommen der Fossilien Gewicht, da ja die aufgezählten niveauangebenden Fossilien sporadisch auch in anderen Niveaus vorkommen, so z. B. die *Congeria ungula-caprae* in höherem Niveau in Tihany und Kúp, die *Cong. Partschi* in tieferem Niveau in Tinnye u. s. f.

Wenn ich es auch nicht für unmöglich, ja für wahrscheinlich halte, dass künftige Funde und eingehendere Revisionen der Faunen Aenderungen der hier angewendeten stratigraphischen Eintheilung unseres jüngeren Tertiärs bedingen werden, so glaube ich doch, dass die Hauptzüge der Gliederung Geltung behalten werden.

---

[1] Unter den Exemplaren der *Mel. impressa* kommen solche vor, die Uebergänge zur *Mel. Martiniana* FÉR. bilden.
[2] Die Tertiärbildungen des Beckens der siebenbürger Landestheile. II. Neogen-Abtheilung.

Die bei der Bearbeitung des Materials öfters benützte Literatur ist in folgendem zusammengefasst:

Andrusov, N. Bemerkungen über die Familie der Dreissensiden (russisch). Odessa 1893.
— Fossile und lebende Dreissensidae Eurasiens. S. Petersburg 1897.
— Fossile und lebende Dreissensidae Eurasiens. Erstes Supplement. 1900.
Bittner, A. Neue Einsendungen tertiärer Gesteinssuiten aus Bosnien. (Verhandl. d. k. k. geol. Reichsanstalt. Jahr-
       gang 1884). Wien.
— Ueber die Mündung der *Melania Escheri* BRONGT. und verwandter Formen. (Verhandlungen d. k.
       k. geol. Reichsanstalt. Jahrg. 1888. Nr. 4.) Wien.
— Orygoceras aus sarmatischen Schichten von Wiesen. (Verhandlungen d. k. k. geol. Reichsanstalt.
       Jahrg. 1888. Nr. 8.) Wien.
Boettger, O. Ueber *Orygoceras* BRUS. (Neues Jahrbuch für Mineralogie, Geologie und Palaeontologie. Bd. II.)
       Stuttgart 1884.
Brot. Die Melaniaceen in Abbildungen nach der Natur mit Beschreibungen. (MARTINI u. CHEMNITZ: Systematische
       Conchylien-Kabinet.)
Brusina, S. Fossile Binnen-Mollusken aus Dalmatien, Kroatien und Slavonien. Agram 1874.
— *Orygoceras* eine neue Gasteropodengattung der Melanopsiden-Mergel Dalmatiens. (Beiträge zur
       Palaeontologie Oesterreich-Ungarns und des Orients. Bd. II.) Wien 1882.
— Die *Neritodonta* Dalmatiens und Slavoniens nebst allerlei malakologischen Bemerkungen. (Jahr-
       bücher der deutschen Malakozoologischen Gesellschaft. XI. Jahrg.) Frankfurt a. Main. 1884.
— Die Fauna der Congerienschichten von Agram in Kroatien. (Beiträge zur Palaeontol. Oestrreich-
       Ungarns etc. Bd. III.) Wien 1884.
— Frammenti di malacologia tertiaria Serba. (Annales Géologiques de la Péninsule Balkanique. Tom. IV.)
       Belgrade 1892.
— Fauna fossile terziaria di Markusévec in Croazia. Con un elenco delle Dreissensidae della Dalmatzia,
       Croazia e Slavonia. (Glasnika hrvatskoga naravoslovnoga drustva. God. IV.) Agram 1892.
— Ueber die Gruppe der Congeria trangularis. (Zeitschr. d. deutsch. geolog. Gesellsch. Jahrg. 1892.)
       Berlin 1892.
— *Congeria ungula-caprae* MÜNST., *C. simulans* BRUS. n. sp., und *Dreissensia Münsteri* BRUS. n. sp.
       (Verhandlungen d. k. k. geol. Reichsanstalt. Nr. 2.) Wien 1893.
— Sur le découverte d'une nouvelle faune dans les couches tertiaires à Congeria des environs de Zagreb
       et sur ses relations avec la faune récente de la mer Caspienne. (Congrès international de Zoologie
       à Moscou du 10/22—18/30 Août 1892 deuxième partie). Moscou 1893.
— Papyrotheca, a new genus of Gasteropoda from the Pontic Steppes of Servia. (The Chonchiologist
       edited by Walter E. Collinge. Vol. II.) London 1893.
— Die fossile Fauna von Dubovac bei Karlstadt in Kroatien. (Jahrbuch d. k. k. geol. Reichsanstalt.
       Bd. 43. Heft 2.) Wien 1893.

—   Frammenti di malacologia terziaria Serba. (Annales geologiques de la péninsule Balkanique.) Belgrade 1893.

Brusina, S.   Neogenska zbirka iz Ugarske, Hrvatske, Slavonije i Dalmacije na Budimpeštanskoj izložbi. (La Collection Néogène de Hongrie, de Croatie, de Slavonie et de Dalmatie à l'Exposition de Budapest.) Glasnik hrv. naravosl. drustva. God. IX.) Agram 1896.

—   Gragja za neogensku malakološku faunu Dalmacije, Hrvatske i Slavonije uz neke vrste iz Bosne, Hercegovine i Srbije. (Matériaux pour la faune malacologique néogène de la Dalmatie, de la Bosnie, de l'Herzégovine et de la Serbie.) (Opera academiae scientiarum et artum slavorum meridionalum.) Agram 1897.

Bukowski, G. v.   Die levantinische Molluskenfauna der Insel Rhodus. (Denkschr. d. k. Akad. d. Wiss. in Wien. I. Theil. Bd. LX. 1893. II. Theil. Bd. LXIII. 1895.)

Burgerstein, L.   Beitrag zur Kenntniss des jungtertiären Süsswasser-Depôts bei Ueskueb. (Jahrb. d. k. k. geol. Reichsanstalt. Bd. XXVII. 1877.) Wien.

Capellini, G.   Gli strati a congerie e le marne compatte mioceniche dei dintorni di Ancona. (Reale accad. dei lincei Roma. Mem. d. class. di sci. fis. mat. e naturali. Bd. III.) Roma 1879.

—   Gli strati a congerie o la formazione gessoso-solfifera nella provincia di Pisa e nei dintorni di Livorno. (Reale accademia dei lincei etc. Vol. V.) Roma 1880.

Cobalcescu, G.   Studii geologice di palaeontologice asupra unor teframuri tertiare din unile parti ale Romaniei. (Memorule geologice ale scolei militare din Jasi.) Bukarest 1883.

Cžjžek, J.   Ueber die *Congeria Partschi.* (Haidinger, Naturwissenschaftliche Abhandlungen. Bd. III.) Wien 1849.

Dybowski, W.   Die Gasteropodenfauna des Kaspischen Meeres. Nach der Sammlung des Akademikers Dr. K. E. v. Baer. (Clessin, Malacozoologische Blätter. Neue Folge. Bd. X.) 1892.

—   Die Gasteropodenfauna des Bajkal-Sees. (Memoire de l'Acad. Imp. de St. Pétersbourg. Bd. XXII.) St. Petersburg 1875.

Férussac, M.   Monographie des espéces vivants et fossiles du genre Melanopside. Paris 1822.

Fuchs, Th. und Karrer, F.   V. Geologische Studien in den Tertiärbildungen des Wiener Beckens. (Jahrbuch d. k. k. geol. Reichsanstalt. Bd. XX. Heft 1.) Wien 1870.

Fuchs, Th.   III. Beiträge zur Kenntniss fossiler Binnenfaunen. III. Die Fauna der Congerienschichten von Radmanest im Banate. (Jahrbuch d. k. k. geol. Reichsanstalt. Bd. XX. Heft 3.) Wien 1870.

—   VII. Beiträge zur Kenntniss fossiler Binnenfaunen. IV. und V. Die Fauna der Congerienschichten von Tihany am Plattensee und Kúp bei Pápa in Ungarn. (Jahrbuch d. k. k. geol. Reichsanstalt. Bd. XX. Heft 4.) Wien 1870.

—   Ueber *Dreissénomya.* (Verhandlungen d. k. k. zoolog. botanischen Gesellschaft in Wien. Bd. XX.) Wien 1870.

—   Ueber den sogenannten „chaotischen Polymorphismus" und einige fossile *Melanopsis*-Arten. (Verhandlungen d. k. k. zool.-bot. Geselschaft in Wien. Bd. XXII.) Wien 1872.

—   Beiträge zur Kenntniss fossiler Binnenfaunen. VI. Neue Conchylienarten aus den Congerien-Schichten und aus Ablagerungen der sarmatischen Stufe. (Jahrbuch d. k. k. geol. Reichsanstalt. Bd. XXIII. Heft 1.) Wien 1873.

—   Ueber die Formenreihe *Melanopsis impressa—Martiniana—Vindobonensis.* (Verhandl. d. k. k. geol. Reichsanstalt. Jahrg. 1876. Nr. 2.)

—   I. Die Mollusken. In F. Karrer: Geologie der Kaiser Franz Josef-Hochquellen-Wasserleitung. Eine Studie in den Tertiär-Bildungen am Westrande des alpinen Theiles der Niederung von Wien. (Abhandlung d. k. k. geol. Reichsanstalt. Bd. IX.) Wien 1877.

—   Studien über die jüngeren Tertiärbildungen Griechenlands. (Denkschr. der math.-naturwiss. Classe d. k. Akad. d. Wissenschaften. Bd. XXXVII.) Wien 1877.

Fuchs, Th. Führer zu den Excursionen der deutschen geol. Gesellschaft nach der allgemeinen Versammlung in Wien 1877. Wien 1877.

Goldfuss, A. und Münster, Graf H. Petrefacta Germaniae. Abbildungen und Beschreibung der Petrefacten Deutschlands und der angrenzenden Länder. Leipzig 1862.

Gorjanović-Kramberger. Die praepontischen Bildungen des Agramer Gebirges. (Glasnika Hrvatskoga Naravoslovnoga Družtva. V. Godina. Agram 1890. Societas historico-naturalis Croatica.)

— Ueber die Gattung *Valenciennesia* und einige unterpontische Limnaeen. (Beiträge z. Palaeont. u. Geolog. Oesterr.-Ung. u. d. Orients. Bd. XIII. 1901.)

Halaváts, J. Palaeontologische Daten zur Kenntniss der Fauna der süd-ungarischen Neogen-Ablagerungen. (II. Folge.) III. Die pontische Fauna von Kustély. IV. Die pontische Fauna von Nikolincz. (Mittheilungen aus dem Jahrbuch d. k. ung. geol. Anstalt. Bd. VIII.) Budapest 1886.

— *Valenciennesia* in der fossilen Fauna Ungarns. Földtani Közlöny. Bd. XVI.) Budapest 1886.

— Palaeontologische Daten zur Kenntniss der Fauna der süd-ungar. Neogen-Ablagerungen. (III. Folge.) VI. Die pontische Fauna von Királykegye. (Mittheil. a. d. Jahrbuch d. k. ung. geol. Anst. Bd. X.) Budapest 1892.

— Die Szócsán-Tirnovaer Neogen-Bucht im Comitate Krassó-Szörény. (Jahresbericht d. königl. ung. geol. Anst. vom Jahre 1892.) Budapest 1894.

— Die geologischen Verhältnisse des Alföld (Tieflandes) zwischen Donau und Theiss. (Mittheil. a. d. Jahrbuch. d. k. ung. geol. Anst. Bd. XI.) Budapest 1897.

Handmann, R. Die fossile Molluskenfauna von Kottingbrunn. (Jahrbuch d. k. k. geol. Reichsanstalt. Bd. XXXII.) Wien 1882.

— Die fossile Conchylienfauna von Leobersdorf im Tertiärbecken von Wien. Münster 1887.

Hantken, Max v. Die Umgegend von Tinnye. (Jahrb. d. k. k. geol. Reichsanst. Bd. X.) Wien 1859.

— Geologiai tanulmányok Buda és Tata között. (Geolog. Studien zwischen Buda und Tata [ungarisch].) (Mathematikai és Természettudományi Közlemények. I. kötet.) Budapest 1861.

— *Tinnyea Vásárhelyii* nov. gen. et nov. sp. (Földtani Közlöny. Bd. XVII. Heft 7—8.) Budapest 1887.

Hauer, Fr. v. Ueber das Vorkommen fossiler Thierreste im tertiären Becken von Wien. (LEONHARD und BRONN. Jahrbuch.) Wien 1837.

Hauer und Stache, G. Geologie Siebenbürgens. Wien 1863.

Hörnes, M. Die fossilen Mollusken des Tertiär-Beckens von Wien. (Abhandl. d. k. k. geol. Reichsanst. Bd. III und IV.) Wien 1856—1870.

Hoernes, R. Tertiär-Studien. V. *Valenciennesia*-Mergel von Beocsin. (Jahrbuch d. k. k. geol. Reichsanstalt. Bd. XXIV.) Wien 1874.

— Tertiär-Studien. VII. *Valenciennesia*-Schichten aus dem Banat. (Jahrbuch d. k. k. geol. Reichsanstalt. Bd. XXV.) Wien 1875.

— Sarmatische Conchylien aus dem Oedenburger Comitat. (Jahrbuch d. k. k. geol. Reichsanstalt. Bd. XLVII. Heft 1.) Wien 1897.

— *Congeria Oppenheimi* und *Hilberi*, zwei neue Formen der *Rhomboidea*-Gruppe aus den oberen pontischen Schichten von Königsgnad (Királykegye), nebst Bemerkungen über daselbst vorkommende Limnocardien und Valenciennesien. (Sitzber. d. k. Akad. d. Wiss. in Wien. Mathem.-naturw. Classe. Bd. CX. Abth. I. 1901.)

Klein, v. Conchylien der Süsswasserkalkformation Württembergs. (Württemb. naturw. Jahreshefte. VIII. Jahrgang.) Stuttgart 1852.

Koch, Anton. Geologie der Fruscagora. (Math. u. naturw. Berichte aus Ungarn. Bd. XIII.) Budapest 1896.

Krauss, Ferd. Mollusken der Tertiär-Formation von Kirchberg an der Iller. (Jahreshefte des Verein für vaterländische Naturkunde in Württemberg. Bd. VIII.) Stuttgart 1852.

Lörenthey, E. Die pontische Stufe und deren Fauna bei Nagy-Mányok im Comitate Tolna. (Mittheilungen aus d. Jahrbuch d. königl. ungar. geol. Anst. Bd. IX.) Budapest 1890.

— Beiträge zur Kenntniss der unterpontischen Bildungen des Szilágyer Comitates und Siebenburgens. („Értesitö" II. Naturw. Section. Jahrg. 1893.) Kolozsvár 1893.

— Die oberen pontischen Sedimente und deren Fauna bei Szegzárd, Nagy-Mányok und Árpád. (Mittheilungen aus dem Jahrbuch d. königl. ungar. geol. Anst. Bd. X.) Budapest 1894.

— Beiträge zur oberpontischen Fauna von Hidasd im Comitate Baranya. (Földtani Közlöny. Bd. XXIII.) Budapest 1893.

— Die pontische Fauna von Kurd im Comitate Tolna. (Földtani Közlöny. Bd. XXIV.) Budapest 1894.

— Neuere Daten zur Kenntniss der oberpontischen Fauna von Szegzárd. (Természetrajzi Füzetek. [A musaeo naturali hungarico Budapestinensi vulgato.] Bd. XVIII. Heft 3—4.) Budapest 1895.

— Einige Bemerkungen über Papyrotheca. (Földtani Közlöny. Bd. XXV.) Budapest 1895.

— Foraminiferen der pannonischen Stufe Ungarns. (Neues Jahrb. f. Min., Geol. u. Palaeont. 1900. Bd. II.)

Mártonfi, Ludwig. Adatok a szilágy-somlyói neogen képletek ismeretéhez, különös tekintettel a kövülethordó rétegekre. (Daten zur Kenntniss der Neogenbildungen aus Szilágy-Somlyó etc. [Ungarisch].) (Kolozsvári Orvos Természettudományi Értesitö. Bd. I.) Klausenburg 1879.

Möllendorff, O. F. v. Materialien zur Fauna von China. (Malakozoologische Blatter. Neue Folge. Bd. X. 1888.

Neumayr, M. II. Beiträge zur Kenntniss fossiler Binnenfaunen. II. Die Congerienschichten in Kroatien und Westslavonien. (Jahrbuch d. k. k. geol. Reichsanst. Bd. XIX.) Wien 1869.

— V. Tertiäre Binnenmollusken aus Bosnien und der Herzegowina. Jahrbuch d. k. k. geol. Reichsanst. Bd. XXX. 1880.) Wien.

— Ueber einige Süsswasserconchylien aus China. (Neues Jahrb. f. Min., Geol. u. Palaeont. Jahrg. 1883. Bd. II. Heft 1.) Stuttgart 1883.

— Ueber einige tertiäre Süsswasserschnecken aus dem Orient. (Neues Jahrbuch für Min., Geol. u. Palaeont. Jahrg. 1883. Bd. II. Heft 1.) Stuttgart 1883.

— Süsswasser-Mollusken. (Wissenschaftliche Ergebnisse der Reise des Grafen Béla Szécheny in Ostasien. Bd. III. Die Beschreibung des gesammten Materials.) Budapest 1898.

Neumayr und Paul. Die Congerien- und Paludinenschichten Slavoniens und deren Faunen. (Abhandl. d. k. k. geol. Reichsanst. Bd. VII. Heft 3.) Wien 1875.

Oppenheim, P. Die Gattungen Dreissensia van Beneden und Congeria Partsch — ihre gegenseitigen Beziehungen und ihre Vertheilung in Zeit und Raum. (Zeitschr. d. deutsch. geol. Gesellsch. B. 43.) Berlin 1891.

Partsch, P. Ueber die sogenannten versteinerten Ziegenklauen aus dem Plattensee in Ungarn und ein neues urweltliches Geschlecht zweischaliger Conchylien. (Annalen des Wiener Museum der Naturgeschichte. Bd. I.) Wien 1835.

Penecke, K. A. Beiträge zur Kenntniss der Fauna der slavonischen Paludinenschichten. (Beiträge z. Palaeont. Oesterr.-Ungarns und des Orients. I. Theil. Bd. III. 1884. II. Theil. Bd. IV. 1886.)

Pillar, G. Trećegorje i podloga mu u Glinskom Pokupju. (Das Tertiärgebirge und seine Unterlage an der Glinaer Culpa.) („Rad" der südslavischen Akademie der Wissenschaft und Künste. Bd. XXV.) Zágráb 1873.

Rolle, F. Ueber einige neue oder wenig gekannte Mollusken-Arten aus Tertiär-Ablagerungen. (Sitzungsber. d. k. Akad. der Wissensch. Bd. XLIV. I. Abth.) Wien 1861.

Rousseau. Description d. Foss. de la Crimée. (A. Demidoff: Voyage dans la Russie méridionale et la Crimée, par la Hongrie, la Valachie et la Moldavie.) Paris 1842.

Sacco, F. Aggiunte alla fauna malacologica estramarina fossile del Piemonte e della Liguria. (M. d. r. Accademia d. scienze di Torino. Ser. II. Bd. XXXIX.) Torino 1888.

Sandberger, Frid. Land- und Süsswasser-Conchylien der Vorwelt. Wiesbaden 1870—1875.

Stoliczka, Ferd. Beitrag zur Kenntniss der Molluskenfauna der Cerithien- und Jnzersdorfer Schichten des ungarischen Tertiärbeckens. (Verhandl. d. k. k. zool.-botan. Gesellsch. in Wien. Bd. XII.) Wien 1862.

Stefanescu, Sabba. Études les terrains tertiaires de Roumanie. Contribution a l'étude des Faunes sarmatique, pontique, et levantine. (Mémoires de la société géologique de France. Paléontologie. Bd. VI.) Paris 1896.

Szabó, J. v. Pest-Buda környékének földtani leirása. (Geologische Beschreibung der Umgebung von Budapest. [Ungarisch].) Budapest 1858.

— Budapest és környéke geológiai tekintetben. (Budapest und seine Umgebung in geologischer Hinsicht. [Ungarisch].) (Budapest és környéke, természetrajzi, orvosi és közmüvelödési leirása. I. rész. A magyar orvosok és természetvizsgálók XX. nagy-gyülésére szerkesztették. Dr. Gerlóczy Gyula és Dulácska Géza.) Budapest 1879.

— Geologia. Budapest 1883.

Bei den einzelnen Arten habe ich nur die palaeontologisch wichtigen Werke citirt, von solchen jedoch, welche einfach nur Daten über das Vorkommen der in Rede stehenden Species enthalten, nur jene erwähnt, die sich auf meine hier besprochenen Fundorte beziehen.

Druckfehler und Berichtigungen.

Zeile 6 von oben statt *eocena* ist zu lesen *eocaena*.

" 14 " unten " Gattungen ist zu lesen Arten.

" 13 " oben " *ptycophorus* " " " *ptychophorus*.

" 12 u. 17 von unten statt *Limnocardium zagrabiense* BRUS. ist zu lesen *L. secans* FUCHS.

" 12 von oben zur *simulans* BRUS. kommt als Fusssatz „ANDRUSOV hält (Erstes Supplement z. Dreissensidae Eurasiens. p. 118) *Congeria simulans* BRUS. mit *C. Schmidti* LÖRENT. für identisch".

" 21 von oben statt „Der Kiel bei *C. simulans* BRUS." ist zu lesen „Der Kiel bei meinem *C, simulans* BRUS.-Exemplar".

" 6 " unten " Szilagy ist zu lesen Szilágy.

" 17 " oben " 23, 27 ist zu lesen 23—24.

" 8 " unten " „Geologiai tanulmángoh Buda éi" ist zu lesen „Geológiai tanulmányok Buda és".

" 7 " oben " Aselsdorf ist zu lesen Azelsdorf.

" 16 " " " Dubski ist zu lesen Duboki.

" 9 " unten " Charuktere ist zu lesen Charaktere.

" 20 " oben " „*pseudoauricularis* mit" ist zu lesen „*pseudoauricularis* als Varietät mit".

" 8 " " " Pleiotocaen ist zu lesen Pleistocaen.

" 18 " " " Haptovae ist zu lesen Haptovac.

" 8 " " " Budapest-Köpánya ist zu lesen Budapest-Köbánya.

" 17 " " " *Döderleini* BRUS. ist zu lesen *Doderleini* BRUS.

" 8 " " " „Pliocaen-Formen existiren und" ist zu lesen „Pliocaen-Formen und".

" 3 " " " *conjugens* ist zu lesen *conjungens*.

" 2 " unten " Tybus ist zu lesen Typus.

" 17 " oben " Tinnye ist zu lesen Tihany.

" 6 " " " ea. 3—5 mm ist zu lesen ca. 3 mm.

" 14 " unten " Fünfkirehen ist zu lesen Pécs.

" 16 " oben " Nivean ist zu lesen Niveau.

Unter Klausenburg ist für ungarische Leser Kolozsvár zu verstehen.

Ueber Medusen aus dem Solenhofer Schiefer und der unteren Kreide der Karpathen

von

Dr. **Otto Maas** in München.

Mit 2 Tafeln und 9 Textfiguren.

Inhaltsübersicht:

Einleitung.

Fossile Medusen in guter Erhaltung waren früher derart selten, dass jeder neue Fund, auch wenn er sich auf eine bekannte Species bezog, besonders beschrieben wurde. So haben eine Anzahl Exemplare von *Rhizostomites lithographicus* und *admirandus* aus dem Solenhofer Schiefer, Arten, die zuerst von HAECKEL aufgestellt worden sind (1866[1]), eigene Darstellungen und Abbildungen gefunden (1871, 1874, 1883), umso mehr, als viele Punkte der HAECKEL'schen Beschreibung schon von seinem ersten Nachfolger, BRANDT, bestritten wurden (1871). Mittlerweile sind jedoch mit zunehmender Ausbeutung der Solenhofer Brüche so zahlreiche Exemplare dieser interessanten Platten in die Sammlungen gewandert, dass eine neue Beschreibung nur dann lohnt, wenn entweder besondere, bisher nicht bekannte Details der Organisation an den Stücken zu erkennen sind, oder wenn sich Anhaltspunkte für die Zugehörigkeit und gegenseitige systematische Stellung finden.

Bei einer sehr stattlichen Sammlung, die Herr Prof. SCHWERDTSCHLAGER in Eichstätt im Lauf der

---

[1] Die Zahlen beziehen sich auf die Jahreszahlen des Literaturverzeichnisses.

deuten möchte, beschrieben werden. Für deren Ueberlassung, wie für das Solenhofer Vergleichsmateri꜔ aus der hiesigen Sammlung habe ich Herrn Geheimrath v. ZITTEL meinen besten Dank zu sagen. Mei꜔ besonderer Dank gebührt Herrn Prof. SCHWERDTSCHLAGER für die Erlaubniss, das Material, das er mühsa꜔ gesammelt und von dem er viele Einzelheiten selbst schon erkannt hat, wissenschaftlich auszunützen.

Das Material stammt durchweg aus den Brüchen von Pfahlspeunt; über deren besondere Gestein꜔ zusammensetzung hat sich bereits AMMON (1883) geäussert. Auch die andern Brüche ergeben Meduse꜔ abdrücke, jedoch in ꜰᴏ|ɢₑ des verschiedenen Korns des Schiefers niemals in so guter Erhaltung. Manc꜔ solcher Stücke aus andern Brüchen, die nur kreisrunde Wülste oder schattenhafte Abdrücke von einzelne꜔ Theilen zeigen, sind als besondere Formen beschrieben worden; jedoch finden sich Uebergänge bis zu vol꜔ kommener Erhaltung, an denen Mittelfeld, Schirmwulst etc. wie bei *Rhizostomites* erkannt werden kann, ꜔ dass die Aufstellung solcher Arten (p. 313) der Kritik nicht Stand hält.

I. Neue Solenhofener Arten.

A. Myogramma speciosum nov. gen. nov. spec.

1. Beschreibung des Petrefacts.

Es liegen mir von dieser schönen Form 3 Exemplare vor: a) eine nahezu vollständige Reliefplatte, na꜔ der die Photographie Taf. XXII, Fig. 1 gefertigt ist; b) eine ebenfalls fast vollständige Concavplatte, zu d꜔ auch vom Mittelfeld und den angrenzenden Theilen die convexe Gegenplatte vorhanden ist. Nach letzter꜔ ist Fig. 3 auf Taf. XXIII gezeichnet. c) Endlich ein Convexexemplar, das fast die ganze Peripherie d꜔ Schirmrandes und die nach innen angrenzenden Theile widergibt, bei dem aber die Mitte und die gröss꜔ Fläche des Schirms überhaupt fehlen. Dies Stück ist das grösste und in Einzelheiten ausdrucksvollste; ein꜔ Ausschnitt aus ihm stellt Fig. 4 dar.

Die Stücke sind so übereinstimmend, dass ihre Beschreibung zusammen erfolgen kann. Sie lass꜔ mehrere Zonen an sich unterscheiden, ein Mittelfeld, eine gerippte und gefiederte Zone, die nach auss꜔ in einen gefurchten Ring übergeht, und endlich eine radiär gewulstete resp. gestreifte Aussenzone, die si꜔ allmählich in der Platte verliert. Die mittelgrosse Platte a hat einen Gesammtdurchmesser von etwas üb꜔ 50 cm, davon kommen 11 cm auf das Mittelfeld. Nach Radien gemessen sind die Maasse aller 3 Platte꜔

Mittelfeld	Fiederzone	gefurchter Ring	Aussenzone
a) $5^1/_2$	$1 + 9^1/_2 + 1^1/_2$	$5^1/_2$	5
b) 5	$^1/_2 + 7^1/_2 + ^1/_2$	$3^1/_2$	5
c) —	—	6 resp. 8	$6^1/_2$ cm.

Die Unterabtheilungen in den Maassen der Fiederzone deuten an, dass nach dem Mittelfeld zu noch eine besondere schmale Cirkulärzone vorhanden ist (Taf. XXIII, Fig. 3 m ci), nach aussen eine Uebergangszone zum gefurchten Ring (Fig. 4). Die zwei verschiedenen Maasse in letzterem bei Platte c besagen, dass durch radiäre Einziehungen seine Breite in verschiedenen Radien wechselt.

Die Einzelheiten an den Stücken, die die Eintheilung in die verschiedenen Zonen bedingen, sind zwar sehr scharf eingegraben; im Ganzen sind aber die Niveauverhältnisse viel ausgeglichener wie bei *Rhizostomites*, wo sehr hohe und tief gelegene Theile an den Platten wechseln (s. die Profile p. 314). Der gefurchte Ring insbesondere ist hier kein Wulst, sondern steigt allmählich an und geht in die inneren Züge über; nach aussen fällt er sanft zum Schirmrand ab. Die tiefste Stelle der Platte liegt in der Fiederzone ungefähr am Uebergang zu den äusseren cirkulären Lagen, nach innen steigt sie dann sehr allmählich zum Mittelfeld an; dieses wird durch eine seichte Furche abgetrennt und erhebt sich dann in etwas mehr ausgesprochener Wölbung, der innerste Theil der Platte liegt dann etwas tiefer.

Das Mittelfeld zeigt ein Gewirr von Linien, von denen offenbar viele mit der organischen Struktur nichts zu thun haben, sondern durch den Erhaltungszustand bedingt und auf den verschiedenen Platten nicht gleich sind. Manche dieser Linien sind — immer von der Convexplatte sprechend — erhaben, die meisten aber scharf vertieft. Zu den letzteren gehören vier Linien, die im Centrum zu je zweien zusammenlaufen, sich dann wieder gabeln, so dass dadurch die charakteristische, auch bei *Rhizostomites* beschriebene Figur eines Ordenskreuzes entsteht (Taf. XXIII, Fig. 3 M). Auf einer Platte sind sie besonders deutlich, auf der Zeichnung aber gegenüber den übrigen Linien doch etwas übertrieben. Ausserdem sind noch dreickige mit der Spitze nach innen gekehrte Platten wahrnehmbar, mehr oder minder erhaben, mit scharfem Rand, der Form nach etwa mit den sog. Genitalklappen bei *Rhizostomites* zu vergleichen (Fig. 3 g). Die Vierteilung ist am Gewirr des Mittelfeldes schwer zu erkennen, wird aber doch durch die erwähnten Linien des Kreuzes und der Platten bewiesen.

Die Fiederzone entspricht nach Lage ungefähr dem sog. glatten Ring bei *Rhizostomites*, der ja dort laut BRANDT eine Unterbrechung des Abdruckes darstellen soll. Hier ist sie nicht glatt, sondern fein skulpturirt (Taf. XXII, Fig. 1). Sie zeigt eine Fiederung, die in genau 16 gleichen Radiärfeldern angeordnet ist. Die Mitte eines jeden Radiärfeldes bildet eine leichte Erhabenheit, von der nach den Seiten im spitzen Winkel parallele Erhabenheiten abgehen (gleich den Fiedern an der Blattrippe), die dann die Linien des benachbarten Radiärfeldes in spitzem Winkel treffen. Nach dem Mittelfeld zu wird der Abgangswinkel mehr und mehr ein rechter, sodass die Treffpunkte dann in eine Linie fallen und dadurch cirkuläre Streifung entsteht, ebenso nach aussen, wo eine besondere cirkuläre Zone unterschieden werden kann (Taf. XXIII, Fig. 4 m c e). In der Mitte der Radiärzone etwa verläuft, ohne jede Beziehung zur erwähnten Fiederung, eine unregelmässige, cirkuläre Furche, die auf der Concavplatte als scharfer First auftritt.

Die cirkuläre Aussenzone entspricht in der Lage genau dem gefurchten Ring bei *Rhizostomites*, doch ist sie hier nicht so scharf als eigenes Gebilde abgehoben wie dort, sondern bildet den allmählichen Auslauf der Cannelirung der Fiederzone. Auch ist sie nicht so gewölbt wie dort, stellt aber immerhin die

wie den Aussengebilden ·aber fraglich bleibt. Nach aussen verlieren sich die radiären Wülstchen in zien
gleichem Abstand vom Schirmrand in der Platte.

2. Deutung der Theile.

Dass es sich beim Ganzen um eine Meduse handelt, daran kann nach der kreisrunden Form,
Randgebilden, der Eintheilung und den Linien auf dem Mittelfeld kein Zweifel sein. Die Aehnlichkeit
Rhizostomites ist sehr ausgesprochen; die auffällige Skulptur des Schirminnern der „Fiederzone", die
Hauptunterschied an den *Rhizostomites*-Platten bildet, ist, wie wir sehen werden, nur ein Grund mehr,
Versteinerung zu den Medusen zu rechnen. Im einzelnen aber sind manche Theile schwer auf die
gänglichen Gebilde der Meduse zu beziehen, so unzweifelhaft auch wieder bei andern die Deutung ist.

Im Mittelfeld haben wir jedenfalls den Ausdruck der centralen Partien des Gastrocanalsystems
uns. Die vier Linien, die sich wieder gabelnd aus dem übrigen Gewirr herausheben und so zwei Sc
von Dreiecken bilden, vier bis in die Mitte reichende und vier dazwischen etwas mehr peripher liege
entsprechen offenbar den ähnlichen Gebilden, die bei *Rhizostomites* beschrieben wurden, aber eine e
verschiedene Deutung erfahren haben. Laut HAECKEL (1866, 1874) sind sie der Widerdruck des M
kreuzes der Rhizostomiden, deren geschlossener Mund Verwachsungsnähte von solchem Verlauf aufw
Die Dreiecke sind die Armbasen selbst. Laut BRANDT (1871) sind die vier primären Kreuzesschenkel „Ue
reste eines ursprünglich ganz offenen Maules", die Arme liegen weiter peripher (l. c. p. 71 Fig. VI) und
Convexität ist Ausfüllmasse des Magens. Es hängt die Entscheidung dieser Controverse mit dem Widers
zusammen, ob wir in der Convexplatte mit HAECKEL (1866 nicht 1874) einen Gegenabdruck annehmen so
der die wirklichen Reliefverhältnisse der Meduse selbst widergibt, oder mit BRANDT einen Abdruck,
eine Ausfüllung darstellt, worüber noch weiter zu reden sein wird. Es finden sich noch weiter periphe
der Grenze nach der Fiederzone dreieckige, scharf conturirte Platten (g), bei denen man nach Lage
Form zunächst an die „Subgenitalklappen" von *Rhizostomites* denken könnte. Die letzteren liegen je
in den Zwischenradien, die hier vorliegenden Gebilde dagegen fallen trotz inniger Verschiebung in die
mären Radien des Mundkreuzes. Es sind also wahrscheinlich zwei verschiedene Bildungen. Bei einem
WALCOTT dargestellten Exemplar von *Rhizostomites* (1898 pl. XLI) sind beide Dinge neben einander zu se
Die einen wie die andern mit Gonaden in Beziehung zu bringen, scheint mir gewagt, denn die Lage
Gonaden ist bei Discomedusen stets viel centraler, und sie müssten, in eine Ebene projicirt wie bei

Fossilisation, noch ganz in die centralen Winkel der interradialen Dreiecke selbst fallen. Selbst zugegeben, dass die Subgenitalklappen weiter peripher liegen als die Gonaden selbst, wäre doch, bei *Rhizostomites* wenigstens, die Entfernung beider Gebilde vom Centrum zu gross; ich möchte sie daher eher für Gallert-verstärkungen halten, die an der Grenze von peripherem und centralem Magenraum in bestimmten Radien bei vielen Gruppen vorkommen (s. p. 308). Die Deutung der übrigen Theile des Gewirrs von Linien im Mittelfeld, die gewiss nicht alle in Strukturverhältnissen der Meduse, sondern in der Erhaltungsweise (Schrumpfung und Faltung des Gallertschirmes bei der Fossilisation) ihren Grund haben, würde nur zu vagen Spekulationen führen.

Umso sicherer ist die Auslegung der nun folgenden Region, der **Fiederzone**. Sie stellt einen ge-treuen und überraschend feinen Abdruck der Musculatur der Subumbrella dar, wie sie bei mehreren re-centen Gruppen ganz ähnlich vorkommt, aber bei keiner fossilen Meduse sonst auch nur annähernd erhalten ist. Die Stücke von *Rhizostomites* enthalten nur den peripheren Ringmuskel; dieser ist aber auch bei vielen recenten Formen sehr dick, geradezu fleischig, seine stützende Gallerte sehr verstärkt, so dass seine Er-haltung resp. sein Abdruck leicht möglich ist. Die feinen Züge der epithelialen Musculatur der Subumbrella dagegen sind ein so zartes Detail, dass ihre Widergabe an den vorliegenden Stücken wohl zu den staunens-werthesten Produkten der Erhaltung in dem dadurch berühmten Solenhofer Schiefer gehören dürfte. Deshalb habe ich den Gattungsnamen *Myo-Gramma*, Abschrift der Musculatur, gewählt. Von den recenten ähnelt am meisten das Genus *Cassiopea (Bryoclonia)* dieser fossilen Form in der complicirten Anordnung der Musculatur. HAECKEL gibt davon folgende Beschreibung (1879, p. 570): Auf den Ringmuskel, der sich aus einem stärkeren und einem schwächeren Band zusammensetzt, folgen nach innen „die stärkeren Muskelzüge, welche bis zum Rand der Mundscheibe reichen, in 32 Arcaden angeordnet . . . . Jede Arcade hat das Aus-sehen eines gefiederten Blattes . . . . Die Muskelfasern sind derart regelmässig angeordnet, dass sie bogen-förmig gegen die Mittelrippe des Blattes laufen und mit dieser einen spitzen Winkel bilden." Noch mehr wie Worte zeigt die HAECKEL'sche Abbildung (1879, Taf. XXXVII, Fig. 2) die augenfällige Uebereinstimmung. Ein Unterschied liegt nur darin, dass der spitze Winkel der Fiederung hier central nach der Mundscheibe zu gerichtet, nicht nach dem Schirmrand wie bei *Cassiopea*, und ferner darin, dass wir hier genau 16, nicht 32 Arcaden sehen. Es hat also bei *Cassiopea*, wie oft bei Medusen, eine Verdoppelung der radiären Organe stattgefunden. Der erste Unterschied erklärt sich vielleicht mit aus dem zweiten; wenn man die Linien einer Arcade von *Myogramma* bricht, so ergeben sich zwei umgekehrt gerichtete; oder wenn man zwei Arcaden von *Cassiopea* zusammenfasst, so ergibt sich eine einzige, deren Winkel dann wie hier oral gerichtet ist. Die Grenzen je zweier Arcaden entsprechen einem Radiärcanal und zwar wäre das, *Cassiopea* entsprechend, ein zu einem Sinnesorgan führender; die andern „interocularen" Canäle, die bei *Cassiopea* schon nicht typisch verlaufen, erscheinen hier gar nicht entwickelt. Der Hälfte der Antimerenzahl ent-sprechend wären dann hier nicht in 16, sondern nur in 8 Radien Sinneskolben, sog. Rhopalien gelegen; am Schirmrand selbst ist von diesen nichts wahrzunehmen, doch wechseln da acht stärkere Einziehungen mit acht seichteren. Ob die cirkuläre, unregelmässige Grube, die auf Platte a zu erkennen ist (Taf. XXII) und auf Platte b als First erscheint, als ein Ringcanal zu deuten ist, entsprechend den gewagten Erklärungen bei *Rhizostomites*, und nicht vielmehr als Grenze der oberen Magendecke, wird noch bei letzterem zu er-örtern sein (s. u. p. 309).

Ein Unterschied von *Cassiopea*, aber Uebereinstimmung mit anderen recenten Formen liegt darin,

Umbiegen von einem Strich zum andern allmählich übergehen (Taf. XXII, Fig. 1 u. Taf. XXIII, I
Es ist das typische Verhalten einer epithelialen Muskulatur, die auf einer Fläche angeordnet, ve
Leistungen besorgen und verschiedene Richtungen einnehmen muss.

Zu den beschriebenen Fasern kommen, an dem grössten Exemplar besonders deutlich (T
Fig. 4R), noch radiär verlaufende Züge. An den andern markiren diese sich wenigstens durch ;
des Schirmrandes und Zusammendrängung der cirkulären Züge, wenn die Radiärmuskeln in C
gewesen wären. Wie bei Gelegenheit der Radiärcanäle bemerkt, sind acht solcher Einziehungen
sehen, acht etwas problematischer, jedenfalls auch im Leben weniger deutlich gewesen; vielleich
einen wirkliche Einschnitte, die auch ohne Contraktion bestehen, die andern nur durch die C
selbst hervorgerufen.

Der Schirmrand selbst bildet sonach keinen Kreis, sondern eine mindestens achttheilig
Auch sonst ist der Schirmrand keine vollkommen ganzrandige Linie, sondern ausgefranst durch den
in die hier erkennbaren Randgebilde (seine Linie in Fig. 4, Taf. XXIII ist ausnahmsweise scharf, meis
der Rand selbst in die Anhänge fort, wie es Taf. XXII, Fig. 1 zeigt). Es findet sich an seinem ganze
eine dichte Menge radiär gestellter, baumartig verzweigter Gebilde in dichter, meist buschiger A
offenbar von tentakelartiger Natur. Jedoch ist es nicht leicht zu entscheiden, ob sie Tentakel d
randes vorstellen oder tentakelähnliche Bildungen, wie sie an Mundarmen stehen. Es kann si
das eine oder das andere handeln, bei den recenten Formen schliessen sich beide Bildungen ;
aus. Die Formen, die Randtentakel aufweisen, meist in bestimmten Abständen, beschränkter A
von gewöhnlicher Fadenform, haben einen offenen Rohr- oder Fahnenmund und tiefgelappten S
Die Formen mit geschlossenem Mund, dessen Nähte das bekannte Mundkreuz bilden, haben an ;
armen complicirte Anhänge, Saugkrausen und tentakelähnliche Nebengebilde, weisen jedoch am S
keine Tentakel auf, sondern nur zierlich eingeschnittene, zahlreiche Lappen.

Der Schirmrand ist hier einfach und die Gebilde selbst sind nur am Rand, nicht in d
selbst, wahrzunehmen; dies spricht beides dafür, dass es Randtentakel sind. Die Form und Ve
und Form der Gebilde jedoch liesse sich eigentlich eher auf Saugkrausen beziehen. Dass sie tr
der ganzen Peripherie und nicht an 8 Stellen vorzugsweise liegen, spräche nicht dagegen; denn
eine solche wurzelmündige Discomeduse von oben betrachtet und die Mundarme in natürlicher St
(s. HAECKEL's Figuren 1879, Taf. 37, 40 u. a.), so vertheilen sich die Saugkrausen der Arme, auch w
Centrum von 4 Radien ausgehen, doch peripher am ganzen Schirmrand. Die verschiedene Ausdehnu
Randfeld hier hat (manchmal reichen die Anhänge nur 1 cm, manchmal 5—6 cm weit ausserhalb
Exemplar), spräche ebenfalls für die Lage an Radien und die Zugehörigkeit zu Mundkrausen.
damit zu vereinbaren bliebe aber dann, dass im Bereich der Subumbrella nichts davon zu erl
Allerdings zeigen auch die *Rhizostomites*-Formen in der Scheibe nichts von Mundarmen und Anhä
hat dort schon Befremden erregt. AMMON deutet es nach HAECKEL's Vorgang so: die Arme mü

lang und dünn gewesen und vor der Schlammeinbettung verloren gegangen sein; auch könnte sich sonst die Mundscheibe selbst nicht in solcher Vollkommenheit erhalten haben. Bei *Rhizostomites* sind aber auch am Rand keine Anhangsgebilde bis jetzt beschrieben; es ist somit nicht einzusehen, warum hier solche Mundkrausen gerade am Rand erhalten geblieben und in der Mitte verloren gegangen sein sollten, und es bleibt uns nur übrig anzunehmen, dass es wirklich am Rand sitzende Gebilde waren, allerdings von anderer Form und Struktur als die Randtentakel recenter Medusen. Dafür spricht auch die ganze Form des Schirmrandes selbst, an dem von einem besonderen Band (s. XXIII, Fig. 4) die Tentakel auszugehen scheinen.

Vielleicht könnten die breiten, bandartigen Riefen, die am grossen Stück (Taf. XXIII, Fig. 4P) zu erkennen, aber nur wenig nach einwärts zu verfolgen sind, als Reste von Mundarmen gedeutet werden; aber sie stehen nicht mit den Randgebilden in solcher Verbindung wie der Schirmrand; auch zeigen sich keine tentakelähnlichen Bildungen an ihnen, wo sie im Bereich der Scheibe liegen. Es wäre somit auch möglich, dass es Anhänge eines offenen (fahnenartigen) Mundes gewesen sind, oder Stützorgane desselben; doch macht die Figur des Mundkreuzes einen solchen unwahrscheinlich.

Fasst man nach diesen Hypothesen die sicheren Merkmale für die neue Form noch einmal zusammen, so bleibt Folgendes.

Myogramma speciosum.

Discomeduse, mit flach gewölbtem Schirm, 4 zählig; in den Organen des Centralmagens 4 theilig, am Schirmrand 8 theilig; Musculatur der Subumbrella sehr ausgeprägt, bestehend aus einem breiten äusseren Ringmuskel, einer Radiärmusculatur von 16 gefiederten Arkaden und einem schmalen Cirkulärmuskel, der die centralen Magentheile umgibt. Am Schirmrand dicht gestellte, verzweigte, tentakelähnliche Bildungen in buschiger Anordnung.

B. Cannostomites multicirrata nov. gen. nov. spec.

Es wird von den bisherigen Beschreibern der Solenhofer Medusen[2] als feststehend angenommen, dass *Rhizostomites* keine Randanhänge besitzt und besitzen könne. Als ich daher unter den zahlreichen, so bezeichneten Stücken ein solches fand, bei dem unzweifelhafte Tentakel vorhanden waren, bei dem aber Ringmuskel und Habitus ähnlich schienen wie bei *Rhizostomites*, blieb nur die Wahl, entweder anzunehmen, dass die bisherigen Angaben über das Fehlen der Tentakel bei *Rhizostomites* unbegründet seien, oder dass man es mit einer neuen Form zu thun habe. Bevor man sich zur Aufstellung einer solchen entschloss, war zuerst die erstere Möglichkeit zu prüfen.

Die Annahme, dass *Rhizostomites* keine Tentakel besessen habe, beruht erstens darauf, dass recente Rhizostomiden überhaupt kein Randtentakel aufweisen, zweitens darauf, dass die bisher untersuchten Stücke am Rand bei guter Erhaltung scharfe Einkerbungen zeigen, aber dann scharf abbrechen, ohne eine Spur von Tentakel erkennen zu lassen. Die erste Voraussetzung, die Zutheilung zu den Rhizostomiden, ist rein hypothetisch und beruht auf der immerhin wahrscheinlichen, aber doch noch zu erörternden Deutung der Kreuzlinien des Fossils als Mundnähte. Um so genauer ist die zweite thatsächliche Voraussetzung zu prüfen, und ich habe daraufhin die Schirmränder der mir zur Verfügung stehenden, zahlreichen Exemplare genau untersucht.

anderen Exemplaren, gerade auch an solchen, die den Schirmrand nicht umgebogen und Reste von viereckigen Randlappen zeigen, wie die von HAECKEL und BRANDT beschriebenen Exemplare (1866, Taf. VI; 1871, Fig. 1 A), ebenso an der hierhergehörigen *Hexarhizites* hört die Versteinerung auf der Platte mit den Lappen auf, und von solchen Tentakeln ist keine Spur wahrzunehmen. Dagegen habe ich in der SCHWERTSCHLAGER-schen Sammlung das oben erwähnte Stück mit unzweifelhaften Tentakeln gefunden. Es muss also dies (Taf. XXIII, Fig. 1 u. Textfig. 1) einer andern Art angehören und zeigt auch bei weiterer Betrachtung einige Eigenthümlich-

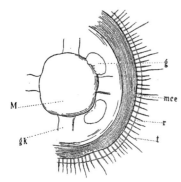

keiten, die es einer ganz andern Medusengruppe, höchst wahrscheinlich Formen mit offenem Mundkelch, einordnen.

Das vorliegende Stück ist eine Convexplatte, also wie wir sehen werden, ein Gegenabdruck; Ringmuskel und Mittelfeld sind stark vorgewölbt. Gut erhalten ist nur die Randpartie; die mittleren Theile bieten zwar ebenfalls manche Aufschlüsse und sollen Beschreibung und Wiedergabe im Text finden (Textfig. 1 M, gk); die bemerkenswerthesten Details zeigt jedoch der Schirmrand, von dem ein Ausschnitt auf Taf. XXIII, Fig. 1 abgebildet ist.

Die Meduse hat auf der Platte einen Durchmesser von etwa 24 cm, ihr Mittelfeld 7 cm, sie ist also beträchtlich kleiner als die bekannten *Rhizostomites*-Exemplare. Von 12 cm Radius kommen etwa $3\frac{1}{2}$ auf das Mittelfeld, etwa $4\frac{1}{2}$ auf eine Zone, die auch hier als

Fig. 1. *Cannostomites multicirrata.*
Etwas schematisirt, etwa $\frac{1}{3}$ natürl. Grösse.

glatter Ring zu bezeichnen wäre, aber von 4 breiten, radiären Bändern (gk) durchbrochen wird, etwa $2\frac{1}{2}$ auf den gefurchten Ring, den Ringmuskel und etwa $\frac{3}{4}$ auf Schirm-rand und Tentakelbasen. Der Rest fällt auf die Tentakel selbst, die sich meist bald in der Platte verlieren, an einzelnen Stellen aber noch weit hinaus, einige Centimeter vom Schirmrand entfernt, in Spuren erkannt werden können (s. Textfigur t u. Taf. XXIII, Fig. 1t).

Der Ringmuskel selbst ist auffallend stark vorgewulstet. Die einzelnen Muskelzüge sind sehr dicht stehend, scharf gravirt und schön parallel (m). Seine Begrenzung nach aussen ist sehr scharf; der tiefer liegende, eigentliche Schirmrand (Taf. XXIII, Fig. 1 r) der Meduse ragt noch etwas darüber hinaus. Durch die

Tentakelansätze wird er in eine Anzahl Lappen zerlegt, die ähnlich rechteckig erscheinen wie bei *Rhizostomites*, doch sind die Lappen hier von ganz ungleicher Breite, so dass manchmal zwei Tentakel doppelt so weit auseinanderstehen können als zwei andere. Auch zwischen den Tentakeln erscheinen die Lappen selbst nicht ganzrandig, sondern zeigen mehr oder minder deutlich kleine Zipfel, meist drei, doch sind diese Bildungen zu ungleich und zu wenig ausgesprochen, um sie für bestimmte Deutungen, z. B. als Sinnesorgane, in Anspruch zu nehmen. An einer Stelle (s. Taf. XXIII, Fig. 1) ist der Ringmuskel etwas weggebrochen; man kann dort deshalb die Lappen noch etwas weiter centripetal verfolgen bis zu Bogenlinien (ar), die je zwei Lappen verbinden und am eingekerbten Treffpunkte den Ursprung des Tentakels erkennen lassen. Diese Bogenlinien könnten entweder auf eine distale Struktur des Gallertschirmes zu deuten sein, derart, dass deren Theilung in Lappen wie die des Canalsystems schon eine Strecke einwärts sich geltend macht, ähnlich wie bei Narcomedusen, oder wie bei *Atolla*-Formen, so dass die Tentakel höher eingelenkt sind wie der Schirmrand selbst, oder es stellen die Bogenlinien erst den wirklichen Schirmrand dar. Dasselbe wäre dann, wie es oft als natürliche Lage vorkommt, etwas nach innen gebogen, und der als Rand der Platte erscheinende Kreis r wäre dann nur der Umbiegungsrand des Gallertschirmes. Diese könnten trotz dieser Umbiegung (das lehrt die Beobachtung lebender Formen) nach aussen gestellt sein. Die Tentakel selbst sind über 2 mm dick, derb und scheinen ziemlich starre Gebilde; ausserhalb des Schirmrandes verschmälern sie sich etwas und laufen in verschiedener Richtung, jedoch nur wenig gekrümmt. Manche scheinen auch ganz gerade und an einigen Stellen, die nicht mehr an der Tafelfigur angebracht werden konnten, sind sie noch über 3 cm ausserhalb des Schirmrandes zu erkennen.

Die inneren Theile der Platte weisen weniger Einzelheiten auf. Einwärts vom Muskelring folgt eine deutliche Grube, hier wohl wie anderwärts dem Canalsystem zuzurechnen. Dann folgt nach innen in sanfter Mulde der „glatte Ring", der übrigens in seinem peripheren wie centralen Theil einige circuläre (Muskel-) Streifen aufweist. Dann kommt nach einem weiteren tiefen Einschnitt das stark erhabene, nahezu structurlose Mittelfeld. Dasselbe entspricht jedenfalls einem weitgeöffneten, in die Subumbrella hinabhängenden Magen; einzelne Faltenstrukturen auf dem Mittelfeld könnten als dessen Wandleisten gedeutet werden. Die Furche zwischen Mittelfeld und glattem Ring wird durch breite, kreuzförmig stehende Bänder (es waren offenbar 4, von denen nur 3 am Abdruck gut erhalten sind) überbrückt, die sich dann im glatten Ring verlieren. Offenbar sind dies die Gegenabdrücke jener Gallertleisten, die bei röhrenmündigen Formen den herabhängenden Magen stützen. Sie liegen in den 4 Perradien und werden sonst auch als Gaumenknoten bezeichnet (s. z. B. MAAS 97, Taf. XII, Fig. 3 gk). Dazwischen, in den Interradien, sind an einer Stelle deutlich Andeutungen von halbmondförmigen, am Innenrand vielfach eingekerbten Plättchen zu erkennen (Textfigur 1 g), die ich nach Form und Lage zu den Gonaden in Beziehung bringen möchte.

Die Details am Schirmrand sind so schön ausgeprägt, dass die Einfachheit des Mittelfelds nicht, oder wenigstens nicht ausschliesslich, auf mangelhafte Erhaltung zurückzuführen sein dürfte. Die Wahrscheinlichkeit, dass es sich da um wirklich einfachere Organisationsverhältnisse der centralen Magenpartien handelt, ist um so grösser, als wir ja unter den recenten Medusen solche Formen kennen. Wo Tentakel am Schirmrand stehen, ist der Magen offen und ohne Anhänge. Unter den Ephyronibus HAECKEL's (besser den *Coronata-Ephyropsidae* VANHÖFFEN's) finden sich auch andere Eigenthümlichkeiten der vorliegenden Art wieder, bei Formen wie *Atolla* u. a., so die Vielzahl der Lappen, die nicht mehr auf vier bezüglich ist, die offene Kelchform des Magens, die perradialen Gaumenknoten, die Form der Tentakel und die Skulptur des Schirm-

A. Die Sinneskörper.

Es wird von HAECKEL und dann von den Nachuntersuchern ohne Weiteres angenomm
stomites Sinneskörper gehabt haben müsse, und hier wie bei *Hexarhizites* werden Einziehung
rand einfach als „Sinnesbucht" bezeichnet. Es ist bisher aber nicht die geringste Spur d
ristischen Anhänge bei einer fossilen Meduse wirklich gesehen worden.

Eine besonders schön erhaltene Platte des Eichstätter Materials von *Rhizostomites*
herigen Unterscheidung als *admirandus* zu bezeichnen) füllt diese Lücke aus. Es finden s
am abgeschnittenen Kreisrand der Platte beginnend und etwas nach innen ragend, in bestim
Gebilde, die nach Aussehen und Lage nicht anderes vorstellen können als die Fossilisation
Randkörper von Acraspéden (s. Taf. XXIII, Fig. 2).

Die betreffende Platte ist eine Concavplatte. Das Mittelfeld derselben ist ganz, v
Theilen ist nur etwa $^1/_3$—$^1/_2$ der Peripherie auf dem Stein vorhanden. Der Gesammtdu
Meduse hat danach etwa 32 cm betragen; auf den Radius des gefurchten Ringes kommen da
Dieser bildet hier eine leichte Mulde, während die glatte Zone stark ansteigt. An seiner F
unterhalb des Ringmuskels sind nun in regelmässigen Zwischenräumen rechteckige, leicht verti
von etwa 7 mm Länge, 3—4 mm Breite zu erkennen, die je besser erhalten, einen desto schärf
sonders seitlich, zeigen. In diesen Schildchen liegen, deutlich convex hervortretend, am Schirm
und frei nach innen endend, klöppelförmige Gebilde (Taf. XXIII, Fig. 2 ot.); an ihnen lassen sic
Abschnitte, ein Basalstück, ein eingeschnürter Mitteltheil und ein angeschwollenes Endtheil, f
Form stimmt so genau mit den Sinneskolben der Acraspeden (vergl. z. B. HAECKEL's Abb
Taf. XXIX), dass an solcher Deutung kaum ein Zweifel sein kann. Das Schildchen entsp
dem aus einer starken Gallertplatte gebildeten Dach des Sinneskörpers; unter ihm, in der Sin
der Kolben selbst, in Form eines Klöppels frei hervorragend. Der peripherste Schirmrand w
Versteinerung, wie in natürlichem Zustand zumeist, nicht seitlich gestellt, sondern nach u
eingebogen. Es liegen also die distalen Theile des Sinnesorgans, der Endklöppel, oralwä

übrigen Theile des Schirmrandes, die an einigen Stellen zu erkennen sind, nämlich die Lappen, die hier als seichte Gruben erscheinen, während die Einschnitte zwischen den Lappen (Fig. 2 i) reliefartig hervortreten (s. p. 316), zeigen diese Umbiegung des Schirmrandes an. Der Klöppel enthält bei recenten Formen dichtgelagerte Concremente von kohlensaurem Kalk; bei günstigen Lagebedingungen ist es also nicht merkwürdiger, dass sich diese Details erhalten haben, als wie von Muskeln, Tentakeln u. s. w. Während aber die andern Theile hier sich als Abdruck erhalten haben, stellt der reliefartig vortretende Sinneskolben eine Selbstfossilisation des schon an und für sich kalkhaltigen Teiles dar.

An dem betreffenden Stück sind zwei solcher Kolben sehr scharf und deutlich erhalten; ein dritter, etwas verschwommener, liegt in entsprechendem Abstand. Die Projection dieser Abstände auf den ganzen Kreis würde genau 8 Sinneskolben in regelmässigen Entfernungen ergeben, was mit deren Zahl bei den meisten Acraspeden übereinstimmt. Eine Beziehung zum centralen Mundkreuz, d. h. eine radiäre Verbindungslinie würde dann aber ergeben, dass diese Kolben am Abdruck hier a d radial lägen; solche adradiale Gebilde können aber bei Medusen nur vorkommen, wenn gleichzeitig 4 per- und 4 interradiale vorhanden sind. Man müsste also entweder annehmen, dass sich die Peripherie des Abdrucks etwas gegen das Centrum verschoben hat, was nach dem Aussehen der Platte unwahrscheinlich ist, dass es also doch nur die üblichen 8 Sinneskörper gewesen sind, oder dass andere 8 vorhandene weniger gut, resp. gar nicht erhalten geblieben sind. Auch hierzu geben einige Stellen der Platte, die als minder vollkommen erhaltene Kolben zwischen den anderen gedeutet werden könnten, Anlass. Es ist dies aber ein Punkt von geringerer Wichtigkeit, da ja die Zahl der Randkörper innerhalb nahe verwandter Formenkreise sehr verschieden sein und auch bei einer und derselben Art während des Lebens sich erhöhen kann (8, 12, 16 etc.). Die Erhaltung einer solch minutiösen Struktur an und für sich ist bedeutsamer und ein neuer Beleg für die Aufbewahrungsfähigkeit im Solenhofer Schiefer.

B. Die Gonaden.

Von HAECKEL wurden zuerst „sichelförmige Wülste" im Mittelfeld als Geschlechtsorgane gedeutet. Diese Wülste wurden aber auf späteren Platten nicht wiedergefunden und von BRANDT auf derselben Platte, die HAECKEL gedient hatte, in Abrede gestellt. Auch auf den zahlreichen Exemplaren, die mir jetzt vorliegen, werden solche Gebilde vermisst. Später wurden sehr auffällige „nierenförmige Platten", die bereits ausserhalb des Mittelfelds im „höckerigen Ring" liegen, mit Gonaden in Beziehung gebracht, zwar nicht direkt als solche, sondern als „Subgenitalklappen" gedeutet; es sind dies Bildungen, die an der Mündung der interradialen Subgenitalhöhlen als besondere Platten mit verdickten Gallerträndern bei einigen recenten, wurzelmündigen Medusen, z. B. *Pilema*, vorkommen. Dieser Deutung HAECKEL's hat sich auch AMMON ohne Weiteres angeschlossen.

Mir scheint, was schon oben bei *Myogramma* erwähnt werden musste, diese Auslegung gewagt, denn erstens sind solche Subgenitalklappen selten vorkommende Bildungen, und es ist nicht einzusehen, warum gerade sie vor allen andern Verstärkungen, die noch sonst und viel regelmässiger in der Schirmgallerte vorkommen, erhalten geblieben sein sollen. Vor allem aber müssten sie weiter centralwärts gelegen sein. Die Gonaden selbst fallen, bei recenten Formen, wenn man sie in die gleiche Ebene projicirt, noch in die inneren Felder des Mundkreuzes. Selbst zugegeben, dass die Genitalklappen weiter nach aussen liegen wie die Gonaden, recenten Formen bildet. Zudem zeigen sie die dann zu erwartenden Reliefverhältnisse (vertieft, wo auch die Mundkreuznaht vertieft ist, also auf der Gegenabdruckplatte s. u.), und vor allem stimmt die Lage mit der centralen Stellung der Gonaden bei unsern Discomedusen durchaus überein. Auch bei *Myogramma* könnten solche Linien herausgefunden werden, doch sind sie daselbst zu unbestimmt, um neben den dort erwähnten Dreiecken (Taf. XXIII, Fig. 3 g) aufzufallen. Hier bei *Rhizostomites* aber möchte ich die Figuren sicher für die Begrenzung der Gonaden erklären:

C. Die Ring- und Radiärcanäle.

Einen fraglichen Punkt in der Auslegung der *Rhizostomites*-Abdrücke bilden auch die Theile des peripheren Canalsystems, wie sie als Ringcanal, Radiärcanäle etc. in verschiedenen Beschreibungen wiederkehren. Es sind meist unregelmässige, kleine Furchen, resp. Erhabenheiten, zudem bei verschiedenen Exemplaren ganz verschieden, die zu dieser Deutung den Anlass gegeben haben. Nur bei der neuen Form *Myogramma* finden sich regelmässige Radiärfurchen, die aber auch einfach als Zwischenräume zwischen den Muskelarkaden aufgefasst werden können.

Eine Bildung kehrt allerdings bei den *Rhizostomites*-Exemplaren ständig wieder, auch bei den neuen Platten, und findet sich auch bei *Myogramma* und *Cannostomites*. Es ist dies eine circulär verlaufende Furche, die in der sogenannten glatten Zone (bei *Myogramma* also in der Fiederzone) nahe an der Grenze zum Ringmuskel liegt, an den Reliefplatten meist die tiefste Stelle des ganzen Steines, in den Concavplatten als First die höchste Stelle des Profils bildet. Von den Verhältnissen recenter Medusen ausgehend, wird man daran denken, dass diese Linie die Grenze des abgeflachten Theiles des Centralmagens nach aussen vorstellt, ehe er sich in seine peripheren Verzweigungen auflöst. Dieser Ansicht war auch BRANDT, doch hat sich AMMON dagegen ausgesprochen. Er meint (83, p. 40), dass dann der Centralmagen eine ungewöhnlich grosse Ausdehnung gehabt haben müsse, und ferner, „es wäre unerfindlich, wie das im Innern des Körpers gelegene Centralorgan des Gastrovascularsystems durch die vorgelagerten Gallertmassen hindurch einen Eindruck hätte im Schlamm bewirken können." Das letztere hätte aber AMMON in noch viel stärkerem Maasse für die peripheren Theile des Canalsystems annehmen sollen; er hält die Furche für einen „Ringcanal" und führt ausserdem noch zahlreiche „Radiärcanäle" an seinen Platten auf. Aber alle diese Bildungen können sich bei ihrer Flachheit noch viel weniger abdrücken. Ringcanal wie Radiärcanäle, die den Schirm dieser Acraspeden im Leben durchziehen, sind nur wegsam gebliebene, flache Lücken zwischen Verlötungsstellen von Bo$_{den}$- und Deckenentoderm; es ist daher ganz unerfindlich, wie solche, zudem oben und unten an Gallerte stossend, einen Abdruck hätten hinterlassen können.

Ich kann daher die von HAECKEL und AMMON beschriebenen Radiärcanäle, „welche als breite, flache, radiäre Erhebungen bei günstiger Beleuchtung in prägnanter Form zum Vorschein kommen," nicht als solche anerkennen und auf den neuen Platten überhaupt nicht in solcher Anordnung wiederfinden. Auch die in Rede stehende Ringfurche ist darum kein Ringcanal.

Ich halte sie thatsächlich für die Grenze zwischen centralem Magen und peripherem Canalsystem. Der erste von AMMON angeführte Grund, dass dann der Centralmagen ungewöhnlich ausgedehnt gewesen sein müsse, ist nicht stichhaltig, denn so weit nach aussen reicht das centrale System in der That bei den allermeisten Discomedusen. Man muss nur im Centralraum den herabhängenden Theil des Magens von dem flachen an die Exumbrella angeschmiegten unterscheiden; die kreisförmigen Grenzlinien beider in eine Ebene projicirt fallen durchaus nicht zusammen, sondern die Peripherie des zweiten liegt viel weiter ausserhalb, nach dem Schirmrand zu, während die Peripherie des ersten mit der Begrenzung des Mittelfeldes zusammenfällt.

Auch die Möglichkeit des Abdruckes dieser Stelle ist trotz der Zweifel AMMONS zu erklären. Die vorgelagerte Gallerte der Subumbrella ist hier nur dünn; die Gallerte der Exumbrella zeigt aber gerade da, wo der Centralmagen in die peripheren Theile übergeht, eine tiefe Einsenkung und dann einen Vorsprung, wie man sich an Medianschnitten durch viele Discomedusen leicht überzeugen kann (s. Abbildung in HAECKEL's Atlas 1879, Taf. XXXIX). Diese Aenderung also in der Configuration der Gallerte ist es, und natürlich nicht das entodermale System selbst, das die Ringfurche des Fossils wiedergibt. Ebenso können sich Radiärcanäle dann vielleicht erhalten, wenn gleichzeitig andere ausprägbare Strukturen an solchen Stellen vorkommen, wenn sie also z. B. gleichsinnig verlaufen, wie die Zwischenräume der Fiederarcaden von *Myogramma*.

III. Bemerkungen zur Systematik.

Es erhebt sich zunächst die Frage, ob die Species *Rhizostomites admirandus* und *R. lithographicus* wirklich verschieden sind oder ob sie zusammengezogen werden müssen. Schon BRANDT hat letzteres befürwortet, und HAECKEL der sie doch selbst aufgestellt hat, hat die Möglichkeit angedeutet, dass *lithographicus*, die kleinere, nur ein Jugendstadium von *admirandus* sei. Der letzte Beschreiber aber, AMMON, will, so lange noch keine vermittelnden Uebergänge gefunden sind, beide Arten gesondert halten.

vermitteln. Zudem sind manche der angeführten Merkmale nur Alters- resp. Wachsthumsunterschiede, andere durch den Erhaltungszustand bedingt oder setzen sich aus beidem zusammen. Punkt 1 und 3 sind ein und dasselbe; wenn der gefurchte Ring um so viel breiter ist, muss der glatte Ring natürlich im Verhältniss schmäler sein. Es kann dies nicht allein dadurch bedingt werden, dass der gefurchte Ring, der Kränzmuskel bei älteren Exemplaren mächtiger wird, sondern auch dadurch, dass sich von der Muskulatur beim einen Exemplar mehr, beim anderen weniger abdrückt. Auch im sogen. glatten Ring sind, zumal am äusseren Theil, öfters noch Ringfasern zu sehen, und BRANDT hat schon den sehr plausiblen Gedanken ausgesprochen, dass der glatte Ring nur eine Unterbrechung des Abdruckes darstelle (demzufolge auch des Gegenabdruckes, den ein Reliefexemplar meiner Ansicht nach bietet. S. u. p. 316), „weil hier die untere Schirmfläche wegen ihrer grösseren Concavität und Starre sich nicht vollkommen der schlammigen Unterlage anschmiegen konnte und so einen mit Wasser oder Luft gefüllten Spaltraum darbot" (71, p. 7 u. Fig. 3 auf Taf. I). Je nachdem also diese Unterbrechung grösser oder kleiner war, hat sich weniger oder mehr von der übrigen Subumbrellarmuskulatur einwärts des grossen Ringmuskels erhalten, und dieser selbst kann wieder grösser oder kleiner bei verschiedenen Individuen sein, je nach dem Alter; es ergeben sich also viele Möglichkeiten für die Grössenverhältnisse des glatten und gefurchten Ringes, die an verschiedenen Platten zur Erscheinung gelangen.

In ähnlicher Weise erledigt sich auch der von AMMON als No. 2 angeführte Unterschied. Die Muskelfasern sind erstens in verschiedener Vollkommenheit abgedrückt, zweitens auch je nach dem Contractionszustand in der Ausprägung, Dichtheit der Streifung verschieden. Aus der Entfernung und Schärfe solcher Linien, die im Leben beim einzelnen Individuum beständig wechseln, einen Speciesunterschied zu machen, ist nicht angängig, wenn man die Streifung überhaupt als Muskulatur deutet. In der That kommen bei den von mir untersuchten Exemplaren alle möglichen Variationen in Dichtheit und Schärfe der Linien auf dem Ringwall vor, und übereinstimmend ist nur das, dass dieser Ringmuskel bei der Gattung *Rhizostomites* im Gegensatz zu *Myogramma* sich von der übrigen Subumbrellarmuskulatur gut abhebt und stark vorspringt. Der Unterschied 4, den AMMON für die Gestalt und Zusammendrängung der Mundanhänge, die ja selbst nirgends erhalten sind, herausdeutet, beruht nur auf sehr problematischen Eindrücken des Schirmes. Selbst wenn solche Eindrücke thatsächlich auf Mundanhänge zu deuten wären, so könnte es sich doch immer nur um Reste handeln und der Unterschied wäre durch den Erhaltungszustand zur Zeit der Fossilisation bedingt. Nimmt doch AMMON selbst an, dass die ganzen langen und dünnen Mundarme überhaupt vor der Schlammeinbettung verloren gegangen sind. Der letzte Unterschied endlich, dass *lithographicus*

„im Allgemeinen" die kleinere Form ist, bezeugt nur wieder die Relativität. Ich möchte also befürworten, *Rh. admirandus* und *lithographicus* endgiltig zusammenzuziehen und den Namen *admirandus* als der grösseren, reiferen Form beizubehalten.

Es könnte, allerdings nur bei flüchtigem Erwägen, der Gedanke auftauchen, ob nicht auch die neue Form *Myogramma* nur einen solchen Erhaltungsunterschied im Abdruck vorstelle; dass also die nur bei ihr vorhandene Arkadenzone die Lücke ausfüllt, die in den *Rhizostomites*-Platten durch den glatten Ring dargestellt wird. Hier müssten also besondere Bedingungen gewaltet haben, die den Schirm gesenkt und auch diese Stellen zum Ausdruck gebracht hätten. Doch spricht alles, was sonst auf der glatten Zone gelegentlich erhalten ist, dagegen. Es sind öfters einzelne circuläre Streifen auf ihr zu sehen, niemals aber radiäre oder eine Andeutung von Fiedermuskeln; ferner geht die Circulärzone der neuen Form allmählich in die Fiederzüge über; bei *Rhizostomites* ist aber der Kranzmuskel scharf abgesetzt. Die Unterschiede vollends im Mittelfeld und am Schirmrand überheben uns jeder weiteren Discussion, dass es sich nur um Erhaltungsvariationen handle, und sind so gross, dass die neue Form in eine andere Gruppe unterzubringen ist. Auch kommt eine solche Fiedermuskulatur bei recenten Formen nur einer bestimmten Gruppe zu.

Im Gegensatz zur Trennung der *Rhizostomites*-Arten ist AMMON beim Genus *Hexarhizites* von HAECKEL der Meinung, dass es nur eine 6zählige Form von *Rh. lithographicus* darstellt. Die Uebereinstimmung in allen Theilen, vom Mittelfeld bis zu den Lappen des Schirmrandes ist eine so grosse, dass darüber kaum ein Zweifel sein kann. Etwas, worauf HAECKEL besonderen Werth legt, nämlich dass die Kreuzlinien des Mittelfeldes nicht in einem Punkte, sondern zu je zweien und somit in einer Linie sich vereinigen, bildet keinen Unterschied; denn das kommt auch bei *Rhizostomites* vor (s. Textfig. 4 etc.) und scheint auch sonst das typische Verhalten (s. Taf. XXIII, Fig. 3). Ich kann mich also hier den Ausführungen AMMON's nur anschliessen und möchte sie noch weiter belegen, da in dem zusammenfassenden Medusenwerk von WALCOTT (98) trotz der Erwähnung der AMMON'schen Zweifel *Hexarhizites* doch als besonderes Genus aufgeführt und abgebildet ist. AMMON hat schon darauf hingewiesen, dass bei recenten Formen solche Variationen der Zahl häufig vorkommen; in der zoologischen Literatur der letzten Jahre haben diese Vorkommnisse bei Medusen in Folge der Bedeutung der Variationsstatistik mehrfache Bearbeitung gefunden (BROWNE, BALLOWITZ u. A.). Ich kann solche Variationen in der Zahl der Antimeren an dem reichen Material fossiler Medusen, das Herr Prof. SCHWERDTSCHLAGER gesammelt hat, ebenfalls nachweisen. Es finden sich darunter ausser mehr oder minder regelmässig 4zähligen, 5zählige, 6zählige und 3zählige Exemplare, die sonst durchaus als *Rhizostomites* sich erwiesen, und ich bilde eine Reihe solcher Mittelfeldfiguren deswegen hier ab (p. 312.) Somit wäre die Gattung *Hexarhizites* endgiltig zu streichen.

Ebenso hätte die Kritik andere der HAECKEL'schen Solenhofer Formen auszusichten, von denen mir eigentlich nur noch *Semaeostomites Zitteli* zu Recht zu bestehen scheint. *Leptobrachites trigonobrachius*, die in verschiedenen Ordnungen umhergeworfen wurde, von BRANDT *Pelagiopsis* benannt, ist eine sehr fragliche Form und laut AMMON wahrscheinlich ein seitlich und unvollkommen abgedrückter *Rhizostomites*. *Palaegina gigantea* ist aus der Reihe der fossilen Medusen überhaupt zu streichen; die Platte stellt nach AMMON Kopf mit Armen eines Cephalopoden dar, auch der Schulp ist erhalten. Bei der gleichzeitig von HAECKEL beschriebenen und ebenfalls „nach Photographie" abgebildeten *Eulilotha fasciculata* müsste man HAECKEL's Deutung beistimmen, wenn die Tafel wirklich die photographische Abbildung wiedergäbe. Doch ist darauf so vieles verstärkt und auch neu eingetragen, dass sie sich kaum von der daneben gezeichneten Reconstruktion unterscheidet.

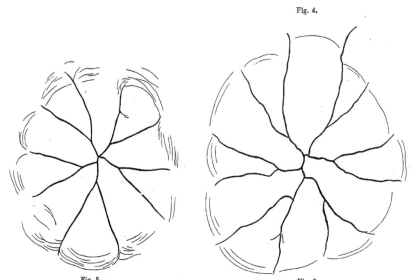

Fig. 4.

Fig. 5.

Fig. 6.

Mundkreuzlinien verschiedener *Rhizostomites*-Platten und zwar Fig. 3 von einem 3zähligen, Fig. 4 von einem 4zähligen, Fig. 5 von einem 5zähligen und Fig. 6 von einem 6zähligen Exemplar.

Die andern Formen, die HAECKEL selbst nur als *Medusites* mit verschiedenen Speciesnamen bezeichnet (*bicinctus, quadratus* etc.), stellen, soviel ich an zahlreichem Vergleichsmaterial sehen konnte, nur unvollkommene Abdrücke aus anderen Brüchen der in den Pfahlspeunter Brüchen so schön erhaltenen Arten dar. BRANDT bemerkt bei *Leptobrachites* (71, p. 19), dass Korn und Gefüge des Schiefers viel gröber sei, der Stein also in Deutlichkeit und Schärfe den *Rhizostomites*-Platten bedeutend nachstehe. Das gleiche gilt für die erwähnten „*Medusites*"-Platten, und da ich manche andere gesehen habe, die zwischen solch unvollkommenen und zwischen Andeutungen der Linien von *Rhizostomites* die Mitte halten, so wäre ich zur Streichung aller dieser dubiosen Arten geneigt.

IV. Allgemeines.

A. Ueber die Art der Versteinerung.

Die zahlreichen Stücke von *Rhizostomites admirandus,* insbesondere aber die Platten von *Myogramma* sind geeignet, eine Frage zu entscheiden, über die bei den bisherigen Beurtheilern die Ansichten sehr verschieden sind, nämlich das zu Stande kommen der Versteinerung dieser Medusen. Es kommen zwei Arten von Platten vor, Reliefplatten und concave Gegenplatten, die dicht auf einander passen und durch Gefriermethoden zum freiwilligen Auseinanderweichen gebracht werden können. Bei den ersteren sind Kranzmuskel und Mittelfeld convex, der glatte Ring ausgebaucht; bei den concaven Gegenplatten ist dies umgekehrt. Das zu Stande kommen zweier Platten wird von HAECKEL dadurch erklärt, dass noch eine nachträgliche Ausfüllungsmasse des ersten Abdruckes gebildet wurde, welchen die Meduse im Schlamm hinterlassen hatte. Laut seiner Vorstellung (74, p. 313) waren die Medusen auf einen flachen Strand geworfen, „bei der verhältnissmässig bedeutenden Consistenz des Schirmes der Rhizostomeen . . ., konnte die Oralfläche desselben einen deutlichen Abdruck in dem äusserst weichen und feinkörnigen Kalkschlamm des Jurameeres hinterlassen. In dieser scharf ausgeprägten Form erhärtete der Abdruck zu festem Schiefergestein. Der Medusenschirm der seine Concavität ausfüllte, vertrocknete oder verfaulte. In den Abdruck aber wurde später eine neue Ablagerung von Kalkschlamm abgesetzt, welche nun zum Gegenabdruck erhärtete. In demselben sind natürlich alle convex vorspringenden und sehr dicken Theile des Medusenschirms ebenfalls convex (so z. B. die Mundnaht, die Armnähte, die Subgenitalklappen etc.) hingegen sind alle concavvertieften und sehr dünnen Teile des Medusenkörpers in dem Abdruck ebenfalls concav (so z. B. die Concavität der Mundscheibe, die Mundarme, die dünne Randzone u. s. w.)."

HAECKEL's Ansicht hat aber in Bezug darauf gewechselt, welche der beiden Platten den Abdruck und welche den Gegenabdruck, die Ausfüllungsmasse, darstelle. In seinen früheren Mittheilungen betrachtete er stets die Reliefplatten als Gegenabdruck, die Concavplatten als Abdruck, in seiner Arbeit über *Hexarhizites*, welche Form auf einer Concavplatte erhalten ist, lässt er diese aber Gegenabdruck sein auf Grund einiger Details, die hier wie an der Meduse selbst gewölbt sein sollen. Aus dieser Arbeit stammen auch die obigen Angaben über den Modus der Versteinerung selbst. Es scheint aber dieser Wechsel der Ansicht HAECKEL's nicht beachtet worden zu sein; denn es wird stets die erste Auffassung für HAECKEL angeführt, die von BRANDT schon vor HAECKEL's letzter Arbeit bekämpft wurde. BRANDT ist der Meinung, dass die

Es gibt auch eine Reconstruktionszeichnung für diese Annahme (71, Fig. III, IV, V u. VI), zu der aber umgekehrt wieder Voraussetzung ist, dass es sich um Abdruck nicht Gegenabdruck handelt. AMMON hat sich ihm angeschlossen, nimmt jedoch an, dass für gewisse Theile gewöhnlicher Abdruck mit Selbstversteinerung combinirt sei. „Die Gallertmasse kann vielleicht die feinsten Schlammpartikelchen in sich aufgesogen haben, die dann nach Vertrocknung der Gallertsubstanz in der ungefähren Form, die damit erfüllten Körpertheile erhärteten" (1883, p. 50). Die letztere Annahme hat etwas für sich; doch müsste eine solche Selbstversteinerung eher innerhalb des Gegenabdruckes, der doch die Meduse selbst darstellt, zur Geltung kommen als in einem Abdruck, der doch nur Ausfüllung ist.

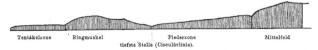

| Tentakelzone | Ringmuskel | Fiederzone | Mittelfeld |
| | | tiefste Stelle (Circulärlinie). | |

Fig. 7. Profil einer Reliefplatte von *Myogramma*, etwa ¹/₂ natürl. Grösse.

Die Ansichten über die Art und Weise der Versteinerung sind also ziemlich verschieden, kommen aber, wenn man HAECKEL's erste und in seinen meisten Publikationen vertretene Ansicht, ausser Acht lässt, wenigstens darin überein, dass die Reliefplatten-Ausfüllungsmasse, also Abdrücke sind. Gerade aber gegen diese Anschauung scheinen mir alle von mir untersuchten Exemplare, und insbesondere auch die Stücke von *Myogramma* zu sprechen und vielmehr zur ehemaligen HAECKEL'schen Ansicht zu führen, die ich in meiner obigen Beschreibung schon zu Grunde gelegt habe und hier ausführlicher begründen möchte.

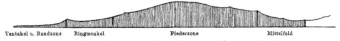

| Tentakel u. Randzone | Ringmuskel | Fiederzone | Mittelfeld |

Fig. 8. Profil einer Concavplatte von *Myogramma*, etwa ¹/₂ natürl. Grösse.

Alle besprochenen Arten, *Rhizostomites*, *Cannostomites*, *Myogramma* haben gewisse Niveauverhältnisse gemeinsam, wenn sie auch in Einzelheiten abweichen. Das Mittelfeld bildet bei allen, wenn wir von den Reliefplatten ausgehen, eine sehr markirte kuppelförmige Erhebung, die glatte Zone fällt danach sehr langsam, im geringeren Winkel wie die Steigung des Mittelfeldes ab bis zu etwa ²/₃ ihrer Erstreckung, wo sie in einer Mulde den tiefsten Punkt erreicht; dann steigt sie in steilerem Winkel empor zum Cirkulärmuskel. Dieser bildet bei *Rhizostomites* meist den höchsten Punkt der Platte; da er ausserdem nach oben gewölbt ist, fällt dann peripher steil ab. Die Randzone (event. mit Tentakeln) liegt dann ungefähr im Niveau der Mulde der sog. glatten Zone (Textfig. 7). Bei der Concavplatte (Textfig. 8) ist innerhalb der glatten Zone die höchste Stelle der Platte zu finden, aber nicht immer in der gleichen Entfernung vom Centrum, sondern in einer unregelmässig verlaufenden Cirkulärlinie; auch dies spricht für eine Unvollkommenheit des Abdruckes resp. der Ausfüllung an dieser Stelle. Dieser Wall fällt nach innen sanft ab, um dann in das stärker eingewölbte Becken des Mittelfelds überzugehen, nach aussen etwas steiler, um in einer gleichmässigen Neigungslinie in die Vertiefung des Kranzmuskels zu verlaufen. Die Randpartie (und event. Tentakelzone) liegt an einem solchen Concavexemplar dann wieder etwas höher als der Kranzmuskel selbst.

Wenn wir diese Profile der Fossilien mit dem allgemeinen Bild vergleichen, das wir von einem Medusenschirm kennen, und dabei von den Anhängseln absehen, die sich bei der Fossilisation doch nicht erhalten und die auch von den Beschreibern vermisst werden, so ist es ganz in die Augen fallend, dass nicht wie Brandt will, die Reliefplatte, sondern nach Haeckel's früherer Anschauung die Concav- oder Gegenplatte die Ausfüllung des Medusenschirmes darstellt. Die umfangreiche erhabene Zone auf ihr entspricht der ausgedehnten Concavität des Medusenschirmes zwischen Mundtheilen und Schirmrand, die sich allerdings nicht immer so vollkommen wie bei *Myogramma* ausprägt, und darum oft ein unregelmässiges Gesammt-Relief und keine Einzelheiten zeigt. Das eingegrabene Mittelfeld der Concavplatte nahm die bei allen Discomedusen und spez. Rhizostomiden doch im Ganzen vorgewölbten Theile der Mund- und Magenregion auf. Es ist von Brandt eine ganz willkürliche Annahme (gerade basirt auf der Voraussetzung, dass die andere, die erhabene Platte der Abdruck sei), dass diese Mundtheile im Centrum weit offen, und vertieft gewesen sein und zweimal vier radiäre Gruben besessen hätten, und ebenso von Haeckel später (74, p. 315), dass die Mundscheibe ausgehöhlt gewesen sei; vielmehr springt letztere mit den Basen der Mundarme weit in die Subumbrella vor. Ebenso ist es von Brandt irrig anzunehmen, dass die periphere Zone des Schirms concav sein müsse; vielmehr wird bei allen Formen, bei denen ein Cirkulärmuskel entwickelt ist, die Concavität der übrigen Schirmhöhle durch ihn unterbrochen; diese Hervorwölbung tritt auch bei der Contraction im Tode besonders stark hervor. Bei *Atolla* z. B. wo der Ringmuskel ein ganz dickes fleischiges Band ist, kann man diese Wölbung besonders gut feststellen, sie erscheint aber auch bei vielen andern Formen. Die Concavplatten zeigen den Ringmuskel vertieft, erweisen sich also auch hierin als Abdruck.

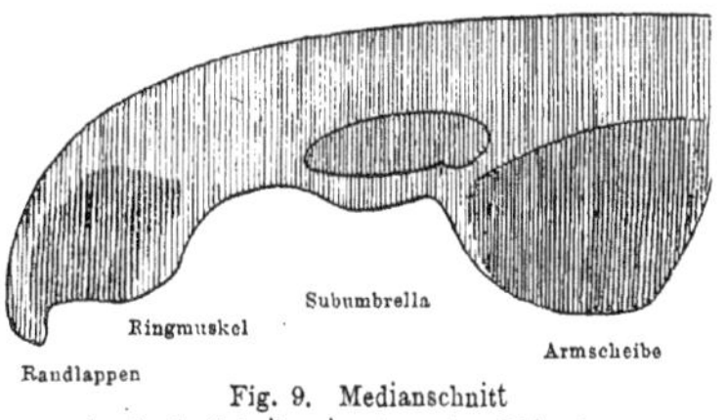

Fig. 9. Medianschnitt
durch die Scheibe einer recenten Rhizostomee.

Noch deutlicher wird dies, wenn man recente Medusen, nachdem man sie zum Trocknen und Verfallen der vergänglichsten Gebilde etwas der Luft ausgesetzt hat, wirklich median durchschneidet und sich darnach Profile zeichnet. Das nebenstehende zeigt den Durchschnitt durch das, was vom Schirm einer *Cassiopeia* noch erhalten geblieben. (Textfig. 9.) Es ist ganz klar, dass hier hinein sich ungefähr das Profil einer Concavplatte als Ausfüllung anschmiegen würde, während die convexe, die Reliefplatte das erhaben zeigt, was auch am Medusenschirm erhaben hervortritt, also ein Gegenabdruck ist.

hinein. Die zwischenliegenden Dreiecke sind im Leben gewölbt. Die Wölbung ist bei verschiedenen Formen verschieden, passt aber bei den untersuchten ebenfalls in die sonst concaven Wölbungen der Concavplatte hinein. Die Mundarme können bei vielen Arten oben sehr kurz, fast rudimentär werden, so dass die Saug-krausen fast direkt der Basis des Mundkreuzes aufsitzen. Das scheint bei diesen fossilen Formen ähnlich der Fall gewesen zu sein.

Was die gestreifte Zone, die Muskelregion, sowohl bei *Myogramma* als bei *Rhizostomites* betrifft, so sind die Erhöhungen und Vertiefungen nicht von gleicher Breite und Ausprägung, derart also, dass sich Concav- und Convexplatte hierin nicht unterscheiden liessen, sondern an der Reliefplatte sind die erhabenen Wulste breiter und werden nur durch schmale Einkerbungen getrennt, an der Concavplatte sind umgekehrt breite Rinnen und schmale Firste zu erkennen. Es entspricht das erstere genau dem Verhalten solch epithelialer Muskulatur und ihrer stützenden Gallerte im Leben. Also auch in dieser Hinsicht ist die Relief-platte, das positive Bild der Schirmverhältnisse, der Gegenabdruck.

Da wo Lappen erkennbar sind, bilden die Einschnitte zwischen den Lappen auf der Reliefplatte Vertiefungen, wie im natürlichen Zustand; auf der Concavplatte dagegen erscheinen diese Einschnitte als schwache erhabene Leisten ebenso wie auf den Gipsabdrücken (s. Taf. XXII, Fig. 3.) und die Lappen selbst als kleine Mulden. Besonders deutlich tritt dies auch am erwähnten Exemplar mit den Sinnesorganen hervor. Letztere selbst sind allerdings erhaben, aber das erklärt sich daraus, dass der Klöppel, das einzige im Leben kohlensauren Kalk enthaltende Organ der Medusen hier eine Selbstversteinerung erlitten hat.

Auch die Tentakel stimmen damit überein an den Arten, die solche überhaupt aufweisen. Bei *Myo-gramma* sind sie an der Reliefplatte deutliche Wulste, die mit allen Einzelheiten der Verzweigung erhaben sind (Taf. XXII Fig. 1 u. Taf. XXIII, Fig. 4 t); bei der Concavplatte sind sie eingegrabene verzweigte Furchen. Bei *Cannostomites* sind sie auf der Platte, die Mittelfeld und Ringmuskel erhaben zeigt, ebenfalls erhaben; bei der HAECKEL'schen *Semaeostomites* sind sie vertieft, ich möchte deswegen diese, (wie auch die *Hexarhizites*-Platte) im Gegensatz zu HAECKEL's letzter Deutung als Abdruck ansehen, auch weil bei *Semaeostomites* die Randmuskelgegend und besonders das Mittelfeld vertieft ist, ohne darum die von HAECKEL behauptete Zu-gehörigkeit zu den Semaeostomen zu bestreiten. Solche Gebilde, wie die Tentakel, die doch frei über den Schirmrand der Meduse hinausragen und ausserhalb derselben auf der Platte noch ein Stück weit zu verfolgen sind, müssen doch entscheidend für die ganze Frage sein, selbst wenn man andere Theile nur schlecht erhalten sieht. Wo die Tentakel erhaben sind, da sind auch alle andern Theile in denselben Reliefverhältnissen wie im natürlichen Zustand; wo sie dagegen vertieft sind, handelt es sich um einen Abdruck. Das erstere ist bei der Reliefplatte der Fall; wir dürfen also a fortiori schliessen, umsomehr als alle anderen erörterten Verhältnisse damit übereinstimmen, dass die Reliefplatte ein Gegenabdruck ist, der die positiven Verhältnisse des Schirmes wiedergiebt, ·die Concavplatte einen Abdruck darstellt.

Die Versteinerung selbst mag im Ganzen so vor sich gegangen sein, wie es HAECKEL in der oben citirten Beschreibung annimmt, abgesehen von den Folgerungen, die er für die einzelnen Theile daranknüpft. Die erhaltenen Medusen haben auf der Oralseite gelegen; doch sind es meiner Ansicht nach meist nur die festeren und langsamer faulenden Theile, die am Abdruck betheiligt sind. Durch den Verwesungsprocess wurde namentlich in den complicirten centralen Theilen der natürliche Zusammenhalt etwas gelöst; in Folge dessen sind verschiedene Organe in eine Ebene gesunken, und es wird dadurch im Mittelfeld ein Liniensystem, gleich einem Zuschneidemuster hervorgebracht, bei dem verschiedene Theile in eine Ebene projicirt sind. Wenn noch Schrumpfung und ungleiche Erhaltung dazu kommt, kann ein förmliches Liniengewirr wie bei den Platten von *Myogramma* daraus werden. Zwischen Mittelfeld und Schirmrand wird, wenn der Schirm stark gewölbt ist, wie bei *Rhizostomites*, der Abdruck und darum auch der Gegenabdruck, weniger vollkommen; bei *Myogramma*, wo der Schirm auch nach allen andern Verhältnissen zu schliessen, flacher war und sich der Unterlage anschmiegen konnte, wurde die ganze Subumbella genau abgedrückt. Der contrahirte vorgewölbte Ringmuskel hat sich besonders tief eingegraben; der Schirmrand war öfters umgeschlagen und bei der Dünne und Zartheit seiner Gallerte ist darum seine Erhaltung sehr ungleich, unter günstigen Bedingungen bis in Einzelheiten gut, während dem ein anderes Mal gar nichts davon erhalten ist. So erhärtete also ein modifizirter Abdruck der Unterseite des Schirmes zu festerem Schiefergestein und bildete die Concavplatte. Die Meduse selbst, die in der Concavität eingebettet lag, nahm, vermöge der Festigkeit ihrer Gallerte und durch die Aufnahme kleiner Schlammtheilchen, Theil an der Erhärtung einer Ausfüllungsmasse, aus der dann der Gegenabdruck, die Reliefplatte hervorging.

B. Einordnung der revidirten Formen.

Ueber die Verwandtschaftsbeziehungen der fossilen Stücke zu den recenten Medusenformen sind ausgedehnte Erörterungen geschrieben worden. Doch müssen solche bei der Natur des Gegenstandes, dem Mangel zahlreicher für die Systematik sonst verwandter Theile, die sich fossil nicht erhalten können, sehr selbst (und in anderen Gruppen bei Cyaneen) kommt ein solches Gewirr dichtstehender Tentakel vor. Deren Form ist aber hier wieder ganz eigenartig und lässt sich keiner der recenten anschliessen. Das Mittelfeld ist noch schwerer für die Systematik zu verwerthen. Die charakteristische Figur des Ordenskreuzes ist auch zwar hier vorhanden, jedoch weniger ausgeprägt, und wenn irgendwo, so ist es hier fraglich, ob damit die verwachsene Mundnaht der Rhizostomeen widergegeben ist, und nicht vielmehr Magenteile. Mundarme und Pfeiler sind nicht abgedrückt; die Zugehörigkeit zu dieser Gruppe ist also recht zweifelhaft; andererseits kommt aber eine solche Entwicklung der Subumbrellamuskulatur, wie sie *Myogramma* zeigt, heute nur bei einer Gruppe der Rhizostomeen vor.

Sicherer ist die Einordnung von *Rhizostomites* selbst in diese Gruppe. Die Figur des Mundkreuzes ist hier zu beweisend, und das Fehlen der Arme leicht erklärlich, sei es nun Schuld des Abdrucks, wie die bisherigen Autoren annehmen, oder sei es, dass die Arme überhaupt nur rudimentär waren und die Saug-krausen und Mundtentakel direkt auf der Mundscheibe gesessen haben. Diese sehr vergänglichen Gebilde wären dann abgefallen, ehe die Fossilisation begonnen hat, und die Mundscheibe hätte sich darum um so besser abgedrückt. Auch der tentakellose Schirmrand spricht für die Einordnung zu den Rhizostomen; aber die Lappenbildung ist doch nach Form und Zahl anders als wir bei recenten Formen sehen, und erinnert mehr an die Verhältnisse primitiver Ephyropsiden, wie *Atolla*. Auch der Mund selbst, der laut Brandt nicht gänzlich geschlossen ist, würde dafür sprechen, sie für eine Uebergangsform zu halten. Allerdings sind in neuerer Zeit auch unter den recenten Rhizostomeen Formen mit offenem Mund beschrieben worden (*Pseudo-rhiza* und *Monorhiza* Haacke [87] und v. Lendenfeld [88]). Laut Vanhöffen (88), der eine ziemlich gründliche Revision des Haeckel'schen Systems gegeben hat, soll auch bei andern Rhizostomeen die Mund-öffnung zeitweilig persistiren. Der Schirmrand dieser Arten ist typisch gestaltet und trotz des offenen Mundes tentakellos wie bei *Rhizostomites*. Letztere Form darf so zwar als Rhizostomee gelten, lässt sich aber in keine der heute da bestehenden Familien unterbringen, so dass die Schaffung einer eigenen Familie, *Lithorhizostomidae*, wie es Ammon vorgeschlagen, gewiss berechtigt ist. Vielleicht würden sich an diese die eigenthümlichen Lendenfeld'schen und Haacke'schen Arten, für die die besondere Gruppe der Chaunosto-miden gemacht worden ist, am ehesten anschliessen.

Für die noch verbleibenden Formen ist es fraglos dass sie keine Rhizostomeen sind; bei *Semae-ostomites* könnte noch in einem unvollkommenen Abdruck von *Rhizostomites* gedacht werden, ebenso wie *Cannostomites* mir zuerst als *Rh. lithographicus* zugekommen war. Jedoch ist der Schirmrand durchaus von dem der Rhizostomeen verschieden, trägt bei *Semaeostomites* dünne und bei *Cannostomites* starke Tentakel in grosser Zahl und Deutlichkeit. Die letztere Form besass einen kelchförmigen offenen Röhrenmagen, die letztere laut Haeckel einen „Fahnenmund". Sie sind also bei den Ordnungen Cannostomeen und Semaeo-stomeen einzureihen, zeigen aber ebenfalls Besonderheiten, die bei den heutigen Formen nicht vereinigt sind, und in der Vielzahl der Randgebilde und Gleichartigkeit der Lappen Hinneigung zu primitiveren Formen. Auch sie dürfen deshalb innerhalb der erwähnten Ordnung zu besonderen Familien: *Lithocannostomidae* und *Lithosemaeostomidae* gestellt werden. *Myogramma* möchte ich einstweilen überhaupt nicht enger einordnen, sondern sehe in ihr eine Discomeduse, die sehr primitive Charakere mit sehr hochspecialisirten vereinigt. Bemerkenswert ist, dass alle diese fossilen Formen ausser solch deutlichen Charakteren, die sich hoch entwickelten Discomedusengruppen zurechnen lassen, auch Hinneigung zu primitiven Formen, ganz speciell der *Atolla*-Gruppe zeigen, die heutzutage nur in der Tiefsee gefunden werden.

Die Fundorte liegen in den Warnsdorfer Schichten und sind besonders Mistrowitz, sodann Zeslowitz, Lipowetz, Neudorf (Bach Schibutow bei Milate) und Ostri. Die Petrefacte sind von schwärzlicher Farbe, scharf umrissen und bilden ein hohes Relief auf dem unterliegenden Stein, einem dunkeln, fetten, wenig kalkhaltigen Thon. Das Relief erscheint wie auf die Unterlage aufgesetzt, so dass an manchen Stellen, wo der Abdruck dünn, wie durchgescheuert aussieht, die Gesteinsunterlage zum Vorschein kommt. Es stellt also eine selbständige versteinerte Masse auf dem unterliegenden Stein dar. Die Stücke sind von wechselnder Grösse, die Mehrzahl von etwa 10—12 cm Durchmesser. und 1—1¹/₂ cm Dicke, einige von 7¹/₂ und einige von nur 3 cm Durchmesser. Nach diesen sind die Abbildungen 5 und 6 auf Taf. XXIII in natürlicher Grösse gefertigt.

Die Stücke gehören zwei verschiedenen Formen an, die zwar viel Gemeinsames aufweisen, aber doch genügende Verschiedenheiten zeigen, um sie in zwei Species zu zerlegen.

An allen Stücken kann man ein kleines Mittelfeld, eine innere Leisten- und eine äussere Lappenzone unterscheiden. Die Lappenzone (Fig. 5 u. 6 L e) hat die grösste Breite; ihr Radius ist etwa so gross wie der Gesammdurchmesser des übrigen Kreises, das Mittelfeld nur ganz klein. Die Zahl der Lappen ist sehr variabel, stets über 10, lässt sich aber nicht auf die 4- oder 6 zahl zurückführen. Auch die Grösse der Lappen ist ungleich; manche der breiteren zeigen eine Zweitheilung, die aber nicht immer ganz durchgeführt ist. Solche Theilhälften sind noch etwas kleiner wie die kleinsten der ganzen Lappen. Die Leisten der folgenden Zone (Fig. 5 u. 6 L i) bilden die unmittelbare Fortsetzung der Lappen, die sich an der Grenze auf einmal stark verschmälern. Die zweigetheilten Lappen zeigen nur eine Leiste als Fortsetzung. Zwischen den Leisten ist keine Struktur wahrzunehmen, ebenso ist das Mittelfeld glatt, bis auf eine kleine, ganz centrale Erhabenheit. Nach der gleich erreichten Verschmälerung verjüngen sich die Leisten nicht mehr, sondern verlaufen gleichmässig dünn centralwärts. Die Grenzen der Leisten gegen das Mittelfeld ist ziemlich scharf, so dass dies wie von einem Wall umgeben erscheint.

Solche Strukturen, nämlich lappige, tief eingefurchte Einschnitte an der Peripherie, die auf der Exumbrella weit centralwärts reichen, und ein centrales Mittelfeld, durch einen Ringwall und eine Furche oder mehrere davon getrennt, finden sich auch heute bei einer Medusengruppe, dem etwas aberranten und selten gefundenen Genus *Atolla*, das gerade wegen dieser Ringwallfigur seinen Namen erhalten hat. Bei mehreren recenten Formen bleibt es ebenfalls nicht bei einer einzigen Lappenzone, sondern die Lappen setzen sich nach kurzem Einschnitt in eine zweite Zone verschmälerter Lappen fort (MAAS 97, Taf. XIII,

sondern eine Selbstversteinerung vor uns und sähen zum ersten Mal auch die Oberseite, die Exumbrella, einer fossilen Meduse.

(Mit diesen Formen ist ein von Ammon erwähntes und abgebildetes Stück [83, p. 57] der hiesigen Sammlung von cretacischem Feuerstein nicht in Beziehung zu bringen. Dasselbe hat wohl ebenfalls lappige Abschnitte, doch sind dieselben vom Schirmrand durch eine breite, gestreifte Zone getrennt und stellen wahrscheinlich radiäre Theile des Gastrocanalsystems dar; die Mitte den Centralmagen. Wenn dies Stück also eine Meduse ist, so gehört sie jedenfalls einer andern Gruppe zu. Auch die ähnliche, durch von Huene [1901] als Meduse beschriebene [von Fuchs übrigens als Algenschnitt gedeutete] Bildung hat die Lappen nicht am Schirmrand, sondern zunächst einen peripheren Ringwall, dann eine 12 lappige Zone. Der Deutung der Form als Geryonide und der betreffenden 12 Felder als Gonaden kann ich mich nach der Anatomie der recenten Formen durchaus nicht anschliessen. Die Gonaden der Geryoniden sind flache, zarte Blätter und haben eine ganz andere Lage in der zudem sehr gewölbten Umbrella. Als Meduse mit unbestimmter Zugehörigkeit wird aber das Stück doch trotz des Einspruches bestehen dürfen [siehe auch Huene's Replik.] mit dem neutralen Namen *Medusina*.)

Die recenten *Atolla*-Arten werden nach den Verhältnissen und der Gestalt der verschiedenen Ring- und Lappenzonen unterschieden. Danach kann man auch die vorliegenden fossilen Stücke zwei verschiedenen Formen zutheilen. Bei der einen, von der die grossen Exemplare vorhanden sind, ist die äussere Lappenzone nur unwesentlich grösser wie die Leistenzone, die Verschmälerungen setzen sehr plötzlich an der Grenze beider Zonen ein (Taf. XXIII, Fig. 6). Die Lappen selbst sind nicht circulär gefurcht. An der andern ziehen die Lappen viel weiter central, verjüngen sich allmählich, so dass die Leisten der zweiten Zone nicht band-, sondern kegelförmig sind (Fig. 5). Die Lappenzone selbst ist im Verhältnis viel ausgedehnter. Die einzelnen Lappen sind circulär mehrfach gefurcht.

Man könnte daran denken, dass die Zonenproportionen vielleicht Alters- resp. Wachsthumsunterschiede wären, und die queren Furchen in der einen Form Runzeln der schrumpfenden Gallerte, die an jugendlichen Exemplaren noch nicht so resistent ist. Doch habe ich keine Uebergänge gefunden, vielmehr auch kleine Exemplare, bei denen das Aussehen und Grössenverhältnisse der Zonen der ersten Formenreihe entsprechen. Auch der Habitus ist verschieden; so mögen also die beiden Formen vorerst getrennt bleiben.

Da die recenten *Atolla*-Formen fast sämmtlich zu Ehren berühmter mariner Zoologen benannt sind, so darf wohl die Versteinerung einen entsprechenden Namen der palaeontologischen Wissenschaft führen. Ich schlage also für die grössere Form den Namen *Atollites Zitteli*, für die weniger bestimmte *A. minor* vor. (Merkmale s. oben.)

München, Zoologisches Institut, 15. Oktober 1901.

ber fossile Medusen. Zeitschr. f. wissensch. Zoolog. Bd. XV.

' zwei neue fossile Medusen aus der Familie der Rhizostomiden. BRONN's Neues J
ür Mineralogie etc.

· die fossilen Medusen der Jurazeit. Zeitschr. f. wissensch. Zoolog. Bd. XIX.

Ueber fossile Medusen. Mém. de l'Acad. Imp. St. Pétersbourg. VII ser. T. XVI.

räglishe Bemerkungen über fossile Medusen. Mélanges biologiques tirés du Bull. de
mp. St. Pétersbourg. T. VIII·

ber eine sechszählige fossile Rhizostomee und eine vierzählige fossile Semaeostome. J
Zeitschr. f. Naturwiss. Bd. VIII.

System der Medusen (mit Atlas). Jena.

Ueber neue Exemplare von jurassischen Medusen. Abh. d. k. bayr. Akad. der W:
I. Cl. Bd. XV.

· Scyphomedusen des St. Vincent Golfes. Jen. Zeitschr. für Naturw. Bd. XX.

v., Ueber Coelenteraten der Südsee. VII. Die australischen rhizostomen Medusen. :
ür wissensch. Zool. Bd. 47.

Untersuchungen über semaeostome und rhizostome Medusen. Bibliotheca Zool. Heft 3.

ts on an Exploration .... by the U.-S.-Steamer „Albatross". XXI. Die Medusen
Mus. Comp. Zool. Cambridge. vol. XXIII.

, Fossil Medusae. Monographs of the U. S. Geol. Survey. vol. XXX.

·eine palaeontologische Mittheilungen: 1) Medusina geryonides. Neues Jahrbuch für I
Geol. u. Palaeont.

edusina geryonides von HUENE. Centralbl. für Mineral., Geol. u. Palaeont,

ntgegnung. Ibid.

Register.

Tafel-Erklärung.

Tafel I.

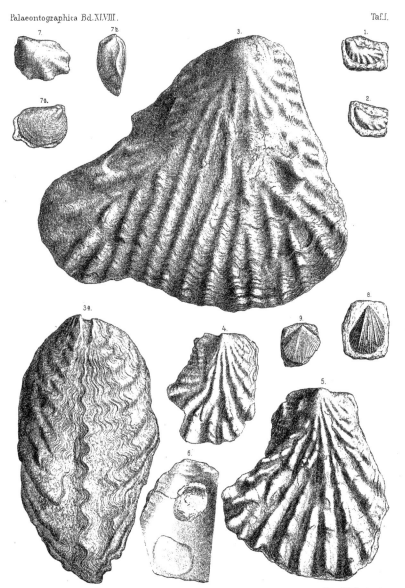

Tafel-Erklärung.

Tafel II.

Fig. 1. *Exogyra laciniata* Nilsson sp. Exemplar mit beiden Schalen. p. 39. Gründsandstein. Stallauer Eck.

„ 1. „ „ „ Unterschale.

„ 1a. „ „ „ Oberschale.

„ 1b. „ „ „ Ansicht gegen den Wirbel.

„ 2—4. *Gryphaea vesicularis* Lam. Schalenexemplare. p. 40. Grünsandstein. Stallauer Eck, Schellenbachgraben.

„ 2. „ „ „ Unterschale mit breitem, abgestutztem Flügel.

„ 2a. „ „ „ Oberschale desselben Exemplars.

„ 3. „ „ „ Unterschale mit langem Flügel.

„ 4. „ „ „ Innenseite einer Oberschale mit langem Flügel.

1a.

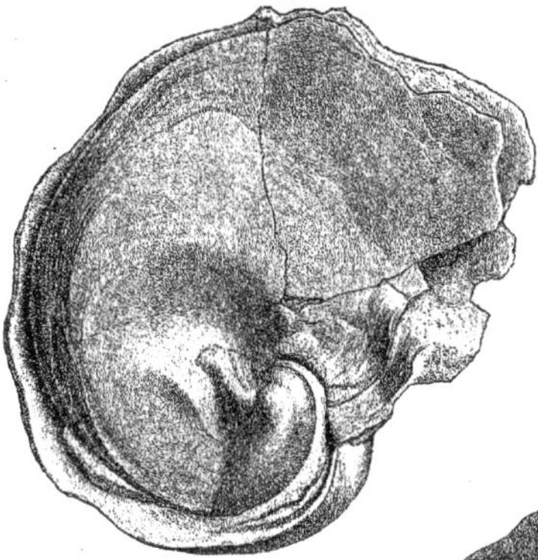

1.

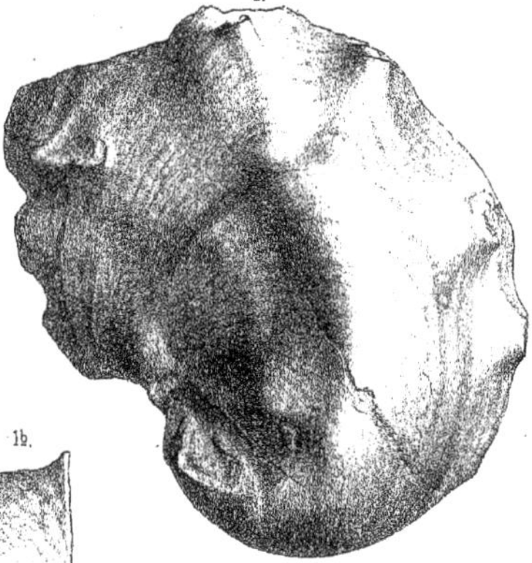

1b.

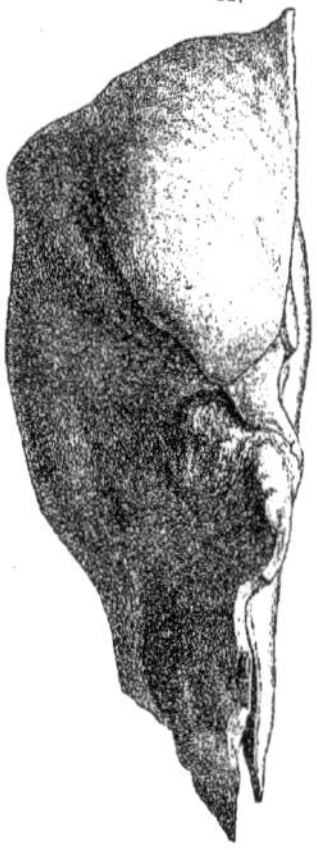

2a.

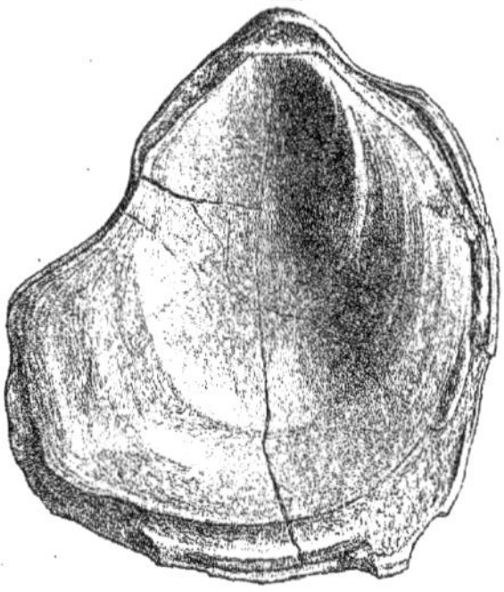

2.

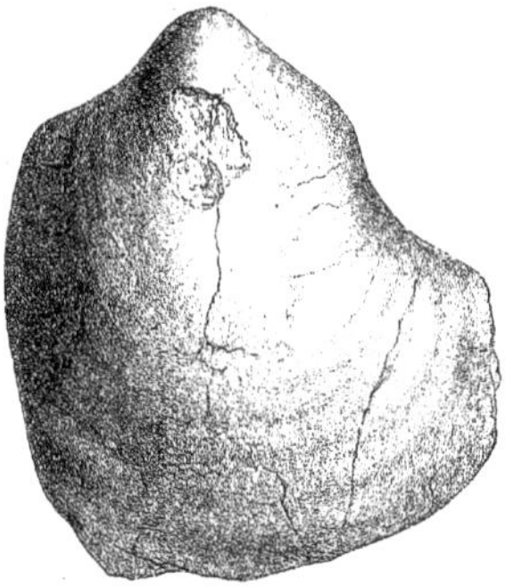

3.

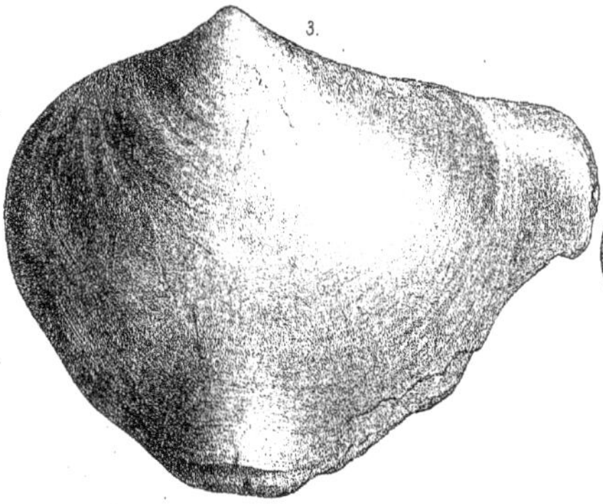

4.

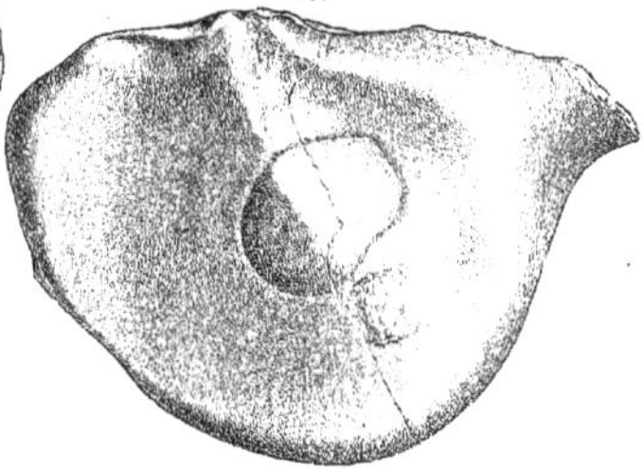

A. Birkmaier, lith. Klein & Volbert gedr.

Tafel-Erklärung.

Tafel III.

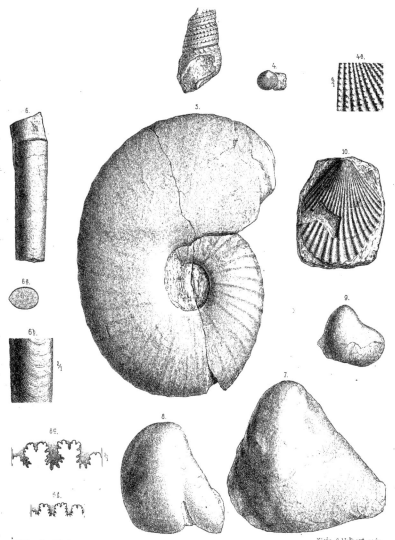

Tafel-Erklärung.

Tafel IV.

Pterodactylus Kochi Wagler aus dem lithogr. Schiefer von Eichstätt.
Original im Palaeontolog. Museum in München.

I hw	= Erster Halswirbel (Atlas).
II	= Zweiter Halswirbel (Epistropheus).
III—VII	= Dritter bis siebter Halswirbel.
rw I—rw VIII	= Erster bis achter Rückenwirbel.
di	= Diapophyse am ersten Rückenwirbel.
lw	= Lendenwirbel.
sw	= Sacralwirbel.
schw I und *II*	= Schwanzwirbel.
sc. r. und *sc. l.*	= Rechte und linke Scapula.
cor. r. „ *cor. l.*	= Rechtes und linkes Coracoïd.
h. r. „ *h. l.*	= Rechter und linker Humerus.
u. r. „ *u. l.*	= Rechte und linke Ulna.
r. r. „ *r. l.*	= Rechter und linker Radius.
c. r. „ *c. l.*	= Rechter und linker Carpus.
mc „ *mc ?*	= Metacarpalia II—IV.
mc I	= Erstes Metacarpale (Daumenrudiment) sogen. Spannknochen.
mc V r und *mc V l*	= Metacarpale des fünften oder Flugfingers, rechts (*r*), links (*l*).
1—IV ph. r und *ph. l*	= Erste bis vierte Flugfingerphalange, rechts (*r*) oder links (*l*).
d II	= Phalangen des zweiten Fingers.
d III	= Phalangen des dritten Fingers.
pb.	= Pubis (Schambein).
f. r. und *f. l.*	= Rechter und linker Femur.
t. r. „ *t. l.*	= Rechte und linke Tibia.
mt I	= Metatarsale der ersten Zehe und zwei zugehörige Phalangen.

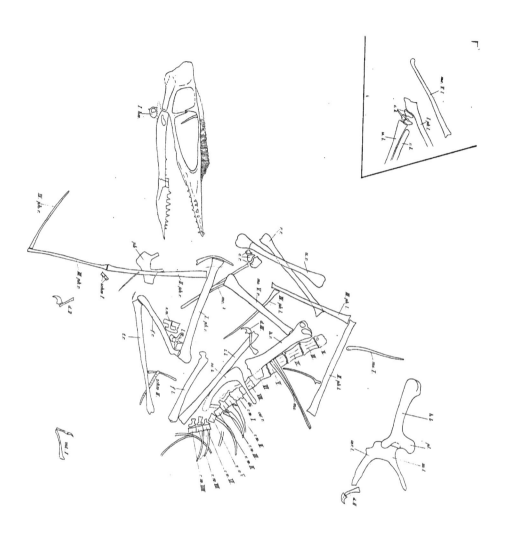

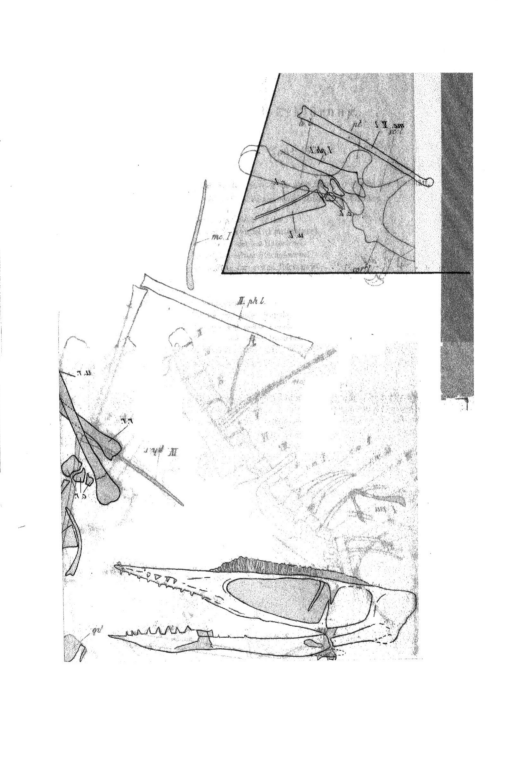

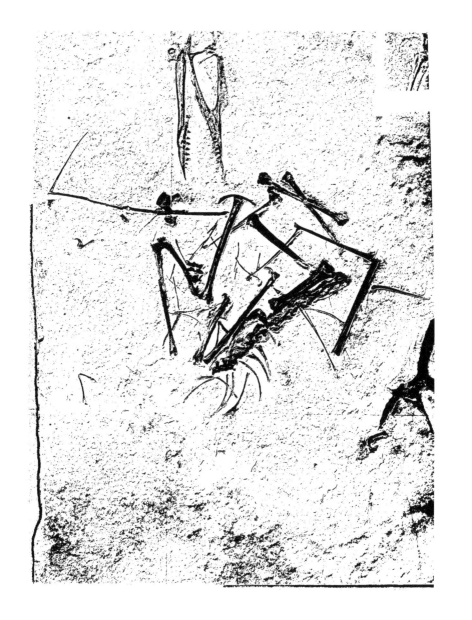

Tafel-Erklärung.

Tafel V.

Pteranodon sp. aus der Kreide von Kansas.

Originale im Palaeontolog. Museum in München.

Sämmtliche Abbildungen ½ natürl. Grösse.

Fig. 1. Partie des Schädeldaches, von oben und von der Seite gesehen.
S. = Obere Schläfenöffnung, *N. olf.* = Nervus olfactorius, *D.* = Durchbruch, *prf.* = Absteigender Fortsatz des Praefrontale.

„ 2. Dasselbe Stück, von unten gesehen.
Buchstabenerklärung wie Fig. 1.

„ 3. Untere rückwärtige Partie der rechten Seite des Schädels, von aussen gesehen, zu demselben Exemplar gehörig wie Fig. 1 und 2.
n. p. ö. = Hinterrand der Nasopräorbitalöffnung, *o.* = Unterrand der Augenhöhle, *q.* = Einlenkungsstelle für den Unterkiefer.

„ 4. Dasselbe Stück von innen gesehen.
pt. = Rest des Pterygoids,

„ 5. Dasselbe Stück, von unten gesehen, um das Gelenk des Quadratums zu zeigen.
Buchstaben wie Fig. 3 und 4.

„ 6. Partie der Hinterhauptsgegend von demselben Individuum.
F. m. = Foramen magnum, *F. i. t.* = Foramen intertympanicum medium.

„ 7. Partie der Hinterhauptsgegend eines anderen kleineren Exemplares.
Buchstaben wie Fig. 6.

„ 8—11. Halswirbel eines Pteranodon. Fig. 8 von oben, Fig. 9 von unten, Fig. 10 von vorn, Fig. 11 von hinten.
hp. = Hypapophyse, *n.* = Neuralrohr, *p.* = Parapophysen (Exapophysen WILLISTON), *x.* = Gelenkflächen für Parapophysen *p.*, *pr.zg.* = Praezygapophysen, *p.zg.* = Postzygapophysen.

„ 12 u. 13. Proximales Ende eines linken Humerus. Fig. 12 Ulnarseite, Fig. 13 Vorder- und theilweise Ulnarseite.
a. = Gelenkkopf, *P. l.* = Processus lateralis, *P. m.* = Processus medialis.

„ 14. Distales Ende eines linken Humerus (wahrscheinlich nicht zu vorigem gehörig).
ep. u. = Epicondylus ulnaris, *ep. r.* = Epicondylus radialis, *F. p.* = Foramen pneumaticum.

„ 15. Proximales Ende des Vorderarms von Pteranodon. ⎫ *u* = Ulna, *r* = Radius.

„ 16. Distales Ende desselben Vorderarms mit zugehöriger proximaler ⎬ *F. p.* = Foramen pneumaticum,
Carpusreihe. ⎭ *c* = proximale Carpusreihe.

„ 17. Proximale Fläche des Carpale der proximalen Reihe. Dasselbe Stück wie *c* in Fig. 16.

„ 18. Distales Ende eines Metacarpale des Flugfingers.

„ 19. „ „ „ 41,3 cm langen Metacarpale eines Flugfingers.
F. p. = Foramen pneumaticum.

„ 20—22. Proximales Ende der ersten Flugfingerphalange. Fig. 20 Lateralseite, Fig. 21 Medialseite, Fig. 22 von oben.
a. = laterale, *b.* = mediale Gelenkfläche, *o.* = Olecranon, *p.* = Vorsprung, *F. p.* = Foramen pneumaticum.

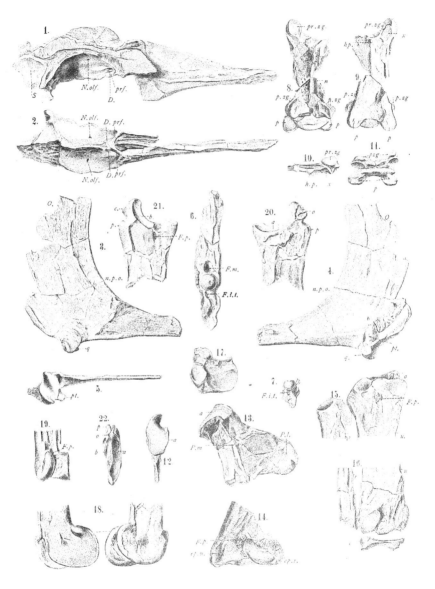

Tafel-Erklärung.

Tafel VI.

Fig. 1. *Productus Sumatrensis* F. R. Typus: Originalexemplar F. Römers. Padang. 1/1. p. 99.

„ 2. „ „ „ var. *palliata* Kayser. Convexe Klappe. Originalexemplar Kayser's, neu gezeichnet (v. Richthofen: „China." Bd. IV. T. XXV, F. 5). Lo-ping. 3/5. p. 128.

„ 3. „ „ „ var. *palliata* Kayser. Concave Klappe. Original von Kayser, T. XXVII, F. 12. cf. Lethaea palaeozoica. Bd. II. T. 47b, F. 3c. Lo-ping. 3/5. p. 128.

„ 4. „ *fasciatus* Kutorga. Skulptur zum Vergleich mit der Skulptur des *Productus punctatus* Martin (Fig. 5). Kyssy San (Süd-Ural). Schwagerinenstufe.

„ 5. „ *punctatus* Martin. Skulptur. Padang. p. 101.

„ 6. „ *spinulosus* Sow. mut. nov. *lopingensis*. Loping. 1/1. p. 130.

„ 7. „ *intermedius helicus* Abich var. nov. *lopingensis*. Lo-ping. 1/1. p. 129.

„ 8. *Orthothetes (Orthothetina) politus* nov. spec. Padang. 1/1. p. 97.

„ 9. „ „ *Kayseri* Jäkel sp. Lo-ping. 1/1. p. 127.

„ 10. *Dalmanella Frechi* nov. spec. Padang. 1/1. p. 97.

„ 11. *Terebratuloidea* cf. *Davidsoni* Waagen. „Ural" (Horizont und Fundpunkt unbekannt). 1/1. p. 104.

„ 12. Desgleichen von Padang. p. 108.

Die Originale zu Fig. 2 und 3 befinden sich im Museum für Naturkunde zu Berlin, sämmtliche anderen im palaeontologischen Museum der Universität Breslau.

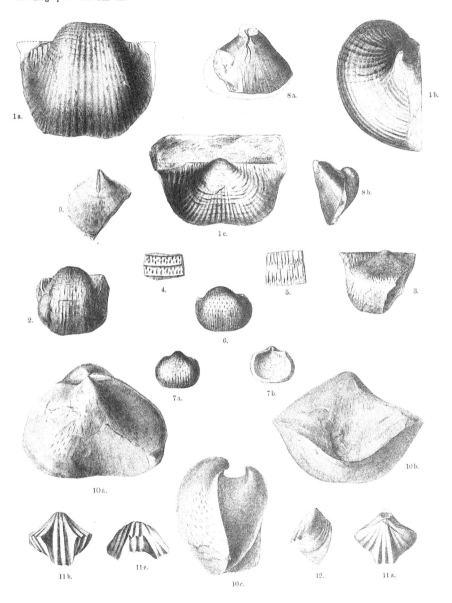

E. Loeschmann del.

Lichtdruck der Hofkunstanstalt von Martin Rommel & Co., Stuttgart.

Tafel-Erklärung.

Tafel VII.

Sämmtliche Originale befinden sich im palaeontologischen Museum der Universität Breslau.

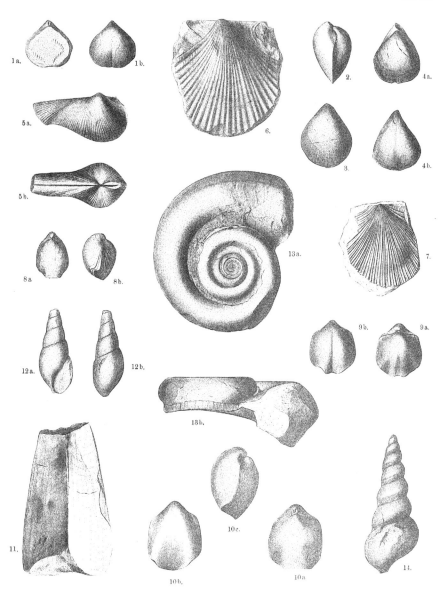

Sämmtliche Originale befinden sich im paläontologischen Museum der Universität

———————

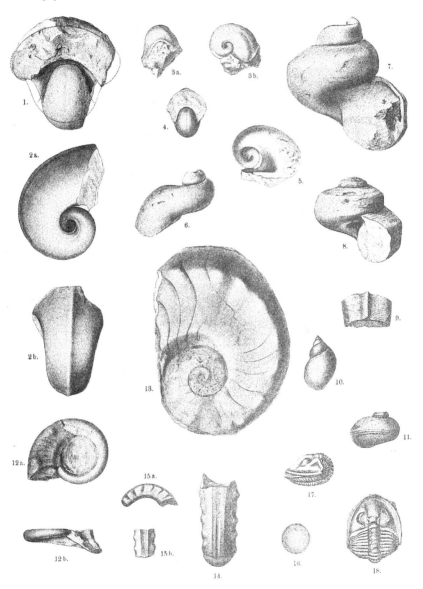

Lichtdruck der Hofkunstanstalt von Martin Rommel & Oo., Stuttgart.

Tafel-Erklärung.

Tafel IX.

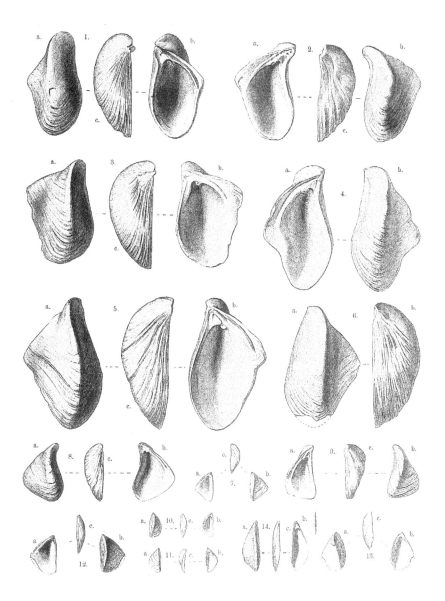

Tafel-Erklärung.

Tafel X.

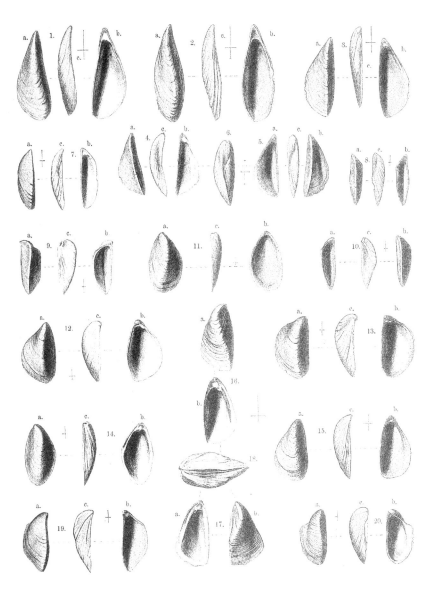

C. Krapf. del.

Lichtdruck der Hofkunstanstalt von Martin Rommel & Co., Stuttgart.

Fig. 1—11. *Limnocardium (Pontalmyra) Andrusovi* nov. sp. var. *spinosum* nov. var. — Tinnye.

„ 12.   „   ··   „   „   — Tinnye.

„ 13—18.   „   „   *Jagici* Brus. — Tinnye.

„ 19.   „   *Halavátsi* nov. sp. — Tinnye.

„ 20—22. *Orygoceras corniculum* Brus. — Tinnye.

„ 23.   „   *filocinctum* Brus. — Tinnye. Form mit schwacher Ringelverzierung.

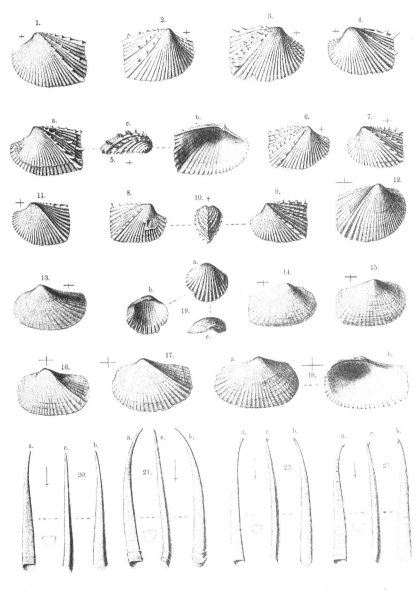

C. Krapf del.

Lichtdruck der Hofkunstanstalt von Martin Rommel & Co., Stuttgart.

Tafel-Erklärung.

Tafel XII.

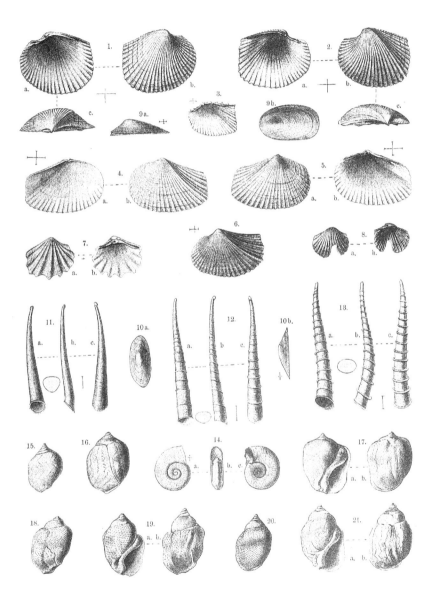

Tafel XIII.

Fig. 1. *Orygoceras filocinctum* BRUS. — Tinnye. Form mit schwacher Ringelverzierung.

„ 2—5. „ *cultratum* „ „

„ 6—7. *Papyrotheca mirabilis* „ „

„ 8. „ „ „ „ Bruchstück des grössten Exemplares.

„ 9. „ *gracilis* nov. sp. Tinnye.

„ 10—11. *Limnaea (Gulnaria)* nov. sp. — Tinnye.

„ 12 u. 14. *Planorbis verticillus* BRUS. — Tinnye.

„ 13. „ „ „ var. *ptychodes* nov. var. — Tinnye.

„ 15—17. „ *(Armiger) ptychophorus* BRUS. — Tinnye.

„ 18—20. „ *(Tropodiscus) Sabljari* BRUS. — Tinnye.

„ 21. „ *(Gyraulus) solenoëides* nov. sp. — Tinnye.

––––––––––

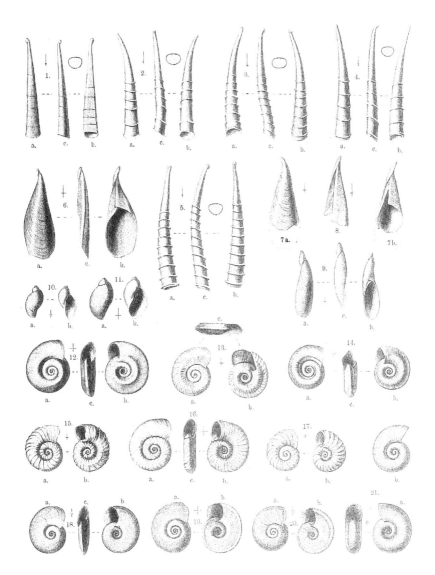

Lichtdruck der Hofkunstanstalt von Martin Rommel & Co., Stuttgart.

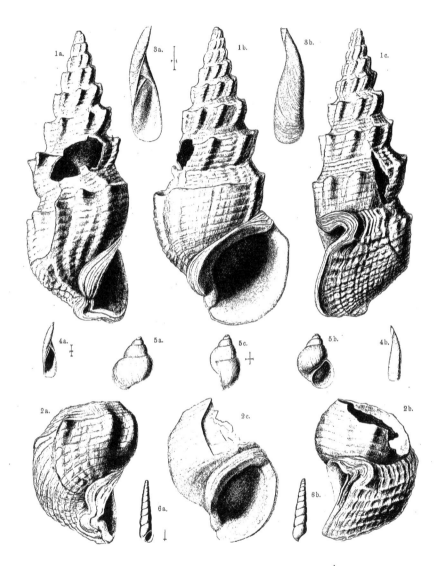

Tafel-Erklärung.

Tafel XV.

Fig. 1. *Congeria Zujoviĉi* Brus. typus. — Tinnye.

„ 2. „ „ „ — Tinnye. Mit vom Typus abweichendem stärkerem Kiele.

„ 3. „ „ „ „ Seitenansicht meiner beiden Exemplare. Klappen gehören nicht einem Individuum an; wurden nur Raummangels halber neben einander gezeichnet.

„ 4. „ *Partschi* Cžjžek typus. — Tinnye.

„ 5. *Unio Vásárhelyii* nov. sp. — Tinnye.

„ 6. *Melanopsis vindobonensis* Fuchs. — Tinnye.

„ 7. „ *impressa* Krauss. — Tinnye. Ein dem Typus nahe stehendes, zur var. *monregalensis* Sacco neigendes Exemplar.

„ 8. „ „ „ var. *Bonellii* E. Sismond. — Tinnye.

„ 9. „ cfr. *Matheroni* May. — Tinnye.

„ 10. „ *impressa* Krauss var. *carinatissima* Sacco. — Tinnye.

„ 11. *Melania (Melanoides) Vásárhelyii* Hantk. — Tinnye.

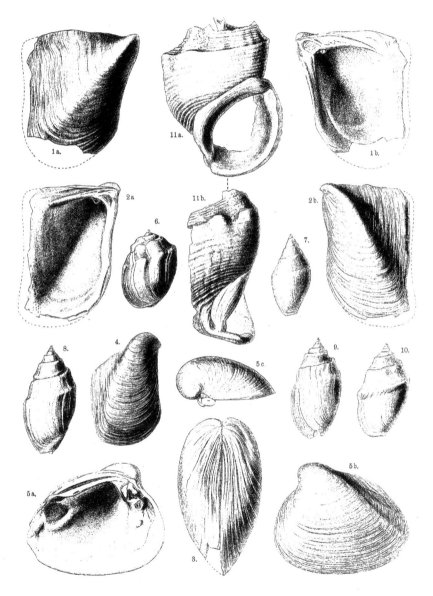

Tafel-Erklärung.

Tafel XVI.

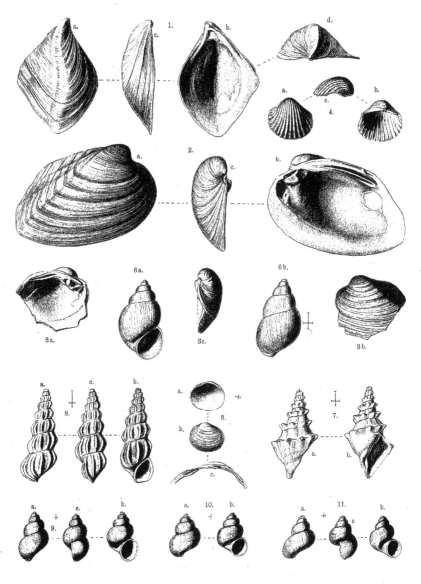

Fig. 1—15. *Melanopsis affinis* HANDMANN. — Tinnye.

" 16. " *Sturii* FUCHS. — Tinnye.

" 17. " " " " Ein besonders kräftig entwickeltes hohem Gehäuse.

" 18—27. " *rarispina* nov. sp. — Tinnye.

" 28—30. " " " " Formen, deren Schlusswindung meh aufweist.

" 31—32. " *Sinzowi* nov. sp. — Tinnye.

" 33—36. " " *rarispina* nov. sp. — Tinnye. Formen mit gestreckter Spira, die *affinis* neigen.

" 37—39. *Baglivia sopronensis* R. HOERNES sp. — Budapest-Köbánya (Brunnen der Anstalt).

" 40. *Hydrobia (Caspia) Krambergeri* nov. sp. — Tinnye.

" 41. *Bythinella vitrellaeformis* nov. sp. — Tinnye.

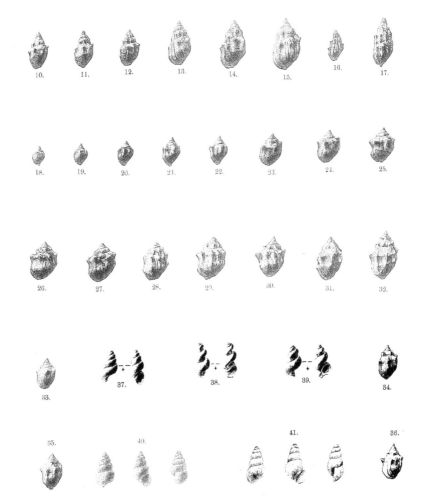

10. 11. 12. 13. 14. 15. 16. 17.

18. 19. 20. 21. 22. 23. 24. 25.

26. 27. 28. 29. 30. 31. 32.

33. 37. 38. 39. 34.

35. 40. 41. 36.

E. Stohanzl del.

Lichtdruck der Hofkunstanstalt von Martin Rommel & Co., Stuttgart.

Tafel-Erklärung.

Tafel XVIII.

Fig. 1. *Melanopsis austriaca* HANDM. — Tinnye.

„ 2. „ *stricturata* BRUS. — „

„ 3—6. „ *Brusinai* nov. sp. — Tinnye. Fig. 4—6 jugendliche Exemplare.

„ 8. *Hydrobia (Caspia) Dybowskii* BRUS. — Tinnye. Auf der Figur fehlt die Spiralstreifung.

„ 7 u. 9—10. „ „ *Vujići* BRUS. — Tinnye. Nicht sehr gut gelungene Abbildungen, da der abgerundete Kiel auf dem oberen Theil der Windungen nicht stark genug, somit die Umgänge oben nicht genug aufgeblasen und treppenförmig sind. In Fig. 9 c Aussenlippe nicht genügend vorgezogen.

„ 11—13. *Prososthenia sepulcralis* PARTSCH. — Tinnye. Jugendliche, unentwickelte Exemplare mit noch nicht verdickten Lippen.

„ 14—16. *Hydrobia atropida* BRUS. — Tinnye.

„ 17—18. „ *(Caspia) Böckhi* nov. sp. — Tinnye. Fig. 18 neigt zur *Hydr. (Caspia) Krambergeri* nov. sp.

„ 20. *Micromelania variabilis* nov. sp. iuvenis. — Tinnye.

„ 19 u. 21. *Prososthenia Zitteli* nov. sp. var. *similis* — Tinnye.

„ 22 u. 24. „ „ „ „ — Tinnye.

„ 23 u. 25. *Micromelania variabilis* nov. sp. — Tinnye. Fig. 23 nicht am besten gelungen, da Umgänge zu gewölbt, Knoten zu hervorstehend. Fig. 25 durch die losgelöste Mündung abnorm.

„ 26. *Neritina (Neritodonta) Pilari* BRUS. — Tinnye.

„ 27—28. „ „ *Zografi* „ „

„ 29. „ „ *Cunići* „ „

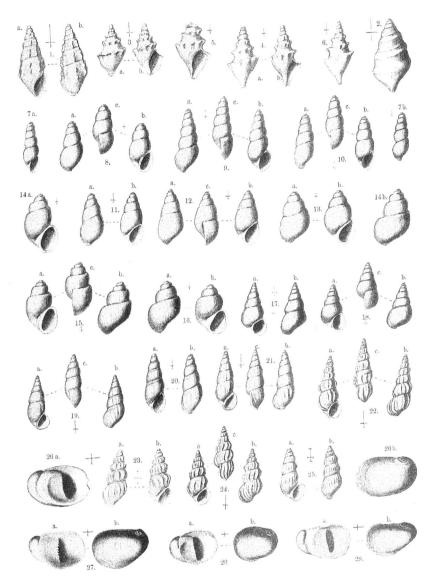

3.   „   var. *rhombiformis* nov. var. — Ebendaher.

4.   „   Münst. — Uebergang zur var. *rhombiformis*. Budapest-Rákos (Thongrube der Ziegelfabrik).

5.   „   var. *crassissima* nov. var. — Budapest-Kőbánya (Thongrube der Ziegelfabrik).

6. *Limnocardium secans* Fuchs. — Budapest-Rákos (Thongrube der Ziegelfabrik).

7.   „   *Penslii* Fuchs. — Ebendaher. Seitlich zusammengedrücktes Exemplar.

8.   „   *fragile* nov. sp. — Ebendaher. Daneben die natürliche Grösse. Die vergrösserte Figur nicht besonders gelungen.

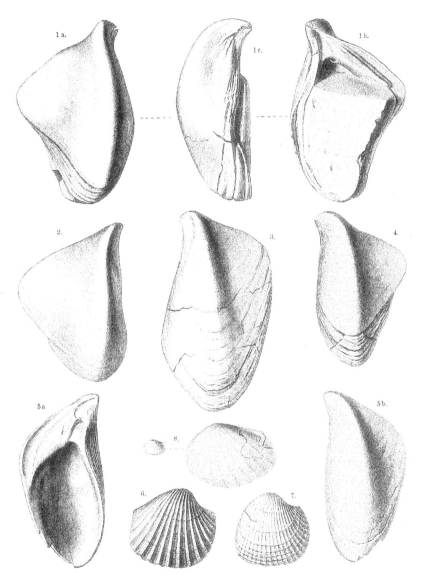

Tafel-Erklärung.

Tafel XX.

Fig. 1. *Congeria ungula-caprae* Münst. — Typus. Budapest-Köbánya (Thongrube der Ziegelfabrik).

„ 2. „ „ var. *crassissima* nov. var. — Ebendaher.

„ 3. „ „ var. *rhombiformis* nov. var. — Ebendaher.

„ 4 u. 5. *Micromelania ? Fuchsiana* Brus. — Ebendaher.

„ 6—8. *Valvata varians* nov. sp. — Ebendaher. Fig. 8 nicht sehr gut gelungen, da die Spira zu hoch, sie ist in Wirklichkeit niederer und spitziger.

„ 9. „ *subgradata* nov. sp. — Ebendaher.

„ 10—12. „ *minima* Fuchs. — Vom Typus abweichende Exemplare mit aufgeblasenen Umgängen.

„ 13—17. *Bythinia ? proxima* Fuchs. — Vom Typus abweichende, langgestreckte Exemplare. Ebendaher.

„ 18. *Limnocardium budapestinense* nov. sp. — Budapest-Rákos (Thongrube der Ziegelfabrik).

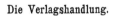

Die Verlagshandlung.

XLVIII, Tafel XXI.

örenthey die Vorlage nachträglich noch geliefert
der Lage, unsern verehrl. Abonnenten diese
Lücke in Bd. XLVIII nachliefern zu können.

Tafel XXI.

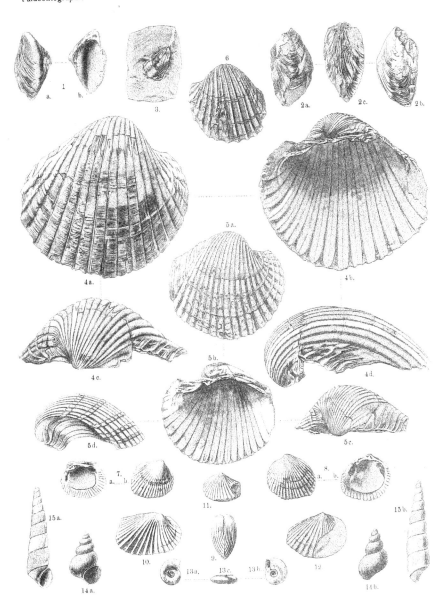

Tafel XXII.

Fig. 1. *Myogramma speciosum* nov. gen. n. sp. Photogravüre in ¹/₂ natürl: Grösse (Convexplatte). Zeigt das Mittelfeld, die Fiedermuskel, den Kranzmuskel und den Schirmrand mit zahlreichen dichtgestellten Tentakeln.

„ 2, 3, 4. Gipsabgüsse von recenten Medusen (entsprechend einer Concavplatte), Photogravüren in natürl. Grösse.

„ 2. *Cassiopeia* spec. Ganze Umbrella abgedrückt, Mittelfeld mit den Mundarmen vertieft, ebenso Kranzmuskel und peripherer Schirm.

„ 3. Ein Stück der Umbrella der gleichen Species, an dem der Schirmrand besonders deutlich gerathen ist. Die Einschnitte zwischen den Lappen des Schirmrandes erscheinen an diesem Abdruck als erhabene Leisten. (Vergl. hiermit den natürlichen Abdruck Taf. XXIII, Fig. 2.)

„ 4. Eine ganze Umbrella eines sehr jungen Exemplares, an dem die Gesammtreliefverhältnisse des Abdruckes (entsprechend denen einer Concavplatte) besonders gut hervortreten. Mittelfeld und Randpartie vertieft, dazwischenliegende Theile erhaben (siehe Text p. 316 und Textfigur 7, 8, 9).

2.

3.

4.

Lichtdruck der Hofkunstanstalt von Martin Rommel & Co., Stuttgart.

Tafel-Erklärung.

Tafel XXIII.

Fig. 1. *Cannostomites multicirrata* nov. gen. n. sp. Stücke des Schirmrandes (r) und Kranzmuskels (m). ar = bogenförmige Einbiegungen des Schirmrandes. t = Tentakel.

„ 2. *Rhizostomites admirandus* HAECKEL. Stück Schirmrand mit dem Sinnesorgan (ot) in der Nische unter der Deckschuppe (on).
m = Kranzmuskel. i = Einschnitte zwischen den Randlappen.

„ 3. *Myogramma speciosum* nov. gen. n. sp. Stück des Mittelfelds und der angrenzenden Theile, nach einer Convexplatte.
p = perradiale, i = interradiale Dreiecke des Mundkreuzes (M). g = Gonadenplatten. m ci = innerer Circulärmuskel. m ra = radiärer Fiedermuskel.

„ 4. Schirmrand und angrenzende Theile des grössten Exemplares (Convexplatte) von *Myogramma speciosum*.
m ra = radiärer Fiedermuskel. m ce = äusserer Circulärmuskel. R = Radiärstreifen. P = Pfeiler. t = Tentakel.

„ 5. *Atollites minor* nov. gen. n. sp.
L e = äussere Lappenzone. L i = innere Leistenzone.

„ 6. *Atollites Zitteli* nov. gen. n. sp.
L i, L e wie Fig. 5. L e! ein Lappen in Zweitheilung.

Sämmtliche Figuren in natürlicher Grösse.

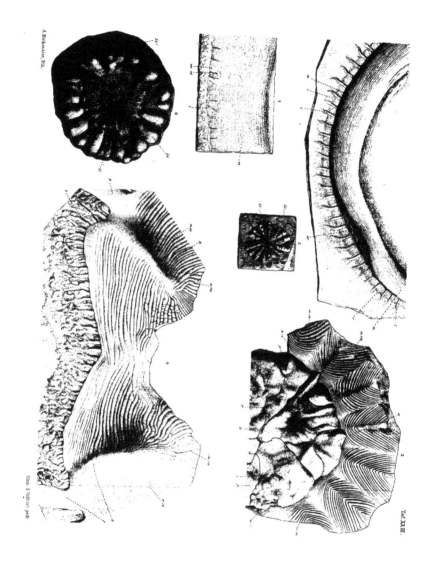

Lightning Source UK Ltd.
Milton Keynes UK
UKHW020123090119
334943UK00005B/568/P

9 780666 455468